中国水科学研究进展报告

Report on Advances in Water Science Research in China

2017—2018

左其亭 主编

·北京·

内 容 提 要

本书在全面收集2017—2018年有关水科学研究成果的基础上，系统展示了这两年水科学的最新研究进展，为水科学研究提供基础性参考资料。全书共分13章。第1章首先阐述水科学的范畴及学科体系，介绍了本书的总体框架；其次重点对2017—2018年水科学研究进展总体情况进行介绍，是研究进展综合报告；最后简要介绍水科学发展趋势与展望。第2章至第11章是对2017—2018年水科学10个方面进行研究进展专题介绍，包括水文学、水资源、水环境、水安全、水工程、水经济、水法律、水文化、水信息、水教育。第12章介绍了2017—2018年水科学方面的学术著作情况。第13章对本书引用的文献进行统计分析。

本书是一本汇聚有关水科学研究最新进展的工具书，可供高等院校和科研院所科研人员开展相关研究时参考。

图书在版编目（CIP）数据

中国水科学研究进展报告. 2017—2018 / 左其亭主编. -- 北京 : 中国水利水电出版社, 2019.9
ISBN 978-7-5170-8063-3

Ⅰ. ①中… Ⅱ. ①左… Ⅲ. ①水－科学研究－研究报告－中国－2017-2018 Ⅳ. ①P33

中国版本图书馆CIP数据核字(2019)第208250号

书　　名	中国水科学研究进展报告 2017—2018 ZHONGGUO SHUIKEXUE YANJIU JINZHAN BAOGAO 2017—2018
作　　者	左其亭　主编
出版发行	中国水利水电出版社 （北京市海淀区玉渊潭南路1号D座　100038） 网址：www.waterpub.com.cn E-mail：sales@waterpub.com.cn 电话：(010) 68367658（营销中心）
经　　售	北京科水图书销售中心（零售） 电话：(010) 88383994、63202643、68545874 全国各地新华书店和相关出版物销售网点
排　　版	中国水利水电出版社微机排版中心
印　　刷	北京九州迅驰传媒文化有限公司
规　　格	184mm×260mm　16开本　29.25印张　783千字
版　　次	2019年9月第1版　2019年9月第1次印刷
定　　价	**138.00**元

《中国水科学研究进展报告 2017—2018》
编 委 会

前言

水是人类赖以生存和发展不可或缺的一种宝贵资源，是经济社会发展的重要物质基础，也是生态系统的重要组成部分。然而，随着经济社会的发展，人类对水的需求不断增加，水问题越来越严重。但由于水问题的复杂性，涉及自然科学、社会科学的多个学科，急需针对水问题加强更深层次的多科学交叉研究。

本人曾在2007年年初把水科学表达为水文学、水资源、水环境、水安全、水工程、水经济、水法律、水文化、水信息、水教育10个方面的集合。后来于2011年把研究与水有关的学科统称为水科学（water science），具体来说，水科学是一个研究水的物理、化学、生物等特征，分布、运动、循环等规律，开发、利用、规划、管理与保护等方法的知识体系。为进一步总结水科学研究进展，凝练学科发展方向，指导水管理生产实践，自2011年起，每两年发布一本水科学研究进展报告，为水科学发展贡献一点微薄之力。《中国水科学研究进展报告2011—2012》《中国水科学研究进展报告2013—2014》《中国水科学研究进展报告2015—2016》（以下简称“前3本水科学研究进展报告”）已分别于2013年6月、2015年6月、2017年6月正式出版，本书是基于前3本书的总体框架编撰的第4本中国水科学研究进展报告，系统展示了2017—2018年水科学的最新研究进展。

由于收集资料的工作量特别大，再加上学科方向较多，特别邀请了不同研究方向的学者参与，各位参与者做了大量仔细的收集和撰写工作。本书聚集了二十多位学者的智慧，是集体的结晶。本书包括13章，在各章中注明其撰写人员及贡献，并拥有该章的版权。其中，第1章由左其亭撰写（所有编委人员参与），第2章由甘容、凌敏华、陶洁撰写，第3章由左其亭、马军霞、张修宇撰写，第4章由窦明、徐洪斌、陈豪撰写，第5章由王富强、赵衡撰写，第6章由张金萍撰写，第7章由丁相毅、梁士奎撰写，第8章由胡德胜、孙睿恒撰写，第9章由王瑞平、贾兵强、陈超撰写，第10章由宋轩撰写，第11章由宋孝忠撰写，第12章由李东林、韩淑颖、李佳伟撰写，第13章由李东林、李佳伟、韩淑颖撰写。全书由左其亭统稿。

第1章首先阐述了水科学的范畴及学科体系，介绍了本书的总体框架；其次重点对2017—2018年水科学研究进展总体情况进行介绍，是研究进展综合报告；最后简要介绍水科学发展趋势与展望。第2章至第11章是对2017—2018年水科学10个方面的研究进展专题介绍，包括水文学、水资源、水环境、水安全、水工程、水经济、水法律、水文化、水信息、水教育。第12章介绍了2017—2018年水科学方面的学术著作情况。第13章对中国水科学研究进展报告引用的文献进行统计分析。

需要特别说明的是，为了保持研究报告的可比性和相对一致的编写风格，本书基本沿用"前3本水科学研究进展报告"的框架和格式；此外，为了保持一本书的相对独立性，本书的前言、第1章基本是在"前3本水科学研究进展报告"的基础上修改而成；各个专题研究进展报告的概述内容也部分沿用了"前3本水科学研究进展报告"的内容，略显重复。

本书的每章内容都凝聚着作者的智慧和心血。在本书即将出版之际，衷心感谢各位作者对本书的支持和付出的努力！本书收集的资料是多个研究课题的工作基础，并得到国家自然科学基金（U1803241和51779230）和郑州市水资源与水环境重点实验室的经费支持。向支持和关心作者研究工作的所有单位和个人表示衷心的感谢。感谢出版社同仁为本书出版付出的辛勤劳动。

由于本书追求的目标是全面介绍水科学的最新研究进展，非常不容易，再加上时间仓促，书中错误和缺点在所难免，欢迎广大读者不吝赐教。

左其亭

2019年5月

目　录

第1章 水科学学科体系及2017—2018研究进展综合报告

1.1 概述

1.1.1 背景及意义

水是人类生存和发展不可或缺的一种宝贵资源，也是所有生物生存不可缺少的物质基础。人类自一开始出现就与水打交道，不断积累对水的认识和用水经验。可以说，关于水知识的积累并形成相关学科的历史非常悠久，也无法准确说出其起源时间。至目前，关于水的学科、行业、理论方法及生产实践可以说是“五花八门”，这也符合人类不同阶段、不同层次、不同行业、不同观念、不同信仰对水的认识的多元化。“水科学”（water science）是最近20年来出现频率很高的一个词，已经渗透到社会、经济、生态、环境、资源利用等许多方面，也派生出许多新的学科或研究方向，成为学术研究和科技应用的热点。每年涌现出大量的理论研究和实践应用成果，也需要对最新研究成果进行系统总结。

此外，水科学的发展关乎国民经济发展、国计民生、水资源可持续利用、人体健康、生活水准，甚至国家和地区安全，是一门应用性很强的学科。政府部门和广大科技人员对水的利用和管理也不断提出新的思路和观点，对水问题的治理和水资源管理也不断出现新的经验和成果。为了把先进理论、技术、方法和经验进行推广和应用，也需要对最新研究成果和应用经验进行归纳总结。

再者，由于信息收集的限制，特别是工作量较大，在很多期刊论文、学位论文、研究报告、学术著作等撰写中，往往对最近几年的文献阐述不多，对最新成果关注不够，有时候会带来重复性工作，影响研究成果的创新性。因此，从这方面来讲，也需要对最新研究成果进行及时的总结。

从以上论述可以看出，非常有必要对近期水科学研究进展进行全面总结，为进一步凝练学科发展方向和制定发展战略、指导水管理等生产实践奠定基础。正是基于这一背景和思考，从2007年开始策划，经过4年的讨论，确定了水科学学科体系框架，于2011年发表了《水科学的学科体系及研究框架探讨》一文[1]；自2011年起组织编撰《中国水科学研究进展报告》，计划每两年发布一本水科学研究进展报告。《中国水科学研究进展报告2011—2012》[2]已于2013年6月正式出版，并得到广大水科学工作者的肯定，也收到一些很好的改进意见。2015年6月出版了第2本即《中国水科学研究进展报告2013—2014》[3]。第2本基本沿用第1本的框架和结构，增加了部分章节内容，使这一系列研究报告更加完善。2017年6月出版了第3本即《中国水科学研究进展报告2015—2016》[4]。从第2本开始对引文文献进行统计，并按单位对引文数量进行排名。部分学者认为，本系列报告不仅仅对最新研究成果进行了很好的总结，而且为推动学术界对中文期刊成果的重视做出了贡献。特别是科研考评过于追捧 SCI 论文的今天，非常有必要积极推动对中文期刊成果的重视和宣传。

本书是基于《中国水科学研究进展报告 2011—2012》[2]《中国水科学研究进展报告 2013—2014》[3]和《中国水科学研究进展报告 2015—2016》[4]（以下简称“前 3 本水科学研究进展报告”）的总体框架，编撰的第 4 本中国水科学研究进展报告，系统展示了 2017—2018 年水科学的最新研究进展。

1.1.2 资料收集与分析过程

（1）在 2011 年，已经对 2010 年以前有关水科学方面的书籍、期刊、报道等文献资料进行了梳理，总结出水科学研究的主要内容框架和发展过程，构架了水科学学科体系和本系列报告书的撰写框架。

（2）前 3 本水科学研究进展报告已经对 2011—2016 年的分年度资料进行了系统收集和整理。在此基础上，本次撰写继续对 2017 年、2018 年资料进行分年度收集，资料主要来源：网络、期刊、著作、文献数据库（中国知识资源总库、万方数据库、中国科学引文数据库等）以及其他途径获得的公开信息。

（3）对收集到的各种资料进行分类整理，归纳总结。首先去掉重复发表、层次较低、内容没有新意的文献资料，再进行分类归纳。

（4）按照水科学分类体系，分组进行总结提炼，每一分组由一名专家牵头，撰写各分类的研究进展专项报告。最后，再汇总。

1.1.3 撰写思路及分工

（1）本书是一个全面反映水科学发展现状的文集，涉及的内容丰富，文献很多，编撰工作量很大，特别是研究方向较多，一个人不可能对每个方向都很熟悉。基于这一状况，本书采用分方向、分内容撰写，再汇总的思路。因此，可以说，本书是编写团队的集体成果。

（2）大致的分工安排：本书由左其亭负责全书的框架制定、协调和对全书统稿工作；各章安排 1～2 名负责人，负责对本章内容的安排、协调和统稿工作；在各章中又有进一步的分工与合作，每章的最后列出了本章的撰写人员及分工。

1.1.4 本章主要内容介绍

本章是研究进展综合报告，也是对本书的主干内容的一个概括介绍，可以算作本书的绪论。主要内容包括以下几部分。

（1）对本书的背景及意义、编撰过程、编撰思路和分工情况以及撰写内容进行简单概述，以帮助读者了解本书的主要背景和过程。

（2）在前 3 本水科学研究进展报告的基础上，简要介绍水科学的范畴、学科体系，为本书对水科学的分方向撰写奠定基础。

（3）简单介绍本书采用的水科学方向及分章情况。

（4）分别对水科学 2017—2018 年研究进展进行综述。

（5）根据作者了解情况，在前 3 本水科学研究进展报告的基础上，进一步阐述水科学发展趋势。

1.1.5 其他说明

为了保持研究报告的可比性和相对一致的编写风格，本书基本沿用前3本水科学研究进展报告的框架和格式；此外，为了保持一本书的相对独立性，本书的前言、第1章基本是在前3本水科学研究进展报告的基础上精简、修改而成，略显重复。各个专题研究进展报告的概述内容也部分沿用了前3本水科学研究进展报告的内容。

本章关于"水科学概念、范畴及学科体系"内容，主要参考较早文献［1］，并经文献［2］、文献［3］修改，在文献［3］的基础上又进行精简、修改而成。考虑到一本书的完整性和系列研究报告的一贯性，保留了本节内容的主要内容。本章关于"发展趋势与展望"内容，撰写框架主要参考较早文献［5］，并经文献［2］、文献［3］修改，在文献［3］和本书后续章节提炼的基础上修改完善而成；关于"水科学2017—2018研究进展综述"一节是对本书后续章节内容的概括和总结。

1.2 水科学概念、范畴及学科体系

1.2.1 水科学的概念及范畴

根据文献［1］的论述，"水科学"一词应用非常广泛，已经成为一个很普通的词汇，甚至有时显得比较混乱。对水科学的理解多种多样，涉及的研究范畴也很难界定清楚，涉及的学科也很多。很多情况下也是随便使用，可能没有想到"一定要界定清楚"，甚至没有必要一定界定清楚。有时候可以笼统地应用"水科学"这一词汇，但作为一门学科，还是要进一步界定其概念、内涵和研究范围。左其亭于2011年在文献［1］中，通过大量文献分析，在对水科学理解进行评述的基础上，定义了水科学的概念及其研究范畴，提出了水科学的学科体系。

从研究内容来看，可以把水科学描述为，对"水"的开发、利用、规划、管理、保护、研究，涉及多个行业、多个区域、多个部门、多个学科、多个观念、多个理论、多个方法、多个政策、多个法规，是一个庞大的系统科学。我们不妨把研究与水有关的学科统称为水科学（water science）。具体来说，水科学（water science）是一门研究水的物理、化学、生物等特征，分布、运动、循环等规律，开发、利用、规划、管理与保护等方法的知识体系[1]。左其亭曾在2007年年初把水科学表达为水文学、水资源、水环境、水安全、水工程、水经济、水法律、水文化、水信息、水教育等十个方面、相互交叉的集合（水科学网，http：//www. waterscience. cn/. 2007-2-1）。

1.2.2 水科学学科体系

水科学是一个跨多个学科门类的学科。比如，研究水的物理化学特征、数学物理方程、数值分析、水文地理特征等内容，应该是理学范畴；研究水资源开发、利用、保护，水资源配置与调度、水资源工程规划等内容属于水利工程学科，是工学范畴；研究水土资源开发、利用、节水灌溉等内容，属于农学范畴；研究水环境与人体健康关系与调控等健康医学研究，属于医学范畴；研究水价值、水价、水市场与水交易、水利经济等内容，属于经济学范畴；研究水法规、水政策宣传、水知识普及等内容，属于法学和教育学范畴；

研究水利发展史、河流生态环境历史演变、水文化考究等内容，属于历史学范畴；研究水系统的优化分配、可持续管理等内容，属于管理学范畴。

由此可见，水科学是一个跨越多个学科门类的学科，所研究的内容不可能完全隶属于某一个学科，应该根据不同方向隶属多个学科，同时需要多个学科交叉研究，才能解决水科学问题。比如，研究水资源可持续利用问题，不仅仅需要水利工程学科的知识，还需要经济学、管理学、理学、法学等知识，需要全社会共同努力。

如图 1.1 所示，作者把水科学描述成涉及 9 个学科门类（理学、工学、农学、医学、经济学、法学、教育学、历史学、管理学），包括相互交叉的 10 个方面，即水文学、水资源、水环境、水安全、水工程、水经济、水法律、水文化、水信息、水教育。

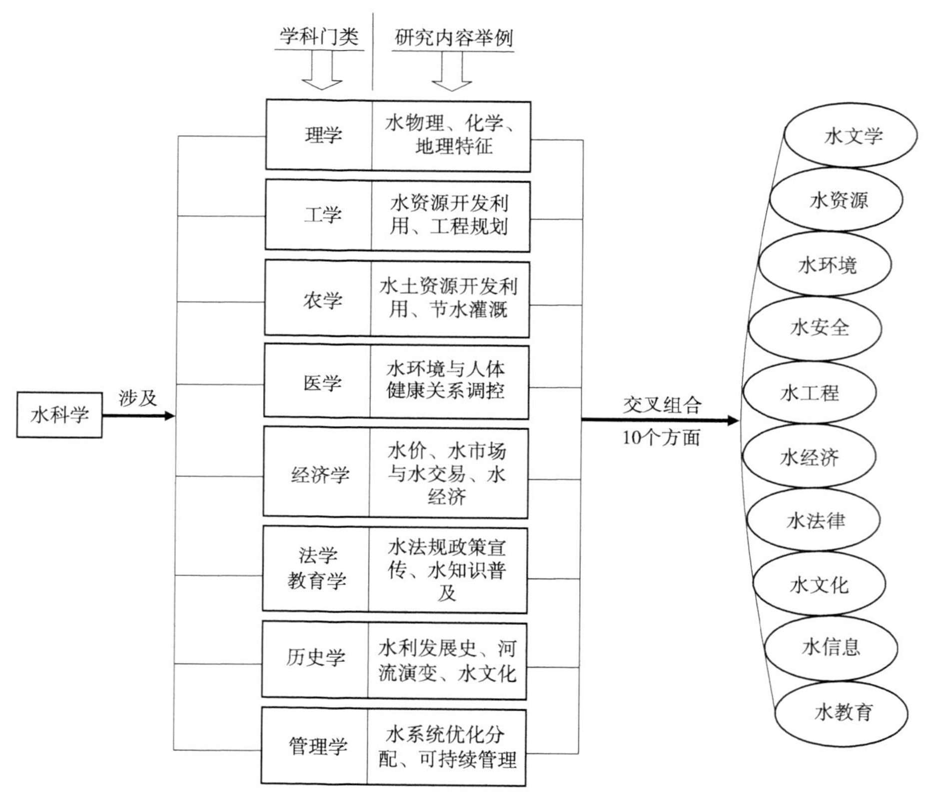

图 1.1 水科学学科体系示意图

当然，10 个方面的内容也有不同的侧重，也是相互交叉的。左其亭曾在 2007 年对这些内容作过简单介绍，文献［2］在此基础上进行了详细的归纳，介绍如下。

（1）“水文学”研究领域。水文学是地球科学的一个重要分支，它是一门研究地球上水的起源、存在、分布、循环和运动等变化规律，并运用这些规律为人类服务的知识体系。讨论的主要内容有：地球上水的起源、存在、循环、分布，水的物理、化学性质；水循环机理与模型；全球气候变化和人类活动影响下的水文效应与水文现象等；讨论的主要学科分支有：河流水文学、湖泊水文学、沼泽水文学、冰川水文学、海洋水文学、地下水文学、土壤水文学、大气水文学；水文测验学、水文调查、水文实验；水文学原理、水文预报、水文分析与计算、水文地理学、河流动力学；工程水文学、农业水文学、森林水文学、城市水文学；随机水文学、模糊水文学、灰色系统水文学、遥感水文学、同位素水文学；现代水文学。

(2)“水资源”研究领域。水资源学是在认识水资源特性、研究和解决日益突出的水资源问题的基础上，逐步形成的一门研究水资源形成、转化、运动规律及水资源合理开发利用基础理论并指导水资源业务（如水资源开发、利用、保护、规划、管理）的知识体系。主要讨论的内容有：水资源形成、转化、循环运动规律；水资源承载能力理论、水资源优化配置理论、水资源可持续利用理论；水资源开发、利用、评价、分析、配置、规划、管理、保护以及对水资源的规划、水价政策制定和行政管理等。

(3)“水环境”研究领域。这里讨论的水环境内容比较广泛，涵盖所有与水有关的环境学问题，但不包括环境治理工程的设计施工等内容，主要内容偏重于：水环境调查、监测与分析；水功能区划；水质模型与水环境预测；水环境评价；污染物总量控制及其分配；水资源保护规划；生态环境需水量，生态水文学；水污染防治和生态环境保护。

(4)“水安全”研究领域。水安全包括洪水、干旱、污染对生命和财产带来的安全威胁，讨论危害机理及安全调控。水安全不仅包括常指的洪水、干旱带来的安全问题，还包括由于污染问题带来的水环境变化，对人们身体健康带来的影响（包括环境流行病学、环境毒理学)，具体来说，研究环境有害因素对人体健康的影响，研究生物地球化学性疾病，研究环境污染所导致的流行病及人群干预措施。

(5)“水工程”研究领域。这里所说的水工程，不等同于“水利工程”，不包括水利工程设计、施工内容，主要内容偏重于：水资源开发工程方案、河流治理工程方案选择；大型、跨流域或跨界（如省界、市界、县界等）河流的水利工程规划与论证；水利工程建设顺序；水利工程布置方案、可行性研究；水利工程调度、运行管理方案。

(6)“水经济”研究领域。运用经济学理论研究和解决水系统中的经济学问题，比如，研究水系统以最小的投入取得尽可能大的经济-社会-环境效益的分析和评价理论、模型、方法和应用；水利产业经济、科技和社会协调发展分析和判断模型、技术进步分析模型和水工程的财务型投入产出预测和规划模型；水电站（群）厂内经济运行方式和模式；水价及水市场理论，水利工程技术经济。

(7)“水法律”研究领域。解决水问题需要有法律法规作保障，特别现在是法治社会，应该坚持依法治水。这里主要偏重于研究：水政策和法律基本理论；自然资源法；环境的水权利（即生态环境作为法律主体的用水权利)；水权利体系及用水权制度；国际河流及其他跨界河流分水理论及法律基础。

(8)“水文化”研究领域。人们在研究水科学时，目光仅盯在现在和未来是不够的，需要把水系统变化纳入到历史的长河中，从历史发展的眼光来分析水利工程的作用和效果。主要研究内容包括：中国水利史，黄河文化及科技文明；历史水工程考究；水文化和水工程科学考察；生态环境变迁探索及治理途径，生态型河流水系建设；历史上水文化对后世的影响；人水关系的历史考究和启迪；从历史学的角度，看待水文化建设、水利工程规划、水土资源开发利用以及水管理政策和体制。

(9)“水信息”研究领域。现在是信息时代，水系统是一个复杂的巨系统，人们时刻在监测和了解水系统的各种信息，让更多的信息为人类服务。这是非常重要的工作基础，主要研究内容包括：利用地理信息系统、遥感、全球卫星定位系统（即 3S 技术）、计算机技术、水资源数据采集与传输技术、预测预报技术、数值模拟技术、数据库技术、科学计算可视化以及相关的流域数学模型，建立水管理信息系统，进行洪水预报、洪灾监测与评估、水利规划与管理，大型水利水电工程及跨流域调水工程对生态环境影响的监测与综合评价。

（10）“水教育”研究领域。水教育，就是通过多种途径对广大公众、中小学生、大学生、社会团体等不同人群所进行的节水、爱水、护水等水知识普及、水情教育、公众节水科普宣传以及水科学技术教育等。水教育的途径有三方面：一是，面向水利高等院校、科技工作者和管理者所开展的水科学知识和水资源保护宣传教育；二是，面向中小学生和少年儿童所开展的科普宣传和课外水知识学习教育；三是，通过报纸、电视、网络、广播、标语、群众宣传等途径，向广大公众传播水法规、水政策、水科普知识、节水、爱水、护水的思想观念和做法等。水教育的内容有四方面：一是，科学技术知识教育，主要面向水利高等院校、科技工作者和管理者；二是，水法规、水政策的宣传，主要向全社会介绍我国实行的各种涉水的法规、政策；三是，介绍节水、爱水、护水的思想观念和重要意义，让大家都能积极保护水资源；四是，介绍简单的节水、科学用水小常识和科普知识。节约水资源、保护水资源关系到每一个人。公众是水资源管理执行人群中的重要部分，尽管每个人的作用可能没有水资源管理决策者那么大，但是，公众人群的数量很大，其综合作用是水资源管理的主流，只有绝大部分人群理解并参与水资源管理，才能保证水资源管理政策的实施。“水教育”就是要加大与水有关的各种宣传教育，特别是向广大群众的水知识宣传，充分利用世界水日、中国水周进行水知识普及与公众科普宣传；加强中小学水教育、水利高等教育等。

需要说明的是，这里所说的“水科学”与“水利工程学科”有所不同，它们不是包含和被包含的关系。水利工程学科中研究水的特征、规律、开发利用等“软”的部分，是水科学的一部分。具体来讲，水利工程中关于工程设计、施工部分内容不包括在本书定义的“水科学”中，因为这些内容不仅仅适用于水利工程，在其他行业也可以适用，比如，岩土工程、工程结构、道路桥梁。当然，水科学中关于水的物理、化学、生物等基础研究内容以及关于水的管理（包括水法律、水文化、水信息、水教育）又不包括在水利工程学科中。在国家自然科学基金申请指南中（参考 2006 年指南），把水利学科分为水科学与水管理、水利工程与海洋工程两大领域。可见，“水科学”与“水利工程”是有区别的。

1.3　本书采用的水科学体系及分章情况

根据以上论述，如图 1.1 所示，把水科学描述成相互交叉的 10 个方面，即水文学、水资源、水环境、水安全、水工程、水经济、水法律、水文化、水信息、水教育。本书采用水科学的这一学科体系框架，按照这 10 个方面各安排 1 章，共安排专项报告 10 章，即第 2～11 章。

1.4 水科学 2017—2018 研究进展综述

1.4.1 水文学研究进展

（1）以研究对象分类的水文学方面。在河流水文学领域，文献较多，研究内容较丰富，但理论研究偏少，主要是对河流泥沙、洪水预报与河流生态环境方面的研究，河流泥沙主要研究泥沙的时空变化特征，洪水方面主要采用不同的模型进行洪水演进模拟，河流生态方面侧重于生态流量的计算及生态修复研究，从总体来看，高水平论文不多；分析河道与河床演变、河流水热动态与河流冰清、水系特征和流域特征方面的论文相对较少。在湖泊水文学领域，主要集中在湖泊富营养化的研究，其次是湖泊生态系统方面和湖泊水位与水量变化方面，而在湖水运动、湖水热动态及湖泊冰情、湖泊沉积方面研究较少。在沼泽水文学研究方面，涉及沼泽、湿地生态环境方面的研究较多，涉及湿地形成、发育与演化方面的文献较少。在冰川水文学方面，主要是基于遥感影像分析冰川进退变化，也有部分通过模型或物质平衡开展雪冰融水与径流的关系研究，创新性研究不多。河口海岸水文学方面，主要是通过实验和模型模拟河口泥沙运动、潮波或潮流运动，河口三角洲形成等方面的工作，创新性比较明显。在水文气象学领域，极端降水及气候变化对流域水循环的影响研究一直是热点，但多数仍采用已有的方法和模型，创新性成果较少。在地下水水文学方面，以地下水化学和运移研究为主，但研究内容集中于不同区域的特征分析，缺乏相关理论研究。**代表性成果有**：河流冰情模拟及预报，悬移质泥沙数值模拟，洪水演进分析，河流生态健康修复；湖泊水位变化、富营养化评价及防治；湿地演化及驱动因子，沼泽湿地的生态系统评价；冰川变化及其对气候变化的响应；河口泥沙输移规律，三角洲堆积体形成过程试验模拟；极端降水及蒸发的变化特征、计算方法，径流对气候变化的响应；地下水运动特征，地下水水化学模拟及评价等。

（2）以应用范围分类的水文学方面。在工程水文学领域，阐述产汇流新理论、新思想的文献比较少，水文模型、水文预报和洪水方面的研究较多，以应用为主，近两年，关于水文计算新方法的创新性成果减少。在农业水文学方面，主要是在不同流域开展的土壤水文效应评价，水盐的运移规律及试验模拟研究。城市水文学领域，城市化的水文效应涉及内容较为广泛，但不深入，城市雨洪的模拟和管理方面有一定突破。森林水文学方面，仍集中在通过试验和模拟来研究森林的水文效应，并在不同类型的森林水文效应方面取得一些新认识。生态水文学领域，生态水文效应是新的热点，生态-水文过程及生态-水文系统评价的最新研究进展的文献较多，但研究深度和创新性不足。**代表性成果有**：水文模型研究及应用，水文预报研究，水文分析计算新技术，古洪水考证及恢复研究；不同地区的土壤水文过程研究，土壤水盐运移规律研究；城市化对降水、蒸散发、地表产汇流以及地下水的影响，城市雨洪资源利用及管理研究；不同类型的森林水文效应研究；生态水文系统整体分析与评价研究等。

（3）以工作方式分类的水文学方面。水文测验领域，近两年涉及水文测验方案设置研究的学术性论文文献较多，涉及水文测验数据处理研究的文献较少，高水平论文不多。水文调查方面，仍以暴雨洪水的调查和分析为主，研究文献数量不多，以定性分析和成因探讨为主。水文实验方面，涉及实验内容较为广泛，且出现一些新的研究内容。**代表性成果有**：河流（洪沟）水文监测与分析、水文安全监测设计，采用一定的方法进行水文测验结果分析；典型洪水调查及成因分析；降雨入渗影响试验，土壤侵蚀试验，产汇流过程模拟实验。

（4）以研究方法分类的水文学方面。在水文统计学领域，研究者较多，主要集中在水文参数估计方法及应用，水文频率计算方法及应用，水文统计计算及应用。在随机水文学领域，研究内容较丰富，主要集中在各种随机理论方法在水文学中的应用研究，其中水文序列分析及水文模拟和预测方面的研究成果较多，涉及地下水随机理论方法与应用方面的文献较少。在同位素水文学领域，利用同位素技术在水文学中的应用成果较多，但缺乏理论和技术上的创新性成果。在数字水文学领域，多数为基于DEM的水文模拟和计算方面的研究成果，技术性和应用性研究成果较多，但具有创新的学术性成果不多，数字信息化方面的研究仍是热点问题。遥感水文学领域，遥感应用的领域范围进一步扩大，研究文献增多，但这方面的理论探讨不足，方法和应用分析成果较多。**代表性成果有**：水文参数估计方法，基于Copula函数的水文频率分析；基于随机理论方法的地下水位、水质预测，基于不同方法的水文序列预报，随机水文模拟和预测研究；基于同位素的地下水的补给来源分析，水文变化及植物水文来源的研究；基于DEM的流域水文特征研究，基于DEM的水文模拟和计算研究，大数据的应用及机遇；多源遥感数据及其融合技术在水文监测中的应用，基于遥感的水文模拟和计算研究。

1.4.2 水资源研究进展

（1）在水资源理论方法研究方面，最近两年关于水资源新思想提出、总结和应用的文献不多，理论方法研究成果更少；关于水资源可持续利用方面的成果，是以应用研究为主，理论基础研究的文献缺乏；关于人水和谐理论方法及应用研究方面，理论方法成果不多，应用研究较多，总体进展不大；关于水资源承载能力的研究，一直是热点，最近两年成果突然增加，但理论基础研究的突破性成果极少，评价方法研究成果居多，大多数是应用研究成果；关于水生态文明方面的研究，成果数量有所下降，高水平论文减少较多，多数是一些总结性研究；关于最严格水资源管理方面，成果较多，但理论探讨缺乏，量化方法研究成果不多，应用研究成果较多；关于节水型社会建设方面，成果在减少，以应用实例为主；在海绵城市建设研究方面，新成果较多，理论和方法方面的探讨较为丰富。成为新的研究热点，最近两年关于这方面的理论探讨不足，应用研究较多。**代表性成果有**：流域水系统理论、水资源适应性利用理论，水资源资产负债表编制，水资源可持续利用评价方法，水资源—经济社会和谐量化方法、和谐度方程（HDE）评价方法，基于水量、水质、水域空间和水流状态4个维度的水资源承载力评价指标体系、基于模拟和优化的控制目标反推模型（COIM）方法，水生态文明建设理论、方法、模式、评价指标体系，最严格水资源管理制度模拟模型，节水潜力计算及节水效果评估；生态海绵智慧流域建设技术方法、海绵城市的水文学问题、建设规划等。

（2）在水资源模型研究方面，最近两年专门研究水系统模型、水资源模型的文献较少，总体创新程度不高，多数是与水循环结合，或基于水文模型，开展的水资源转化关系模型研究，多数是应用成果；关于模型应用及相关内容的研究较多，主要有应用于研究水资源形成转化规律和应用于开展有关水资源评估、配置、规划、管理等。**代表性成果有**：水资源综合模拟与调配模型、多水源循环转化模型、不同排放情景的流域水资源演化规律、变化环境下复杂网河区水资源系统响应。

(3) 在水资源分析评价论证研究方面，研究者较多，研究内容丰富，每年涌现出大量的研究成果。最近两年关于水资源分析计算方面，文献不多，理论方法研究进展不大，特别是高水平文献不多，多数是偏于应用，或单一方法的探讨或应用；关于水资源评价方面，文献很多，但多数是偏于应用或者是某一评价方法的探讨或应用；关于最严格水资源管理“三条红线”方面，文献较多，但研究深度有限；关于水资源论证方面，研究成果较少，且研究深度有限；关于人水关系及相关研究方面，有比较大的进展，特别是关于水资源-能源-粮食耦合关系与协调程度的研究是新的增长点。**代表性成果有**：水资源-能源-粮食耦合分析，我国人均水资源量分布的俱乐部趋同特征分析，分布式城市需水预测模型、灌溉水有效利用系数测算、绿色水资源利用效率测度，水资源评价系统构建，最严格水资源管理类型识别与评价，水资源开发利用红线控制与动态管理，水污染物排放总量控制模式，水资源管理绩效评估，水资源系统与其他系统之间互馈或耦合关系研究，人水关系协调程度及优化，人水关系的作用机制，水资源环境与区域经济耦合系统评价及协同治理。

(4) 在水资源规划与管理研究方面，研究者较多，研究内容丰富，每年涌现出大量的研究成果。从最近两年情况看，关于水资源规划理论方法与实践方面，学术性文献不多，且主要以应用为主，成果的学术水平不高；关于水资源管理理论方法与实践方面，多数是有关水资源管理实际应用的文献，深入探讨水资源管理理论方法的成果不多，关于河长制的研究有比较大的进展，是一个亮点。**代表性成果有**：多种新方法建立的水资源规划模型、水资源管理优化模型，城市水资源规划，水资源协商与决策方法，水资源红黄绿分区管理识别，河长制理论基础、河长制支撑体系、河长制的法律机制、河长制推行成效评价。

(5) 在水资源配置研究方面，文献较多，多年来一直是研究的热点。最近两年关于水资源配置理论、方法与模型方面，文献仍然较多，各种研究方法比较丰富，优化计算方法依然层出不穷；关于水资源配置实例方面，成果较多，主要是一些具体的应用实例的成果总结，以定量研究为主；关于水资源调控技术与决策系统方面，文献较多，主要包括水资源调控模型方法及技术、水资源调控与决策系统研发。**代表性成果有**：水资源优化配置理论和方法，水资源调配原理与技术，水资源层次化合理配置理论、方法与模型，水资源联合调度模型，各种优化方法，流域/区域水量水质联合配置、联合调控，不同尺度水资源配置实践，水资源调控与决策系统研发。

(6) 在气候变化下水资源研究方面，参与的研究者较多，研究内容丰富，每年涌现出大量的研究成果。最近两年关于气候变化对水文循环影响研究方面，文献较多，但整体上研究气候变化对水文循环影响的学术性文献较少；关于气候变化对河川径流影响研究方面，部分论文水平较高，多数论文是重复性工作；关于气候变化对水资源影响研究方面，文献一直在增多，说明这是一个研究热点。**代表性成果有**：气候变化对中国东部季风区陆地水循环与水资源安全的影响及适应对策，陆地水文-区域气候相互作用，中国陆地水循环演变与成因，气候变化对河川径流影响的量化计算方法，气候变化下水资源情势（包括水量、水质）研究。

（7）在水战略与水问题研究方面，一般性文献很多，但学术性文献不多，多数是定性分析和政策探讨，最近两年出现一些新变化，急剧增加了关于京津冀协同发展、长江经济带、“一带一路”水问题的研究。关于水资源开发利用研究方面，系统性深入研究成果不多；关于河湖水系连通战略研究方面，学术性文献不多；关于水利现代化研究方面，学术性文献较少，且水平仍较一般，但对智慧水利（水务或水网）的研究水平不断提高；关于水问题研究方面，定性分析和政策探讨较多，专门研究水问题的具有创新性的理论方法文献不多。**代表性成果有**：新时代水资源现代治理体系，水资源适应性利用模式，流域洪水资源利用的理论框架、计算方法，水资源开发利用一体化管理机制，河湖水系连通性机制及计算方法，河湖水系连通性评价模型，智慧水利/智慧水务，水利现代化评价方法与应用，智能水网工程，水问题治理模式，新时代下中国自然资源安全战略，京津冀协同发展、长江经济带、“一带一路”水问题研究。

1.4.3 水环境研究进展

（1）在水环境机理研究方面，最近两年国内研究者较多，每年涌现出大量的研究成果，但研究内容覆盖面广、研究方法差异较大。总体来看，涉及天然水化学特征研究、水质成分内在作用机理研究和水质与环境介质的相互作用研究的文献较多，其中高水平成果也较多，说明这一直是水环境方面的研究热点；而在水质相态转化理论研究方面的成果较前期减少，高水平成果也较少，反映在基础研究方面仍有待加强。**代表性成果有**：同位素示踪技术，野外原位同步测试技术，污染物吸附解吸过程研究，沉积物-水界面营养盐交换通量研究，水质演变机理统计分析方法等。

（2）在水环境调查、监测与分析研究方面，主要在水质、底泥和水生生物这三个方面展开研究。关于水质调查、监测、分析研究的研究成果较多，集中在地下水及饮用水的调查、分析方面，但主要还是基于原有方法或模型的应用或改进；近两年来，底泥、水生态的研究，作为一种新的研究方向，受到了研究人员的重点关注，在分析及应用方面提出了一些新的技术、方法。**代表性成果有**：基于改进的粗糙集-云模型的水质评价方法，饮用水消毒副产物的监测技术研究，地下水放射性核素的检测分析，基于联系云的地下水水质可拓评价模型，农村饮用水水源地的水质在线监测技术研究，新型复合药剂原位修复河道底泥污染，复合释氧剂修复黑臭水体的研究，随机逼近水生态环境管理模型的构建，水生态环境功能分区指标体系构建等。

（3）在水质模型与水环境预测研究方面，开展水质模型应用方面的研究人员较多，针对水质模型理论方法的研究相对较少，但也取得了一些创新性的研究成果，其中点源污染和预测方面的研究成果要少于非点源污染和预测方面的成果。总体来看，这两方面的理论方法研究成果少，应用研究多。**代表性成果有**：水质模型参数率定方法研究，基于水环境模型的突发水污染事件溯源研究，河流水质响应关系研究，非点源污染模拟不确定性分析。

（4）在水环境评价研究方面，针对水体质量评价方法方面开展的实践应用较多，但关于新理论方法方面的探索较少；关于水体环境其他介质（底泥、水生物）评价方法方面开展的研究较少，研究成果主要基于对原有方法或模型的应用或改进；在水环境影响评估方面，关于水环境影响评估的文献很少，仅有的研究成果也以实际工程为主。总体来看，这些方面的研究没有大的研究进展。**代表性成果有**：基于时域权重矩阵的模糊综合水质评价法，川中丘陵区自然沟渠水体与沉积物中砷的分布特征及污染评价，淮河中上游轮虫群落结构分析及水质评价，典型城市地表水质综合评价方法研究，基于逸度方法评价巢湖流域PAHs在水体-沉积物间扩散过程，基于PSR模型的石化园区海洋环境影响后评估指标体系研究。

(5) 在污染物总量控制及其分配研究方面，应用性文章较多，理论方法研究成果少。总体来看，纳污能力方面的研究成果要多于水功能区划方面的成果；水环境容量计算方面的研究成果要多于水环境容量分配方面的成果。**代表性成果有**：河流纳污能力计算模型研究与应用，拉萨河干流城市段水环境容量计算，水功能区划细化及保护区统筹优化，河流水环境容量分配研究。

(6) 在水环境管理理论研究方面，针对水环境管理模型开展的研究较少，多是对模型的应用；针对水环境管理政策方面的研究则主要集中于排污权方面，这方面的研究工作开展较多，但高水平成果较少；针对水环境风险评价或评估方面的研究成果较多，而水环境风险管理方面的研究成果较少。**代表性成果有**：水生态环境管理模型及应用研究，水环境管理政策评估研究，流域排污权交易多目标优化模型，水环境综合风险时空分布研究。

(7) 在水生态理论方法研究方面，近两年涌现出大量的研究成果。总体来看，涉及生态水文演变规律和生态水文效应方面的研究成果较多，高水平成果也很多，其中以湖泊湿地生态水文过程研究为主，近年来对地下水的生态响应研究呈增多趋势；关于生态环境需水研究方面的文献很多，高水平研究成果也较多，研究成果在理论方法和应用实践方面都有一定的突破，反映了这仍是该领域的主流研究方向；在水生态理论应用研究方面的文献数量偏少，且研究内容相对分散，代表性成果不多，今后应进一步加强在理论应用方面的研究工作。**代表性成果有**：人类活动和气候变化下的生态水文效应研究，生态输水与地下水位响应关系，基于生态保护目标下的植被需求计算方法，鱼类适宜性生境条件及生态需水量研究，不同来水情势下的河流生态需水过程研究，水生态健康评价方法研究。

(8) 在水污染治理技术研究方面，点源污染控制技术的研究一直是水污染治理技术的热点问题。涉及水污染治理技术方面的研究成果较多，总体来看，研究内容涵盖了活性污泥法水处理技术、生物膜法水处理技术、污水深度处理技术、脱氮除磷技术、高级氧化技术、膜技术以及生态处理技术等方面。而关于面源污染控制技术方面的研究成果相对点源污染控制技术较少。其中以农村面源控制技术为主，特别是进行农村面源控制、环境修复与治理方面的综述类文章较多，但创新性成果较少。针对饮用水安全保障方面开展的研究也较少，应作为今后的重点区域进行研究。**代表性成果有**：对活性污泥胞外聚合物的研究、生物膜反应器结合其他工艺的改良工艺、生物膜特性、深度处理难降解物质、脱氮除磷性能的研究，人工湿地-稳定塘组合生态处理系统、膜生物反应器填料等的应用研究，生态+城市水系统模型。

(9) 在水生态保护与修复技术研究方面，研究者众多，相关学术文献的数量也很多，但高水平文献较少，且多数是定性分析和技术应用方面的研究。涉及生态调度和生态补水方面的研究成果较多，反映了这是该领域的一个热点研究内容；关于水生态保护技术方面的研究成果数量较多，特别是有关水生态补偿机制方面的研究成果非常多，但是高水平成果较少；在城市生态水系规划研究方面最近两年研究成果较多，特别是在水系连通理论研究方面的研究有亮点。**代表性成果有**：基于多目标的生态调度模型研究，生态补水效果及影响研究，水生态系统保护与修复技术研究，水生态保护技术集成与示范研究，基于图论理论的水系连通定量方法研究。

1.4.4 水安全研究进展

(1) 在水安全表征与评价研究方面，总的来看，水安全表征与评价的文献较少，且多是一般性文献，具有创新性的文献仍然不多。研究内容的涉及面没有新的拓展和更新，主要还是集中于区域水安全评价和水安全评价模型构建等方面，评价方法多采用常用的神经网络、层次分析法、小波分析等，也有部分文献是多种评价方法的综合。**代表性成果有**：城市供水安全评价，农业用水安全评价，海绵城市建设中的水安全评价，中国水安全建设，以及各种水安全评价方法等。

(2) 在洪水及洪水资源化研究方面，近两年有大量相关成果涌现，研究内容涉及：洪水特征分析与计算、洪水模拟、洪水预报、洪水调度、洪水风险分析、洪水资源利用和防洪减灾等。与2015—2016年的研究成果相比，近两年的研究更加聚焦于洪水过程的精确模拟、小流域洪水风险管理、洪水风险评估、水文气象预报和防洪减灾管理等方面，为防洪安全提供了重要支撑。**代表性成果有**：城市洪水和极端洪水特征分析与计算，大型水利工程影响下的洪水过程模拟，考虑生态的梯级水库群调度，洪水风险分析及洪水风险图绘制，防洪减灾适应性管理，区域洪水资源优化利用等。

(3) 在干旱的概念、内涵、成因、特征、评估和预警预报等方面，由于其涉及面广，每年都涌现出大量的研究成果。与2015—2016年的研究成果相比，干旱形成机理、干旱预警预报方面一直缺乏创新性的研究成果，这也是未来几年研究的热点和难点问题；就农业干旱、气象干旱、水文干旱和社会经济干旱来讲，由于农业干旱成灾机理最为复杂、影响最大，农业干旱的相关研究文献也最多。**代表性成果有**：农业干旱形成机理研究，不同类型干旱表征指标体系研究，基于遥感技术的干旱监测，区域干旱风险评估及风险管理，干旱预警预报系统研发，干旱综合应对及防御技术等。

(4) 水环境安全是水安全的重要组成部分，越来越受到管理人员、科研工作者和社会公众的关注。与2015—2016年相比，水污染预警、水污染防治、水环境治理、水污染事件处置等研究越来越多，研究内容也日趋丰富。同时，受国家水资源管理制度变化的影响，以及人民群众对生态环境的关注和重视，引发了大家对水环境安全的认识和思考，也出现了一些新的研究内容和研究成果，但总体来看研究深度有限，理论研究进展不大，高水平研究文献不多，多数是偏于应用性研究。**代表性成果有**：城市水环境综合治理模式，城市化与水环境安全耦合协调分析，水环境风险评估与预警平台建设，水环境容量计算，地下水污染风险评估与防控修复研究，“水十条”影响下的水污染防治，南水北调中线干线水质安全应急调控，重要饮用水水源地达标评估等。

(5) 随着气候变化和人类活动的影响，冰凌、泥石流、风暴潮和饮水安全等水安全研究内容越来越受到大家的关注。由于冰凌、泥石流、风暴潮、饮水安全具有明显的地区性特征，因此相关研究群体、研究区域和研究内容都相对集中。与 2015—2016 年相比，冰凌、泥石流、风暴潮和饮水安全的研究也仍以应用性、技术性内容为主，理论方法研究偏少，且缺乏系统性。**代表性成果有**：黄河凌情遥感监测，河道冰凌图像遥测系统设计，冰凌密度分析计算，区域泥石流敏感性分析，泥石流区易灾人口脆弱性评估，泥石流的诱发降雨阈值，泥石流风险评估，风暴潮重现期计算，风暴潮灾害脆弱性评价，农村饮水安全评价等。

1.4.5 水工程研究进展

(1) 在水工程规划研究进展方面。虽然水工程规划涉及诸多领域，但近两年来，在水工程规划方面相关研究成果并不十分丰富。在水资源开发利用实践中，主要包括水生态环境工程、区域水系工程、排水工程、水电站、供水工程的规划。总体看来，创新性成果并不突出，区域水系工程、水电站和供水工程的规划研究仍较少，主要侧重于理论研究，多通过构建模型或算法研究；由于对生态环境和城市内涝的重视，在水生态环境工程规划和排水工程规划的研究相对较多，并取得了一些创新性成果。**代表性成果有**：水生态环境规划、海绵城市建设规划以及城市雨水管网系统规划等。

(2) 在水工程运行模拟与方案选择研究进展方面。在目前的文献中，水工程运行模拟与方案选择研究成果十分丰富，但主要以构建模型和数值模拟研究为主，探讨模型在不同设置方案或参数下水工程的运行模拟、方案选择和安全评价等。总体来看，水工程运行模拟方面研究有所增加，研究对象既有单独水工程运行模拟，也有水工程联合运行模拟。但研究方式多针对具体水工程开展研究，通过编写模拟软件或构建模拟模型解决实际应用问题，缺乏理论相关研究；水工程运行方案选择往往与水工程优化模拟与调度结合在一起，多针对具体实际工程运行调度问题，分析模型技术方法下运行方案的可行性和效益度，研究成果较多，涉及面较广；在水工程运行安全方面也有所涉猎，用于分析模型技术方法下水工程运行的安全性和风险度。**代表性成果有**：水库蓄放水模拟、水电站数值模拟、水库数值模拟、流场模拟、水电站运行方案、水库蓄水运行方案、梯级水库联合调度运行方案、调水工程调蓄运行方案、水库防洪安全等。

(3) 在水工程优化调度研究进展方面。水工程优化调度研究是水工程研究方面的热点，近两年来，在调度方面的研究丰富，研究成果较多。在目前的研究中，水工程优化调度围绕优化调度的技术方法与模型构建开展，调度内容涉及广泛，包括生态调度、水电调度、泥沙调度、水量调度、水沙联合调度、水库群调度、闸坝调度以及调度图和调度规则等。总体看来，水工程优化调度研究对象主要针对具体工程实践应用，创新性主要体现在现代数学方法与模型相互之间耦合在水工程优化调度上的应用。生态调度主要集中在生态流量的研究，以实现某种生态种类所需生态环境或生态流量为目标；水电优化调度多集中于梯级水电站的联合调度研究，重点解决水电站优化调度的过程中寻优的求解方法；近两年在水工程泥沙调度方面的研究较少，主要侧重于水库排沙与水量联合调度等，并无较大创新；水库水量调度和水库群调度研究中，研究成果丰富，创新性显著，侧重于运用现代各类数学方法解决寻优技术难题；水工程调度图和调度规则研究主要以水工程调度实践为例，水库或电站优化调度相结合，在寻优过程中得以实现。**代表性成果有**：水库生态调度模型、水电联合优化调度、水电站发电风险调度模型、水电优化调度模型、水库调度预测模型、水库水沙调控模型、水库多水源联合调度、水库群联合调度模型、闸站多目标联合优化调度模型、水库适应性调度规则确定与调度图绘制等。

(4) 在水工程影响及效益研究进展方面水工程运行会对流域水文情势、水资源开发利用及生态环境等带来影响，所以必须要对水工程建设的影响进行评估。近两年来，对水工程影响及效益研究内容丰富，成果较多。总体来看，特别在对水文情势的影响研究方面较丰富，有针对整体水文情势的研究也有对具体水文要素的研究，并取得了一定的创新性成果；在对水生态的影响方面，主要集中于对河流泥沙及鱼类的影响方面，理论研究虽有，但更多的是通过构建模拟模型分析水工程对水生态的定量化影响，对水环境的影响也存在许多研究成果，但理论方面研究较少，且以归纳总结为主；对水资源工程效益评价方面的研究有所增加，且主要针对工程运行展开；对水文地质的影响研究有所增加，往往采用机理性分析和实践应用相结合；对河道通航的影响和对江湖关系的影响研究方面，研究成果不多，通常采用机理性分析和实践应用相结合。**代表性成果有：**水库及水电站对河流水文情势的影响、水库对河流水动力条件的影响、水库对河流冰凌的影响、水库运行调度对河流泥沙的影响、水库运行调度对生态环境的影响、水库及水电站对河道通航条件的影响、水库对江湖关系的影响、水工程效益评价等。

(5) 在水工程管理研究进展方面。水工程管理研究多集中于理论研究或利用现代计算机编程技术和相关软件实现对水工程的管理，研究成果也较多，但缺乏创新性研究成果。总体来看，水工程信息系统管理多集中于应用计算机软件设计，并进行信息管理和监控，研究深度不够；水环境管理和水库移民管理与措施方面研究，研究内容都不多，且并无太多创新性成果；农村水利工程管理和供水工程方面的研究以理论探讨为主，主要侧重于政策总结和措施建议，并无太大学术创新。**代表性成果有：**水库大坝信息化监管、水电工程预警系统研究、水电工程移民搬迁补偿模型、可视化区域数字水库安全管理系统、水利工程集成管理、农村饮水安全信息管理系统、调水工程多角度水资源优化调度管理等。

1.4.6 水经济研究进展

(1) 在水资源-社会-经济-生态环境整体分析研究方面，主要集中在水资源与经济社会发展之间的关系辨识，大多是从管理的角度，基于经济、社会发展及带来的环境问题，进行水资源与经济社会发展、水资源与生态环境相互影响等方面的探讨；研究方法多为区域水生态安全的评估、水资源与水生态承载力方面；涉及实践研究的成果主要集中在水资源可持续利用、水生态文明建设方面。**代表性成果有：**水资源与经济社会发展关系及评价研究、水生态安全评估、区域水生态承载力研究、水生态文明建设等。

(2) 在水资源价值研究方面，主要包括水资源价值理论研究和水价理论及实践两部分。涉及水资源价值理论方面的文献较少，主要关注水资源价值的评价模型及方法；水价理论及实践方面，研究主要集中在水价的制定及优化，研究领域包括农业水价和城市居民生活水价的制定方法及优化建议、工业水价结构性调整等。**代表性成果有：**水资源价值评价模型，水资源系统的生态价值研究，阶梯水价政策的制定，农业水价优化等。

(3) 在水权及水市场研究方面，学术性文献较为丰富，涉及了水利工程学科、经济学科、管理学科等。总体来看，涉及水权研究的文献较多，但主要集中在水权的分配问题方面，涉及水市场研究的文献较多，成果多集中在理论探讨层面，实践研究较少。**代表性成果有**：初始水权分配，水权交易及制度建设，水资源市场化体系设计等。

（4）在水利工程经济研究方面，高水平学术性文献不多，这可能和我国在这一领域的研究相对比较成熟有关，涉及水利工程生态环境经济评价研究的文献增多，但创新性理论方法研究较少。**代表性成果有**：水利工程运行调度对生态系统的影响。

（5）在水利投融资研究方面，创新性理论成果相对较少，多数是关于PPP模式在水利工程建设运营中的实践，水利产权制度改革方面的文献不多，主要集中在对小型农田水利设施的产权制度研究。**代表性成果有**：水利投融资模式研究及应用实践，农村小型水利工程产权制度改革理论等。

（6）在虚拟水与社会水循环研究方面，主要集中在虚拟水计算、虚拟水贸易与虚拟水战略、水足迹等方面，但基于虚拟水的水资源管理和社会水循环方面的研究成果相对较少。虚拟水计算实证研究主要集中在农业虚拟水计算、流动特征及影响因素分析，虚拟水贸易和虚拟水战略研究主要集中在虚拟水贸易测算以及对区域经济社会的影响；在水足迹方面，除了作物生产水足迹计算之外，基于水足迹理论的水资源承载力及可持续利用、生态足迹、基于灰水足迹的水质评价方面的应用研究成果明显增多。**代表性成果有**：农作物虚拟水计算分析，虚拟水贸易影响因素分析，水生态足迹、灰水足迹计算等。

1.4.7 水法律研究进展

（1）流域管理法律制度研究方面，研究者较多，研究内容丰富，每年涌现不少研究成果，但创新性成果较少。随着水资源对经济社会持续发展和生态环境可持续保护的制约作用不断凸显，学者对流域管理的研究进一步深入。近两年的研究延续了以往特点，注重从国际视野以及具体流域特殊性的角度考察流域管理法律制度；在此基础上，应用研究增多，研究内容呈现深入化、具体化以及可操作性强的特点。例如，学者多从流域管理立法层面进行研究，建议加快落实具体流域立法，为流域管理提供法制保障，具有重要的现实意义。而且，流域立法有成为研究热点的趋势。**代表性成果有**：寻找长江流域立法的新法理，从库区管理到流域治理，《中华人民共和国长江法》制定中涉水事权央地划分的法理与制度，论流域资源配置的基本原则与制度体系，基于市场机制的流域管理PPP模式项目契约研究，我国流域立法的困境分析及对策研究，长江流域一体化保护的法治策略，五大发展理念视角下的南流江流域综合管理研究等。

（2）水权制度研究自2000年以来一直是研究的重点和热点内容，研究内容丰富，每年都有大量研究成果涌现。近两年对水权制度的研究依然是以水权交易研究为主，研究视野较窄，大多数成果比较空洞，缺乏创新性。但与往年相较，研究中更加注重地域的特殊性与实践的可操作性。总体来看，对水产权及其配置模式、交易制度的研究较多，有着更宏观视野的对涉水权利（权力）的基本范畴和基础理论的研究较少；遵循政府现行水权交易思路的实践研究较多，有理论高度和深度且能引领水权相关制度建设的成果较少。**代表性成果有**：宁夏水权交易试点实施技术方案研究——以中宁县农业节水向工业流转为例，县域农业初始水权分配方法初探，对我国水权交易机制的思考，转型期水权管理的进展研判及改革路径研究——以山东省为例，权属改革引领下新时代水资源现代治理体系，内蒙古沿黄地区二维水权准市场交易构建逻辑与发展路径研究，水权交易的理论重塑与规则重构等。

(3) 水环境保护法律制度研究方面，出现了从不同角度研究的学术成果。有对农村水污染防治基本理论的研究，也有对水资源保护体系的探索；有对水污染现状的剖析，也有对水环境治理趋势的预测；有基础理论的研究，也有制度建设的设想。近两年来，研究侧重于水环境保护模式的探索，跨区域水污染治理，流域立法视角的研究。这对厘清政府与社会对水环境保护和水污染治理的责任，探索治理新模式，解决跨区域水污染问题具有重要的现实意义。总的来说，研究内容丰富，视角新颖，取得了一定成果。**代表性成果有**：从管制到合作，我国跨区域水污染治理的困境及应对策略，排污许可制度何以成为点源环境治理的核心制度？试论地方水资源保护立法中法律责任设定，生态文明背景下流域/跨区域水环境管理政策评估，大部制背景下长三角地区污水治理策略选择，基于生态系统的流域立法等。

(4) 涉水生态补偿机制研究方面，参与的学者较多，研究内容丰富，每年有较多学术成果。以往主要是从补偿主体、补偿标准、补偿方式以及立法保护四个方面进行研究。近两年的研究在以下三个方面表现突出：一是应用研究数量明显增加，并增加了对具体地区特殊性的考虑，提高了研究结果的实用性与可操作性；二是增加了对跨地区流域生态补偿机制的研究；三是出现了一些不同的视角（如产权视角）的研究。**代表性成果有**：治理视角下跨省流域生态补偿协商机制构建——以新安江流域为例，南水北调中线水源区生态补偿标准与资金分配方式，我国流域水资源生态补偿标准量化研究——以湖南湘江流域为例，长江流域横向生态补偿准市场化路径研究——基于国土治理与产权视角等。

(5) 河（湖）长制研究方面，近两年河（湖）长制在全国范围内推行，并于2018年全面建立河长制，河（湖）长制成为水科学领域研究的热点问题，学者大多从法律机制建构和现实困境的角度进行分析研究。由于推行时间短，且是中国首创的水治理模式，尽管参与学者较多，但遵循政府现行制度的实践研究较多，有理论高度和深度的理论性研究较少。**代表性成果有**：流域水环境治理“河长制”模式的规范建构——基于法律和政治系统的双重视角，环境法视角下河长制的法律机制建构思考，湖南省河长制的实践探索与法制化构建，河长制理论基础及支撑体系研究，流域生态环境整体性治理的路径探析——基于河长制改革的视角，河长制长效治污路径研究——以江苏省为例，跨域水环境、河长制与整体性治理，沿边跨境多民族地区河长制探索，流域治理公众参与制度化实践，落实河长制推进湖长制等。

(6) 外国水法研究方面，随着世界水资源问题逐渐普遍化，许多国家关注并运用法律、政策、技术等途径应对水问题，取得了较好的成效。他山之石，可以攻玉。我国学者十分重视对外国水法的研究，总体水平较高，注重实用性与可操作性。近两年的研究多关注美国、澳大利亚等发达国家的先进理论成果与实践经验，在水权制度的构建与完善、水环境保护、水污染防治、流域一体化综合治理等方面产出了一些学术成果，在一定程度上弥补了我国水治理方面的不足与薄弱部分。**代表性成果有**：美国水污染损害评估法制及其借鉴，德国、荷兰和俄罗斯水污染税收制度实践及经验借鉴，美国的水权体系，澳大利亚水资源市场化改革及其启示，美国区域排污权交易市场“RECLAIM计划”的经验及启示，澳大利亚维多利亚州水权制度经验借鉴，美国流域水环境保护规划制度分析与启示等。

（7）国际水法是水法律研究的重要内容，也是水科学研究的一个重要方向。近两年来，我国学者主要从跨境河流的水资源分配、水环境保护、水污染治理、合作管理以及国际水法对我国的影响和应对措施等方面，对国际水法的相关理论和实践问题进行研究，取得了一些研究成果。值得关注的是，近两年，我国学者主要从跨境河流的水资源分配、水环境保护、水污染治理、合作管理以及国际水法对我国的影响和应对措施等方面，对国际水法的相关理论和实践问题进行研究，取得了一些研究成果。值得关注的是，近两年对于国际水法研究出现了新的视角，侧重于我国的国际实践，多以“一带一路”“澜湄机制”等为背景进行研究，具有一定的可操作性与借鉴意义。总体来说，国际水法方面的研究虽然数量不多，但质量较高。既突出国际流域生态系统的经济价值和生态价值，又与时俱进，体现了“一带一路”倡议的眼光与思想。对保障我国水资源安全、加强跨境河流的合作管理、水资源的共同开发利用具有重要意义。**代表性成果有**：国际水法上的利益共同体理论，构建“水安全命运共同体”——从博弈到共享的跨境水资源分配，《国际水道非航行使用法公约》被认可的区域差异性，中国参与跨界水资源治理的法律立场和应对——以新“澜湄机制”为视角，中哈跨界地表水体生态环境的保护合作，我国国际河流水资源争端及解决机制，哥伦比亚河跨界水利益共享实践研究，丝绸之路经济带建设中的中哈跨界河流合作利用面临的难题及对策等。

（8）近年来关于水资源其他方面的研究不断深入、扩展，研究内容丰富，理念新颖。如流域排污权交易、取水许可、水事纠纷处理机制以及最严格水资源管理制度等方面。**代表性成果有**：跨界水道开发和利用争端解决机制的构建研究，新《水污染防治法》在保障供水安全方面的法制化建设成果，中国取水许可延续管理问题分析，中国台湾地区排污许可制度及其借鉴意义，论我国水资源私法保护的强化与完善——以取水权的保护为视角，汉江流域实行最严格水资源管理制度探索与实践。

1.4.8 水文化研究进展

（1）在水文化遗产研究方面，近两年学界在水文化遗产传承创新、海绵城市建设水文化遗产研究、地域水文化遗产资源开发与利用、水文化遗产调查等方面，取得相关成果。从总体来看，关于理论性、标志性研究的成果较少，主要是水文化遗产调查和大运河文化遗产开发利用方面的研究。**代表性成果有**：基于洪泽湖管理处试点调查的水文化遗产保护研究，什刹海水文化遗产类型、价值及生态保护探究，京杭大运河常州段水文化遗产的传承开发和当代价值，基于“文化基因”视角的京杭大运河水文化遗产保护研究，海绵城市建设中水文化遗产保护策略研究，钱塘江海塘文化遗产的保护和开发，陕西省水文化遗产保护与利用，重庆市三峡库区水文化遗产市场化现状调查及路径探究，钱塘江海塘文化遗产的保护和开发等。

（2）在水文化理论方面，近年来水文化理论研究主要关注在水文化内涵、水工程文化、“一带一路”水文化建设、大运河文化带建设、水文化书系出版、水生态文明、水文学、水哲学、城市水文化、水文化数据库建设、国外水文化、少数民族水文化等方面的研究。从总体来看，上述研究成果仅限于水文化微观研究，对于原创性与基础性理论研究略显不足，研究手段和研究方法略显陈旧。**代表性成果有**：中层理论：水文化理论建构的新视界，提升大运河水文化内涵，水文化与水科学融通共振是当代中国治水兴水的重要路径，“一带一路”上彰显中国水文化的力量——杭州的机遇和担当，《搜神记》与水文化研究，论中华水文化精髓的生成逻辑及其发展，以现代出版为载体大力推动中华水文化走出去，水利院校图书馆水文化特色数据库建设探讨，西南少数民族水文化研究：现状、意义与方法，近年国外水文化的发展与创新，基于水文化传承的湖州市海绵城市建设规划探讨，运河文化带建设的立场、原则及其治理体系构建，南水北调工程文化研究初探，绍兴水利文化史。

（3）在水文化传播方面，相比之前已有较大发展，主要表现在“互联网＋”与新媒体融合展示、水情教育、水生态教育等方面，但仅仅局限于传播手段和学校教育，创新性的并且能够被广大人民民众喜闻乐见的传播媒介和手段还少见，出现“传而不播”和“自娱自乐”现象。**代表性成果有**：关于做好水文化宣传报道，水文化遗产多媒体共享平台构建及其在高校水文化教育中的应用，提高文化自信的思考、深入做好水情教育工作，关于水情教育工作的探讨，水情教育也要从学校抓起，老庄道家哲学视阈下的中国“水文化”教育理念的思考，文化凝聚力视阈下的广州城市水文化传播研究，专业化水情教育资源库建设研究，云南少数民族传统水信仰的生态功能与传承教育。

（4）在旅游水文化研究方面，学术界主要围绕“水文化旅游”主题，内容涉及在水利景区建设与开发、水景观的规划与设计、水文化体育旅游等方面，但是，对于旅游水文化的理论研究成果较少，对于水文化旅游内涵和价值认知不足。水景观开发还仅仅限于感性认识和初步研究，标志性的理论研究成果还很少见。**代表性成果有**：广州水文化旅游资源的开发与保护初探，着力构建水利风景区水文化体系，基于水文化的城市水景观营造思路初探，基于水文化的城镇旅游特色景观设计研究，秦岭北麓水文化景观体系建设的几点思考，基于徽州水文化的城市生态景观建设悖论研究，基于水文化的城镇旅游特色景观设计研究，环巢湖水文化体育旅游资源开发对策研究，关于水文化体育旅游圈的理论分析，绵阳仙海体育旅游水上项目资源的开发研究。

（5）在地域水文化研究方面，主要涉及行政区和流域中，水与政治、水与经济、水与社会、水与城市等多方面内容，包含与水相关的水事活动相关的内容。研究成果主要是以流域和行政区为主要对象的微观水文化研究，对地域水文化研究对象、研究任务和学科性质还没有论及。**代表性成果有**：基于水文化保护的浙江省云和梯田湿地公园开发研究，中原农业水文化研究，保漕与祈雨：明清时期山东运河区域的龙神信仰，生态文明视野下贵州水文化的思考，东莞市海绵城市建设之水文化建设探讨，江西水文化建设实践与展望，重庆行政区县历史命名中的巴渝水文化探析。

1.4.9　水信息研究进展

（1）在基于遥感的水信息研究方面，研究者较多，成果也较为丰富，内容涉及多源遥感数据的土壤水分反演方法及应用，地表蒸散计算与分析、多源遥感数据水体信息提取及变化检测、湿地遥感监测及评估、植被含水量估算以及河湖水位监测等多个方面。土壤水分遥感反演研究最为丰富，内容涉及可见光、红外、微波等不同传感器数据反演土壤水分的机理探讨、指数构建和应用、经典反演模型改进及应用。其次，利用遥感数据提取水体信息的研究大量涌现，有经典水体指数的应用与改进，也有新指数和新方法的提出，还有基于不同遥感数据和不同方法的比较研究。蒸散发研究也较多，主要表现在基于能量平衡和多源数据进行蒸散的计算与分析等方面。在湿地遥感监测方面，湿地信息提取研究要多于湿地变化监测方面。**代表性成果有**：基于数据挖掘方法进行水体提取与 Sentinel 数据在水体提取中的应用等。

（2）在基于传感器的水信息研究与系统开发方面，主要集中在水位、土壤水分监测以及基于传感器网络构建精准灌溉决策支持系统方面。**代表性成果有**：农业土壤含水率监测及灌溉系统研究等。

（3）基于机理模型的水信息数据挖掘进展方面。研究主要集中在基于数学或者机理模型研究水污染扩散模拟以及基于统计模型的水信息发现。**代表性成果有**：考虑水生态修复措施对污染物降解影响的水质模型等。

（4）在基于 GIS 的水信息研究方面，一般性文献很多，主要是利用 GIS 的空间分析技术对水信息空间数据进行分析和信息发现。主要内容涉及山洪灾害风险评价与区划、洪水预报、水资源评价、水生态与水环境研究等方面。**代表性成果有**：基于耦合机器学习的洪水预报研究等。

（5）在基于 GIS 的水信息系统开发方面，主要是利用 GIS 等技术开发水信息管理系统，内容涉及：洪水预报系统开发与应用及水资源管理信息系统设计与应用等方面。**代表性成果有**：暴雨致洪预报系统和灌区需水量计算系统。

（6）在数字水利方面，主要涉及数字水利基础理论与应用系统研发方面，内容以应用系统开发为主。**代表性成果有**：基于三维 BIM 和 WebGIS 技术的区域数字水库构建等。

1.4.10 水教育研究进展

（1）在水利高等教育发展史研究方面，20 世纪 60 年代起，以姚汉源为代表的中国水利史研究者曾经有所涉及，其后长时间无人问津，近年以华北水利水电大学宋孝忠、山东大学袁博、河海大学刘学坤等为代表的一批学人，深刻认识到水利高等教育史研究的重要意义，开始以此为研究方向，集结学术力量，在浩如烟海的资料中进行收集、整理，取得了一些初步研究成果。**代表性成果有**：我国水利高等教育的百年发展史研究，百年河海精神文化特征研究，李仪祉水利教育思想研究等。

（2）在水利高等教育理论研究方面，研究基础依然薄弱、研究团队集聚没有大的进展，研究范围、研究内容、研究方法也少有亮点，与水利高等教育整体规模和发展需要不相适应。从总体看，有价值、有创新的水利高等教育理论研究成果比较有限。**代表性成果有**：水利特色高校德育现代化体系研究，水利国际化人才培养的探索与实践，拔尖创新型水利人才培养途径及方法研究，工程教育和创新创业教育融合的水利类专业人才培养方案研究等。

（3）在水利高等教育教学研究方面，当前高等水利教学研究涉及课程建设、专业建设、教学方法、实践教学等诸多方面，是水利高等教育研究的一个重要方面，参与者主要是教学一线的专业课教师，因此研究基本上是具体课程教学经验的总结，也能够积极关注翻转课堂等最新教学技术研究，但从整体看缺乏理论深度，急需实现水利专业教学理论的升华。值得关注的是，以郑州大学左其亭教授为主的学术团队，通过广泛调研学生学习动机、学习影响因素、学校效果等对新时期水利高等教育教学颇具实践指导价值。**代表性成果有**：翻转课堂在水利工程教学中的应用与实践研究，基于虚拟仿真技术的水利水电工程课程教学改革研究，基于项目式情境教学的水利水电专业实训类课程改革研究，卓越水利人才培养实践教学体系构建研究等。

（4）在水利职业教育理论研究方面，这是近年来研究的一个热点，水利职业教育的理论研究基本立足于时代的发展，聚焦水利职业教育实践，对促进水利职业教育发展具有一定作用。但高质量水利职业教育理论研究队伍较少，有深度、标志性的研究成果还不够多，对职业教育实践的指导作用不够鲜明，理论与实践的结合有待加强。**代表性成果有**：基于技术协同创新的高职院校水利类专业现代学徒制人才培养体系研究，水利职业院校“赛教结合，以赛育人”人才培养模式研究，虚拟仿真技术融入水利职业教育体系的对策研究等。

（5）在水利职业教学研究方面，近年来在中国水利教育协会的大力推动下，水利行业教学大赛、水利行业技能大赛、水利职业教育专业评估、水利规划教材建设等方面开展得有声有色，有力地推动了水利职业教学研究，取得了多项成果获国家级教学成果奖。从总体看，与水利高等教育研究一样，也是存在理论研究薄弱、教学研究“繁荣”的现象，提高水利职业教学研究质量已成为水利职业教育发展的重要因素。**代表性成果有**：基于技能竞赛平台的水利工程专业教学改革研究，大规模在线开放课程在水利类高等职业教育课程建设中的应用研究，高职水利类学生专业意识培养的教学体系探析等。

（6）水利继续教育研究方面，水利职工培训仍然是水利继续教育研究的热点和重点，从终身教育、终身学习视角关于水利行业继续教育数字化学习资源建设和共享、推进水利专业技术人员职业资格认证等方面的研究也开始受到关注，但持续性、专业性研究不够。**代表性成果有**：基于“互联网＋”水利行业继续教育的实践研究，水利单位推广继续教育的重大现实意义及问题对策研究，新时期水利系统职工教育培训的创新研究等。

（7）在水情教育方面，由于《全国水情教育规划（2015—2020年）》的颁布实施，第一批国家水情教育基地的认定，水情教育研究开始受到高度关注，但随着时间推移投入研究的人员太少，研究成果的数量与质量与国家政策大力推进的趋势极不相符。**代表性成果有**：专业化水情教育资源库建设研究，水情教育工作推进研究，水情教育与生态文明建设的关系等。

1.5　水科学发展趋势与展望

随着经济社会飞速发展，科学技术日新月异，人类需要解决的水问题越来越复杂，水科学研究面临着很好的发展机遇，必将快速发展。根据对目前水科学研究现状的分析，结合对未来学科发展走向的判断，参考文献［5］至文献［8］；文献［3］和文献［4］中分方向对水科学发展趋势进行分析和展望。本书考虑最近两年的变化，对文献［4］此部分内容进一步梳理补充完善，大部分内容没有变化。

1.5.1　水文学发展趋势与展望

（1）水循环机理与模型研究。包括：城市、农田、植被、生态系统等不同尺度水循环微观机理、观测实验及循环过程研究，分布式水文模型的关键难点问题的突破，分布式水文模型与区域经济社会演变模型的耦合研究，水文-生态耦合模型，高强度变化环境下的水文模型研制、不同尺度水文模型构建，人水关系的作用机理及系统模拟等。

（2）水文气象站网优化布局与测报信息系统建设。包括：高精度、系统化水文气象监测设备研发，极端突发水旱灾害自动监测、应急监测，地表水与地下水、取水与排水、水量与水质、总量与效率一体化监控体系，水文气象站网优化布局方法及更科学的统计计算方法，水文气象测报新方法，洪水预报、洪灾监测与评估，一体化水管理信息系统建设与应用等。

（3）雨情、汛情、旱情预警预报方法与模型研究。包括：雨情、汛情、旱情预警预报方法，更精准的预报方法，预报模型研制与系统开发等。

（4）气候变化和人类活动影响下的水文效应研究。包括：人类活动对水系统的影响作用分析，气候变化对水系统、水生态的影响作用分析，气候变化和人类活动对水系统影响作用大小和比例的度量，变化环境下水资源脆弱性评价和适应性调控，水系统的恢复性，气候变化下的水资源承载力和水安全，应对气候变化的水资源适应性管理等。这些一直是最近几年的研究热点，也将继续是今后一些年的研究方向。

（5）适应最严格水资源管理制度的水文学研究。包括：适应最严格水资源管理“三条红线”监控和考核需要的自动监测和实时调控，满足水资源开发利用总量控制的水循环计算方法，水资源利用效率控制的水文学计算方法，水功能区纳污总量控制计算需要的水文学基础，水文及水利现代化建设等。

（6）面向智慧水利/智慧水务建设的水文学研究。包括：基于现代信息通讯技术的水系统快速监测与数据传输，水文监测自动化系统，水文模型构建等。

（7）海绵城市建设的水文学研究。包括：海绵城市建设水文效应，城市高强度人类活动区水循环机理和模型、城市水文分析与计算、洪水计算、城市小尺度或微观尺度水系统模拟、高精度水文预报、生态水文过程和模型等。

（8）在京津冀协同发展、长江经济带、“一带一路”热点区域的水文学专题研究方面。包括：支持经济社会快速发展、生态环境保护的各方面的水文学基础研究内容，需要回答这些区域发展会带来哪些水问题，如何应对这些水问题，以及如何保障区域可持续发展、人与自然和谐相处。这将是新的研究方向和研究热点。

1.5.2 水资源发展趋势与展望

（1）水资源形成、转化、循环运动规律研究。包括：社会水循环、自然水循环的实验观测、过程机理、定量描述及耦合模拟方法，土地利用/覆被发生剧烈变化下的水资源转化规律的认识、模拟及评价方法，水系统结构、模拟及应用，气候变化和人类活动共同影响下水资源系统演变过程及应对机理研究等。

（2）水资源高效利用关键技术研究。包括：水资源高效利用指标确定方法及评估体系，风险因素分析与调控，用水总量控制方法，饮水安全保障关键技术方法，工业、农业用水效率提升关键技术方法，生态高效用水技术，综合节水技术、节水型社会建设关键技术，工程措施和非工程措施实施方案等。

（3）水资源优化配置理论及战略配置格局研究。包括：水资源优化配置理论方法及模型，社会-经济-水资源-环境的协调发展目标的量化方法，水资源与经济社会发展和谐调控理论方法、调控模型，水资源配置方案制定（包括社会发展规模控制、经济结构调整、用水分配方案、水资源保护措施），全国、区域、流域尺度最优化水资源战略配置格局研究，水战略研究等。

(4) 水资源规划与管理方法研究。包括：多目标水资源规划和水能资源规划制定方法（统筹兼顾防洪、灌溉、供水、发电、航运等功能），水资源量与质的计算与评估，水资源功能的划分与协调，水资源的供需平衡分析与水量科学分配，水能资源的评估与供需分析，水能资源开发方案与论证，水能资源开发对河流健康的影响研究与对策，水资源保护与灾害防治规划，现代水资源管理模式，水资源适应性利用理论方法等。

(5) 水资源承载能力和水资源可持续利用理论方法研究。包括：水与可持续发展关系研究，水资源承载能力量化研究方法，可持续发展量化研究方法，水资源与经济社会协调发展理论及量化研究方法、管理模型、方案制定，气候变化和人类活动下水资源动态承载能力计算与适应性对策研究等。

(6) 人水和谐理论方法及应用研究。包括：人水和谐量化研究方法体系（包括研究框架、量化准则、指标体系、量化方法、调控模型等），水资源与经济社会和谐发展定量研究，和谐论理论方法及应用，基于人水和谐思想的水资源管理、水环境综合治理研究等。

(7) 最严格水资源管理理论方法及应用研究。包括：水资源开发利用控制红线确定方法，用水效率控制红线确定方法，水功能区限制纳污红线确定方法，最严格水资源管理制度理论体系，三条红线控制指标合理分配方法及考核制度体系等。

(8) 适应生态文明建设的水资源保障体系研究。包括：生态水文学基础研究，充分考虑生态保护的水资源优化配置技术、水资源合理分配与调度技术、水利工程优化布局与规划建设关键技术，生态需水保障技术，河流健康保障技术，防洪抗旱减灾自动监测、会商与体系建设，水资源安全保障体系建设等。

(9) 河湖水系连通理论方法及应用研究。包括：河湖水系连通演变规律、驱动因素、构成要素、机理分析，河湖水系连通分类体系及判别指标，河湖水系连通的问题识别、功能分析、适应性分析、方案设计、运行管理、效果评价，河湖水系连通规划方法及应用实践等。

(10) 支撑智慧水利（或智慧水务）发展的水利现代化和水资源技术方法研究。包括：水利现代化建设体系，水资源快速监测、传输、储存及运行计算，水资源和谐调控模型、调控方案快速生成与评估、决策系统研发等。

(11) 支撑海绵城市建设的水资源保障体系研究。包括：城市水资源合理开发、高效利用和有效保护的基础科学问题，海绵城市建设引起的水资源变化规律与水系统模型，水资源高效利用途径、非常规水利用途径，水资源安全保障体系等。

(12) 支撑京津冀协同发展、长江经济带、“一带一路”建设的水资源问题研究。包括：在京津冀协同发展方面，面向京津冀协同发展的水资源优化配置和河湖水系连通体系建设，京津冀水资源一体化规划、配置、调度、保护、监控和考核，落实节水优先方针，建设京津冀一体化节水型社会，建设京津冀一体化智慧水网，生态保护、绿色发展目标下的水资源管理制度体系研究；在长江经济带方面：面向长江经济带发展需求和学术前沿的水资源利用与保护基础理论研究，保护与开发和谐发展理论与应用，长江经济带生态文明建设理论与实践，技术创新与应用，推动水资源高效利用和经济社会可持续发展，最严格水资源管理制度，河长制等制度体系研究与落实；在“一带一路”方面：“一带一路”沿线分区水资源安全风险评估体系，建立区域水资源配置网络系统，水资源与经济社会协调发展空间均衡研究，建立“一带一路”沿线水资源安全监测预警机制，开发、利用、节约、保护、处理水等技术在“一带一路”沿线国家的交流、推广、研发和应用，水科学交流、合作、共享机制建设[8]。

(13) 继续探索水资源研究的新理论、新方法。研究水资源必然要涉及社会科学、自然科学以及工程技术科学。水资源与气候资源、生物资源、土地资源、地下资源（指矿产资源）有着千丝万缕的联系。所以，研究水资源问题，必然会联系到其他资源、其他学科，不断引进新的理论、方法，总结探索水资源研究的新理论、新方法，包括：关于水资源的多学科交叉研究，水资源社会学研究，水资源开发利用的工程技术应用，水资源-气候资源联合利用方法，水资源-生物资源开发利用方法，水土资源优化配置与利用方法，受水制约或影响的其他资源规划利用方法，以及数学与系统科学、管理科学、计算机科学、遥感等新技术在水资源研究中的应用等。

1.5.3 水环境发展趋势与展望

(1) 水环境机理、水质模型与水环境评价、预测研究。包括：水污染机理及水质迁移转化规律研究，水环境多介质模型，复杂水域的三维水质迁移转化模型，考虑人类活动的水环境变化预测模型，水质模型与分布式水文模型的耦合，面源污染预测模型，基于不确定性理论的水环境评价方法，水环境影响评价方法，突发水污染的预警和预报等。

(2) 水资源保护和河湖健康保障体系建设关键技术研究。包括：水资源保护理论方法与实施技术，河湖健康理论方法与实施技术，河湖健康评估指标、保障体系，水资源保护规划，水资源管理保护阈值确定理论方法，地下水超采区治理技术，工程建设技术，工程措施和非工程措施实施方案及效果评估等。

(3) 水生态保护与修复理论方法及应用研究。包括：水生态调查、监测与分析，水生态功能评价，水生态健康评价，生态水文模型，水生态承载能力，生态环境需水/环境流量理论方法，水生态调度模型，生态对水文变化的响应机制，水生态保护技术，水土保持规划，水土保持工程建设，水土保持监测、评估与控制技术等。

(4) 水污染总量控制理论方法及应用研究。包括：水功能区划定，污染源调查评价与识别技术，水体动态纳污能力计算方法，水环境容量分配方法，水利工程防污联合调度理论方法，排污口优化/规划理论方法，流域初始排污权分配理论方法等。

(5) 水污染治理技术及应用研究。包括：点源污染治理技术，面源污染治理技术，内源污染治理技术，饮用水水源地保护技术，重金属污染防治技术，有毒有机污染防治技术，富营养化污染防治技术，水处理技术，水生态保护与修复技术等。

(6) 水环境管理理论方法及应用研究。包括：水环境保护监测预警和监督管理，水源地保护区划定理论方法，水环境风险管理理论方法，突发水污染应急管理，水生态补偿机制，排污权市场交易理论方法等。

（7）支撑生态文明建设的水环境综合治理研究。包括：水环境综合治理体系构建，水工程建设中的生态保护规划与建设技术，水生态文明建设保障体系，水生态文明建设水平评估监控与快速判别和决策系统研发等。

（8）海绵城市建设的面源污染机理及治理技术研究。包括：海绵城市建设引起的水环境变化机理与水质模型，海绵城市建设的水环境效应，城市面源污染形成机理、治理技术等。

1.5.4 水安全发展趋势与展望

（1）防洪抗旱减灾体系建设关键技术研究。包括：防洪抗旱减灾自动监测及会商模型和系统，防洪体系安全评估，洪水资源利用途径，抗旱应急水源选择方法，防洪抗旱协同调度方法，流域尺度防洪、抗旱、兴利相结合水资源统一调度系统，复杂水库群多目标优化调度，干旱形成机理、干旱预警预报理论方法，旱灾风险分析与减灾决策，旱灾适应性管理和调控技术等。

（2）环境污染、冰凌、泥石流、风暴潮等带来的水安全研究。包括：重大水污染事故的预警和预报与控制，环境对人体健康的影响作用机理及评估方法，冰凌、泥石流、风暴潮等形成机理和预警预报理论方法等。

（3）水安全评估指标、风险分析及调控对策研究。包括：水安全发展目标及评估指标，水安全测算方法和评估方法，水安全风险分析与风险管理，水安全与新农村建设、小康社会建设、和谐社会建设的关系，农村饮水安全及用水保障措施，水安全保障体系建设与调控对策，保障水安全的关键问题和技术方法（如供水、水处理、水环境）等。

（4）分类水安全保障技术及应用研究。包括：先进的农业灌溉节水技术、工业生产节水技术、生活节水技术、输水管网漏损监测与智能控制技术、污废水再生回用技术研发，节水型社会建设方案的规划、设计、实施方案论证，水安全保障自动监控与精确管理系统研发等。

（5）海绵城市建设中水安全保障能力建设研究。包括：城市洪水、干旱、污染的危害机理及安全调控、水安全保障能力提升建设技术等。

1.5.5 水工程发展趋势与展望

（1）水工程方案优化选择和规划论证研究。包括：水资源开发工程方案、河流治理工程方案选择，大型、跨流域或跨区域河流的水利工程规划与论证，水利工程建设顺序，水利工程布置方案、可行性研究，水利工程调度、运行管理方案优化选择和规划论证等。水工程主要包括农田水利工程、抗旱应急水源工程、集中供水工程、农村饮水安全工程、骨干水源工程、水资源配置工程、防洪控制性水利枢纽工程、城市防洪排涝工程、城市给排水工程、海堤工程、跨界河流整治工程、河湖水系连通工程、水土保持工程、生态保护工程、节水工程等。

（2）水工程规划建设、管理体制和制度研究。包括：各种水工程规划、建设、调度、运行管理、运行机制和管理体制、制度改革等，以及适应生态文明建设的各种水工程规划、设计、建设、管理的技术标准、政策制度等。

（3）适应生态水利的工程建设技术及应用。包括：各种水工程建设的生态保护标准、建设技术，水工程建设中生态保护措施选择及应用等。

（4）适应智慧水利（或智慧水务）建设的水工程规划设计与建设管理研究。包括：水工程建设配套的自动监控、远程控制、自动供水等面向订单式服务、水管理精准投递的工程建设等。

（5）海绵城市建设中水工程研究。包括：与海绵城市建设相联系的河流治理工程、雨水收集与利用工程、污水收集处理和回用工程、河湖水系连通工程等方案论证、工程建设顺序、工程调度、运行管理等。

1.5.6 水经济发展趋势与展望

（1）水资源与经济社会发展耦合关系及量化研究。包括：水资源与经济社会互馈机制认知及表述，水资源与经济社会发展和谐平衡点量化优选、和谐程度评估，水资源开发利用的综合评价、经济效益分析以及经济学研究，水利工程生态经济评价等。

（2）水资源价值理论及水价制定研究。包括：水价值核算理论，水价值损失模型及核算体系，水价体系构成及水价制定方法，两部制水价、超额累进加价制度、阶梯式水价制度研究等。

（3）初始水权分配与水市场研究。包括：初始水权分配模型、影响因素、效果评价，水市场的构建与运行，水市场管理，水资源产权制度，水资源资产确权登记、用途管制、有偿使用制度研究，水资源税改革等。

（4）水利投入增长及长效机制研究。包括：公共财政对水利投入方式、比例和管理办法，专项水利资金管理办法和评估体系，水利投资项目遴选和资金监督管理，水利投融资理论与模式，金融机构对水利信贷资金投放方式、融资形式和风险分析，水利投融资渠道等。

（5）社会水循环与虚拟水研究。包括：虚拟水转化运移基本理论方法，基于虚拟水的水资源管理研究，虚拟水贸易和虚拟水战略研究，社会水循环结构、模式、通量核算，社会水循环与自然水循环耦合研究，虚拟水与社会水循环的耦合研究等。

（6）支撑生态文明建设和智慧水利建设的水资源经济措施及保障体系研究。包括：水资源经济学研究，水价调控策略研究，水资源安全保障体系建设等。

（7）海绵城市建设的水经济研究。包括：海绵城市建设的投融资途径、经济分析，财务型投入产出模型，经济运行方式和模式，水价水权及水市场等。

1.5.7 水法律发展趋势与展望

（1）水法规体系法律基础研究。包括：水政策和法律基本理论，水法规体系，重点领域（节约保护、防汛抗旱、农村水利、水土保持、流域管理等）的法律法规建设，重点问题（水资源论证、水工程建设规划同意书、洪水影响评价、水土保持方案、矿业用水排水、饮用水安全等）的制度建设等。

（2）水权体系和制度、排污权制度、流域生态补偿机制研究。包括：水资源配置和取水许可，可交易水权制度构建及立法选择，最严格水资源管理的水权制度及法律基础研究，排污权交易方法及制度建设，跨流域调水生态补偿制度研究，流域生态补偿机制研究，水生态补偿财政转移支付制度研究，国际流域生态补偿等。

(3) 有利于水利科学发展的制度体系建设研究。包括：水利科学发展的制度体系内涵、框架（包括最严格水资源管理制度、水利投入稳定增长机制、水资源节约和合理配置的水价形成机制、水利工程良性运行机制），制度体系评估系统，制度体系支撑系统及保障机制，制度体系对水利科学发展作用分析及调控等。

(4) 水资源管理制度、体制和考核制度研究。包括：流域管理体制及综合治理模式研究，水资源保护法律体系、水资源管理制度体系，最严格水资源管理制度，水资源管理体制，流域管理与区域管理相结合管理模式，城乡水资源统一管理制度，水资源管理工作机制，水资源保护和水污染防治协调机制，水事纠纷协调机制及和谐处置途径研究，水资源管理责任和考核制度，水资源开发利用、节约保护考核指标及综合考核方法等。

(5) 适应生态水利建设、智慧水利建设的法律政策制度研究。包括：水生态文明制度建设与发展思路，适应最严格水资源管理的法律体系，构建最严格水资源管理制度体系，保障生态水利建设和智慧水利建设的法律政策制度体系研究等。

(6) 河（湖）长制研究。包括：河湖管理政策法律法规建设，水污染防治，河（湖）长制推行成效，责任、考核和监督体系等。

1.5.8 水文化发展趋势与展望

(1) 对水文化遗产资源的开发利用相关问题的研究。包括：不同地区、流域、典型工程的历史工程水文化考究，水文化和水工程科学考察，生态环境变迁探索及治理途径研究，人水关系的历史考究和科学调控、旅游水文化与美丽乡村建设等。

(2) 水文化教育和传播的实践与研究。包括：水文化教育体系、多途径教育内容、方式挖掘、平台构建，水文化传播方法等。

(3) 基于水文化视野的人水关系研究。包括：基于历史视角的水环境变迁研究，基于历史发展的水利工程作用和效果分析，水文化建设、水利工程规划、水土资源开发利用以及水管理政策和体制的历史学分析，人水关系的历史演变趋势分析。

(4) 水文化传承创新与生态文明建设研究。包括：现代水利工程研究中水文化分析方法，水利工程建设中文化元素的融入方法，水文化体系构建，基于水文化视角的生态文明建设理论及途径，水生态文明判别标准及建设方向选择等。

(5) 海绵城市建设中水文化研究。包括：海绵城市建设文化传承、工程建设文化底蕴挖掘、生态文明建设、水文化旅游等。

1.5.9 水信息发展趋势与展望

(1) 水信息获取技术研究。包括新型水分传感器研制、水分反演算法研究及其在土壤水分监测、地表蒸散估算、水体信息提取、湿地变化监测、植被含水量以及湖泊水位等方面的应用。

(2) 水信息数据挖掘研究。包括利用先进数值计算和多维水力与水生态、水环境模型的研究与应用，以及基于GIS的水灾害预报、水环境评价和水生态研究。

(3) 智慧水利（或智慧水务）研究。包括：信息通信技术和网络空间虚拟技术应用研究，构建“物理水网、虚拟水网、调度水网”于一体的水联网，实现软件系统高度融合；水系统快速监测、大数据传输与存储技术，实现水系统监测自动化、资料数据化，构建水系统“立体感知体系”，为智慧水利提供数字化信息源；复杂水系统模拟及人水关系调控模型集成，实现人水关系调控模型定量化，并基于大数据和云技术进行快速计算，构建智慧水利的“模块集成系统”；智慧水决策和水调度快速生成与执行系统，实现管理信息化、决策智能化，构建智慧水利的“决策与服务体系”，随时为客户提供个性化订单式服务，实现水管理精准投递。

（4）海绵城市建设中水信息研究。包括：海绵城市信息管理、智慧城市建设、水系统数据采集模拟与预报、洪灾监测与预警等。

1.5.10　水教育发展趋势与展望

（1）适应新形势的水利高等教育研究。包括：适应不断发展的新形势下的大专院校、中等职业学校水利类专业建设，水利高等教育体制改革、课程体系构建及教学方式方法改进，人才引进、培养、选拔以及评价、流动、激励机制完善，水利高等教育发展史研究及其对现代水利教育的启示等。

（2）水情教育体系构建。包括：与水有关的各种宣传、教育、技术培训、科技创新等水情教育体系构建，水危机认识，以提高全民水患意识、节水意识、水资源保护意识。

（3）水利科技创新体系构建。包括：健全水利科技创新体系，强化基础条件平台建设，加强基础研究和技术研发，加大技术引进和推广应用力度，加强水利国际交流与合作，以提高水科学支持能力、水管理队伍整体水平。

（4）水文化宣传与水教育结合途径。包括：水文化宣传，把水文化知识融入普通百姓生活中，在水利工程建设中融入更多的水文化元素，对水利职工进行水文化脱岗轮训。

（5）面向公众宣传。包括：水法规、水政策宣传，水知识普及与公众科普宣传，中小学水情宣传和水文化教育等。

本章撰写人员

本章撰写人员：左其亭、甘容、窦明、王富强、张金萍、丁相毅、胡德胜、王瑞平、宋轩、宋孝忠、贾兵强（按第 1.4 节内容顺序排名，排名不分先后）。左其亭负责统稿。分工如下：

节　名	作　者	说　明
1.1　概述 1.2　水科学概念、范畴及学科体系 1.3　本书采用的水科学体系及分章情况	左其亭	
1.4　水科学 2017—2018 研究进展综述	甘容、左其亭、窦明、王富强、张金萍、丁相毅、胡德胜、王瑞平、宋轩、宋孝忠、贾兵强	注：按照撰写的各章内容顺序排列，排名不分先后
1.5　水科学发展趋势与展望	左其亭	

参考文献

[1]　左其亭．水科学的学科体系及研究框架探讨［J］．南水北调与水利科技，2011，9（1）：113－117.

[2] 左其亭．中国水科学研究进展报告2011—2012［M］．北京：中国水利水电出版社，2013.
[3] 左其亭．中国水科学研究进展报告2013—2014［M］．北京：中国水利水电出版社，2015.
[4] 左其亭．中国水科学研究进展报告2015—2016［M］．北京：中国水利水电出版社，2017.
[5] 左其亭，张保祥，王宗志，等．2011年中央一号文件对水科学研究的启示与讨论［J］．南水北调与水利科技，2011，9（5）：68-73.
[6] 左其亭．中国水利发展阶段及未来“水利4.0”战略构想［J］水电能源科学，2015，33（4）：1-5.
[7] 左其亭．我国海绵城市建设中的水科学难题［J］．水资源保护，2016，32（4）：21-26.
[8] 夏军，左其亭．中国水资源利用与保护40年（1978—2018）［J］．城市与环境研究，2018，5（2）：18-32.

第2章　水文学研究进展报告

2.1　概述

2.1.1　背景与意义

水文学是地球科学的一个分支，是水资源研究和开发、利用、保护的重要理论依据和技术支撑，也是水科学的重要基础内容。水文学主要是研究地球上水的起源、存在、分布、循环运动等变化规律（包括水资源的转化规律），既包括水资源的基础研究内容，也包括为水资源的应用服务内容。认识水文循环对人类社会的可持续发展至关重要，对水文循环变化规律的掌握程度极大地影响人类文明与社会经济的发展。

人多水少、水资源时空分布不均是我国的基本国情和水情，水资源短缺、水污染严重、水生态恶化等问题十分突出，已成为制约经济社会可持续发展的主要瓶颈。水文学是水资源的学科基础。在有关水资源的开发利用中，大部分基础工作都要用到水文学的有关知识。水资源开发利用推动水文学的发展，在水资源开发利用中，特别是现阶段我国复杂的水资源问题，针对一些新形势下的新问题，要从技术上解决他们，都需要坚实的水文学基础。

水文学具有悠久的发展历史，是人类从利用水资源开始，并伴随着人类水事活动而发展的一门古老学科。同时，又是一个伴随着新技术、新理论、新方法出现不断演变和发展的与时俱进的学科。由于客观世界的复杂性、广泛存在的不确定性以及人类认识上的局限性，水文学仍有许多难点问题（如不确定性问题、非线性问题、尺度问题等）在理论上和实际应用上未能很好解决。因此，水文学也像其他学科一样，一直在不断发展之中。特别是，随着现代科学技术的发展，以前没有发现的问题，现在发现了，以前没有解决的问题，现在在逐步解决，使得水文学不断发展、不断壮大。

2.1.2　标志性成果或事件

（1）2017年1月21日，中国政府网发布《国务院关于第三批取消中央指定地方实施行政许可事项的决定》，国务院定第三批取消39项中央指定地方实施的行政许可事项，其中涉及水利工程3项：水利施工图设计文件审批；在堤防上新建建筑物及设施竣工验收；水利工程采用没有国家技术标准的新技术、新材料审定。

（2）2017年2月，全面加强水功能区监督管理，有效保护水资源，保障水资源的可持续利用，推进生态文明建设，依据《中华人民共和国水法》《中华人民共和国水污染防治法》等法律法规，水利部对《水功能区管理办法》进行了修订，并更名为《水功能区监督管理办法》，4月1日实施。

（3）2017年3月22日是第二十五届“世界水日”，第三十届“中国水周”。联合国确定“世界水日”的宣传主题是“Wastewater（废水）”，我国纪念“世界水日”和开展“中国水周”活动的宣传主题是“落实绿色发展理念，全面推行河长制”。

(4) 2017年5月12日，为加强和规范国家地下水监测工程（水利部分）验收工作，水利部印发《国家地下水监测工程（水利部分）验收管理办法》。

(5) 2017年6月，在已减少26项水行政审批、减幅已达54%的基础上，再取消建设项目水资源论证报告书审批、坝顶兼做公路审批、利用堤顶戗台兼做公路审批、生产建设项目水土保持设施验收审批和水利工程启闭机使用许可证核发等5项行政审批事项。

(6) 2017年7月1日起，国家重大水利工程建设基金和大中型水库移民后期扶持基金的征收标准统一降低25%。降低征收标准后，两项政府性基金的征收管理、收入划分、使用范围等仍按现行规定执行。

(7) 2017年11月5日，由水利部太湖流域管理局、南京水利科学研究院、河海大学、上海勘测设计研究院有限公司共同发起的太湖流域水科学研究院（以下简称太湖研究院）在上海正式成立。这是我国首个流域层面水利科技领域高层次协作平台，也是流域水利科研机制的创新实践成果。

(8) 2017年11月，第十五届中国水论坛在水文学方面的研究汇集了分为海绵城市建设的水科学理论、方法与实践；变化环境下的水文过程及其水文水资源响应；生态水文与城市生态水文；全球变化下的蒸散发观测、模拟与挑战；土壤水与地下水科学与管理；极端气候与洪旱灾害等方面的内容。

(9) 2017年12月，中共中央办公厅、国务院办公厅印发《关于在湖泊实施湖长制的指导意见》。

(10) 2018年2月，为做好新时期水土保持监测和信息化工作，加快推进现代高新技术与水土保持业务工作的深度融合，提升水土保持管理能力和水平，水利部印发《全国水土流失动态监测规划（2018—2022年）》和《国家水土保持监管规划（2018—2020年）》。

(11) 2018年3月22日，联合国确定2018年“世界水日”宣传主题是“Nature for water（借自然之力，护绿水青山）”。中国今年“世界水日”和“中国水周”活动的宣传主题为“实施国家节水行动，建设节水型社会”。

(12) 2018年4月1日，水利部在北京召开2018年水文工作会议，学习贯彻党的十九大精神，总结2017年水文工作，分析水文面临形势任务，安排部署2018年重点工作。

(13) 2018年5月25日，《中国水利年鉴》工作座谈会在京召开。水利部副部长、水利年鉴编纂委员会副主任委员魏山忠出席会议并讲话。他强调，水利年鉴工作在新时代要有新气象和新作为，必须进一步提高对水利年鉴工作的认识，坚持正确方向，做到以编为用、编鉴化人，为水利改革发展服务，为广大读者服务。

(14) 2018年7月，为落实《中华人民共和国水法》和最严格水资源管理制度，切实加强水资源统一调度和统一管理，全面加强河湖生态环境保护，实现水资源可持续利用，水利部印发《关于做好跨省江河流域水量调度管理工作的意见》。

(15) 2018年7月24日，国家防总副总指挥、水利部部长鄂竟平主持召开会议，传达贯彻落实胡春华副总理和王勇国务委员在国家防总2018年全体会议上的重要讲话精神，分析研判当前天气形势，进一步安排部署当前防汛抗旱防台风工作。

(16) 2018年9月17—23日为国家网络安全宣传周，为进一步宣传普及网络安全知识，提升网络安全防范意识，提高网络安全防护技能，根据2018年水利网信工作会议精神，按照部领导指示，水利部网信办围绕狠抓“两个关键”、落实“三套机制”、细化实化“五项措施”等水利网络安全工作要求，精心筹划、组织开展了系列水利网络安全宣传培训活动。

(17) 2018年10月9日，水利部印发《关于推动河长制从“有名”到“有实”的实施意见》，提出要聚焦管好“盆”和“水”，集中开展“清四乱”行动，系统治理河湖新老水问题，向河湖管理顽疾宣战，推动河长制尽快从“有名”向“有实”转变，从全面建立到全面见效，实现名实相副。

(18) 2018年10月18日，水利部部长鄂竟平在京会见世界水理事会主席布拉加，双方就进一步在水安全、水利基础设施建设与投融资等方面深化合作交换了意见。

(19) 2018年11月，水利部办公厅、生态环境部办公厅日前联合印发《全面推行河长制湖长制总结评估工作方案》，启动全面推行河长制湖长制总结评估工作。

(20) 2018年12月14日，水利网络安全工作座谈会在北京召开，贯彻2018年水利网信工作会议精神，落实《水利网络安全任务细化实化方案》（以下简称《方案》），做好新形势下的水利网络安全工作。

2.1.3 本章主要内容介绍

本章是有关水文学研究进展的专题报告，主要内容包括以下几部分：

(1) 以研究对象分类的水文学研究进展，包括河流水文学研究进展、湖泊水文学研究进展、沼泽水文学研究进展、冰川水文学究进展、河口海岸水文学研究进展、水文气象学研究进展和地下水水文学研究进展。

(2) 以应用范围分类的水文学研究进展，包括工程水文学、农业水文学、城市水文学、森林水文学和生态水文学。

(3) 水文学工作方式研究进展，包括水文测验学、水文调查学和水文实验学。

(4) 水文学研究方法研究进展，包括水文统计学、随机水文学、同位素水文学、数字水文学和遥感水文学。

2.1.4 有关说明

本章是在《中国水科学研究进展报告2015—2016》[1]的基础上，广泛阅读2017—2018年相关文献，系统介绍有关水文学的研究进展。因为相关文献很多，本书只列举最近两年有代表性的文献。

2.2 以研究对象分类的水文学研究进展

早期的水文科学主要研究河流、湖泊、沼泽、冰川和积雪，以后慢慢扩展到地下水、大气中的水和海岸中的水。传统的水文科学是按研究对象划分分支学科的，主要有：河流水文学、湖泊水文学、沼泽水文学、冰川水文学、河口海岸水文学、水文气象学和地下水水文学等。

2.2.1 河流水文学研究进展

河流水文学也称河川水文学，研究河流的自然地理特征、河流的补给、径流形成和变化规律、河流的水温和冰情、河流泥沙运动和河床演变、河水的化学成分、河流与环境的关系等。主要研究成果涉及水系特征和流域特征研究、河流水热动态与河流冰情研究、河道演变或河床演变研究以及河流水质、泥沙、洪水、产流与汇流研究等方面。

（1）在水系和流域特征方面。水系和流域特征是研究河流水文的基础。流域和水系特征是流域水文建模的主要参数，是水文模型分析的基础数据，因此流域和水系特征的提取一直是水文科学研究中的热点，在数字水文学里有专门介绍。李洁等计算了黄河下游断面及河段尺度的深泓摆动宽度及强度，分析了近30年来黄河下游各河段的深泓摆动特点[2]。何灿灿等提出了基于Arcpy自动提取清涧河流域水系特征[3]。张欣莹等梳理了西安地区水系的形成、发展、演变过程[4]。黄沈发等以平原河网地区为对象，梳理了区域农业面源污染、河网水系、地形地貌等特征，对比分析了多项农业面源污染生态拦截技术[5]。

（2）在河流水热动态与冰情方面。河流在特定的气候、气象、地形和水力条件下，会使水流出现与畅流期截然不同的水文现象，研究河流冰情变化规律，对防御冰害和工程安全具有重要意义。刘之平等提出了以100 MHz和1500 MHz雷达为基础的冰水情一体化双频雷达测量系统[6]。吴艳等提出基于水温实测资料，考虑时间和空间影响的水温变化规律作为反演水体热量损益计算的求解方法，对水内冰的演变进行计算分析[7]。樊霖等针对吉林省伊丹河输水河段具体特征，建立了伊丹河的河冰数值模型[8]。张璐等研究了黄河万家寨水库上游至托克托县喇嘛湾河段冰情特征及预报方法[9]。全栋等研究了冰封期黄河悬移质泥沙分布特性[10]。岳志春等对比分析了黄河宁夏石嘴山河段河床冲淤演变趋势及冰情变化特征[11]。王恺祯等研究了黄河宁蒙河段冰期洪水波运动过程中的演进变形[12]。杨开林研究了河渠冰水力学、冰情观测与预报研究进展[13]。刘之平等开展了冰水情一体化双频雷达测量系统[6]。

（3）在河流水质方面。冯亚伟等探讨了祁连山黑河源区八一冰川—黄藏寺段河水水文地球化学特征[14]。王蕊等利用Gibbs相关分析及离子关系对比等经典地质化学分析方法，对蒙古中北部主要湖泊和河流离子化学特征及其主要控制因素进行分析[15]。任岩等解析了新疆艾比湖流域地表水丰水期和枯水期水质分异特征及污染源[16]。张清华等于2014年8月至2015年7月在拉萨河拉萨水文站断面定点采集水样，并对其主要的化学离子进行分析[17]。邱瑀等综合应用多元统计分析与一维水质模型，系统分析了湟水河水质时空变化及其污染物来源[18]。杨永宇等基于灰关联和BP神经网络法评价了黑河流域水质[19]。徐国宾等提出了基于模糊标识指数的水功能区水质评价方法[20]。

（4）在河流泥沙方面。程烨等分别比较了滚动模式、滑动模式和跃移模式下泥沙临界起动平衡条件，推导出了三种起动模式下的起动概率[21]。申冠卿等分析了黄河下游漫滩高含沙洪水滩槽界定及泥沙时空沉积特性[22]。肖柏青等为了探明排沙漏斗悬移质泥沙运动特征和排沙机理，采用欧拉-拉格朗日方法模拟了排沙漏斗水气沙三相流动[23]。陈瑞东等采用统计学方法对比分析了延河流域1977年和2013年7月两次极端降水条件下的水沙特征变化情况[24]。夏伟等研究了气候变化和人类活动对灞河流域输沙量影响的定量评估[25]。胡春宏等分析了黄河流域1950—2016年水沙变化过程，梳理了不同阶段各家水沙变化趋势预测成果，辨析了趋势预测结果差异显著的原因[26]。王玲玲等在《黄土丘陵沟壑区不同空间尺度地貌单元水沙耦合机制》一书中分析了坡面—沟道—流域系统不同时空尺度下各地貌单元侵蚀输沙特征[27]。张翠萍等在《多泥沙河流水库泥沙淤积与控制》一书中阐述了排沙和降水冲刷排沙效率、水库纵横剖面调整与控制以及高含沙洪水对水库河床演变的作用[28]。

(5) 在河道演变或河床演变方面。秦毅等分析了黄河内蒙古河段凌汛期河床变化的特点及其带来的影响[29]。林风标等利用磨刀门历年实测地形资料，建立DEM模型，进行河床演变分析[30]。杨云平等研究了三峡大坝下游水位变化与河道形态调整关系[31]。何保等总结了河流交汇口河床地貌演变研究进展[32]。袁菲等分析了近60年来珠江三角洲河床演变特征[33]。黄勇等[34]从来水来沙、深泓平面、洲滩、深槽以及横断面变化等方面分析了沙市河段的近期河道演变特性。

(6) 在洪水方面。很多学者采用不同的模型进行洪水演进模拟分析，如三维水沙数学模型[35]、二维洪水仿真模型[36]、离散广义 Nash 汇流模型[37]、MIKE11 模型[38]、MIKE21[39]模型、MIKE Flood 模型[40]、MC-RCM 模型[41]等。也有部分学者进行了洪水风险评估[42-43]及洪水预报研究[44-45]。郭新蕾等分析了梯级水库群控制梯级极端工况泄洪安全[46]。王宗志等探讨了流域洪水资源利用的理论框架[47-48]。胡迎等开展了黄河上游洮河流域全新世古洪水水文学研究[49]。王光朋等研究了河道糙率系数取值变化在古洪水流量重建中的影响[50]。林志强等研究了西藏东南部山洪灾害过程水文动力模拟和临界雨量[51]。王远见等进行了塔里木河干流上游洪水演进规律分析与数值模拟[52]。李东来等进行了河床冲淤对洪水演进影响数值模拟研究[53]。窦身堂等在《黄河中游洪水调控模拟技术与预测分析》一书中研究了黄河中游高含沙洪水输移与调控方案[54]。

(7) 在产流与汇流方面。潘梦绮等开展了稳定流场条件下饱和层状石英砂的热示踪实验，结合 HYDRUS 模型的反问题算法对层状石英砂的水热运移参数进行了反演[55]。甘永德等提出了考虑土壤膨胀性的非稳定降雨入渗产流模型[56]。舒安平等通过48组正交的水槽实验，模拟非均质泥石流形成的动力过程，分析相关起动因子的量化关系[57]。吴永妍等研究了明渠不同长度过渡段内纵向时均流速及紊动强度的分布规律[58]。施顺成等利用传统的平原区产汇流计算采用的瞬时单位线，结合新安江模型的地貌单位线构建了两套模型[59]。李映辉等结合产汇流理论建立反映洪水形成发展的复杂多元动态事件集，并基于多元时间序列相似性原理构建了相似洪水动态识别方法[60]。

(8) 在河流生态环境方面。窦明等研究了基于纳污控制的沙颍河流域排污权交易多目标优化模型[61]。郑爽等基于对含淹没柔性水生植物水流的室内水槽系列试验和量纲分析理论，分析了植物挺立度、相对淹没高度及相对密植度对河道曼宁糙率的影响[62]。莫崇勋等采用逐月最小生态径流计算法和逐月频率计算法分别研究变异前和变异后的河道内最小生态径流和适宜生态径流情况[63]。廖先容等研究了城市河流滨岸缓冲带的生态修复模式[64]。徐得潜等探讨了乡村河道生态修复技术综合评价方法[65]。陈照方等研究了河口村水库坝下泄洪区出口整治及生态修复[66]。权全等在《变化环境下黄河上游河道生态效应模拟研究》一书中介绍了黄河区的生态调查及其分析，开展了变化环境下水文情势变化对河道生态效应的定量模拟分析[67]。

2.2.2 湖泊水文学研究进展

从研究对象来看，湖泊水文学包括湖泊水位与水量变化、湖水热动态、湖水运动、湖泊水化学、湖泊富营养化、湖泊沉积以及湖泊生态等方面。其中，湖泊富营养化、湖泊生态系统是研究热点，取得研究成果相对较多，而在其他研究方面，研究成果则相对较少。

（1）在湖泊水位与水量变化方面。一些学者主要对洞庭湖[68]、博斯腾湖与伊塞克湖[69]、苏北高邮湖[70]等水位演变特征及其影响因素进行了研究，对我国西北地区湖泊面积[71]及太湖容积[72]变化进行了研究。马建威等开展了基于遥感的1973—2015年武汉市湖泊水域面积动态监测与分析研究[73]，张洪源等开展了近20年青海湖水量变化遥感分析[74]。涂月明等以西洞庭湖为例，利用基于互信息的输入因子选择法建立了日水位预测模型[75]。刘晓群等研究了三峡水库运行以来洞庭湖水文条件变化与对策[76]。张奇等在《鄱阳湖水文情势变化研究》一书中分析了鄱阳湖水情要素变化特征、鄱阳湖低枯水位演变及发生机制[77]。

（2）在湖水热动态及湖泊冰情方面。姚晓军等开展了冰湖的界定与分类体系—面向冰湖编目和冰湖灾害研究[78]。李小雁等介绍了青海湖流域自然地理特征、社会经济状况和生态环境问题；论述了不同生态系统的生态水文过程；探讨了青海湖湖体水热交换过程与蒸发规律[79]。

（3）在湖水运动方面。沈明等分析太湖水体漫衰减系数特征及其影响因素，建立了适用于多种卫星数据且较高精度的太湖水体490nm处下行漫衰减系数估算模型[80]。李云良等运用数值模拟方法，定量研究了季节水情动态下鄱阳湖换水周期和示踪剂传输时间的空间分布[81]。孙博等对骆马湖的成因以及影响其演变的驱动因素进行探讨[82]。王俊等介绍了鄱阳湖区水文水生态动态监测、水量平衡及水资源配置、洪水预报及防洪安全[83]。

（4）在湖泊水化学方面。刘翀等基于青藏高原地区24个湖泊实测透明度SD值和相应的MODIS遥感影像，建立了该地区湖泊水体透明度SD值MODIS遥感反演模型[84]。王利杰等探讨了西藏山南地区沉错湖泊与径流水化学特征及主控因素[85]。王冼民等研究了基于水质改善目标的太湖适宜换水周期[86]。朱世丹等研究了艾比湖流域河流水化学季节特征及空间格局[87]。闫露霞等开展了青藏高原湖泊水质变化及现状评价[88]。梁中耀等提出了湖泊水质时空变化特征识别的贝叶斯方差分析方法[89]。皮家骏等运用灰色理论，建立了鄱阳湖水质评价模型[90]。石玉等研究了太湖有色可溶性有机物组成结构对不同水文情景的响应[91]。

（5）在湖泊富营养化方面，主要关注的是湖泊营养化监测与评价、防治等问题。吴玲等研究了太湖富营养化湖区秋季水体和沉积物中硝化微生物分布特征及控制因素[92]。张岩等研究了结冰对乌梁素海水体富营养化的影响[93]。王圣瑞等分析了国外湖泊富营养化防治与水污染治理经验，剖析我国湖泊保护和治理存在的问题及不足[94]。吕笑天等分析了气候变化与人类活动双重驱动的冷水湖泊富营养化[95]。张彦等耦合光因子和盐因子对藻类生长的驱动机制，建立了考虑光盐交互作用的富营养化数学模型[96]。王志强等提出了基于组合可拓综合分析法的鄱阳湖流域水质富营养化评价[97]。张壹萱等研究了富营养化湖泊典型水华蓝藻的固有光学特性[98]。吴可方等开展了东洞庭湖秋季氮磷营养盐结构及水华风险分析[99]。邵咏絮等研究了滨江游乐场人工湖水体富营养化整治措施[100]。

（6）在湖泊沉积方面。吴霜等利用赣北黄茅潭的湖泊沉积，建立了小冰期以来全球变暖背景下的区域洪水记录[101]。杨光林等通过分析达里湖沉积剖面的粒度和元素组成，探讨了17.8～6.8ka BP期间达里湖的水文环境变化[102]。刘颖等研究了过去5000年以来抚仙湖沉积物有机质碳同位素的古环境指示意义[103]。林琪等分析了泸沽湖近代沉积环境时空变化特征及原因[104]。张怡等分析了典型中小养殖型湖泊沉积物中磷形态特征[105]。闫兴成等研究了富营养化湖泊沉积物有机质矿化过程中碳、氮、磷的迁移特征[106]。

（7）在湖泊生态系统方面，主要关注的是湖泊生态系统评价。王志强等介绍了淡水湖泊生态系统退化的含义及形式，分析、总结了淡水湖泊生态系统退化的驱动因子，构建了淡水湖泊生态系统修复模块技术体系[107]。薛天翼等研究了湖泊（水库）沉积物分析在土壤侵蚀研究中的运用[108]。刘俊杰等研究2009—2017年太湖湖泛发生特征及其影响因素[109]。吴志明等研究了基于随机森林的内陆湖泊水体有色可溶性有机物（CDOM）浓度遥感估算[110]。刘聚涛等提出了鄱阳湖水生态环境保护实践与建议[111]。于革等在《湖泊水生态系统模拟研究》一书中，介绍了在气候、水文和生态系统多因子影响下湖泊长期演变系统模式的构建，分析了湖泊生态系统的变化归因[112]。

2.2.3 沼泽水文学研究进展

沼泽水文学主要研究湿地或沼泽的形成、发育与演化以及湿地或沼泽的生态环境等内容，涉及湿地或沼泽的径流、水的物理化学性质，以及沼泽对河流和湖泊的补给、沼泽改良等。以下仅列举有代表性的文献以供参考。

（1）在湿地形成、发育与演化方面。章光新等阐述了湿地生态水文学研究进展[113]。闫潍虹等基于Landsat影像对山东省烟台市近30年来湿地资源时空变化进行研究[114]。孙楠等基于多年遥感数据分析长江河口海岸带湿地变化及其驱动因子[115]。王纯等研究了盐度对滨海湿地土壤碳库组分及稳定性的影响[116]。陈月庆等总结了湿地水文连通的研究历程，阐述了湿地水文连通的研究热点及进展[117]。许秀丽等研究了鄱阳湖湿地典型植被群落地下水-土壤-植被-大气系统界面水分通量及水源组成[118]。王丽春等开展了基于NDVI的新疆玛纳斯湖湿地植被覆盖度变化研究[119]。王富强等开展了基于涡度相关观测的寒区滨河湿地蒸散发特征分析[120]。

（2）在沼泽或湿地生态环境方面。窦明等提出了基于环境自净能力的龙凤湿地水质改善优化调控模型[121]。李哲等采用Costanza生态系统服务价值公式进行生态系统服务价值评估，结合空间自相关模型，定量探讨了艾比湖湿地自然保护区生态系统服务价值时空分异特征[122]。徐丽婷等基于鄱阳湖湿地30个采样点的植被调查数据，利用植被完整性指数法（V-IBI）评价鄱阳湖湿地生态健康状况[123]。赵欣胜等选择压力-状态-响应（PSR）模型作为研究方法，建立了一套湿地生态环境评价指标体系[124]。高黎明等研究了海湖流域湿地小气候特征[125]。杨海江等研究了基于贝叶斯的星海湖湿地水质评价及特征分析[126]。吴燕锋等进行了湿地生态水文模型研究综述[127]。刘广全等研究了黄土高原农牧交错带湿地重构对鸟类多样性的影响[128]。周文昌等评价了神农架林区大九湖湿地生态系统服务价值[129]。李红清分析了鄱阳湖枯水期不同水位与鄱阳湖湿地生态的响应关系[130]。

2.2.4 冰川水文学研究进展

冰川水文学主要研究成果涉及冰川形成与变化，冰川、积雪融化与径流关系，气候变化对冰川的影响等方面。其中，冰川变化及气候变化对冰川的影响研究成果较多。

（1）冰川形成与变化方面。张志刚等开展了MIS 3时期青藏高原东南部稻城古冰帽冰进事件研究[131]。徐春海等基于LiDAR、SRTM DEM的祁连山黑河流域十一冰川2000—2012年物质平衡估算[132]。李田等结合南极Bedmap-2海底地形数据和杨百瀚大学冰山数据库所记录的冰山运动轨迹数据分析了海底地形对冰山运动和搁浅的影响[133]。段克勤等基于能量物质平衡方程，进行了青藏高原东部冰川平衡线高度的模拟及预测[134]。王聪强等分析了近25年唐古拉山西段冰川变化遥感监测[135]。邢武成等基于两期冰川编目数据与气象数据，对天山1959年来冰川资源的时空变化特征进行研究[136]。高永鹏等研究了冰川冰储量计算方法及发展趋势[137]。赵家锐等研究了基于Sentinel-1 SAR数据的南极松岛冰川流速监测[138]。李毅等研究了基于Landsat-8 OLI影像的天山南伊内里切克冰川2016年冰川表面运动状态提取与分析[139]。

（2）冰川、积雪融化与径流关系方面。郭淑海等在分析不同地区、不同气候条件下的冰雪升华量、升华潜热对水量和能量平衡影响的基础上，论述了冰雪升华的影响因素[140]。尹梓渊等基于含有冰川模块的HBV模型，借助DEM数据、冰川编目数据及1990—2000年水文气象数据等，以新疆伊犁河支流喀什河流域为研究区，开展冰雪融水径流模拟研究[141]。闫崇宇等研究了慕士塔格山卡尔塔马克冰川补给径流与非冰川补给径流水化学特征及主控因素[142]。

（3）气候变化与冰川的影响方面。张慧等对气候变化背景下奎屯河流域近50年冰川变化及其对水资源的影响进行了研究[143]。周祖昊等研究了祁连山区苏干湖流域冰川演变特征及对气候变化的响应[144]。陈虹举等研究了中国冰川变化对气候变化的响应程度[145]。胡凡盛等研究了近40年阿尔金山冰川与气候变化关系[146]。黄晓然等分析博格达峰及喀尔力克山的冰川面积变化，结合长时间序列的气温、降水数据分析天山东段典型冰川的气候响应[147]。李开明等分析了近40年来托木尔峰南坡三条监测冰川对气候变暖的响应[148]。丁永建等在《寒区水文导论》一书中，介绍了冰冻圈与海平面及大洋环流等大尺度水文循环的关系[149]。

2.2.5　河口海岸水文学研究进展

河口海岸水文学主要研究成果涉及河口泥沙运动与泥沙流、潮波或潮流、河口演变与河口三角洲形成、河口和滩涂生态系统等方面。其中河口泥沙运动与泥沙流研究主要集中在实验和模拟研究，潮波或潮流研究主要集中在潮波或潮流数学模拟及工程应用，河口演变与河口三角洲形成研究主要集中在基于大量的实测数据定性和定量分析河口演变和河口三角洲形成规律，河口和滩涂生态系统研究主要集中在生态系统影响分析及定量评估。

（1）河口泥沙运动与泥沙流方面。张罗号等分析了冲积河流沙质河床推移质级配分布规律[150]。陈可锋等利用实测水文泥沙资料和潮流数学模型计算分析射阳河口拦门沙航道开挖后的水流、含沙量特征；探讨了射阳港拦门沙航道淤积的泥沙来源和淤积成因[151]。黄哲等对渗流输沙的形式、泥沙起动的临界条件和泥沙输移模型三个问题进行了总结[152]。卢陈等分析研究了磨刀门河口悬沙浓度变化特征[153]。郑斌鑫等研究近期洪季磨刀门河口及滨海水域悬沙与河床沙交换过程及其动力机制[154]。王煜祺等分析了甬江及河口附近海域枯季水沙特性[155]。王亚南等采用了数值模拟的方法对三角洲型河口在不同来流流量、不同来沙中值粒径的条件下泥沙输移规律进行了研究[156]。

（2）潮波或潮流方面。姚宇等通过波流水槽试验对潮汐流存在下规则波的传播变形和增水规律进行了研究，测试了一系列的潮汐流流量，并对比分析了正向流、反向流以及无流的情况[157]。侯庆志等研究了渤海湾高强度开发对潮波系统的累积影响机制[158]。陈正侠等为快速准确地实现潮汐河网突发性水污染的溯源，提出了基于水环境模型和数据库的溯源方法[159]。吕勋博等分析了永定新河河口风暴潮对其右堤防洪保护区洪水风险影响[160]。郦凯等进行了江苏沿海潮流数值模拟与潮流能估算[161]。唐东跃等对浙江沿海及长江口 31 个潮位站同步潮位数据进行了比较分析[162]。钱睿智等开展了南水北调东线源头潮汐预报模型研究[163]。石盛玉等研究了近十年来长江河口潮区界变动[164]。左军成等在《海洋水文环境要素分析方法》一书中，介绍了温盐资料分析与水团分析方法、潮汐潮流分析方法和海流资料分析方法[165]。

（3）河口演变与河口三角洲形成方面。白玉川等开展了入湖浅水三角洲形成过程实验模拟分析[166]。隆院男等研究了近 30 年湘江中下游典型江心洲演变规律[167]。吕紫君等研究了磨刀门河口环流与咸淡水混合层化机制[168]。刘诚等研究了磨刀门河口洪季波生流及其泄洪影响[169]。张聪伟等研究了滦河入海口三角洲地区地下水及土壤盐度[170]。张心凤等研究了大风浪作用下河口区深水航道骤淤预测模式[171]。王一鸣等研究了 1973 年以来黄河三角洲形态与入海水沙通量关系[172]。陈勇等研究了 1958—2015 年长江口水下三角洲地形演变特征及趋势[173]。徐海珏等开展了入湖三角洲形成过程与淤积形态变化的实验研究[174]。

（4）河口和滩涂生态系统方面。高增文等探讨水位变化条件下混合型海湾水库库水盐分的影响因素、超标风险与达标条件[175]。张锦等基于河口生态用水管理理念，提出面向滨海河口湿地生态功能提升的河口生态用水分类管理途径[176]。王辉等运用突变模型势函数的一般表达式对连云港近岸海域的富营养化程度进行了定量判别[177]。李若华等基于 Mike21 软件，构建了基于氧平衡的钱塘江河口上游段潮流水质耦合模型[178]。何露露等研究了恒定和波动盐度增加对河口淡水感潮湿地间隙水溶解性甲烷和间隙水化学特征的影响[179]。沙宏杰等研究了基于耦合模型和遥感技术的江苏中部海岸带生态系统健康评价[180]。刘静玲等在《海河流域典型河口湿地水质-水文-食物网耦合模型研究》一书中，构建了面向海河流域河口栖息地的水文、水质、水生态综合监测及评价方法[181]。宋伦等在《环渤海河流冲淡水对近岸海域生态环境的影响及管理对策》一书中提出了控制渤海陆源污染物排海总量的建议，建立了环渤海陆海统筹、河海统筹管理机制及对策[182]。

2.2.6 水文气象学研究进展

水文气象学主要研究成果涉及极端降水、蒸散发、降水预测、旱涝分析、气候变化与水循环关系研究等方面。其中，极端降水研究成果较多，主要集中在不同尺度上的分析；蒸散发研究成果较少，主要集中在遥感反演及时空变化方面；降水预测研究较多，但创新成果不多；旱涝分析研究成果较多，集中在采用不同的方法进行旱涝时空特性分析；气候变化与水循环关系研究是热点，研究成果较多。

（1）极端降水研究方面。在极端降水变化研究成果较多，比如一些学者在珠江流域[183]、金沙江流域[184]、太湖流域[185]、浏阳河流域[186]、内陆河东部流域[187]等流域尺度上的研究，在北京[188]、吉林省[189]、辽宁省[190]等省级区域尺度上的研究，在中国[191-192]、库姆塔格沙漠周边地区[193]、藏东南地区[194]、西北东部地区[195]等不同区域尺度上的研究。陈亚宁等研究了西北干旱区极端气候水文事件特征分析[196]。林炳章等比较系统地从统计估算法、当地暴雨放大法、暴雨移置法、概化估算法、暴雨模式法、数值模拟法和多重分形法等方法综述可能最大降水估算方法研究应用现状[197]。周向阳等开展了极端降水事件概率分布识别方法对比研究[198]。

（2）蒸散发方面。汤鹏程等开展了西藏高海拔地区气象数据缺失条件下的ET_0计算研究[199]。于红博等研究了锡林河流域长时间序列蒸散量遥感监测及其相关因子[200]。王飞宇等对典型山地蒸散发时空变化进行了模拟研究[201]。季树新等研究了山东半岛2000—2014年蒸散发时空分异特征[202]。张戈等开展了基于多源数据的黑河流域日尺度蒸散发量模拟[203]。陆婷等[204]，李汇文等[205]分别研究了呼图壁县和西南地区蒸散发遥感反演及其时空变化。韩松俊等梳理了Penman方法和互补原理的蒸散发的发展历程，对比了其概念和方法上的差异，讨论融合这两类方法的可能和前景[206]。

（3）降水预测方面。郑祚芳等评估了风场变形误差对降水记录及其长期变化趋势的影响[207]。李亚斌等建立了适用于铜川地区的加权马尔可夫链对降水量的预测模型，并结合模糊集理论的级别特征值，对降水量做了具体预测[208]。叶金印等研究了大别山库区降水预报性能评估及应用对策[209]。孔德萌研究了基于协整理论的极限学习机模型在降水预测中的应用[210]。胡虎等研究了基于EEMD-GRNN的降水量预测[211]。黄小燕等研究了遗传-神经网络集合预报方法在广西热带气旋降水预报中的应用[212]。宋帆等研究了基于聚类分析的模糊马尔科夫链在降雨量预测中的应用[213]。邢贞相等提出了考虑气象因子不确定性的概率降水预报[214]。高治定等在《水文气象学分类及其在黄河治理中应用》一书中，将水文气象学科再分类为水文气象预报、水文气象规律分析及水文气象计算三个分支[215]。

（4）旱涝分析方面。一些学者分别采用改进型垂直干旱指数[216]、模糊综合干旱指数[217]、多尺度SPI指数[218]、降水蒸发指数[219]等方法对不同区域进行了干旱时空变化分析。一些学者研究了基于修正Z指数[220]、标准化降水指数[221]及马尔可夫链[222]的不同地区的旱涝时空特性。张宇亮等研究了基于区域农业用水量的干旱重现期计算方法[223]。万红莲等研究了明清时期宝鸡地区旱涝灾害链及其对气候变化的响应[224]。刘宇峰等分析了1961—2013年黄土高原地区旱涝特征及极端和持续性[225]。董婷等研究了1961—2012年我国干旱演变特征[226]。胡子瑛等研究了中国北方气候干湿变化及干旱演变特征[227]。马尚谦等研究了基于EEMD的华北平原1901—2015年旱涝灾害[228]。宫兴龙等开展了联合改进TOPMODEL和PDSI的半干旱区干旱评估模型构建[229]。屈艳萍等分析了中国历史极端干旱研究情况[230]。

（5）气候变化与水循环关系方面。一些学者分别研究了祁连山老虎沟流域[231]、阿克苏河[232]、澜沧江和怒江流域[233]、浏阳河流域[234]、叶尔羌河流域[235]、黄河流域[236]径流对气候变化的响应。王思如等研究了气候变化对科尔沁沙地蒸散发和植被的影响[237]。姚作新等研究了1960—2015年新疆塔什库尔干河谷季节性冻土对气候变化的响应[238]。孔莹等研究了全球升温1.5℃时北半球多年冻土及雪水当量的响应及其变化[239]。沙健等研究了基于模型联用评估气候变化对径流特征的影响[240]。廉丽姝等研究了基于WRF模式评估土地利用/覆被变化的气候和水文效应[241]。李天生等研究了基于Budyko理论分析珠江流域中上游地区气候与植被变化对径流的影响[242]。岳宁等研究了乌兰布和沙漠降水入渗补给对气候变化的响应[243]。占车生等分析了陆面水文—气候耦合模拟研究进展[244]。李敏等研究了变化环境下时变标准化径流指数的构建与应用[245]。

夏军等在《气候变化对中国东部季风区陆地水循环与水资源安全的影响及适应对策》一书中开展了水循环变化和应对气候变化影响的适应对策研究工作[246]。林凯荣在《变化环境下南方湿润区水文模拟与响应》一书中介绍了气候和土地利用变化下流域水文过程的响应[247]。任政等在《气候变化对水文过程影响及不确定性分析》一书中，介绍了气候模式预测结果的时空降尺度方法；预测了淮河流域2010—2099年的水文过程[248]。谢正辉等在《陆地水文-区域气候相互作用》一书中，分析了气候变化影响下中国东部季风区陆地降水、蒸发和径流等水循环要素的时空分异特征[249]。薛联青等在《变化条件下流域水循环影响机理及其生态响应过程》一书中，研究了平原、山区水库、大面积节水灌溉对区域小气候、流域水循环要素及生态的影响，流域中下游植被蒸散耗水在环境变化特征及其影响机制[250]。罗勇等在《中国陆地水循环演变与成因》一书中辨识了气候变化和人为活动因素对陆地水循环格局和水资源态势影响的相对贡献[251]。

2.2.7　地下水水文学研究进展

地下水水文学主要研究成果涉及地下水的形成和运动、地下水化学、地下水合理开发与管理等方面。其中，地下水形成研究新成果不多；地下水运动研究成果较多，主要偏重于动态变化及预测；地下水化学研究成果较多，主要集中在水化学特征分析及评价方面；地下水合理开发与管理研究成果相对较少。以下仅列举几个有代表性的文献以供参考。

(1) 地下水形成方面。张宇等研究了重庆市马鞍溪河水-地下水侧向交互带中交互流的运动机制[252]。束龙仓等研究了基于MODFLOW参数不确定性的地下水水流数值模拟方法[253]。姚怡光等进行了人工渗流场中的地下水流数值模拟[254]。陆阳等研究了宁夏平罗县井渠结合灌区地下水盐运移规律[255]。杨艳鲜等研究了洱海近岸菜地浅层地下水动态变化特征及影响因素[256]。陈建生等讨论了苏北盆地地下水补给源问题[257]。赵瑞科等研究了呼和浩特盆地地下水演化特征[258]。黄元等研究了磴口县地表水与地下水时空变化特征及交互作用[259]。

(2) 地下水运动研究方面。谭博等进行了滨海地下水交互带中的胶体运移行为研究综述[260]。刘迁迁等研究了塔里木河下游河岸带地下水埋深对生态输水的响应过程[261]。卫文等研究了气候变化情景下的地下水潜在补给变化影响[262]。魏兴等、刘美英等分别研究了新疆玛纳斯河流域及河北平原浅层地下水位动态变化[263-264]。王鸽等研究了挠力河流域地下水动态特征分析及预测[265]。刁维杰等研究了潍坊北部超采区地下水位预测与恢复[266]。刘佩贵等研究了充水条件对矿区地下水运动特征的影响研究[267]。贾伍慧等利用改进的Loheide方法计算地下水的蒸散发量[268]。李明乾等分析了变化环境下地下水埋深动态特征及驱动因素[269]。王艳茹等开展了基于MODFLOW的地下水动态变化特征分析[270]。

(3) 地下水化学方面。一些学者分别研究了天山哈密榆树沟流域[271]、伊犁河谷[272]、呼图壁河流域[273]、蛤蟆通流域[274]、和田河流域[275]、沁河冲洪积扇[276]、徐州市深层[277]、山西浅层[278]、新疆高砷地区[279]地下水水化学特征及其成因。杨平恒等研究了水位变化影响下的河水-地下水侧向交互带地球化学动态[280]。赵江涛等开展了新疆焉耆盆地平原区地下水反向水文地球化学模拟[281]。高策等研究了基于 Visual Modflow 的某油库地下水污染模拟[282]。张千千等进行了滹沱河冲洪积扇地下水硝酸盐的污染特征及污染源解析[283]。王志忠等开展了基于模糊数学模型和物元可拓模型的地下水水质综合评价[284]。常振波等研究了基于灵敏度分析和替代模型的地下水污染风险评价方法[285]。罗育池等在《地下水污染防控技术：防渗、修复与监控》一书中从地下水污染防渗、地下水污染修复、地下水污染监控三个关键环节入手，构建了地下水污染防控体系[286]。

(4) 地下水合理开发与管理方面。肖攀等探讨了咸宁地区地下水资源开发及其保护措施[287]。王晓玮等研究了基于数值模拟的西北地下水总量控制指标[288]。郭中小等立足于地下水位这一关键性指标，采用地下水可持续性评价和数值模拟模型相结合的方法，探讨地下水安全利用方式[289]。何亮等研究了基于 GIS 的地下水水位红线管理方法[290]。王涵等研究了数值模拟法划分地下饮用水源保护区[291]。李和平等在《衡水市地下水现状及农业主要节水技术》一书中，阐述了衡水地区的地下水资源现状，以及过度抽取地下水所引起的地裂、地面沉降、塌陷等一系列环境问题[292]。

2.3 以应用范围分类的水文学研究进展

按照应用范围对水文学科进行分类，可以分为：工程水文学、农业水文学、森林水文学、城市水文学和生态水文学等。随着水文学学科发展，相应的学科之间交叉不断增强。

2.3.1 工程水文学

工程水文学研究水文学原理应用与工程实践的方法，为水利工程或其他有关工程的规划、设计、施工、运行管理提供水文依据。主要研究内容包括水文计算、水文预报等。其中，理论研究成果主要集中在产、汇流理论，水文模型的构建和应用，以及水文预报方面，水文计算方面偏重于实践应用。以下仅列举几个有代表性的文献以供参考。

(1) 产、汇流基本理论研究。陈启刚等研究了明渠紊流中涡结构的运动规律[293]。张攀等评述了近年来国内外在坡面细沟形态演变与量化领域的相关研究成果，从理论研究和观测方法两方面剖析了制约研究发展的因素[294]。段金晓等采用室内冻融和人工模拟降雨方法研究了不同含水量条件下冻融坡面与未冻融坡面的降雨侵蚀特征[295]。裴冠博等对晋西黄绵土坡面细沟形态演变特征进行分析，并探讨了降雨条件下不同坡长坡面细沟形态对产流产沙规律的影响[296]。邓龙洲等研究了侵蚀性风化花岗岩坡地降雨产流及水文过程[297]。宋孝玉等在《黄土高原沟壑区绿水的水文过程及驱动机制》一书中分析了天然和人工降雨条件下不同地貌及植被类型的绿水循环过程及其分布特征，建立了野外降雨条件下绿水循环转化过程模型[298]。

(2) 水文模型的研究及应用。芮孝芳论述了流域水文模型[299]。一些学者分别研究了 SWAT[300] 与 RIEMS[301]、CASC2D 模型与 GSSHA 模型[302]、SWIM 模型[303]、AnnAGNPS 模型[304]、HEC－HMS 模型[305]、WEP－L 模型[306]、HBV 模型[307]、新安江模型[308]在不同流域水文模拟中的应用。一些学者开展了基于能量平衡融雪模型[309]、SRM 模型[310]的融雪径流研究。刘江涛等研究了基于改进降水输入模块的融雪径流模拟[311]。李致家等研究了基于网格的精细化降雨径流水文模型及其在洪水预报中的应用[312]。童冰星等研究了基于地貌单位线的汇流模型在陈河流域的构建与应用[313]。邹强等研究了考虑决策者偏好的洪灾评估自适应模糊聚类迭代模型及应用[314]。黄金柏在《不同地形中小尺度流域分布式水文模型的开发及应用》一书中筛选了不同地形条件下所构建的分布式水文模型的结构共性，开发了具有结构通用性和模块易调节性的开放式分布式水文模型[315]。

(3) 水文试验与模拟研究。曾季才等开展了大区域含水层中局部复杂水流过程的多尺度模拟[316]。周俊伟等开展了河道一维非恒定流微分结构摩阻公式及其试验论证[317]。于洋等通过 GMS 和 Hydrus 的结合，构建包气带—饱和带的水盐耦合模拟模型[318]。金鑫等研究了土地利用/覆被数据精度对流域水文过程模拟的影响[319]。王樾橦等开展了贡嘎山枯落物降雨截留试验，分析其截留过程的水文效应特征[320]。魏雪静等研究了基于 ECOMSED 的非恒定流水域盐水入侵数值模拟[321]。王晓燕等在《天山北坡典型流域产汇流过程及模拟研究》一书中介绍了天山典型流域的水文气象特性、流域水文过程及产流特征，构建了分布式寒区水文模型[322]。

(4) 水文预报研究。周育琳等研究了基于多方法优选预报因子的天山西部山区融雪径流中长期水文预报[323]。金保明等研究了基于反向传播算法的崇阳溪流域洪水流量预报[324]。林锐等分析了耦合降水预报和多目标参数优化的洪水预报方法[325]。孟二浩等研究了融合大气环流异常因子的径流预报[326]。纪昌明等研究了基于联合互信息的水文预报因子集选取[327]。刘祖发等研究了基于 WD-RSPA 模型的水文时间序列预测[328]。杨慧荣等研究了 ARIMA 和 ANN 模型的干旱预测适用性[329]。师鹏飞等编著了《半湿润半干旱区水文预报模型研究及应用》一书[330]。

(5) 水文分析计算新技术。闫宝伟等全面论述了水文计算中的相关性，综述了各类相关性的度量和分析方法及适用范围[331]。林乐曼等研究了基于 WSA-EDA 算法的瞬时单位线参数优化估计[332]。薛树文等开展了年径流量序列还现方法研究[333]。童冰星等提出了一种利用流量过程线估算新安江模型分水源参数的方法[334]。夏继红等综述了河流水系连通性机制及计算方法[335]。江善虎研究了基于贝叶斯模型平均的水文模型不确定性及集合模拟[336]。林青等研究了基于 Bayes 理论的田间层状土壤水分运动参数识别及不确定性分析[337]。黄红虎在《水文情报预报（全国水文勘测技能培训系列教材）》一书中介绍了现代水情监测新设备、新仪器和新技术；实用水文预报方法等[338]。

(6) 典型洪水计算分析。一些学者进行了古洪水事件考证[339-340]及恢复研究[341]。王道席等研究了无定河"7·26"暴雨洪水泥沙来源[342]。范国庆等研究了黄河 2017 年第 1 号洪水的气象成因及洪水特性[343]。李春龙等开展了汉江"83·10"致洪暴雨重预报研究[344]。金兴平研究了长江上游水库群 2016 年洪水联合防洪调度[345]。强德霞研究了等基于参数实时优化的洪水预报系统[346]。魏琳等分析了海河流域"16·7"大暴雨洪水成因[347]。时芳欣等进行了 2017 年绥德"7·26"暴雨重现期分析[348]。

2.3.2 农业水文学

农业水文学研究土壤-植物-大气连续体系统中水文现象的基本规律，为农业合理用水、节水和灌溉提供科学依据。主要涉及的水文现象和研究内容包括降水-土壤水-地下水的相互转化，以及溶质在系统中的运移转化等。

(1) 土壤水分运移转化规律研究。一些学者分别研究了亚热带湖滨沙地[349]、东南湿润区坡面[350]、华北土石山区[351]、陇东黄土高原不同林龄苹果林地枯落物[352]、辽东山地古石河冰缘地貌不同植被类型[353]、辽西北风沙地不同林草措施[354]、晋西北不同植被类型[355]、泰山山前平原[356]、退化人工柠条林灌下沙埋干预[357]的土壤水文过程。段剑等研究了不同下垫面红壤坡地壤中流对自然降雨的响应[358]。孔达等研究了黑土区农田土壤含水量空间变异性的尺度效应研究[359]。刘小璐等研究了不同降雨条件下坡面土壤水分入渗过程研究与模拟[360]。邹锋等研究了鄱阳湖典型湿地土壤微生物活性对季节性水位变化的响应[361]。钟韵等分析了膜孔灌溉下土壤入渗特征的影响因素[362]。贺缠生等在《土壤水文异质性对流域水文过程的影响》一书中介绍了土壤水文性质的异质性对流域水文过程的影响机制及模拟分析[363]。

（2）土壤水盐运移及相互作用研究。刘文全等研究了废弃盐田复垦利用后土壤盐分与有机质含量空间变异特征[364]。郭智等研究了太湖流域典型桃园土壤氮素径流流失特征[365]。唐文政等研究了积雪与地表联合覆盖条件下冻融土壤水盐运移规律[366]。吕娜娜等研究了滴灌背景下玛纳斯流域绿洲内外荒地土壤盐分时空变化趋势分析[367]。刘国锋等研究了冲水灌溉对西北硫酸盐型土壤中盐分离子变化的影响[368]。李开明等开展了明沟排水条件下的土壤水盐运移模拟[369]。曾季才等研究了基于Richards方程切换的土壤水流及溶质运移数值模拟[370]。孟阳阳等研究了荒漠绿洲湿地土壤水热盐动态过程及其影响机制[371]。

2.3.3 城市水文学

城市水文学研究城市化的水文效应，为城市的给排水和防洪工程建设，以及生态环境改善提供水文依据。城市水文学的主要研究内容包括城市化的水文效应、城市雨洪资源管理等。以下仅列举有代表性的文献以供参考。

（1）城市化的水文效应研究。夏军等从城市化的水文效应角度，总结了城市化对降水、蒸散发、地表产汇流以及地下水的影响[372]。贾艳青等研究了城市化对长三角地区极端气温影响的时空分异[373]。吴健生等研究了城市景观格局对城市内涝的影响[374]。丁相毅基于生态海绵流域的视角，提出了海绵城市在建成区外和建成区内的建设思路以及相应的河湖联控策略[375]。向晨瑶等研究了海绵小区削峰减洪效率对降雨特征的响应[376]。刘家宏等研究了城市水文模型原理[377]。林芷欣等研究了城市化对平原河网水系结构及功能的影响[378]。田富强等梳理了城市水文学中城市化对降水和洪涝灾害的影响研究，城市化与生态环境响应关系的研究[379]。

（2）城市雨洪资源利用及管理研究。熊立华等研究了变化环境对城市暴雨及排水系统影响研究进展[380]。陈子燊等研究了基于二次重现期的城市两级排涝标准衔接的设计暴雨[381]。殷杰开展了基于高精度地形表面模型的城市雨洪情景模拟，评价了应急响应能力[382]。贺颖庆等开展了ArcGIS地形分析在城市防洪涝规划中的应用[383]。张建云等讨论了中国城市洪涝及防治标准[384]。黄国如等研究了深圳民治河流域低影响开发措施水文效应评估[385]。查治荣等研究了基于位置的城市水文预警信息服务平台[386]。鲁仕宝在《城市水安全与水务行业监管能力研究》一书中了介绍了城市水安全面临的挑战与强化政府对城市水安全监管的必要性[387]。邵丹娜在《城市雨水管理和内涝灾害防治》一书中提出了一整套长历时暴雨强度公式、短历时暴雨强度公式复核修订及雨型的统计方法[388]。

2.3.4 森林水文学

森林水文学研究森林水文效应、保水作用及水土流失的防治。森林的水文效应主要包括森林对降水的影响、林冠截留、林区蒸散发、林地土壤水动态和下渗过程、森林对径流形成机理的影响等。以下仅列举一些有代表性的文献以供参考。

（1）森林的水文效应研究。陈治成等通过野外调查采样与室内试验分析，对元阳梯田优势树种枯落物储量、持水能力、拦蓄能力以及持水过程进行了研究[389]。张作为等探究了河套灌区春小麦/春玉米间作系统两作物间水分相互利用量、土壤盐分运移机理和地下部分对间作优势的贡献率及种间相对竞争能力[390]。顾朝军等进行了极端暴雨洪水及侵蚀产沙对延河流域植被恢复响应的比较研究[391]。王云霓等研究了内蒙古大青山典型森林植被水文功能[392]。乔雪等研究了侵蚀环境下植被恢复的水文效应[393]。邓慧平等研究了气候对森林-径流关系的影响[394]。赵鹏等研究了敦煌绿洲边缘植物群落与土壤养分互馈关系[395]。邵薇薇等在《中国北方地区植被与水循环相互作用机理》一书中分析了植被与流域水文要素的动态平衡关系[396]。

（2）不同区域和类型的森林水文效应研究。胡静霞等以崇礼区和平林场的云杉、白桦、山杨和华北落叶松 4 种纯林为研究对象，研究了枯落物水文效应及土壤层水文效应[397]。李建明等研究了三种水土保持措施下红壤坡地径流产沙特性[398]。刘顺等研究了川西亚高山不同森林类型土壤呼吸和总硝化速率的季节动态[399]。乔锋等研究了小兴安岭云冷杉红松林和白桦林对雪水文过程的影响[400]。董玲玲等研究了辽河源 3 种林分降雨再分配特征及其影响因素[401]。吕渡等研究了黄土高原沟壑区不同植被对土壤水分分布特征影响[402]。陈存根在《林木生理与生态水文》一书中分析了降雨特征及小气候对林冠层降雨再分配的作用，林木植被类型和降雨格局对地表水文过程的影响等[403]。

2.3.5 生态水文学

生态水文学研究所有有生命及无生命组成的交互关系中的水文过程、现象及特性的科学。生态水文的研究对象涉及江河生态系统、湖泊生态系统、湿地生态系统、森林生态系统和干旱区生态系统等，研究内容包括生态系统的特征分析，生态-水文过程及相互影响，以及水文生态系统的整体分析与评价等。夏军等阐述了生态水文学学科体系及学科的发展战略[404]。

（1）生态系统特征分析研究。王顺利等分析了草地生物量随海拔高度的季节性变化特征以及草本生物量和土壤水分的关系[405]。刘可等基于 1982—2012 年 GIMMS NDVI3g 和中国陆地生态系统类型数据，研究了近 30 年中国各陆地生态系统 NDVI 的时空变化特征[406]。姜云鹏等以尼木玛曲流域为例，研究了雅鲁藏布江支流流域生态特征生物资源保护[407]。孔令桥等研究了长江流域生态系统格局演变及驱动力[408]。幸赞品等研究了宁夏生态系统格局宏观变化[409]。李营等构建了小尺度潮间带生态系统遥感综合评估方法[410]。

（2）生态-水文过程及相互影响。薛联青等开展了基于改进 RVA 法的水利工程对塔里木河生态水文情势影响评估[411]。陈森等研究了三峡库区支流生境因子对库区蓄水的响应[412]。赵宇豪等研究了黑河天涝池流域典型林分生态水文化学特征[413]。邢坤等研究了古尔图河气象水文要素变化特征与下游艾比湖生态的关系[414]。杨泽元等研究了干表层的概念界定及其水文生态效应[415]。赵宾华等研究了黄土区生态建设对流域不同水体转化影响[416]。高扬等研究了流域生物地球化学循环与水文耦合过程及其调控机制[417]。王文科等研究了旱区地下水文与生态效应研究现状与展望[418]。赵冠南等研究了基于水资源配置方案的塔里木河下游生态水文演化[419]。

(3) 生态-水文系统整体分析与评价。孙然好等研究了基于陆地-水生态系统耦合的海河流域水生态功能分区[420]。陈冬红等开展了丰满水电站坝下河段生态水文特性分析[421]。康婧等研究了辽河口海域使用变化下的生态敏感性[422]。王永生等研究了中国乡村生态环境污染现状及重构策略[423]。胡春明等开展了基于水质管理目标的博斯腾湖生态水位研究[424]。陈亚宁等研究了科技支撑新疆塔里木河流域生态修复及可持续管理[425]。马振刚等研究了京张区域生态系统健康评价与应对策略[426]。赵军等开展了生态输水对青土湖周边区域植被覆盖度的影响[427]。冯琰玮等研究了基于径向基神经网络的呼和浩特市生态安全预警[428]。薛联青等在《干旱内陆河流域生态水文情势演变及水资源适应性利用》一书中构建了基于水文-生态响应关系的生态水流评估方法[429]。贾仰文等在《渭河生态环境流量分析与调度实践》一书中梳理了渭河流域水资源与生态环境现状及存在的问题，开展了干支流水生态环境综合分区与保护目标分析[430]。

2.4 以工作方式分类的水文学研究进展

2.4.1 水文测验

水文测验是系统收集和整理水文资料的各种技术工作的总称。狭义的水文测验指水文要素的观测，包括水位、流量、泥沙等，所得的水文资料是工程设计的基本依据。水文测验工作偏重实际应用，集中在水文测验方案的设置优化与水文测验数据处理，在基础理论研究方面略显薄弱。以下仅列举几个有代表性的文献以供参考。

(1) 在水文测验方案设置方面。马小玲等利用定水头冲刷试验，系统研究了6个坡度、5个流量工况下的细沟水流含沙量及其与各水动力学间的耦合关系[431]。金建荣等开展了高地下水位地区透水铺装控制径流污染的现场实验[432]。张健等以新安江水文水资源实验站改建项目为例，开展了新一代水文模拟系统的流域嵌套式强化观测方案设计[433]。赵昕等分析了水文监测创新在2016年长江洪水测报中的作用[434]。杨默远研制了一种新型人工降雨入渗实验系统，主要包括下垫面系统、人工降雨系统和数据观测记录系统三部分[435]。李永华等开展了库姆塔格沙漠东南缘季节性河流（洪沟）水文监测与分析[436]。王俊等在《中美水文测验比较研究》一书中进行了中美水文测验关键理论与技术比较、中美水文测验运行管理比较[437]。王军成等在《气象水文海洋观测技术与仪器发展报告(2016)》一书中分析了当前我国气象、水文、海洋观测技术与仪器现状，从技术范畴围绕气象、水文、海洋观测技术与仪器发展进行了论述[438]。

(2) 在水文测验数据处理方面。赵全升等根据给水度实测数据，采用数理统计方法分析了柴达木盆地马海盐湖卤水层给水度分布变化[439]。孙启明等采用Modflow－2005中的Conduit Flow Process（CFP）方法对某煤矿放水试验进行模拟，并用局部灵敏度分析方法进行水文地质参数不确定性分析[440]。杨曦光等开展了基于试验反射光谱数据的土壤含水率遥感反演[441]。肖志远等提出了面向Web的长江水文数据“一站式”服务系统[442]。刘炜等研究了基于随机森林算法的吴堡站测流断面形态预测[443]。陈吉琴在《水文信息测报与整编[全国水利行业“十三五”规划教材(职工培训)]》一书中介绍了水文信息采集、水文信息数据处理与整编、水文信息传输与自动测报系统、水文信息管理等[444]。

2.4.2 水文调查

水文调查是指为了水文分析计算、水利规划、水文预报以及其他工农业生产部门的需要而进行的野外查勘、试验，并向有关部门搜集资料的工作，针对水文工作需要，主要内容为暴雨洪水调查。

(1) 雷成茂等开展了2016年黄河西柳沟“8·17”暴雨洪水调查分析[445]。孔锋等基于北京市2012年7月21日的特大暴雨洪涝，采用多重调研方式，全面分析了此次灾害的雨情、水情和灾情特征[446]。徐坤开展了对大连地区2017年8月3—4日洪水调查计算[447]。李爱农等开展了茂县“6·24”特大高位远程崩滑灾害遥感回溯与应急调查[448]。

(2) 黄文芳等对高海拔多年冻土研究中的冻土调查方法、冻土分布模型的建立与应用做了简要的回顾与总结[449]。柯浩成等通过野外调查与室内试验相结合的方法，对王茂沟流域降水及5种土地利用类型土壤剖面稳定氢氧同位素特征进行对比分析[450]。

2.4.3 水文实验

水文实验是水科学研究的重要组成部分，也是水文事业发展的基础性工作。水文实验主要探求在自然和人类活动影响条件下，水文循环过程中各种水文要素变化和转化规律，并对有关新理论、新方法、新仪器和新设备进行检验。

(1) 吴雷等归纳了水文实验研究进展[451]。孔纲强等开展了孔隙液体对透明土渗透特性影响对比试验[452]。张攀等利用坡面水蚀精细模拟降雨试验，对黄丘区陡坡(20°)条件下细沟流速分布特征进行了研究[453]。邵丽媛等开展了土壤膨胀性对降雨入渗产流影响试验[454]。余期冲等采用砂柱实验研究了以死端孔隙导致的非均质性以及由不同浓度和温度形成的变密度条件对溶质运移拖尾分布的影响[455]。李宜坪等采用间歇性人工模拟降雨实验，开展了黄土高原典型坡面在五场降雨条件下的水沙演化过程、阻力来源及阻力规律[456]。邬燕虹等开展了坡长和雨强对氮素流失影响的模拟降雨试验研究[457]。

(2) 章新平等开展了下垫面蒸发和云中凝结分馏对降水稳定同位素影响的数值试验[458]。王栋栋等进行了草地植被覆盖度坡度及雨强对坡面径流含沙量影响试验研究[459]。阳勇等开展了祁连山区不同尺寸双环入渗仪对比试验[460]。范家骅等对异重流潜入现象中各种潜入点水槽实验、理论分析和数值计算成果进行回顾[461]。周秋文等以枯落物层质量和雨强为影响因素进行室内人工模拟降雨试验，探讨喀斯特地区枯落物层对地表径流和土壤侵蚀的影响规律[462]。佘冬立等开展了海涂围垦区盐碱粉壤土坡面径流剥蚀过程影响试验[463]。张景洲等进行了植被排列方式及坡度对坡面流Fr影响的试验研究[464]。周玥等开展了落水洞对裂隙-管道介质泉流量衰减过程影响的试验研究[465]。刘锦阳等利用改进的ZC-2015型渗气仪和TST-55型渗透仪进行马兰黄土渗气和饱和渗透试验，探讨渗气率和饱和渗透系数的关系[466]。

2.5 以研究方法分类的水文学研究进展

2.5.1 水文统计学

水文统计学主要研究成果涉及水文参数估计、水文频率分析、水文统计等方面。总体来看，相关研究成果较多，主要集中在水文参数估计方法及应用，水文频率计算方法及应用，水文统计计算及应用。以下仅列举几个有代表性的文献以供参考。

(1) 在水文参数估计方面。张俊龙等开展了基于 EFAST 方法的寒旱区流域水文过程参数敏感性分析[467]。江远安等采用多种函数初步探讨了 1961—2014 年新疆地区日降水极值概率拟合分析中的不确定性[468]。雷冠军等进行了 P-Ⅲ型曲线参数估计方法的综述[469]。邹强等提出了变指数非线性马斯京根模型及其参数率定方法[470]。陈洋波等提出了基于粒子群算法的流域洪水预报流溪河模型参数自动优选方法[471]。周建中等研究了水文模型参数多目标率定及最优非劣解优选[472]。胡义明等进行了变化环境下水文设计值计算方法研究综述[473]。张将伟等利用局部灵敏度分析方法甄选出耦合模拟模型中灵敏度较高的参数，运用 Monte Carlo 方法对耦合模拟模型进行不确定性分析[474]。

(2) 在水文频率分析方面。一些学者基于 Copula 函数进行了水文随机变量和概率分布[475]、水文干旱频率[476]、暴雨潮位遭遇概率[477]、水体富营养化联合风险概率[478]、不完全降水序列频率[479]的计算研究。熊立华等研究了年径流频率分析的一次二阶矩法及其应用[480]。李孟芮等提出了基于地区线性矩法对四川省水文频率分析的研究[481]。滕杰等进行了汉江上游径流非一致性演变特征及频率分析[482]。董洁等提出了一种直接对经验分布函数拟合的非参数回归的变换方法，并将其用于水文频率分析计算[483]，并进行了水文频率计算中窗宽和核函数对密度函数估计影响[484]。高永胜等进行了杭州市极值暴雨的统计建模与频率计算研究[485]。黄一昕等开展了关于水文同频率地区组成法中相应洪量频率的探讨[486]。郑锦涛等进行了新疆玛纳斯河年径流频率分析[487]。熊立华等在《非一致性水文概率分布估计理论和方法》一书中提出了基于时变统计模型与理论推导的水文频率分析方法[488]。宋松柏等在《单变量水文序列频率计算原理与应用》一书中介绍了不同方法的原理[489]。张强等在《华南区域非平稳径流过程及水生态效应》一书中构建了非平稳性洪水频率分析和非平稳性重现期计算方法等一套水文频率分析理论体系[490]。

(3) 在水文统计方面。鲁帆等开展了非平稳时间序列极值统计模型及其在气候-水文变化研究中的应用综述[491]。乔琨等运用分类回归树及系列变化检测模型分析了北京市不同功能区不透水地表时空变化差异[492]。刘佳帅等采用统计学方法，研究了冻融期地下水位与地表气温间的关系[493]。杨肖丽等开展了基于统计降尺度和 SPI 的黄河流域干旱预测[494]。李荣容等采用成因分析法、数理统计法、模糊聚类法等进行了黄河中下游汛期洪水的分期识别[495]。丁愫等开展了基于决策树的统计预报模型在臭氧浓度时空分布预测中的应用研究[496]。胡振鹏等利用长江汉口和鄱阳湖星子水文监测资料，统计分析后得到长江与鄱阳湖量化的水文关系[497]。曹晨曦等提出了基于统计方法的异常点检测在时间序列数据上的应用[498]。

2.5.2　随机水文学

随机水文学主要研究成果涉及地下水随机理论方法与应用、径流随机分析与模拟、水文序列分析、随机水文模拟和预测等方面。总体来看，相关研究成果不多，主要集中在各种随机理论方法在水文学中的应用研究。以下仅列举几个有代表性的文献以供参考。

（1）在地下水随机理论方法与应用方面。张展羽等针对地下水位在时间序列上表现出的高度随机性和滞后性，建立了基于主成分分析与多变量时间序列 CAR 模型耦合的地下水位预报模型[499]。王渊等提出了改进的 GM（1，N）灰色模型在邯郸市地下水矿化度预测中的应用[500]。付晓刚等研究了基于随机模拟的地下水污染物最优水力截获量[501]。吴敏等建立了基于随机森林模型的干旱绿洲区张掖盆地地下水水质评价[502]。曹伟征等建立了基于 PSR 和 PSO 的区域地下水埋深 ELM 预测模型[503]。

（2）在径流随机分析与模拟方面。李培都等采用小波分析、Mann - Kendall 突变和灰色预测等方法分析了莺落峡流域径流变化趋势及其变化特征[504]。李志新等开展了年径流变化的 BP 神经网络预报模型研究[505]。杨洵等提出了基于 Box - Cox 算法的中期径流贝叶斯概率预报方法[506]。孙娜等开展了基于小波分析的两种神经网络耦合模型在月径流预测中的应用[507]。赵信峰等以随机参数驱动水文模型，并结合数值模型实现概率预报[508]。陈建龙等进行了 R/S 分析法与 GM（1，1）灰色模型相结合的鸳鸯池水库入库径流量预测[509]。

（3）在水文序列分析方面。吴子怡等研究了水文序列跳跃变异点的滑动相关系数识别方法[510]。杨金艳等研究了基于 Mann - Kendall 和 R/S 法的水文序列变化趋势分析[511]。林沛榕等开展了不同时间尺度的中长期水文预报研究[512]。雷晓辉等开展了变化环境下气象水文预报研究进展[513]。涂异等提出了一种水文时间序列的混合核 PSO - KELM 预测模型[514]。杜懿等提出了不同改进的 ARIMA 模型在水文时间序列预测中的应用[515]。

（4）在随机水文模拟和预测方面。王涛等研究了基于神经网络理论的开河期冰坝预报[516]。韩锐等开展了基于 EEMD 的黄河上游主要来水区年来水量预测[517]。任化准等建立了小波-粒子群-支持向量回归耦合日径流预测模型[518]。李芸等研究了基于 BP 神经网络的雨水径流污染负荷评估模型[519]。王建金等提出了与马斯京根汇流模型耦合的 BP 神经网络修正算法[520]。周婷等分析了基于小波分解的优化支持向量机模型在水库年径流预测[521]。查木哈等提出了双隐含层 BP 神经网络模型在老哈河水质预测中的应用[522]。

2.5.3　同位素水文学

同位素水文学主要研究成果涉及同位素技术在水文学中的广泛应用，包括判断地下水来源、地下水污染源，分析地下水地表水相互作用关系，研究水文变化、水循环变化等。研究成果多，应用非常广泛。

（1）在应用同位素水文学判断地下水来源、地下水污染源、分析地下水地表水相互作用关系应用方面。一些学者利用地下水水化学指标与稳定同位素技术分别在甘肃石油河流域[523]、松嫩平原西南部[524]、鄂尔多斯高原[525]、卫宁平原[526]、霍景涅里辛沙漠[527]等地区进行了地下水的补给来源分析。在地下水污染方面，分析了白洋淀流域地表水和地下水硝酸盐来源[528]、蒲阳河流域[529]、河南省某大型水源地岩溶水[530]及三江平原富锦地区浅层地下水水化学特征[531]，同时研究了地下水的可更新能力[532]。一些学者利用稳定同位素和水化学证据分别分析了柳江盆地[533]、海河源区[534]、巴音河流域[535]、吐鲁番盆地[536]、塔里木河下游[537]等地表水与地下水转化关系。

（2）在应用同位素水文学研究水文变化方面。贺娟开展了氢氧同位素记录揭示的巽他陆架末次冰期以来古降水量变化研究[538]。王学界等比较了全球降水中氢氧稳定同位素GCM模拟空间分布[539]。王轶凡等研究了小流域降雨径流氢氧同位素特征分析及其对径流分割的指示意义[540]。金赞芳等利用了氮氧同位素联合稳定同位素模型解析水源地氮源[541]。田茜等研究了青藏高原干旱区湖泊正构烷烃氢同位素记录降水同位素[542]。靖淑慧等研究了氢氧稳定同位素对东平湖枯水期水环境的指示作用[543]。徐英德等分析了氢氧稳定同位素技术在土壤水研究上的应用进展[544]。章新平等开展了下垫面蒸发和云中凝结分馏对降水稳定同位素影响的数值试验[545]。

（3）在应用同位素水文学研究水循环变化方面。宋献方等开展了北京连续降水水汽输送差异的同位素示踪[546]。孙从建等基于同位素径流分割模型定量分析了年内径流组分特征[547]。任雯等基于全球降水同位素网，分析雨滴二次蒸发作用发生的条件、季节特征、影响因素以及对降水氢氧稳定同位素组成的影响规律[548]。王晓艳等研究了渭南大气降水中氢氧同位素特征与水汽来源关系[549]。董小芳等研究了ENSO事件对上海降水中氢氧同位素变化的影响[550]。赵培在《基于稳定性氢氧同位素的紫色土丘陵区坡地水文过程研究》一书中介绍了紫色土丘陵区大气降水氢氧同位素特征、土壤水氢氧同位索特征、坡地径流过程与产生机制[551]。

（4）在应用同位素水文学研究河流、湖泊水量水质变化方面。孟志龙等开展了汾河下游流域水体硝酸盐污染过程同位素示踪[552]。张兵等研究了天津北大港水库水体的同位素和水化学特征[553]。董爱国等探讨了镁同位素体系在河流中的研究进展[554]。朱世丹等利用水文化学以及氢氧稳定同位素技术，分析艾比湖主要入湖河流氢氧同位素及水化学的组成特征[555]。黄一民等开展了洞庭湖流域降水同位素与ENSO关系研究[556]。王静等利用氮氧同位素示踪技术解析了巢湖支流店埠河硝酸盐污染源[557]。肖薇等用稳定同位素方法估算大型浅水湖泊蒸发量[558]。

（5）在应用同位素技术研究植物水文来源方面。熊平生等对采集衡阳盆地松木剖面的红黏土进行了ESR定年和元素、碳氧稳定同位素测试分析[559]。丁丹等利用稳定同位素技术及多元线性混合模型定量分析典型高寒区植物的水分来源[560]。朱珊娴等开展了加拿大温带落叶林生态系统氢氧同位素组成研究[561]。陶泽等研究了矮化枣树冠层改变降雨截留历时过程同位素和化学特征[562]。李静等开展了青海湖流域农田生态系统氢氧同位素特征及其水分利用变化研究[563]。于静洁等开展了稳定氢氧同位素定量植物水分来源的不确定性解析[564]。

2.5.4　数字水文学

数字水文学主要研究成果涉及基于DEM的流域水文特征分析、水文模拟和计算等方面，技术性和应用性研究成果较多，但具有创新的学术性成果不多。以下仅列举几个有代表性的文献以供参考。

（1）基于DEM的流域水文特征方面。段翰晨等研究了基于DEM的科尔沁沙地沙漠化土地时空分布特征[565]。陈安安等开展了高亚洲冰川区 SRTM C-波段 DEM 数据透射深度研究[566]。李天昊等提出了基于轮廓不同的 DEM 对宁波市姚江流域平原河网的提取研究[567]。宿星等研究了基于 SRTM DEM 的地形起伏度对天水市黄土滑坡的影响[568]。刘远等对比了基于 HYDRO1K、SRTM3 和 ASTER GDEM 的韩江流域水文地形信息[569]。李丽等开展了基于 DEM 的天山山区气温时空模拟[570]。杨颖楠等研究了基于不同分辨率 DEM 的永寿县地形信息差异[571]。章桂芳等提出了基于 DEM 的丹霞地貌演化阶段划分[572]。

(2) 基于 DEM 的水文模拟和计算等方面。马超等研究了基于 SRTM/ASTER DEM 等数据的达里诺尔流域水、草退化及气候响应[573]。曹子月等研究了基于 DEM 的大别-皖南山区平均洪峰滞时定量分析[574]。蔡朵朵等开展了 DEM 分辨率对葫芦河流域径流模拟的影响[575]。郭志慧等研究了基于 ASTER GDEM 数据精度的流域尺度河道水面线推求方法[576]。何灿灿等研究了基于 DEM 的渭河大流域特征分块提取方法[577]。罗大游等分析了基于 DEM 的水系提取及集水阈值确定方法[578]。赵卫东等研究了基于 DEM 的黄土高原小流域主沟道汇流累积量沿程变化模式[579]。覃建明等探讨了基于 DEM 的数字水系提取和分级对流域洪水预报的影响[580]。董晓华等开展了 DEM 分辨率对小流域设计洪峰推求误差的影响[581]。

(3) 数字信息化方面。陈军飞等对水利大数据相关的研究进行总结和分析，并对未来的研究方向进行展望[582]。李欣等研究了基于路网相关性的分布式增量交通流大数据预测方法[583]。唐杰等分析了“云计算与大数据”及其对勘探地震技术发展的影响[584]。云磊进行了“635”大坝安全监测自动化系统更新改造[585]。刘丽香等分析了生态环境大数据在应用中所面临的机遇与挑战[586]。周克明等研究了 GPRS 与互联网在水利信息化中的应用[587]。吴锦生等研制出了智能铅鱼水文信息测量系统[588]。邱超等开展了基于云计算架构的水文大数据云平台建设[589]。陈军等进行了 GlobeLand30 遥感制图创新与大数据分析[590]。廖正伟等在《智慧水务研究与实践》一书中介绍了智慧水务的发展背景、总体架构、大数据云平台等方面的内容[591]。

2.5.5 遥感水文学

遥感水文主要研究成果涉及遥感影像数据分析，基于遥感的水文模拟和计算等方面，技术性和应用性研究成果较多。

(1) 遥感影像数据分析方面。利用遥感数据进行水文水循环研究越来越多。陈晓宏等开展了新一代 GPM IMERG 卫星遥感降水数据在中国南方地区的精度及水文效用评估[592]。李帅等基于遥感数据进行了天山山区雪线监测及分析[593]。蔡亮红等开展了基于改进植被指数土壤水分遥感反演研究[594]。李甲振等提出了一种适用于无资料或少资料区的、水力学与遥感相耦合的径流反演方法[595]。张磊等进行了基于多波段遥感数据的库区水深反演研究[596]。马艳敏等开展了主要水体面积动态变化遥感监测[597]。路中等研究了基于重构的 Landsat 8 时间序列数据和温度植被指数的区域旱情监测[598]。朱长明等开展了基于完全遥感的湖泊湿地水文特征参数综合反演[599]。卢晓宁等研究了基于 Landsat 的黄河三角洲湿地景观时空格局演变[600]。王文婷开展了多源遥感数据及其融合技术在土壤墒情监测中的应用[601]。黄李童等基于 Landsat-8 的城市湖泊水体总悬浮物吸收系数的遥感反演[602]。何毅等开展了近期哈尔里克山脉冰川变化遥感监测[603]。徐存东等开展了基于地下水位插值与遥感解译的盐碱化等级划分研究[604]。姜红等进行了基于 Landsat 数据的开都河两岸绿洲地下水遥感监测及影响因素分析[605]。宋瑞祥等研究了遥感数据的城市不透水面估算及增温效应[606]。高炜等开展了基于微波遥感技术的干旱监测指数及其应用研究[607]。唐杰等开展了使用高分遥感立体影像提取黄土丘陵区切沟参数的精度分析[608]。张莉芳等开展了基于遥感技术的柘林水库库容曲线复核[609]。蔡阳等在《卫星遥感水利监测模型及其应用》一书中介绍了常用水利监测方法及卫星遥感水利监测研究进展、卫星遥感大数据并行处理技术[610]。

(2) 基于遥感的水文模拟和计算等方面。高云飞等构建了黄河流域水土流失遥感监测中土地利用现状分类体系[611]。鲍伟佳等提出了一种基于 MODIS 积雪产品的雪线高度提取方法[612]。冯浩城等研究了基于遥感数据的建三江垦区城镇用地扩张时空特征及驱动力分析[613]。刘蛟等进行了基于遥感数据的叶尔羌河流域水文过程模拟与分析[614]。刘世博等开展了东北冻土区 MODIS 地表温度估算[615]。邹杰等开展了近 15 年中亚及新疆生态系统水分利用效率时空变化分析[616]。李鹏等进行了河流水生物理生境遥感评价模型与应用[617]。周云凯等开展了鄱阳湖湿地苔草景观变化及其水文响应研究[618]。张哲源等开展了基于卫星遥感技术的赣江尾闾河势演变分析[619]。邓富亮等提出了基于国产高分辨率光学遥感影像的水体提取[620]。滑申冰等研究了多源降水信息在秦淮河流域洪水模拟中的应用[621]。张东辉等分析了光谱变换方法对黑土养分含量高光谱遥感反演精度的影响[622]。刘焕军等提出了基于裸土期多时相遥感影像特征及最大似然法的土壤分类[623]。邹杰等研究了遥感分析中亚地区生态系统水分利用效率对干旱的响应[624]。李建等在《近岸/内陆水环境定量遥感时空谱研究及应用》一书中介绍了利用多源遥感数据进行水环境定量遥感监测的关键辐射技术问题等[625]。

2.6 与 2015—2016 年进展的对比分析

(1) 以研究对象分类的水文学方面。在河流水文学领域，最近两年与前几年的总体情况类似，仍以河流泥沙、洪水预报及河流生态环境方面研究居多，在河道研究与河床演变、河流水热动态与河流冰情、水系特征和流域特征方面的研究偏少。在湖泊水文学领域、沼泽水文学、冰川水文学和河口海岸水文学领域的研究仍然偏少。在水文气象学领域，近两年的研究与前两年一致，集中在极端降水和气候变化与水循环关系方面。在地下水水文学研究领域，近两年的研究仍以地下水化学和运移方面研究为主。

(2) 以应用范围分类的水文学方面。在工程水文学领域，产汇流基础理论的研究和突破性进展仍然偏少，在水文模型应用、水文预报和洪水方面的研究较多。在农业水文方面，主要集中在不同地区的土壤水文过程研究，创新性研究成果不多。在城市水文学领域，关于城市雨洪的模拟和管理的研究有所增加。森林水文学的研究有所增加。生态水文学方面，水文生态系统的整体分析与评价文献有所增加，但研究深度和创新性仍不足。

(3) 水文学工作方式方面。水文测验在方案设置研究方面较多，水文测验数据处理方面研究成果相对减少。水文调查研究成果不多，依然偏重于暴雨洪水的调查和分析。水文原型实验与观测研究成果略有增加。

（4）在以研究方法分类的水文学研究方面。在水文统计学领域，主要集中在水文频率分析和水文统计方面。在随机水文学领域，仍以随机水文模拟和预测方面研究成果居多，偏重于时间序列的分析，缺乏空间范围变化的研究。在同位素水文学领域，近两年利用同位素技术研究地表水与地下水污染的成果有所增加，主要集中在不同地区的应用，创新性研究成果较少，其他应用方面保持稳定。在数字水文学领域，基于DEM的水文模拟和计算方面的成果保持稳定，数字信息化方面的研究有所增加。在遥感水文学领域，利用遥感影像数据进行水文过程分析和水文模拟计算方面的研究成果有所增加。

本章撰写人员

本章撰写人员名单（按贡献排名）：甘容、凌敏华、陶洁。甘容负责统稿。具体分工见下表。

节　名	作　者	单　位
2.1　概述	甘容	郑州大学
2.2　以研究对象分类的水文学研究进展	凌敏华 甘容	郑州大学
2.3　以应用范围分类的水文学研究进展	陶洁 甘容	郑州大学
2.4　以工作方式分类的水文学研究进展		
2.5　以研究方法分类的水文学研究进展	甘容	郑州大学
2.6　与2015—2016年进展的对比分析		

参考文献

[1] 左其亭．中国水科学研究进展报告2015—2016［M］．北京：中国水利水电出版社，2017.

[2] 李洁，夏军强，邓珊珊，等．近30年黄河下游河道深泓线摆动特点［J］．水科学进展，2017，28（05）：652-661.

[3] 何灿灿，徐翠玲，宋敦江．基于Arcpy自动提取清涧河流域水系特征［J］．水力发电，2017，43（03）：30-33.

[4] 张欣莹，等．西安城市水系演变及格局优化研究［M］．郑州：黄河水利出版社，2018.

[5] 黄沈发，等．平原河网地区滨岸缓冲带农业面源污染控制技术［M］．北京：中国环境科学出版社，2018.

[6] 刘之平，付辉，郭新蕾，等．冰水情一体化双频雷达测量系统［J］．水利学报，2017，48（11）：1341-1347.

[7] 吴艳，周富强，穆祥鹏，等．基于水温实测资料的冰期水内冰演变的计算方法［J］．水力发电学报，2017，36（11）：94-101.

[8] 樊霖，茅泽育，齐文彪，等．伊丹河输水河道封冻期冰情演变数值模拟［J］．水利水电科技进展，2017，37（06）：14-18.

[9] 张璐，张生，李超，等．万家寨水库上游的冰情特征分析及预报［J］．水土保持通报，2017，37（01）：196-200.

[10] 全栋，李畅游，李超，等．冰封期黄河悬移质泥沙分布特性研究［J］．泥沙研究，2018，43

(02): 21 - 26.

[11] 岳志春，田福昌，马晓阳．黄河宁夏石嘴山河段冲淤演变及冰情分析 [J]. 水力发电，2018，44 (09): 24 - 27.

[12] 王恺祯，王军，隋觉义．黄河宁蒙河段冰期洪水波运动过程中的变形分析 [J]. 水利学报，2018，49 (07): 869 - 876.

[13] 杨开林．河渠冰水力学、冰情观测与预报研究进展 [J]. 水利学报，2018，49 (01): 81 - 91.

[14] 冯亚伟，孙自永，补建伟，等．祁连山黑河源区八一冰川—黄藏寺段河水水文地球化学特征 [J]. 冰川冻土，2017，39 (03): 680 - 687.

[15] 王蕊，刘兆飞，姚治君．蒙古国中北部地表水离子化学特征及其主要成因 [J]. 地理研究，2017，36 (04): 790 - 800.

[16] 任岩，张飞，王娟，等．新疆艾比湖流域地表水丰水期和枯水期水质分异特征及污染源解析 [J]. 湖泊科学，2017，29 (05): 1143 - 1157.

[17] 张清华，孙平安，何师意，等．西藏拉萨河流域河水主要离子化学特征及来源 [J]. 环境科学，2018，39 (03): 1065 - 1075.

[18] 邱瑀，卢诚，徐泽，等．湟水河流域水质时空变化特征及其污染源解析 [J]. 环境科学学报，2017，37 (08): 2829 - 2837.

[19] 杨永宇，尹亮，刘畅，等．基于灰关联和 BP 神经网络法评价黑河流域水质 [J]. 人民黄河，2017，39 (06): 58 - 62.

[20] 徐国宾，翟晶．基于模糊标识指数的水功能区水质评价方法 [J]. 天津大学学报（自然科学与工程技术版)，2017，50 (07): 710 - 716.

[21] 程烨，张根广，吴彰松，等．泥沙不同起动模式的起动概率对比分析 [J]. 泥沙研究，2017，42 (05): 31 - 35.

[22] 申冠卿，张原锋，张敏．黄河下游漫滩高含沙洪水滩槽界定及泥沙时空沉积特性 [J]. 水科学进展，2017，28 (05): 641 - 651.

[23] 肖柏青，戎贵文．排沙漏斗悬移质泥沙运动数值模拟 [J]. 水利学报，2017，48 (08): 986 - 992.

[24] 陈瑞东，温永福，高鹏，等．极端降水条件下延河水沙特征对比分析及其影响因素 [J]. 生态学报，2018，38 (06): 1920 - 1929.

[25] 夏伟，周维博，何庆龙，等．气候变化和人类活动对灞河流域输沙量影响的定量评估 [J]. 水利水电科技进展，2018，38 (04): 51 - 56.

[26] 胡春宏，张晓明．论黄河水沙变化趋势预测研究的若干问题 [J]. 水利学报，2018，49 (09): 1028 - 1039.

[27] 王玲玲，等．黄土丘陵沟壑区不同空间尺度地貌单元水沙耦合机制 [M]. 郑州：黄河水利出版社，2018.

[28] 张翠萍，等．多泥沙河流水库泥沙淤积与控制 [M]. 郑州：黄河水利出版社，2018.

[29] 秦毅，李子文，刘强，等．黄河内蒙河段凌汛期河床变化的特点及其带来的影响 [J]. 水利学报，2017，48 (11): 1269 - 1279.

[30] 林风标，郑国栋，刘壮添．磨刀门水道近 50 年河床演变及其冲淤成因分析 [J]. 泥沙研究，2017，42 (03): 48 - 53.

[31] 杨云平，张明进，孙昭华，等．三峡大坝下游水位变化与河道形态调整关系研究 [J]. 地理学报，2017，72 (05): 776 - 789.

[32] 何保，燕亚东，余苇，等．河流交汇口河床地貌演变研究进展 [J]. 水资源保护，2018，34 (06): 17 - 23.

[33] 袁菲，何用，吴门伍，等．近 60 年来珠江三角洲河床演变分析 [J]. 泥沙研究，2018，43 (02):

40-46.

[34] 黄勇，袁晶，高宇，等．长江沙市河段近期河道演变分析［J］．人民长江，2019，50（01）：18-23.

[35] 李肖男，张红武，钟德钰，等．黄河内蒙古河段洪水演进与冲淤模拟研究［J］．水利学报，2017，48（10）：1206-1219.

[36] 丁志雄，李娜，王静，等．洪水避难分析系统的研究开发及其应用［J］．水利学报，2017，48（07）：808-815.

[37] 闫宝伟，于雨，郭生练，等．离散广义 Nash 汇流模型及其在河道洪水演算中的应用［J］．水利学报，2017，48（07）：773-778.

[38] 李文义，杨俊，孟祥磊，等．黄河下游窄河段洪水演进特征研究［J］．人民黄河，2018，40（01）：27-30，39.

[39] 黄萍，雷文韬，李德龙，等．MIKE21 模型在南新联圩洪水模拟中的应用［J］．人民长江，2017，48（17）：1-5.

[40] 田福昌，赵胤懋，苑希民．基于 MIKE FLOOD 耦合模型的塔洋河下游洪水演进分析［J］．南水北调与水利科技，2018，16（05）：16-20，84.

[41] 董宁澎，任黎．河道洪水演算的 MC-RCM 模型及其比较研究［J］．水电能源科学，2017，35（11）：51-54.

[42] 果鹏，夏军强，陈倩，等．基于力学过程的蓄滞洪区洪水风险评估模型及应用［J］．水科学进展，2017，28（06）：858-867.

[43] 张昂，李双成，赵昕奕．基于 TRMM 数据的京津冀暴雨风险评估［J］．自然灾害学报，2017，26（02）：160-168.

[44] 孙新国，彭勇，张小丽，等．基于聚合水库蓄放水模拟的洪水预报研究［J］．水利学报，2017，48（03）：308-316，324.

[45] 刘攀，谢自银，刘宏伟．伽玛分布地貌瞬时单位线在中小河流洪水预报中的应用［J］．水电能源科学，2017，35（05）：58-61，139.

[46] 郭新蕾，周兴波，夏庆福，等．梯级水库群控制梯级极端工况泄洪安全分析［J］．水利学报，2017，48（10）：1157-1166.

[47] 王宗志，王银堂，胡四一，等．流域洪水资源利用的理论框架探讨Ⅰ：定量解析［J］．水利学报，2017，48（08）：883-891.

[48] 王宗志，刘克琳，程亮，等．流域洪水资源利用的理论框架探讨Ⅱ：应用实例［J］．水利学报，2017，48（09）：1089-1097.

[49] 胡迎，黄春长，周亚利，等．黄河上游洮河流域全新世古洪水水文学研究［J］．干旱区地理，2017，40（05）：1029-1037.

[50] 王光朋，查小春，黄春长，等．河道糙率系数取值变化在古洪水流量重建中的影响研究［J］．干旱区资源与环境，2018，32（05）：116-122.

[51] 林志强，尼玛吉，黄志诚．西藏东南部山洪灾害过程水文动力模拟和临界雨量［J］．水土保持通报，2017，37（01）：183-187，195.

[52] 王远见，董其华，周海鹰．塔里木河干流上游洪水演进规律分析与数值模拟［J］．干旱区地理，2018，41（06）：1143-1150.

[53] 李东来，侯精明，王新宏，等．河床冲淤对洪水演进影响数值模拟研究［J］．泥沙研究，2018，43（05）：13-20.

[54] 窦身堂，张原锋，张防修．黄河中游洪水调控模拟技术与预测分析［M］．郑州：黄河水利出版社，2018.

[55] 潘梦绮，黄权中，冯榕，等．基于热示踪的饱和层状介质水热参数反演［J］．水利学报，2017，48（11）：1363-1372.

[56] 甘永德，贾仰文，刘欢，等．膨胀性土壤降雨入渗产流模型［J］．水利学报，2017，48（10）：1220－1228，1239.

[57] 舒安平，张欣，段国胜，等．非均质泥石流起动判别关系式［J］．水利学报，2017，48（07）：757－764.

[58] 吴永妍，陈永灿，刘昭伟．明渠收缩过渡段流速分布及紊动特性试验［J］．水科学进展，2017，28（03）：346－355.

[59] 施顺成，展永兴，方国华，等．太湖湖西山丘区中小流域产汇流模型研究［J］．人民长江，2018，49（S1）：11－14.

[60] 李映辉，钟平安，钱睿智，等．基于动态时间弯曲算法的相似洪水识别方法［J］．水电能源科学，2018，36（11）：51－55.

[61] 窦明，王艳艳，李桂秋．基于纳污控制的沙颍河流域排污权交易多目标优化模型［J］．水利学报，2017，48（08）：892－902.

[62] 郑爽，吴一红，白音包力皋，等．含水生植物河道曼宁糙率系数的试验研究［J］．水利学报，2017，48（07）：874－881.

[63] 莫崇勋，阮俞理，莫桂燕，等．考虑水文变异的河道生态径流研究［J］．水力发电，2017，43（10）：27－30.

[64] 廖先容，扈幸伟，邬龙．城市河流滨岸缓冲带生态修复模式研究［J］．水利水电技术，2017，48（10）：109－112.

[65] 徐得潜，夏鲲鹏．乡村河道生态修复技术评价与选择［J］．水土保持通报，2017，37（06）：184－188.

[66] 陈照方，闫新，李浩淼，等．河口村水库坝下泄洪区出口整治及生态修复［J］．人民黄河，2018，40（08）：71－74.

[67] 权全，等．变化环境下黄河上游河道生态效应模拟研究［M］．郑州：黄河水利出版社，2018.

[68] 周蕾，李景保，汤祥明，等．近 60a 来洞庭湖水位演变特征及其影响因素［J］．冰川冻土，2017，39（03）：660－671.

[69] 阿依努尔·买买提，玉米提·哈力克，阿依加马力·克然木．天山典型湖泊水位变化影响因素对比分析——以博斯腾湖与伊塞克湖为例［J］．干旱区资源与环境，2017，31（08）：143－147.

[70] 陈玥，管仪庆，苗建中，等．基于长期水文变化的苏北高邮湖生态水位及保障程度［J］．湖泊科学，2017，29（02）：398－408.

[71] 李晓锋，姚晓军，孙美平，等．2000—2014 年我国西北地区湖泊面积的时空变化［J］．生态学报，2018，38（01）：96－104.

[72] 岳辉，刘英．基于 Landsat 及 ICESat 和 Hydroweb 的太湖容积变化监测［J］．水利水电技术，2017，48（09）：77－83.

[73] 马建威，黄诗峰，许宗男．基于遥感的 1973—2015 年武汉市湖泊水域面积动态监测与分析研究［J］．水利学报，2017，48（08）：903－913.

[74] 张洪源，吴艳红，刘衍君，等．近 20 年青海湖水量变化遥感分析［J］．地理科学进展，2018，37（06）：823－832.

[75] 涂月明，付湘，杨会娟．基于互信息的湖泊日水位预测——以西洞庭湖为例［J］．人民长江，2017，48（16）：38－42.

[76] 刘晓群，戴斌祥．三峡水库运行以来洞庭湖水文条件变化与对策［J］．水利水电科技进展，2017，37（06）：25－31.

[77] 张奇，等．鄱阳湖水文情势变化研究［M］．北京：科学出版社，2018.

[78] 姚晓军，刘时银，韩磊，等．冰湖的界定与分类体系——面向冰湖编目和冰湖灾害研究［J］．地理学报，2017，72（07）：1173－1183.

[79] 李小雁，等．青海湖流域生态水文过程与水分收支研究［M］．北京：科学出版社，2018.

[80] 沈明，段洪涛，曹志刚，等．适用于多种卫星数据的太湖水体漫衰减系数估算算法［J］．湖泊科学，2017，29（06）：1473－1484.

[81] 李云良，姚静，李梦凡，等．鄱阳湖换水周期与示踪剂传输时间特征的数值模拟［J］．湖泊科学，2017，29（01）：32－42.

[82] 孙博，葛兆帅．近500年来骆马湖演变的驱动力探究［J］．水土保持通报，2017，37（04）：327－332.

[83] 王俊，郭生练，谭国良，等．变化环境下鄱阳湖区水文水资源研究与应用［M］．北京：中国水利水电出版社，2017.

[84] 刘翀，朱立平，王君波，等．基于MODIS的青藏高原湖泊透明度遥感反演［J］．地理科学进展，2017，36（05）：597－609.

[85] 王利杰，曾辰，王冠星，等．西藏山南地区沉错湖泊与径流水化学特征及主控因素初探［J］干旱区地理，2017，40（04）：737－745.

[86] 王洗民，翟淑华，张红举，等．基于水质改善目标的太湖适宜换水周期分析［J］．湖泊科学，2017，29（01）：9－21.

[87] 朱世丹，张飞，张海威．艾比湖流域河流水化学季节特征及空间格局研究［J］．环境科学学报，2018，38（03）：892－899.

[88] 闫露霞，孙美平，姚晓军，等．青藏高原湖泊水质变化及现状评价［J］．环境科学学报，2018，38（03）：900－910.

[89] 梁中耀，余艳红，王丽婧，等．湖泊水质时空变化特征识别的贝叶斯方差分析方法［J］．环境科学学报，2017，37（11）：4170－4177.

[90] 皮家骏，欧阳澍，张带琴，等．基于灰色理论的鄱阳湖水质评价模型研究［J］．水力发电，2017，43（06）：5－8.

[91] 石玉，周永强，张运林，等．太湖有色可溶性有机物组成结构对不同水文情景的响应［J］．环境科学，2018，39（11）：4915－4924.

[92] 吴玲，秦红益，朱梦圆，等．太湖富营养化湖区秋季水体和沉积物中硝化微生物分布特征及控制因素［J］．湖泊科学，2017，29（06）：1312－1323.

[93] 张岩，李畅游，高宁，等．结冰对乌梁素海水体富营养化的影响［J］．湖泊科学，2017，29（04）：811－818.

[94] 王圣瑞，李贵宝．国外湖泊水环境保护和治理对我国的启示［J］．环境保护，2017，45（10）：64－68.

[95] 吕笑天，吕永龙，宋帅，等．气候变化与人类活动双重驱动的冷水湖泊富营养化［J］．生态学报，2017，37（22）：7375－7386.

[96] 张彦，窦明，李桂秋，等．考虑光盐交互作用的湖泊富营养化数学模型［J］．中国环境科学，2017，37（11）：4312－4322.

[97] 王志强，田娜，缪建群，等．基于组合可拓综合分析法的鄱阳湖流域水质富营养化评价［J］．生态学报，2017，37（12）：4227－4235.

[98] 张壹萱，张玉超，周雯，等．富营养化湖泊典型水华蓝藻的固有光学特性［J］．湖泊科学，2018，30（06）：1681－1692.

[99] 吴可方，欧伏平，王丑明．东洞庭湖秋季氮磷营养盐结构及水华风险分析［J］．人民长江，2018，49（23）：21－26，73.

[100] 邵咏絮，逄勇，宋为威．滨江游乐场人工湖水体富营养化整治措施研究［J］．水资源与水工程学报，2018，29（06）：113－121.

[101] 吴霜，刘倩，曹向明，等．赣北黄茅潭湖泊沉积记录的240年以来古洪水事件［J］．地理科学进展，2017，36（11）：1413－1422.

[102] 杨光林，万的军，赵华，等．17.8－6.8 ka BP期间达里湖的水文环境历史及其演化机制［J］．干旱区资源与环境，2018，32（01）：84－91.

[103] 刘颖，孙惠玲，周晓娟，等．过去5000 a以来抚仙湖沉积物有机质碳同位素的古环境指示意义［J］．湖泊科学，2017，29（03）：722－729.

[104] 林琪，刘恩峰，张恩楼，等．泸沽湖近代沉积环境时空变化特征及原因分析［J］．湖泊科学，2017，29（01）：246－256.

[105] 张怡，燕文明，杨艳青，等．典型中小养殖型湖泊沉积物中磷形态特征分析［J］．中国农村水利水电，2017，（12）：99－103，108.

[106] 闫兴成，王明玥，许晓光，等．富营养化湖泊沉积物有机质矿化过程中碳、氮、磷的迁移特征［J］．湖泊科学，2018，30（02）：306－313.

[107] 王志强，崔爱花，缪建群，等．淡水湖泊生态系统退化驱动因子及修复技术研究进展［J］．生态学报，2017，37（18）：6253－6264.

[108] 薛天翼，王红亚．湖泊（水库）沉积物分析在土壤侵蚀研究中的运用［J］．地理科学进展，2018，37（07）：890－900.

[109] 刘俊杰，陆隽，朱广伟，等．2009－2017年太湖湖泛发生特征及其影响因素［J］．湖泊科学，2018，30（05）：1196－1205.

[110] 吴志明，李建超，王睿，等．基于随机森林的内陆湖泊水体有色可溶性有机物（CDOM）浓度遥感估算［J］．湖泊科学，2018，30（04）：979－991.

[111] 刘聚涛，邓燕青，王法磊，等．鄱阳湖水生态环境保护实践与建议［J］．中国水利，2018，（17）：6－8.

[112] 于革，等．湖泊水生态系统模拟研究［M］．北京：科学出版社，2017.

[113] 章光新，武瑶，吴燕锋，等．湿地生态水文学研究综述［J］．水科学进展，2018，29（05）：737－749.

[114] 闫潍虹，衣华鹏，冯龙，等．基于Landsat影像的烟台市近30年来湿地资源时空变化研究［J］．水土保持通报，2017，37（02）：289－294，301.

[115] 孙楠，朱渭宁，程乾．基于多年遥感数据分析长江河口海岸带湿地变化及其驱动因子［J］．环境科学学报，2017，37（11）：4366－4373.

[116] 王纯，刘兴土，仝川．盐度对滨海湿地土壤碳库组分及稳定性的影响［J］．地理科学，2018，38（05）：800－807.

[117] 陈月庆，武黎黎，章光新，等．湿地水文连通研究综述［J］．南水北调与水利科技，2019，17（01）：26－38.

[118] 许秀丽，李云良，谭志强，等．鄱阳湖湿地典型植被群落地下水-土壤-植被-大气系统界面水分通量及水源组成［J］．湖泊科学，2018，30（05）：1351－1367.

[119] 王丽春，焦黎，来风兵．基于NDVI的新疆玛纳斯湖湿地植被覆盖度变化研究［J］．冰川冻土，2018，40（01）：176－185.

[120] 王富强，王若雁，孙美琪．基于涡度相关观测的寒区滨河湿地蒸散发特征分析［J］．华北水利水电大学学报（自然科学版），2018，39（01）：57－62.

[121] 窦明，贾瑞鹏．基于环境自净能力的龙凤湿地水质改善优化调控模型［J］．环境科学学报，2018，38（06）：2418－2426.

[122] 李哲，张飞，Hsiang－te Kung，等．1998—2014年艾比湖湿地自然保护区生态系统服务价值及其时空变异［J］．生态学报，2017，37（15）：4984－4997.

[123] 徐丽婷，阳文静，吴燕平，等．基于植被完整性指数的鄱阳湖湿地生态健康评价［J］．生态学报，2017，37（15）：5102－5110.

[124] 赵欣胜，崔丽娟，李伟，等．人类活动对辽宁双台河口湿地生态系统影响评价［J］．水利水电技

术，2017，48（09）：16-23.

[125] 高黎明，张乐乐，陈克龙．青海湖流域湿地小气候特征［J］．干旱区研究，2019，36（C1）：186-192.

[126] 杨海江，钟艳霞，罗玲玲，等．基于贝叶斯的星海湖湿地水质评价及特征分析［J］．节水灌溉，2018，（04）：92-95，104.

[127] 吴燕锋，章光新．湿地生态水文模型研究综述［J］．生态学报，2018，38（07）：2588-2598.

[128] 刘广全，白应飞，张亭，等．黄土高原农牧交错带湿地重构对鸟类多样性的影响［J］．水利学报，2018，49（09）：1097-1108.

[129] 周文昌，史玉虎，潘磊，等．神农架林区大九湖湿地生态系统服务价值评价［J］．水土保持通报，2018，38（01）：208-213.

[130] 李红清，王岚．鄱阳湖枯期水位与湿地生态响应关系［J］．中国水利，2018，（11）：23-26.

[131] 张志刚，王建，何元庆，等．MIS 3 时期青藏高原东南部稻城古冰帽冰进事件研究［J］．冰川冻土，2017，39（05）：957-966.

[132] 徐春海，李忠勤，王飞腾，等．基于 LiDAR、SRTM DEM 的祁连山黑河流域十一冰川 2000—2012 年物质平衡估算［J］．自然资源学报，2017，32（01）：88-100.

[133] 李田，刘岩，程晓，等．南大洋海底地形对冰山运动与搁浅的影响［J］．中国科学：地球科学，2017，47（04）：450-460.

[134] 段克勤，姚檀栋，石培宏，等．青藏高原东部冰川平衡线高度的模拟及预测［J］．中国科学：地球科学，2017，47（01）：104-113.

[135] 王聪强，杨太保，许艾文，等．近 25 年唐古拉山西段冰川变化遥感监测［J］．地球科学进展，2017，32（01）：101-109.

[136] 邢武成，李忠勤，张慧，等．1959 年来中国天山冰川资源时空变化［J］．地理学报，2017，72（09）：1594-1605.

[137] 高永鹏，姚晓军，刘时银，等．冰川冰储量计算方法及发展趋势［J］．干旱区地理，2018，41（06）：1204-1213.

[138] 赵家锐，柯长青．基于 Sentinel-1 SAR 数据的南极松岛冰川流速监测［J］．冰川冻土，2018，40（5）：1-7.

[139] 李毅，闫世勇，李治国，等．基于 Landsat-8 OLI 影像的天山南伊内里切克冰川 2016 年冰川表面运动状态提取与分析［J］．冰川冻土，2017，39（06）：1281-1288.

[140] 郭淑海，陈仁升，韩春坛，等．冰雪升华测算结果及影响因素研究进展［J］．地球科学进展，2017，32（11）：1204-1217.

[141] 尹梓渊，穆振侠，高瑞，等．考虑冰川融水的 HBV 模型在天山西部区的应用［J］．水力发电学报，2017，36（11）：42-49.

[142] 闫崇宇，曾辰，史晓楠，等．慕士塔格山卡尔塔马克冰川补给径流与非冰川补给径流水化学特征及主控因素研究［J］．干旱区地理，2018，41（06）：1214-1224.

[143] 张慧，李忠勤，牟建新，等．近 50 年新疆天山奎屯河流域冰川变化及其对水资源的影响［J］．地理科学，2017，37（11）：1771-1777.

[144] 周祖昊，韩宁，蔡静雅，等．祁连山区冰川演变特征及对气候变化的响应——以苏干湖流域为例［J］．冰川冻土，2017，39（06）：1172-1179.

[145] 陈虹举，杨建平，谭春萍．中国冰川变化对气候变化的响应程度研究［J］．冰川冻土，2017，39（01）：16-23.

[146] 胡凡盛，杨太保，冀琴，等．近 40a 阿尔金山冰川与气候变化关系研究［J］．干旱区地理，2017，40（03）：581-588.

[147] 黄晓然，包安明，郭浩，等．近 20a 中国天山东段典型冰川变化及其气候响应［J］．干旱区研

究，2017，34（04）：870－880.

[148] 李开明，李忠勤，李明涛，等．近 40 年来托木尔峰南坡三条监测冰川对气候变暖的响应［J］．干旱区资源与环境，2017，31（12）：98－103.

[149] 丁永建，张世强，陈仁升，等．寒区水文导论［M］．北京：科学出版社，2017.

[150] 张罗号，张红武，赵晨苏．冲积河流沙质河床推移质级配分布规律［J］．水利学报，2017，48（12）：1465－1472.

[151] 陈可锋，陆培东，王乃瑞．整治工程影响下的河口拦门沙航道回淤特征及成因——以射阳港航道为例［J］．水科学进展，2017，28（02）：240－248.

[152] 黄哲，白玉川．渗流作用下的泥沙运动研究综述［J］．泥沙研究，2017，42（06）：73－80.

[153] 卢陈，何用，吴门伍，等．珠江磨刀门河口悬沙浓度变化特征分析［J］．泥沙研究，2017，42（04）：53－59.

[154] 郑斌鑫，何佳，姚弘毅，等．珠江磨刀门河口洪季悬沙与沉积物颗粒度分布及交换过程［J］．泥沙研究，2017，42（02）：9－15.

[155] 王煜祺，陈珺，吴峥，等．甬江及河口附近海域枯季水沙特性分析［J］．水利水运工程学报，2017（05）：51－59.

[156] 王亚南，郭维东，李东斌，等．三角洲型感潮河口泥沙输移规律研究［J］．中国农村水利水电，2017（12）：115－120.

[157] 姚宇，唐政江，杜睿超，等．潮汐流影响下珊瑚岛礁附近波浪传播变形和增水试验［J］．水科学进展，2017，28（04）：614－621.

[158] 侯庆志，陆永军，王志力．渤海湾高强度开发对潮波系统的累积影响机制［J］．科学通报，2017，62（30）：3479－3489.

[159] 陈正侠，丁一，毛旭辉，等．基于水环境模型和数据库的潮汐河网突发水污染事件溯源［J］．清华大学学报（自然科学版），2017，57（11）：1170－1178.

[160] 吕勋博，任双立．永定新河河口风暴潮对其右堤防洪保护区洪水风险影响分析［J］．水利水电技术，2017，48（10）：63－68.

[161] 郦凯，章卫胜，王金华．江苏沿海潮流数值模拟与潮流能估算［J］．水利水运工程学报，2017（01）：111－117.

[162] 唐东跃，张沈阳，何文亮．浙江沿海及长江口同步潮位数据比较分析［J］．水利水运工程学报，2017（02）：100－106.

[163] 钱睿智，李国芳，王永东．南水北调东线源头潮汐预报模型研究［J］．人民长江，2018，49（20）：35－39.

[164] 石盛玉，程和琴，玄晓娜，等．近十年来长江河口潮区界变动［J］．中国科学：地球科学，2018，48（08）：1085－1095.

[165] 左军成，等．海洋水文环境要素分析方法［M］．北京：科学出版社，2018.

[166] 白玉川，胡晓，徐海珏，等．入湖浅水三角洲形成过程实验模拟分析［J］．水利学报，2018，49（05）：549－560.

[167] 隆院男，刘晶，李志威，等．近 30 年湘江中下游典型江心洲演变规律［J］．泥沙研究，2017，42（06）：8－15.

[168] 吕紫君，冯佳佳，郜新宇，等．磨刀门河口环流与咸淡水混合层化机制［J］．水科学进展，2017，28（06）：908－921.

[169] 刘诚，梁燕，王其松，等．磨刀门河口洪季波生流及其泄洪影响［J］．水科学进展，2017，28（05）：770－779.

[170] 张聪伟，朱琴，刘春原，等．滦河入海口三角洲地区地下水及土壤盐度分析［J］．人民长江，2017，48（15）：17－20，80.

[171] 张心凤．大风浪作用下河口区深水航道骤淤预测模式研究 [J]. 水动力学研究与进展（A 辑），2017，32（03）：365－373.

[172] 王一鸣，高鹏，穆兴民，等．1973 年以来黄河三角洲形态与入海水沙通量关系研究 [J]. 泥沙研究，2018，43（05）：39－45.

[173] 陈勇，王寒梅，史玉金，等．1958—2015 年长江口水下三角洲地形演变特征及趋势 [J]. 水科学进展，2018，29（03）：314－321.

[174] 徐海珏，胡晓，白玉川，等．入湖三角洲形成过程与淤积形态变化的实验研究 [J]. 水力发电学报，2019，38（01）：52－62.

[175] 高增文，李宇浩，秦志新，等．水位变化条件下海湾水库盐分达标探讨 [J]. 水科学进展，2017，28（05）：763－769.

[176] 张锦，蒋金龙．面向滨海河口湿地生态功能提升的河口生态用水管理思考——以福建省为例 [J]. 环境保护，2017，45（04）：29－32.

[177] 王辉，陈法兴，陆健刚．基于突变理论的近岸海域富营养化程度研究 [J]. 人民黄河，2017，39（07）：100－103，109.

[178] 李若华，周维，姚凯华，等．基于氧平衡的钱塘江河口水质模型研究及应用 [J]. 中国农村水利水电，2017，（09）：86－89，92.

[179] 何露露，黄佳芳，谭立山，等．恒定和波动盐度增加对河口淡水感潮湿地间隙水溶解性甲烷和间隙水化学特征的影响 [J]. 环境科学学报，2019，39（02）：480－490.

[180] 沙宏杰，张东，施顺杰，等．基于耦合模型和遥感技术的江苏中部海岸带生态系统健康评价 [J]. 生态学报，2018，38（19）：7102－7112.

[181] 刘静玲，史璇，孟博，等．海河流域典型河口湿地水质-水文-食物网耦合模型研究 [M]. 北京：化学工业出版社，2018.

[182] 宋伦，毕相东，等．环渤海河流冲淡水对近岸海域生态环境的影响及管理对策 [M]. 北京：科学出版社，2017.

[183] 郑江禹，张强，史培军，等．珠江流域多尺度极端降水时空特征及影响因子研究 [J]. 地理科学，2017，37（02）：283－291.

[184] 张俊，杨文发，卓思佳，等．金沙江流域极端强降水分布拟合 [J]. 人民长江，2017，48（17）：58－61.

[185] 袁嘉晨，胡庆芳，陈元芳，等．基于极值理论的太湖流域降水极值分析 [J]. 水电能源科学，2017，35（07）：1－5.

[186] 于泽兴，胡国华，陈肖，等．近 45 年来浏阳河流域极端降水变化 [J]. 水土保持研究，2017，24（05）：139－143.

[187] 李玮，段利民，刘廷玺，等．1961—2015 年内蒙古高原内陆河东部流域极端降水时空变化特征分析 [J]. 资源科学，2017，39（11）：2153－2165.

[188] 宋晓猛，张建云，孔凡哲，等．北京地区降水极值时空演变特征 [J]. 水科学进展，2017，28（02）：161－173.

[189] 任景全，郭春明，刘玉汐，等．1961—2015 年吉林省极端降水指数时空变化特征 [J]. 冰川冻土，2017，39（05）：1004－1011.

[190] 曹永强，张亮亮，王学凤，等．辽宁省夏季降水量和极端雨量日时空变化特征分析 [J]. 干旱区地理，2017，40（02）：266－275.

[191] 顾西辉，张强，孔冬冬，等．中国年和季节极端降水时空特征及极值分布函数上尾部性质 [J]. 地理科学，2017，37（06）：929－937.

[192] 景丞，陶辉，王艳君，等．基于区域气候模式 CCLM 的中国极端降水事件预估 [J]. 自然资源学报，2017，32（02）：266－277.

[193] 胡钰玲，宁贵财，康彩燕，等．库姆塔格沙漠周边地区极端降水的时空变化特征 [J]. 中国沙漠，2017，37 (03)：536-545.

[194] 邓明枫，陈宁生，王涛，等．藏东南地区日降雨极值的波动变化 [J]. 自然灾害学报，2017，26 (02)：152-159.

[195] 毕硕本，蒋婷婷，钱育君，等．1470—1912 年西北东部地区极端干旱事件的复原及分形特征研究 [J]. 干旱区地理，2017，40 (02)：248-256.

[196] 陈亚宁，王怀军，王志成，等．西北干旱区极端气候水文事件特征分析 [J]. 干旱区地理，2017，40 (01)：1-9.

[197] 林炳章，兰平，张叶晖，等．可能最大降水估算研究综述 [J]. 水利学报，2018，49 (01)：92-102，114.

[198] 周向阳，张荣，雷文娟．极端降水事件概率分布识别方法对比研究 [J]. 自然灾害学报，2018，27 (05)：158-168.

[199] 汤鹏程，徐冰，高占义，等．西藏高海拔地区气象数据缺失条件下的 ET _ 0 计算研究 [J]. 水利学报，2017，48 (09)：1055-1063.

[200] 于红博，张巧凤，包金兰．锡林河流域长时间序列蒸散量遥感监测及其相关因子 [J]. 水土保持研究，2017，24 (06)：366-369.

[201] 王飞宇，占车生，胡实，等．典型山地蒸散发时空变化模拟研究 [J]. 资源科学，2017，39 (02)：276-287.

[202] 季树新，常学礼，李鹏，等．山东半岛 2000—2014 年蒸散发时空分异特征 [J]. 水文，2017，37 (06)：84-90.

[203] 张戈，夏建新，王树东．基于多源数据的黑河流域日尺度蒸散发量模拟 [J]. 南水北调与水利科技，2018，16 (06)：33-38.

[204] 陆婷，郑江华．呼图壁县蒸散发遥感反演及其时空变化分析 [J]. 节水灌溉，2018 (10)：91-96.

[205] 李汇文，王世杰，白晓永，等．西南近 50 年实际蒸散发反演及其时空演变 [J]. 生态学报，2018，38 (24)：8835-8848.

[206] 韩松俊，张宝忠．基于 Penman 方法和互补原理的蒸散发研究历程与展望 [J]. 水利学报，2018，49 (09)：1158-1168.

[207] 郑祚芳，任国玉．风场变形误差对北京降水记录及变化趋势的影响 [J]. 水科学进展，2017，28 (05)：662-670.

[208] 李亚斌，徐盼盼，钱会，等．加权马尔可夫链在铜川地区降水量预测中的应用 [J]. 灌溉排水学报，2017，36 (05)：96-102.

[209] 叶金印，张锦堂，黄勇，等．大别山库区降水预报性能评估及应用对策 [J]. 湖泊科学，2017，29 (06)：1528-1537.

[210] 孔德萌，李维德，吴金冉．基于协整理论的极限学习机模型在降水预测中的应用 [J]. 水电能源科学，2017，35 (09)：1-3，12.

[211] 胡虎，杨侃，朱大伟，等．基于 EEMD-GRNN 的降水量预测分析 [J]. 水电能源科学，2017，35 (04)：10-14.

[212] 黄小燕，赵华生，黄颖，等．遗传-神经网络集合预报方法在广西热带气旋降水预报中的应用 [J]. 自然灾害学报，2017，26 (06)：184-196.

[213] 宋帆，杨晓华，武翡翡，等．基于聚类分析的模糊马尔科夫链在降雨量预测中的应用 [J]. 节水灌溉，2018，(10)：33-36，41.

[214] 邢贞相，张涵，付强，等．考虑气象因子不确定性的概率降水预报研究 [J]. 灌溉排水学报，2018，37 (10)：100-107.

[215] 高治定，宋伟华，李保国，等．水文气象学分类及其在黄河治理中应用 [M]．郑州：黄河水利出版社，2017.

[216] 郭浩，古丽·加帕尔，包安明，等．基于改进型垂直干旱指数的塔里木河流域绿洲与荒漠区干旱时空变化对比 [J]．中国沙漠，2017，37（04）：775-783.

[217] 任怡，王义民，畅建霞，等．基于模糊综合干旱指数的黄河源区作物生长季干旱时空分布分析 [J]．武汉大学学报（工学版），2017，50（05）：668-677.

[218] 陈永志，李傲，周祥．基于多尺度 SPI 指数的哈巴河地区近 53a 的干旱分析 [J]．长江科学院院报，2017，34（06）：12-16，23.

[219] 张煦庭，潘学标，徐琳，等．基于降水蒸发指数的 1960—2015 年内蒙古干旱时空特征 [J]．农业工程学报，2017，33（15）：190-199.

[220] 王学哲，孙才志，曹永强．基于修正 Z 指数的黑龙江省旱涝时空特性分析 [J]．水电能源科学，2017，35（10）：1-4.

[221] 罗那那，巴特尔·巴克，吴燕锋．基于标准化降水指数的北疆地区近 52 年旱涝变化特征 [J]．水土保持研究，2017，24（02）：293-299.

[222] 常奂宇，翟家齐，赵勇，等．基于马尔可夫链的北京市 546 年来的旱涝演变特征 [J]．南水北调与水利科技，2018，16（05）：27-34.

[223] 张宇亮，蒋尚明，金菊良，等．基于区域农业用水量的干旱重现期计算方法 [J]．水科学进展，2017，28（05）：691-701.

[224] 万红莲，宋海龙，朱婵婵，等．明清时期宝鸡地区旱涝灾害链及其对气候变化的响应 [J]．地理学报，2017，72（01）：27-38.

[225] 刘宇峰，原志华，李文正，等．1961—2013 年黄土高原地区旱涝特征及极端和持续性分析 [J]．地理研究，2017，36（02）：345-360.

[226] 董婷，孟令奎，张文．1961—2012 年我国干旱演变特征 [J]．干旱区研究，2018，35（01）：96-106.

[227] 胡子瑛，周俊菊，张利利，等．中国北方气候干湿变化及干旱演变特征 [J]．生态学报，2018，38（06）：1908-1919.

[228] 马尚谦，张勃，杨梅，等．基于 EEMD 的华北平原 1901—2015 年旱涝灾害分析 [J]．干旱区资源与环境，2019，33（03）：62-68.

[229] 宫兴龙，付强，王斌，等．联合改进 TOPMODEL 和 PDSI 的半干旱区干旱评估模型构建 [J]．农业工程学报，2018，34（06）：137-144.

[230] 屈艳萍，吕娟，张伟兵，等．中国历史极端干旱研究进展 [J]．水科学进展，2018，29（02）：283-292.

[231] 张晓鹏，秦翔，吴锦奎，等．祁连山老虎沟流域强消融期径流对气候变化的响应 [J]．冰川冻土，2017，39（01）：148-155.

[232] 柏玲，陈忠升，王充，等．西北干旱区阿克苏河径流对气候波动的多尺度响应 [J]．地理科学，2017，37（05）：799-806.

[233] 刘苏峡，丁文浩，莫兴国，等．澜沧江和怒江流域的气候变化及其对径流的影响 [J]．气候变化研究进展，2017，13（04）：356-365.

[234] 于泽兴，胡国华，陈肖，等．降水变化和人类活动对浏阳河流域径流的影响 [J]．长江科学院院报，2017，34（11）：6-11.

[235] 张雪琪，满苏尔·沙比提，刘海涛，等．1957—2015 年叶尔羌河流域气候变化特征及其径流响应 [J]．干旱区研究，2019，36（01）：58-66.

[236] 赵建华，刘翠善，王国庆，等．近 60 年来黄河流域气候变化及河川径流演变与响应 [J]．华北水利水电大学学报（自然科学版），2018，39（03）：1-5，12.

[237] 王思如，雷慧闽，段利民，等．气候变化对科尔沁沙地蒸散发和植被的影响 [J]．水利学报，2017，48 (05)：535-544，550.

[238] 姚作新，李秦，刘卫平，等．1960—2015 年新疆塔什库尔干河谷季节性冻土对气候变化的响应 [J]．干旱区地理，2017，40 (02)：257-265.

[239] 孔莹，王澄海．全球升温 1.5℃时北半球多年冻土及雪水当量的响应及其变化 [J]．气候变化研究进展，2017，13 (04)：316-326.

[240] 沙健，路瑞，孙运海，等．基于模型联用评估气候变化对径流特征的影响 [J]．人民黄河，2017，39 (11)：57-62，65.

[241] 廉丽姝，李宝富，陈忠升，等．基于 WRF 模式评估土地利用/覆被变化的气候和水文效应 [J]．生态学报，2018，38 (03)：917-925.

[242] 李天生，夏军．基于 Budyko 理论分析珠江流域中上游地区气候与植被变化对径流的影响 [J]．地球科学进展，2018，33 (12)：1248-1258.

[243] 岳宁，魏国孝，孙朋，等．乌兰布和沙漠降水入渗补给对气候变化的响应 [J]．中国沙漠，2017，37 (05)：1016-1025.

[244] 占车生，宁理科，邹靖，等．陆面水文—气候耦合模拟研究进展 [J]．地理学报，2018，73 (05)：893-905.

[245] 李敏，李建柱，冯平，等．变化环境下时变标准化径流指数的构建与应用 [J]．水利学报，2018，49 (11)：1386-1395.

[246] 夏军，罗勇，段青云，等．气候变化对中国东部季风区陆地水循环与水资源安全的影响及适应对策 [M]．北京：科学出版社，2017.

[247] 林凯荣．变化环境下南方湿润区水文模拟与响应 [M]．北京：中国水利水电出版社，2017.

[248] 任政，路明，龚家国．气候变化对水文过程影响及不确定性分析 [M]．北京：科学出版社，2017.

[249] 谢正辉，田向军，占车生，等．陆地水文-区域气候相互作用 [M]．北京：科学出版社，2017.

[250] 薛联青，何新林，冯起，等．变化条件下流域水循环影响机理及其生态响应过程 [M]．南京：东南大学出版社，2018.

[251] 罗勇，姜彤，夏军，等．中国陆地水循环演变与成因 [M]．北京：科学出版社，2017.

[252] 张宇，王建力，杨平恒，等．河水-地下水侧向交互流运动机制 [J]．中国科学：地球科学，2017，47 (11)：1349-1356.

[253] 束龙仓，许杨，吴佩鹏．基于 MODFLOW 参数不确定性的地下水水流数值模拟方法 [J]．吉林大学学报（地球科学版），2017，47 (06)：1803-1809.

[254] 姚怡光，张云，孙铁，等．人工渗流场中的地下水流数值模拟 [J]．水力发电，2017，43 (05)：25-29.

[255] 陆阳，王乐，张红玲．宁夏平罗县井渠结合灌区地下水盐运移规律研究 [J]．水利水电技术，2017，48 (03)：165-170.

[256] 杨艳鲜，张丹，雷宝坤，等．洱海近岸菜地浅层地下水动态变化特征及影响因素 [J]．灌溉排水学报，2017，36 (12)：101-109.

[257] 陈建生，马芬艳，张茜，等．苏北盆地地下水补给源问题讨论 [J]．水资源保护，2018，34 (03)：1-8.

[258] 赵瑞科，曹文庚，杨会峰，等．呼和浩特盆地地下水演化特征研究 [J]．人民黄河，2018，40 (05)：78-82，88.

[259] 黄元，岳德鹏，于强，等．磴口县地表水与地下水时空变化特征及交互作用 [J]．中国沙漠，2019，39 (01)：161-170.

[260] 谭博，刘曙光，代朝猛，等．滨海地下水交互带中的胶体运移行为研究综述 [J]．水科学进展，

2017，28（05）：788－800.

［261］ 刘迁迁，古力米热·哈那提，苏里坦，等．塔里木河下游河岸带地下水埋深对生态输水的响应过程［J］．干旱区地理，2017，40（05）：979－986.

［262］ 卫文，陈宗宇．气候变化情景下的地下水潜在补给变化影响分析——以栾城试验站为例［J］．南水北调与水利科技，2017，15（05）：29－35，42.

［263］ 魏兴，贾瑞亮，周金龙，等．新疆玛纳斯河流域典型剖面地下水位动态分析［J］．南水北调与水利科技，2017，15（05）：127－133.

［264］ 刘美英，闵雷雷，沈彦俊．河北平原浅层地下水位动态变化分析［J］．中国农村水利水电，2017，（08）：80－85.

［265］ 王鸽，肖长来，梁秀娟，等．挠力河流域地下水动态特征分析及预测［J］．水电能源科学，2017，35（12）：144－147.

［266］ 刁维杰，李飞，邱庆泰，等．潍坊北部超采区地下水位预测与恢复［J］．水电能源科学，2017，35（07）：151－154.

［267］ 刘佩贵，骆鹏，吴亮．充水条件对矿区地下水运动特征的影响研究［J］．合肥工业大学学报（自然科学版），2017，40（01）：77－82.

［268］ 贾伍慧，尹立河，王晓勇，等．利用改进的 Loheide 方法计算地下水的蒸散发量［J］．水文地质工程地质，2017，44（02）：48－51.

［269］ 李明乾，肖长来，梁秀娟，等．变化环境下地下水埋深动态特征及驱动因素分析［J］．水利水电技术，2018，49（11）：1－7.

［270］ 王艳茹，徐征和，王通．基于 MODFLOW 的地下水动态变化特征分析——以位山灌区为例［J］．中国农村水利水电，2018，（08）：60－66.

［271］ 王晓艳，李忠勤，蒋缠文．天山哈密榆树沟流域地下水化学特征及其来源［J］．干旱区地理，2017，40（02）：313－321.

［272］ 邵杰，李瑛，侯光才，等．新疆伊犁河谷地下水化学特征及其形成作用［J］．干旱区资源与环境，2017，31（04）：99－105.

［273］ 丰亚萍，刘志辉，郭小云．呼图壁河流域地下水水化学特征分析［J］．中国农村水利水电，2017（04）：72－76.

［274］ 王宝春，贾涛，刚什婷，等．蛤蟆通流域浅层地下水水文地球化学特征分析［J］．人民长江，2017，48（16）：43－48.

［275］ 李玲，周金龙，齐万秋，等．新疆和田河流域绿洲区浅层地下水水化学特征及成因分析［J］．水资源与水工程学报，2018，29（03）：14－20.

［276］ 刘江涛，蔡五田，曹月婷，等．沁河冲洪积扇地下水水化学特征及成因分析［J］．环境科学，2018，39（12）：5428－5439.

［277］ 李倩，张小明．徐州市深层地下水化学特征及水质变化分析［J］．人民长江，2017，48（S2）：51－53，60.

［278］ 孙从建，陈若霞，张子宇，等．山西浅层地下水水化学特性时空变化特征分析［J］．干旱区地理，2018，41（02）：314－324.

［279］ 罗艳丽，李晶，蒋平安，等．新疆高砷地区地下水水化学特征及其成因分析［J］．干旱区资源与环境，2017，31（08）：116－121.

［280］ 杨平恒，张宇，王建力，等．水位变化影响下的河水-地下水侧向交互带地球化学动态［J］．水科学进展，2017，28（02）：293－301.

［281］ 赵江涛，周金龙，梁川，等．新疆焉耆盆地平原区地下水反向水文地球化学模拟［J］．干旱区资源与环境，2017，31（10）：65－70.

［282］ 高策，严婷，葛佳亮，等．基于 Visual Modflow 的某油库地下水污染模拟［J］．水土保持通报，

2017，37（04）：179-183.

[283] 张千千，王慧玮，翟天伦，等．滹沱河冲洪积扇地下水硝酸盐的污染特征及污染源解析［J］．水文地质工程地质，2017，44（06）：110-117.

[284] 王志忠，梁秀娟，刘晓梅，等．基于模糊数学模型和物元可拓模型的地下水水质综合评价［J］．水力发电，2018，44（09）：1-3，37.

[285] 常振波，卢文喜，辛欣，等．基于灵敏度分析和替代模型的地下水污染风险评价方法［J］．中国环境科学，2017，37（01）：167-173.

[286] 罗育池，廉晶晶，张沙莎，等．地下水污染防控技术：防渗、修复与监控［M］．北京：科学出版社，2017.

[287] 肖攀，彭轲，何军，等．咸宁地区地下水资源开发及其保护措施探讨［J］．人民长江，2017，48（S2）：99-103.

[288] 王晓玮，邵景力，甘雨．基于数值模拟的西北地下水总量控制指标确定研究［J］．水文地质工程地质，2017，44（03）：12-18.

[289] 郭中小，魏永富，廖梓龙，等．锡林河流域地下水位管理阈值研究［J］．干旱区研究，2017，34（03）：479-486.

[290] 何亮，陈锁忠，齐慧，等．基于GIS的地下水水位红线管理方法研究［J］．中国水利，2018，（11）：4-8.

[291] 王涵，刘琦，张翼龙，等．数值模拟法划分地下饮用水源保护区——以内蒙古呼和浩特市城市水源地为例［J］．水文地质工程地质，2018，45（06）：23-30.

[292] 李和平，李积铭，李锴雯．衡水市地下水现状及农业主要节水技术［M］．北京：中国农业科学技术出版社，2018.

[293] 陈启刚，钟强．明渠紊流中涡结构的运动规律［J］．水科学进展，2017，28（04）：579-587.

[294] 张攀，孙维营，唐洪武，等．坡面细沟侵蚀形态演变与量化研究评述［J］．泥沙研究，2017，42（01）：68-72.

[295] 段金晓，李鹏，李占斌，等．模拟降雨下前期含水量对冻融坡面产流产沙过程的影响［J］．水土保持学报，2017，31（06）：73-78，175.

[296] 裴冠博，龚冬琴，付兴涛．晋西黄绵土坡面细沟形态及其对产流产沙的影响［J］．水土保持学报，2017，31（06）：79-84，182.

[297] 邓龙洲，张丽萍，邬燕虹，等．侵蚀性风化花岗岩坡地降雨产流及水文过程研究［J］．水土保持学报，2018，32（02）：67-73.

[298] 宋孝玉，王光社，李怀有，等．黄土高原沟壑区绿水的水文过程及驱动机制［M］．北京：科学出版社，2017.

[299] 芮孝芳．论流域水文模型［J］．水利水电科技进展，2017，37（04）：1-7，58.

[300] 金聪，张行南，夏达忠．SWAT分布式模型在新兴江流域径流模拟中的应用研究［J］．中国农村水利水电，2017（01）：97-102.

[301] 阮宏威，邹松兵，陆志翔，等．耦合SWAT与RIEMS模拟黑河干流山区径流［J］．冰川冻土，2017，39（02）：384-394.

[302] 李致家，屈晨阳，黄鹏年，等．CASC2D模型与GSSHA模型在栾川流域的径流模拟［J］．河海大学学报（自然科学版），2017，45（01）：1-6.

[303] 杨志远，高超，臧淑英，等．SWIM模型在东北黑土区流域的适用性评价——以乌裕尔河中上游流域为例［J］．地理学报，2017，72（03）：457-470.

[304] 赵串串，高瑞梅，章青青．基于AnnAGNPS模型的罗李村子流域水文模拟与评价［J］．水土保持研究，2017，24（02）：137-141.

[305] 廖如婷，胡珊珊，杜龙刚，等．基于HEC-HMS模型的温榆河流域水文模拟［J］．南水北调与

水利科技，2018，16（06）：15-20.

[306] 段浩，赵红莉，蒋云钟，等．一种改进的参数区间选取方法及在 WEP-L 模型中的应用［J］．南水北调与水利科技，2018，16（04）：50-57.

[307] 贾建伟，王栋，沈杰，等．基于 HBV 模型的高寒区径流模拟研究［J］．人民长江，2018，49（22）：83-87.

[308] 谷一，王国庆，郝振纯，等．基于新安江模型的曲江流域水文模拟研究［J］．水资源与水工程学报，2018，29（02）：50-55.

[309] 高洁．基于过程的融雪模型研发Ⅰ——原理［J］．水力发电，2017，43（09）：19-22.

[310] 汤瑞，穆振侠，周育琳，等．基于 SRM 模型的天山西部山区融雪径流研究［J］．灌溉排水学报，2018，37（11）：106-112.

[311] 刘江涛，徐宗学，赵焕，等．基于改进降水输入模块的融雪径流模拟：以拉萨河为例［J］．水利学报，2018，49（11）：1396-1408.

[312] 李致家，姚成，张珂，等．基于网格的精细化降雨径流水文模型及其在洪水预报中的应用［J］．河海大学学报（自然科学版），2017，45（06）：471-480.

[313] 童冰星，李致家，温娅惠，等．基于地貌单位线的汇流模型在陈河流域的构建与应用［J］．水力发电，2017，43（10）：19-22.

[314] 邹强，廖力，王学敏．考虑决策者偏好的洪灾评估自适应模糊聚类迭代模型及应用［J］．水电能源科学，2017，35（10）：63-67.

[315] 黄金柏．不同地形中小尺度流域分布式水文模型的开发及应用［M］．北京：中国水利水电出版社，2017.

[316] 曾季才，查元源，杨金忠．大区域含水层中局部复杂水流过程的多尺度模拟［J］．水利学报，2017，48（09）：1064-1072.

[317] 周俊伟，包为民，孙逸群，等．河道一维非恒定流微分结构摩阻公式及其试验论证［J］．水科学进展，2017，28（04）：571-578.

[318] 于洋，韩鹏，林谧．半干旱地区包气带—饱和带水盐耦合模拟［J］．干旱区研究，2017，34（04）：741-747.

[319] 金鑫，陈琼，金彦香．土地利用/覆被数据精度对流域水文过程模拟的影响研究［J］．灌溉排水学报，2018，37（02）：108-115.

[320] 王橦橦，吴勇，陈盟．贡嘎山枯落物降雨截留试验及其水文效应［J］．人民黄河，2017，39（05）：88-92，114.

[321] 魏雪静，郝瑞霞．基于 ECOMSED 的非恒定流水域盐水入侵数值模拟［J］．人民长江，2017，48（15）：30-34，75.

[322] 王晓燕，杨涛，师鹏飞．天山北坡典型流域产汇流过程及模拟研究［M］．北京：科学出版社，2018.

[323] 周育琳，穆振侠，高瑞，等．基于多方法优选预报因子的天山西部山区融雪径流中长期水文预报［J］．水电能源科学，2017，35（07）：10-12，5.

[324] 金保明，李芸，张烜，等．基于反向传播算法的崇阳溪流域洪水流量预报［J］．水力发电，2017，43（08）：22-25，38.

[325] 林锐，泮苏莉，刘莉，等．耦合降水预报和多目标参数优化的洪水预报方法［J］．水力发电学报，2017，36（10）：27-34.

[326] 孟二浩，黄生志，黄强，等．融合大气环流异常因子的径流预报研究［J］．水力发电学报，2017，36（08）：34-42.

[327] 纪昌明，俞洪杰，阎晓冉，等．基于联合互信息的水文预报因子集选取研究［J］．水力发电学报，2017，36（08）：12-21.

[328] 刘祖发，谭铭欣，查悉妮，等．基于 WD－RSPA 模型的水文时间序列预测——以马口站和深圳市为例 [J]．中山大学学报（自然科学版），2017，56（05）：119－126，138.

[329] 杨慧荣，张玉虎，崔恒建，等．ARIMA 和 ANN 模型的干旱预测适用性研究 [J]．干旱区地理，2018，41（05）：945－953.

[330] 师鹏飞，杨涛，王晓燕．半湿润半干旱区水文预报模型研究及应用 [M]．北京：科学出版社，2018.

[331] 闫宝伟，潘增，薛野，等．论水文计算中的相关性分析方法 [J]．水利学报，2017，48（09）：1039－1046.

[332] 林乐曼，顾圣平，归力佳，等．基于 WSA－EDA 算法的瞬时单位线参数优化估计 [J]．水电能源科学，2017，35（12）：6－9.

[333] 薛树文，曹升乐，王利朵，等．年径流量序列还现方法研究 [J]．水力发电，2017，43（05）：21－24.

[334] 童冰星，姚成，黄小祥．一种利用流量过程线估算新安江模型分水源参数的方法 [J]．中国农村水利水电，2017（11）：26－30.

[335] 夏继红，陈永明，周子晔，等．河流水系连通性机制及计算方法综述 [J]．水科学进展，2017，28（05）：780－787.

[336] 江善虎，任立良，刘淑雅，等．基于贝叶斯模型平均的水文模型不确定性及集合模拟 [J]．中国农村水利水电，2017（01）：107－112，117.

[337] 林青，徐绍辉．基于 Bayes 理论的田间层状土壤水分运动参数识别及不确定性分析 [J]．水利学报，2018，49（04）：428－438.

[338] 黄红虎．水文情报预报（全国水文勘测技能培训系列教材）[M]．北京：中国水利水电出版社，2017.

[339] 陈莹璐，黄春长，张玉柱，等．黄河源区玛曲段末次冰消期古洪水事件及其光释光测年研究 [J]．冰川冻土，2017，39（03）：549－562.

[340] 查小春，黄春长，庞奖励，等．汉江上游沉积记录的东汉时期古洪水事件考证研究 [J]．地理学报，2017，72（09）：1634－1644.

[341] 刘雯瑾，黄春长，庞奖励，等．黄河马头关段全新世古洪水水文恢复及气候背景研究 [J]．干旱区地理，2017，40（01）：85－93.

[342] 王道席，侯素珍，杨吉山，等．无定河“7·26”暴雨洪水泥沙来源分析 [J]．人民黄河，2017，39（12）：18－21.

[343] 范国庆，刘静，狄艳艳，等．黄河 2017 年第 1 号洪水的气象成因及洪水特性 [J]．人民黄河，2017，39（12）：8－13.

[344] 李春龙，邱辉，邢雯慧，等．汉江“83·10”致洪暴雨重预报研究 [J]．人民长江，2017，48（19）：35－41.

[345] 金兴平．长江上游水库群 2016 年洪水联合防洪调度研究 [J]．人民长江，2017，48（04）：22－27.

[346] 强德霞，赵彦博，南卓铜，等．基于参数实时优化的洪水预报系统研究——以黑河干流洪水为例 [J]．水利水电技术，2017，48（04）：13－17，24.

[347] 魏琳，李静，王颖．海河流域“16·7”大暴雨洪水成因初步分析 [J]．水文，2017，37（04）：91－96.

[348] 时芳欣，王志慧，齐亮，等．2017 年绥德“7·26”暴雨重现期分析 [J]．人民黄河，2018，40（07）：11－14.

[349] 李兰晖，丁明军，黄齐，等．亚热带湖滨沙地典型下垫面土壤水分变化 [J]．生态学报，2017，37（11）：3892－3901.

[350] 廖凯华，吕立刚．东南湿润区坡面土壤水文过程研究进展与展望［J］．地理科学进展，2018，37（04）：476－484.

[351] 顾金普，王双银，龚家国，等．华北土石山区典型小流域土壤水文特征与模拟研究［J］．水电能源科学，2018，36（04）：22－25.

[352] 富丽，赵锦梅，李永宁，等．陇东黄土高原不同林龄苹果林地枯落物及土壤的水文效应［J］．水土保持通报，2018，38（05）：40－45.

[353] 弋灵均，张华，侯荣，等．辽东山地古石河冰缘地貌不同植被类型表层土壤特性［J］．水土保持通报，2017，37（02）：7－16.

[354] 吕刚，王韫策，李叶鑫，等．辽西北风沙地不同林草措施土壤水文效应研究［J］．干旱区地理，2018，41（02）：342－348.

[355] 王玲，刘庚，冯向星，等．晋西北不同植被类型土壤水分亏缺特征［J］．中山大学学报（自然科学版），2018，57（01）：102－109.

[356] 王修康，戚兴超，刘艳丽，等．泰山山前平原三种土地利用方式下土壤结构特征及其对土壤持水性的影响［J］．自然资源学报，2018，33（01）：63－74.

[357] 曲文杰，陈林，王磊，等．退化人工柠条林灌下沙埋干预的土壤水文效应［J］．水土保持学报，2018，32（05）：176－182.

[358] 段剑，刘窑军，汤崇军，等．不同下垫面红壤坡地壤中流对自然降雨的响应［J］．水利学报，2017，48（08）：977－985.

[359] 孔达，王立权，刘继龙，等．黑土区农田土壤含水量空间变异性的尺度效应研究［J］．水利学报，2017，48（05）：608－612，622.

[360] 刘小璐，鲁克新，李鹏，等．不同降雨条件下坡面土壤水分入渗过程研究与模拟［J］．干旱区资源与环境，2018，32（11）：114－118.

[361] 邹锋，武鑫鹏，张万港，等．鄱阳湖典型湿地土壤微生物活性对季节性水位变化的响应［J］．生态学报，2018，38（11）：3838－3847.

[362] 钟韵，费良军，刘乐，等．膜孔灌溉下土壤入渗特征的多因素分析［J］．水科学进展，2018，29（04）：505－513.

[363] 贺缠生，张兰慧，王一博．土壤水文异质性对流域水文过程的影响［M］．北京：科学出版社，2018.

[364] 刘文全，卢芳，徐兴永，等．废弃盐田复垦利用后土壤盐分与有机质含量空间变异特征［J］．生态学报，2018，38（04）：1311－1319.

[365] 郭智，刘红江，陈留根，等．太湖流域典型桃园土壤氮素径流流失特征［J］．水土保持学报，2017，31（04）：1－5.

[366] 唐文政，王春霞，范文波，等．积雪与地表联合覆盖条件下冻融土壤水盐运移规律［J］．水土保持学报，2017，31（03）：337－343.

[367] 吕娜娜，罗格平，丁建丽，等．滴灌背景下玛纳斯流域绿洲内外荒地土壤盐分时空变化趋势分析［J］．自然资源学报，2017，32（09）：1542－1553.

[368] 刘国锋，徐增洪，么宗利，等．冲水灌溉对西北硫酸盐型土壤中盐分离子变化的影响研究［J］．干旱区资源与环境，2019，33（03）：118－123.

[369] 李开明，刘洪光，石培君，等．明沟排水条件下的土壤水盐运移模拟［J］．干旱区研究，2018，35（06）：1299－1307.

[370] 曾季才，查元源，杨金忠．基于Richards方程切换的土壤水流及溶质运移数值模拟［J］．水利学报，2018，49（07）：840－848.

[371] 孟阳阳，刘冰，刘婵．荒漠绿洲湿地土壤水热盐动态过程及其影响机制［J］．中国沙漠，2019，39（01）：149－160.

[372] 夏军，张印，梁昌梅，等．城市雨洪模型研究综述 [J]. 武汉大学学报（工学版），2018，51 (02)：95-105.

[373] 贾艳青，张勃，张耀宗，等．城市化对长三角地区极端气温影响的时空分异研究 [J]. 自然资源学报，2017，32 (05)：814-828.

[374] 吴健生，张朴华．城市景观格局对城市内涝的影响研究——以深圳市为例 [J]. 地理学报，2017，72 (03)：444-456.

[375] 丁相毅，刘家宏，杨志勇，等．基于生态海绵流域视角的河湖联控方案研究——以湖南省凤凰县为例 [J]. 水利水电技术，2017，48 (09)：35-40，103.

[376] 向晨瑶，刘家宏，邵薇薇，等．海绵小区削峰减洪效率对降雨特征的响应 [J]. 水利水电技术，2017，48 (06)：7-12.

[377] 刘家宏，梅超，向晨瑶，等．城市水文模型原理 [J]. 水利水电技术，2017，48 (05)：1-5，13.

[378] 林芷欣，许有鹏，代晓颖，等．城市化对平原河网水系结构及功能的影响——以苏州市为例 [J]. 湖泊科学，2018，30 (06)：1722-1731.

[379] 田富强，程涛，芦由，等．社会水文学和城市水文学研究进展 [J]. 地理科学进展，2018，37 (01)：46-56.

[380] 熊立华，闫磊，李凌琪，等．变化环境对城市暴雨及排水系统影响研究进展 [J]. 水科学进展，2017，28 (06)：930-942.

[381] 陈子燊，高时友，李鸿皓．基于二次重现期的城市两级排涝标准衔接的设计暴雨 [J]. 水科学进展，2017，28 (03)：382-389.

[382] 殷杰．基于高精度地形表面模型的城市雨洪情景模拟与应急响应能力评价 [J]. 地理研究，2017，36 (06)：1138-1146.

[383] 贺颖庆，胡金杰，付子刚，等．ArcGIS 地形分析在城市防洪治涝规划中的应用 [J]. 人民长江，2017，48 (S2)：4-6.

[384] 张建云，王银堂，刘翠善，等．中国城市洪涝及防治标准讨论 [J]. 水力发电学报，2017，36 (01)：1-6.

[385] 黄国如，李碧琦．深圳民治河流域低影响开发措施水文效应评估 [J]. 水资源与水工程学报，2018，29 (03)：1-6.

[386] 查治荣，徐保超，周庆鹏．基于位置的城市水文预警信息服务平台研究 [J]. 中国水利，2018，(17)：58-59，57.

[387] 鲁仕宝．城市水安全与水务行业监管能力研究 [M]. 北京：中国社会科学出版社，2017.

[388] 邵丹娜．城市雨水管理和内涝灾害防治 [M]. 北京：中国建筑工业出版社，2018.

[389] 陈治成，宋维峰，魏峥，等．元阳梯田水源区优势树种枯落物水文特性 [J]. 水土保持研究，2017，24 (01)：135-139.

[390] 张作为，史海滨，李仙岳，等．河套灌区间作系统根系土壤水盐运移机理及间作优势研究 [J]. 水利学报，2017，48 (04)：408-416.

[391] 顾朝军，穆兴民，孙文义，等．极端暴雨洪水及侵蚀产沙对延河流域植被恢复响应的比较研究 [J]. 自然资源学报，2017，32 (10)：1755-1767.

[392] 王云霓，王晓江，高孝威，等．内蒙古大青山典型森林植被水文功能研究 [J]. 干旱区资源与环境，2018，32 (10)：191-196.

[393] 乔雪，李硕，陈伊郴．侵蚀环境下植被恢复的水文效应分析——以江西兴国潋水流域为例 [J]. 水土保持研究，2018，25 (05)：136-142.

[394] 邓慧平，王倩，丹利．气候对森林-径流关系的影响 [J]. 水资源与水工程学报，2018，29 (04)：18-24.

[395] 赵鹏，屈建军，韩庆杰，等．敦煌绿洲边缘植物群落与土壤养分互馈关系［J］．中国沙漠，2018，38（04）：791-799.

[396] 邵薇薇，陈向东，刘家宏，等．中国北方地区植被与水循环相互作用机理［M］．北京：科学出版社，2017.

[397] 胡静霞，杨新兵，朱辰光，等．冀西北地区4种纯林枯落物及土壤水文效应［J］．水土保持研究，2017，24（04）：304-310.

[398] 李建明，程冬兵，张长伟，等．三种水土保持措施下红壤坡地径流产沙特性［J］．水利水电技术，2017，48（11）：199-205.

[399] 刘顺，杨洪国，罗达，等．川西亚高山不同森林类型土壤呼吸和总硝化速率的季节动态［J］．生态学报，2019，39（02）：550-560.

[400] 乔锋，肖洋，赵淑苹．小兴安岭云冷杉红松林和白桦林对雪水文过程的影响［J］．水土保持学报，2018，32（05）：104-108.

[401] 董玲玲，康峰峰，韩海荣，等．辽河源3种林分降雨再分配特征及其影响因素［J］．水土保持学报，2018，32（04）：145-150.

[402] 吕渡，杨亚辉，赵文慧，等．黄土高原沟壑区不同植被对土壤水分分布特征影响［J］．水土保持研究，2018，25（04）：60-64.

[403] 陈存根．林木生理与生态水文［M］．北京：科学出版社，2018.

[404] 夏军，左其亭，韩春辉．生态水文学学科体系及学科发展战略［J］．地球科学进展，2018，33（07）：665-674.

[405] 王顺利，王荣新，敬文茂，等．祁连山干旱山地草地生物量对水分条件的响应［J］．干旱区地理，2017，40（04）：772-779.

[406] 刘可，杜灵通，侯静，等．近30年中国陆地生态系统NDVI时空变化特征［J］．生态学报，2018，38（06）：1885-1896.

[407] 姜云鹏，乔玉．雅鲁藏布江支流流域生态特征与生物资源保护研究——以尼木玛曲流域为例［J］．水利水电技术，2017，48（10）：113-118，122.

[408] 孔令桥，张路，郑华，等．长江流域生态系统格局演变及驱动力［J］．生态学报，2018，38（03）：741-749.

[409] 幸赞品，颜长珍，冯坤，等．1975—2015年宁夏生态系统格局宏观变化分析［J］．生态学报，2018，38（22）：7912-7920.

[410] 李营，陈云浩，陈辉，等．小尺度潮间带生态系统遥感综合评估方法构建［J］．中国环境科学，2018，38（12）：4661-4668.

[411] 薛联青，张卉，张洛晨，等．基于改进RVA法的水利工程对塔里木河生态水文情势影响评估［J］．河海大学学报（自然科学版），2017，45（03）：189-196.

[412] 陈森，苏晓磊，黄慧敏，等．三峡库区支流生境因子对库区蓄水的响应［J］．生态学报，2018，38（04）：1478-1486.

[413] 赵宇豪，高俊红，高婵婵，等．黑河天涝池流域典型林分生态水文化学特征［J］．生态学报，2017，37（14）：4636-4645.

[414] 邢坤，雷晓云，高凡，等．古尔图河气象水文要素变化特征与下游艾比湖生态的关系［J］．水土保持学报，2017，31（04）：345-350.

[415] 杨泽元，许登科，郑志伟，等．干表层的概念界定及其水文生态效应研究［J］．水文地质工程地质，2017，44（02）：77-81，95.

[416] 赵宾华，李占斌，李鹏，等．黄土区生态建设对流域不同水体转化影响［J］．农业工程学报，2017，33（23）：179-187.

[417] 高扬，于贵瑞．流域生物地球化学循环与水文耦合过程及其调控机制［J］．地理学报，2018，73

(07)：1381－1393.

[418]　王文科，宫程程，张在勇，等．旱区地下水文与生态效应研究现状与展望［J］．地球科学进展，2018，33（07）：702－718.

[419]　赵冠南，刘登峰，栾金凯，等．基于水资源配置方案的塔里木河下游生态水文演化研究［J］．华北水利水电大学学报（自然科学版），2018，39（01）：48－56.

[420]　孙然好，程先，陈利顶．基于陆地-水生态系统耦合的海河流域水生态功能分区［J］．生态学报，2017，37（24）：8445－8455.

[421]　陈冬红，彭期冬，张迪，等．丰满水电站坝下河段生态水文特性分析［J］．水利水电技术，2017，48（07）：90－94，108.

[422]　康婧，孙永光，李方，等．辽河口海域使用变化下的生态敏感性分析［J］．中国环境科学，2017，37（12）：4722－4733.

[423]　王永生，刘彦随．中国乡村生态环境污染现状及重构策略［J］．地理科学进展，2018，37（05）：710－717.

[424]　胡春明，娜仁格日乐，尤立．基于水质管理目标的博斯腾湖生态水位研究［J］．生态学报，2019，39（02）：748－755.

[425]　陈亚宁，李卫红，陈亚鹏，等．科技支撑新疆塔里木河流域生态修复及可持续管理［J］．干旱区地理，2018，41（05）：901－907.

[426]　马振刚，李黎黎，杨润田，等．京张区域生态系统健康评价与应对策略［J］．干旱区研究，2019，36（01）：228－236.

[427]　赵军，杨建霞，朱国锋．生态输水对青土湖周边区域植被覆盖度的影响［J］．干旱区研究，2018，35（06）：1251－1261.

[428]　冯琰玮，甄江红．基于径向基神经网络的呼和浩特市生态安全预警研究［J］．干旱区资源与环境，2018，32（11）：87－92.

[429]　薛联青，张洛晨，周海鹰，等．干旱内陆河流域生态水文情势演变及水资源适应性利用［M］．北京：科学出版社，2017.

[430]　贾仰文，王浩，赵振武，等．渭河生态环境流量分析与调度实践［M］．北京：科学出版社，2017.

[431]　马小玲，张宽地，龚家国，等．关中平原区细沟水流侵蚀产沙研究［J］．泥沙研究，2017，42（03）：31－35，41.

[432]　金建荣，李田，时珍宝．高地下水位地区透水铺装控制径流污染的现场实验［J］．环境科学，2017，38（06）：2379－2384.

[433]　张健，高云．新一代水文模拟系统的流域嵌套式强化观测方案设计——以新安江水文水资源实验站改建项目为例［J］．南水北调与水利科技，2017，15（01）：39－42，48.

[434]　赵昕，梅军亚，李厚永，等．水文监测创新在2016年长江洪水测报中的作用［J］．人民长江，2017，48（04）：8－12.

[435]　杨默远，王中根，潘兴瑶，等．一种新型人工降雨入渗实验系统研制［J］．水文，2017，37（01）：39－45.

[436]　李永华，王学全，周多良，等．库姆塔格沙漠东南缘季节性河流（洪沟）水文监测与分析［J］．干旱区地理，2018，41（03）：435－442.

[437]　王俊，陈松生，赵昕，等．中美水文测验比较研究［M］．北京：科学出版社，2017.

[438]　王军成．气象水文海洋观测技术与仪器发展报告（2016）［M］．北京：海洋出版社，2017.

[439]　赵全升，胡舒娅，冯娟，等．柴达木盆地盐湖卤水层给水度分布变化特征［J］．地理科学，2017，37（01）：148－153.

[440]　孙启明，柯贤敏，田国林，等．基于渗流井理论的放水试验数值模拟及水文地质参数不确定性分

析 [J]. 水土保持通报，2017，37 (03)：290-294，301.

[441] 杨曦光，于颖．基于试验反射光谱数据的土壤含水率遥感反演 [J]. 农业工程学报，2017，33 (22)：195-199.

[442] 肖志远，陈雅莉，陈春华．面向 Web 的长江水文数据"一站式"服务系统 [J]. 人民长江，2018，49 (12)：111-116.

[443] 刘炜，赵丽霞，赵淑饶，等．基于随机森林算法的吴堡站测流断面形态预测 [J]. 人民黄河，2018，40 (06)：12-15.

[444] 陈吉琴．水文信息测报与整编 [全国水利行业"十三五"规划教材（职工培训）] [M]. 北京：科学出版社，2018.

[445] 雷成茂，李焯，郭邵萌．2016 年黄河西柳沟"8·17"暴雨洪水分析 [J]. 人民黄河，2017，39 (11)：63-65.

[446] 孔锋，王一飞，吕丽莉，等．北京"7·21"特大暴雨洪涝特征与成因及对策建议 [J]. 人民长江，2018，49 (S1)：15-19.

[447] 徐坤．基于两次"804"暴雨洪水对比分析计算探析 [J]. 水科学与工程技术，2018，(02)：34-36.

[448] 李爱农，南希，张正健，等．茂县"6·24"特大高位远程崩滑灾害遥感回溯与应急调查 [J]. 自然灾害学报，2018，27 (02)：43-51.

[449] 黄文芳，李畅，马宇，等．高海拔多年冻土调查方法及分布模型研究进展 [J]. 人民长江，2017，48 (S2)：123-128.

[450] 柯浩成，李占斌，李鹏，等．黄土区典型小流域包气带土壤水同位素特征 [J]. 水土保持学报，2017，31 (03)：298-303.

[451] 吴雷，许有鹏，王跃峰，等．水文实验研究进展 [J]. 水科学进展，2017，28 (04)：632-640.

[452] 孔纲强，孙学谨，刘汉龙，等．孔隙液体对透明土渗透特性影响对比试验 [J]. 水利学报，2017，48 (11)：1303-1310.

[453] 张攀，姚文艺，魏鹳举，等．黄丘区坡面细沟流速分布特征试验研究 [J]. 水利学报，2017，48 (11)：1334-1340.

[454] 邵丽媛，甘永德，苏辉东，等．土壤膨胀性对降雨入渗产流影响试验 [J]. 中国农村水利水电，2018，(11)：42-47，54.

[455] 余期冲，祝晓彬，吴吉春，等．死端孔隙对溶质运移影响的实验研究 [J]. 水文地质工程地质，2017，44 (04)：160-164，172.

[456] 李宜坪，郭慧莉，吴淑芳，等．黄土坡面水沙过程及水流阻力变化试验研究 [J]. 泥沙研究，2017，42 (05)：36-43.

[457] 邬燕虹，张丽萍，陈儒章，等．坡长和雨强对氮素流失影响的模拟降雨试验研究 [J]. 水土保持学报，2017，31 (02)：7-12，39.

[458] 章新平，关华德，张新主，等．下垫面蒸发和云中凝结分馏对降水稳定同位素影响的数值试验——空间分布的比较 [J]. 冰川冻土，2017，39 (03)：455-468.

[459] 王栋栋，王占礼，张庆玮，等．草地植被覆盖度坡度及雨强对坡面径流含沙量影响试验研究 [J]. 农业工程学报，2017，33 (15)：119-125.

[460] 阳勇，陈仁升，宋耀选，等．祁连山区不同尺寸双环入渗仪对比试验 [J]. 水土保持学报，2017，31 (01)：328-331，336.

[461] 范家骅，祁伟，戴清．异重流潜入现象探讨 I：水槽实验与理论分析成果回顾 [J]. 水利学报，2018，49 (04)：404-418.

[462] 周秋文，李璇，郭兴房．喀斯特地区枯落物层对地表径流和土壤侵蚀的影响研究 [J]. 水文，2018，38 (04)：19-24.

[463] 佘冬立，唐胜强，房凯，等．海涂围垦区盐碱粉壤土坡面径流剥蚀过程影响试验 [J]．河海大学学报（自然科学版），2018，46（04）：290-295.

[464] 张景洲，张升堂，李红，等．植被排列方式及坡度对坡面流 Fr 影响的试验研究 [J]．南水北调与水利科技，2017，15（04）：203-208.

[465] 周玥，束龙仓，方依雯，等．落水洞对裂隙-管道介质泉流量衰减过程影响的试验研究 [J]．南水北调与水利科技，2017，15（03）：108-112.

[466] 刘锦阳，李喜安，简涛，等．马兰黄土渗气率与饱和渗透系数的关系研究 [J]．水文地质工程地质，2017，44（06）：154-162.

[467] 张俊龙，李永平，曾雪婷，等．基于 EFAST 方法的寒旱区流域水文过程参数敏感性分析 [J]．南水北调与水利科技，2017，15（03）：43-48.

[468] 江远安，尹宜舟，陈鹏翔，等．1961—2014年新疆降水极值概率特征及拟合不确定性分析 [J]．气候变化研究进展，2017，13（01）：52-60.

[469] 雷冠军，王文川，殷峻暹，等．P-Ⅲ型曲线参数估计方法研究综述 [J]．人民黄河，2017，39（10）：1-7.

[470] 邹强，何小聪，喻杉．变指数非线性马斯京根模型及其参数率定方法 [J]．水电能源科学，2017，35（12）：1-5.

[471] 陈洋波，徐会军，李计．流域洪水预报分布式模型参数自动优选 [J]．中山大学学报（自然科学版），2017，56（03）：125-133.

[472] 周建中，卢韦伟，孙娜，等．水文模型参数多目标率定及最优非劣解优选 [J]．水文，2017，37（02）：1-7.

[473] 胡义明，梁忠民，姚轶，等．变化环境下水文设计值计算方法研究综述 [J]．水利水电科技进展，2018，38（04）：89-94.

[474] 张将伟，卢文喜，曲延光，等．基于 Monte Carlo 方法的地表水地下水耦合模拟模型不确定分析 [J]．水利学报，2018，49（10）：1254-1264.

[475] 宋松柏，王小军．基于 Copula 函数的水文随机变量和概率分布计算 [J]．水利学报，2018，49（06）：687-693.

[476] 王晓峰，张园，冯晓明，等．基于游程理论和 Copula 函数的干旱特征分析及应用 [J]．农业工程学报，2017，33（10）：206-214.

[477] 万永静，刁秀媚，刘俊，等．基于 Copula 函数的暴雨潮位组合分析 [J]．河海大学学报（自然科学版），2017，45（03）：211-217.

[478] 张彦，窦明，李桂秋．基于 Copula 函数的水体富营养化联合风险概率研究 [J]．环境科学学报，2018，38（10）：4204-4213.

[479] 马晓晓，宋松柏．基于 Copula 函数的不完全降水序列频率计算方法研究 [J]．水力发电学报，2017，36（02）：9-17.

[480] 熊立华，邝韵琪，于坤霞，等．年径流频率分析的一次二阶矩法及其应用 [J]．水科学进展，2017，28（03）：390-397.

[481] 李孟芮，敖天其，黎小东．基于地区线性矩法对四川省水文频率分析的研究 [J]．水利水电技术，2018，49（11）：54-61.

[482] 滕杰，郭明，周政辉．汉江上游径流非一致性演变特征及频率分析 [J]．水资源与水工程学报，2018，29（06）：106-112，126.

[483] 董洁，谭秀翠，张庆华，等．水文频率分析的非参数统计计算方法 [J]．中国农村水利水电，2018（7）：5-8，14.

[484] 董洁，刁艳芳，谭秀翠，等．水文频率计算中窗宽和核函数对密度函数估计影响分析 [J]．中国农村水利水电，2018（2）：68-71.

[485] 高永胜，鲁帆，王雪．杭州市极值暴雨的统计建模与频率计算研究［J］．自然灾害学报，2017，26（06）：224－230.

[486] 黄一昕，梁忠民，胡义明，等．关于水文同频率地区组成法中相应洪量频率的探讨［J］．南水北调与水利科技，2018，16（03）：189－193.

[487] 郑锦涛，陈伏龙，张鑫厚，等．新疆玛纳斯河年径流频率分析［J］．水利水电科技进展，2018，38（01）：68－74.

[488] 熊立华，郭生练，江聪．非一致性水文概率分布估计理论和方法［M］．北京：科学出版社，2018.

[489] 宋松柏，等．单变量水文序列频率计算原理与应［M］．北京：科学出版社，2018.

[490] 张强，等．华南区域非平稳径流过程及水生态效应［M］．北京：科学出版社，2017.

[491] 鲁帆，肖伟华，严登华，等．非平稳时间序列极值统计模型及其在气候-水文变化研究中的应用综述［J］．水利学报，2017，48（04）：379－389.

[492] 乔琨，朱文泉，胡德勇，等．北京市不同功能区不透水地表时空变化差异［J］．地理学报，2017，72（11）：2018－2031.

[493] 刘佳帅，杨文元，郝培净，等．季节性冻融区地下水位预测方法研究［J］．灌溉排水学报，2017，36（06）：95－99.

[494] 杨肖丽，郑巍斐，林长清，等．基于统计降尺度和SPI的黄河流域干旱预测［J］．河海大学学报（自然科学版），2017，45（05）：377－383.

[495] 李荣容，王鹏，韦诗涛，等．黄河中下游汛期洪水的分期识别［J］．人民黄河，2017，39（11）：24－29，33.

[496] 丁愫，陈报章，王瑾，等．基于决策树的统计预报模型在臭氧浓度时空分布预测中的应用研究［J］．环境科学学报，2018，38（08）：3229－3242.

[497] 胡振鹏，傅静．长江与鄱阳湖水文关系及其演变的定量分析［J］．水利学报，2018，49（05）：570－579.

[498] 曹晨曦，田友琳，张昱堃，等．基于统计方法的异常点检测在时间序列数据上的应用［J］．合肥工业大学学报（自然科学版），2018，41（09）：1284－1288.

[499] 张展羽，梁振华，冯宝平，等．基于主成分-时间序列模型的地下水位预测［J］．水科学进展，2017，28（03）：415－420.

[500] 王渊，杜富慧．改进的GM（1，N）灰色模型在邯郸市地下水矿化度预测中的应用［J］．水电能源科学，2018，36（12）：44－46.

[501] 付晓刚，唐仲华，吕文斌，等．基于随机模拟的地下水污染物最优水力截获量［J］．中国环境科学，2018，38（09）：3421－3428.

[502] 吴敏，温小虎，冯起，等．基于随机森林模型的干旱绿洲区张掖盆地地下水水质评价［J］．中国沙漠，2018，38（03）：657－663.

[503] 曹伟征，李光轩，张玉国，等．基于PSR和PSO的区域地下水埋深ELM预测模型［J］．水利水电技术，2018，49（06）：47－53.

[504] 李培都，司建华，冯起，等．基于小波分析和灰色预测的莺落峡年径流量特征分析［J］．水土保持通报，2017，37（04）：242－247.

[505] 李志新，赖志琴．年径流变化的BP神经网络预报模型研究［J］．水电能源科学，2018，36（07）：10－12.

[506] 杨洵，徐炜，姜宏广．基于Box－Cox算法的中期径流贝叶斯概率预报方法［J］．水电能源科学，2018，36（06）：17－21.

[507] 孙娜，周建中，朱双，等．基于小波分析的两种神经网络耦合模型在月径流预测中的应用［J］．水电能源科学，2018，36（04）：14－17，32.

[508] 赵信峰，徐鹏，刘开磊，等．基于参数不确定性的概率预报研究 [J]. 人民黄河，2017，39 (09)：35-38，59.

[509] 陈建龙，刘永峰，钱鞠，等．R/S分析法与GM (1，1) 灰色模型相结合的鸳鸯池水库入库径流量预测 [J]. 水资源与水工程学报，2018，29 (05)：148-153，158.

[510] 吴子怡，谢平，桑燕芳，等．水文序列跳跃变异点的滑动相关系数识别方法 [J]. 水利学报，2017，48 (12)：1473-1481，1489.

[511] 杨金艳，赵超，刘光生，等．基于Mann-Kendall和R/S法的水文序列变化趋势分析——以苏州市为例 [J]. 水利水电技术，2017，48 (02)：27-30，137.

[512] 林沛榕，张艳军，冼翠玲，等．不同时间尺度的中长期水文预报研究 [J]. 水文，2017，37 (06)：1-8.

[513] 雷晓辉，王浩，廖卫红，等．变化环境下气象水文预报研究进展 [J]. 水利学报，2018，49 (01)：9-18.

[514] 涂异，汪金能，朱曲平，等．应用PSO-KELM模型预测水文时间序列 [J]. 中国农村水利水电，2018 (07)：21-24.

[515] 杜懿，麻荣永．不同改进的ARIMA模型在水文时间序列预测中的应用 [J]. 水力发电，2018，44 (04)：12-14，28.

[516] 王涛，刘之平，郭新蕾，等．基于神经网络理论的开河期冰坝预报研究 [J]. 水利学报，2017，48 (11)：1355-1362.

[517] 韩锐，董增川，罗赟，等．基于EEMD的黄河上游主要来水区年来水量预测 [J]. 人民黄河，2017，39 (08)：10-14.

[518] 任化准，陈琼，何有良，等．WPSO-SVR耦合日径流预测模型研究及应用 [J]. 人民长江，2017，48 (10)：40-43.

[519] 李芸，田欢，张明顺，等．基于BP神经网络的雨水径流污染负荷评估模型 [J]. 中国农村水利水电，2017，(03)：68-74.

[520] 王建金，石朋，瞿思敏，等．与马斯京根汇流模型耦合的BP神经网络修正算法 [J]. 中国农村水利水电，2017 (1)：113-117.

[521] 周婷，夏萍，胡宏祥，等．基于小波分解的优化支持向量机模型在水库年径流预测中的应用 [J]. 华北水利水电大学学报（自然科学版），2018，39 (03)：24-30.

[522] 查木哈，卢志宏，翟继武，等．双隐含层BP神经网络模型在老哈河水质预测中的应用 [J]. 水资源与水工程学报，2018，29 (02)：56-61.

[523] 王礼恒，董艳辉，宋凡，等．甘肃石油河流域地下水补给来源与演化特征分析 [J]. 干旱区地理，2017，40 (01)：54-61.

[524] 卫文，陈宗宇．应用环境同位素识别松嫩平原西南部地下水的补给来源 [J]. 干旱区资源与环境，2017，31 (01)：173-177.

[525] 张俊，尹立河，马洪云，等．鄂尔多斯高原潜水同位素特征及其成因分析 [J]. 干旱区研究，2017，34 (04)：748-754.

[526] 王雨山，刘蕴，龚磊，等．水化学和同位素示踪卫宁平原地下水沿河排泄 [J]. 干旱区资源与环境，2017，31 (10)：77-82.

[527] 杜明亮，吴彬，胡钟林，等．霍景涅里辛沙漠地下水化学和同位素特征 [J]. 中国沙漠，2018，38 (04)：858-864.

[528] 孔晓乐，王仕琴，丁飞，等．基于水化学和稳定同位素的白洋淀流域地表水和地下水硝酸盐来源 [J]. 环境科学，2018，39 (06)：2624-2631.

[529] 邓启军，李方红，李伟，等．蒲阳河流域地下水水化学及同位素特征 [J]. 水文地质工程地质，2017，44 (02)：8-14.

[530] 蔡月梅，蔡五田，刘金巍，等．河南省某大型水源地岩溶水水化学及同位素特征［J］．水文地质工程地质，2018，45（05）：41-47.
[531] 董维红，孟莹，王雨山，等．三江平原富锦地区浅层地下水水化学特征及其形成作用［J］．吉林大学学报（地球科学版），2017，47（02）：542-553.
[532] 耿新新，陈立，黄正国，等．吴灵地区地下水同位素特征及可更新能力研究［J］．人民黄河，2017，39（10）：30-83，88.
[533] 谷洪彪，迟宝明，王贺，等．柳江盆地地表水与地下水转化关系的氢氧稳定同位素和水化学证据［J］．地球科学进展，2017，32（08）：789-799.
[534] 孙从建，陈伟．基于稳定同位素的海河源区地下水与地表水相互关系分析［J］．地理科学，2018，38（05）：790-799.
[535] 文广超，王文科，段磊，等．基于水化学和稳定同位素定量评价巴音河流域地表水与地下水转化关系［J］．干旱区地理，2018，41（04）：734-743.
[536] 杜明亮，吴彬，李英连．吐鲁番盆地水环境同位素分析与应用［J］．干旱区资源与环境，2018，32（04）：177-182.
[537] 王希义，徐海量，闫俊杰，等．基于氧同位素（δ～(18)O）的塔里木河下游河水向地下水的转化研究［J］．水资源与水工程学报，2018，29（02）：84-89.
[538] 贺娟．氢氧同位素记录揭示的巽他陆架末次冰期以来古降水量变化［J］．地球科学进展，2017，32（11）：1137-1146.
[539] 王学界，章新平，张婉君，等．全球降水中氢氧稳定同位素 GCM 模拟空间分布的比较［J］．地球科学进展，2017，32（09）：983-995.
[540] 王轶凡，瞿思敏，李代华，等．小流域降雨径流氢氧同位素特征分析及其对径流分割的指示意义［J］．河海大学学报（自然科学版），2017，45（04）：365-371.
[541] 金赞芳，张文辽，郑奇，等．氮氧同位素联合稳定同位素模型解析水源地氮源［J］．环境科学，2018，39（05）：2039-2047.
[542] 田茜，方小敏，王明达．青藏高原干旱区湖泊正构烷烃氢同位素记录降水同位素［J］．科学通报，2017，62（07）：700-710.
[543] 靖淑慧，刘加珍，陈永金，等．氢氧稳定同位素对东平湖枯水期水环境的指示作用［J］．南水北调与水利科技，2019，17（01）：120-129，149.
[544] 徐英德，汪景宽，高晓丹，等．氢氧稳定同位素技术在土壤水研究上的应用进展［J］．水土保持学报，2018，32（03）：1-9，15.
[545] 章新平，关华德，张新主，等．下垫面蒸发和云中凝结分馏对降水稳定同位素影响的数值试验——时间变化的比较（以长沙降水同位素为例）［J］．冰川冻土，2017，39（03）：469-478.
[546] 宋献方，唐瑜，张应华，等．北京连续降水水汽输送差异的同位素示踪［J］．水科学进展，2017，28（04）：488-495.
[547] 孙从建，陈伟．天山山区典型内陆河流域径流组分特征分析［J］．干旱区地理，2017，40（01）：37-44.
[548] 任雯，郑新军，吴雪，等．云下二次蒸发对降水过程中氢氧稳定同位素构成的影响［J］．干旱区研究，2017，34（06）：1263-1270.
[549] 王晓艳，卢爱刚，蒋缠文，等．渭南大气降水中氢氧同位素特征与水汽来源关系［J］．干旱区资源与环境，2017，31（08）：122-128.
[550] 董小芳，杨华玮，张峦，等．ENSO 事件对上海降水中氢氧同位素变化的影响［J］．环境科学，2017，38（12）：4991-5003.
[551] 赵培，王超，赵鹏，等．基于稳定性氢氧同位素的紫色土丘陵区坡地水文过程研究［M］．郑州：黄河水利出版社，2018.

[552] 孟志龙，杨永刚，秦作栋，等．汾河下游流域水体硝酸盐污染过程同位素示踪 [J]．中国环境科学，2017，37 (03)：1066-1072.

[553] 张兵，刘小龙，王中良，等．天津北大港水库水体的同位素和水化学特征 [J]．水文，2017，37 (06)：44-50.

[554] 董爱国，韩贵琳．镁同位素体系在河流中的研究进展 [J]．地球科学进展，2017，32 (08)：800-809.

[555] 朱世丹，张飞，张海威，等．新疆艾比湖主要入湖河流同位素及水化学特征的季节变化 [J]．湖泊科学，2018，30 (06)：1707-1721.

[556] 黄一民，宋献方，章新平，等．洞庭湖流域降水同位素与 ENSO 关系研究 [J]．地理科学，2017，37 (05)：792-798.

[557] 王静，叶寅，王允青，等．利用氮氧同位素示踪技术解析巢湖支流店埠河硝酸盐污染源 [J]．水利学报，2017，48 (10)：1195-1205.

[558] 肖薇，符靖茹，王伟，等．用稳定同位素方法估算大型浅水湖泊蒸发量——以太湖为例 [J]．湖泊科学，2017，29 (04)：1009-1017.

[559] 熊平生，袁道先，谢世友．衡阳盆地松木剖面红土碳氧同位素及其古气候指示意义 [J]．干旱区资源与环境，2017，31 (05)：141-145.

[560] 丁丹，贾文雄，马兴刚，等．祁连山亚高山灌丛优势植物水分来源 [J]．生态学报，2018，38 (04)：1348-1356.

[561] 朱珊娴，肖薇，张弥，等．加拿大温带落叶林生态系统氢氧同位素组成研究 [J]．生态学报，2017，37 (22)：7539-7551.

[562] 陶泽，司炳成，靳静静．矮化枣树冠层改变降雨截留历时过程同位素和化学特征 [J]．水土保持学报，2017，31 (05)：189-195.

[563] 李静，吴华武，李小雁，等．青海湖流域农田生态系统氢氧同位素特征及其水分利用变化研究 [J]．自然资源学报，2017，32 (08)：1348-1359.

[564] 于静洁，李亚飞．稳定氢氧同位素定量植物水分来源的不确定性解析 [J]．生态学报，2018，38 (22)：7942-7949.

[565] 段翰晨，薛娴．基于 DEM 的科尔沁沙地沙漠化土地时空分布特征 [J]．干旱区资源与环境，2018，32 (08)：74-79.

[566] 陈安安，李真，贺建桥，等．高亚洲冰川区 SRTM C-波段 DEM 数据透射深度研究 [J]．冰川冻土，2018，40 (01)：26-37.

[567] 李天昊，王侃，程军蕊，等．基于轮廓不同的 DEM 对宁波市姚江流域平原河网的提取研究 [J]．水土保持通报，2017，37 (04)：166-171，178.

[568] 宿星，魏万鸿，郭万钦，等．基于 SRTM DEM 的地形起伏度对天水市黄土滑坡的影响分析 [J]．冰川冻土，2017，39 (03)：616-622.

[569] 刘远，周买春．基于 HYDRO1K、SRTM3 和 ASTER GDEM 的韩江流域水文地形信息对比 [J]．中国农村水利水电，2017 (02)：98-103，107.

[570] 李丽，张正勇，刘琳，等．基于 DEM 的天山山区气温时空模拟研究 [J]．干旱区研究，2018，35 (04)：855-863.

[571] 杨颖楠，李子夫，刘梦云，等．基于不同分辨率 DEM 的永寿县地形信息差异分析 [J]．水土保持研究，2018，25 (06)：131-136.

[572] 章桂芳，陈凯伦，张浩然，等．基于 DEM 的丹霞地貌演化阶段划分 [J]．中山大学学报（自然科学版），2018，57 (02)：12-21.

[573] 马超，刘玮玮，赵鹏飞，等．1962—2016 年达里诺尔流域水、草退化及气候响应 [J]．地理研究，2017，36 (09)：1755-1772.

[574] 曹子月，姚成，李致家，等．基于DEM的大别-皖南山区平均洪峰滞时定量分析［J］．湖泊科学，2017，29（03）：765－774.

[575] 蔡朵朵，马孝义，张丽．DEM分辨率对葫芦河流域径流模拟的影响［J］．人民黄河，2017，39（06）：7－11.

[576] 郭志慧，常凯洋，李鸿雁，等．基于ASTER GDEM数据精度的流域尺度河道水面线推求方法［J］．水电能源科学，2017，35（11）：18－21.

[577] 何灿灿，徐翠玲．基于DEM的渭河大流域特征分块提取方法［J］．水电能源科学，2017，35（05）：15－17.

[578] 罗大游，温兴平，沈攀，等．基于DEM的水系提取及集水阈值确定方法研究［J］．水土保持通报，2017，37（04）：189－193.

[579] 赵卫东，杨文韬，龚俊豪，等．基于DEM的黄土高原小流域主沟道汇流累积量沿程变化模式［J］．合肥工业大学学报（自然科学版），2018，41（01）：106－112.

[580] 覃建明，陈洋波，王幻宇，等．数字水系分级对流溪河模型中小河流洪水预报的影响［J］．长江科学院院报，2018，35（12）：57－63.

[581] 董晓华，杨芝辰，成洁，等．DEM分辨率对小流域设计洪峰推求误差的影响［J］．人民长江，2018，49（06）：8－12.

[582] 陈军飞，邓梦华，王慧敏．水利大数据研究综述［J］．水科学进展，2017，28（04）：622－631.

[583] 李欣，孟德友．基于路网相关性的分布式增量交通流大数据预测方法［J］．地理科学，2017，37（02）：209－216.

[584] 唐杰，魏嘉，武港山．"云计算与大数据"及其对勘探地震技术发展的影响［J］．科学通报，2017，62（23）：2630－2638.

[585] 云磊．"635"大坝安全监测自动化系统更新改造［J］．人民长江，2017，48（S2）：288－290.

[586] 刘丽香，张丽云，赵芬，等．生态环境大数据面临的机遇与挑战［J］．生态学报，2017，37（14）：4896－4904.

[587] 周克明，董丽嘉，李东．GPRS与互联网在水利信息化中的应用［J］．水利水电技术，2017，48（01）：7－10，22.

[588] 吴锦生，王剑平．智能铅鱼水文信息测量系统的研制［J］．长江科学院院报，2017，34（05）：146－150.

[589] 邱超，王威．基于云计算架构的水文大数据云平台建设［J］．人民长江，2018，49（05）：31－35.

[590] 陈军，陈晋．GlobeLand30遥感制图创新与大数据分析［J］．中国科学：地球科学，2018，48（10）：1391－1392.

[591] 廖正伟，胡彦华，丁陈．智慧水务研究与实践［M］．北京：科学出版社，2018.

[592] 陈晓宏，钟睿达，王兆礼，等．新一代GPM IMERG卫星遥感降水数据在中国南方地区的精度及水文效用评估［J］．水利学报，2017，48（10）：1147－1156.

[593] 李帅，侯小刚，郑照军，等．基于2001—2015年遥感数据的天山山区雪线监测及分析［J］．水科学进展，2017，28（03）：364－372.

[594] 蔡亮红，丁建丽．基于改进植被指数土壤水分遥感反演［J］．干旱区地理，2017，40（06）：1248－1255.

[595] 李甲振，郭新蕾，巩同梁，等．无资料或少资料区河流流量监测与定量反演［J］．水利学报，2018，49（11）：1420－1428.

[596] 张磊，牟献友，冀鸿兰，等．基于多波段遥感数据的库区水深反演研究［J］．水利学报，2018，49（05）：639－647.

[597] 马艳敏，郭春明，王颖，等．吉林省西部主要水体面积动态变化遥感监测［J］．水土保持通报，

2018，38 (05)：249 - 255.

[598] 路中，雷国平，马泉来，等．基于重构的 Landsat 8 时间序列数据和温度植被指数的区域旱情监测 [J]. 水土保持研究，2018，25 (05)：371 - 377，384.

[599] 朱长明，张新，黄巧华．基于完全遥感的湖泊湿地水文特征参数综合反演 [J]. 水文，2018，38 (05)：29 - 33，96.

[600] 卢晓宁，黄玥，洪佳，等．基于 Landsat 的黄河三角洲湿地景观时空格局演变 [J]. 中国环境科学，2018，38 (11)：4314 - 4324.

[601] 王文婷，郭乙霏．多源遥感数据及其融合技术在土壤墒情监测中的应用 [J]. 节水灌溉，2018 (6)：63 - 66，70.

[602] 黄李童，陈江，朱渭宁，等．基于 Landsat - 8 的城市湖泊水体总悬浮物吸收系数的遥感反演——以杭州西湖为例 [J]. 环境科学学报，2018，38 (10)：4073 - 4082.

[603] 何毅，闫浩文，杨宇雷，等．近期哈尔里克山脉冰川变化遥感监测 [J]. 干旱区地理，2018，41 (02)：358 - 366.

[604] 徐存东，张锐，刘璐瑶，等．基于地下水位插值与遥感解译的盐碱化等级划分 [J]. 节水灌溉，2018 (10)：78 - 82.

[605] 姜红，玉素甫江·如素力，阿迪来·乌甫，等．基于 Landsat 数据的开都河两岸绿洲地下水遥感监测及影响因素分析 [J]. 自然灾害学报，2017，26 (04)：205 - 214.

[606] 宋瑞祥，张庆国，于海敬，等．遥感数据的城市不透水面估算及增温效应 [J]. 浙江大学学报 (工学版)，2017，51 (05)：1051 - 1056.

[607] 高炜，安如，王喆．基于微波遥感技术的干旱监测指数及其应用研究——以三江源区为例 [J]. 干旱区研究，2017，34 (03)：541 - 550.

[608] 唐杰，张岩，范聪慧，等．使用高分遥感立体影像提取黄土丘陵区切沟参数的精度分析 [J]. 农业工程学报，2017，33 (18)：111 - 117.

[609] 张莉芳，潘华海，单定军，等．基于遥感技术的柘林水库库容曲线复核 [J]. 水利水电技术，2017，48 (06)：1 - 6，22.

[610] 蔡阳，孟令奎，成建国，等．卫星遥感水利监测模型及其应用 [M]. 北京：科学出版社，2018.

[611] 高云飞，李智广，刘晓燕．黄河流域水土流失遥感监测中土地利用现状分类体系构建 [J]. 水土保持通报，2018，38 (01)：111 - 115.

[612] 鲍伟佳，刘时银，吴坤鹏，等．一种基于 MODIS 积雪产品的雪线高度提取方法 [J]. 冰川冻土，2017，39 (02)：259 - 272.

[613] 冯浩城，杨青山．基于遥感数据的建三江垦区城镇用地扩张时空特征及驱动力分析 [J]. 地理科学，2017，37 (08)：1178 - 1185.

[614] 刘蛟，刘铁，黄粤，等．基于遥感数据的叶尔羌河流域水文过程模拟与分析 [J]. 地理科学进展，2017，36 (06)：753 - 761.

[615] 刘世博，臧淑英，张丽娟，等．东北冻土区 MODIS 地表温度估算 [J]. 地理研究，2017，36 (11)：2251 - 2260.

[616] 邹杰，丁建丽，杨胜天．近 15 年中亚及新疆生态系统水分利用效率时空变化分析 [J]. 地理研究，2017，36 (09)：1742 - 1754.

[617] 李鹏，殷守敬，崔希民，等．河流水生物理生境遥感评价模型与应用 [J]. 灌溉排水学报，2017，36 (05)：90 - 95.

[618] 周云凯，白秀玲，宁立新．鄱阳湖湿地苔草 (Carex) 景观变化及其水文响应 [J]. 湖泊科学，2017，29 (04)：870 - 879.

[619] 张哲源，徐海珏，白玉川，等．基于卫星遥感技术的赣江尾闾河势演变分析 [J]. 水利水电技术，2017，48 (07)：20 - 27.

[620] 邓富亮，章欣欣，花利忠，等．基于国产高分辨率光学遥感影像的水体提取［J］．水文地质工程地质，2017，44（03）：143-150.

[621] 滑申冰，宋宗朋，胡菊，等．多源降水信息在秦淮河流域洪水模拟中的应用［J］．人民长江，2018，49（12）：10-15.

[622] 张东辉，赵英俊，秦凯，等．光谱变换方法对黑土养分含量高光谱遥感反演精度的影响［J］．农业工程学报，2018，34（20）：141-147.

[623] 刘焕军，杨昊轩，徐梦园，等．基于裸土期多时相遥感影像特征及最大似然法的土壤分类［J］．农业工程学报，2018，34（14）：132-139，304.

[624] 邹杰，丁建丽，秦艳，等．遥感分析中亚地区生态系统水分利用效率对干旱的响应［J］．农业工程学报，2018，34（09）：145-152，313-314.

[625] 李建，陈晓玲，田礼乔．近岸/内陆水环境定量遥感时空谱研究及应用［M］．武汉：武汉大学出版社，2018.

第3章　水资源研究进展报告

3.1　概述

3.1.1　背景与意义

（1）水资源是基础性的自然资源和战略性的经济资源，是一个国家综合国力的有机组成部分。水资源与粮食、石油资源并列为三大战略资源，水安全、粮食安全、能源安全并列为世界安全重要方面。2015年1月在瑞士日内瓦召开的全球第45届达沃斯世界经济论坛发布的《2015年全球风险报告》将水资源危机定为全球第一大风险因素。2019年1月发布的《2019年全球风险报告》仍将水资源危机列为全球影响最大的十大风险之一。可见，水资源问题受到国际社会的高度重视。

（2）2011年中央一号文件《中共中央　国务院关于加快水利改革发展的决定》指出："水是生命之源、生产之要、生态之基。兴水利、除水害，事关人类生存、经济发展、社会进步，历来是治国安邦的大事。"由于经济社会快速发展，水资源供需矛盾日益突出，水资源已成为制约我国国民经济发展的重大"瓶颈"。

（3）2017年党的十九大报告进一步提出"必须树立和践行绿水青山就是金山银山的理念，坚持节约资源和保护环境的基本国策，像对待生命一样对待生态环境，统筹山水林田湖草系统治理"。水资源可持续利用，是经济社会可持续发展的根本前提，是生态文明建设的先决条件。节水型社会建设是我国必须长期坚持的战略方针，是解决我国水问题的正确思路和优先选择。

（4）随着人们对水资源的重视以及解决水资源问题的迫切需要，相关研究十分活跃，成为20世纪90年代以来非常活跃的领域之一，相继出现大量的研究成果，提出很多理论方法和学术观点，并在实践中得到广泛应用。因此，非常有必要对水资源的理论和应用研究成果进行总结，为进一步研究和应用提供借鉴。

3.1.2　标志性成果或事件

（1）2017年1月6日，水利部印发《关于实施创新驱动发展战略　加强水利科技创新若干意见的通知》，进一步深化水利科技体制机制改革，强化水利科技创新，支撑和引领水利改革发展。

（2）2017年3月22日是第二十五届"世界水日"，3月22—28日是第三十届"中国水周"。联合国确定2017年"世界水日"的宣传主题是"Wastewater（废水）"。我国确定2017年"中国水周"活动的宣传主题是"落实绿色发展理念，全面推行河长制"。

（3）2017年3月24日，习近平总书记主持召开中央全面深化改革领导小组第33次会议，审议了全面推行河长制等民生领域改革落实情况的督察报告。

（4）2017年5月2日，水利部召开全面推行河长制工作部际联席会议第一次全体会议，通报全面推行河长制工作进展情况，审议通过部际联席会议工作规则、办公室组成和2017年工作要点。

(5) 2017年11月20日，中共中央办公厅、国务院办公厅印发《关于在湖泊实施湖长制的指导意见》，提出进一步加强湖泊管理保护工作。

(6) 2017年11月24日，财政部、税务总局、水利部印发《扩大水资源税改革试点实施办法》的通知（财税〔2017〕80号）。按照党中央、国务院决策部署，自2017年12月1日起在北京、天津、山西、内蒙古、山东、河南、四川、陕西、宁夏等9个省（自治区、直辖市）扩大水资源税改革试点。

(7) 2017年12月29日，发布中华人民共和国国家标准《建设项目水资源论证导则》(GB/T 35580—2017)。

(8) 2018年1月24日，水利部发布贯彻落实《关于在湖泊实施湖长制的指导意见》的通知（水建管〔2018〕23号）。

(9) 2018年2月12日，水利部关于印发《加快推进新时代水利现代化的指导意见》的通知（水规计〔2018〕39号），围绕全面建设社会主义现代化国家的战略目标和重大任务，研究谋划加快推进新时代水利现代化的新目标新任务新举措。

(10) 2018年2月28日，水利部、国家发展和改革委、财政部联合印发《关于水资源有偿使用制度改革的意见》（水资源〔2018〕60号）。

(11) 2018年3月9日，环保部印发《饮用水水源保护区划分技术规范》(HJ 338—2018)，规定了地表饮用水水源保护区、地下水饮用水水源保护区划分的基本方法和饮用水水源保护区划分技术文件的编制要求。

(12) 2018年3月22日是第二十六届"世界水日"，3月22—28日是第三十一届"中国水周"。联合国确定2018年"世界水日"的宣传主题是"Nature for water（借自然之力，护绿水青山）"。我国确定2018年"中国水周"活动的宣传主题是"实施国家节水行动，建设节水型社会"。

(13) 2018年6月22日，国家发展和改革委、财政部、水利部、农业农村部联合印发《关于加大力度推进农业水价综合改革工作的通知》（发改价格〔2018〕916号）。

(14) 2018年7月3日，水利部印发《关于做好跨省江河流域水量调度管理工作的意见》（水资源〔2018〕144号），落实跨省江河流域水量分配方案，切实加强水资源统一调度和统一管理，全面加强河湖生态环境保护，实现水资源可持续利用。

(15) 2018年9月26日，国务院印发《乡村振兴战略规划（2018—2022年）》，加快农村环境整治，绘就乡村振兴宏伟蓝图。

(16) 2018年11月20日，水利部办公厅、生态环境部办公厅关于印发全面推行河长制湖长制总结评估工作方案的通知，开展全面推行河长制湖长制总结评估，水利部发展研究中心作为预算项目管理单位，将通过招标选取第三方评估单位具体实施。

(17) 2018年12月29日第十三届全国人民代表大会常务委员会第七次会议上，正式修订了《中华人民共和国环境影响评价法》，取消了环评资质，建设单位可自行委托技术单位编写环评报告。

3.1.3 本章主要内容介绍

本章是有关水资源研究进展的专题报告，主要内容包括以下几部分：

(1) 对水资源研究的背景及意义、有关水资源 2017—2018 年标志性成果或事件、本章主要内容以及有关说明进行简单概述。

(2) 本章从 3.2 节开始按照水资源内容进行归纳，主要内容包括：水资源理论方法研究进展、水资源模型研究进展、水资源分析评价论证研究进展、水资源规划与管理研究进展、水资源配置研究进展、气候变化下水资源研究进展、水战略与水问题研究进展。最后简要归纳 2017—2018 年进展及其与 2011—2016 年进展的对比分析结果。

3.1.4 有关说明

本章是在《中国水科学研究进展报告 2011—2012》[1]（2013 年 6 月出版）、《中国水科学研究进展报告 2013—2014》[2]（2015 年 6 月出版）、《中国水科学研究进展报告 2015—2016》[3]（2017 年 6 月出版）的基础上，在广泛阅读 2017—2018 年相关文献的基础上，系统介绍 2017—2018 年有关水资源的研究进展。其中，本章的"背景与意义"、整体框架引自或参考《中国水科学研究进展报告 2011—2012》《中国水科学研究进展报告 2013—2014》《中国水科学研究进展报告 2015—2016》。另外，因为相关文献很多，本书只列举最近两年有代表性的文献，且所引用的文献均列入参考文献中。

3.2 水资源理论方法研究进展

水资源是经济社会发展的重要基础资源，水资源研究是水科学的一个重要学科方向，国内有大量的科研人员参与研究，每年不断涌现出大量的研究成果。其中水资源理论方法研究是其重要的基础，一方面，它是水资源基础研究不断深入的理论探讨；另一方面，它是水资源应用与时俱进、不断深入的经验总结和理论深化。

3.2.1 在水资源新理论总结与应用研究方面

水资源是人类生存和发展不可或缺的一种基础性资源，关于水资源的研究一直都是一个热点方向，国内外有大量的学者从事这方面的研究。当然，对于水资源研究这一传统方向来说，一个新理论的提出比较艰难。最近两年关于水资源新理论研究与应用的文献不多，能高屋建瓴地总结阐述水资源新理论、新思想的文献更少。以下仅列举几个有代表性的文献以供参考。

(1) 夏军等提出了流域水系统理论，研究了自然系统和人类系统间的协同演变及其集合响应机制，以淮河、鄱阳湖、汉江为例，从不同的角度论述了水系统理论在我国水问题研究中的实践与指导意义[4]。

(2) 左其亭提出了水资源适应性利用理论的框架体系、水资源适应性利用的原理与模式；分析了我国现代治水实践暗含的水资源适应性利用理论的内容，以及我国治水实践中存在的问题及应用水资源适应性利用理论解决这些问题的可能途径[5]；提出了水资源适应性利用理论的应用规则，包括遵循两大规律、符合四大原则、肩负三大任务、具有四大功能，是判断如何应用水资源适应性利用理论的依据[6]。

(3) 胡莹莹以深圳市治水提质绩效审计为例，介绍了水资源绩效审计理论及其实践应用，分析认为开展水资源绩效审计是水生态文明建设的重要举措，也为审计机关发挥更多作用提供了一个新的平台[7]。

(4) 水资源资产负债表编制是水资源保护的重要举措。黄晓荣等分析了我国编制水资源资产负债表的理论基础、技术方法中存在的问题，就水资源资产负债的确定原则、表式原型设计和水价值核算体系提出了解决思路，构建了符合我国水资源管理实际需求的水资源资产负债表技术路线[8]。李志坚等基于水供给视角提出了水资源资产负债表编制方法[9]。

3.2.2 在水资源可持续利用研究方面

我国学者从20世纪90年度末期才开始研究水资源可持续利用问题，2002年把可持续发展作为全国水资源综合规划指导思想以来，大批学者多年来一直对水资源可持续利用方面进行研究，每年都会涌现出一些研究成果，最近几年的进展一直在缓慢提升。从最近两年文献看，关于水资源可持续利用理论基础研究的文献缺乏，评价方法研究的文献有一些，大多数是其应用研究成果。以下仅列举有代表性的文献以供参考。

(1) 有一些关于水资源可持续利用评价方法讨论的文献，但文献较少，进展不大。多数是一些老方法或其他方法的应用。冯峰等研究了区域水资源可持续发展能力的模糊可变评价[10]，高东东等研究了红层裂隙-孔隙水功能特征及可持续利用评价方法[11]，姚娜等研究了协同学在水资源可持续利用评价中的应用方法[12]，李冰瑶等研究了缺水地区水资源可持续利用评价方法[13]。

(2) 有关水资源可持续利用的应用研究成果较多，比如，杨江州等在岩溶城市（贵阳市）所做的水资源可持续利用评价研究[14]，刘少博等基于生态足迹法研究了南阳市水资源可持续利用问题[15]，余灏哲等基于水足迹分析了山东省水资源可持续利用时空变化[16]，刘楚烨等基于水足迹理论研究了江苏省水资源可持续利用评价[17]，凌新颖等基于Bossel指标体系在评价了敦煌盆地水资源可持续利用水平[18]，熊鸿斌等基于水足迹-灰靶评价了安徽省水资源可持续利用水平[19]，徐绪堪等研究了西安市水资源可持续利用预警分级[20]，张杰等研究了广西水资源可持续利用模糊综合评价[21]，秦欢欢研究了人类活动影响下华北平原水资源的可持续利用问题[22]，杨子江基于水足迹理论等研究了昆明市水资源可持续利用问题[23]，崔莹等研究了重庆市水资源可持续利用能力的模糊评价[24]，牛旭等研究了阿拉尔垦区水资源可持续开发利用评价指标[25]。

3.2.3 在人水和谐理论方法及应用研究方面

人水和谐思想起源很早，但作为一国治水思想是在21世纪初期由我国学者提出，2004年“中国水周”的主题是“人水和谐”，从此才进入广大学者和公众的视线，从此才成为我国新时代治水思路的核心思想，在治水实践中有广泛的应用。最近两年在人水和谐理论方法研究方面成果不多，基于人水和谐的应用研究较多。这里只介绍最近两年有代表性的几个文献资料。

(1) 在人水和谐问题理论分析方面，比如，万伟伟等从人水和谐传统哲学观出发，从正义性、道德性和价值性视角，探讨了人水和谐思想及其对我国水资源政策的启示[26]；

左其亭等通过分析研究得出了应在防汛抗旱工作中贯彻人水和谐思想的结论，介绍了人水和谐理论在防汛抗旱中的具体应用，并基于人水和谐的视角，针对我国防汛抗旱工作的不足提出了几点建议[27]；左其亭等在总结我国城市防洪排涝工程和海绵城市建设现状与问题的基础上，论述了防洪排涝工程和海绵城市建设的关系和地位以及二者和谐并举的重大意义，从宏观、中观和微观3个层次提出了转变洪涝防治指导思想、摆正防洪排涝工程和生态海绵城市建设的各自地位、有机结合海绵城市建设与防洪排涝工程的3点建议[28]。

(2) 在人水和谐量化研究方面，比如，史树洁等研究了襄阳市河湖水系-经济社会发展和谐量化方法和应用成果[29]；左其亭等研究提出了和谐度方程（HDE）评价方法，并在实践中进行应用[30]。

(3) 在人水和谐应用研究方面，比如，莫崇勋等基于变权法研究了南宁市人水和谐度评价[31]，张成凤等基于区间层次分析法研究了榆阳区水资源配置系统和谐性评价[32]，王大洋等基于综合权重SMI－P法研究了广西人水和谐度量化评价[33]，孟令爽等基于主成分分析法研究了城市人水和谐度评价[34]。

3.2.4 在水资源承载能力研究方面

关于水资源承载能力的研究，一直以来都是研究的热点问题，也是保障经济社会可持续发展的基础研究内容，具有重要的理论及应用意义。最近两年的文献呈“井喷式”增加，这与最近两年开展水资源承载力国家重点研发项目研究、国家水资源承载能力评估项目有关。从目前收集的文献来看，尽管文献总数很多，但理论基础研究的突破性成果极少；大量的方法研究还主要停留在水资源承载力评价方法的研究上，其他量化研究文献不多且创新成果更少，多数是以往研究方法的再探讨；大量的文献是技术方法的应用研究。以下仅列举有代表性的文献以供参考。

(1) 王建华等以现阶段人类活动对水资源要素利用和水资源系统扰动的主要方式为出发点，从水量、水质、水域空间和水流状态四个维度赋予了水资源承载力新的内涵，并基于新内涵构建了水资源承载力评价指标体系；指出水资源承载力“量-质-域-流”四维演变机制、“水资源-经济社会-生态环境”系统的承载弹性阈值、经济社会发展与生态环境保护之间的“平衡点”以及水资源承载力调控机制是水资源承载力研究的四大关键科学问题[35]。

(2) 王建华等从水资源、经济社会、水生态、水环境综合角度，基于“量、质、域、流”四大方面，构建了水资源承载力“四层三级”评价指标体系，提出了水资源承载状况的评价标准、评判方法和水资源承载类型的划分方法[36]。

(3) 左其亭把我国水资源承载力研究的发展历程分成“概念提出、初步研究、逐步完善、艰难发展、开创新时代”五个阶段，把水资源承载力计算方法分为经验公式法、综合评价法、系统分析法三大类，并重点介绍了基于模拟和优化的控制目标反推模型（COIM）方法及应用情况[37]。

(4) 采用多种评价方法来定量评估水资源承载能力。比如，金菊良等研究了不同承载标准下水资源承载力评价[38]，何青等基于模糊权物元理论研究了地下水资源承载力评价[39]，常玉苗基于物质流分析研究了区域水资源环境承载力与结构关联效应评价[40]，张安等基于云理论研究了区域水资源承载力评价模型[41]，徐云锋等研究了新型城镇化建设的水资源支撑力评价[42]，宋帆等基于改进突变级数法研究了长江下游水资源承载力评价[43]，曾维华等研究了水环境承载力评价技术方法体系[44]，苏永军等基于投影寻踪-物元可拓模型研究了区域水资源承载力评价[45]，郭倩等基于DPSIRM框架研究了区域水资源承载力综合评价[46]。

(5) 基于评价方法以外的其他多种方法来研究水资源承载能力。比如，贾建辉等研究了水资源承载力预测模型[47]，金菊良等总结了水资源承载力预警研究进展[48]，贾滨洋等研究了特大型城市资源环境承载力监测预警指标体系的构建[49]，俞袆波等研究了水资源配置对水资源承载能力的影响[50]，韩雁等研究了外调水对京津冀水资源承载力的影响[51]，苏贤保等研究了水资源-水环境阈值耦合下的水资源系统承载力[52]，尹杰杰等基于多目标优化方法研究了灌区水资源承载力[53]，王鹏全等基于水权管理研究了水资源可持续承载力测评[54]，薛联青等基于系统熵值分析研究了水资源复合系统承载力可变模糊综合评价[55]，许国钰等开展了STRIPAT模型下城镇化与水资源载荷的相关性研究[56]，李玲玲等研究了特大城市水资源承载力政策响应的动态模拟[57]，高伟等研究了基于水量-水质耦合过程的流域水生态承载力优化方法[58]，金菊良等研究了区域水资源承载力评价的风险矩阵方法[59]，崔东文等研究了足球联赛竞争算法-投影寻踪模型在区域水资源承载力评价中的应用[60]。

(6) 此外，还有大量有关水资源承载能力的应用研究成果。比如，一些学者在长江[61]、陆水[62]、湟水[63]、叶尔羌河[64]、龙川江[65]、腾格里湖[66]等流域尺度上的研究；在广东[67]、云南[68]、西藏[69]、江西[70]、四川[71]、湖南[72]、安徽[73]、陕西[74]、宁夏[75]、甘肃[76]、新疆[77]、河北[78][79]、吉林[80]、黑龙江[81]等省级区域尺度上的研究；在南宁市[82][83]、宜昌市[84]、湘潭市[85]、成都市[86]、重庆市[87]、杭州市[88]、南京市[89]、盐城市[90][91]、江阴市[92]、芜湖市[93]、鹤壁市[94]、济宁市[95]、唐山市[96]、承德市[97]、天门市[98]、鄂尔多斯市[99]、榆林市[100]以及镶黄旗[101]、文山州[102]、阿克苏地区[103]、淳化县[104]等市级、县级区域尺度上的研究；在京津冀地区[105]、西北地区城市群[106]、天山北坡经济带[107]、北方农牧交错区[108]、煤矿生产区[109]、荆南三口地区[110]、曲陆坝区[111]、青岛西海岸新区[112]、椒江区[113]、压煤区[114]、灌区[115]等其他区域尺度上的研究。

3.2.5 在水生态文明理念及其在水资源应用研究方面

2013年1月，水利部印发了《关于加快推进水生态文明建设工作的意见》（水资源〔2013〕1号文件），提出把生态文明理念融入到水资源开发、利用、治理、配置、节约、保护的各方面和水利规划、建设、管理的各环节，加快推进水生态文明建设。随后，从2013年开始，每年都涌现出一大批有关水生态文明概念、内涵、理论及应用研究的成果。从最近两年的文献来看，呈现两方面的特点：一是，随着水生态文明试点城市建设工作告一段落，有关这方面的高水平论文减少较多，多数是一些总结性研究；二是，水生态文明试点城市建设成果的专著较多。以下仅列举有代表性的文献以供参考。

(1) 朱勍等结合许昌悠久的历史文化，挖掘了水文化内涵；建立了水生态文明城市建设的理论评价体系与管理实施方案[116]。

(2) 汪义杰等介绍了流域水生态文明的概念与内涵，分析了流域水生态文明建设热点和难点，探讨了流域水生态系统健康评价方法及应用，提出了流域水生态文明建设分区，并以桂江作为流域水生态文明建设示范区进行了部署[117]。

(3) 董延军等介绍了城市水生态文明建设理论与技术体系、目标与任务、评价指标体系、实现途径等；论述了珠江片第一批城市水生态文明技术评估概况以及几个地区的生态文明建设模式与实践[118]。

(4) 在水生态文明理论基础研究方面，王建华等阐述了我国水生态文明建设内涵，提出了水生态文明建设评价的原则，并从水安全、水生态、水环境、水节约、水监管和水文化 6 个维度系统构建了水生态文明的评价指标体系，凝练总结了不同类型区域水生态文明建设的典型经验和模式[119]，张丛林等从涉水空间有序管理、水资源合理利用与监管、水环境和水生态有效管控、评价和考核 4 个方面对相关制度进行分类，构建包含 36 项子制度的水生态文明制度体系框架[120]，周海炜等将标杆管理方法引入水生态文明城市建设，基于《水生态文明城市建设评价导则》(SL/Z 738—2016) 确定了水生态文明城市建设的标杆管理指标体系和标杆目标选取原则，并以长江中下游某市水生态文明城市建设为例，阐述了标杆管理的应用方法和步骤[121]。

(5) 在水生态文明评价及应用研究方面，严子奇等以鄱阳湖流域为例，研究了大湖流域水生态文明特征与评价体系[122]，刘畅等构建了基于压力-状态-响应的熵权-物元水生态文明评价模型[123]，徐梦珂等研究了青岛市水生态文明建设评价[124]。

3.2.6 在最严格水资源管理思想及理论研究方面

我国政府于 2009 年首次提出实施最严格水资源管理制度的构想，2011 年中央一号文件明确指出要“实行最严格的水资源管理制度”，2012 年 1 月国务院发布《关于实行最严格水资源管理制度的意见》(国发〔2012〕3 号文件)，2013 年 1 月国务院办公厅发布《关于印发实行最严格水资源管理制度考核办法的通知》(国办发〔2013〕2 号文件)。从 2011 年开始，国内陆续有一些学者开展有关最严格水资源管理的研究，涌现一批研究成果，成为新的研究热点。从最近两年的文献来看，关于这方面的理论探讨缺乏，量化方法研究成果不多，应用研究成果较多。以下仅列举有代表性的理论研究文献以供参考。

(1) 程亮等探讨了“三条红线”的相容性与完备性；提出了量质效管理指标驱动因子集，建立了量质效管理指标驱动因子识别模型；构建了最严格水资源管理制度模拟模型，模拟解析量质效动态变化的特征与互动关系；提出了基于红线动态分解和简化折算两种年度管理目标的制定方法[125]。

(2) 王超等将移动通信和移动计算引入最严格水资源业务管理中，设计了移动应用的总体框架，分析了水资源管理实施移动应用的切入点，并针对最严格水资源业务管理中的移动作业、移动办公、移动公众服务与移动智能等典型场景进行了选取、设计和规划[126]。

(3) 冯浩源等以张掖市为例，以最严格水资源管理制度为约束条件，基于水资源约束下的城镇化水平阈值计算思路，引入节水量和灰水足迹测算方法改进了传统水量水质双要素水资源承载力计算模型，并在此基础上统筹可供水量、可节水量及水功能区纳污能力构建了水资源管理“三条红线”约束下的城镇化水平阈值计算模型，并进行情景模拟[127]。

(4) 针对最严格水资源管理评价的研究，比如，张云英等研究了区域最严格水资源管理监测体系评价[128]，周有荣等研究了基于最优觅食算法-投影寻踪-云模型的最严格水资源管理评价[129]。

（5）此外，大量学者开展了最严格水资源管理应用实践工作，比如，戴昌军介绍了汉江流域实行最严格水资源管理制度探索与实践经验[130]。

3.2.7 在节水潜力及节水型社会建设理论及应用研究方面

2002年2月，水利部印发了《关于开展节水型社会建设试点工作指导意见的通知》。从2002年到2010年共分4批开展了100个国家级、200个省级节水型社会建设试点。从2002年前后开始，国内陆续有一些学者开展有关节水型社会建设的研究，涌现一批研究成果。从最近两年的文献来看，关于这方面的研究成果在减少，应用实例较多，以下仅列举有代表性的理论研究文献以供参考。

（1）在节水潜力研究方面，宋国君等开展了中国城市节水潜力评估研究[131]，刘路广等研究了鄂北地区水稻适宜节水模式与节水潜力[132]，王丽红等分析了鄂北地区水稻不同灌溉模式节水潜力[133]，王林威等研究了生态视域下宁蒙引黄灌区节水潜力[134]。

（2）在节水评价研究方面，朱永楠等研究了南水北调受水区节水指标体系构建及应用[135]，索滢等研究了典型节水灌溉技术综合性能评价[136]，郑玉萍等研究了天津市水资源节约评价方法与应用实例[137]。

（3）在节水型社会建设综合研究方面，比如，张欣莹等研究了基于熵权法的节水型社会建设区域类型[138]。

3.2.8 在海绵城市、海绵流域建设理论及应用研究方面

2014年住房城乡建设部出台了《海绵城市建设技术指南——低影响开发雨水系统构建（试行）》，2015年国务院办公厅印发了《关于推进海绵城市建设的指导意见》，之后我国出现了海绵城市建设的热潮，研究成果急剧增加，是前几年新的研究增长点。从最近两年的文献来看，依然涌现出一些创新成果，特别是针对海绵城市、海绵流域建设理论和方法方面的探讨较为丰富。以下仅列举有代表性的理论研究文献以供参考。

（1）严登华等在对中国水问题发展形势进行研判的基础上，系统剖析了传统治水模式中强调“状态改变”“末端治理”“过程分离”等的不足，明晰了变化环境下水问题系统治理的总体需求和生态海绵智慧流域建设的总体思路，提出了生态海绵智慧流域建设的总体技术框架和若干关键问题[139]。

（2）夏军等阐述了城市水问题与城市水文效应的关系，认为海绵城市建设在理论和实践方面均取得了长足的进展，但在水文学基础方面仍然存在着许多薄弱环节；提出了海绵城市建设中关于科技创新与应用基础研究的若干对策与建议[140]；探讨了海绵城市建设中若干水文学问题[141]。

（3）李兰等对“海绵城市”的研究背景、概念与内涵、建设途径、主要技术、国内发展现状等进行了总结和归纳，提出“海绵城市”建设的关键科学问题，并进行深入思考，建立“SPONGE”框架来概括整个“海绵城市”的建设内容[142]。

（4）此外，有一些学者从不同视角对海绵城市建设的理论探讨。比如，于洪蕾等对适应性视角下的海绵城市建设的研究[143]，章林伟探讨了中国海绵城市建设与实践[144]，刘生军等研究了适应水文环境的海绵城市设计层级策略[145]，戴慎志研究了高地下水位城市的海绵城市规划建设策略[146]，杨青娟研究了基于社会技术转型理论的海绵城市构建思

路[147]，王兴超研究了基于生态水利的海绵城市设计原则[148]。

(5) 一些学者开展了海绵城市研究方法和应用实践的讨论。比如，康宏志等总结了海绵城市建设全生命周期效果模拟模型研究进展[149]，邵薇薇等以凤凰县为例研究了丘陵区海绵城市建设模式[150]，周晋军等以天水市为例分析了基于 HydroInfo 的海绵城市建设效果[151]，初亚奇等研究了基于暴雨径流管理模型的海绵城市景观格局优化模拟[152]，翟慧敏等以信阳市为例研究了基于生态海绵体评价的海绵城市规划[153]，李俊奇等探讨了基于水文化传承的湖州市海绵城市建设规划[154]。

3.3 水资源模型研究进展

本节所说的水资源模型包括各种有关描述水资源量和质的模型以及相延伸的更广泛的水系统模型。水资源模型是水资源学科研究的一类重要工具，常常被应用于水资源评价、规划、管理等研究工作和生产实践中。

3.3.1 在水资源形成转化与模型研究方面

水资源形成转化和模拟模型研究，是水资源研究的重要基础。总体来看，有关水资源形成转化与模型的研究人员较多，且最近两年出现一些学术性文献，但总体创新程度不高。专门研究水系统模型、水资源模型的文献较少，多数是与水循环结合，或基于水文模型，开展的水资源转化关系模型研究。以下仅列举有代表性文献以供参考。

(1) 关于水资源形成转化的研究，比如，李正最等通过相似性和独立性分析，从 CMIP5 公开发布的 47 个气候模式中筛选出 5 个代表性气候模式，计算未来高、中、低 3 种不同排放情景下的气温和降水，构造符合研究区产汇流特性的水文模型，计算洞庭湖流域水资源量并分析不同排放情景的洞庭湖流域水资源演化规律[155]；马忠等以社会经济系统水循环的理论为基础，运用投入产出分析方法定量描述了塔里木河流域社会经济系统水循环路径，分析制约塔里木河流域可持续发展过程中水资源管理的关键问题[156]；丁文荣研究了变化环境下滇中地区典型流域水资源演变特征[157]，赵超等研究了苏州市水资源变化与主要驱动因素[158]。此外，关于空中水资源研究，李家叶等在回顾空中水资源利用和相关研究成果、分析空中水资源的概念和内涵的基础上，定义了白水，用以代表空中水资源，研究了空中水资源及其降水转化特征[159]。

(2) 关于水资源模型的研究，比如，桑学锋等研究了水资源综合模拟与调配模型 WAS 的原理与构建方法[160]，闫猛等研究了行为经济与自然过程耦合视角下的水资源复杂系统建模方法[161]，李文晖等研究了灌排系统水转化模拟模型[162]，冯艳如等研究了地表水与地下水耦合模型[163]，张将伟等研究了基于 HydroGeoSphere 的河谷地区地表水地下水水流水质联合模拟[164]，周晋军等研究了城市耗水计算模型[165]。

3.3.2 在水系统与水资源模型应用研究方面

水系统模型和水资源模型应用及相关内容的研究较多，但高水平成果不多。综合近两年的文献分析，相关研究主要包括：应用于研究水资源形成转化规律和应用于开展有关水资源评估、配置、规划、管理等。以下仅列举有代表性文献以供参考。

（1）刘丙军总结了网河区水文过程变异特征及其驱动机制，提出了水文过程全要素变异识别与特征量重构的理论与方法；构建了基于物理模型与数值模拟相结合的水盐动力模型，识别了海陆相多要素驱动作用下网河区盐水入侵基本规律[166]。

（2）在水资源模型应用研究方面。胡能杰等研究了基于系统动力学的稻田塘堰系统水转化模拟[167]，闫旖君等研究了人民胜利渠灌区多水源循环转化模型[168]。

（3）在其他应用研究方面。崔远来等研究了基于改进SWAT模型的南方多水源灌区灌溉用水量模拟[169]，赖冬蓉等研究了基于MIKE SHE模型的华北平原水资源利用情景分析[170]。

3.4 水资源分析评价论证研究进展

水资源分析、评价、论证是水资源行业的主要基础工作内容，对正确认识水资源状况、存在的问题、水资源质量和数量以及人类活动取用水对水资源的影响等方面具有重要意义。因此，研究者较多，研究内容丰富，每年涌现出大量的研究成果[2]。特别是随着国家水资源管理制度的变化，对水资源分析、评价、论证提出更高的要求，出现一些新的研究内容，比如，前几年出现较多的最严格水资源管理“三条红线”分析计算，以及最近两年出现比较多的水资源-能源-粮食耦合分析的成果。

3.4.1 在水资源分析计算方面

涉及“水资源分析计算”的文献非常多，主要内容涉及：①水资源量与可利用量计算和分析；②水资源需求量、用水量及开发利用分析计算；③水资源利用率和利用效率的计算和分析；④水质分析计算；⑤水资源短缺分析；⑥水资源脆弱性分析；⑦水资源综合分析以及其他研究等。总体来看，专门研究水资源分析计算方法的文献不多，理论方法研究进展不大，特别是高水平文献不多，多数是偏于应用，或单一方法的探讨或应用。以下仅列举有代表性文献以供参考。

（1）有关水资源量与可利用量计算和分析的成果多，但高水平文献不多，这里仅列举部分代表性文献。周迪等基于扩展的马尔科夫链模型研究了我国人均水资源量分布的俱乐部趋同特征[171]，陈方等研究估算了太湖流域湖西区入湖水量[172]，陈学凯等研究了程海水位变化特征与水量平衡关系[173]，魏忠成等基于回归分析方法研究计算了四平市地下水可开采量[174]。

（2）有关水资源需求量、用水量及开发利用分析计算的文献很多，可以分为二大类，一类是关于各行各业的需水的分析计算；第二类是关于用水相关的分析计算。①关于各行各业需水量分析计算的成果，比如，栾勇等研究了分布式城市需水预测模型[175]，李晓英等研究了基于GRA-MEA-BP耦合模型的城市需水预测[176]，李析男等以贵安新区为例研究了新设国家经济开发区需水预测[177]。②关于用水量分析计算的成果，比如，钟方雷等分析总结了面向需水管理的居民用水行为研究进展[178]，潘国强等研究了万元工业增加值取水量变化的行业驱动作用与类型划分[179]，曹飞研究了中国省域城镇化与用水结构的空间库兹涅茨曲线拟合与研判[180]，王滇红等研究了京杭大运河江苏段里运河沿线大中型灌区灌溉用水计量方法[181]，胡德秀等研究了基于生态位及其熵值模型的陕西省渭河流域用水结构特征[182]，常建军等分析了基于 LMDI 的武汉城市圈产业用水驱动因素[183]，金巍等研究了农业生产效率对农业用水量的影响[184]，张茂堂等研究了渠道水有效利用系数测试方法[185]。

(3) 有关水资源利用率和利用效率的文献很多，这里仅列举部分代表性文献。①对灌溉水利用系数开展的研究，杨秀花等研究了基于渐进累加法的灌溉水有效利用系数测算[186]，倪深海等研究了平原水网地区农田灌溉水有效利用系数测算方法[187]，张玉顺等研究了河南省农田灌溉水有效利用系数测算[188]。②在水资源利用效率研究方面，操信春等研究了中国农业广义水资源利用系数及时空格局[189]，周迪等研究了中国水资源利用效率俱乐部趋同的检验、测度及解释[190]，马海良等研究了绿色水资源利用效率的测度和收敛性分析[191]，王倩等研究了江苏省水资源利用相对效率时间分异与影响因素[192]，张峰等研究了中国工业水资源利用效率的空间收敛效应[193]，韩文艳等研究了中国地级及以上城市水资源利用效率的时空格局[194]，俞雅乖等研究了中国水资源效率的区域差异及影响因素[195]，赵姜等研究了京津冀地区农业全要素用水效率及影响因素[196]，唐德善等研究了基于 DEA - CCR 与复合系统的用水效率评价[197]。③专门就灌溉用水效率进行的研究，韩宇平等以河北省成安县为例研究了综合灌溉用水效率[198]，黄永江等以察尔森灌区为例研究了不同空间尺度下灌区灌溉水利用效率[199]。④在水资源高效利用研究方面，何伟等研究了河北省城市水资源利用绩效评估与需水量估算[200]。⑤在水资源开发利用分析方面，刘晨跃等研究了中国经济增长中水资源消耗的时空变化[201]，张乐勤等研究了基于 ArcGIS 的安徽省用水强度驱动效应空间格局[202]，尹上岗等研究了中国水资源利用的时空分布格局[203]，詹同涛等开展了农业灌溉用水量核算方法对比研究[204]，刘呈玲等研究了基于时差相关分析与回归模型的用水总量预测[205]。

(4) 在水资源质量分析计算方面。董立新等研究了天津滞缓流型城市河网水质时空分布特征[206]，王琳等基于改进综合水质指数法研究了水库水质特征[207]，谢在刚等研究了碧流河水库水质综合调查设计与评价[208]。

(5) 在水资源短缺分析计算方面。姜秋香等研究了基于水土资源耦合的水资源短缺风险评价及优化[209]，胡彬等以 2022 年冬奥会雪上项目举办地为例研究了基于水足迹理念的水资源短缺评价[210]，林小敏等研究了灌区自然供水条件下的水资源短缺风险模型及应用[211]，郝光玲等研究了基于改进的综合评价模型的北京市水资源短缺风险评价[212]，范琳琳等研究了基于 WEI＋的流域水资源短缺评价[213]，李菊等研究了基于足球联赛竞争算法-投影寻踪-云模型的水资源短缺风险评价[214]，刘佳旭等研究了昆明市水资源短缺空间格局综合分析[215]，代稳等研究了基于静态程度的荆南三口地区水资源短缺变化[216]。

(6) 在水资源脆弱性分析计算方面。职璐爽等以广东省为例研究了基于熵权法的城市水资源脆弱性[217]，郭力仁等研究了基于空间异质性的黑河中游水资源脆弱性[218]，苏贤保等研究了基于综合权重法的西北典型区域水资源脆弱性评价[219]，周奉等研究了基于 DPSIR 模型的黔中地区水资源脆弱性评价[220]。

(7) 在水资源综合分析方面。周帅等研究了黄河流域未来水资源时空变化[221]，俞淞等研究了黄河干流宁夏段沿程水资源变化特征[222]，孙才志等研究了中国水资源绿色效率测度及空间格局[223]，研究了中国东、中、西三大地区水资源绿色效率时空演变特征[224]，研究了中国水资源绿色效率 TFP 变化趋势[225]。

(8) 水资源其他分析方面。左其亭等研究了基于 GIS 分析的水资源分布空间均衡计算方法及应用[226]，王亚迪等研究了河南省水土资源匹配特征及均衡性[227]，朱彩琳等研究了引汉济渭受水区用水结构及水资源空间匹配关系[228]，洪思扬研究了我国能源耗水空间特征及其协调发展脱钩关系[229]，金巍等研究了城镇化进程中人口结构变动对用水量的影响[230]，吴普特等研究了黄土高原雨水资源化潜力及其对生态恢复的支撑作用[231]。

3.4.2 在水资源评价方面

水资源评价包括水资源数量、质量、水资源开发利用及其影响评价。涉及水资源评价的文献很多。总体来看，专门研究水资源评价理论方法的文献不多，多数是偏于应用或者是某一评价方法的探讨或应用。以下仅列举有代表性文献以供参考。

(1) 夏日元等在《西南岩溶石山区地下水资源调查评价与开发利用模式》一书中，梳理了西南岩溶石山区 2003 年以来地下水资源调查评价和开发利用示范成果，提出了地下水资源调查评价技术方法体系[232]。

(2) 关于水资源数量评价，代表性文献有：王超等研究了云南水资源公报水资源量评价系统构建与实践[233]，魏佳等以荣昌为例研究了基于工程供水能力的地表水资源可利用量[234]。

(3) 关于水资源质量评价，代表性文献有：侯玉婷等研究了基于改进模糊综合评价法的喀斯特山区水质评价[235]，张悦等研究了沈阳市水功能区水质现状评价及水质变化趋势成因分析[236]，王志忠等研究了基于模糊数学模型和物元可拓模型的地下水水质综合评价[237]，程学宁等研究了基于 SOM 和 PCA 的闽江流域地表水水质综合评价[238]。

(4) 关于水资源开发利用评价，代表性文献有：郭泽宇等研究了城市用水量组合预测模型及其应用[239]，田文凯等研究了居民生活需水精细化管理必要性与对策建议[240]，姜秋香等研究了基于两阶段模型的水土资源利用效率评价[241]，高学平等研究了基于 PCA - RBF 神经网络模型的城市用水量预测[242]，雷梦婷研究了 SFLA - PP 模型在区域水资源利用效率综合评价中的应用[243]，徐志等研究了水能资源开发利用程度国际比较[244]，段长桂等研究了基于迭代思想的山东省水资源利用效率评价[245]，冯峰等研究了基于流向跟踪和多重赋权的引黄灌区用水效率评价[246]，张泽的等研究了基于 PSO - AHP 与粗集理论组合赋权的灌溉用水效率评价[247]，刘学智等研究了基于投影寻踪的宁夏农业水资源利用率评价[248]，李莹莹等研究了区域农业用水效率评价指标体系[249]，潘欢迎等研究了基于水压力指数的水资源利用状况评估[250]，管新建等研究了基于 CRITIC - TOPSIS -灰色关联度的淮河流域水资源利用效率评估[251]。

(5) 关于水资源供需分析评价，代表性文献有：杨明杰等以新疆克拉玛依市为例研究了基于 SD 模型的干旱区城市水资源供需分析[252]，刘增进等研究了基于高效节水灌溉的水资源供需平衡分析[253]，李天宏等研究了基于系统动力学模型的深圳市龙华新区水资源供需平衡预测及优化[254]，张靖琳等研究了河西走廊中段临泽绿洲水资源供需平衡及承载力[255]。

(6) 关于水资源综合评价，代表性文献有：王雅洁等以河北省张家口市宣化区为例研究了基于水足迹理论的水资源评价[256]，王瑾等以长河流域为例研究了生态价值视角下水土资源保护评价[257]，杨伟等研究了基于改进的垂向混合产流模型的水资源评价模型及应用[258]，苏阳悦等以惠州市为例研究了基于云模型的水资源管理综合评价方法[259]，李芸等研究了昆明盆地地下水超采区水资源评价[260]，王咏铃等研究了基于水资源合理配置的地下水开发利用[261]，孙侦等研究了中国水土资源本底匹配状况[262]，汪嘉杨等研究了岷沱江流域社会经济的水环境效应评估[263]。

3.4.3 在最严格水资源管理“三条红线”计算方面

在最近两年，最严格水资源管理制度的核心内容“三条红线”（即水资源开发利用红线、用水效率红线、水功能区限制纳污红线）的分析计算，继续是热点研究内容。与前几年的情况基本一致，这方面的总体研究深度有限，综合性、理论方法研究仍较少。以下仅列举有代表性文献以供参考。

（1）在“三条红线”综合研究方面。曾春芬等以南水北调东线江苏省受水区为例研究了基于最严格水资源管理制度的水资源利用考核关键技术[264]，胡林凯研究了基于 OFA－PP 模型的区域最严格水资源管理类型识别与评价[265]。

（2）在“三条红线”用水总量控制研究方面。王浩等在《水资源开发利用红线控制与动态管理研究——以广西北部湾经济区为例》一书中，提出了区域水资源开发利用总量控制模式及其控制曲线与路径，提出了交界断面动态闭环反馈的复杂水资源系统的多维均衡阈值确定方法，研发了面向河流生态功能维系的区域耗水红线分配及水循环动态响应模拟技术，提出了与取用水红线控制指标相协调的耗水控制指标[266]；田涛以广州市为例研究了基于 ARIMA 与 GM（1，1）的区域用水总量预测模型及应用[267]，彭岳津等研究了我国用水总量确定的方法与结果[268]，王晓玮等研究了基于数值模拟的西北地下水总量控制指标确定方法[269]。

（3）在“三条红线”用水效率研究方面。张炜等研究了基于 SBM 模型的陕西省水资源利用效率测度[270]，冯峰等研究了基于流向跟踪法的灌溉水有效利用评价[271]，吴琼等研究了基于聚类的我国各地区水资源利用效率[272]，孟令爽的研究基于主成分分析法的用水效率评价[273]。

（4）在“三条红线”水污染物总量研究方面。徐静等研究了印染行业水污染物排放总量核算技术方法[274]，卓桂华研究了兼顾目标总量与容量总量的区域水污染物排放总量控制模式[275]，张倩玲等研究了太湖流域水污染物入湖总量监控体系构建[276]，丁艳霞等研究了基于纳污红线的县域水污染物总量控制[277]，李钰洋研究了 WASP 水质模型和基尼系数法在汾河流域水污染物总量分配中的应用[278]。

（5）此外，还有较少关于水资源管理绩效的研究文献，冉欣等以吉林省招苏台河流域为例研究了基于污染物总量控制的流域水环境管理绩效优化方案[279]。

3.4.4 在水资源论证研究方面

2002 年 5 月 1 日起我国正式实行建设项目水资源论证制度，明确要求需要申请取水许可的建设项目，必须先对取用水资源进行专题论证。在开展建设项目水资源论证工作过程中，也不断发表一些研究成果。总体来看，最近两年有关的研究成果较少，且研究深度有限。以下仅列举有代表性文献以供参考。

(1) 关于规划水资源论证的文献，李自明等研究了规划水资源论证技术要点[280]。

(2) 关于水源地水资源论证的文献，闫丽哲研究了迁西县城区供水水源地水资源论证[281]，刘子辉分析了北方缺水地区地下取水水资源论证关键技术[282]。

(3) 关于项目绿化水资源论证的文献，张晓芬以东方（厦门）高尔夫乡村俱乐部为例研究了项目绿化用水水资源论证[283]。

(4) 关于农业生产水资源论证的文献，史红波研究了调兵山市节水增粮项目水资源论证[284]，马涛以辽宁省喀左县“节水增粮行动”项目为例研究了农业灌溉类项目水资源论证后评估技术[285]。

(5) 关于水利工程水资源论证的文献，汪艳芳等研究了王家坪水库工程水资源论证方案[286]。

(6) 关于建设项目水资源论证的文献，孟晓路研究了凌源钢铁集团多水源联合供水水资源论证[287]，和复杂工艺流程钢铁联产企业水资源论证用水合理性分析要点[288]，龚来存等以大唐溧水燃机热电联产项目为例研究了多水源火电项目水资源论证[289]，张祖垚等以北京市某综合交通枢纽为例研究了综合交通枢纽水影响评价报告水资源论证编制要点[290]，郭欣伟等研究了煤矿开采项目水资源论证中取水影响论证方法[291]。

(7) 此外，其他相关内容的研究，景亚平研究了基于“三条红线”控制指标的水资源论证[292]。

3.4.5 在人水关系及相互作用关系研究方面

人水关系可以简单地理解为“人文系统”与“水系统”之间的关系。实际上，人们所面对的水问题的研究，宽泛一点地说，都是属于人水关系研究的一部分，人们所做的各项水利工作应该都是在协调或调控人水关系。当然，不是把所有有关成果都列在这里，主要介绍直接涉及人水关系及相互作用机理研究方面的成果，具体包括：①水资源-能源-粮食耦合关系研究；②水资源系统与其他系统之间互馈或耦合关系研究；③人水关系协调程度及优化研究；④从单一方面研究人水关系的作用机制。从最近两年的成果来看，关于人水关系的研究有比较大的进展，特别是关于水资源-能源-粮食耦合关系与协调程度的研究是新的增长点，提出了一些新的理论方法。以下仅列举有代表性文献以供参考。

(1) 关于水资源-能源-粮食耦合关系研究，彭少明等研究了黄河流域水资源-能源-粮食的协同优化[293]，白景锋等研究了中国水-能源-粮食压力时空变动及驱动力[294]，孙才志等研究了中国水资源-能源-粮食耦合系统安全评价及空间关联分析[295]，邓鹏等以江苏省为例研究了区域水-能源-粮食耦合协调演化特征[296]。

(2) 关于水资源系统与其他系统之间互馈或耦合关系研究，于洋等研究了澜沧江-湄公河流域跨境水量-水能-生态互馈关系模拟[297]，常玉苗研究了水资源环境与城市生态经济系统耦合模型及评价[298]，洪思扬等研究了我国人口、经济和水足迹的空间关系测度及其脱钩关系[299]，刘欢等研究了区域水-能源资源的空间分布特征及匹配格局[300]，蔡振饶等研究了贵阳市经济发展与水资源环境耦合作用[301]，贾莉等以广西北部湾经济区为例研究了水资源利用与经济发展脱钩关系[302]，阿茹娜等研究了西辽河平原人水系统平衡变化特征[303]，张勇等研究了广西北部湾经济区水资源支撑能力与城市化系统关系[304]，王婷等研究了北京市经济与水环境系统耦合关系及效果[305]，王永良等研究了宁夏沿黄经济区水资源短缺与社会适应能力耦合关系[306]，韩文艳等研究了基于脱钩理论的城市水资源利用与经济增长关系[307]。

（3）关于人水关系协调程度及优化研究，常玉苗研究了水资源环境与农业经济的系统耦合及协调发展[308]，柴春梅等研究了干旱地区经济社会生态复合系统协调发展[309]，麦地那·巴合提江等研究了乌鲁木齐市城市化与水资源协调度[310]，彭焜等以湖北省为例研究了基于系统投入产出和生态网络分析的能源-水耦合关系与协同管理[311]，王新芸等以乌鲁木齐县为例研究了干旱区人口-经济-水资源耦合协调发展及其相关性[312]，胡光伟等研究了洞庭湖生态经济区水资源与社会经济发展协同度评价[313]，杨红霞等研究了基于WDO-PP模型的区域水资源系统与经济社会生态系统协调度评价[314]，苏伟洲等研究基于TOPSIS的西部地区城市经济社会发展与水资源协调性[315]，赵霞等研究了中国水资源与经济社会发展匹配度[316]，李万明等研究了西北干旱区水资源利用与经济要素的匹配[317]，祁丽霞等研究了河南省水资源与经济社会发展状况匹配关系[318]，郭兵托到研究了陆浑灌区供需水的协整关系[319]，苏慧等研究了山西省水资源与经济要素时空协调关系[320]，刘明胜等以贵州省为例研究了基于水足迹视角下的水资源利用与经济协调发展脱钩关系[321]，耿芳等研究了基于耦合协调度模型的南京市用水效率与经济发展关系[322]，刘杨等研究了水资源-经济-社会复合系统协调度[323]。

（4）从单一方面研究人水关系的作用机制，吴杰峰等研究了人类活动对晋江流域径流演变的影响与定量评估[324]，阚大学等基于面板平滑转换回归模型研究了城镇化对水资源利用的非线性影响[325]。

（5）常玉苗分别从水循环理论、物质流分析理论、PSR模型理论等不同视角研究了水资源环境与区域经济系统的耦合机理；选择长江经济带作为实证研究区域，从PSR指标、结构关系、全过程效率、“脱钩”关系、耦合协调度等不同层面对水资源环境与区域经济耦合系统的关系进行了评价[326]。

3.5 水资源规划与管理研究进展

水资源规划与管理是水资源工作的重要内容之一，也是水资源学科的重要研究领域之一。其研究内容丰富，每年都会涌现出一些研究成果。从最近两年情况看，关于水资源规划理论方法与实践的成果较少，这可能与目前水资源规划工作已经开展多年、工作内容比较成熟有关。水资源管理理论方法与实践的成果相对较多，这可能与现代治水更加注重水资源管理有关。

3.5.1 在水资源规划理论方法与实践方面

涉及水资源规划方面的学术性文献不多，且主要以应用为主，成果的学术水平不高，关于水资源规划理论方法研究方面的文献更少。以下仅列举有代表性文献以供参考。

康宁等以中游盆地张掖、临泽和高台农灌区为主要研究对象，基于多目标多约束方程构建了水资源可持续利用规划模型，确立了中游盆地水资源可持续利用的用水方案[327]。鲁毅以益阳市东部新区发展规划为例探讨了城市水资源规划问题[328]。李世有研究了绿春县水资源综合规划[329]。董志开研究了新疆皮山县水资源评价及规划[330]。

3.5.2 在水资源管理理论方法与实践（含河长制）方面

关于水资源管理的文献很多，但多数是有关水资源管理实际应用的文献，深入探讨水资源管理理论方法的成果不多。自从2006年起，随着我国提出实行“河长制”，关于“河长制”方面的研究成果开始出现，最近两年也有一些新进展。以下仅列举有代表性文献以供参考。

(1) 在水资源管理计算方法方面，靳舒葳等在兼顾经济因素和节水要求的前提下，采用双层规划方法对新疆巴州火电生产与水资源管理进行综合优化，其中上层模块以电力生产所需水量为目标，下层模块以电力生产管理经济成本为目标。通过对比双层和单层模型的优化结果，获得在节水降本前提下的电力生产、扩容方案、发电耗水及污染排放的最优方案[331]。

(2) 关于水资源管理模式和认知方面，王慧敏在《水资源协商与决策》一书中，从理论、方法和实践应用三个方面介绍了水资源协商管理与决策问题，构建了水资源协商管理的政策选择程序，建立了基于“互联网＋”的监控系统体系，加强协商效果，开展了西北缺水地区、华北水冲突严重地区、华中丰水地区和西南干旱地区水资源协商管理实践应用研究[332]；周爱群等研究了我国现有水资源冲突管理制度体系[333]，刘彬等研究了基于耗水平衡分析的区域水资源管理[334]，易巧惠研究了基于“三条红线”的浏阳市水资源管理分区[335]，崔东文等研究了基于GOA－PP模型的区域水资源红黄绿分区管理识别问题[336]。

(3) 自从2006年起，关于“河长制”方面的研究成果开始出现，前几年较少，最近两年文献增长较快。张军红等在《河长制的实践与探索》一书中，系统介绍了河长制出台的背景、河长制的内涵与要求、国内省市实施河长制的实践、流域管理机构实施河长制的实践、国外河流治理的经验等[337]；左其亭等构建了以水文学、水资源、水环境和水法律为核心的河长制理论基础框架，提出了以技术标准、行政管理和政策法律为出发点的河长制支撑体系[338]；李轶介绍了河长制的历史沿革、功能变迁与发展保障[339]，分析了湖长制的缘起、推行及其与河长制的异同[340]；王东等讨论了河长制与流域水污染防治规划的互动关系[341]，刘超研究了环境法视角下河长制的法律机制[342]，吴勇等研究了湖南省河长制的实践探索与法制化构建[343]，夏继红等研究了河长制中的河流岸线规划与管理[344]，李妞妞等探索了“河长制”全面有效实施之道[345]，沈满洪研究了河长制的制度经济学分析[346]，姜明栋等研究了江苏省河长制推行成效评价和时空差异[347]。

3.6 水资源配置研究进展

水资源配置是水资源规划、管理、调度的基础，是系统科学应用于水资源学研究中的重要方面，也是水资源学的一个重要分支。特别是定量化、最优化方法研究，在水资源分析、评价、论证、规划、管理、调度等工作中具有广泛的应用，每年涌现出大量的研究成果和应用实例。

3.6.1 在水资源配置理论、方法与模型研究方面

涉及水资源配置的文献较多，其中反映水资源配置理论、方法与模型的最新研究进展

的成果也不少，说明水资源配置理论、方法与模型研究比较丰富，一直是一个热点研究方向。以下仅列举有代表性文献以供参考。

(1) 王煜等在《黄河流域旱情监测与水资源调配原理与技术》一书中，研究了基于水资源年际调控的多年调节水库旱限水位优化控制、面向洪水资源利用的小浪底水库多分期汛限水位优化、应对干旱的黄河大型水库群联合蓄泄规则、黄河流域干旱应对与风险管理[348]。

(2) 黄伟在《流域水资源配置利用管理方法与政策研究》一书中，对比分析了国内外现行水资源配置管理体制与模式；讨论了水资源配置中的产权管理改革方法，并提出了一体化的流域水资源配置理论和方法[349]。

(3) 侯保灯等在《水资源层次化需求计算与合理配置》一书中，建立了水资源需求演化方程，提出了水资源层次化需求理论与计算方法，构建了水资源层次化合理配置理论、方法与模型[350]。

(4) 在水资源配置方法研究方面的论文较多，主要包括：①优化配置方法研究，沙金霞研究了改进鲸鱼算法在多目标水资源优化配置中的应用[351]，刘彬等研究了改进人工鱼群算法在水资源优化配置中的应用[352]，李新德等研究了基于鲸鱼优化算法的水资源优化配置[353]，张翔宇等研究了黄河流域干流河段水资源调配多目标优化模型[354]，金姗姗等研究了总量控制下区域水资源差别化配置优化方法[355]，张珊等研究了基于模糊优选和可信性的农业水资源多目标优化配置模型[356]，褚钰研究了考虑用水主体满意度的流域水资源优化配置[357]，朱彩琳等研究了面向空间均衡的水资源优化配置[358]；②一般水资源配置方法研究，童芳等研究了基于改进SD的区域水土资源联合配置[359]，戚琳琳等以长吉经济圈为例研究了基于MIKE BASIN的水资源合理配置[360]，李克飞等研究了区域多水源联合调配[361]，马驰研究了基于博弈分析的流域水资源配置[362]，李建勋研究基于复杂性理论的水资源配置框架及方法体系[363]，徐丹研究了考虑城市生态环境供水的灌区水资源配置[364]；③水资源配置评价方法研究，宋秋波等研究了水量分配方案组织实施评价指标体系[365]，王庆杰等研究了基于MAGA-PPC模型的水资源配置方案综合评价[366]；④其他相关方法的研究，游进军等研究了跨流域调水工程水量配置与调度耦合方法[367]，沈国浩等研究了城市水资源协调配置问题中双层规划模型及应用[368]，李深林等研究了破产理论在区域水量分配中的应用[369]。

3.6.2 在水资源配置实例研究方面

在水资源配置实例研究方面，最近两年的情况与前几年基本一致，相关的文献较多，主要是一些具体的应用实例的成果总结。总体开来看，以定量研究为主，涉及流域、区域不同尺度，出现多本有特色的专著。以下仅列举有代表性文献以供参考。

(1) 畅建霞等分析了径流对气候和土地利用变化的响应，评价了流域健康状况，重构了流域健康需水量，构建了基于“三条红线”最严格水资源管理制度的水资源配置模型[370]。

(2) 陈立华等构建了“三条红线”约束下的钦州市多目标水资源优化配置模型，将“三条红线”的约束指标纳入模型的约束条件中[371]。

(3) 高云明等以漳河为实例在供需平衡分析的基础上建立了水资源优化配置模型[372]。

(4) 在流域水资源配置上的实践成果，杨朝晖等研究了艾丁湖流域的水资源配置[373]，王文辉等研究了开都-孔雀河流域水资源优化配置[374]，吴元梅等研究了面向生态的察汗乌苏河流域水资源配置方案[375]。

(5) 在行政区域水资源配置上的实践成果，王建伟等研究了宁夏引黄灌区末段区域农业水资源配置[376]，沙金霞研究了改进 NSGA－Ⅱ法在邢台市水资源优化配置中的应用[377]，李波等研究了基于生态优先的渝西地区水资源配置[378]，王永涛等研究了基于多目标优化的黔中区水资源配置[379]，马素英等研究了河北省南水北调中线受水区水资源统一调配方案[380]，伏吉芮，瓦哈甫·哈力克等研究了协调模式下的吐鲁番地区水资源合理供求模式[381]，周念清等研究了许昌市水资源多模式联合调度与合理配置[382]，张嘉星等研究了人民胜利渠灌区适宜井渠用水比[383]，徐铭等研究了宿迁市黄河故道及以南地区水资源优化配置[384]，范磊等研究了宁东能源化工基地水资源优化配置[385]，饶汉霖等研究了基于双层模型的常熟市水资源配置[386]。

3.6.3 在水资源调控技术与决策系统研究方面

最近两年涉及水资源调控技术与决策系统研究的文献很多，主要分 3 大类：①水资源调控模型方法及技术；②水资源调控与调度综合研究；③水资源监测、调控与决策系统研发。以下仅列举有代表性文献以供参考。

(1) 王浩等系统阐述了松花江流域面向水质安全的水循环监测体系、松花江水质水量耦合模拟模型、松花江流域基于水功能区的水质水量总量控制方案、松花江农田面源污染水质水量联合调控示范、松花江干流水库群面向突发性水污染事件的联合调度系统[387]。

(2) 贺新春等分析了珠江三角洲典型水网区水资源调度现状，研究了基于改善水环境的典型水网区闸泵优化调度技术、基于保障供水安全的典型水网区水闸优化调度技术[388]。

(3) 在水资源调控模型方法及技术研究方面，最近两年文献很多，特别是优化模型构建成果较多。比如：谈广鸣等研究了基于水库-河道耦合关系的水库水沙联合调度模型[389]，郭玉雪等研究了南水北调东线工程江苏段多目标优化调度模型[390]，陈悦云等研究了面向发电、供水、生态要求的赣江流域水库群优化调度[391]，艾学山等研究了水库多目标调度模型及算法[392]，杨旺旺等研究了基于改进萤火虫算法的水电站群优化调度模型[393]，罗成鑫等研究了流域水库群联合防洪优化调度通用模型[394]，方国华等研究了考虑河流生态保护的水电站水库优化调度模型[395]，戴凌全等研究了基于 NSGA－Ⅱ方法的三峡水库汛末蓄水期多目标生态调度模型[396]，李荣波等研究了基于改进混合蛙跳算法的梯级水库优化调度模型方法[397]，孟颖等研究了基于改进指标体系的水资源调控方案评价模型[398]，高晓琦等研究了基于不同生态需水计算方法的水量水质联合调度模型[399]，张秀菊等研究了新江海河河网地区水量水质联合调度模拟及引水方案[400]，周涛等研究了考虑生态需水量的汾河梯级水库联合调度模型[401]，赵朋晓等研究了基于不同生态风险度的水库调度方法[402]，曾祥等研究了并联供水水库联合调度模型方法及关键技术[403]，纪昌明等研究了基于理想均变率法的水库群多目标调度技术[404]，徐刚等研究了计及弃水风险的水库优化调度[405]，彭安帮等研究了考虑调度时段敏感性的水库供水优化调度[406]，魏科研究了基于改进萤火虫算法的梯级水库优化调度模型方法[407]，杨哲等研究了考虑不同生态流量要求梯级水库群生态调度及其算法[408]，林鹏飞等研究了基于引水限制调度线的并联水库系统供水优化算法[409]。

(4) 在水资源调控与调度综合研究方面，最近两年文献较多。比如，陈进研究了长江流域水资源调控与水库群调度[410]，邓铭江等研究了额尔齐斯河水库群多尺度耦合的生态调度[411]，张连鹏等研究了面向生态的额尔齐斯河水库群中长期调度[412]，曹玉升等研究了南水北调中线输水调度实时控制策略[413]，王煜等研究了黄河流域水量分配方案优化及综合调度的关键科学问题[414]，杜小洲等研究了引汉济渭工程调水区水库群调水模式[415]，李笑竹等研究了基于 ACS 的水质水量联合调度[416]，周芬等研究了沿海平原调水引流及水量水质联合调控[417]，王浩等研究了南水北调中线工程智能调控与应急调度关键技术[418]，刘玒玒等研究了引汉济渭来水条件下西安市多水源联合调度[419]，刘柏君等研究了干旱区灌区水盐综合调控[420]，周海鹰等研究了塔里木河流域抗旱减灾水资源应急调配关键技术及策略[421]，张弛等研究了跨流域引水受水水库最优调度决策[422]，杨静灵等研究了胶东调水工程水资源优化调度[423]，苏律文等研究了基于健康江湖关系的长江中游库群多目标优化调度[424]。

(5) 在水资源监测、调控与决策系统研发方面，技术研发和应用成果较多。比如，李虹瑾构建了新疆水资源监控能力信息化系统[425]，姚卓阳等研发了南水北调东线江苏段基于信息技术的通用水资源联合调度系统[426]，谢超颖等构建了清溟河流域水资源综合管理和决策系统[427]，雷晓辉等搭建了河流水资源调度关键技术及通用软件平台[428]。

3.7 气候变化下水资源研究进展

气候变化是目前国际上一个研究热点，也是应对气候变化带来的一系列问题的重要研究需求。在气候变化情形下，水资源如何变化，对科学评价水资源状况、分析水资源利用途径、有效应对气候变化、减少因环境变化带来的影响损失，都具有重要的意义。因此，目前参与的研究者较多，研究内容丰富，每年涌现出大量的研究成果。

3.7.1 在气候变化对水文循环影响研究方面

从最近两年的文献来看，涉及气候变化对水文循环影响研究的文献较多，但整体上研究气候变化对水文循环影响的学术性文献较少，标志性成果是“气候变化”973 项目的结题成果整理出版了专著。以下列举有代表性文献以供参考。

(1) 夏军等在《气候变化对中国东部季风区陆地水循环与水资源安全的影响及适应对策》一书中，以东部季风区陆地水文时空分布和变化、南北方典型的水资源安全问题为切入点，分别从检测与预估、响应与归因、影响与后果、适应与对策 4 个层面开展了水循环变化和应对气候变化影响的适应对策研究[429]。

(2) 谢正辉等在《陆地水文-区域气候相互作用》一书中，分析了典型流域水循环过程的动力学机制，建立了大尺度陆地水循环模型以及考虑陆地水文过程反馈的陆地水文-区域气候模式；探讨了气候变化和人类活动对陆地水循环的影响；研究了未来气候均值和极端事件的变化对陆地水循环的影响机理[430]。

(3) 罗勇等在《中国陆地水循环演变与成因》一书中，通过区域气候模式进行数值模拟，揭示了陆地水循环要素和水资源格局的主要控制因素及其演化趋势，辨识了气候变化和人为活动因素对陆地水循环格局和水资源态势影响的相对贡献[431]。

(4) 代表性文献有：王思如等研究了气候变化对科尔沁沙地蒸散发和植被的影响[432]，顾西辉等研究了低频气候变化引起的珠江流域年均和洪峰流量变化特征及灵敏度[433]，金君良等研究了气候变化对淮河流域水资源及极端洪水事件的影响[434]。

3.7.2 在气候变化对河川径流影响研究方面

最近两年涉及气候变化对河川径流影响研究的学术性论文文献较多，说明气候变化对河川径流影响研究是热点。总体来看，与前几年的情况相似，部分论文水平较高，多数论文是重复性工作。以下仅列举有代表性文献以供参考。

(1) 在长江流域研究的代表性成果，比如，陈衎等研究了气候变化及人类活动对长江入海径流的影响[435]，研究了气候变化和人类活动对长江径流泥沙的影响[436]，夏军等研究了气候变化和人类活动对汉江上游径流变化的影响[437]，于泽兴等研究了降水变化和人类活动对浏阳河流域径流的影响[438]，邹浩等研究了气候变化与人类活动对湘江流域径流变化的影响[439]。

(2) 在黄河流域研究的代表性成果，比如，崔延华等研究了祁连山区气候变化对黑河出山径流的影响[440]，王登等研究了气候变化和人类活动对汾河流域径流情势的影响[441]，周帅等研究了气候变化和人类活动对黄河源区径流的影响[442]。

(3) 在淮河流域研究的代表性成果，比如，王胜等估算了全球增温 1.5℃和 2.0℃对淮河中上游径流的影响[443]。

(4) 在珠江流域研究的代表性成果，比如，黄锋华等研究了气候变化对北江流域径流的影响[444]，林娴等定量研究了气候变化和人类活动对武江流域年径流及最大日流量的影响[445]，梁颖珊等定量研究了近 55 年来气候变化和人类活动对增江径流变化的影响[446]。

(5) 在海河流域研究的代表性成果，比如，郝莹等定量研究了全球 1.5℃和 2.0℃升温下潮白河流域气候和径流量的变化[447]，师忱等研究了滦河流域气候变化与人类活动对径流的影响[448]。

3.7.3 在气候变化对水资源影响研究方面

最近两年涉及气候变化对水资源影响研究的学术性文献一直在增多，说明这是一个研究热点。以下仅列举有代表性文献以供参考。

(1) 在气候变化对水资源的作用研究方面，刘璇等研究了气候变化影响下的赣江流域水资源变化趋势与幅度[449]，刘健等定量预测了气候变化条件下山东省未来水资源情势[450]，张永勇等研究了气候变化对淮河流域水量水质的影响[451]，王玉洁等阐述了气候变化及人类活动对西北干旱区水资源影响的研究进展[452]，邓海军等研究了中亚天山山区冰雪变化及其对区域水资源的影响[453]，陈亚宁等研究了气候变化对中亚天山山区水资源的影响研究[454]，张慧等研究了近 50 年新疆天山奎屯河流域冰川变化及其对水资源的影响[455]，陈立华等定量分析了气候因子对地表水资源量变化的影响[456]，李鹏等研究了气候变化对北京地下水资源的影响[457]，张建云等研究了气候变化对水利工程安全的影响[458]。

(2) 此外，开展了水资源对气候变化的响应研究，比如，夏露等以南小河沟流域为例，研究了黄土高塬沟壑区绿水对土地利用和气候变化的响应[459]；开展了气候变化下的水资源调度研究，比如，吴书悦等研究了气候变化对新安江水库调度影响与适应性对策[460]；开展了气候变化对地表水水质的影响研究，比如，刘光生等研究了气候变化和经济发展对九龙江流域水质变化的影响[461]；开展了气候变化下水资源策略研究，比如，何霄嘉研究了黄河水资源适应气候变化的策略[462]，匡洋等研究了气候变化对跨境水资源影响的适应性评估与管理框架[463]。

3.8 水战略与水问题研究进展

从收集的文献资料来看，涉及“水战略与水问题”的一般性文献很多，但学术性文献不多，特别是专门研究水战略或水问题的理论方法文献不多，多数是定性分析和政策探讨。主要内容涉及：①水资源开发利用研究；②河湖水系连通战略；③水利现代化研究；④水问题研究；⑤最近两年增加了关于京津冀协同发展、长江经济带、“一带一路”水问题的研究成果。关于水战略与水问题的研究，主要与国家水政策联系比较密切，同时需要站在高层次的角度来分析问题，深入研究难度较大，高层次文献不多。

3.8.1 在水资源开发利用研究方面

在水资源开发利用研究方面，有一些新的水战略思想和研究成果，总体显得比较分散，系统性深入研究成果不多。以下仅列举有代表性文献以供参考。

（1）贾仰文等提出了黄河支流水资源调度模式，研究了黄河干支流水量在各地市间的分配方案、水权转让机制及一体化管理机制[464]。

（2）在宏观层面上的研究，沈镭等论述了全球变化下资源利用的挑战并提出展望[465]，李祎恒等研究了我国水资源用途管制的问题及其应对途径[466]，田贵良研究了权属改革引领下新时代水资源现代治理体系[467]。

（3）在时空格局层面上的研究，高雅婵等研究了浙江城市水资源利用强度时空格局及演变规律[468]，邓铭江研究了中国西北“水三线”空间格局与水资源配置方略[469]。

（4）在洪水资源利用方面的研究，王宗志等研究了流域洪水资源利用的理论框架、计算方法[470]以及探讨应用实例[471]。

（5）在水资源适应性利用研究方面，左其亭等研究了南水北调中线水源区水资源适应性利用框架和思路[472]。

3.8.2 在河湖水系连通战略研究方面

总体来看，在河湖水系连通战略研究方面，最近两年学术性文献不多，基本与前几年相当，当然也出现一些代表性成果。以下仅列举有代表性文献以供参考。

（1）针对河湖水系连通机制和工程体系的研究，夏继红等系统阐述了河流水系连通性机制及计算方法[473]，任朋等研究了环城河网水系连通工程[474]。

（2）针对河湖水系连通的评估，崔广柏等评估了原河网区水系连通改善水环境的效果[475]，诸发文等评估了太湖流域平原河网区水系连通性[476]，孙静月等研究了武汉市梁子湖-汤逊湖水系连通工程的效果[477]，甘容等研究了襄阳市河湖水系空间格局演变和效果评估[478]，高玉琴等建立了基于改进图论与水文模拟方法的河网水系连通性评价模型[479]，马栋等研究了扬州市主城区水系连通性定量评价及改善措施[480]。

(3) 针对河湖水系连通方案的研究，杨卫等研究了基于水环境改善的城市湖泊群河湖连通方案[481]。

(4) 此外，在河湖水系连通相关问题分析研究方面，王妍等分析了河湖水系连通的和谐问题及研究途径[482]，张灿等研究了洮儿河河湖连通系统洪水资源利用边界阈值问题[483]。

3.8.3 在水利现代化（含智慧水利）研究方面

在水利现代化（含智慧水利）研究方面，前几年出现的成果较少，一直延续到目前。最近两年出现的学术性文献仍较少，且水平仍较一般，但对智慧水利（水务或水网）的研究水平不断提高。以下仅列举有代表性文献以供参考。

(1) 廖正伟等介绍了智慧水务的发展背景、总体架构、大数据云平台、通信网络、物联网络、视联网络、设施监控及业务应用等方面内容[484]。

(2) 此外，代表性文献有：索惠霞研究了基于信息化技术的水利现代化思路[485]，黄显峰等研究了基于云模型的水利现代化评价方法与应用[486]，研究了基于物元分析法的水资源管理现代化评价[487]，戚晓明等研究了智慧水资源管理系统的设计与应用[488]，王建华等论述了智能水网工程是驱动中国水治理现代化的引擎[489]，李婷睿研究了基于海绵城市理念的智慧水务应用系统[490]。

3.8.4 在水问题研究方面

中国是水问题比较突出的国家。人们一直十分关注水问题，每年关于水问题的分析讨论、学术研究、对策制定等层出不穷。最近两年的成果情况与前几年基本相似，总体来讲，定性分析和政策探讨较多，专门研究水问题的具有创新性的理论方法文献不多。以下仅列举有代表性文献以供参考。

(1) 在全国层面研究水问题，孙金华等系统阐述了水问题及其治理模式的发展与启示[491]，沈镭等分析了新时代下中国自然资源安全战略[492]，田英等研究了中国水资源风险状况与防控策略[493]，吴强等研究了我国新型城镇化进程中水问题及对策[494]。

(2) 在区域或流域层面研究水问题，付意成等以廊坊市为例研究了北方缺水城市水资源短缺问题解决策略[495]，姚瑞华等研究了长江流域水问题基本态势与防控策略[496]。

(3) 其他方面，樊启祥研究了梯级水利枢纽多维安全管理框架与重大挑战[498]，杨胜天等系统阐述了中亚地区水问题研究进展[499]。

3.8.5 在京津冀协同发展、长江经济带、“一带一路”水问题研究方面

京津冀协同发展、长江经济带、“一带一路”是 2012 年中共十八大以来我国提出的具有里程碑意义的国家战略或倡议。京津冀地区是水资源安全保障问题最突出、用水竞争最激烈的地区之一，水资源是影响京津冀协同发展的主要制约因子。长江经济带伴随着经济社会的快速发展，水资源消耗量剧增，水环境污染日益加剧，水生态恶化趋势凸显，对新时期该区域经济社会发展带来严重制约。“一带一路”沿线大部分国家经济社会发展存在诸多瓶颈，其中水问题尤为突出。最近两年在这些热点区域的水资源研究成果急剧增加。以下仅列举有代表性文献以供参考。

(1) 京津冀协同发展相关联的水问题研究方面的代表成果：徐敏等研究了京津冀区域水环境质量改善一体化方案[500]，严淑华等研究了京津冀水资源一体化及其保障体系[501]，鲍超等分析了京津冀城市群水资源开发利用的时空特征与政策启示[502]，王颖等研究了强人类活动下京津冀城市群水资源演变的影响因素[503]，鲍超等研究了基于人水关系的京津冀城市群水资源安全格局[504]，海霞等研究了京津冀城市群用水效率及其与城市化水平的关系[505]，邱彦昭等分析了京津冀三地水资源协同保护现状并给出对策建议[506]，杜朝阳等研究了京津冀地区适水发展问题与战略对策[507]，卢熠蕾等研究了基于适水发展分区的京津冀精细化水管理对策[508]，席丹墀等研究了京津冀地区水资源承载力[509]，王晓贞等研究了京津冀跨区域调水生态补偿标准与方式[510]，颜明等研究了京津冀产业升级过程中水资源利用结构调整[511]，谭佳音等研究了群链产业合作模式下“京津冀”区域水资源优化配置[512]。

(2) 长江经济带水问题研究方面的代表成果：左其亭等研究了长江经济带保护与开发的和谐平衡发展途径[513]，史安娜等研究了长江经济带社会经济发展与水资源保护水平[514]，王孟等研究了长江经济带水资源保护带建设规划体系[515]，刘悦等研究了长江经济带工业水资源效率的时空分异及动态演进规律[516]，汪克亮等研究了长江经济带工业绿色水资源效率的时空分异与影响因素[517]，张陈俊等研究了长江经济带水资源消耗时空差异驱动效应[518]，朱海滨研究了环境约束下长江经济带用水效率的测度及影响因素[519]，张玮等基于EBM模型评价长江经济带绿色水资源利用效率[520]，卢曦等研究了基于三阶段DEA与Malmquist指数分解的长江经济带水资源利用效率[521]，周琴等研究了长江经济带取排水口和应急水源布局规划[522]，陈昆仑等研究了长江经济带工业废水排放的时空格局演化及驱动因素[523]，胡溪等研究了基于环境质量标准的长江经济带水环境承载力[524]，李焕等研究了长江经济带水资源人口承载力[525]，李燕等研究了基于主成分分析的长江经济带水资源承载力[526]。

(3) “一带一路”水问题研究方面的代表成果：左其亭等研究并划定了“一带一路”主体路线及主体水资源区[527]，研究了“一带一路”分区水资源特征及水安全保障体系框架[528]，研究了“一带一路”分区水问题与借鉴中国治水经验的途径[529]，以及研究了“一带一路”中国大陆区水资源特征及支撑能力[530]，黄雅屏研究了“一带一路”建设中共享水资源的问题及对策[531]，李志斐研究了水资源安全与“一带一路”战略实施[532]，李明亮等研究了“一带一路”国家水资源特点及合作展望[533]，张兆方等基于超效率DEA-Malmquist-Tobit方法研究了“一带一路”中国区域水资源利用效率[534]，王豪杰等研究了“一带一路”西亚地区降水时空特征及空间均衡分析[535]，韩淑颖等研究了“一带一路”欧洲区水资源管理发展历程及启示[536]，郝林钢等研究了“一带一路”中亚区水资源利用与经济社会发展匹配度分析[537]，马兴华等研究了“一带一路”对广西北部湾经济区水资源脆弱性的影响[538]，李东林等研究了“一带一路”非洲区水-粮-能安全分析[539]，邓伟等研究了基于“一带一路”的南亚水安全与对策[540]，李佳伟等研究了“一带一路”东南亚及南亚跨界河流问题[541]，吴业鹏等研究了丝绸之路经济带水资源环境与经济社会协调分析[542]，郑晨骏研究了“一带一路”倡议下中哈跨界水资源合作问题[543]，路煜研究了“一带一路”框架下中亚地区水资源治理问题[544]，朴光姬等研究了“一带一路”对接缅甸水资源开发新思路[497]。

3.9 与2011—2016年进展对比分析

（1）在水资源理论方法研究方面，最近两年与前几年的总体情况类似，当然也出现一些新的增长。总体来看，关于水资源新思想提出、总结和应用的文献不多，理论方法研究成果更少，新提出了流域水系统理论、水资源适应性利用理论，进一步强调水资源资产负债表编制的研究；水资源可持续利用方面的成果仍然以应用研究为主，理论基础研究的文献缺乏，评价方法研究的文献有一些，大多数是其应用研究成果；人水和谐方面的成果不多，应用成果较多，总体进展不大；水资源承载能力研究一直是热点，最近两年的文献呈"井喷式"增加，但理论基础研究的突破性成果极少，评价方法研究成果居多，其他量化研究文献不多且创新成果更少，大多数是其应用研究成果；水生态文明方面的研究热度比前几年有所下降，高水平论文减少较多，多数是一些总结性研究，专著较多；随着最严格水资源管理制度的推进，继续涌现出一批研究成果，但关于这方面的理论探讨缺乏，量化方法研究成果不多，应用研究成果较多；节水潜力和节水型社会建设的相关成果在减少，应用实例较多；关于海绵城市建设的水资源研究，继续涌现出一些创新成果，特别是针对海绵城市、海绵流域建设理论和方法方面的探讨较为丰富。

（2）水资源模型是水资源学科研究的一类重要工具，常常被应用于水资源评价、规划、管理等研究工作和生产实践中，一直以来被很多学者所青睐，研究人员较多，最近两年出现一些学术性文献，但专门研究水系统模型、水资源模型的文献较少，总体创新程度不高，多数是与水循环结合，或基于水文模型开展水资源转化关系模型研究，多数是应用成果。

（3）水资源分析、评价、论证是水资源行业的主要基础工作内容，研究内容丰富，每年涌现出大量的研究成果。特别是随着国家水资源管理制度的变化，对水资源分析、评价、论证提出更高的要求，出现一些新的研究内容。最近两年与前几年的总体情况类似，出现比较多的水资源-能源-粮食耦合分析的成果。在水资源分析计算方面，文献不多，理论方法研究进展不大，特别是高水平文献不多，多数是偏于应用，或单一方法的探讨或应用；在水资源评价方面，文献很多，但多数是偏于应用或者是某一评价方法的探讨或应用；在最严格水资源管理"三条红线"计算方面，研究深度有限；在水资源论证研究方面，研究成果较少，且研究深度有限；在人水关系及相互作用关系研究方面，有比较大的进展，特别是关于水资源-能源-粮食耦合关系与协调程度的研究是新的增长点。

（4）水资源规划与管理是水资源工作的重要内容之一，一直以来研究内容丰富，每年都会涌现出一些研究成果。最近两年情况与前几年基本类似。在水资源规划理论方法与实践方面，学术性文献不多，且主要以应用为主，成果的学术水平不高；在水资源管理理论方法与实践方面，多数是有关水资源管理实际应用的文献，深入探讨水资源管理理论方法的成果不多，但关于河长制的研究有比较大的进展。

（5）水资源配置是水资源规划、管理、调度的重要基础，特别是定量化、最优化方法研究，在水资源分析、评价、论证、规划、管理、调度等工作中具有广泛的应用，每年涌现出大量的研究成果和应用实例，多年来一直是研究的热点。最近两年情况与前几年基本类似，水资源配置的文献仍然较多，也有一些变化，主要表现在：系统的研究成果较多（体现在这方面的专著较多），水资源调控技术与决策系统研究较多，优化计算方法依然层出不穷。

（6）气候变化是目前国际上一个研究热点，参与的研究者较多，研究内容丰富，每年涌现出大量的研究成果。总体来看，在气候变化对水文循环影响研究方面，文献较多，但整体上研究气候变化对水文循环影响的学术性文献较少；在气候变化对河川径流影响研究方面，与前几年的情况相似，部分论文水平较高，多数论文是重复性工作；在气候变化对水资源影响研究方面，文献一直在增多，说明这是一个研究热点。

（7）关于水战略与水问题的讨论较多，最近两年出现一些新变化，增加了关于京津冀协同发展、长江经济带、“一带一路”水问题的研究。在水资源开发利用研究方面，系统性深入研究成果不多；在河湖水系连通战略研究方面，基本与前几年相当，文献不多；在水利现代化研究方面，与前几年情况差不多，学术性文献仍较少，且水平仍较一般，但对智慧水利（水务或水网）的研究水平不断提高；在水问题研究方面，与前几年基本相似，定性分析和政策探讨较多，专门研究水问题的具有创新性的理论方法文献不多；最近两年在京津冀协同发展、长江经济带、“一带一路”这些热点区域的水资源研究成果急剧增加。

本章撰写人员

本章撰写人员名单（按贡献排名）：左其亭、马军霞、张修宇。左其亭负责统稿。分工如下：

节 名	作 者	单 位
3.1 概述	左其亭	郑州大学
3.2 水资源理论方法研究进展	左其亭	郑州大学
3.3 水资源模型研究进展	左其亭	郑州大学
3.4 水资源分析评价论证研究进展	马军霞	郑州大学
3.5 水资源规划与管理研究进展	左其亭	郑州大学
3.6 水资源配置研究进展	左其亭 张修宇	郑州大学 华北水利水电大学
3.7 气候变化下水资源研究进展	左其亭 张修宇	郑州大学 华北水利水电大学
3.8 水战略与水问题研究进展	马军霞	郑州大学
3.9 与2011—2016年进展对比分析	左其亭 张修宇 马军霞	郑州大学 华北水利水电大学 郑州大学

参考文献

[1] 左其亭．中国水科学研究进展报告2011—2012 [M]. 北京：中国水利水电出版社，2013.

[2] 左其亭．中国水科学研究进展报告 2013—2014 [M]. 北京：中国水利水电出版社，2015.

[3] 左其亭．中国水科学研究进展报告 2015—2016 [M]. 北京：中国水利水电出版社，2017.

[4] 夏军，张翔，韦芳良，等．流域水系统理论及其在我国的实践 [J]. 南水北调与水利科技，2018，16 (01)：1-7，13.

[5] 左其亭．水资源适应性利用理论及其在治水实践中的应用前景 [J]. 南水北调与水利科技，2017，15 (01)：18-24.

[6] 左其亭．水资源适应性利用理论的应用规则与关键问题 [J]. 干旱区地理，2017，40 (05)：925-932.

[7] 胡莹莹．水资源绩效审计理论与实践——以深圳市治水提质绩效审计为例 [J]. 现代企业，2018 (10)：118-119.

[8] 黄晓荣，郭碧莹，奚圆圆，等．水资源资产负债表编制理论与方法研究进展 [J]. 水资源与水工程学报，2017，28 (04)：1-5.

[9] 李志坚，耿建新．基于水供给视角的水资源资产负债表编制理论研究 [J]. 北方民族大学学报 (哲学社会科学版)，2018 (05)：172-176.

[10] 冯峰，靳晓颖，谢秋晧．区域水资源可持续发展能力的模糊可变评价 [J]. 人民黄河，2017，39 (03)：45-50，54.

[11] 高东东，吴勇，陈盟．红层裂隙-孔隙水功能特征及可持续利用评价 [J]. 人民长江，2018，49 (08)：55-61.

[12] 姚娜，陈方，甘升伟，等．协同学在水资源可持续利用评价中的应用研究 [J]. 水文，2017，37 (06)：29-34.

[13] 李冰瑶，陈星，周志才，等．缺水地区水资源可持续利用评价与对策探讨 [J]. 水资源与水工程学报，2017，28 (06)：104-108.

[14] 杨江州，周旭，蔡振饶，等．岩溶城市（贵阳市）水资源可持续利用评价研究 [J]. 水电能源科学，2018，36 (02)：36-39.

[15] 刘少博，陈南祥，郝仕龙，等．基于生态足迹法的南阳市水资源可持续利用分析 [J]. 水电能源科学，2017，35 (02)：44-48.

[16] 余灏哲，韩美．基于水足迹的山东省水资源可持续利用时空分析 [J]. 自然资源学报，2017，32 (03)：474-483.

[17] 刘楚烨，赵言文，马群宇，等．基于水足迹理论的江苏省水资源可持续利用评价 [J]. 水土保持通报，2017，37 (06)：313-320.

[18] 凌新颖，马金珠．基于 Bossel 指标体系对敦煌盆地水资源可持续利用评价 [J]. 节水灌溉，2018 (10)：42-46.

[19] 熊鸿斌，周凌燕．基于水足迹-灰靶的安徽省水资源可持续利用评价 [J]. 环境科学学报，2018，38 (08)：3329-3338.

[20] 徐绪堪，赵毅，成春阳．西安市水资源可持续利用预警分级 [J]. 水资源保护，2017，33 (05)：25-30.

[21] 张杰，邓晓军，翟禄新，等．基于熵权的广西水资源可持续利用模糊综合评价 [J]. 水土保持研究，2018，25 (05)：385-389，396.

[22] 秦欢欢．人类活动影响下华北平原水资源的可持续利用 [J]. 科学技术与工程，2018，18 (11)：293-300.

[23] 杨子江，韩伟超．基于水足迹理论的昆明市水资源可持续利用研究 [J]. 生态经济，2017，33 (06)：196-200，211.

[24] 崔莹，谢世友，柳芬，等．重庆市水资源可持续利用能力的模糊评价 [J]. 西南大学学报（自然科学版），2017，39 (04)：115-123.

[25] 牛旭，胡芸莎，晁增福，等. 基于 EAHP 的阿拉尔垦区水资源可持续开发利用评价指标研究 [J]. 数学的实践与认识，2017，47 (07)：105-110.
[26] 万伟伟，葛辉彰. 人水和谐的哲学传统及其对我国水资源政策的启示 [J]. 海南大学学报（人文社会科学版），2018，36 (06)：132-137.
[27] 左其亭，王鑫. 防汛抗旱中的人水和谐观 [J]. 中国防汛抗旱，2018，28 (02)：29-34，45.
[28] 左其亭，王鑫，韩淑颖，等. 论城市防洪排涝与生态海绵城市建设应和谐并举 [J]. 中国防汛抗旱，2017，27 (05)：80-85.
[29] 史树洁，左其亭，王亚迪. 襄阳市河湖水系-经济社会发展和谐量化分析 [J]. 水电能源科学，2017，35 (03)：35-39.
[30] 左其亭，韩春辉，马军霞，等. 和谐度方程（HDE）评价方法及应用 [J]. 系统工程理论与实践，2017，37 (12)：3281-3288.
[31] 莫崇勋，莫桂燕，阮俞理，等. 基于变权法的南宁市人水和谐度评价 [J]. 水电能源科学，2018，36 (03)：30-33.
[32] 张成凤，粟晓玲，蔡焕杰. 基于区间层次分析法的榆阳区水资源配置系统和谐性评价研究 [J]. 自然资源学报，2017，32 (06)：1053-1063.
[33] 王大洋，黄凯，莫崇勋，等. 基于综合权重 SMI-P 法的广西人水和谐度量化评价 [J]. 节水灌溉，2018 (07)：107-112.
[34] 孟令爽，唐德善，史毅超. 基于主成分分析法的城市人水和谐度评价 [J]. 水资源与水工程学报，2018，29 (01)：93-98.
[35] 王建华，姜大川，肖伟华，等. 水资源承载力理论基础探析：定义内涵与科学问题 [J]. 水利学报，2017，48 (12)：1399-1409.
[36] 王建华，翟正丽，桑学锋，等. 水资源承载力指标体系及评判准则研究 [J]. 水利学报，2017，48 (09)：1023-1029.
[37] 左其亭. 水资源承载力研究方法总结与再思考 [J]. 水利水电科技进展，2017，37 (03)：1-6，54.
[38] 金菊良，董涛，郦建强，等. 不同承载标准下水资源承载力评价 [J]. 水科学进展，2018，29 (01)：31-39.
[39] 何青，成建梅. 基于模糊权物元理论的地下水资源承载力评价分析 [J]. 水利水电技术，2018，49 (05)：25-29.
[40] 常玉苗. 基于物质流分析的区域水资源环境承载力与结构关联效应评价 [J]. 水利水电技术，2017，48 (12)：34-40.
[41] 张安，和吉，陈晓楠. 基于云理论的区域水资源承载力评价模型研究 [J]. 水利水电技术，2017，48 (01)：18-22.
[42] 徐云锋，刘玉邦，等. 新型城镇化建设的水资源支撑力评价 [J]. 人民长江，2017，48 (19)：61-65，71.
[43] 宋帆，杨晓华. 基于改进突变级数法的长江下游水资源承载力评价 [J]. 南水北调与水利科技，2018，16 (03)：24-32，58.
[44] 曾维华，薛英岚，贾紫牧. 水环境承载力评价技术方法体系建设与实证研究 [J]. 环境保护，2017，45 (24)：17-24.
[45] 苏永军，王慧，孔淑芹. 基于投影寻踪-物元可拓模型的区域水资源承载力评价 [J]. 节水灌溉，2017 (02)：80-84，89.
[46] 郭倩，汪嘉杨，张碧. 基于 DPSIRM 框架的区域水资源承载力综合评价 [J]. 自然资源学报，2017，32 (03)：484-493.
[47] 贾建辉，龙晓君. 水资源承载力预测模型研究 [J]. 水利水电技术，2018，49 (10)：21-27.

[48] 金菊良，陈梦璐，郦建强，等．水资源承载力预警研究进展［J］．水科学进展，2018，29（04）：583-596.
[49] 贾滨洋，袁一斌，王雅潞，等．特大型城市资源环境承载力监测预警指标体系的构建——以成都市为例［J］．环境保护，2018，46（12）：54-57.
[50] 俞祎波，董增川，刘淼，等．水资源配置对水资源承载能力影响研究［J］．人民黄河，2018，40（07）：42-45，50.
[51] 韩雁，张士锋，吕爱锋．外调水对京津冀水资源承载力影响研究［J］．资源科学，2018，40（11）：2236-2246.
[52] 苏贤保，李勋贵，赵军峰．水资源-水环境阈值耦合下的水资源系统承载力研究［J］．资源科学，2018，40（05）：1016-1025.
[53] 尹杰杰，崔远来，刘博，等．基于多目标优化的灌区水资源承载力研究［J］．中国农村水利水电，2017（08）：5-8.
[54] 王鹏全，张丽娟，吴元梅，等．基于水权管理的水资源可持续承载力测评研究［J］．中国农村水利水电，2017（09）：67-71，76.
[55] 薛联青，时佳，陈新芳，等．基于系统熵值分析的水资源复合系统承载力可变模糊综合研究［J］．中国农村水利水电，2017（10）：1-5.
[56] 许国钰，任晓冬．STRIPAT模型下城镇化与水资源载荷的相关性研究［J］．中国农村水利水电，2018（01）：40-45.
[57] 李玲玲，徐琳瑜．特大城市水资源承载力政策响应的动态模拟［J］．中国环境科学，2017，37（11）：4388-4393.
[58] 高伟，严长安，李金城，等．基于水量-水质耦合过程的流域水生态承载力优化方法与例证［J］．环境科学学报，2017，37（02）：755-762.
[59] 金菊良，董涛，郦建强，等．区域水资源承载力评价的风险矩阵方法［J］．华北水利水电大学学报（自然科学版），2018，39（02）：46-50.
[60] 崔东文，金波．足球联赛竞争算法-投影寻踪模型在区域水资源承载力评价中的应用［J］．三峡大学学报（自然科学版），2018，40（01）：5-11.
[61] 孙雅茹，董增川，周毅，等．基于结构熵权法的长江下游水资源承载力评价——以南京市为例［J］．人民长江，2018，49（07）：47-51.
[62] 文扬，周楷，蒋姝睿，等．陆水流域水环境与水资源承载力研究［J］．干旱区资源与环境，2018，32（03）：126-132.
[63] 贾紫牧，陈岩，王慧慧，等．流域水环境承载力聚类分区方法研究——以湟水流域小峡桥断面上游为例［J］．环境科学学报，2017，37（11）：4383-4390.
[64] 时佳，薛联青，陈新芳，等．基于综合赋权法的叶尔羌河流域水资源承载力可变模糊综合评价［J］．水资源与水工程学报，2017，28（05）：32-36.
[65] 王正选，邱金亮，王静，等．基于改进模糊集对评价法的水资源承载力评价——以龙川江流域为例［J］．水资源与水工程学报，2017，28（05）：70-75.
[66] 余金龙，尹亮，鲍广强，等．基于BP神经网络的腾格里湖水环境承载力研究［J］．中国农村水利水电，2017（11）：83-86，93.
[67] 罗婷，薛惠锋，张峰．区域复合系统视域下广东省水资源承载力研究［J］．长江科学院院报，2018，35（10）：36-42.
[68] 苏敏杰，白栩嘉．基于最大熵投影寻踪模型的云南省近10a水资源承载力评价［J］．长江科学院院报，2018，35（06）：12-18.
[69] 高洁，刘玉洁，封志明，等．西藏自治区水土资源承载力监测预警研究［J］．资源科学，2018，40（06）：1209-1221.

[70] 危文广，黎良辉，赖敬飞，等．基于理想点法的江西省水资源承载力评价［J］．水资源与水工程学报，2018，29（06）：25-30.

[71] 肖月洁，杨中牮，马历，等．基于模糊综合评价的四川省水土资源承载力时空演变分析［J］．灌溉排水学报，2018，37（05）：106-114.

[72] 曾红春，杨奇勇，李文军，等．湖南省相对水资源承载力时空变化分析［J］．水资源与水工程学报，2018，29（03）：69-74，79.

[73] 董涛，金菊良，吴成国，等．基于承载过程的安徽省水资源承载力动态评价［J］．水电能源科学，2018，36（07）：17-21，16.

[74] 屈小娥．陕西省水资源承载力综合评价研究［J］．干旱区资源与环境，2017，31（02）：91-97.

[75] 赵自阳，李王成，王霞，等．基于主成分分析和因子分析的宁夏水资源承载力研究［J］．水文，2017，37（02）：64-72.

[76] 曹丽娟，张小平．基于主成分分析的甘肃省水资源承载力评价［J］．干旱区地理，2017，40（04）：906-912.

[77] 李豫新，武庆彬．可持续发展视角下基于SD模型的干旱地区水资源承载力研究——以新疆地区为例［J］．生态经济，2018，34（04）：175-179，227.

[78] 王大本，冯石岗．基于WSR方法论和熵值-耦合协调度的水资源承载力综合评价——以河北省水资源承载力研究为例［J］．节水灌溉，2018（03）：49-54.

[79] 刘剑达．因子分析法在水资源承载力可持续利用研究［J］．水科学与工程技术，2017（02）：34-37.

[80] 田霞．基于支持向量机的吉林省地下水承载力评价［J］．水力发电，2018，44（05）：22-26.

[81] 田文凯，侯保灯，陈海涛，等．基于粮食安全的黑龙江省水资源承载力评价［J］．中国农村水利水电，2018（05）：119-122，133.

[82] 莫崇勋，林怡彤，阮俞理，等．基于FSPA-SPEP模型的南宁市水资源承载能力及其影响因子分析［J］．节水灌溉，2017（12）：63-67.

[83] 甘富万，金彩平，倪倩，等．基于多层次模糊综合评判法的南宁市水资源承载能力现状评价［J］．水利水电技术，2018，49（09）：56-63.

[84] 常文娟，刘建波，马海波．基于可变模糊集理论的宜昌市水资源承载能力评价［J］．节水灌溉，2018（01）：48-51.

[85] 张剑，赵进勇，韩会玲，等．水资源-环境承载能力评价——以湘潭市岳塘区为例［J］．人民长江，2018，49（11）：52-56，90.

[86] 贺欣悦，刘国东，胡月，等．基于云理论的成都市水资源承载力评价［J］．中国农村水利水电，2018（09）：58-63.

[87] 李玲，潘雪倩，夏威夷，等．基于SD模型的重庆市水资源承载力模拟分析［J］．中国农村水利水电，2018（05）：128-133.

[88] 王晟．杭州市水资源承载力评价及提升路径［J］．水土保持通报，2018，38（03）：307-311.

[89] 杨光，董增川，周毅，等．南京市水资源承载能力研究［J］．水电能源科学，2018，36（11）：26-29.

[90] 孙雅茹，董增川，刘森．基于改进TOPSIS法的盐城市水资源承载力评价及障碍因子诊断［J］．中国农村水利水电，2018（12）：101-105.

[91] 叶海焯，董增川，杭庆丰，等．盐城市水资源承载状态预警研究［J］．水利经济，2018，36（05）：31-35，76.

[92] 胡晓雨，陆隽，蒋咏，等．江阴市水资源承载能力综合评价［J］．水利经济，2018，36（04）：45-49，54，77.

[93] 孙康，陈立．基于模糊分析法的芜湖市水资源承载力评价［J］．中国农村水利水电，2018（12）：121-125.

[94] 周振民，刘朔．基于模糊综合评判的鹤壁市水资源承载力评价 [J]. 中国农村水利水电，2017 (08)：70 - 73，79.

[95] 李如意，束龙仓，鲁程鹏，等．济宁市水资源承载能力评价方法的应用与对比 [J]. 水资源保护，2018，34 (06)：65 - 70.

[96] 宗珊．基于熵权模糊数学的唐山市水资源承载力研究 [J]. 水科学与工程技术，2018 (02)：24 - 27.

[97] 张晓红，赵明钰．基于 PCA - Copula 函数的承德水资源承载力综合评价 [J]. 水科学与工程技术，2018 (02)：19 - 22.

[98] 任杰宇，郦建平，张翔．天门市水资源承载力评价与适应性分析 [J]. 长江科学院院报，2018，35 (05)：27 - 31.

[99] 王炳龙，蔡宴朋，李春晖．基于区间分析的鄂尔多斯市水资源承载力研究 [J]. 人民黄河，2017，39 (03)：55 - 60.

[100] 葛杰，张鑫．基于水资源承载力的榆林市产业结构优化研究 [J]. 节水灌溉，2018 (04)：99 - 104.

[101] 赵义平，于向前，刘伟，等．基于投影寻踪模型的镶黄旗水资源承载力评价及其在水源调配中的应用 [J]. 水文，2018，38 (06)：72 - 76.

[102] 崔东文．水循环算法-投影寻踪模型在水环境承载力评价中的应用——以文山州为例 [J]. 三峡大学学报 (自然科学版)，2018，40 (04)：15 - 21.

[103] 王晶，薛联青，张洛晨，等．阿克苏地区水资源承载力变化及驱动力生态脆弱性分析 [J]. 水资源与水工程学报，2018，29 (02)：104 - 109，115.

[104] 冯丹，宋孝玉，晁智龙．淳化县水资源承载力系统动力学仿真模型研究 [J]. 中国农村水利水电，2017 (04)：117 - 120，124.

[105] 王大本．基于 WSR -熵值-耦合方法的区域水资源承载力研究——以京津冀地区为例 [J]. 河北工业大学学报 (社会科学版)，2018，10 (01)：1 - 8.

[106] 程广斌，郑椀方．我国西北地区城市群水资源承载力评价研究 [J]. 石河子大学学报 (哲学社会科学版)，2017，31 (02)：73 - 82.

[107] 王艳，石荣媛，乔长录．基于模糊综合评价模型的天山北坡经济带水资源承载力评价 [J]. 水土保持通报，2018，38 (05)：206 - 212，219.

[108] 徐冬平，赵波，李同昇，等．中国北方农牧交错区水资源承载力动态仿真研究——以内蒙古通辽市科尔沁区为例 [J]. 水土保持通报，2017，37 (01)：262 - 269.

[109] 陈亚林，桂旺胜，董前进，等．涉煤生产对区域水资源承载系统的影响仿真 [J]. 系统仿真学报，2018，30 (12)：4770 - 4777.

[110] 张需琴，李景保，李忠武．三峡水库运行下荆南三口地区水环境承载力研究 [J]. 水资源保护，2017，33 (06)：133 - 141，166.

[111] 王正选，王静，杨婷婷，等．基于改进熵权法的水资源承载力评价——以曲陆坝区为例 [J]. 水资源与水工程学报，2017，28 (04)：82 - 87.

[112] 张君臣．青岛西海岸新区水资源承载能力分析与建议 [J]. 环境保护，2018，46 (Z1)：112 - 113.

[113] 刘蔚，陈星，范云柱．基于自然-社会环境协调的椒江区水环境承载力研究 [J]. 水电能源科学，2018，36 (04)：29 - 32.

[114] 黄程希，王瑾，毕如田，等．压煤区开采规模与水土资源承载力协调性分析 [J]. 灌溉排水学报，2018，37 (01)：91 - 97.

[115] 郗鸿峰，张赫轩，贾卓，等．挠力河流域灌区地下水资源承载力评价 [J]. 水利水电技术，2017，48 (01)：33 - 39.

[116] 朱勍，周念清，杨永兴．国家水生态文明城市建设的理论与实践——许昌市试点建设的探索[M]. 北京：科学出版社，2017.

[117] 汪义杰，蔡尚途，李丽，等．流域水生态文明建设理论、方法及实践［M]. 北京：中国环境科学出版社，2017.

[118] 董延军，等．城市水生态文明建设模式探索与实践［M]. 北京：中国环境科学出版社，2018.

[119] 王建华，胡鹏．我国水生态文明建设内涵、评价标准与经验模式［J]. 中国水利水电科学研究院学报，2018，16（05）：430-436.

[120] 张丛林，乔海娟，董磊华，等．水生态文明制度体系框架研究［J]. 水利水电科技进展，2017，37（05）：28-34.

[121] 周海炜，李蓝汐．水生态文明城市建设的标杆管理方法研究［J]. 河海大学学报（哲学社会科学版），2018，20（03）：71-76，93.

[122] 严子奇，周祖昊，温天福．大湖流域水生态文明特征与评价体系研究——以鄱阳湖流域为例[J]. 水利水电技术，2018，49（03）：97-105.

[123] 刘畅，冯宝平，张展羽，等．基于压力-状态-响应的熵权-物元水生态文明评价模型［J]. 农业工程学报，2017，33（16）：1-7.

[124] 徐梦珂，陈星，王好芳，等．青岛市水生态文明建设评价［J]. 水资源与水工程学报，2017，28（06）：109-114.

[125] 程亮，胡四一，王宗志，等．最严格水资源管理制度模拟模型及其应用［M]. 北京：科学出版社，2017.

[126] 王超，李宝芬，杨发瑞，等．最严格水资源管理移动应用场景研究［J]. 水力发电，2018，44（05）：94-97.

[127] 冯浩源，石培基，周文霞，等．水资源管理“三条红线”约束下的城镇化水平阈值分析——以张掖市为例［J]. 自然资源学报，2018，33（02）：287-301.

[128] 张云英，刘新有，谢永红．区域最严格水资源管理监测体系评价研究［J]. 人民长江，2018，49（11）：48-51，70.

[129] 周有荣，崔东文．基于最优觅食算法-投影寻踪-云模型的最严格水资源管理评价［J]. 水资源与水工程学报，2018，29（05）：101-108.

[130] 戴昌军．汉江流域实行最严格水资源管理制度探索与实践［J]. 人民长江，2018，49（18）：10-14.

[131] 宋国君，高文程．中国城市节水潜力评估研究［J]. 干旱区资源与环境，2017，31（12）：1-7.

[132] 刘路广，谭君位，吴瑕，等．鄂北地区水稻适宜节水模式与节水潜力［J]. 农业工程学报，2017，33（04）：169-177.

[133] 王丽红，刘路广，刘能胜，等，潘少斌．鄂北地区水稻不同灌溉模式节水潜力分析［J]. 节水灌溉，2017（03）：83-85，89.

[134] 王林威，武见，贾正茂，等．生态视域下宁蒙引黄灌区节水潜力分析［J]. 节水灌溉，2017（11）：84-86，92.

[135] 朱永楠，王庆明，任静，等．南水北调受水区节水指标体系构建及应用［J]. 南水北调与水利科技，2017，15（06）：187-195.

[136] 索滢，王忠静．典型节水灌溉技术综合性能评价研究［J]. 灌溉排水学报，2018，37（11）：113-120.

[137] 郑玉萍，黄骁卓，林健，等．天津市水资源节约评价方法与实例［J]. 中国水利，2018（17）：13-17.

[138] 张欣莹，解建仓，刘建林，等．基于熵权法的节水型社会建设区域类型分析［J]. 自然资源学报，2017，32（02）：301-309.

[139] 严登华，王浩，张建云，等．从状态改变到能力提升——生态海绵智慧流域建设 [J]. 水科学进展，2017 (02)：1-9

[140] 夏军，张永勇，张印，等．中国海绵城市建设的水问题研究与展望 [J]. 人民长江，2017，48 (20)：1-5，27.

[141] 夏军，石卫，王强，等．海绵城市建设中若干水文学问题的研讨 [J]. 水资源保护，2017，33 (01)：1-8.

[142] 李兰，李锋．"海绵城市"建设的关键科学问题与思考 [J]. 生态学报，2018，38 (07)：2599-2606.

[143] 于洪蕾，曾坚．适应性视角下的海绵城市建设研究 [J]. 干旱区资源与环境，2017，31 (03)：76-82.

[144] 章林伟．中国海绵城市建设与实践 [J]. 给水排水，2018，54 (11)：1-5.

[145] 刘生军，李婉婷，石平．适应水文环境的海绵城市设计层级策略指引 [J]. 规划师，2018，34 (05)：128-131，141.

[146] 戴慎志．高地下水位城市的海绵城市规划建设策略研究 [J]. 城市规划，2017，41 (02)：57-59.

[147] 杨青娟．基于社会技术转型理论的海绵城市构建研究 [J]. 生态经济，2017，33 (10)：126-130.

[148] 王兴超．基于生态水利的海绵城市设计原则 [J]. 水土保持通报，2017，37 (05)：250-254，289.

[149] 康宏志，郭祺忠，练继建，等．海绵城市建设全生命周期效果模拟模型研究进展 [J]. 水力发电学报，2017，36 (11)：82-93.

[150] 邵薇薇，张海行，刘家宏，等．丘陵区海绵城市建设模式研究——以凤凰县为例 [J]. 水利水电技术，2017，48 (05)：6-13.

[151] 周晋军，刘家宏，金生，等基于 HydroInfo 的海绵城市建设效果分析——以天水市为例 [J]. 水利水电技术，2017，48 (05)：14-19.

[152] 初亚奇，曾坚，石羽，等．基于暴雨径流管理模型的海绵城市景观格局优化模拟 [J]. 应用生态学报，2018，29 (12)：4089-4096.

[153] 翟慧敏，谢文全，杨先武，等．基于生态海绵体评价的海绵城市规划研究——以信阳市为例 [J]. 信阳师范学院学报（自然科学版），2018，31 (03)：443-448.

[154] 李俊奇，吴婷．基于水文化传承的湖州市海绵城市建设规划探讨 [J]. 规划师，2018，34 (04)：63-68.

[155] 李正最，周慧，张莉，等．基于不同排放情景的洞庭湖流域水资源演化研究 [J]. 水文，2018，38 (03)：29-36.

[156] 马忠，苏守娟，龙爱华，等．塔里木河流域社会经济系统水循环分析 [J]. 地球科学进展，2018，33 (08)：833-841.

[157] 丁文荣．变化环境下滇中地区典型流域水资源演变特征 [J]. 水土保持通报，2017，37 (02)：274-277.

[158] 赵超，刘光生，杨金艳．苏州市水资源变化与主要驱动因素分析 [J]. 武汉大学学报（工学版），2018，51 (04)：289-293，298.

[159] 李家叶，李铁键，王光谦，等．空中水资源及其降水转化分析 [J]. 科学通报，2018，63 (26)：2785-2796.

[160] 桑学锋，王浩，王建华，等．水资源综合模拟与调配模型 WAS（Ⅰ）：模型原理与构建 [J]. 水利学报，2018，49 (12)：1451-1459.

[161] 闫猛，杜二虎，王宗志，等．行为经济与自然过程耦合视角下的水资源复杂系统建模研究 [J]. 水资源与水工程学报，2018，29 (06)：53-60.

[162] 李文晖，邵东国，徐保利，等．灌排系统水转化模拟模型研究［J］．南水北调与水利科技，2018，16（06）：130-141.

[163] 冯艳如，肖鸿，彭引，等．地表水与地下水耦合模型开发与验证［J］．水电能源科学，2018，36（05）：31-34.

[164] 张将伟，卢文喜，陈末，等．基于HydroGeoSphere的河谷地区地表水地下水水流水质联合模拟［J］．中国农村水利水电，2018（01）：29-32.

[165] 周晋军，刘家宏，董庆珊，等．城市耗水计算模型［J］．水科学进展，2017，28（02）：276-284.

[166] 刘丙军．变化环境下复杂网河区水资源系统响应与安全调控［M］．北京：科学出版社，2018.

[167] 胡能杰，邵东国，陈述，等．基于系统动力学的稻田塘堰系统水转化模拟及验证［J］．农业工程学报，2017，33（12）：130-135.

[168] 闫旖君，徐建新，陆建红．人民胜利渠灌区多水源循环转化模型研究［J］．灌溉排水学报，2017，36（02）：52-57.

[169] 崔远来，吴迪，王士武，等．基于改进SWAT模型的南方多水源灌区灌溉用水量模拟分析［J］．农业工程学报，2018，34（14）：94-100.

[170] 赖冬蓉，秦欢欢，万卫，等．基于MIKE SHE模型的华北平原水资源利用情景分析［J］．水资源与水工程学报，2018，29（05）：60-67.

[171] 周迪，周丰年，钟绍军．我国人均水资源量分布的俱乐部趋同研究——基于扩展的马尔科夫链模型［J］．干旱区地理，2018，41（04）：867-873.

[172] 陈方，吴鹏飞，刘金涛，等．太湖流域湖西区入湖水量估算研究［J］．水力发电，2018，44（05）：8-10，21.

[173] 陈学凯，刘晓波，张云英，等．程海水位变化特征与水量平衡研究［J］．水电能源科学，2018，36（07）：28-32.

[174] 魏忠成，高薇，尹华，等．基于回归分析方法的四平市地下水可开采量研究［J］．水电能源科学，2017，35（12）：18-21.

[175] 栾勇，刘家宏．分布式城市需水预测模型［J］．科学通报，2017，62（24）：2770-2779.

[176] 李晓英，苏志伟，田佳乐，等．基于GRA-MEA-BP耦合模型的城市需水预测研究［J］．水资源与水工程学报，2018，29（01）：50-54.

[177] 李析男，赵先进，王宁，等．新设国家经济开发区需水预测——以贵安新区为例［J］．武汉大学学报（工学版），2017，50（03）：321-326，339.

[178] 钟方雷，郭爱君，蒋岱位，等．面向需水管理的居民用水行为研究进展［J］．水科学进展，2018，29（03）：446-454.

[179] 潘国强，焦建林，李中刚，等．万元工业增加值取水量变化的行业驱动作用与类型分析［J］．武汉大学学报（工学版），2017，50（03）：359-367.

[180] 曹飞．中国省域城镇化与用水结构的空间库兹涅茨曲线拟合与研判［J］．干旱区资源与环境，2017，31（03）：8-13.

[181] 王滇红，蔡守华，张健．京杭大运河江苏段里运河沿线大中型灌区灌溉用水计量方法探讨［J］．节水灌溉，2018（12）：92-96，103.

[182] 胡德秀，熊江龙，刘铁龙，等．基于生态位及其熵值模型的陕西省渭河流域用水结构特征［J］．水利水电技术，2018，49（11）：137-143.

[183] 常建军，陈威，艾婵．基于LMDI的武汉城市圈产业用水驱动因素分析［J］．长江科学院院报，2017，34（12）：17-21.

[184] 金巍，刘双双，张可，等．农业生产效率对农业用水量的影响［J］．自然资源学报，2018，33（08）：1326-1339.

[185] 张茂堂，蒋有能．渠道水有效利用系数测试研究 [J]．灌溉排水学报，2018，37 (S2)：69-73.
[186] 杨秀花，林希娟，孙龙，等．基于渐进累加法的灌溉水有效利用系数测算 [J]．人民黄河，2017，39 (12)：150-153.
[187] 倪深海，周凌辉，华幸超，等．平原水网地区农田灌溉水有效利用系数测算方法研究 [J]．中国农村水利水电，2018 (02)：28-30，36.
[188] 张玉顺，路振广，王敏，等．河南省农田灌溉水有效利用系数测算分析 [J]．中国农村水利水电，2017 (01)：9-12，17.
[189] 操信春，邵光成，王小军，等．中国农业广义水资源利用系数及时空格局分析 [J]．水科学进展，2017，28 (01)：14-21.
[190] 周迪，周丰年．中国水资源利用效率俱乐部趋同的检验、测度及解释：2003—2015 年 [J]．自然资源学报，2018，33 (07)：1103-1115.
[191] 马海良，丁元卿，王蕾．绿色水资源利用效率的测度和收敛性分析 [J]．自然资源学报，2017，32 (03)：406-417.
[192] 王倩，魏巍，刘洁，等．江苏省水资源利用相对效率时间分异与影响因素 [J]．水土保持通报，2017，37 (01)：308-314.
[193] 张峰，宋晓娜，薛惠锋，等．中国工业水资源利用效率的空间收敛效应 [J]．首都经济贸易大学学报，2018，20 (03)：50-60.
[194] 韩文艳，陈兴鹏，张子龙，等．中国地级及以上城市水资源利用效率的时空格局分析 [J]．水土保持研究，2018，25 (02)：354-360.
[195] 俞雅乖，刘玲燕．中国水资源效率的区域差异及影响因素分析 [J]．经济地理，2017，37 (07)：12-19.
[196] 赵姜，孟鹤，龚晶．京津冀地区农业全要素用水效率及影响因素分析 [J]．中国农业大学学报，2017，22 (03)：76-84.
[197] 唐德善，孟令爽，史毅超，等．基于 DEA-CCR 与复合系统的用水效率评价 [J]．中国农村水利水电，2017 (10)：153-157，168.
[198] 韩宇平，周雯晶，代小平，等．综合灌溉用水效率研究——以河北省成安县为例 [J]．灌溉排水学报，2017，36 (08)：89-94.
[199] 黄永江，屈忠义．不同空间尺度下灌区灌溉水利用效率研究——以察尔森灌区为例 [J]．节水灌溉，2017 (01)：45-49.
[200] 何伟，宋国君．河北省城市水资源利用绩效评估与需水量估算研究 [J]．环境科学学报，2018，38 (07)：2909-2918.
[201] 刘晨跃，徐盈之．中国经济增长中水资源消耗的时空变化分解研究 [J]．大连理工大学学报（社会科学版)，2018，39 (02)：40-46.
[202] 张乐勤，朱超洪．基于 ArcGIS 的安徽省用水强度驱动效应空间格局分析 [J]．水土保持通报，2017，37 (03)：284-289.
[203] 尹上岗，马志飞，黄萍，等．中国水资源利用的时空分布格局探究 [J]．华中师范大学学报（自然科学版)，2017，51 (06)：841-848.
[204] 詹同涛，梅梅，刘琦，等．农业灌溉用水量核算方法对比研究 [J]．水利水电技术，2018，49 (09)：199-204.
[205] 刘呈玲，方红远．基于时差相关分析与回归模型的用水总量预测 [J]．节水灌溉，2017 (10)：70-73，83.
[206] 董立新，白昊阳．天津滞缓流型城市河网水质时空分布特征 [J]．水利水电科技进展，2017，37 (04)：8-13，18.
[207] 王琳，孙艺珂，祁峰．基于改进综合水质指数法的水库水质特征分析 [J]．水土保持通报，

2018，38（04）：174-180.

[208] 谢在刚，许士国，汪天祥，等．碧流河水库水质综合调查设计与实践［J］．中国农村水利水电，2017（10）：52-56，61.

[209] 姜秋香，周智美，王子龙，等．基于水土资源耦合的水资源短缺风险评价及优化［J］．农业工程学报，2017，33（12）：136-143.

[210] 胡彬，刘俊国，赵丹丹，等．基于水足迹理念的水资源短缺评价——以2022年冬奥会雪上项目举办地为例［J］．灌溉排水学报，2017，36（07）：108-116.

[211] 林小敏，张金萍，靳玉莹，等．灌区自然供水条件下的水资源短缺风险模型及应用［J］．灌溉排水学报，2017，36（02）：64-68.

[212] 郝光玲，王烜，罗阳，等．基于改进的综合评价模型的北京市水资源短缺风险评价［J］．水资源保护，2017，33（06）：27-31.

[213] 范琳琳，王红瑞，刘凤丽，等．基于WEI＋的流域水资源短缺分析［J］．长江科学院院报，2017，34（04）：9-14.

[214] 李菊，崔东文，袁树堂．基于足球联赛竞争算法-投影寻踪-云模型的水资源短缺风险评价［J］．水文，2018，38（04）：40-47.

[215] 刘佳旭，李九一，李丽娟，等．昆明市水资源短缺空间格局综合分析［J］．长江科学院院报，2017，34（08）：6-10，17.

[216] 代稳，吕殿青，王金凤，等．基于静态程度的荆南三口地区水资源短缺变化分析［J］．水力发电，2018，44（05）：11-17.

[217] 职璐爽，薛惠锋．基于熵权法的城市水资源脆弱性研究——以广东省为例［J］．水土保持通报，2018，38（05）：322-329.

[218] 郭力仁，蒙吉军，李枫．基于空间异质性的黑河中游水资源脆弱性研究［J］．干旱区资源与环境，2018，32（09）：175-182.

[219] 苏贤保，李勋贵，刘巨峰，等．基于综合权重法的西北典型区域水资源脆弱性评价研究［J］．干旱区资源与环境，2018，32（03）：112-118.

[220] 周奉，苏维词，郑群威．基于DPSIR模型的黔中地区水资源脆弱性评价研究［J］．节水灌溉，2018（08）：59-65.

[221] 周帅，王义民，郭爱军，等．黄河流域未来水资源时空变化［J］．水力发电学报，2018，37（03）：28-39.

[222] 俞淞，马巍，王红瑞，等．黄河干流宁夏段沿程水资源变化特征分析［J］．人民黄河，2017，39（09）：56-59.

[223] 孙才志，姜坤，赵良仕．中国水资源绿色效率测度及空间格局研究［J］．自然资源学报，2017，32（12）：1999-2011.

[224] 孙才志，马奇飞，赵良仕．中国东、中、西三大地区水资源绿色效率时空演变特征与收敛性分析［J］．地理科学进展，2018，37（07）：901-911.

[225] 孙才志，马奇飞，李素娟．中国水资源绿色效率TFP变化趋势预测［J］．人民黄河，2018，40（02）：42-48.

[226] 左其亭，纪璎芯，韩春辉，等．基于GIS分析的水资源分布空间均衡计算方法及应用［J］．水电能源科学，2018，36（06）：33-36.

[227] 王亚迪，左其亭，刘欢，等．河南省水土资源匹配特征及均衡性分析［J］．人民黄河，2018，40（04）：55-59，64.

[228] 朱彩琳，董增川．引汉济渭受水区用水结构及水资源空间匹配分析［J］．人民长江，2018，49（16）：47-52.

[229] 洪思扬，王红瑞，来文立，等．我国能源耗水空间特征及其协调发展脱钩分析［J］．自然资源学

报，2017，32 (05)：800 - 813.

[230] 金巍，章恒全，张洪波，等．城镇化进程中人口结构变动对用水量的影响 [J]. 资源科学，2018，40 (04)：784 - 796.

[231] 吴普特，赵西宁，张宝庆，等．黄土高原雨水资源化潜力及其对生态恢复的支撑作用 [J]. 水力发电学报，2017，36 (08)：1 - 11.

[232] 夏日元，等．西南岩溶石山区地下水资源调查评价与开发利用模式 [M]. 北京：科学出版社，2018.

[233] 王超，李菊．云南水资源公报水资源量评价系统构建与实践 [J]. 水文，2017，37 (03)：75 - 80.

[234] 魏佳，张守平，杨清伟，等．基于工程供水能力的地表水资源可利用量研究——以荣昌为例 [J]. 节水灌溉，2018 (10)：37 - 41.

[235] 侯玉婷，周忠发，王历，等．基于改进模糊综合评价法的喀斯特山区水质评价研究 [J]. 水利水电技术，2018，49 (07)：129 - 135.

[236] 张悦，夏桂敏，王铁良，等．沈阳市水功能区水质现状评价及水质变化趋势成因分析 [J]. 水利水电技术，2018，49 (07)：144 - 151.

[237] 王志忠，梁秀娟，刘晓梅，等．基于模糊数学模型和物元可拓模型的地下水水质综合评价 [J]. 水力发电，2018，44 (09)：1 - 3，37.

[238] 程学宁，卢毅敏．基于 SOM 和 PCA 的闽江流域地表水水质综合评价 [J]. 水资源保护，2017，33 (03)：59 - 67.

[239] 郭泽宇，陈玲俐．城市用水量组合预测模型及其应用 [J]. 水电能源科学，2018，36 (01)：40 - 43.

[240] 田文凯，侯保灯，陈海涛，等．居民生活需水精细化管理必要性分析与对策建议 [J]. 水电能源科学，2018，36 (10)：49 - 52.

[241] 姜秋香，赵蚰竹，王子龙，等．基于两阶段模型的水土资源利用效率评价 [J]. 水利水电技术，2018，49 (12)：36 - 42.

[242] 高学平，陈玲玲，刘殷竹，等．基于 PCA - RBF 神经网络模型的城市用水量预测 [J]. 水利水电技术，2017，48 (07)：1 - 6.

[243] 雷梦婷．SFLA - PP 模型在区域水资源利用效率综合评价中的应用 [J]. 长江科学院院报，2017，34 (11)：27 - 32.

[244] 徐志，马静，贾金生，等．水能资源开发利用程度国际比较 [J]. 水利水电科技进展，2018，38 (01)：63 - 67.

[245] 段长桂，董增川，管西柯，等．基于迭代思想的山东省水资源利用效率评价 [J]. 人民黄河，2017，39 (12)：62 - 66.

[246] 冯峰，倪广恒，孟玉清．基于流向跟踪和多重赋权的引黄灌区用水效率评价 [J]. 农业工程学报，2017，33 (10)：145 - 153.

[247] 张泽的，刘东，张皓然，等．基于 PSO - AHP 与粗集理论组合赋权的灌溉用水效率评价 [J]. 节水灌溉，2018 (10)：59 - 63，67.

[248] 刘学智，李王成，赵自阳，等．基于投影寻踪的宁夏农业水资源利用率评价 [J]. 节水灌溉，2017 (11)：46 - 51，55.

[249] 李莹莹，赵向豪．区域农业用水效率评价指标体系研究 [J]. 节水灌溉，2017 (06)：83 - 84，89.

[250] 潘欢迎，付泳琪．基于水压力指数的水资源利用状况评估 [J]. 中国农村水利水电，2018 (04)：53 - 56.

[251] 管新建，秦海东，孟钰．基于 CRITIC - TOPSIS -灰色关联度的淮河流域水资源利用效率评估

[J]. 节水灌溉，2018 (11)：73-76，80.
[252] 杨明杰，杨广，高普章，等. 基于SD模型的干旱区城市水资源供需分析——以新疆克拉玛依市为例 [J]. 人民长江，2018，49 (05)：45-51，73.
[253] 刘增进，张彩玲，黄艳，等. 基于高效节水灌溉的水资源供需平衡分析 [J]. 华北水利水电大学学报（自然科学版），2017，38 (06)：78-81.
[254] 李天宏，杨松楠. 基于系统动力学模型的深圳市龙华新区水资源供需平衡预测及优化 [J]. 应用基础与工程科学学报，2017，25 (05)：917-931.
[255] 张靖琳，吉喜斌，陈学亮，等. 河西走廊中段临泽绿洲水资源供需平衡及承载力分析 [J]. 干旱区地理，2018，41 (01)：38-47.
[256] 王雅洁，刘俊国，赵丹丹. 基于水足迹理论的水资源评价——以河北省张家口市宣化区为例 [J]. 水土保持通报，2018，38 (05)：213-219.
[257] 王瑾，李敏，毕如田. 生态价值视角下水土资源保护评价——以长河流域为例 [J]. 灌溉排水学报，2018，37 (06)：117-123.
[258] 杨伟，赵天宇，杜彦臻，等. 基于改进的垂向混合产流模型的水资源评价模型研究及应用 [J]. 中国农村水利水电，2018 (08)：95-99.
[259] 苏阳悦，纪昌明，张验科，等. 基于云模型的水资源管理综合评价方法——以惠州市为例 [J]. 中国农村水利水电，2017 (12)：53-58.
[260] 李芸，张楠. 昆明盆地地下水超采区水资源评价 [J]. 长江科学院院报，2017，34 (06)：35-38，44.
[261] 王咏铃，夏军，刘兵. 基于水资源合理配置的地下水开发利用研究 [J]. 人民黄河，2017，39 (09)：51-55，59.
[262] 孙侦，贾绍凤，严家宝，等. 中国水土资源本底匹配状况研究 [J]. 自然资源学报，2018，33 (12)：2057-2066.
[263] 汪嘉杨，郭倩，王卓. 岷沱江流域社会经济的水环境效应评估研究 [J]. 环境科学学报，2017，37 (04)：1564-1572.
[264] 曾春芬，马劲松，曹明霖，等. 基于最严格水资源管理制度的水资源利用考核关键技术研究——以南水北调东线江苏省受水区为例 [J]. 水利水电技术，2018，49 (11)：22-29.
[265] 胡林凯，崔东文. 基于 OFA-PP 模型的区域最严格水资源管理类型识别与评价 [J]. 水文，2018，38 (06)：65-71.
[266] 王浩，王建华，褚俊英，等. 水资源开发利用红线控制与动态管理研究——以广西北部湾经济区为例 [M]. 北京：科学出版社，2018
[267] 田涛，薛惠锋，张峰. 基于 ARIMA 与 GM (1，1) 的区域用水总量预测模型及应用——以广州市为例 [J]. 节水灌溉，2018 (02)：61-65，70.
[268] 彭岳津，卞荣伟，邢玉玲，等. 我国用水总量确定的方法与结果 [J]. 水利经济，2018，36 (02)：36-43，84-85.
[269] 王晓玮，邵景力，甘雨. 基于数值模拟的西北地下水总量控制指标确定研究 [J]. 水文地质工程地质，2017，44 (03)：12-18.
[270] 张炜，刘聪. 基于 SBM 模型的陕西省水资源利用效率测度 [J]. 水电能源科学，2018，36 (03)：21-25.
[271] 冯峰，贾洪涛，孟玉清. 基于流向跟踪法的灌溉水有效利用评价研究 [J]. 人民黄河，2017，39 (05)：140-143，148.
[272] 吴琼，常浩娟，刘昭. 基于聚类的我国各地区水资源利用效率分析 [J]. 人民长江，2018，49 (14)：55-60.
[273] 孟令爽，唐德善，史毅超. 基于主成分分析法的用水效率评价 [J]. 人民长江，2018，49 (05)：

36-40.

[274] 徐静，接晓婷，潘铁山．印染行业水污染物排放总量核算技术方法研究［J］．江西化工，2018（06）：86-89.

[275] 卓桂华．兼顾目标总量与容量总量的区域水污染物排放总量控制模式研究［J］．海峡科学，2018（11）：32-35.

[276] 张倩玲，张璘，刘雷．太湖流域水污染物入湖总量监控体系构建探讨［J］．资源节约与环保，2018（09）：112.

[277] 丁艳霞，曹命凯，王凯．基于纳污红线的县域水污染物总量控制研究［J］．治淮，2018（04）：36-38.

[278] 李钰洋．WASP水质模型和基尼系数法在汾河流域水污染物总量分配的应用［J］．低碳世界，2017（25）：10-11.

[279] 冉欣，孙世军，冯江，等．基于污染物总量控制的流域水环境管理绩效优化研究——以吉林省招苏台河流域为例［J］．南水北调与水利科技，2018，16（04）：128-135，145.

[280] 李自明，蓝婷，詹小来，等．规划水资源论证技术要点探析［J］．水利发展研究，2018，18（10）：16-20.

[281] 闫丽哲．迁西县城区供水水源地水资源论证［J］．水科学与工程技术，2017（04）：47-50.

[282] 刘子辉．北方缺水地区地下取水水资源论证关键技术分析［J］．水利科学与寒区工程，2018，1（05）：16-20.

[283] 张晓芬．项目绿化用水水资源论证分析——以东方（厦门）高尔夫乡村俱乐部为例［J］．水科学与工程技术，2017（03）：68-71.

[284] 史红波．调兵山市节水增粮项目水资源论证分析［J］．水科学与工程技术，2017（02）：27-29.

[285] 马涛．农业灌溉类项目水资源论证后评估技术分析——以辽宁省喀左县“节水增粮行动”项目为例［J］．中国水利，2017（07）：33-35.

[286] 汪艳芳，白夏，戚晓明．王家坪水库工程水资源论证方案研究［J］．赤峰学院学报（自然科学版），2018，34（08）：86-88.

[287] 孟晓路．凌源钢铁集团多水源联合供水水资源论证要点［J］．水资源开发与管理，2018（07）：63-65，16.

[288] 孟晓路．复杂工艺流程钢铁联产企业水资源论证用水合理性要点分析［J］．水利规划与设计，2018（01）：53-54，121.

[289] 龚来存，沈乐，郭红丽，等．多水源火电项目水资源论证实例分析——以大唐溧水燃机热电联产项目为例［J］．地下水，2017，39（02）：138-140，163.

[290] 张祖垚，孙健，孙美，等．综合交通枢纽水影响评价报告水资源论证编制要点分析——以北京市某综合交通枢纽为例［J］．中国水利，2018（13）：16-18.

[291] 郭欣伟，董国涛，殷会娟．煤矿开采项目水资源论证中取水影响论证方法研究［J］．中国水利，2018（07）：18-20.

[292] 景亚平．基于“三条红线”控制指标的水资源论证研究［J］．水利发展研究，2017，17（01）：54-57.

[293] 彭少明，郑小康，王煜，等．黄河流域水资源-能源-粮食的协同优化［J］．水科学进展，2017，28（05）：681-690.

[294] 白景锋，张海军．中国水-能源-粮食压力时空变动及驱动力分析［J］．地理科学，2018，38（10）：1653-1660.

[295] 孙才志，阎晓东．中国水资源-能源-粮食耦合系统安全评价及空间关联分析［J］．水资源保护，2018，34（05）：1-8.

[296] 邓鹏，陈菁，陈丹，等．区域水-能源-粮食耦合协调演化特征研究——以江苏省为例［J］．水资

源与水工程学报，2017，28（06）：232-238.
[297] 于洋，韩宇，李栋楠，等．澜沧江-湄公河流域跨境水量-水能-生态互馈关系模拟［J］．水利学报，2017，48（06）：720-729.
[298] 常玉苗．水资源环境与城市生态经济系统耦合模型及评价［J］．水电能源科学，2018，36（02）：55-58，27.
[299] 洪思扬，王红瑞，程涛．我国人口、经济和水足迹的空间关系测度及其脱钩关系分析［J］．水电能源科学，2017，35（11）：136-140.
[300] 刘欢，贾仰文，牛存稳．区域水-能源资源的空间分布特征及匹配格局分析［J］．水电能源科学，2017，35（06）：127-131，158.
[301] 蔡振饶，李旭东，李玉红，等．贵阳市经济发展与水资源环境耦合研究［J］．人民长江，2018，49（06）：39-43.
[302] 贾莉，刘彦花，沈怡静．水资源利用与经济发展脱钩分析——以广西北部湾经济区为例［J］．人民长江，2018，49（02）：40-45.
[303] 阿茹娜，李同昇，李百岁，等．西辽河平原人水系统平衡变化特征分析［J］．干旱区资源与环境，2018，32（03）：119-125.
[304] 张勇，郭纯青．广西北部湾经济区水资源支撑能力与城市化系统关系研究［J］．节水灌溉，2018（10）：54-58.
[305] 王婷，王保乾，曹婷婷．北京市经济与水环境系统耦合关系及效果研究［J］．中国农村水利水电，2017（02）：77-81，85.
[306] 王永良，唐莲，张静，等．宁夏沿黄经济区水资源短缺与社会适应能力耦合关系分析［J］．水资源与水工程学报，2018，29（06）：245-249.
[307] 韩文艳，陈兴鹏，张子龙．基于脱钩理论的城市水资源利用与经济增长关系研究［J］．水土保持通报，2017，37（05）：140-145.
[308] 常玉苗．水资源环境与农业经济的系统耦合及协调发展［J］．水电能源科学，2017，35（11）：115-118.
[309] 柴春梅，王宏卫，樊永红，等．干旱地区经济社会生态复合系统协调发展研究［J］．人民黄河，2017，39（02）：56-60，64.
[310] 麦地那·巴合提江，阿不都沙拉木·加拉力丁，盛永财，等．乌鲁木齐市城市化与水资源协调度分析［J］．人民长江，2018，49（07）：42-46，51.
[311] 彭焜，朱鹤，王赛鸽，等．基于系统投入产出和生态网络分析的能源-水耦合关系与协同管理研究——以湖北省为例［J］．自然资源学报，2018，33（09）：1514-1528.
[312] 王新芸，瓦哈甫·哈力克，阿斯古丽·木萨，等．干旱区人口-经济-水资源耦合协调发展及其相关性分析——以乌鲁木齐县为例［J］．节水灌溉，2018（06）：101-105，110.
[313] 胡光伟，黄作维，许澧，等．洞庭湖生态经济区水资源与社会经济发展协同度评价［J］．水资源与水工程学报，2018，29（05）：21-27，34.
[314] 杨红霞，蔡昕．基于WDO-PP模型的区域水资源系统与经济社会生态系统协调度评价［J］．水资源与水工程学报，2017，28（02）：68-75.
[315] 苏伟洲，刘樑．基于TOPSIS的西部地区城市经济社会发展与水资源协调性研究［J］．西南科技大学学报（哲学社会科学版），2017，34（03）：70-77.
[316] 赵霞，杜军凯，牛存稳，等．中国水资源与经济社会发展匹配度的动态分析［J］．人民长江，2018，49（23）：68-73.
[317] 李万明，黄程琪．西北干旱区水资源利用与经济要素的匹配研究［J］．节水灌溉，2018（07）：88-93.
[318] 祁丽霞，杨承佳，王国帅．河南省水资源与经济社会发展状况匹配关系的研究［J］．华北水利水

电大学学报（自然科学版），2017，38（02）：30-36.

[319] 郭兵托，孙素艳，张金萍，等．陆浑灌区供需水的协整关系研究 [J]. 节水灌溉，2018（10）：68-73，77.

[320] 苏慧，张仲伍，王娟．山西省水资源与经济要素时空协调分析 [J]. 中国农村水利水电，2018（06）：169-173.

[321] 刘明胜，刘青山．基于水足迹视角下的水资源利用与经济协调发展脱钩分析——以贵州省为例 [J]. 中国农村水利水电，2017（08）：86-91.

[322] 耿芳，董增川，管西柯．基于耦合协调度模型的南京市用水效率与经济发展关系 [J]. 水利经济，2017，35（01）：21-25，76.

[323] 刘杨，戚国强，卢静．水资源-经济-社会复合系统协调度研究 [J]. 人民黄河，2018，40（10）：51-56.

[324] 吴杰峰，陈兴伟，高路，等．人类活动对晋江流域径流演变影响的分析与定量评估 [J]. 南水北调与水利科技，2017，15（02）：65-72，79.

[325] 阚大学，吕连菊．城镇化对水资源利用的非线性影响——基于面板平滑转换回归模型研究 [J]. 华中科技大学学报（社会科学版），2017，31（06）：126-134.

[326] 常玉苗．水资源环境与区域经济耦合系统评价及协同治理 [M]. 北京：中国社会科学出版社，2017.

[327] 康宁，崔虎群．黑河干流中游水资源可持续利用多目标规划模型研究 [J]. 水文地质工程地质，2018，45（06）：15-22.

[328] 鲁毅．城市的水资源规划探讨——以益阳市东部新区发展规划为例 [J]. 智能城市，2018，4（17）：71-72.

[329] 李世有．浅谈绿春县水资源综合规划 [J]. 水资源开发与管理，2018（04）：64-66.

[330] 董志开．新疆皮山县水资源评价及规划研究 [J]. 水资源开发与管理，2017（08）：7-8，19.

[331] 靳舒葳，李永平．基于双层规划的电力生产与水资源管理耦合模型研究 [J]. 水电能源科学，2017，35（08）：208-211，207.

[332] 王慧敏．水资源协商与决策 [M]. 北京：科学出版社，2018.

[333] 周爱群，吴凤平．我国现有水资源冲突管理制度体系探析 [J]. 人民长江，2017，48（03）：33-38，43.

[334] 刘彬，沙金霞，闫志宏，等．基于耗水平衡分析的区域水资源管理 [J]. 水利水电技术，2018，49（05）：30-37.

[335] 易巧惠，彭向训，周颖，等．基于“三条红线”的浏阳市水资源管理分区 [J]. 水电能源科学，2017，35（01）：17-20.

[336] 崔东文，郭荣．基于 GOA-PP 模型的区域水资源红黄绿分区管理识别 [J]. 华北水利水电大学学报（自然科学版），2018，39（01）：68-76.

[337] 张军红，侯新．河长制的实践与探索 [M]. 郑州：黄河水利出版社，2017.

[338] 左其亭，韩春华，韩春辉，等．河长制理论基础及支撑体系研究 [J]. 人民黄河，2017，39（06）：1-6，15

[339] 李轶．河长制的历史沿革、功能变迁与发展保障 [J]. 环境保护，2017，45（16）：7-10.

[340] 李轶．湖长制的缘起、推行及其与河长制的异同 [J]. 环境保护，2018，46（08）：7-10.

[341] 王东，赵越，姚瑞华．论河长制与流域水污染防治规划的互动关系 [J]. 环境保护，2017，45（09）：17-19.

[342] 刘超．环境法视角下河长制的法律机制建构思考 [J]. 环境保护，2017，45（09）：24-29.

[343] 吴勇，熊晨．湖南省河长制的实践探索与法制化构建 [J]. 环境保护，2017，45（09）：30-33.

[344] 夏继红，周子晔，汪颖俊，等．河长制中的河流岸线规划与管理 [J]. 水资源保护，2017，33

(05)：38－41，85.
[345] 李妞妞，张一新，吴志杰．探索“河长制”全面有效实施之道［J］．中国人口·资源与环境，2018，28（S1）：164－168.
[346] 沈满洪．河长制的制度经济学分析［J］．中国人口·资源与环境，2018，28（01）：134－139.
[347] 姜明栋，沈晓梅，王彦滢，等．江苏省河长制推行成效评价和时空差异研究［J］．南水北调与水利科技，2018，16（03）：201－208.
[348] 王煜，彭少明，等．黄河流域旱情监测与水资源调配原理与技术［M］．北京：科学出版社，2017.
[349] 黄伟．流域水资源配置利用管理方法与政策研究［M］．北京：科学出版社，2017.
[350] 侯保灯，肖伟华，赵勇，等．水资源层次化需求计算与合理配置［M］．北京：中国水利水电出版社，2017.
[351] 沙金霞．改进鲸鱼算法在多目标水资源优化配置中的应用［J］．水利水电技术，2018，49（04）：18－26.
[352] 刘彬，沙金霞．改进人工鱼群算法在水资源优化配置中的应用［J］．人民黄河，2017，39（08）：58－62.
[353] 李新德，沙金霞，刘彬，等．基于鲸鱼优化算法的水资源优化配置研究［J］．中国农村水利水电，2018（04）：40－45，49.
[354] 张翔宇，董增川，宋瑞明，等．黄河流域干流河段水资源调配多目标优化模型［J］．长江科学院院报，2017，34（11）：18－22.
[355] 金姗姗，吴凤平，尤敏．总量控制下区域水资源差别化配置优化研究［J］．水电能源科学，2017，35（06）：23－25，54.
[356] 张珊，谭倩，蔡宴朋，等．基于模糊优选和可信性的农业水资源多目标优化配置模型［J］．南水北调与水利科技，2018，16（03）：79－85.
[357] 褚钰．考虑用水主体满意度的流域水资源优化配置研究［J］．资源科学，2018，40（01）：117－124.
[358] 朱彩琳，董增川，李冰．面向空间均衡的水资源优化配置研究［J］．中国农村水利水电，2018（10）：64－68.
[359] 童芳，金菊良，董增川．基于改进SD的区域水土资源联合配置研究［J］．人民长江，2017，48（13）：43－48.
[360] 戚琳琳，张博，赖乔枫，等．基于MIKE BASIN的水资源合理配置方案对比分析——以长吉经济圈为例［J］．水利水电技术，2018，49（05）：16－24.
[361] 李克飞，侯红雨，贺丽媛，等．区域多水源联合调配研究［J］．水力发电，2018，44（12）：19－23.
[362] 马驰，顾圣平．基于博弈分析的流域水资源配置［J］．水电能源科学，2018，36（05）：26－30.
[363] 李建勋，解建仓，申静静，等．基于复杂性理论的水资源配置框架及方法体系［J］．水电能源科学，2017，35（01）：21－24，20.
[364] 徐丹，付湘，谢亨旺，等．考虑城市生态环境供水的灌区水资源配置［J］．中国农村水利水电，2018（07）：62－64.
[365] 宋秋波，丁菊莺，游进军，等．水量分配方案组织实施评价指标体系研究［J］．水利水电技术，2018，49（06）：1－9.
[366] 王庆杰，岳春芳，李艺珍．基于MAGA－PPC模型的水资源配置方案综合评价［J］．水资源与水工程学报，2018，29（03）：105－110.
[367] 游进军，林鹏飞，王静，等．跨流域调水工程水量配置与调度耦合方法研究［J］．水利水电技术，2018，49（01）：16－22.

[368] 沈国浩，陆美凝，宗志华．城市水资源协调配置问题中双层规划模型及应用［J］．水电能源科学，2017，35（04）：32－36.

[369] 李深林，陈晓宏，何艳虎，等．破产理论在区域水量分配中的应用［J］．南水北调与水利科技，2017，15（05）：22－28，75.

[370] 畅建霞，高凡，王义民．变化环境下渭河流域水资源演变与配置［M］．北京：科学出版社，2017.

[371] 陈立华，田昀艳，王焰，等．三条红线约束下滨海城市水资源配置［M］．北京：科学出版社，2018.

[372] 高云明，胡浩云，王国庆，等．漳河流域降雨径流演变规律及水资源优化配置研究［M］．北京：中国水利水电出版社，2017.

[373] 杨朝晖，谢新民，王浩，等．面向干旱区湖泊保护的水资源配置思路——以艾丁湖流域为例［J］．水利水电技术，2017，48（11）：31－35.

[374] 王文辉，黄粤，刘铁，等．开都-孔雀河流域水资源优化配置［J］．干旱区研究，2018，35（05）：1030－1039.

[375] 吴元梅，郭凯先．面向生态的察汗乌苏河流域水资源配置方案研究［J］．中国农村水利水电，2018（05）：63－66.

[376] 王建伟，王琳，严登华，等．宁夏引黄灌区末段区域农业水资源配置研究［J］．水利水电技术，2017，48（03）：65－70.

[377] 沙金霞．改进的NSGA－Ⅱ法在邢台市水资源优化配置中的应用［J］．水电能源科学，2018，36（05）：21－25.

[378] 李波，曹正浩，毛文耀，等．基于生态优先的渝西地区水资源配置研究［J］．人民长江，2017，48（11）：7－10，111.

[379] 王永涛，杨璐瑶，张和喜，等．基于多目标优化的黔中区水资源配置研究［J］．人民长江，2017，48（01）：32－36.

[380] 马素英，孙梅英，白振江，等．河北省南水北调中线受水区水资源统一调配方案研究［J］．南水北调与水利科技，2018，16（05）：66－76.

[381] 伏吉芮，瓦哈甫·哈力克，姚一平．协调模式下的吐鲁番地区水资源合理供求模式［J］．南水北调与水利科技，2017，15（01）：67－71，144.

[382] 周念清，夏学敏，朱勍，等．许昌市水资源多模式联合调度与合理配置［J］．南水北调与水利科技，2017，15（01）：7－13.

[383] 张嘉星，齐学斌，Magzum Nurolla，等．人民胜利渠灌区适宜井渠用水比研究［J］．灌溉排水学报，2017，36（02）：58－63.

[384] 徐铭，方国华，闻昕，等．宿迁市黄河故道及以南地区水资源优化配置研究［J］．中国农村水利水电，2017（09）：81－85.

[385] 范磊，赵振宏，王旭升，等．宁东能源化工基地水资源优化配置研究［J］．水资源与水工程学报，2018，29（04）：41－46.

[386] 饶汉霖，石亚东，徐慧，等．基于双层模型的常熟市水资源配置研究［J］．水资源与水工程学报，2018，29（04）：110－114.

[387] 王浩，周祖昊，贾仰文，等．流域水质水量联合调控理论技术与应用［M］．北京：科学出版社，2018.

[388] 贺新春，汝向文，丁波，等．珠江三角洲典型水网区水资源调度技术研究［M］．北京：中国水利水电出版社，2018.

[389] 谈广鸣，郜国明，王远见，等．基于水库-河道耦合关系的水库水沙联合调度模型研究与应用［J］．水利学报，2018，49（07）：795－802.

[390] 郭玉雪，张劲松，郑在洲，等．南水北调东线工程江苏段多目标优化调度研究 [J]. 水利学报，2018，49 (11)：1313-1327.

[391] 陈悦云，梅亚东，蔡昊，等．面向发电、供水、生态要求的赣江流域水库群优化调度研究 [J]. 水利学报，2018，49 (05)：628-638.

[392] 艾学山，董祚，莫明珠．水库多目标调度模型及算法研究 [J]. 水力发电学报，2017，36 (12)：19-27.

[393] 杨旺旺，白涛，赵梦龙，等．基于改进萤火虫算法的水电站群优化调度 [J]. 水力发电学报，2018，37 (06)：25-33.

[394] 罗成鑫，周建中，袁柳．流域水库群联合防洪优化调度通用模型研究 [J]. 水力发电学报，2018，37 (10)：39-47.

[395] 方国华，丁紫玉，黄显峰，等．考虑河流生态保护的水电站水库优化调度研究 [J]. 水力发电学报，2018，37 (07)：1-9.

[396] 戴凌全，王煜，蒋定国，等．基于 NSGA-Ⅱ方法的三峡水库汛末蓄水期多目标生态调度研究 [J]. 水利水电技术，2017，48 (01)：122-127.

[397] 李荣波，纪昌明，孙平，等．基于改进混合蛙跳算法的梯级水库优化调度 [J]. 长江科学院院报，2018，35 (06)：30-35.

[398] 孟颖，唐德善，石蓝星，等．基于改进指标体系的水资源调控方案评价模型 [J]. 长江科学院院报，2017，34 (05)：9-13.

[399] 高晓琦，董增川，周涛，等．基于不同生态需水计算方法的水量水质联合调度研究 [J]. 水电能源科学，2018，36 (12)：25-29.

[400] 张秀菊，丁凯森，杨凯．新江海河河网地区水量水质联合调度模拟及引水方案 [J]. 水电能源科学，2017，35 (01)：31-34.

[401] 周涛，董增川，武婕，等．考虑生态需水量的汾河梯级水库联合调度研究 [J]. 人民黄河，2018，40 (08)：62-65.

[402] 赵朋晓，李永，张志广，等．基于不同生态风险度的水库调度方法研究 [J]. 水力发电学报，2018，37 (02)：68-78.

[403] 曾祥，胡铁松，王敬，等．并联供水水库联合调度规则最优性条件研究Ⅰ：理论分析 [J]. 水利学报，2018，49 (12)：1481-1488.

[404] 纪昌明，张培，苏阳悦，等．理想均变率法及其在水库群多目标调度决策中的应用 [J]. 水力发电学报，2017，36 (12)：1-9.

[405] 徐刚，张辉．计及弃水风险的水库优化调度研究 [J]. 水力发电学报，2017，36 (09)：40-47.

[406] 彭安帮，王小军，刘九夫，等．考虑调度时段敏感性的水库供水优化调度 [J]. 水力发电学报，2017，36 (07)：45-54.

[407] 魏科．基于改进萤火虫算法的梯级水库优化调度研究 [J]. 水利水电技术，2017，48 (12)：132-137.

[408] 杨哲，杨侃，夏怡，等．考虑不同生态流量要求梯级水库群生态调度及其算法 [J]. 天津大学学报（自然科学与工程技术版），2018，51 (12)：1266-1277.

[409] 林鹏飞，游进军，付敏，等．基于引水限制调度线的并联水库系统供水优化算法及应用 [J]. 水利水电技术，2018，49 (02)：8-14.

[410] 陈进．长江流域水资源调控与水库群调度 [J]. 水利学报，2018，49 (01)：2-8.

[411] 邓铭江，黄强，张岩，等．额尔齐斯河水库群多尺度耦合的生态调度研究 [J]. 水利学报，2017，48 (12)：1387-1398.

[412] 张连鹏，邓铭江，黄强．面向生态的额尔齐斯河水库群中长期调度 [J]. 水科学进展，2018，29 (03)：365-373.

[413] 曹玉升，畅建霞，黄强，等．南水北调中线输水调度实时控制策略［J］．水科学进展，2017，28（01）：133-139.
[414] 王煜，彭少明，郑小康．黄河流域水量分配方案优化及综合调度的关键科学问题［J］．水科学进展，2018，29（05）：614-624.
[415] 杜小洲，白涛，马旭，等．引汉济渭工程调水区水库群调水模式研究［J］．水利水电技术，2017，48（08）：2-7，136.
[416] 李笑竹，陈志军，闫学勤，等．基于ACS的水质水量联合调度［J］．人民黄河，2017，39（06）：41-46.
[417] 周芬，陈黎明，田传冲，等．沿海平原调水引流及水量水质联合调控研究［J］．人民长江，2018，49（14）：61-66.
[418] 王浩，雷晓辉，尚毅梓．南水北调中线工程智能调控与应急调度关键技术［J］．南水北调与水利科技，2017，15（02）：1-8.
[419] 刘玒玒，尚宇梅，张宇，等．引汉济渭来水条件下西安市多水源联合调度［J］．武汉大学学报（工学版），2017，50（01）：25-30.
[420] 刘柏君，权锦，雷晓辉，等．干旱区灌区水盐综合调控研究［J］．中国农村水利水电，2017（10）：206-212.
[421] 周海鹰，魏光辉，桂东伟．塔里木河流域抗旱减灾水资源应急调配关键技术及策略［J］．中国水利，2018（18）：25-28.
[422] 张弛，陈晓贤，李昱，等．跨流域引水受水水库最优调度决策的理论分析［J］．水科学进展，2018，29（04）：492-504.
[423] 杨静灵，王好芳，傅川，等．胶东调水工程水资源优化调度研究［J］．人民黄河，2018，40（05）：58-62，68.
[424] 苏律文，杨侃，邓丽丽．基于健康江湖关系的长江中游库群多目标优化调度研究［J］．中国农村水利水电，2018（01）：33-39，45.
[425] 李虹瑾．新疆水资源监控能力信息化系统构建［J］．中国水利，2018（19）：77-79.
[426] 姚卓阳，曾春芬，曹明霖，等．基于信息技术的通用水资源联合调度系统开发及应用——以南水北调东线江苏段为例［J］．水利水电技术，2018，49（11）：30-37.
[427] 谢超颖，王晓蕾，郭恒亮，等．清漠河流域水资源综合管理和决策系统［J］．人民黄河，2018，40（06）：87-90.
[428] 雷晓辉，蔡思宇，王浩，等．河流水资源调度关键技术及通用软件平台探讨［J］．人民长江，2017，48（17）：37-45.
[429] 夏军，罗勇，段青云，等．气候变化对中国东部季风区陆地水循环与水资源安全的影响及适应对策［M］．北京：科学出版社，2017.
[430] 谢正辉，田向军，占车生，等．陆地水文一区域气候相互作用［M］．北京：科学出版社，2017.
[431] 罗勇，姜彤，夏军，等．中国陆地水循环演变与成因［M］．北京：科学出版社，2017.
[432] 王思如，雷慧闽，段利民，等．气候变化对科尔沁沙地蒸散发和植被的影响［J］．水利学报，2017，48（05）：535-544，550.
[433] 顾西辉，张强，孔冬冬，等．低频气候变化引起的珠江流域年均和洪峰流量变化特征及灵敏度分析［J］．中山大学学报（自然科学版），2017，56（01）：138-144.
[434] 金君良，何健，贺瑞敏，等．气候变化对淮河流域水资源及极端洪水事件的影响［J］．地理科学，2017，37（08）：1226-1233.
[435] 陈衍，王保栋，辛明．气候变化及人类活动对长江入海径流的影响分析［J］．人民长江，2018，49（16）：36-40.
[436] 彭涛，田慧，秦振雄，等．气候变化和人类活动对长江径流泥沙的影响研究［J］．泥沙研究，

2018，43（06）：54-60.

[437] 夏军，马协一，邹磊，等．气候变化和人类活动对汉江上游径流变化影响的定量研究［J］．南水北调与水利科技，2017，15（01）：1-6.

[438] 于泽兴，胡国华，陈肖，等．降水变化和人类活动对浏阳河流域径流的影响［J］．长江科学院院报，2017，34（11）：6-11.

[439] 邹浩，胡国华，邵全喜，等．气候变化与人类活动对湘江流域径流变化的影响分析［J］．水电能源科学，2018，36（09）：34-38.

[440] 崔延华，宋悦，粟晓玲．祁连山区气候变化对黑河出山径流的影响［J］．人民黄河，2017，39（05）：15-20.

[441] 王登，荐圣淇，胡彩虹．气候变化和人类活动对汾河流域径流情势影响分析［J］．干旱区地理，2018，41（01）：25-31.

[442] 周帅，王义民，郭爱军，等．气候变化和人类活动对黄河源区径流影响的评估［J］．西安理工大学学报，2018，34（02）：205-210.

[443] 王胜，许红梅，刘绿柳，等．全球增温 1.5℃和 2.0℃对淮河中上游径流影响预估［J］．自然资源学报，2018，33（11）：1966-1978.

[444] 黄锋华，黄本胜，邱静，等．气候变化对北江流域径流影响的模拟研究［J］．水利水电技术，2018，49（01）：23-28.

[445] 林娴，陈晓宏，何艳虎，等．气候变化和人类活动对武江流域年径流及最大日流量影响的定量分析［J］．自然资源学报，2018，33（05）：828-839.

[446] 梁颖珊．近 55 年来气候变化和人类活动对增江径流变化影响的定量研究［J］．中国农村水利水电，2017（11）：87-93.

[447] 郝莹，马京津，安晶晶，等．全球 1.5℃和 2.0℃升温下潮白河流域气候和径流量变化预估［J］．气候变化研究进展，2018，14（03）：237-246.

[448] 师忱，袁士保，史常青，等．滦河流域气候变化与人类活动对径流的影响［J］．水土保持学报，2018，32（02）：264-269.

[449] 刘璇，郭家力，张静文，等．气候变化影响下的赣江流域水资源变化趋势与幅度分析［J］．水利水电技术，2018，49（06）：39-46.

[450] 刘健，夏军，王明森，等．气候变化条件下山东省未来水资源情势预估［J］．人民黄河，2018，40（04）：60-64.

[451] 张永勇，花瑞祥，夏瑞．气候变化对淮河流域水量水质影响分析［J］．自然资源学报，2017，32（01）：114-126.

[452] 王玉洁，秦大河．气候变化及人类活动对西北干旱区水资源影响研究综述［J］．气候变化研究进展，2017，13（05）：483-493.

[453] 邓海军，陈亚宁．中亚天山山区冰雪变化及其对区域水资源的影响［J］．地理学报，2018，73（07）：1309-1323.

[454] 陈亚宁，李稚，方功焕，等．气候变化对中亚天山山区水资源影响研究［J］．地理学报，2017，72（01）：18-26.

[455] 张慧，李忠勤，牟建新，等．近 50 年新疆天山奎屯河流域冰川变化及其对水资源的影响［J］．地理科学，2017，37（11）：1771-1777.

[456] 陈立华，王焰，关昊鹏．气候因子对地表水资源量变化影响的定量分析［J］．中国农村水利水电，2018（03）：1-7.

[457] 李鹏，王新娟，孙颖，等．气候变化对北京地下水资源的影响分析［J］．节水灌溉，2017（05）：80-83，89.

[458] 张建云，向衍．气候变化对水利工程安全影响分析［J］．中国科学：技术科学，2018，48（10）：

1031－1039.

[459] 夏露，宋孝玉，符娜，等．黄土高塬沟壑区绿水对土地利用和气候变化的响应研究——以南小河沟流域为例［J]．水利学报，2017，48（06）：678－688.

[460] 吴书悦，赵建世，雷晓辉，等．气候变化对新安江水库调度影响与适应性对策［J]．水力发电学报，2017，36（01）：50－58.

[461] 刘光生，赵超，林玉香．气候变化和经济发展对九龙江流域水质变化的影响［J]．水电能源科学，2018，36（12）：30－33，120.

[462] 何霄嘉．黄河水资源适应气候变化的策略研究［J]．人民黄河，2017，39（08）：44－48.

[463] 匡洋，李浩，夏军，等．气候变化对跨境水资源影响的适应性评估与管理框架［J]．气候变化研究进展，2018，14（01）：67－76.

[464] 贾仰文，安新代，王浩，等．黄河水资源管理关键技术研究［M]．北京：科学出版社，2017.

[465] 沈镭，钟帅，胡纾寒．全球变化下资源利用的挑战与展望［J]．资源科学，2018，40（01）：1－10.

[466] 李祎恒，邢鸿飞．我国水资源用途管制的问题及其应对［J]．河海大学学报（哲学社会科学版），2017，19（02）：84－88，92.

[467] 田贵良．权属改革引领下新时代水资源现代治理体系［J]．环境保护，2018，46（06）：53－58.

[468] 高雅婵，梁勤欧，于红梅．基于需求场理论的浙江城市水资源利用强度时空格局及演变［J]．资源科学，2018，40（02）：335－346.

[469] 邓铭江．中国西北“水三线”空间格局与水资源配置方略［J]．地理学报，2018，73（07）：1189－1203.

[470] 王宗志，王银堂，胡四一，等．流域洪水资源利用的理论框架探讨Ⅰ：定量解析［J]．水利学报，2017，48（08）：883－891.

[471] 王宗志，刘克琳，程亮，等．流域洪水资源利用的理论框架探讨Ⅱ：应用实例［J]．水利学报，2017，48（09）：1089－1097.

[472] 左其亭，王妍，陶洁，等．南水北调中线水源区水文特征分析及其水资源适应性利用的思考［J]．南水北调与水利科技，2018，16（04）：42－49.

[473] 夏继红，陈永明，周子晔，等．河流水系连通性机制及计算方法综述［J]．水科学进展，2017，28（05）：780－787.

[474] 任朋，武永新．环城河网水系连通工程研究［J]．水利水电技术，2017，48（01）：111－115.

[475] 崔广柏，陈星，向龙，等．平原河网区水系连通改善水环境效果评估［J]．水利学报，2017，48（12）：1429－1437.

[476] 诸发文，陆志华，蔡梅，等．太湖流域平原河网区水系连通性评价［J]．水利水运工程学报，2017（04）：52－58.

[477] 孙静月，肖宜，张利平，等．武汉市梁子湖-汤逊湖水系连通工程效果分析［J]．武汉大学学报（工学版），2018，51（02）：125－131.

[478] 甘容，左其亭．襄阳市河湖水系空间格局演变评估分析［J]．中国农村水利水电，2017（06）：53－57，64.

[479] 高玉琴，汤宇强，肖璇，等．基于改进图论与水文模拟方法的河网水系连通性评价模型［J]．水资源保护，2018，34（06）：33－37.

[480] 马栋，张晶，赵进勇，等．扬州市主城区水系连通性定量评价及改善措施［J]．水资源保护，2018，34（05）：34－40.

[481] 杨卫，张利平，李宗礼，等．基于水环境改善的城市湖泊群河湖连通方案研究［J]．地理学报，2018，73（01）：115－128.

[482] 王妍，左其亭，史树洁．河湖水系连通的和谐问题及研究途径［J]．人民黄河，2018，40（05）：

49-53，57.

[483] 张灿，刘建卫．洮儿河河湖连通系统洪水资源利用边界阈值研究［J］．南水北调与水利科技，2018，16（04）：66-73.

[484] 廖正伟，胡彦华，丁陈．智慧水务研究与实践［M］．北京：科学出版社，2018.

[485] 索惠霞．基于信息化技术的水利现代化思路研究［J］．水资源开发与管理，2017（10）：78-81.

[486] 黄显峰，刘展志，方国华．基于云模型的水利现代化评价方法与应用［J］．水利水电科技进展，2017，37（06）：54-61.

[487] 黄显峰，钟婧玮，方国华，等．基于物元分析法的水资源管理现代化评价［J］．水利水电科技进展，2017，37（03）：22-28.

[488] 戚晓明，白夏，金菊良，等．智慧水资源管理系统的设计与应用［J］．华北水利水电大学学报（自然科学版），2017，38（03）：47-51.

[489] 王建华，赵红莉，冶运涛．智能水网工程：驱动中国水治理现代化的引擎［J］．水利学报，2018，49（09）：1148-1157.

[490] 李婷睿．基于海绵城市理念的智慧水务应用研究［J］．给水排水，2017，53（07）：129-135.

[491] 孙金华，王思如，朱乾德，等．水问题及其治理模式的发展与启示［J］．水科学进展，2018，29（05）：607-613.

[492] 沈镭，张红丽，钟帅，等．新时代下中国自然资源安全的战略思考［J］．自然资源学报，2018，33（05）：721-734.

[493] 田英，赵钟楠，黄火键，等．中国水资源风险状况与防控策略研究［J］．中国水利，2018（05）：7-9，31.

[494] 吴强，刘汗．我国新型城镇化进程中水问题及对策［J］．水利水运工程学报，2017（06）：104-109.

[495] 付意成，邢乃春，赵进勇，等．北方缺水城市水资源短缺问题解决策略研究——以廊坊市为例［J］．中国农村水利水电，2017（11）：1-5.

[496] 姚瑞华，王东，孙宏亮，等．长江流域水问题基本态势与防控策略［J］．环境保护，2017，45（19）：46-48.

[497] 朴光姬，李芳．“一带一路”对接缅甸水资源开发新思路研究［J］．南亚研究，2017（04）：60-77，153.

[498] 樊启祥．梯级水利枢纽多维安全管理框架与重大挑战［J］．科学通报，2018，63（26）：2686-2697.

[499] 杨胜天，于心怡，丁建丽，等．中亚地区水问题研究综述［J］．地理学报，2017，72（01）：79-93.

[500] 徐敏，赵康平，王东，等．京津冀区域水环境质量改善一体化方案研究［J］．环境保护，2018，46（17）：35-39.

[501] 严淑华，郭林锋．京津冀水资源一体化及其保障体系［J］．河北工程大学学报（社会科学版），2018，35（03）：1-3.

[502] 鲍超，贺东梅．京津冀城市群水资源开发利用的时空特征与政策启示［J］．地理科学进展，2017，36（01）：58-67.

[503] 王颖，邓肖灵潇，徐瑾，等．强人类活动下京津冀城市群水资源演变的影响因素［J］．中国给水排水，2018，34（23）：75-79.

[504] 鲍超，邹建军．基于人水关系的京津冀城市群水资源安全格局评价［J］．生态学报，2018，38（12）：4180-4191.

[505] 海霞，李伟峰，王朝，等．京津冀城市群用水效率及其与城市化水平的关系［J］．生态学报，2018，38（12）：4245-4256.

[506] 邱彦昭，王东，杨兰琴，等．京津冀三地水资源协同保护现状及对策建议 [J]. 人民长江，2018，49 (11)：24 - 28.

[507] 杜朝阳，于静洁．京津冀地区适水发展问题与战略对策 [J]. 南水北调与水利科技，2018，16 (04)：17 - 25.

[508] 卢熠蕾，孙傅，曾思育，等．基于适水发展分区的京津冀精细化水管理对策 [J]. 环境影响评价，2018，40 (05)：34 - 38.

[509] 席丹娅，许新宜，韩冬梅，等．京津冀地区水资源承载力评价 [J]. 北京师范大学学报（自然科学版），2017，53 (05)：575 - 581.

[510] 王晓贞，王炎如．京津冀跨区域调水生态补偿标准与方式研究 [J]. 海河水利，2018 (04)：13 - 15.

[511] 颜明，贺莉，孙莉英，等．京津冀产业升级过程中水资源利用结构调整研究 [J]. 干旱区资源与环境，2018，32 (12)：152 - 156.

[512] 谭佳音，蒋大奎．群链产业合作模式下“京津冀”区域水资源优化配置研究 [J]. 中国人口·资源与环境，2017，27 (04)：160 - 166.

[513] 左其亭，王鑫．长江经济带保护与开发的和谐平衡发展途径探讨 [J]. 人民长江，2017，48 (13)：1 - 6.

[514] 史安娜，陆添添，冯楚建．长江经济带社会经济发展与水资源保护水平研究 [J]. 河海大学学报（哲学社会科学版），2017，19 (01)：24 - 28，89.

[515] 王孟，刘扬扬，李斐．长江经济带水资源保护带建设规划体系研究 [J]. 人民长江，2018，49 (20)：1 - 7.

[516] 刘悦，汪克亮，孟祥瑞，等．长江经济带工业水资源效率的时空分异及动态演进 [J]. 水电能源科学，2018，36 (09)：55 - 59.

[517] 汪克亮，刘悦，史利娟，等．长江经济带工业绿色水资源效率的时空分异与影响因素——基于 EBM - Tobit 模型的两阶段分析 [J]. 资源科学，2017，39 (08)：1522 - 1534.

[518] 张陈俊，许静茹，张丽娜，等．长江经济带水资源消耗时空差异驱动效应研究 [J]. 资源科学，2018，40 (11)：2247 - 2259.

[519] 朱海滨．环境约束下长江经济带用水效率的测度及影响因素研究 [J]. 河北地质大学学报，2018，41 (02)：51 - 57.

[520] 张玮，刘宇．长江经济带绿色水资源利用效率评价——基于 EBM 模型 [J]. 华东经济管理，2018，32 (03)：67 - 73.

[521] 卢曦，许长新．基于三阶段 DEA 与 Malmquist 指数分解的长江经济带水资源利用效率研究 [J]. 长江流域资源与环境，2017，26 (01)：7 - 14.

[522] 周琴，肖昌虎，黄站峰，等．长江经济带取排水口和应急水源布局规划研究 [J]. 人民长江，2018，49 (05)：1 - 5.

[523] 陈昆仑，郭宇琪，刘小琼，等．长江经济带工业废水排放的时空格局演化及驱动因素 [J]. 地理科学，2017，37 (11)：1668 - 1677.

[524] 胡溪，刘年磊，蒋洪强，等．基于环境质量标准的长江经济带水环境承载力评价 [J]. 环境保护，2018，46 (21)：36 - 40.

[525] 李焕，黄贤金，金雨泽，等．长江经济带水资源人口承载力研究 [J]. 经济地理，2017，37 (01)：181 - 186.

[526] 李燕，张兴奇．基于主成分分析的长江经济带水资源承载力评价 [J]. 水土保持通报，2017，37 (04)：172 - 178.

[527] 左其亭，韩春辉，郝林钢，等．“一带一路”主体路线及主体水资源区研究 [J]. 资源科学，2018，40 (05)：1006 - 1015.

[528] 左其亭，郝林钢，刘建华，等．“一带一路”分区水资源特征及水安全保障体系框架［J］．水资源保护，2018，34（04）：16-21，28.

[529] 左其亭，郝林钢，马军霞，等．“一带一路”分区水问题与借鉴中国治水经验的思考［J］．灌溉排水学报，2018，37（01）：1-7.

[530] 左其亭，韩春辉，马军霞，等．“一带一路”中国大陆区水资源特征及支撑能力研究［J］．水利学报，2017，48（06）：631-639.

[531] 黄雅屏．“一带一路”建设中共享水资源的问题及对策［J］．山西高等学校社会科学学报，2018，30（01）：30-33，46.

[532] 李志斐．水资源安全与“一带一路”战略实施［J］．中国地质大学学报（社会科学版），2017，17（03）：45-53.

[533] 李明亮，李原园，侯杰，等．“一带一路”国家水资源特点分析及合作展望［J］．水利规划与设计，2017（01）：34-38.

[534] 张兆方，沈菊琴，何伟军，等．“一带一路”中国区域水资源利用效率评价——基于超效率DEA-Malmquist-Tobit方法［J］．河海大学学报（哲学社会科学版），2018，20（04）：60-66，92-93.

[535] 王豪杰，左其亭，郝林钢，等．“一带一路”西亚地区降水时空特征及空间均衡分析［J］．水资源保护，2018，34（04）：35-41，79.

[536] 韩淑颖，马军霞，王鑫，等．“一带一路”欧洲区水资源管理发展历程及启示［J］．水资源保护，2018，34（04）：29-34.

[537] 郝林钢，左其亭，刘建华，等．“一带一路”中亚区水资源利用与经济社会发展匹配度分析［J］．水资源保护，2018，34（04）：42-48.

[538] 马兴华，周买春，左其亭，等．“一带一路”对广西北部湾经济区水资源脆弱性的影响［J］．水资源保护，2018，34（04）：56-60.

[539] 李东林，刘建华，郝林钢，等．“一带一路”非洲区水-粮-能安全分析［J］．水资源保护，2018，34（04）：22-28.

[540] 邓伟，赵伟，刘斌涛，等．基于“一带一路”的南亚水安全与对策［J］．地球科学进展，2018，33（07）：687-701.

[541] 李佳伟，马军霞，王豪杰，等．“一带一路”东南亚及南亚跨界河流问题分析［J］．水资源保护，2018，34（04）：49-55.

[542] 吴业鹏，袁汝华，刘诗园．丝绸之路经济带水资源环境与经济社会协调分析［J］．生态经济，2017，33（09）：152-159.

[543] 郑晨骏．“一带一路”倡议下中哈跨界水资源合作问题［J］．太平洋学报，2018，26（05）：63-71.

[544] 路煜．“一带一路”框架下中亚地区水资源治理研究［J］．常州大学学报（社会科学版），2018，19（02）：8-16.

第4章　水环境研究进展报告

4.1　概述

4.1.1　背景与意义

(1) 水环境是一个城市文明的象征，是提高城市文化和生活品位的一项重要衡量指标，也是构建和谐社会的重要组成部分。然而，随着工业化与城市化进程的加快，人口剧增，人类的资源开发活动带来的污染现象日趋严重，呈现出一系列的水环境问题，严重威胁着人们的健康。水环境问题不仅仅是生态问题，也是经济和政治问题，直接关系到粮食安全、生态安全、国民健康安全、社会安全等，越来越受到国际社会的关注。

(2) 2011年中央一号文件《中共中央　国务院关于加快水利改革发展的决定》指出"水是生命之源、生产之要、生态之基。兴水利、除水害，事关人类生存、经济发展、社会进步，历来是治国安邦的大事"。确保水资源可持续利用，是实现经济社会可持续发展的重要前提条件。然而，由于经济社会的快速发展，水污染严重、部分地区水生态环境恶化等问题成为发展民生水利及水利可持续发展的障碍。

(3) 党的十九大报告提出"坚持人与自然和谐共生"，建设生态文明是中华民族永续发展的千年大计。必须树立和践行绿水青山就是金山银山的理念，坚持节约资源和保护环境的基本国策，像对待生命一样对待生态环境，统筹山水林田湖草系统治理，实行最严格的生态环境保护制度，形成绿色发展方式和生活方式，坚定走生产发展、生活富裕、生态良好的文明发展道路，建设美丽中国，为人民创造良好生产生活环境，为全球生态安全作出贡献。

(4) 关于水环境方面的研究，从20世纪70年代以来，我国在水环境的基础理论研究、模拟技术研究及污染治理技术研究等方面取得了大量的研究成果，积累了大量科学资料，提出很多丰富多彩的理论方法和学术观点，极大地促进水环境的可持续利用和有效保护，带动水环境科学的发展和经济社会的可持续发展。因此，加强水环境研究，已成为支撑我国可持续发展的重要学科领域，也很有必要及时总结有关水环境研究的最新进展，促进水环境研究理论发展和实践应用。

4.1.2　标志性成果或事件

(1) 2017年6月21日，环境保护部印发国家环境保护标准《人体健康水质基准制定技术指南》和《环境与健康现场调查技术规范　横断面调查》，这标志着环境与健康标准正式纳入国家环保标准体系。

(2) 2017年6月21日，国务院常务会议通过《国务院关于修改〈建设项目环境保护管理条例〉的决定（草案）》（以下简称新《条例》），新《条例》主要关注以下几方面：一是创新环境影响评价制度，突出重点；二是减少部门职能交叉和环评审批事项，提高效率；三是规范环评审批管理，明确环评审批要求；四是取消竣工环保验收行政许可，强化“三同时”和事中事后环境监管。此外，新《条例》进一步加强了信息公开和公众参与的力度，以及违法处罚和责任追究力度。

（3）2017年9月20日，中共中央办公厅、国务院办公厅印发《关于建立资源环境承载能力监测预警长效机制的若干意见》（以下简称《意见》），《意见》提出，对环境超载地区，率先执行排放标准的特别排放限值，规定更加严格的排污许可要求，实行新建、改建、扩建项目重点污染物排放加大减量置换，暂缓实施区域性排污权交易；对临界超载地区，加密监测敏感污染源，实施严格的排污许可管理，实行新建、改建、扩建项目重点污染物排放减量置换，采取有效措施严格防范突发区域性、系统性重大环境事件；对不超载地区，实行新建、改建、扩建项目重点污染物排放等量置换。

（4）2017年9月21日，中共中央办公厅、国务院办公厅印发《关于深化环境监测改革提高环境监测数据质量的意见》（以下简称《意见》），《意见》提出，要坚决防范地方和部门不当干预。研究制定防范和惩治领导干部干预环境监测活动的管理办法，重点解决地方党政领导干部和相关部门工作人员利用职务影响，指使篡改、伪造环境监测数据等问题。

（5）2017年9月21日，国务院办公厅印发《第二次全国污染源普查方案》（以下简称《方案》），部署开展第二次全国污染源普查工作。《方案》提出，第二次全国污染源普查的工作目标是摸清各类污染源基本情况，了解污染源数量、结构和分布状况，掌握国家、区域、流域、行业污染物产生、排放和处理情况，建立健全重点污染源档案、污染源信息数据库和环境统计平台，为加强污染源监管、改善环境质量、防控环境风险、服务环境与发展综合决策提供依据。

（6）2017年10月26日，环境保护部、国家发展改革委、水利部联合印发《重点流域水污染防治规划（2016—2020年）》（以下简称《规划》），《规划》立足我国水污染防治长期历史进程，以细化落实《水污染防治行动计划》目标要求和任务措施为基本定位，以改善水环境质量为核心，坚持山水林田湖草整体保护和水资源、水生态和水环境“三水统筹”的系统思维，以控制单元为基础明确流域分区、分级、分类管理的差异化要求，为各地水污染防治工作提供了指南。

（7）2017年12月17日，中共中央办公厅、国务院办公厅印发《生态环境损害赔偿制度改革方案》，并发出通知，要求各地区各部门结合实际认真贯彻落实。通过在全国范围内试行生态环境损害赔偿制度，进一步明确生态环境损害赔偿范围、责任主体、索赔主体、损害赔偿解决途径等，形成相应的鉴定评估管理和技术体系、资金保障和运行机制，逐步建立生态环境损害的修复和赔偿制度，加快推进生态文明建设。

（8）2018年1月1日，《中华人民共和国环境保护税法》正式施行。国务院决定，环境保护税全部作为地方收入。直接向环境排放应税污染物的企业事业单位和其他生产经营者为环境保护税的纳税人。征税对象为大气污染物、水污染物、固体废物和噪声这四类。

（9）2018年1月4日，中共中央办公厅、国务院办公厅印发《关于在湖泊实施湖长制的指导意见》，指出要加强湖泊水资源保护和水污染防治。落实最严格水资源管理制度，强化湖泊水资源保护。坚持节水优先，建立健全集约节约用水机制。严格湖泊取水、用水和排水全过程管理，控制取水总量，维持湖泊生态用水和合理水位。落实污染物达标排放要求，严格按照限制排污总量控制入湖污染物总量、设置并监管入湖排污口。入湖污染物总量超过水功能区限制排污总量的湖泊，应排查入湖污染源，制定实施限期整治方案，明确年度入湖污染物削减量，逐步改善湖泊水质；水质达标的湖泊，应采取措施确保水质不退化。严格落实排污许可证制度，将治理任务落实到湖泊汇水范围内各排污单位，加强对湖区周边及入湖河流工矿企业污染、城镇生活污染、畜禽养殖污染、农业面源污染、内源污染等综合防治。加大湖泊汇水范围内城市管网建设和初期雨水收集处理设施建设，提高污水收集处理能力。依法取缔非法设置的入湖排污口，严厉打击废污水直接入湖和垃圾倾倒等违法行为。

(10) 2018 年 1 月 12 日，水利部印发《河长制湖长制管理信息系统建设指导意见》和《河长制湖长制管理信息系统建设技术指南》，明确河长制湖长制管理信息系统建设的总体要求、主要目标、主要任务和保障措施。

(11) 2018 年 2 月 5 日，中共中央办公厅、国务院办公厅印发《农村人居环境整治三年行动方案》，并发出通知，要求各地区各部门结合实际认真贯彻落实。重点任务在于推进农村生活垃圾治理、开展厕所粪污治理、梯次推进农村生活污水治理、提升村容村貌、加强村庄规划管理、完善建设和管护机制。

(12) 2018 年 2 月 28 日，党的十九届三中全会通过《中共中央关于深化党和国家机构改革的决定》和《深化党和国家机构改革方案》。3 月 17 日，十三届全国人大一次会议表决通过关于国务院机构改革方案的决定，批准了这个方案。方案提出，将环境保护部的职责，国家发展和改革委员会的应对气候变化和减排职责，国土资源部的监督防止地下水污染职责，水利部的编制水功能区划、排污口设置管理、流域水环境保护职责，农业部的监督指导农业面源污染治理职责，国家海洋局的海洋环境保护职责，国务院南水北调工程建设委员会办公室的南水北调工程项目区环境保护职责整合，组建生态环境部，作为国务院组成部门。生态环境部对外保留国家核安全局牌子。其主要职责是，制定并组织实施生态环境政策、规划和标准，统一负责生态环境监测和执法工作，监督管理污染防治、核与辐射安全，组织开展中央环境保护督察等。

(13) 2018 年 5 月 18—19 日，全国生态环境保护大会在北京召开，习近平出席会议并发表重要讲话。习近平强调，要自觉把经济社会发展同生态文明建设统筹起来，充分发挥党的领导和我国社会主义制度能够集中力量办大事的政治优势，充分利用改革开放 40 年来积累的坚实物质基础，加大力度推进生态文明建设、解决生态环境问题，坚决打好污染防治攻坚战，推动我国生态文明建设迈上新台阶。同时，习近平在讲话中强调，生态文明建设是关系中华民族永续发展的根本大计。

(14) 2018 年 6 月 16 日，《中共中央 国务院关于全面加强生态环境保护坚决打好污染防治攻坚战的意见》正式发布（以下简称《意见》）。《意见》的总体目标要求，到 2020 年，生态环境质量总体改善，主要污染物排放总量大幅减少，环境风险得到有效管控，生态环境保护水平同全面建成小康社会目标相适应；通过加快构建生态文明体系，确保到 2035 年节约资源和保护生态环境的空间格局、产业结构、生产方式、生活方式总体形成，生态环境质量实现根本好转，美丽中国目标基本实现；到 21 世纪中叶，生态文明全面提升，实现生态环境领域国家治理体系和治理能力现代化。

（15）2018 年 12 月 29 日，第十三届全国人民代表大会常务委员会第七次会议决定，对《中华人民共和国环境影响评价法》作出修改，环评资质正式取消！修改后的《环境影响评价法》不再强制要求由具有资质的环评机构编制建设项目环境影响报告书（表），规定建设单位除可以委托技术单位为其编制环境影响报告书（表）外，如果自身就具备相应技术能力也可以自行编制，这有利于进一步激发市场活力，通过更加充分的市场竞争提升环评技术服务水平和服务意识，也有利于进一步减轻企业负担，推进实体经济发展。

4.1.3 本章主要内容介绍

本章是有关水环境研究进展的专题报告，主要内容包括以下两部分：

（1）对水环境研究的背景及意义、有关水环境 2017—2018 年标志性成果或事件、本章主要内容以及有关说明进行简单概述。

（2）本章从 4.2 节开始按照水环境内容进行归纳，主要内容包括：水环境机理研究进展，水环境调查、监测与分析研究进展，水质模型与水环境预测研究进展，水环境评价研究进展，污染物总量控制及其分配研究进展，水环境管理理论研究进展，生态水文学研究进展，水污染治理技术研究进展，水生态保护与修复技术研究进展。

4.1.4 其他说明

本章是在《中国水科学研究进展报告 2011—2012》[1]（2013 年 6 月出版）、《中国水科学研究进展报告 2013—2014》[2]（2015 年 6 月出版）和《中国水科学研究进展报告 2015—2016》[3]（2017 年 6 月出版）的基础上，广泛阅读 2017—2018 年相关文献，系统介绍有关水环境的研究进展。所引用的文献均列入参考文献中。

4.2 水环境机理研究进展

污染物在进入水体后会发生迁移、扩散、吸附、解吸、沉降、再悬浮、摄入、内源呼吸、生化降解等一系列反应过程，同时还会在水体、悬浮物、底泥、水生生物等不同载体之间发生相态转化和形态变化。研究污染物在水环境系统中的反应机理，对于认识污染物的变化规律、预测其浓度时空变化过程具有极为重要的意义。

4.2.1 在水化学反应机理研究方面

水化学反应机理研究是开展水环境保护工作的基础，它涉及水体中各种生物化学反应的基础性研究。目前在这方面的研究成果很多，其中高水平成果也较多，但研究内容覆盖面广、研究方法差异较大。其主要研究工作大致可分为四个方面：一是天然水化学特征研究；二是水体中水质成分的内在作用机理研究；三是水质与环境介质的相互作用机理研究；四是水质与水生生物的作用机制研究。

（1）在天然水化学特征研究方面，朱世丹等利用水文化学以及氢氧稳定同位素技术，分析艾比湖主要入湖河流氢氧同位素及水化学的组成特征，并探讨其季节性变化[4]。李常锁等通过对南部岩溶冷水、地热田地热水采样，并综合运用 Pipper 三线图、相关性分析、离子比值法、矿物饱和指数法及反向地球化学模拟等手段，对该地热田地热水水化学形成机理展开研究[5]。王现国等利用PHREEQC软件研究三门峡盆地地下水中铁离子升高的机理，并进行水文地球化学模拟[6]。崔小顺等调查穆棱河—兴凯湖平原北区第四系浅层地下水溶解性总固体（TDS）和地下水化学类型分布特征后发现，地下水中TDS受含水介质、溶滤作用和地表水-地下水交互作用影响，在区内呈多种分带规律[7]。朱世丹等应用空间分析和多元统计方法，分析了艾比湖流域河水水质的季节性特征及空间分布格局[8]。郭琴等在贵州普定后寨河流域采集浅层地下水样品，测定K^+、Na^+、Ca^{2+}、Mg^{2+}、HCO_3^-、NH_4^+-N等20种指标，利用Duncan差异显著性检验法进行水化学特征分析[9]。金赞芳等利用氮、氧同位素技术结合稳定同位素模型，对水库的硝酸盐来源进行识别并计算各污染源的贡献率，提出预防水源地富营养化的措施建议[10]。刘佳驹等综合运用数理统计、Piper三线图、Gibbs模型和离子比等方法，分析雅鲁藏布江全流域河水的水文地球化学特征，探讨流域内水化学特征及其控制因素[11]。李会亚等通过分析民勤绿洲灌区55个地下水样的相关水化学指标，探讨该区地下水水化学特征及其演化驱动机理[12]。

(2) 在水质成分内在作用机理研究方面，王艳分等从水质和藻类水华两方面探讨洞庭湖水环境演变特征，采用主成分分析法筛选确定主要驱动因素，并通过多元回归分析识别不同阶段洞庭湖水环境演变的关键影响因素[13]。张虎才等对滇池从北到南4个位置的水温、溶解氧、pH值、叶绿素a、藻蓝蛋白和电导率浓度等监测数据，分析各参数从旱季向雨季转化以及雨季的特征和空间变化[14]。王蕊等利用Gibbs相关分析及离子关系对比等经典地质化学分析方法，对蒙古中北部主要湖泊和河流离子化学特征及其主要控制因素进行分析，对资料匮乏区地表水化学特征调查，进而识别气候变化、地质构造等环境因素与径流过程相互作用[15]。闫露霞等分析湖泊水化学指标浓度、水化学组成和湖水矿化度空间分布，并与20世纪90年代以前湖泊矿化度做对比，以揭示青藏高原近几十年湖泊水质变化及驱动因素，探讨青藏高原湖泊水质现状[16]。

(3) 在水质与环境介质的相互作用方面，杨平恒等以重庆市马鞍溪为研究对象，选取丰水期向枯水期过渡的10—12月为研究期，对河水、地下水及交互带的水位、水温、溶解氧（DO）、pH值、电导率进行监测，结合对水体主要离子浓度的分析，研究不同水位变化影响下的河水与地下水侧向交互带地球化学动态特征[17]。郑阳华等选择三峡库区一级支流御临河为研究对象，采用声学多普勒流速测试仪及微电极测试系统构建非侵入式涡度相关测试系统，探究不同水动力条件对沉积物-水界面氧通量的影响[18]。朱红伟等通过水槽实验和理论分析，研究水动力条件对水体自净作用的影响[19]。张树苗等应用三维荧光光谱（3D-EEM）和紫外-可见吸收光谱（UV-Vis）技术研究中国7处麋鹿保护区栖息地生活区水中的溶解性有机质（DOM）的光谱学特征[20]。赵巧华等基于2015—2016年7个时段于太湖贡湖湾内外的金墅和上山村两站点的水体浊度及东山气象站的逐时风场数据，利用分位统计等方法，探讨风速、风向及时间累积效应对水体浊度的影响[21]。

(4) 在水质与水生生物的作用机制方面，吴中奎等以背角无齿蚌（Anodonta woodiana）为研究对象，在惠州西湖生态修复后的清水态和未修复的富营养化水体同时进行中型系统原位实验，以研究蚌龄、食物和季节变化对背角无齿蚌水质改善的影响[22]。赵旭德等以典型工业城市湖泊——青山湖为研究对象，研究叶绿素a空间分布特征及其影响因素[23]。马牧源等采用原位调查与实验模拟相结合的方法测定白洋淀附植藻类和附泥藻类的现存量和初级生产力，并对附着藻类初级生产与白洋淀水体理化参数的关系进行分析[24]。姜伟等以澎溪河和磨刀溪作为研究对象，分春夏两季，对比分析两条河流水体水质以及叶绿素 a 含量的时空变化，探索澎溪河水华暴发机理[25]。杨苏文等在模拟不同温度和营养条件下，采用水质指标 COD_{Cr}、COD_{Mn}、TP、TN 表征湖泊典型藻类藻源内负荷、胞外负荷、胞内负荷，形成藻源内负荷理论估算的方法体系[26]。刘雪晴等以西安市李家河水库为研究对象，通过对水体理化因子和浮游植物的连续监测，对热分层期藻类垂向分布与温跃层厌氧成因进行初步分析[27]。康元昊等分析浮游植物群落结构及水体环境的时空动态，探究浮游植物与环境因子之间的相关关系[28]。

(5) 王晓龙等在《鄱阳湖水环境与水生态》一书中，介绍鄱阳湖水环境与水生态现状及其变化，总结了鄱阳湖水环境与水生态现状特征及演变趋势；阐述了军山湖围垦后水环境、水生态的演变特征，对比分析三峡工程建设前后鄱阳湖水环境、水生态的变化趋势[29]。

(6) 于革等在《湖泊水生态系统模拟研究》一书中，介绍在气候、水文和生态系统多因子影响下湖泊长期演变系统模式的构建；通过对长江中下游鄱阳湖、太湖、巢湖等 8 个典型湖泊和 53 个湖泊群组成的湖泊进行水文-生态系统近现代和历史时期的模拟，以反演湖泊长期变化过程的视角，从动力学机制诊断湖泊生态系统演变，进而诊断湖泊生态系统的变化原因[30]。

4.2.2 在水质相态转化理论研究方面

近年来，许多学者从单纯对水体中污染物变化规律的研究，逐步扩展到对悬浮物、底泥、水生生物等水环境系统中其他介质的研究，特别是针对污染物在不同载体之间进行界面转移和相态转化过程的研究。总体来看，由于关注的焦点不同，在污染物相态转化研究对象选取方面也各有侧重：首先在溶解相与底泥相转化机理方面研究最多；其次是悬浮相与底泥相转化机理研究；最后是溶解相与生物相的转化机理研究。

(1) 在溶解相与底泥相转化理论研究方面，古小治等借助微氧电极测试技术对太湖贡湖湾试验区疏浚后的新生界面溶解氧动态进行一年的跟踪调研，分析溶解氧在新生微米级界面的分布特征、扩散通量以及界面附近有机质矿化速率[31]。朱曜曜等分析沉积物氨氮释放风险与水质效应，评估沉积物中氨氮交换通量对上覆水体水质产生的重要影响[32]。张硕等采用正交试验设计，对海州湾海洋牧场沉积物-水界面营养盐交换通量进行研究，分析沉积物类型、温度、DO 和 pH 值对沉积物-水界面营养盐交换通量的影响[33]。苏露等利用 Biolog - Eco 平板和三维荧光光谱技术从底栖微生物群落代谢活性和沉积物有机质两方面对取样点沉积物需氧量的差异性进行分析，研究分层型水源水库沉积物需氧量（SOD）特性及其影响因素[34]。王亚蕊等通过设置对照实验探索不同密度藻屑堆积对沉积物-水界面污染物的释放效应[35]。

(2) 在悬浮相与底泥相转化理论研究方面，赵强等运用稳定同位素方法探究溶解 CH_4 关键产生途径，分析溶解 CH_4、悬浮颗粒物和沉积物有机质的分布特征[36]。段余杰等以典型黑臭河流底泥和上覆水构建试验系统，研究底泥再悬浮对上覆水水质的影响[37]。杨耿等应用改进的 SEDEX 法对表层沉积物中的 6 种磷形态质量浓度进行测定，研究岷江干流表层沉积物中磷形态的空间分布特征[38]。郭伟强等采用基于一维热扩散对流方程的温度梯度法，进行沉积物的野外原位垂向温度同步测试，并对其与沉积物间隙水中阴阳离子含量之间的关系进行分析[39]。乔永民等对采自深圳湾红树林秋茄湿地柱状沉积物的含水率、总有机碳、总氮和总磷等的含量及其垂直分布格局进行了研究，并结合 210Pb 沉积物年代测定技术，探究近 60 年来深圳红树林湿地沉积物中有机质、氮和磷的来源[40]。

（3）还有学者对水质在水体与生物相之间转化做了研究。刘睿等采用 T-RFLP 技术分析不同水文时期渭河（陕西段）流域沉积物细菌群落结构变化特征，并通过冗余分析和蒙特卡罗检验识别不同时期的关键环境驱动因子[41]。靳辉等开展双因素（底栖藻和水丝蚓）的室外受控实验，探究底栖藻能否抑制水丝蚓对富营养水体水质的不良影响[42]。谭啸等采用低频超声波（35kHz，0.035W/mL）处理不同对象（泥体系：底泥和水；藻体系：微囊藻和水；泥藻体系：底泥、微囊藻和水），分析底泥与藻细胞的氮磷释放贡献率及水质变化过程，探究超声波控藻的底泥氮磷释放过程与水质恶化风险[43]。

4.3 水环境调查、监测与分析研究进展

水环境包括水、底泥和其中的生物，关于水环境方面的研究主要围绕这三项展开。其中对底泥的研究越来越多。这主要是因为底泥不但是水环境中污染物的储存库，而且在一定条件下向水体中释放污染物，这是水体污染物超标的原因之一。

4.3.1 在水质调查、监测与分析研究

水质调查内容主要分为湖库、饮用水、地下水、生活污水、水质调查等多个方面，关于水质调查、监测、分析方面的文献比较多。随着农村问题的不断发展，源于典型地区农村饮用水及生活污水水质方面的文献也不断增多。

（1）在湖库水质调查分析方面，于佳佳等以太湖流域不同分区水体表层沉积物为研究对象，通过对流域表层沉积物 103 个点位的氮、磷（TN、TP）和 8 种重金属（Hg、As、Cu、Zn、Pb、Cd、Ni、Cr）的分析，对氮、磷和重金属空间分布特征和生态风险进行评价[44]；卢媛等针对水质评价中不确定性特点，引入粗糙集和云模型理论，对我国 12 个代表性湖库的富营养化程度进行评价[45]；唐哲等采用内梅罗污染指数在分析铁山水库综合治理前后的水质状况基础上，对其湖库的营养化和纳污能力进行评价[46]；康鹏亮等从西安市金盆水库、兴庆公园和长乐公园采集沉积物，在运用传统的间歇曝气富集和选择培养基筛选好氧反硝化菌的基础上，引入超声波预处理沉积物-水悬液，筛选出 3 组高效好氧反硝化菌群 H-30、X-10 和 C-30，并对其反硝化能力进行分析[47]。

（2）在饮用水水质调查分析方面，张清华等于 2016 年 1—12 月对柳江干流及主要支流的水体进行常规水质指标和 Cd、As、Cr、Hg、Zn、Cu、Pb、Fe、Mn 等金属元素进行分析检测，并采用美国 EPA 推荐使用的健康风险评价模型对饮用水源地的健康风险进行评价[48]；宋虹等于 2017 年采集天津市市区供水水源水、出厂水、管网水和 9 个非中心城区的深井水共 104 个样品，检测总 α、总 β 放射性活度浓度[49]；栗旸等对 2017 年云南省 129 个县 2883 个农村水厂消毒现状进行调查，按照《生活饮用水标准检验方法》（GB/T 5750—2006）采集水厂丰水期出厂水进行微生物指标（菌落总数和总大肠菌群）和与消

毒方式相对应的消毒剂指标（二氧化氯或游离余氯）的检测[50]；孔宪哲等以乡（镇、街道）为单位开展吉林省饮用水水碘含量调查[51]；李佳凡等以黄浦江流域为研究对象，采集并分析流域水样和不同营养级的鱼样本中铅含量，结合文献调研，确定人体暴露参数、生物蓄积系数等相关本土参数，提出本土铅的基于人体健康风险水质基准值[52]。

（3）在地下水调查分析方面，朱金峰等针对地下水补给量、排泄量和储存量变化等关键要素，对地下水水资源量监测分析有关的技术方法进行系统探讨[53]；徐魁伟等对某铀矿山及周边地区于丰水期、平水期和枯水期各采集20个钻孔中地下水样品进行测试，分析238U、230Th、226Ra、210Pb和210Po五种放射性核素的含量，并采用国标推荐的公式对周边居民因饮水所导致的内照射剂量进行估算[54]；束龙仓等将MODFLOW－Gslib软件运用于模拟地下水水流实例中，选择常见的不确定性因素进行模拟，并对其模拟产生的数据进行统计分析[55]；汪明武等将可拓学与联系云理论耦合，提出能够描述评价指标在分类等级间转换态势的联系云可拓模型[56]；张将伟等运用Monte Carlo方法对地表水地下水耦合模拟模型进行不确定性分析，并根据不确定性分析结果进行生态恶化风险评估[57]。

（4）在污水水质调查分析方面，朱信成等以包头市污水处理厂2015年全年进水实测数据为基础，应用统计学方法分析了包头市城市污水中6个水质指标（COD、BOD_5、SS、氨氮、TN和TP）的概率分布、变化规律和相关关系[58]；沙远红等采用数值模拟的方法，在污水排放规模为10万m^3/d、COD浓度为50mg/L的情况下，计算并分析了24h连续排放、高潮时至落急、高潮时至低潮时三种排污时段下分别位于－4m、－6m、－8m和－10m四个水深位置的不同污水排海方式情况下，污染物输移扩散对南通通州湾海域的影响[59]；郭泓利等选取全国127座城市污水处理厂，系统分析其进水水质特征以及有机物、氮、磷和悬浮物之间的概率分布和相关关系[60]；谢燕华等采取问卷调查和取样分析相结合的方式对西南地区8个市、9个农村示范村镇的生活废水进行调研和采样分析[61]。

（5）在水质分析监测方法、数据处理方面，姜晟等针对目前农村饮用水水源地水质监测存在实时性差、监测区域小、多点同步连续感知手段缺失等问题，对水源地水质在线监测传感器节点和GPRS网关节点进行设计[62]；刘京等归纳分析国内外地表水环境自动监测技术的应用现状[63]；孟春芳等应用健康风险评价模型和多元统计方法，对河南省新乡市农村地区浅层地下水2015年11月的水质数据进行分析，评估对当地农村人口造成的健康风险，探索污染物的空间分异特征，并识别对应污染源[64]；唐玉兰等综合运用方差分析、聚类分析及多维尺度分析等多元统计分析方法，对浑河流域沈抚段中包含干流、支流和排污口的16个断面，自2014年10月至2017年7月的水质数据进行系统分析[65]。

4.3.2 在底泥污染调查、监测与分析研究方面

底泥污染与水体污染息息相关。近几年关于底泥的研究越来越多，它不再单单作为水体污染治理的一个方面，而是作为一个新的研究方向受到越来越多人的重视。

（1）在底泥污染调查方面，闫雅妮等测定青狮潭水库不同位置底泥中5种重金属（As、Cd、Cr、Hg、Pb）的含量，通过地累积指数法和潜在生态风险指数法评价底泥重金属的污染程度和潜在生态风险[66]；胡兰文等综述我国水体底泥重金属污染的现状，总结物理修复、化学修复、生物修复技术对底泥重金属修复的优点和缺点，以及国内外各学者对物理、化学、生物修复技术的研究进展[67]。

(2) 在底泥污染控制方面，薄涛等对底泥内源污染定义、污染物种类及危害、污染现状、各控制技术定义及优缺点等内容进行了总结，同时提出未来各技术可能的研究方向[68]；贺振洲等采用新型复合药剂开展河道底泥原位修复技术研究，通过考察河道水质改善效果、底泥中磷含量及形态的变化确定药剂的最佳投加量[69]；何思琪等通过模拟实验并结合磷形态分级提取和生物有效磷提取，考察锆改性沸石添加对重污染河道底泥磷释放和钝化的影响[70]。

(3) 在底泥重金属方面，张鸿龄等在清淤底泥中添加碱性粉煤灰、燃煤炉渣进行钝化处理后，通过浸出毒性实验、重金属形态分级实验及植物生长实验对底泥基质中重金属的活性及生物有效性进行研究[71]；冷阳等选取洞庭湖区及不同入湖水系共 24 个采样点分别研究表层水及底泥中重金属的浓度水平，采用地累积指数法和潜在生态风险指数法对底泥中的重金属污染现状进行评价，同时对湖区重金属进行 Pearson 相关关系分析[72]；徐军等对松花江（哈达山至松花湖段）底泥（表层沉积物）中元素 As、Hg、Cr、Cd、Pb 的分布特征进行研究，并利用地累积指数分析这些元素的污染状况[73]。

(4) 在水质生态修复、水质调控技术上涉及底泥污染方面，朱娟平等以受污染的城市河涌底泥为底质，湿地植物选用风车草（*Clinopodium Urticifolium*）或短叶茳芏（*Cyperus Malaccensis*），构建湿地植物-沉积物微生物燃料电池（P-SMFC）及无植物的沉积物微生物燃料电池（SMFC）共 3 个电极处理组，研究 P-SMFC 与 SMFC 的产电特性，并探讨它们与对照组中底泥及上覆水中氮磷的迁移转化规律[74]；李亮等采用腐殖酸钠、过氧化钙和沸石为原材料，在一定条件下制备复合释氧剂用于黑臭水体的生态修复[75]。

4.3.3 在水生态调查、监测与分析研究方面

关于水生态方面的研究可分为水生态功能分区、水生态承载力、水生态环境及生态补偿等。

(1) 在水生态功能分区调查方面，胡圣等以高程、干燥度及年均径流深为一级分区指标，土地利用、土壤类型、坡度、人均 GDP 为二级分区指标，将丹江口水源区分为 5 个一级水生态功能区和 19 个二级水生态功能区[76]；郭书海等通过对水生态区划分与水生态功能类型划分的系统分析，探讨水生态区划与水生态功能区划的关联性，提出基于双树结构的 RFCH 流程和钻石概念模型，并以辽河流域为例，参照其他研究者的区划方案，开展以水生态三级区为基础的水生态功能分类[77]；孙然好等针对海河流域独特的气候、地貌、水文和人类活动特征，提出水生态功能分区的三级指标体系[78]。

(2) 在水环境承载力方面，范小杉等基于压力-状态-响应模型，以沿海港口总体规划生态承载力环评为例，在分析港口总体规划对海岸带潮上带、潮间带、潮下带 3 类生态环境空间产生不同资源环境压力类型的基础上，探索建立包括陆域土地资源承载力评价、潮间带岸线资源承载力评价、潮间带围填海承载力评价、潮下带水环境容量评价及海岸带生态系统承载力评价在内的海岸带工程项目生态承载力环评技术方案[79]；崔丹等基于系统动力学动态模拟仿真方法，构建水环境承载力预警方法体系，并以昆明市为研究对象，对其水环境承载力超载状态进行预警[80]；梁静等构建基于环境容量的水环境承载力综合评价体系，并采用该评价体系对郑州市现水环境承载力进行评价[81]。

(3) 在水生态环境及生态补偿等方面，肖俊威等基于 CVM 条件价值法，通过对湘江

流域8个主要城市的居民进行实地调研，采用非参数估计测算湘江流域居民的生态补偿支付意愿，并以“基本特征”“居住地特征”“水环境意识”“现状评价”“心理预期”5个影响因素分15个影响因素变量对居民支付意愿WTP进行回归分析[82]；赵雪霞等以清潩河流域（许昌段）为例，应用频度分析、理论分析、相关分析和层次分析法，综合考虑自然地理和人为因素，从水环境、水资源和水生态特征出发，构建清潩河流域（许昌段）水生态环境功能分区指标体系，应用该指标体系并结合GIS技术将清潩河流域（许昌段）划分为5个水生态环境功能区，并针对各分区特点提出差异性管理方向[83]。

4.4 水质模型与水环境预测研究进展

本节主要包括各种水质模型的介绍以及其理论和应用研究。水质模型是水环境学科研究的一类重要工具，常常被应用于水质评价、预测、管理等研究工作和生产实践中。

4.4.1 在水质模型研究方面

总体来看，有关水质模型应用方面的研究人员较多，但最近两年具有创新的学术性文献并不多。专门研究水质模型理论方法的论文相对较少，特别是高水平文献不多，多数侧重于应用研究。以下仅列举有代表性文献以供参考。

（1）在模型综述方面，于寒等[84]，介绍水质模型的发展阶段，从一维、二维、三维的角度分析海洋水质模型应用情况，展望海洋水质模型未来的发展趋势；尹海龙等[85]介绍地表水质模型从解决水体黑臭到提高水生态质量的4个阶段发展历程，并从经济社会发展和技术驱动两方面展望水质模型的发展前景；康宏志等[86]对SWMM、SUSTAIN、MUSIC、MIKE URBAN和Info Works等可用于海绵城市建设全生命周期效果模拟模型进行概述，总结各模型的基本功能、适用情况及其国内外研究进展、实践情况，并概括各模型在我国海绵城市建设全生命周期效果模拟中的适用情况；谢飞等[87]论述河网地区水动力、水质模拟方法的发展过程及其在生产实践中的应用状况，提出潮汐河网水质模拟存在的问题，并从理论与应用角度分析潮汐河网水质模拟的发展趋势。

（2）在理论研究方面，于嘉骥等[88]提出基于投影寻踪函数和云模型的水质综合评价模型，选取太湖流域20个样本盐度、氯化物、氨氮、溶解性固体4类具有代表性的农业灌溉水质监测数据，在综合其投影值及隶属度基础上，计算农业灌溉水质的等级区分粒度；戴青松等[89]为了对二河闸富营养化指示因子TN和TP以及波动幅度较大的DO指标准确的预测，提出基于领导者策略狼群搜索算法和支持向量机模型的饮用水水源地水质预测模型；张质明等[90]提出一种能够结合实验与算法共同对模型参数进行识别的方法，即通过设置约束条件，将单纯的“与实测值进行对比”的一般率定过程转化为“能够对模型内部过程进行一定程度控制”的率定过程；刘景明等[91]利用一维水质模型、卡尔曼滤波及改进的网格寻优算法，综合考虑支流的影响，研究河流突发污染事件中污染物扩散情况的动态预测方法，分析一种改进的网格寻优算法并利用历史数据校正模型参数，借助水质模型构造状态方程引入污染物浓度观测值，运用卡尔曼滤波动态校正预测结果，并在预测过程中考虑支流的影响，并设计基于风浪水槽的污染物模拟扩散实验，对比分析采用不同预测方法的污染物峰现时间、峰值浓度及相对误差；张俊娜等[92]通过差异演化算法对各个体历史最佳位置进行变异，以保持种群多样性，并在搜索后期加入局部搜索能力强的单纯形算法，建立改进的粒子群优化算法，并用该算法对 BOD - DO 水质模型参数进行求解；李琳琳等[93]基于太子河流域遥感影像和水质数据，采用偏最小二乘模型，分析不同土地利用类型对流域水质的影响程度，选取 7 个不同子流域土地利用类型面积百分比作为自变量 X，总氮、硝酸根离子、氯离子与硫酸根离子这 4 个水质参数浓度值作为因变量 Y，构建土地利用类型与河流水质数据的偏最小二乘模型，并使用其余子流域数据对构建的模型进行验证；梁中耀等[94]提出基于该方法的湖泊水质时空变化特征识别的方法框架，研究异龙湖稳态转换条件下富营养化指标的变化特征和滇池外海特征污染物达标率的时空变化 2 个案例，验证该方法在总体服从正态分布和二项分布时的适用性，并提出一种基于模型选择准则的判定方法，将其应用于滇池案例中；袁博宇等[95]建立平面二维水流-水质计算模型，该模型通过采用特征有限元方法，在各种吸附性边界下均能保持污染物浓度变化的单调性，通过分区指定水流糙率与紊动黏滞系数、污染物扩散与降解系数，具体分析水域内各种水质改善措施的实际效果；杨咪等[96]采用人工蜂群算法优化 BP 神经网络的初始权值和阈值，同时采用双隐含层来提高网络精度，选取 DO、IMn、COD、BOD_5 和 NH_3 - N 作为评价指标，建立一个基于人工蜂群算法的 BP 双隐含层神经网络模型，并应用该模型对 2012 年黄河水系下河沿断面的各月监测数据进行水质评价，同时与 BP 神经网络、模糊层次评价方法作比较；舒持恺等[97]采用组合赋权进行指标权重计算，并考虑随机观测误差的影响对权重加以修正，同时利用差异系数与相关性优化指标体系，并将模型应用于宜兴市地表水功能区水质评价，将其结果与人工神经网络、灰色理论法和投影寻踪法 3 种不确定性方法进行比较；吴先明等[98]将欧几里得距离分析法、灰色关联度嵌入到 TOPSIS 模型中，建立基于灰色关联度的改进 TOPSIS 模型，提出一种新的相对贴近度改进算法，同时采用组合赋权法计算评价指标的权重，并将建立的改进 TOPSIS 模型应用到黄河下游水质综合评价中。

(3) 此外，大量的文献资料介绍不同区域或流域的水质模型应用成果。比如，熊鸿斌等选择中国多坝闸重污染河流颍河为研究对象，以颍河主要的污染物高锰酸盐指数、氨氮为指标，提出应用 MIKE11 建立试验河流一维河网水动力和水质模型，采用数值模拟的方法，试验研究河流水质改善的最优技术方法，模拟试验主要进行补水流量、补水水质、补水位置和补水方式等措施对改善颍河水质效果的影响[99]；王刚等基于 MIKE11 构建北运河（北京段）一维水质模型，以氨氮、COD 为目标污染物，建立污染源与水质响应关系，并以 2013 年为基准年，考虑不同人口疏解情景预测 2020 年北运河（北京段）流域人口，并结合北京市“水十条”设置减排情景方案，对 2020 年水质改善效果进行量化评估[100]；巫丽俊等利用 SMS 模型基于二维不可压缩流体运动方程，建立东圳水库水域二维水流水质数学模型，采用有限单元法，模拟预测东圳水库水环境状况[101]；李若华等基于 MIKE21 软件，构建基于氧平衡的钱塘江河口上游段潮流水质耦合模型，定量分析削减富阳污水量及增大径流量对钱塘江河口 BOD5、DO 等水质指标的改善效果及改善程度，提出改善钱塘江河口低氧状况的建议[102]；陈文君等基于 WASP 模型，综合运用现场调查、GIS 空间分析、污染负荷估算等方法，构建茅山地区李塔陈庄乡村流域的水质模拟模型[103]；邱瑀等基于 2012—2014 年水质数据，综合应用多元统计分析与一维水质模型

(Qual2Kw)，系统分析湟水河水质时空变化及其污染物来源[104]；张质明等以北运河通州段为例，利用CMIP5的RCP4.5与RCP8.5两种气候变化情景结果，结合WASP模型对水体中溶解氧、CBOD、硝态氮、氨氮4项指标进行预测，分析各项指标的内部迁移转化过程[105]；熊鸿斌等以中国多闸坝重污染河流的典型代表——涡河为例，以涡河主要污染物COD、氨氮为指标，应用MIKE11模型建立能客观反映模拟河段水动力、水质时空演变规律的模型，结合情景分析方法对涡河流域入河水污染源不同处理措施的控制效能进行量化评估[106]；陈正侠等以西江、北江佛山段为案例，基于EFDC和WASP模型建立研究区域的水动力模型、常规污染物水质模型以及有毒污染物水质模型，识别和筛选研究区域的水环境风险源，并以此建立有毒污染物溯源数据库和常规污染物溯源数据库，最后以研究案例区内禅城沙口站监测到Cr^{6+}超标为假设情景案例进行分析[107]；张亚丽等提出一种基于QUAL2K模型的水质模拟预警方法，包括水质模拟预测、预警指数计算和警情确定，以海河流域鹤壁市卫河为例进行实证研究[108]；刘磊等用EFDC模型建立海河干流上游河段的水动力和水质模型，在不同降雨重现期和干流入口流量的情况下，模拟二级河道排放污染物COD、DO、NH_3-N和TP等在海河干流的迁移转化规律[109]；杜文娟等以浙南温黄平原河网为例，设定河网主要污染物氨氮为评价指标，建立能反映出河网水动力水质时空变化规律的模型，通过对入河污染物削减率和配水水源的调节，进行方案模拟计算[110]；施芊芸等利用三维水质模型，对藻类生长以及沉水植物（穗花狐尾藻、菹草、苦草）的生长和分布进行模拟，探讨春、夏不同季节情况下，贡湖生态修复区对流域内流入的氮、磷污染负荷的净化效果[111]；邹锐等提出面向湖泊水质的工程设计规划方法，并在以三维水动力-水质模型为核心的时空数值源解析技术基础上，定量地表达工程措施与水质响应之间的因果关系，以处于重度富营养化的云南异龙湖为例，针对其短期治理决策问题进行精准治污决策分析[112]；戴君等以松花江哈尔滨段为研究对象，构建EFDC水动力-水质模型，以主要污染物COD、NH_3-N为指标，结合情景分析方法对松花江哈尔滨段支流污染负荷多情景变化下对干流水质及下游出口断面水质进行量化评估[113]；杨卫等以汤逊湖湖泊群为研究对象，构建二维水动力水质数学模型，选取NH_3-N、TN和TP作为水质指标，模拟不同连通方案下汤逊湖湖泊群的流场及水质变化情况，结合水动力、水质和经济社会三个方面的评价指标建立综合评价体系，对各连通方案下湖泊群的改善效果进行评估[114]；窦明等选择大庆市龙凤湿地作为研究对象，主要以污染物NH_3-N、TP、COD_{Cr}和石油类污染物为指标，应用MIKE21建立试验湿地二维水动力和水质耦合模型，采用数值模拟的方法，研究提出湿地水质改善的优化调控模型，进而，采用模拟试验研究清淤、曝气、补水及上述措施两两组合下的调控方案对改善龙凤湿地水质效果的影响[115]。

（4）郑国臣等在《松花江流域典型河湖水质评价与预测研究》[116]一书中，对比和分析现行松花江流域典型河湖水质评价的典型方法和水质预测方法，将水质综合评价平台和智能预测平台融合，进行典型河流与水库水质的综合评价和智能预测。

（5）陈凯麟、江春波在《地表水环境影响评价数值模拟方法及应用》[117]一书中，介绍地表水环境问题数值模型理论、地表水数值模型建模程序及方法、生态水力学模型介绍及应用案例、模型验证案例、国内外常用数值模型介绍及应用案例、地表水环境影响评价数值模拟发展前景等内容。

4.4.2　在点源污染预测研究方面

关于点源污染预测的研究，是保障经济社会可持续发展的基础研究内容，具有重要的理论及应用意义。最近两年对点源污染预测开展了一定的研究，取得了一些研究成果。但总体来看，这方面的学术性论文不多，且没有对其专门开展研究。以下仅列举有代表性的文献以供参考。

姜妮等在《基于 SD 的海岸带污染负荷预测及污染经济损失研究——以江门市为例》[118]一文中，基于系统动力学原理和方法，耦合水污染负荷及“浓度-损失”模型，建立 2006—2015 年江门市海岸带水污染系统模型，并仿真预测 4 种发展情景——现状趋势发展型、人口经济发展型、产业优化及治污减排型、综合协调型下，2016—2020 年的海岸带水污染负荷及污染经济损失。

4.4.3　在非点源污染预测研究方面

非点源污染预测一直以来都是研究的热点，也是保障经济社会可持续发展的基础研究内容，具有重要的理论研究价值及应用意义。最近两年也涌现出了一批理论研究和应用研究成果，总体来看，关于该领域的理论研究成果较少，主要在技术方法的应用方面。以下仅列举有代表性的文献以供参考。

(1) 闫雪嫚等[119]以石头口门水库汇水流域为研究区，选择采用 SWAT 模型对研究区非点源污染进行模拟，并应用蒙特卡罗方法对非点源污染机理模拟模型参数进行不确定性分析，应用克里格方法建立研究区非点源污染机理模型的替代模型，实现蒙特卡罗模拟。

(2) 陶双骏等[120]在目前流域环境污染监测体系基础上，筛选并建立小流域面源污染风险评估指标体系，通过因子分析法提取小流域面源污染风险评估等级的潜在变量，建立基于有序多分类离散选择模型的小流域面源污染风险评估模型，提供具体的风险等级评判计算方法，并利用 15 个流域的面源污染监测数据对模型进行实例分析。

(3) 高会然等[121]分析南方丘陵区非点源污染过程的机理，认为该地区的非点源污染过程模拟应满足多过程耦合、空间全分布式及考虑区域特点等要求；对南方丘陵区非点源污染过程模拟研究现状以及存在问题进行分析，总结现有研究在描述非点源污染物迁移路径和反映区域特点等方面的不足；从适合南方丘陵区特点的流域空间离散化方法、全分布式非点源污染物迁移路径的构建、特殊地物和人为活动在全分布式非点源污染模型中的综合表达等方面探讨下一步研究方向。

(4) 田若蘅等[122]基于 2000—2015 年化肥施用量和耕地面积等数据，采用化肥施用环境风险评价模型，探讨四川省化肥施用及环境风险的时空变化特征；通过设置延续现状和政策干预两种情景，模拟四川省 2016—2018 年执行化肥施用零增长行动期间的化肥施用环境风险变化趋势。

(5) 吴玉博等[123]在农田小区试验的基础上，结合不同污染源机理分析，采用试验与模型相结合的方法，以松花江干流下游为研究区域，对其水质进行现状评价，进而对未来水资源配置格局下的水质状况进行预测。

(6) 李丹等[124]应用土壤水文评估模型 SWAT 分析浙江省湖州市水库型饮用水源地——老虎潭水库在 2010 年 1 月至 2015 年 4 月间水体富营养化污染物的主要来源及其作用

模式，通过情景分析方法模拟 6 种管理措施下库区水文、水质安全情况及其经济效益。

(7) 王浩等[125]论述松花江流域面向水质安全的水循环监测体系研究、松花江水质水量耦合模拟模型开发、松花江流域基于水功能区的水质水量总量控制方案、松花江农田面源污染水质水量联合调控示范、松花江干流水库群面向突发性水污染事件的联合调度系统开发等内容。

(8) 张乃明等[126]介绍中国及世界的饮用水资源概况，分析我国饮用水源地保护的现状及存在的问题，总结我国有关饮用水保护的法律法规与标准规范，以大型水库为例，讨论水源地污染负荷来源构成与估算方法，分别就农田面源污染控制、农村生活污水处理、农村垃圾和农业固废处置利用及畜禽养殖污染防治的技术进行阐述，并探讨饮用水保护的管理与制度创新等内容。

(9) 黄沈发等[127]以平原河网地区为对象，梳理区域农业面源污染、河网水系、地形地貌等特征，对比分析多项农业面源污染生态拦截技术；提出适宜的农业面源污染滨岸缓冲带控制技术及方法，并以典型平原河网域为例开展实践验证及案例分析；制定农业面源污染滨岸缓冲带管理措施体系。

4.5 水环境质量评价研究进展

本节的水环境质量评价研究包括水体环境质量评价方法以及水体环境影响评估两个部分。水环境质量包括水质、水生生物和底质三部分的质量，水环境质量评价是合理开发利用和保护水资源的一项基本工作。水体环境影响评估是在水环境评价的基础上，进一步分析建设项目等对区域水环境的影响，并给出主要污染物排放控制对策。

4.5.1 在水体质量评价方法研究方面

关于水体质量评价方法方面的研究，最近两年成果颇多，但总体来看在新评价方法方面的研究成果相对较少，主要还是基于对原有评价方法或模型的实际应用或改进。以下仅列举有代表性的文献以供参考。

(1) 高学平等[128]对水质指标权重向量进行改进，提出时域权重矩阵的概念，并将实测权重向量与时域权重矩阵相结合，进行组合赋权，得到综合权重向量。

(2) 陈洁等[129]根据湖泊水环境系统的不确定性，建立基于随机模拟和三角模糊数的湖泊水体富营养化评价耦合模型，并运用此耦合模型以宁夏沙湖为例，对水体的富营养化程度进行评价。

(3) 柳超等以系统理论为基础，对区域水系进行综合评价，并结合综合水质标识指数法和水体感官指标评价法，建立城市河流黑臭水体综合评价体系[130]。徐国宾等提出基于模糊标识指数的水功能区水质评价方法[131]。方运海等优化评价因子选择、权重确定、模糊算子选择等关键环节，构建一种新的耦合地下水质量评价模型[132]。

(4) 高红杰等[133]以中国 10 个典型城市 2013 年实测地表水水质资料为基础，运用内梅罗指数法、均值法、地表水质指数法（SWQI）3 种评价方法对城市地表水质进行综合评价。

(5) 林涛等[134]以黄河宁夏段干流水质监测资料为基础，利用多元统计法对水质样本点进行主因子分析、方差检验和聚类分组，对分组后的水质指标样本点应用综合水质标识指数进行综合评定。

4.5.2 在水环境其他介质（底泥、水生物）评价研究方面

关于水体环境其他介质（底泥、水生物）评价方法方面的研究，最近两年内也涌现出一批，但相对于水质评价方面的研究仍较少，主要还是基于对原有评价方法或模型的实际应用或改进。以下仅列举有代表性的文献以供参考。

（1）龙虹竹等[135]通过对川中丘陵区72条自然沟渠水体和沉积物总砷含量的调查与分析，研究该区自然沟渠水体和沉积物总砷含量的分布特征，并利用综合指数法和地累积指数法分别对该区自然沟渠水体和沉积物总砷的污染状况进行评价。

（2）刘大超等[136]利用49个采样点的数据，通过逸度扩散模型，分别计算水体和沉积物中17种PAHs的逸度（f），并进一步计算它们的逸度分数（ff）值，依此认识这些污染物在水体-沉积物间的扩散趋势。

（3）左其亭等[137]对淮河中上游10个生态监测点进行现场调查，获取轮虫种类、密度及水体理化指标等；利用生物多样性指数和综合营养状态指数分析水体污染和营养化状况，并利用Canoco软件分析轮虫群落结构与环境因子的关系。

（4）刘盼盼等[138]于2016年秋季对沙颍河流域设置20个采样点，进行浮游动物群落结构调查，并利用生物多样性指数对水质进行评价。

4.5.3 在水环境影响评估研究方面

关于水环境影响评估方面的研究，近两年是以环境影响评估方法的运用和实际项目的环境影响评估为主要研究方向。总体来看，关于水环境影响评估研究的文献不多，以下仅列举有代表性的文献以供参考。

（1）展永兴等[139]在总结环境经济损益计量方法的基础上，选择成本法和市场价值法分别建立水环境治理工程水质改善效益评价模型。

（2）柳山等[140]利用已有数值模型进行地下水受污过程评价，设计跟踪监测和防控方案、协同污染防控，提出“污染过程预测评价”“跟踪监测方案设计”及“污染防控方案设计”的三层金字塔预测评价体系，同时以贵州西南岩溶区某场区为例，评价潜在的地下水环境并设计监测防控协同系统。

（3）巴亚东等[141]利用水布垭水电站环境影响评价监测资料及其竣工环境保护验收调查监测资料，采用对比分析方法，研究该水电站建设对水环境的影响。

（4）梁军平等[142]针对岩溶地区隧道的施工特点建立隧道施工期对水环境影响的评价指标体系。该体系研究施工中含污废水排放对地表水体污染以及地下水疏排给隧道周边水资源流失两方面进行评价；指标体系各层指标数量随施工进展与现场情况变化进行增减，以满足施工期不断变化情况对水环境影响大小的评估；该指标体系考虑“木桶理论”的原理，明确施工过程中对水环境影响最严重环节，有助于及时采取保护措施。

（5）赵素芳等在《基于PSR模型的石化园区海洋环境影响后评估指标体系研究》[143]一文中，在阐述我国海洋环境后评估和深入分析石化园区用海特点的基础上，结合PSR框架模型加以总结，提出石化园区海洋环境影响后评估框架与指标体系，分为框架层、方

案层和指标层，共 25 项考核指标。

4.6 污染物总量控制及其分配研究进展

本节的污染物总量控制及其分配包括水功能区纳污能力、水环境容量分配方面的研究。污染物总量控制是制定能把污染物排放总量控制在水功能区承受极限内的合理治污方案的依据，是实施容量总量控制、目标总量控制和行业总量控制的前提，常常被应用于水环境管理等研究工作和生产实践中。

4.6.1 在水功能区纳污能力研究方面

随着人们对水环境保护的日益重视，关于水功能纳污能力方面的研究正成为水环境研究领域的热点，最近两年也涌现出了一批理论研究、技术方法研究和应用研究的成果。总体来看，有关理论方法研究的成果偏少，多以技术方法的应用研究为主。以下仅列举有代表性的文献以供参考。

(1) 水功能区划方面，郝林钢等[144]分别介绍三种典型流域分区方法的研究现状，从分区目的、分区特色、分区结果的应用和分区主导因素等方面对三种分区方法进行对比分析，并将三种分区方法应用于沙颍河流域中；刘发根等[145]一文中，依据明确主体、分解责任、统筹兼顾、有效覆盖的原则，探讨利于管理且切实可行的水功能区划方案。

(2) 纳污能力方面，张晓等[146]基于一维稳态条件下的水质模型，建立考虑取水口和支流的分段求和模型来计算河流纳污能力，该模型以排污口、取水口或支流入口为控制断面将功能区划分为若干河段，确定各河段的流速，逐段计算纳污能力，并将模型应用于渭河干流陕西段；宓永宁等[147]依据水功能区划，以辽阳市域内主要接纳污染物的太子河干流、汤河、柳壕河、北沙河、浑河为研究区域，以单因子法选取 COD、NH_3-N 为主要污染物，采用季节性 Kendall 检验法分析 2010—2014 年水质变化趋势，采用一维模型及预设法核算 2014 年纳污能力及限排总量；付雅君等[148]利用淮河流域山东省水功能区河段资料，以 COD 与 NH_3-N 两种污染物为例，研究其降解系数与流量、水温的关系。利用最小二乘法拟合得到各污染物的降解系数与流量的函数关系，通过对实测资料的分析，得到水温对各污染物降解系数的线性修正系数。在此基础上，选取 75% 和 90% 两种保证率作为水功能区纳污能力计算的水文设计条件，分别计算出逐月纳污能力；杨芳等[149]选取鄱阳湖九江工业用水区作为研究对象，采用解析解法和数值解法相结合的方法对鄱阳湖九江工业用水区纳污能力进行联合求解，利用解析解法计算水域纳污能力初值，再以此作为模型启动条件，通过数值模型对解析解法获得的初始值进行试算检验和优化；覃琳等[150]从水功能区城镇污染物允许排放量的视角研究水功能区纳污能力，建立水功能区城镇排污模型，并应用于泾河入渭段主要城镇礼泉县和泾阳县；嵇灵烨等[151]根据东苕溪流域 2011—2014 年水文数据，以氨氮为控制指标，利用负荷历时曲线法计算流域内 4 个站点对应控制断面的氨氮纳污能力，解析流域内纳污能力的时空变化规律，并结合实测水质数据探究区域水体的实际受纳污染负荷，得到剩余纳污量。

(3) 应用研究方面，王林等以辽宁省辽阳市下属水功能区为研究对象，通过构建一维水质模型，对区域内 2010—2014 年 5 种主要污染物纳污能力的年际变化进行分析比较[152]；张家鸣等在江门市江海区礼乐河建立一维水动力水质模型，以COD和氨氮为控制指标，通过布置控制断面及排污口概化，采用模型试错方法分段核定江海区礼乐河的纳污能力，并对水质目标协调性、核定成果应用等有关问题进行探讨[153]；冯浩源等选取典型干旱区城市张掖市为研究对象，统筹可供水量、可节水量及水功能区纳污能力构建水资源管理“三条红线”约束下的城镇化水平阈值计算模型，通过分析张掖市城镇化水平与水资源开发利用的历史数据并进行情景模拟，对2020年和2030年张掖市城镇化水平阈值做出预测[154]；郦建平等以长江中游武汉河段的汉阳饮用水源、工业用水区为研究对象，采用河流二维水质模型和平面二维水动力水质模型对水功能区COD和NH_3-N等污染物的纳污能力、扩散规律进行模拟研究[155]；朱烨等采用中点概化法和均匀概化法分析南水北调中线工程不同设计流量下调水前后高锰酸盐指数、NH_3-N纳污能力的变化[156]。

4.6.2 在水环境容量分配研究方面

随着水体生态环境问题的日益突显，关于水环境容量分配的研究，日益成为研究的热点，也是对可利用水资源的有效保障。最近两年涌现出一批理论研究、技术方法研究和应用研究的成果，从总体来看，关于理论方法研究的成果较少，主要是技术方法的应用研究。以下仅列举有代表性的文献以供参考。

（1）水环境容量计算方面，张剑等[157]借鉴国内外水环境容量总量计算设计水文条件确定原则，针对多类型水文数据及控制性水工程调控情景，给出符合浑太河流域水体类型特点，满足流域水量和水体污染物变化过程连续性的设计水文条件，在确定流域典型污染物分期、分区设计参数的基础上，结合水环境容量时空变动特点，动态计算水环境容量；宋为威等[158]对影响秦淮河流域七桥瓮断面水质的污染源区域划分控制单元，建立研究的影响区域水环境数学模型，并根据最不利水文条件（典型枯水年）和边界水质，建立考核断面水质与概化排口污染源响应关系，通过响应关系计算出控制断面水质达标时各个概化排口所允许的排污量，从而得到本控制单元的水环境容量；熊鸿斌等在《基于MIKE11模型的引江济淮工程涡河段动态水环境容量研究》[159]一文中，以引江济淮工程涡河段为例，首次提出MIKE11模型结合稀释流量比m值法计算河流水环境容量。靳甜甜等在《拉萨河干流城市段水环境容量》[160]一文中，基于河流断面、流量、水位和水质现场监测，污染物排放、水文和水质历史资料收集等工作，利用MIKE11模型，对拉萨河城市段干流水动力和水质进行模拟，依据国家标准和规范计算拉萨市干流河段水环境容量；姚金豆等[161]基于盲数理论构建水环境容量盲数模型，按照枯、平、丰3个不同水期计算绵远河广汉段总磷水环境容量及削减量。

（2）水环境容量分配理论研究方面，闻建伟等[162]通过区域水环境容量优化配置，分区段对浑河上游主要排污口、太子河流域生活排污口的交易情况进行优化计算，采用“排污口（直排口）-子流域（支流）-流域/干流”的分配过程对陆域、入河排污口、污染源的水环境容量总量进行分配；穆小玲等[163]采用流域单元断面功能区达标控制的分段概化、断面分段计算方法，采用公式法、模型法、系统最优化等传统水环境容量计算方法，在排污口水质达标约束下，对贾鲁河各水功能区的COD、氨氮水环境容量进行计算，确定各河段污染物最大允许入河量和削减量，并根据2017—2030年规划COD、氨氮目标含量下的纳污总量分配；荆海晓等[164]以北运河为例，基于水动力及水质模型和年平均流量及排污数据，选取污染物中所占比重较大的化学需氧量和氨氮两个污染物因子，计算得到北运河各支流及点源与控制断面之间的响应矩阵，并采用线性规划模型对各点源或支流的水环境容量进行优化分配。

（3）水环境容量分配应用方面，张琳等以深圳市观澜河为研究对象，根据设计水文条件及水质目标，以COD为污染指标，基于控制断面法，将水环境容量进行按月分配，通过污染源调查，并根据现状污水处理能力，得到观澜河流域入河污染物总量[165]；饶清华等采用基于水环境容量的流域跨界生态补偿标准测算方法，并以闽江流域为例，根据2011—2015年闽江流域的情况，测算流域内的跨行政区生态补偿量[166]；陶亚等基于EFDC模型，对阿什河水环境容量的时空变化进行数值计算与分析[167]；温胜芳等以水功能区纳污能力作为环境容量基础数据，结合国家环境保护部污染物排放统计数据，分析京津冀和西北五省（自治区）不同主体功能区地表水环境容量超载情况[168]；瞿一清等对南京市浦口区入城南河的污染源进行排污口概化，构建水环境数学模型，计算得到基于龙王庙断面水质达标的城南河水环境容量，以此与现状入河的污染物量比较，确定污染物的削减比例[169]；戴忱等以宜兴市海绵城市建设为例，将水污染负荷削减到水环境容量之内作为基本要求，计算出各海绵城市建设管控分区面源污染削减率的目标[170]；蒋婷等基于水质调控水位、水环境容量、水域纳污能力概念和湖泊水质迁移转化方程，以化学需氧量为典型污染物，分别提出采用水环境容量控制法、水域纳污能力控制法和非稳态水质指标控制法计算湖泊的水质调控水位[171]。

4.7 水环境管理理论研究进展

水环境管理理论研究包括水环境管理模型、政策以及风险管理方面的研究。水环境管理理论研究能够实现水污染的有效控制，能够实现区域水环境安全、经济社会的可持续发展和生态环境的良性循环。

4.7.1 在水环境管理模型研究方面

水环境管理是指与“水”这一环境要素相关的环境管理，是环境管理的重要组成部分，是环境保护中必不可少的手段。对此，开展了一系列的研究工作，但总体来看，文献不多。以下仅列举有代表性文献以供参考。

周科等在《引黄灌区随机逼近水生态环境管理模型及应用研究》[172]一文中，基于构建的随机逼近水生态环境管理模型，并将模拟技术融入SRAWM模型框架内，同时考虑区域经济发展与水生态环境改善、水资源开发利用、经济社会发展、水土流失、水污染防治等之间的矛盾与协调关系，并选择黄河下游位山引黄灌区为典型，针对不同水环境政策，对灌溉面积、水量配置、缺水量、污染削减、水土保持、生态效应以及灌溉效益进行优化计算。

4.7.2 在水环境管理政策研究方面

近年来，水污染事故频发，使得水体遭受到较大程度的污染。为此，国家出台了相应的水环境管理和保护政策，并取得了一系列的研究成果。总体来看，目前针对排污权方面的研究成果较多。以下仅列举有代表性文献以供参考。

（1）水环境管理政策方面，张可等梳理1995年以来我国颁布的农村水环境管理政策，根据政策内容和目标进行归类并选择代表性政策，然后采用单元调查评估法核算农村各类水污染物排放量，进而将各类政策作为虚拟驱动项引入多变量灰色模型，并采用竞争性模型策略设定一系列减排测度模型，通过适配结果选择最优模型从而度量各类水环境政策的减排效应[173]；彭民等从我国页岩气开发区域水环境自然生态差异角度入手，分析大规模开发可能给当地工农业、居民及区域生态环境用水带来的影响，建议政府部门在政策方针、影响标准、法规制度、风险评估、应急机制、责任制度和管控机制等方面做好区域水环境管理工作、开发企业做好水环境内化管理工作、社会公众做好监督参与工作等[174]；张丛林等从涉水空间开发保护，水资源节约和补偿，水环境、水生态治理和保护市场、绩效评价考核和责任追究四个方面对相关政策进行归类，梳理出包含24项政策的政策体系框架，并采用指标评估法对流域/跨区域层面的水环境管理政策进行评估[175]。

（2）排污权方面，张墨等选取2002年开展的二氧化硫排污权交易制度试点，根据政策实施前后八年的省际面板数据，采用倾向得分匹配倍差法比较政策实施前后二氧化硫排放强度的变化，分析该政策的实施效果[176]；宋旭等采用2004—2014年中国30个地区的面板数据，借鉴国内外评价政策实施效果的主流计量方法——双重差分法，建立环境技术进步测度模型，探究排污权设定对环境技术进步的影响，最后提出政策建议[177]；翁智雄等以瓯江流域（温州段）为研究对象，采用流域分区、水环境功能区、经济发展水平三种方法，分别研究瓯江流域（温州段）的排污权交易比率以及排污权指标的区域调节问题[178]；窦明等提出基于纳污控制的排污权交易多目标优化模型，运用带有精英策略的非支配排序遗传算法生成方案集，并采用冲突解决理论对方案集进行优选，将以上方法应用到沙颍河流域得到推荐的排污权交易方案[179]；张丽娜等构建基于政府强互惠（GSR）理论的省份初始水权量质耦合配置模型，并以太湖流域为例进行案例分析，获得不同约束情景和减排情形下的2020年太湖流域9种省区初始水权量质耦合配置方案[180]；邱宇等以福建省境内的闽江流域为例，分别测算流域各城市2011—2015年理论排污权和排污权损失，核定生态补偿额[181]；胡彩娟基于需求-供给研究范式，构建排污权交易市场协同发展制度指标体系，并通过有效问卷进行因子分析，得出协同市场初创、成长和成熟三阶段各自的一级、二级制度指标权重系数，以观测具体制度的阶段差异及其在特定阶段对促进排污权交易市场协同发展的重要性程度[182]。

（3）李雪松[183]分析农村水环境管理相关问题背后的经济机理，描述我国农村水环境污染的全貌和变迁历程，探讨制度安排对农村水环境的作用和影响；总结国外农村水环境管理经验，构建一套农村水环境防治机制与管理体系。

（4）赵琰鑫等[184]介绍湟水流域水环境质量、主要污染物排放和水环境管理能力建设情况等基础环境状况，分析湟水流域不同区域所面临的具体水环境问题，提出加强湟水流域未来水环境保护工作的对策及建议。

4.7.3 在水环境风险管理研究方面

水环境安全是当今经济社会可持续发展中不可回避的重要战略问题，开展水环境风险分析与管理研究，对于实现区域水环境安全，实现经济社会可持续发展和生态环境良性循环具有重要意义。对此，相关学者做了一些研究，取得了一些成果，但总体来看，文献不多。以下仅列举有代表性文献以供参考。

（1）贾倩等[185]基于环境风险系统理论和长江流域突发水污染事件风险特征，建立涵盖环境风险源强度、环境风险受体易损性、排污通道扩散性指标的长江流域突发水污染事件风险评估指标体系，提出指标量化方法与区域突发水污染事件风险评估模型，并结合GIS技术开展长江流域突发水污染事件风险评估与结果可视化展示，提出优化长江流域风险源布局和严格高风险区域管理的环境风险管控建议。

（2）邸惠等[186]从水环境风险的危险性、暴露性、脆弱性及区域治理能力 4 个方面构建饮马河流域水环境综合风险评估体系，选取 2000 年、2005 年、2010 年和 2015 年的水环境数据进行分析，采用水环境污染风险指数法和层次分析法对饮马河流域水环境综合风险进行评估，并绘制各年度饮马河流域的风险空间分布图，分析饮马河流域水环境风险空间变化特征。

（3）刘昕宇等[187]主要介绍水环境中污染物的移动监测、在线监测和突发性水污染事件中的应急监测技术；阐述基于物种敏感度的生态风险评价理论；介绍珠江毒害性有机污染物和重金属的筛查过程；构建水环境污染物的风险管理体系。

4.8 水生态理论方法研究进展

生命起源于水中，水又是一切生物的重要组分。生物体不断地与周边环境进行水分交换，环境中水的质和量是决定生物分布、种的组成和数量以及生活方式的重要因素。水生态理论研究是水环境保护的一个重要研究方向，近年来随着生态问题的日益突出，国内许多学者尝试用生态学理论方法来解决水环境问题，并取得了一定的成效。总体来看，有关水生态理论方法方面的研究主要聚焦于以下三个方面：一是对生态水文过程的认识；二是对生态环境需水计算方法的研究；三是对水生态理论方法的应用研究。

4.8.1 在生态水文过程研究方面

生态系统与周边环境之间有着非常密切的关系，生态建设中的水科学问题及其研究已成为生产实践中急需解决的问题之一。目前，生态水文过程研究是一个新的研究领域，这方面的研究成果非常多，然而由于问题的复杂性、资料的有限性和方法的不成熟性，其研究工作仍有待进一步科学化、系统化。总体来看，近年来在这一领域的研究工作大致包含以下三个方面：一是对生态水文过程研究进展的综述性评述；二是研究人类活动及其带来的生态水文效应；三是开展生态水文演变规律及理论方法方面的研究。

（1）在生态水文过程研究进展综述方面，彭文启等简要分析流域水环境与生态学的发展历程，系统介绍 2010 年以来所取得的主要科研成果[188]。章光新等系统总结生态水文学发展历程，将研究历程划分为三个阶段，列举重要代表性研究成果，并重点阐述湿地生态水文学研究进展过程[189]。董哲仁等从简单的水文公式到水文变化生态限度方法的发展历程回顾环境流评价方法，讨论环境流的理论要点，并评论环境流方法应用效果[190]。吴燕锋介绍湿地生态水文模型的概念、内涵、构建方法及分类，论述目前湿地生态水文模型研究应用的重点领域，提出未来研究的发展趋势和亟须加强研究的重点方向[191]。

(2) 在生态水文效应方面，张亚丽等分析不同湖泊类型的水质和浮游植物群落分布特征，并综合运用稳态转换理论和典范对应分析方法，研究富营养化湖泊浮游植物群落的演替特征以及响应因子，探究我国东部浅水湖泊生态系统的时空异质性及其演替的响应指标[192]。古力米热·哈那提等以塔里木河下游英苏断面为研究区，建立2009—2015年生态输水-地下水位变化-下水位变变化相互耦合关系，对三者之间相互影响过程及影响机理进行定量分析，研究塔里木河下游地下水埋深、植被生长变化及间歇性生态输水过程之间相互影响的机理[193]。玛丽娅·奴尔兰等通过人工模拟地下水位，探讨旱生芦苇对不同地下水位的生态响应及适应机制[194]。王晓媛等分析水位变化对菜子湖泥滩地和草本沼泽出露的影响，并构建菜子湖主要湿地类型的面积对水位响应的函数关系[195]。冯文娟等选择鄱阳湖典型植被灰化薹草（Carex cinerascens）为研究对象，研究不同地下水位（地下水位埋深10cm、20cm、40cm、80cm和120cm）对灰化薹草形态指标、地上生物量和生理指标的影响[196]。

(3) 在生态水文演变规律及研究方法方面，刘迁迁等运用定性与定量分析方法，对塔里木河英苏断面1050m范围内地下水埋深数据进行分析，研究塔里木河下游生态输水量与地下水埋深多年响应变化过程，得出地下水埋深对生态输水的响应变化规律[197]。秦养民等以典型亚高山泥炭湿地为研究地点，以对环境变化敏感的有壳变形虫为研究对象，采用"PVC印迹法"研究湿地水位的长期变化，分析有壳变形虫的生物多样性、群落组合特征及其与水位等主要环境因子的响应关系[198]。周建军等对近年长江中下游径流节律变化进行分析研究，指出径流调节的生态效应，并提出修复对策[199]。

(4) 李小雁等介绍青海湖流域自然地理特征、社会经济状况和生态环境问题；论述不同生态系统的生态水文过程，研究典型陆地生态系统优势种的水分利用特征和流域水量转换；探讨青海湖湖体水热交换过程与蒸发规律，模拟不同尺度的水分平衡关系；评价流域水资源承载力，提出水资源优化配置方案[200]。

(5) 陈存根采用野外定位观测、盆栽控制实验、数量模型模拟、实地勘察和文献综述等多种技术手段和方法，分析典型林木的光合生理指标及其对复杂环境因子胁迫的响应，土壤呼吸动态与环境因子的关系，降雨特征及小气候对林冠层降雨再分配的作用，林木植被类型和降雨格局对地表水文过程的影响等[201]。

(6) 杨启红等论述长江中下游典型区域的环境变化及其生态影响（包括三峡水库、长江中游、长江口、洞庭湖、鄱阳湖等主要区域）；分析三峡工程建成后对库区环境、河道演变以及中下游江湖关系的影响；论述水库建设运行对典型区域的水环境及水生态的影响；探讨三峡水库对中下游的生态补偿方式，以及三峡库区和中下游重要湖泊等典型区域主要环境生态问题的监测方法等[202]。

4.8.2 在生态环境需水理论研究方面

生态环境需水这一概念的提出，体现了当今社会放弃传统的以人类需求为中心的水资源开发管理观念，强调水资源、生态系统和人类社会之间的相互协调和平衡。生态环境需水研究已成为水生态理论研究领域的一个新兴热点，近年来有关于此的高水平成果不断涌现。目前，其研究重点主要集中在以下三个方面：一是开展河道内生态环境需水量研究；二是开展河道外植被系统需水量研究；三是开展生态水位计算方法研究。

(1) 在河道内生态环境需水量研究方面，吉小盼等收集岷江和大渡河流域河流上、中和下游共计 8 个水文站的实测大断面数据，通过建立各断面湿周与流量关系及其拟合曲线，分别采用斜率法、曲率法和经验法分析确定各断面最小生态需水，研究湿周法的适用条件及转折点的确定方法[203]。李咏红等基于琉璃河湿地工程实际情况，并考虑在同一工程项目不同阶段，分别计算在截污工程完成前满足水质要求的河道内环境需水量和截污工程完成后满足以生态修复及维系为目标的河道内生态需水量[204]。平凡等采用 SWAT 模型和 River2D 模型，利用 IPCC 第五次报告中的 BNU - ESM - RCP 4.5 模式的模拟数据，对 2018—2060 年紫荆关水文站附近的拒马河河道内径流量和麦穗鱼（Pseudorasbora parva）栖息地面积进行模拟和分析[205]。张远等利用 Ecopath 模型对小清河流域生态系统内群落间营养关系进行模拟，进而利用栖息地适应性指数确定各关键鱼类生存和繁殖的适宜流速及水位，最后耦合多物种的适宜流速及水位计算流域的生态需水量[206]。龙凡等基于河流流量过程的年内和年际变化特性，提出一种计算河道内生态需水量的概率加权 FDC（流量历时曲线）方法，该方法将年均流量系列和逐月月均流量系列划分为丰、平、枯组，再通过建立年月丰枯遭遇的 Copula 联合分布函数，得到不同典型年生态需水过程的计算公式，计算得到丰、平、枯典型年的年内生态需水过程[207]。

(2) 在河道外植被系统需水量计算方面，吴建强等基于野外实地观测，构建适宜的植被生态需水计算模型，估算区域典型植物群落不同季节的植被生态需水及生态缺水定额，并分析其主要影响因素[208]。李金燕以宁夏中部干旱带盐池县为研究对象，结合彭曼-蒙特斯模型估算区域林草植被潜在蒸散量，采用 Jensen 公式结合实测的区域土壤特征曲线确定土壤水分修正系数，进而确定植被生态需水量[209]。周洪华等分析塔里木河下游胡杨树木年轮近 90 年来的变化特征及对气候水文过程的响应，并基于树木年轮技术提出维系荒漠河岸林不同恢复状态的生态需水量[210]。赵晓瑜等采用改进的生态水位差比法对乌梁素海湿地生态环境需水量进行计算[211]。郭宏伟等在分析和田流域天然植被分布特征的基础上将其划分为两个不同等级的生态保护红线区，同时采用潜水蒸发法及基流比例法划定该区天然植被生态需水红线、生态流量保护红线及地下水保护红线[212]。彭飞等以 2013 年塔里木河干流上游区为参考区域运用潜水蒸发法和面积定额法分别计算植被生态需水量，并对两种方法的计算结果进行对比分析，来确定干旱区荒漠植被合理生态需水量的计算方法[213]。

(3) 在生态水位计算方法研究方面，潘俊等通过室内土柱蒸发试验、毛细上升高度试验进行分析计算，研究极限蒸发深度与毛细上升高度，进而确定石佛寺水库不同功能区地下水生态水位埋深上、下限[214]。叶朝霞等选取黑河下游尾闾湖东居延海为研究区域，采用湖泊形态学法对湖泊最小生态水面和最低生态水位进行研究[215]。贺金等以逐月最小生态径流计算法和逐月频率计算法为基础，提出基于丰平枯水年的逐月生态水位计算法[216]。胡春明等针对博斯腾湖化学需氧量浓度较高的水环境现状，分析博斯腾湖水位和化学需氧量浓度的关系，提出基于水质管理目标的生态水位[217]。

(4) 吴卫熊等介绍了峰丛洼地区植被生态需水计算方法体系构建、典型峰丛洼地区植被生态需水参数现场观测、典型峰丛洼地区植被生态需水定量评估、不同时空大尺度峰丛洼地植被生态需水模拟、对策与建议等[218]。

4.8.3 在水生态理论应用研究方面

除了以上有关生态水文过程和生态环境需水理论方面的研究外，近年来在水生态应用研究方面还有一些新的成果出现，例如水生态保护阈值研究、水生态健康评价方法研究、水生态承载力研究等，这都是水生态理论方法研究的重要支撑内容，在这方面国内学者也开展了相应的研究工作，但总体来看数量偏少，代表性成果不多。

（1）在水生态保护阈值研究方面，何蒙等基于1951—2015年长江荆南三口5站实测原型年径流量序列，采用Mann-Kendall等方法检测其径流序列的突变年份，进而运用GEV概率密度最大流量法计算荆南三口河道内生态需水量，并从多时空尺度视角分析河道内生态需水量的时空差异及其贡献因素[219]。程艳等采用高斯模型对玛纳斯河谷水源地区域植被特征与地下水埋深间的关系进行分析，对研究植被生态水位区间的确定进行探讨[220]。陈玥等利用高邮湖1953—2013年日水位资料进行生态水位计算分析，采用Mann-Kendall方法和滑动T检验法分析高邮湖水文变化规律，结合年保证率法和年内展布法得到高邮湖逐月最低生态水位过程，并计算出高、低水位发生时间及历时，进而对其生态水位保障程度进行研究[221]。

（2）在水生态健康评价方法研究方面，孙小凤等采用“压力-状态-响应”模型对评价指标进行筛选，并用层次分析法和模糊评价法确定各指标层权重和计算方法，构建苏南农业社区水生态健康评价指标体系和评价方法[222]。张雷等选取大宁河水质与水生态方面的主要指标，构建大宁河水生态系统健康评价指标体系，运用基于熵值法的综合健康指数法对其水体生态系统健康状况进行综合评价[223]。刘祥等根据四季水质现状和底栖动物群落结构特征，分别应用O/E模型和化学-生物综合指数法对淮河流域河流生态健康进行评价[224]。徐菲等选取密云水库上游白河和潮河流域，构建涵盖水域生境结构、水生生物、生态压力和陆域生态格局与功能、生态压力5大类13项指标的评价指标体系，开展流域生态健康评价[225]。李飞龙等将环境DNA宏条形码技术运用于水生态健康评价[226]。

（3）在水生态承载力研究方面，张盛等基于水资源、水环境和社会经济等要素，筛选出16个指标对水生态承载力评价的多元耦合作用进行分析，量化驱动因子与水生态承载力之间的关联度，建立具有多元驱动功能的粒子群引力搜索算法-投影追踪（PSOGSA-PP）水生态承载力评价模型[227]。马涵玉等基于成都市水生态现状，运用系统动力学的方法建立成都市水生态-经济-人口-水资源-水环境的耦合系统，模拟现状延续型、节约用水型、污染防治型和综合协调型4种情景模式下的水生态承载力[228]。郭晓娜等利用水生态足迹模型，分析重庆市2000—2014年水生态足迹，预测2015—2018年城乡人均水生态足迹[229]。高伟等基于河流水质模型和水资源模型，建立流域水环境容量与环境流量的函数关系，作为水生态承载力优化模型的约束条件，进而构建以人口与产业规模最大化为目标的水生态承载力的优化模型[230]。熊建新等运用生态承载力响应模型，采用标准差、变异系数、相对发展率、离差、比率等统计分析方法，对洞庭湖区生态承载力响应的时空分异特征及演化机理进行分析[231]。

4.9 水污染治理技术研究进展

水污染治理技术是水环境研究的一个重要学科方向，是环境可持续发展的重要保障，在这一领域涌现出大量的科研成果。从总体上来看，一方面是关于在点源污染和面源污染控制技术上的研究应用和经验总结，另一方面是关于饮用水的安全保障技术的理论探讨和深化研究。

4.9.1 在点源污染控制技术研究方面

关于点源污染控制技术的研究是水污染治理技术的重要内容。目前在这一研究方面的研究者较多，研究内容丰富。总体来看，研究工作主要涉及活性污泥法水处理技术、生物膜水处理技术、污水深度处理技术、脱氮除磷技术、高级氧化技术、膜技术以及生态处理技术等。以下仅对代表性的技术和代表性的文献进行说明。

(1) 在活性污泥法水处理技术方面，明磊强把污泥臭氧处理系统（ASPAL SLUAGE）应用于污水处理厂曝气池[232]。蒋一帆等研究污泥龄对 SBR/OSA 工艺污泥产量的影响[233]。郑莹等向 SBR 反应器中分别投加 Fe～0、Fe（Ⅱ）、Fe（Ⅲ），研究不同价态的铁元素对活性污泥生物量、活性污泥絮凝沉降性能的影响[234]。赵俏迪采用投加次氯酸钠的方法来解决微丝菌引起的城市污水处理厂活性污泥膨胀的问题。投加次氯酸钠后发现次氯酸钠使裸露于絮体外的菌丝断裂，污泥容积指数减小，活性污泥沉降性能进一步改善，并探索出最佳的投加剂量[235]。吕文洲等研究曝气时间对活性污泥胞外聚合物质（EPS）得率及其对污染物的去除效果的影响[236]。高晨晨等采用形态学鉴定和 Illumina MiSeq 高通量测序对 5 座城市污水处理厂非膨胀期和膨胀期活性污泥、生物泡沫中关键微生物菌群分布特征进行分析，探究丝状菌引起的污泥膨胀对脱氮除磷系统功能菌群的影响[237]。秦丹宁等为探讨脉冲曝气活性污泥胞外聚合物（EPS）的产生特性及其与脱氮效率的关系，采用三维荧光图谱（3D－EEM）分析方法发现脉冲曝气的 LB－EPS 的色氨酸荧光峰产生红移，TB－EPS 的色氨酸荧光强度增大[238]。邓玉梅等研究冰冻解冻调质对污水处理厂活性污泥脱水性能的影响，并对其作用机理进行探讨，以污泥沉降性能、比阻（SRF）、分形维数（Df）、粒径（$d_{0.5}$）等作为评价污泥脱水性能的参考指标[239]。刘强等设置 4 种 SRT（10d、20d、30d、60d），通过测定生活污水的松散附着性胞外聚合物（LB－EPS）、ζ 电位和活性污泥的絮凝与沉淀性能，探究污泥龄（SRT）对 LB－EPS 及膜污染的影响[240]。于洋洋等以制药废水中特征污染物萘为研究对象，在葡萄糖共基质与萘为唯一碳源存在的情况下，采用按特征污染物浓度梯度增加的方式对好氧活性污泥驯化，对培养过程中污泥对萘的降解特性和微生物特性进行研究[241]。

(2) 在生物膜法水处理技术方面，张尊举等设计一种小型填料生物转盘装置。装置采用生物膜法工艺，结合生物滤池和生物转盘的特点，设置进水区、生化反应区和沉淀区[242]。马君妍在硝酸钙原位修复技术的基础上，联合生物膜法来控制底泥污染物的释放。通过对水体氨氮、总磷和有机物含量的测定，探究联合修复与硝酸钙单独处理效果[243]。龙天渝等研究紊流脉动速度对污水处理与氧气传质效果的影响，并对比当格栅振动频率为 0.25Hz 时与格栅静止时，振动格栅反应器对 COD、TN 的平均去除率[244]。张文艺等以曝气生物滤池载体表面的生物膜为研究对象，通过镜检、磷脂脂肪酸（PLFA）测定、高通量 454 测序等手段研究生物膜降解含氮有机物和微囊藻毒素-亮氨酸（MC－LR）的微生物特征[245]。张波等采用铁碳微电解-生物膜法-高级氧化工艺对某印染厂废水处理进行中试研究，并通过紫外光谱扫描对其降解产物进行分析[246]。陈佩佩等概述生物填料在 5 种生物膜法污水处理技术——生物滤池、生物转盘、生物接触氧化法、生物流化床、移动床生物膜反应器中的研究进展和应用现状，并探讨生物填料的发展方向[247]。吴捷捷用 UVC-Fenton 联合生物膜法的流程去除珠江污泥中天然有机物（NOM），以有机物溶液 UV_{254} 和 VIS_{400} 等指标来表征该方法对水体天然有机物的降解效果[248]。赵畅等基于 Lux 型群体感应系统的生物被膜调控在污水处理中的应用，研究群体感应正向强化作用对挂膜速度、污水处理效率的影响；负向削弱作用对防止膜污染的影响[249]。孙艺齐研究生物膜法 SBR 工艺与活性污泥法的差异，探究水力停留时间（HRT）、溶解氧（DO）和温度对两种工艺性能破坏与恢复的影响，并研究两种工艺在不同的水力条件下的亚硝化的启动速率[250]。吕鹏翼等为比较不同营养条件及挂膜方式下生物膜法对氨氮污染水体的净化效果及其功能微生物群落的结构，设置空白（Blank）、自然成膜（Raw）、预附脱氮菌强化挂膜（PCC）3 组生物膜反应器，利用末端限制性片段长度多态性（T-RFLP）技术和非度量多维标度（NMDS）分析方法，来探究 C/N 对生物膜反应器氨氮的去除效果和生物膜反应器中细菌群落结构的影响[251]。苏琬等基于生物膜法，利用 Circox 反应器对模拟含聚废水进行处理，经过 93d 的运行，通过对反应器出水 PAM、COD、TN 的测定，探讨生物膜反应器处理含聚废水的技术可行性[252]。魏孝承等对气浮-酵母菌生物膜法-水解酸化-好氧-砂滤-超滤组合工艺的中试出水进行研究，考察该套以生物法为核心的处理工艺的除油效果、降黏效果以及提高废水可生化性的作用等[253]。

(3) 在污水深度处理技术方面，张治国等综述多种深度处理工艺对抗生素抗性菌及其抗性基因的去除研究，分析氯消毒、紫外和臭氧氧化等传统消毒处理工艺和光/H_2O_2、光芬顿、光催化等高级氧化技术，以及人工湿地、混凝、膜处理等工艺对抗生素抗性菌及其抗性基因的去除效果与机理[254]。唐凯峰等以浙南某污水处理厂提标改造为例，介绍磁加载混凝澄清技术用于污水深度处理的工艺特点、关键技术及装备、设计参数和运行效果，分析其对悬浮物、TP、有机物去除效果较好的原因，为其进一步推广应用积累了工程经验[255]。刘骁智等采用自主研发的“超滤＋纳滤”深度处理工艺来处理金河污水处理厂出水，通过对出水的 COD、BOD_5、氨氮和总磷的监测，来探究该处理技术的可行性[256]。方素梅等将污水深度处理中的水平管高效沉淀技术应用在东营市西城城北污水处理厂深度处理工艺中，研究该技术在实际工程的运行效果，对比该技术在运行稳定性、沉淀效率、操作便捷性和运行费用等方面的优势[257]。杨墨等探究混凝-溶气气浮-过滤工艺在污水深度处理方面的可行性，以武汉市某污水处理厂 A～2/O 工艺二沉池出水为原水，进行混凝-溶气气浮-过滤深度处理工艺中试研究。该试验完成了分流比、加药量、表面负荷 3 个主要影响因素的三因素三水平正交实验，以 COD、总磷、浊度去除率为考察指标，得出工艺最佳运行参数[258]。李国金等研究活性焦吸附工艺在马头岗污水处理厂深度处理的应用，并介绍活性焦吸附系统的布置及控制情况[259]。张雷等研究内循环微电解技术对某焦化厂生化混凝出水的深度效果，通过单因素实验考察了 pH 值、反应时间、曝气量和铁炭比对处理效果的影响，在此基础上，筛选出影响 COD 去除率的主控因子，并采用 Box-Behnken 响应曲面法对内循环微电解处理焦化污水的工艺条件进行优化，同时考察各因素间的交互作用对 COD 去除率的影响[260]。张丽丽等开发一种改良的 Fenton 深度处理工艺，通过对某化工园区污水深度处理的简单的试验，探究还原反应铁粉投加量与酸化后溶液中总铁浓度的最佳比例[261]。赵玉琴研究纳米催化电解在市政污水深度处理及污泥处置中的可行性及适用性，以厦门市杏林污水处理厂为例，探究出最佳电解运行参数[262]。侯瑞等利用臭氧-混凝耦合工艺对污水处理厂二级出水进行深度处理，并探究 pH 值对该耦合工艺去除溶解性有机污染物的影响[263]。

(4) 在脱氮除磷技术方面，郭志鹏等以铝污泥和粉煤灰为主要原料，水玻璃为添加剂制备新型颗粒状铝污泥基质（GASM），选取原料配比、添加剂比例和煅烧温度 3 种因素为影响因子，探究 GASM 对氮、磷污染物的去除性能[264]。王琼等在不改变污水处理厂总反应体积的情况下通过减少缺氧池体积、在厌氧池前设置预缺氧池，改良传统的 A～2/O 工艺，并通过试验探究该工艺对生活污水的脱氮除磷效果[265]。刘康等以实际生活污水作为处理对象，研究 CASS 工艺去除有机物同步反硝化脱氮除磷的性能，并通过释/吸磷实验测定稳定运行阶段的污泥，来判断磷的吸收量与硝酸盐的去除量之间的关系[266]。贾丹等为了探究 pH 值对内聚物驱动后置反硝化生物脱氮除磷的性能及其影响机理，以实际废水为研究对象，在序批式反应器中比较不同 pH 值下生物脱氮除磷效率，单位周期营养盐和内聚物变化，来研究各个反应阶段的最适 pH 值[267]。刘哲等基于 Bardenpho 生物脱氮除磷工艺改良设计一种新工艺用于农村生活污水的处理，并探索 HRT（水力停留时间）对该装置脱氮除磷效果的影响，并通过研究装置内微生物种群结构对脱氮过程进行分析，寻找到最优的 HRT[268]。夏宏生等把 UASB - O/A/O 组合工艺应用于养猪废水的生物脱氮除磷研究，并研究该工艺各个阶段对养猪废水的 COD、氨氮和总磷的去除率[269]。袁林江等为解决城市污水处理厂脱氮除磷过程中有机碳源不足及磷资源的有效回收问题，在 A～2/O反应器中抽取厌氧释磷上清液实施同步侧流化学除磷，研究 3 个不同侧流比（20%、25%和 30%）对生物处理系统及潜在磷回收情况的影响[270]。陈静雅等对比研究不同运行方式下垂直潜流人工湿地对高污染河水氮磷的去除特性，并分析各种因素对潮汐流人工湿地（TF CW）脱氮除磷的影响作用[271]。王程斋等以长碳链季铵为功能基团，将其接枝到自制备的介孔材料 MCM - 41 上，制得一种吸附容量大且易再生的脱氮除磷吸附剂（QA - MCM - 41），将此吸附剂用来去除污水中较难去除的低浓度氮和磷，并采用 SEM、XRD、BET 等方法表征 QA - MCM - 41 微观形貌；研究氮磷初始浓度、吸附时间及共存离子对 QA - MCM - 41 吸附氮磷效果的影响；采用等温吸附模型、吸附动力学模型、ATR - IR 以及 XPS 等分析手段探究吸附反应机理[272]。吴义福等研究潜流人工湿地经“厌氧-缺氧-生物接触氧化池”生物处理后的生活污水尾水的氮磷去除效果，分析浸润线深度对种植不同植物的湿地单元氮磷去除率的影响[273]。何俊乐等利用水稻、水雍菜构建经济植物型潮汐流人工湿地，用以处理经“厌氧-缺氧-跌水充氧生物接触氧化”装置处理后的农村生活污水尾水，探讨该组合工艺中潮汐流人工湿地的最佳运行参数，验证经济植物型潮汐流人工湿地深度净化生活污水的可行性，并考察植物吸收对湿地氮磷去除的贡献[274]。陈小军等在反硝化滤池生物脱氮系统构建成功的基础上，投加除磷药剂，建立生物/化学协同处理系统，研究除磷药剂种类、投加量对该工艺处理污水处理厂尾水效能及微生物种群的影响[275]。张森等采用厌氧/缺氧/好氧与移动床生物膜反应器（A～2/O - MBBR）组成的双污泥系统处理实际生活污水，通过投加乙酸钠调节进水碳氮比（C/N），探究系统中有机物的转化利用和代谢途径[276]。严子春等对比研究富铁填料对 A/O -曝气生物滤池（BAF）工艺的脱氮除磷强化效果，并研究富铁填料的使用对硝化、反硝化和除磷作用的影响[277]。田昕茹等采用三级（好氧/兼氧/好氧）多层组合填料生物滴滤池处理模拟生活污水，探索强化脱氮除磷工艺，考察在相同水力负荷和布水周期下，改变进水有机负荷对 COD、NH_4^+ - N、TN 和 TP 去除率的影响，并用扫描电镜和 X 射线衍射（XRD）对填料进行辅助分析[278]。范晓玮等研究基于地表水环境质量标准的城镇污水 SBBR 反应器深度脱氮除磷技术，重点考察 BOD_5/TN 对脱氮除磷效能的影响[279]。

（5）高级氧化技术方面，李胜男等介绍高级氧化法（AOPs）原理和优缺点，叙述高级氧化法中 Fenton 法和 UV/H_2O_2 法的原理和降解双酚 A（BPA）的研究进展，分析其近年来的研究热点问题和发展趋势，总结高级氧化降解 BPA 的新研究应用，如耦合式 AOPs、应用高效催化剂 AOPs 及产生高效氧化基团 AOPs，指出应着重研究降低高级氧化法的能耗和处理成本，进一步提高处理效率；认为合成高效廉价的催化剂依然是高级氧化技术研究的重点和热点[280]。谷得明等基于硫酸根自由基（SO_4^{-}）高级氧化技术快速高效、适用范围广等特点，综述硫酸根自由基活化的不同方式及其影响因素，结合已有研究参数，总结硫酸根自由基的作用机理；阐述基于 SO_4^{-} 的高级氧化技术在环境领域中的应用，并对未来应用前景及研究方向进行展望[281]。王昊针对给水厂传统工艺难以有效处理高藻、高臭味原水的问题，采用中试探究 UV/H_2O_2 高级氧化法对土臭素（GSM）和二甲基异冰片（2 - MIB）这两种典型臭味物质的去除效能[282]。张成武等基于传统 Fenton 体系中 H_2O_2 利用率低，修复费用高，对环境副作用大的缺点，通过向溶液中投加三聚磷酸钠（STPP），形成 Fe（Ⅱ）- STPP 配合物，氧气替代 H_2O_2 作为氧化剂，构建 Fe（Ⅱ）/O_2/STPP 的新型高级氧化体系，研究该反应体系对模拟罗丹明 B 染料废水的降解性能[283]。汤萌萌等将“预处理＋MBR＋臭氧高级氧化工艺”应用于河北省某餐厨废弃物资源化利用和无害化处理项目，并探究该工艺运行的稳定性[284]。徐丽萍等研究高级氧化技术降解内分泌干扰素的机制和去除效果，综述近十几年来国内外关于高级氧化技术在内分泌干扰素降解方面的研究，并根据研究现状提出一些建议[285]。来晓芳等针对 COD 值为 15000mg/L、S^{2-} 质量浓度为 2100mg/L 的炼油碱渣废水，分别应用芬顿氧化法、湿法氧化法以及微波催化氧化法三种高级氧化法对该废水进行处理研究，并对比这三种工艺的出水水质和处理效果[286]。曹煜彬等综述光化学和化学高级氧化工艺中的紫外光、紫外光/过氧化氢、臭氧/过氧化氢、紫外光/臭氧、芬顿法及类芬顿法、紫外光/过硫酸盐等工艺降解水体中 PPCPs 的机理、优缺点及研究现状，并对其应用前景进行展望[287]。

（6）在膜技术方面，郑蓓等中试研究交替式间歇曝气移动床生物膜反应器（MBBR）处理低含量城市污水，考察反应器 RI（填装聚氨酯海绵填料）和 RⅡ（填装聚乙烯悬浮填料）在不同间歇周期运行模式下的运行性能[288]。黄丽坤等为探究高效经济的电镀废水处理工艺，采用悬浮载体复合 MBR 工艺（HMBR）与普通 MBR 工艺平行运行，以重金属离子 Cu^{2+}、Ni^{2+}、Cr（Ⅵ）为代表，重点研究不同浓度重金属冲击下对两种工艺处理电镀综合废水效能及微生物活性的影响，以及载体的介入对膜污染的控制作用和对微生物种群多样性的影响[289]。刘纪成等分析某采用厌氧/缺氧/好氧/缺氧（AAOA）- MBR 工艺的城市污水处理厂在超高 MLSS 浓度下的运行情况，研究超高污泥浓度（MLSS）对膜生物反应器（MBR）工艺运行效果的影响[290]。郝平平等介绍 UASB - SBR - MBR 工艺处理棉蛋白生产废水的工程实例，该工程设计废水处理量为50m^3/d，进水COD和动植物油、NH_3-N、SS质量浓度分别为3000～6000mg/L和50mg/L、50mg/L、1500mg/L，通过对该工程的出水水质监测，证明该工艺运行的稳定性[291]。刘焘等介绍长沙市第二污水处理厂提标改造工程的概况、工艺流程、设计参数及设计特点。该工程采用先进的膜生物反应器（MBR）作为主体工艺，设计出水水质可达到《地表水环境质量标准》（GB 3838—2002）Ⅳ类标准（TN≤8mg/L）[292]。徐晓妮等介绍某城市分别采用MBR工艺和A～2/O工艺的两座污水处理厂的工艺流程、设计参数、实际进出水水质，并对两工艺的运行效果及运行经济指标等进行对比分析[293]。吕亮等以低C/N比生活污水为研究对象，构建生物相分离、液相循环和功能联动的ABR-MBR新型组合工艺，通过优化水力停留时间（HRT）以获得ABR优质碳源提供与MBR短程硝化实现的最佳组合，并进行硝化液回流比为100%、200%、300%和400%时对反硝化除磷的影响研究[294]。赵海青等将常规的缺氧/好氧（A/O）工艺与MBR膜生物反应器相结合，用于处理市政污水，并针对不同膜通量对一体化A/O+MBR工艺的影响进行中试研究[295]。王贺等针对浸没式膜生物反应器（MBR）膜污染的现象，通过相关污染物含量以及污泥性质的测定，考察运行温度对膜生物反应器运行性能及污泥性质的影响[296]。朱佳迪等采用实验室构建的厌氧膜生物反应器/缺氧/好氧膜生物反应器（AnMBR-A-MBR）与厌氧/缺氧/好氧膜生物反应器（A～2-MBR）工艺处理实际焦化废水，对比两套处理工艺在最佳工况下稳定运行对主要污染物的去除效果和对不同污染负荷的稳定性。采用固相萃取和组分分离、发光细菌Q67测试和三维荧光扫描等手段，对二者各级出水的急性毒性分布和变化以及毒性物质特征进行研究[297]。薛涛等为挖掘膜生物反应器（MBR）工艺的脱氮潜力，在MBR实际应用工程中开展了近1年的试验。在进水COD/TN值为4.0时，将污泥龄（SRT）从28～35d延长至70～80d，并探究总氮去除率的变化情况[298]。

（7）在生态处理技术方面，杨凤飞等以南方农村分散式生活和养殖混合污水为处理对象，构建由生物滤池-人工湿地-稳定塘组合生态处理系统，对该系统出水的NH_4^+-N、TN、TP和COD年平均去除率进行计算，并对该组合生态处理系统处理农村分散式混合污水的技术可行性进行分析[299]。吕锡武针对我国农村生活污水的水质特点，经过多年的持续研究和开发，形成可持续发展的农村生活污水生物生态组合处理成套技术：厌氧-缺氧生物滤池-跌水充氧接触氧化装置-水生蔬菜滤床和浸润度可控型人工湿地组合工艺[300]。谢林花等通过查阅我国农村生活污水处理实际工程案例文献，统计分析我国农村生活污水处理的技术模式，认为生态处理技术与其他工艺技术组合是未来农村生活污水处理的主要发展方向[301]。张春等通过文献调研，分析和总结近年来沼液的处理技术（如生物处理工艺、自然生态处理及深度处理技术）与资源化利用途径（如浸种、营养液、改善土壤肥力、饲料）的研究进展与应用现状，分析当前处理工艺的不足以及资源化利用方面的限制因素，并对其未来在深度处理、资源化利用及其结合方向的研究和应用发展趋势进行展望[302]。向衡等针对北方农村生活污水处理的特点，介绍一体式净化槽和人工快渗这两种农村生活污水处理新技术，并在此技术基础上以渭河流域农村为例，提出分散式污水处理系统和集中式污水处理系统[303]。李治培等介绍一种能将奶水牛场污染物直接或间接变成水生植物生长的肥料及水生动物生长所需的饲料的微生物方法，该方法以循环生态链的方式建立稳定的水体自净体系[304]。李远航等以浙江绍兴某大规模养猪场（存栏生猪5万头）为例，采用稻草-绿狐尾藻生态治理技术，系统分析养殖场废水处理的综合环境效益和经济效益[305]。杜甫义等结合目前人工湿地在国内外季节性低温地区的应用情况，系统地分析影响人工湿地在西藏等高寒缺氧地区运行效果的因素，对提高人工湿地在该地区运行效率的各种强化措施进行总结[306]。姜廷亮等采用人工快渗与人工湿地相结合的生态处理技术，将其应用于南水北调中线库区农村生活污水处理中试处理设施，对该设施出水的COD、NH_3-N、TN、TP、SS的平均去除率进行测定[307]。倪永炯等以杭州长桥溪生态公园、德国慕尼黑西园公园、浙江工业大学文荟湖为例，分析生态工程在城市小型景观水体中的应用，介绍水质控制生态系统的构建方法和运行效果，提出在休憩场所对娱乐和健身能量的利用思路，以及对生态工程教育意义的重视[308]。尹文超等提出构建中观层面的生态+城市水系统模型，并提出通过技术和管理机制领域的创新在微观层面逐渐分解和落实，创新发展适合我国的城市水环境改善之路[309]。

4.9.2 在面源污染控制技术研究方面

面源污染主要以农村面源污染为代表，因此面源污染控制主要围绕治理农村面源来展开。

(1) 高如梦等[310]选取2006—2015年全国31个省份的面板数据，以农药、化肥、塑料薄膜流失量作为农业污染排放的主要指标，建立简约式模型考察农业环境的库茨涅茨曲线特征，探究化肥流失量、农药流失量、塑料薄膜残留量与农业总产值间的关系，并分析农业面源污染与经济增长的关系，寻求解决农业面源污染问题的有效方法，在一定程度上为我国农业可持续发展和环境治理提出相关政策建议。

(2) 黄祥芳[311]基于2000—2014年我国13个粮食主产省份耕地投入产出的面板数据，运用SBM方向性距离函数将耕地面源污染因素纳入到传统的效率分析框架，从省际比较的维度对江西省耕地利用效率进行测度，探索在面源污染视角下考察耕地利用效率，为推动耕地可持续利用提供理论和参考依据。

(3) 熊昭昭等[312]采用排污系数法及统计年鉴估算2011—2015年农业面源污染的化学需氧量（COD）、总氮（TN）、总磷（TP）污染负荷，并结合ArcGIS表征COD、TN、TP污染负荷及污染强度的空间分布情况，采用离差标准化法分析COD、TN、TP污染强度，来确定江西省农村饮用水源地重点控制区域。

(4) 葛秋易等[313]介绍吉林省公主岭市南山村、猴石村面源污染治理工程。该工程采用“表面流湿地+深度处理塘+潜流湿地”多级复合型人工湿地工艺，辅以生态底质-生态护坡-仿拟根系水岸消解-生态岛等河岸带及水力优化技术，对污染水体、受损河道进行改善修复。

(5) 彭俊等[314]为有效控制和治理河道面源污染，启动河流水环境治理工程，根据流域面源污染源分布特点，进行分类、分区的综合整治：清水产流区设置截洪沟将山体干净的初雨直接导入水库；污控净化区内上游居住区、工业区设置初雨径流的调蓄和处理设施，下游农田区设置生态沟渠和滞留塘控制种植业面源污染；出流缓冲区，采用低影响开发（LID）技术建设生态型护岸，削减入河面源污染负荷；入库段设置入库库湾林和入库前置库，最终确保入库水质达标。

（6）李文超等[315]以高原湖泊典型流域——凤羽河流域为例，基于2011年6月至2013年5月期间径流水量、水质高频监测数据，应用基流分割的方法，通过分析流域产流与氮素输出途径的季节性变化，探讨流域氮素输出的主要途径及变化特征。

（7）李国峰[316]分析山东省农业面源污染的现状及成因，并针对这一问题提出3点建议：强化政府引导和市场调节，完善环境管控体系、重视生产者的自组织作用，推动农村生态环境保护、发挥社会团体和公众的支撑作用，服务农业面源污染的治理。

（8）张蓓等[317]针对我国城市发展状况的雨洪及面源污染模式等问题，总结典型城市雨洪及面源污染模型的计算方法，对比各模型对城市传统开发和低影响开发模式的模拟结果，同时探讨各模拟软件的现状和不足。为提高模型的适应性和模拟的准确性，城市雨洪及面源污染模型在模拟计算时需强化具体的量化方法、考虑多种影响因素并对模型模拟结果进行不确定性分析。

（9）李玉庆等[318]模拟水稻灌区中非自然水文过程及其驱动下的面源污染物迁移转化过程，将水稻灌区水文过程分为陆面水文过程和排水沟道水文过程，采用均衡法模拟陆面水文过程中稻田深层渗漏水量以及氨氮（NH_4^+）、硝氮（NO_3^-）和磷酸根（PO_4^{3-}）的渗漏通量，在此基础上，基于非稳定饱和渗流方程计算稻田深层渗漏过程所形成的侧向排水过程，作为排水沟道水文过程的输入项，基于动力波方程和一阶动力学方程描述水稻灌区排水网络下的面源污染物运移和转化过程，提出水稻灌区农业面源污染物迁移转化模型。根据前郭灌区2008—2009年的监测数据对模型渗流过程、主要面源污染物迁移转化过程参数进行率定，采用2010年的监测资料对模拟结果进行验证。

（10）尹建锋等[319]梳理中国农业面源污染治理市场主体培育的相关政策与探索实践基础上，通过借鉴欧盟、美国、日本等发达国家和地区在农业面源污染防治方面的经验，从强化政策法规制定、加大财政支持力度、实施农业绿色补贴、推动落实税收扶持政策、开展农业面源排污权交易试点、因地制宜探索公私合营模式（PPP）等方面提出相应的改进建议。

4.9.3　在饮用水安全保障技术研究方面

饮用水安全与人们的日常生活息息相关，可是安全可靠的饮用水资源却越来越少。因此关于饮用水安全保障方面的研究也在加紧进行，但相比其他研究方向，这类文献相对较少。

（1）黄大卫等[320]针对农村饮水安全工程补偿中产生的基层政府与省级政府虚报及确定各级政府间的补偿分摊比例等问题，就资金申报问题建立中央与地方政府的监管博弈模型来监督地方政府的虚报，并构建分摊比例模型来确定各级政府的分摊比例。将该模型应用于江苏某农村饮用水工程中，模型计算结果符合各博弈主体的利益。

（2）栗旸等[321]为了解云南省农村中小学校饮用水现状，为制定学校饮用水安全措施提供科学依据，对云南省558所农村中小学校进行供水工程相关情况调查及水质检测，所调查的学校供水工程水源类型以地面水为主，占64.3%；工程消毒的仅有47.1%；枯水期水质合格率为53.1%，丰水期水质合格率为47.1%，差异有统计学意义（$\chi^2=3.903$，$P<0.05$），并探究影响水质的微生物类型。

（3）安尼瓦·斯地克等[322]为解决部分地区的饮水问题，在集水桶的进水量、蓄水量及用水量间建立平衡关系，此平衡关系与水源位置和地形落差相结合研制集水式自压鱼鳃过滤器。

(4) 刘文朝等[323]介绍包虫病对牧区生活饮用水的危害，结合包虫病虫卵的传播途径、形体特征、环境抵抗力、灭活方式等特性，综合考虑包虫病区供水状况，初步提出集中式供水和分散式供水的技术要点、施工和运行管理注意事项，重点做好水源选择、加强过滤、卫生防护、水质检测和专业化服务，确保工程建设质量、供水和用水安全、工程良性运行。

(5) 田佳[324]在灰色系统理论基础上建立农村饮水安全工程可持续运行管理绩效考核灰色聚类评价模型，从组织管理、工程管理、安全管理、经济管理、群众满意度、可持续发展能力六方面建立绩效考核评价指标体系，指标权重采用熵组合赋权法进行计算，克服传统层次分析法计算权重的主观性，并将该模型应用于贵州省道真县农村饮水安全工程可持续运行管理绩效考核评价中。

(6) 黄拥军[325]分析当前存在的问题，探讨实施"十三五"丹江口市农村饮水安全巩固提升工程的必要性、可行性和有利条件。在此基础上，提出丹江口市农村饮水安全巩固工程建设的指导思想和基本原则、目标任务、建设标准等，并分析工程可带来的效益，以期为工程实施提供相应的参考。

4.10 水生态保护与修复技术研究进展

加强水生态系统保护与修复，是水生态文明建设的重要内容，也是经济社会可持续发展的必要保障。随着我国水生态文明建设试点工作的稳步推进，水生态系统保护与修复正成为一个新的研究热点，每年都会涌现出大量的研究成果。但由于这一研究领域覆盖面宽泛，因此其研究内容相对分散，其中比较有代表性的成果主要集中在水生态调度研究、水生态保护技术研究、城市生态水系规划研究等方面。

4.10.1 水生态调度研究方面

水生态调度是开展水生态保护与修复的一项重要措施。目前在这一领域的研究者较多，研究内容丰富，高水平研究成果也较多。总体来看，研究内容涉及水生态调度模型研究、水生态调度方案和模式研究、生态补水的效果和影响评价等方面。

(1) 在水生态调度模型研究方面，艾学山等以考虑发电保证率要求的总发电量最大、下游灌溉和生态流量需水满足度最大为目标建立水库多目标调度模型，以动态规划和离散微分动态规划为计算核心，提出求解多目标模型的变惩罚系数法，协调水库发电、灌溉和生态环境效益之间的问题[326]。戴凌全等建立以三峡水电站发电量最大和下游河道适宜生态流量改变度最小为目标的水库优化调度模型，基于生态水文学法量化下游河道适宜生态流量，并引入带有精英保留策略的非支配排序遗传算法作为调度模型的寻优算法[327]。刘晋高等提出嵌套水华预测模型的水库生态约束型调度模型，探讨水位、水位变频、水位变幅和水华发生的关系[328]。

(2) 在水生态调度方案研究方面，邓铭江等采用野外监测、地理信息技术与模型模拟相结合的手段，厘定不同来水频率下河水的损耗量、可调生态水量及生态供水量，结合天然植被的分布特点及需水规律，制定不同水情条件下的生态水调控方案[329]。高晓琦等采用 4 种计算方法确定河道生态流量，分别通过优化得到水量水质调度方案，分析各方案中水质指标改善效果优劣，研究不同生态需水计算方法对水质评价的影响[330]。陆志华等从太湖水环境改善需求出发，明确影响太湖水质改善的关键因子，设计考虑太湖水质指标的流域骨干工程调度方案，并对调度方案的效果进行分析[331]。杨倩倩等分别取调水前、短期调水后两次监测水样的水体理化指标和浮游藻类群落数据进行对比分析，并对浮游藻类群落与环境因子做相关性分析，通过湖湾水体生态环境的变化分析调水工程的净水效果[332]。陈栋等以淮安市渠北运西片区为研究对象，分析区域内 6 条主要河道 COD_{Cr} 及氨氮入河量，采用水质模型模拟区内水质关键点，针对水质不达标的 4 条河道进行生态补水方案调度研究，确定最优生态补水流量调度方案[333]。

（3）在生态补水效果及影响研究方面，张珮纶等阐述湿地生态需补水量的确定方法，根据国内湿地与补给水源之间的位置及供需关系，系统归纳与补给水源不同位置关系的各类型湿地的适宜生态补水方法[334]。李丽君等从水量、水质、地下水变化、植被恢复等方面，分析塔里木河调水工程水对生态环境的影响[335]。宗梅等综合分析塘西河主要污染物浓度的时空变化特征，探究塘西河生态补水工程和再生水厂尾水补给工程对水环境的影响[336]。徐震等基于栖息地偏爱法和 River2D 模型，对玉符河流域进行鱼类栖息地模拟，根据栖息地数量以及底栖生物完整性对玉符河的补水方案进行综合分析[337]。逄敏等以秦淮河流域分汊型河道为例，研究控源截污和生态补水联合措施对水质改善的影响[338]。陈静潇等使用磷脂脂肪酸法对比研究 0～30cm 土层中 4 种土壤微生物群落（细菌、真菌、放线菌和丛枝菌根真菌等）在 2 类湿地中的分布特征，同时区别不同植被条件下（芦苇群落、盐地碱蓬群落和裸滩）的差异，探究生态补水对盐沼湿地土壤微生物群落的影响[339]。李晓晓等通过对生态补水恢复湿地及潮间带湿地沉积物和大型底栖动物样品的分析，研究以沉积物盐度表征的生态补水工程对湿地生态环境的影响[340]。宋为威等以秦淮河流域南京市为研究对象，基于野外水文水质调查基础上，提出污水截污与生态补水联合措施，结合水环境数学模型计算近期和远期的水环境治理效果[341]。

（4）贾仰文等梳理渭河流域水资源与生态环境现状及存在的问题，开展干支流水生态环境综合分区与保护目标分析；从生态、环境、景观等多个层面提出干流 24 个断面生态环境流量三级控制指标以及 18 条重点支流 30 个断面的生态环境流量综合控制指标，构建水量调度模型，分析生态可调水量及生态调度的途径与方案；针对干流关键断面提出生态调度预案、措施和保障机制[342]。

（5）权全等介绍研究区域的生态调查及其分析，探讨水利工程建设等人类活动和外来物种入侵、气候变化等自然因素下对河道水生态的影响；论述水库水动力模型、水环境模型、生物个体仿真模型，开展变化环境下水文情势变化对河道生态效应的定量模拟分析[343]。

4.10.2 在水生态保护技术研究方面

目前关于水生态保护技术方面的文献较多，但多数是有关水生态保护与修复工作实际应用的文献，深入探讨水生态保护技术、方法的成果不多。总体来看，研究内容涉及水生态保护理论研究、水生态保护技术集成研究、水生态补偿机制研究等方面。

(1) 在水生态保护理论研究方面，范小杉等总结国内外河流生态系统服务研究基础理论、评估框架与技术方法、应用实践等相关成果，指出国内实践工作中存在的问题及其产生原因，进而指出未来发展方向[344]。温春云等基于水生态文明内涵和建设要求，结合江西省相关政策需要，从水安全、水环境、水生态、水管理、水景观以及水文化等6个方面构建包含25个指标在内的水生态文明县评价指标体系，并以层次分析法来确定各层级指标的权重，建立基于加权比较法的水生态文明综合评估模型[345]。落志筠对我国既有生态流量规范进行梳理并阐释其法制缺陷，提出建立独立的生态流量保障法律制度的基本思路[346]。徐斌等应用WASP水质模型进行建模和验证，模拟和评估河流的主要化学参数，进而研究人工湿地和曝气复氧对河流水质的生态改善作用[347]。

(2) 在水生态保护技术集成研究方面，王建平等归纳总结出以生态保护目标为核心的生态流量管理、维持基本水量（水位）的生态流量管理、实行总量控制的生态水量调度、应急补水性的生态流量管理4种生态流量管理模式[348]。刘伟等从水的资源、环境、生态属性出发，提出以空间规划、水流产权、用途管制、水生态环境治理与修复、最严格水资源管理、水资源有偿使用和水生态补偿、绩效评价考核和责任追究等措施为主，产权清晰、责任明确、多元参与、激励约束并重的流域水生态空间管控体系[349]。王圣瑞等开展水情驱动条件下洞庭湖生态效应定量评估技术集成与适宜生态水位、水环境演变与藻类水华风险控制技术集成、水生态风险及其防控集成技术构建和水体富营养化防治技术集成与示范等四个方面的研究，建立洞庭湖水生态风险防控技术体系[350]。

(3) 在水生态补偿机制研究方面，杨晴等从我国国土空间主体功能定位和生态功能区划、水资源权属制度角度，定义水生态补偿的内涵，探讨水生态补偿范围、补偿对象、补偿内容、补偿费用测算、补偿方式和补偿经费来源等[351]。张丛林等分析目前我国生态补偿存在的问题，并从主要目标、基本原则、有关概念、补偿主体、补偿客体、补偿范围、补偿标准、补偿方式等方面阐明改革思路，提出构建水流生态保护补偿机制的总体框架和相关政策建议[352]。杨中茂等通过水生态补偿工作，在政府主导提升水质的基础上，建议重点探索流域综合管理模式、突发水环境污染应急响应及涉水信息共享机制，以机制建设推进流域长效治理[353]。朱建华等以贵州省赤水河流域为例，结合流域经济结构和资源环境现状，从资金机制设计的角度，探讨市场化生态补偿机制的选择思路，设计提出适合采用的信托基金模式的资金机制框架[354]。周春芳等基于演化博弈理论，对博弈双方的策略选择进行研究分析，探讨博弈论下生态补偿的可行性及博弈双方的利害关系[355]。张化楠等基于主体功能区的视角，运用有限理性进化博弈模型，构建生态功能区与经济发展区的博弈收益矩阵，分析利益群体的复制动态系统及其进化稳定策略，并用雅克比矩阵对均衡点的抗扰动稳定性进行分析，最后提出发展与完善我国主体功能区流域生态补偿机制的政策建议[356]。朱弘业等从湿地生态补偿的责任主体、受偿客体、补偿标准和补偿方式方面，分析东北地区开展湿地生态补偿所面临的问题，建立湿地生态补偿理论框架，并为湿地保护和修复提出建议[357]。景守武等在对横向生态补偿如何促进水环境治理的内在机制进行制度分析的基础上，运用双重差分法研究新安江流域跨省横向生态补偿试点对水污染强度的影响[358]。张明凯等基于现行融资机制的思考，以排污权交易为基础构建生态补偿多元融资机制，分析政府、市场、政府和市场作为融资主体的融资机理，并分析可行的融资模式[359]。王西琴等以最小的政府生态补偿金额为目标，以水环境容量、耕地承载力、养殖户经济收益为主要约束，建立基于畜禽养殖模式转变的生态补偿空间优化模型[360]。

（4）刘广龙采用模糊综合评价等多种方法分析库区干流的水质；采用 Deflt3D 模型对库区支流的水文和水质进行模拟；基于 DPSIR 模型，对库区不同分区及不同角度如农业面源污染、城镇化等进行水生态安全评价[361]。

（5）陈利顶等论述海河流域自然环境、社会经济和人文特征的空间异质性，以及水资源、水环境、大型底栖动物、水生植物、鱼类和藻类等水生态系统的时空演化规律，并对海河流域水生态功能的主要驱动因子进行辨识；构建海河流域水生态功能一级、二级、三级、四级分区的指标体系，完成分区的野外验证和水生态系统安全性评估[362]。

（6）黄艺等阐述滇池流域的自然环境、社会经济和人文地理特征的空间分布概况，以及水资源、水环境、大型水生生物等水生态系统的时空演变规律；分析滇池流域水生态功能的驱动机制；构建滇池流域水生态功能 1～4 级分区的指标体系；对分区结果进行功能评价；提出流域水生态系统保护目标和保护建议[363]。

（7）陈自娟总结国内外流域生态补偿实践，提出分析流域生态补偿机制的基本框架，分析水环境承载力与流域社会经济发展间的辩证关系，提出并构建滇池流域水环境特点的生态补偿机制，并给出与“准市场化滇池治理机制”相关的对策与建议[364]。

（8）荆勇等主要针对北方城市中小河流水生态及修复进行研究，包括沈阳市水系和中小型河流概况、河流污染与水生态修复、水生态考核指标与监测技术、北方城市河流水生态的特征与解析、水生态修复技术与设备、典型河流水生态修复与技术支撑、水生态监控与管理、水生态实验研究基地建设[365]。

（9）陈华东构建区域水资源生态补偿府际协调的框架，通过对区域水资源补偿标准、补偿资金的使用和筹集以及水资源生态环境监测服务机制的研究，提出促进区域水资源生态补偿机制建设的具体措施[366]。

（10）解莹等建立岳城水库多目标生态调度模型，计算不同水平年水库生态调度水量；总结河流生态修复技术，结合漳卫南运河德州段水生态修复治理工程，进行水生态修复效果评价，提出典型污染和干旱河流生态重建与修复规划方案[367]。

（11）汪义杰等介绍流域水生态文明的概念与内涵，分析流域水生态文明建设热点和难点，探讨流域水生态系统健康评价方法及应用，提出流域水生态文明建设分区，并以桂江作为流域水生态文明建设示范区进行部署[368]。

（12）董延军等介绍城市水生态文明建设理论与技术体系、目标与任务、评价指标体系、实现途径等；论述珠江片第一批城市水生态文明技术评估概况、岭南河口水网区、岭南壮乡地区、高原少数民族地区、南方红壤水土流失地区等的生态文明建设模式与实践[369]。

4.10.3　在城市生态水系规划研究方面

城市水系工程的规划与建设，是水生态文明中城市建设的核心。目前在这一领域有一些新的研究成果，但介绍实践经验的文献占大多数，在学术上一般没有大的创新，所发表的期刊水平也一般。总体来看，研究内容涉及水系连通的概念解读及界定、图论理论与水系连通研究相结合、水系连通效果模拟与评价等方面。

（1）在水系连通的概念解读及界定方面，武明亮等从水系连通的功能出发，对株洲市现状防洪排涝能力、水质达标情况、生态缺水量、城市供水安全和水生态文明建设五个方面进行分析[370]。崔广柏等以引水实验与水量水质模型作为技术支撑，找出水系连通改善水环境的关键问题，基于此整合水系结构连通性与水力连通性概念，提出水系连通度评价方法[371]。夏继红等总结河流连通性的定义及功能，并指出水系连通的自然社会双重属性，指出目前水系连通的计算方法，各方法有其适用性和不足[372]。

（2）在图论理论与水系连通研究结合方面，马栋等基于图论边连通度方法，利用GIS技术提取水系，建立扬州市主城区水系图模型并计算水系边连通度[373]。夏敏等修正基于水流阻力与图论的水系连通性计算方法，改进基于水文过程的水文连通性计算公式，概括表征河网连通程度的主要指标，得到水系格局连接度，在此基础上综合各指标构建指标体系，对巢湖环湖区5地区的水系连通性进行评价[374]。赵进勇等利用GIS平台和图论理论，研究河湖水系的系统性连通程度定量评价技术，以胶东地区为例，分析胶东调水东线工程和引黄济青工程实施后山东半岛东部地区水网连通情况[375]。高玉琴等在运用图论连通度理论评价河网水系连通状况的基础上，通过建立 HEC_HMS 水文模型模拟河道流量，构建基于改进图论与水文模拟方法的河网水系连通性评价模型[376]。

（3）在水系连通效果模拟与评价方面，李丽等建立南渡江河湖水系连通系统动力学仿真模型（SD）和基于联系数的河湖水系连通等级评价模型（CN-AM），制定5个水系连通方案进行SD仿真模拟和CN-AM计算不同年份河湖水系连通系统及其各子系统的发展趋势与不同时期的水系连通联系数值和评价等级[377]。任朋等提出多功能区河道自净需水量计算公式，并将其运用于海口市中心城区水系连通工程河道水功能区水质所要求的最小需水量计算中，应用MIKE11水动力水质模型进行模拟[378]。李丽等用改进的基于标准差的模糊层次分析法确定河湖水系连通评价体系中指标和子系统的权重，用集对分析法构造评价样本与评价标准等级之间联系数分量，建立基于联系数的河湖水系连通评价模型[379]。周峰等针对平原区城镇化背景下水系减少及连通受阻等下垫面变化引起的洪涝加剧问题，综合考虑水系结构和水力特性等因素，建立满足行洪排涝需求的平原水系连通度量方法，并以浙东沿海平原河网区为例，分析城镇化下平原水系特征变化及其对河网连通度的影响[380]。

（4）朱勍等通过水资源优化配置与联合调度，使有限的水资源发挥最大效益；实施水系连通工程，达到改善和治理水环境的目的；水资源优化管理和水环境综合治理协同作用，确保生态用水量不被挤占，促进水生态环境健康永续发展；结合许昌悠久的历史文化，充分挖掘水文化内涵；建立水生态文明城市建设的理论评价体系与管理实施方案[331]。

（5）陈荣等论述城市景观水体的污染物来源和富营养化特征，研究富营养化过程的氮磷及微量元素作用机制，综述城市景观水体富营养化防治的主要策略和技术，并提供典型示范案例[382]。

（6）张欣莹等梳理西安地区水系的形成、发展、演变过程，解释城市兴衰与水系建设的密切关系，识别水系发展变化过程中的影响因子；分析水系开发利用与城市经济发展之间的动态关联性，评估城市水系规划实施前后的水系连通状况及适宜性，提出规划设计思路[383]。

4.11 与 2015—2016 年进展对比分析

(1) 有关水环境机理方面的研究成为近年来持续的热点，高水平研究成果也较多。一些学者从天然水化学特征研究、水质成分内在作用机理、水质与环境介质的相互作用等方面，研究了地下水和地表水水质成分在物理、化学和生物等作用下的转化机理，为揭示水环境系统内在作用机理及其环境效应提供了很好的借鉴。

(2) 有关水质模型研究与应用一直是水环境评价与预测方面的研究热点。近两年仍以水质模型应用方面的研究成果居多，但是理论研究方面也发表了一些创新性的高水平论文，如水质模型参数率定方法研究、河流水质对土地利用的响应等研究成果。

(3) 有关水生态理论方法及应用方面的研究取得了较快发展。一些学者对生态水文过程研究、生态水文模型的研制、生态需水理论研究等开展了较为深入的研究，并发表了一些高水平学术论文。虽然在水生态保护与修复技术方面的研究成果数量较多，但高水平的研究成果偏少，其主要应用聚焦在生态调度方案研究、水生态补偿机制研究、水系连通效果模拟与评价等方面。

(4) 近两年在污染物总量控制及其分配方面取得了诸多研究成果，从研究进展情况来看仍以应用性研究成果居多，尤其是纳污能力计算及应用方面和水环境容量计算方面的研究成果最多，而针对水功能区划和水环境容量分配方面的研究略显不足，且整体上高水平研究成果相对较少。

本章撰写人员

本章撰写人员名单：窦明、徐洪斌、陈豪。窦明负责统稿。分工如下：

节　　名	作　者	单　位
4.1　概述	徐洪斌 陈豪	郑州大学 华北水利水电大学
4.2　水环境机理研究进展	窦明	郑州大学
4.3　水环境调查、监测与分析研究进展	徐洪斌	郑州大学
4.4　水质模型与水环境预测研究进展	陈豪	华北水利水电大学
4.5　水环境质量评价研究进展	徐洪斌	郑州大学
4.6　污染物总量控制及其分配研究进展	陈豪	华北水利水电大学
4.7　水环境管理理论研究进展	陈豪	华北水利水电大学
4.8　水生态理论方法研究进展	窦明	郑州大学
4.9　水污染治理技术研究进展	徐洪斌	郑州大学
4.10　水生态保护与修复技术研究进展	窦明	郑州大学
4.11　与 2015—2016 年进展对比分析	窦明 陈豪	郑州大学 华北水利水电大学

参考文献

[1] 左其亭．中国水科学研究进展报告 2011—2012 [M]．北京：中国水利水电出版社，2013.

[2] 左其亭．中国水科学研究进展报告 2013—2014 [M]．北京：中国水利水电出版社，2015.

[3] 左其亭．中国水科学研究进展报告 2015—2016 [M]．北京：中国水利水电出版社，2017.

[4] 朱世丹，张飞，张海威，等．新疆艾比湖主要入湖河流同位素及水化学特征的季节变化 [J]．湖泊科学，2018，30 (06)：1707-1721.

[5] 李常锁，武显仓，孙斌，等．济南北部地热水水化学特征及其形成机理 [J]．地球科学，2018，43 (S1)：313-325.

[6] 王现国，杨国华，谷芳莹，等．三门峡盆地地下水化学成分演化机理与模拟 [J]．人民黄河，2018，40 (06)：82-86.

[7] 崔小顺，郑昭贤，程中双，等．穆兴平原北区浅层地下水水化学分布特征及其形成机理 [J]．南水北调与水利科技，2018，16 (04)：146-153.

[8] 朱世丹，张飞，张海威．艾比湖流域河流水化学季节特征及空间格局研究 [J]．环境科学学报，2018，38 (03)：892-899.

[9] 郭琴，龙健，廖洪凯，等．贵州高原喀斯特流域浅层地下水化学特征及质量评价——以普定后寨河为例 [J]．环境化学，2017，36 (04)：858-866.

[10] 金赞芳，张文辽，郑奇，等．氮氧同位素联合稳定同位素模型解析水源地氮源 [J]．环境科学，2018，39 (05)：2039-2047.

[11] 刘佳驹，赵雨顺，黄香，等．雅鲁藏布江流域水化学时空变化及其控制因素 [J]．中国环境科学，2018，38 (11)：4289-4297.

[12] 李会亚，冯起，陈丽娟，等．民勤绿洲灌区地下水水化学特征及其演化驱动机理 [J]．干旱区研究，2017，34 (04)：733-740.

[13] 王艳分，倪兆奎，林日彭，等．洞庭湖水环境演变特征及关键影响因素识别 [J]．环境科学学报，2018，38 (07)：2554-2559.

[14] 张虎才，常凤琴，段立曾，等．滇池水质特征及变化 [J]．地球科学进展，2017，32 (06)：651-659.

[15] 王蕊，刘兆飞，姚治君．蒙古国中北部地表水离子化学特征及其主要成因 [J]．地理研究，2017，36 (04)：790-800.

[16] 闫露霞，孙美平，姚晓军，等．青藏高原湖泊水质变化及现状评价 [J]．环境科学学报，2018，38 (03)：900-910.

[17] 杨平恒，张宇，王建力，等．水位变化影响下的河水-地下水侧向交互带地球化学动态 [J]．水科学进展，2017，28 (02)：293-301.

[18] 郑阳华，邹浩东，何强，等．水动力条件对沉积物-水界面氧通量的影响 [J]．湖泊科学，2018，30 (06)：1552-1559.

[19] 朱红伟，陈江海，王勇．水动力条件对水体自净作用的影响 [J]．南水北调与水利科技，2018，16 (06)：97-102.

[20] 张树苗，刘丹妮，白加德，等．麋鹿栖息地水体溶解性有机质光谱学特征 [J]．环境科学与技术，2018，41 (10)：13-20.

[21] 赵巧华，陈诗祺，陈纾杨．水体浊度对风速、风向及其时间累积效应的响应——以太湖贡湖湾为例 [J]．湖泊科学，2018，30 (06)：1587-1598.

[22] 吴中奎，邱小常，张修峰，等．富营养化浅水湖泊生态修复中背角无齿蚌 (Anodontawoodiana) 对水质改善的影响 [J]．湖泊科学，2018，30 (6)：1610-1615.

[23] 赵旭德，许大毛，刘婷，等．青山湖叶绿素 a 分布及其与水质因子的关联特征 [J]．环境化学，

2018，37（07）：1482－1490.

[24] 马牧源，崔丽娟，张曼胤，等．白洋淀附着藻类的初级生产力及其与水质的关系［J］．生态学报，2018，38（02）：443－456.

[25] 姜伟，周川，纪道斌，等．三峡库区澎溪河与磨刀溪电导率等水质特征与水华的关系比较［J］．环境科学，2017，38（06）：2326－2335.

[26] 杨苏文，金位栋，闫玉红，等．湖泊理论藻源内负荷估算方法研究［J］．中国环境科学，2017，37（01）：271－283.

[27] 刘雪晴，黄廷林，李楠，等．水库热分层期藻类水华与温跃层厌氧成因初步分析［J］．环境科学，2019，（05）：1－10.

[28] 康元昊，施军琼，杨燕君，等．三峡库区汝溪河浮游植物动态及其与水质的关系［J］．水生态学杂志，2018，39（06）：23－29.

[29] 王晓龙，吴召士，刘霞，等．鄱阳湖水环境与水生态［M］．北京：科学出版社，2018.

[30] 于革，等．湖泊水生态系统模拟研究［M］．北京：科学出版社，2017.

[31] 古小治，姜维华．湖泊污染底泥疏浚后新生沉积物-水界面溶解氧的动态响应［J］．湖泊科学，2018，30（06）：1518－1524.

[32] 朱曜曜，金鑫，孟鑫，等．白洋淀沉积物氨氮释放通量研究［J］．环境科学学报，2018，38（06）：2435－2444.

[33] 张硕，方鑫，黄宏，等．基于正交试验的沉积物-水界面营养盐交换通量研究——以海州湾海洋牧场为例［J］．中国环境科学，2017，37（11）：4266－4276.

[34] 苏露，黄廷林，李楠，等．分层型水源水库沉积物需氧量特性［J］．环境科学，2018，39（03）：1159－1166.

[35] 王亚蕊，陈向超，陈丙法，等．藻屑堆积对沉积物-水界面污染物的释放效应［J］．环境科学学报，2018，38（01）：142－153.

[36] 赵强，吕成文，秦晓波，等．脱甲河水系 CH_4 关键产生途径及其稳定碳同位素特征［J］．应用生态学报，2018，29（05）：1450－1460.

[37] 段余杰，刘小宁，陈光耀，等．底泥再悬浮对上覆水水质的影响研究［J］．生态环境学报，2017，26（05）：837－842.

[38] 杨耿，秦延文，韩超南，等．岷江干流表层沉积物中磷形态空间分布特征［J］．环境科学，2018，39（05）：2165－2173.

[39] 郭伟强，宋进喜，刘琪，等．潏河冬季潜流带水交换对沉积物间隙水水质的影响［J］．环境科学学报，2018，38（05）：1957－1967.

[40] 乔永民，谭键滨，马舒欣，等．深圳红树林湿地沉积物氮磷分布与来源分析［J］．环境科学与技术，2018，41（02）：34－40.

[41] 刘睿，周孝德．水沙环境变化对季节性多沙河流沉积物菌群特征的影响［J］．中国环境科学，2017，37（11）：4342－4352.

[42] 靳辉，谷娇，蔡永久，等．底栖藻对水丝蚓生物扰动效应的抑制研究［J］．环境科学学报，2017，37（06）：2055－2060.

[43] 谭啸，顾惠卉，段志鹏，等．超声波控藻对氮磷释放及水质变化的影响［J］．中国环境科学，2018，38（04）：1371－1376.

[44] 于佳佳，尹洪斌，高永年，等．太湖流域沉积物营养盐和重金属污染特征研究［J］．中国环境科学，2017，37（06）：2287－2294.

[45] 卢媛，王栋，刘登峰，等．基于改进的粗糙集-云模型的水质评价方法［J］．南京大学学报（自然科学），2017，53（05）：879－886.

[46] 唐哲，王琪，申亚兰，等．湖库型铁山水库饮用水水源地水资源评价［J］．人民长江，2017，48

(S2): 104-107, 192.

[47] 康鹏亮，张海涵，黄廷林，等. 湖库沉积物好氧反硝化菌群脱氮特性及种群结构 [J]. 环境科学，2018，39 (05): 2431-2437.

[48] 张清华，韦永著，曹建华，等. 柳江流域饮用水源地重金属污染与健康风险评价 [J]. 环境科学，2018，39 (04): 1598-1607.

[49] 宋虹，张继勉. 2017 年天津市生活饮用水放射性水平调查 [J]. 环境与健康杂志，2018，35 (03): 262-263.

[50] 栗旸，狄娟，张旭辉，等. 2017 年云南省农村水厂饮用水消毒现状调查 [J]. 现代预防医学，2018，45 (22): 4192-4195.

[51] 孔宪哲，杨丽芬，练会欣，等. 吉林省生活饮用水水碘含量调查 [J]. 中国地方病防治杂志，2018，33 (06): 623-624.

[52] 李佳凡，姚竞芳，顾佳媛，等. 黄浦江铅的人体健康水质基准研究 [J]. 环境科学学报，2018，38 (12): 4840-4847.

[53] 朱金峰，章树安，戴宁，等. 地下水水资源量监测分析技术应用探讨 [J]. 水文，2017，37 (03): 58-62.

[54] 徐魁伟，高柏，刘媛媛，等. 某铀矿山及其周边地下水中放射性核素污染调查与评价 [J]. 有色金属（冶炼部分），2017 (07): 58-61.

[55] 束龙仓，许杨，吴佩鹏. 基于 MODFLOW 参数不确定性的地下水水流数值模拟方法 [J]. 吉林大学学报（地球科学版），2017，47 (06): 1803-1809.

[56] 汪明武，周天龙，叶晖，等. 基于联系云的地下水水质可拓评价模型 [J]. 中国环境科学，2018，38 (08): 3035-3041.

[57] 张将伟，卢文喜，由延光，等. 基于 Monte Carlo 方法的地表水地下水耦合模拟模型不确定分析 [J]. 水利学报，2018，49 (10): 1254-1264.

[58] 朱信成，肖作义，肖明慧，等. 包头市城市污水水质指标的统计学分析 [J]. 环境污染与防治，2017，39 (06): 686-691.

[59] 沙远红，李瑞杰，肖千璐，等. 不同污水排海方式对南通通州湾海域水质的影响 [J]. 海洋环境科学，2017，36 (05): 670-675.

[60] 郭泓利，李鑫玮，任钦毅，等. 全国典型城市污水处理厂进水水质特征分析 [J]. 给水排水，2018，54 (06): 12-15.

[61] 谢燕华，刘壮，勾曦，等. 西南地区农村生活污水水质分析及村民意愿调查 [J]. 环境工程，2018，36 (08): 165-169，188.

[62] 姜晟，王卫星，李亮斌，等. 农村饮用水源地水质监测节点研制 [J]. 中国农村水利水电，2017 (06): 81-86.

[63] 刘京，刘廷良，刘允，等. 地表水环境自动监测技术应用与发展趋势 [J]. 中国环境监测，2017，33 (06): 1-9.

[64] 孟春芳，宋孝玉，赵文举，等. 新乡市农村浅层地下水健康危害及污染源识别 [J]. 安全与环境学报，2017，17 (05): 2024-2030.

[65] 唐玉兰，项莹雪，马甜甜，等. 基于多元统计分析方法的浑河流域沈抚段水质时空特征 [J]. 安全与环境学报，2018，18 (05): 2008-2012.

[66] 闫雅妮，程亚平，康平，等. 青狮潭水库底泥重金属污染特征及潜在生态风险 [J]. 人民长江，2017，48 (10): 24-29.

[67] 胡兰文，陈明，杨泉，等. 底泥重金属污染现状及修复技术进展 [J]. 环境工程，2017，35 (12): 115-118，123.

[68] 薄涛，季民. 内源污染控制技术研究进展 [J]. 生态环境学报，2017，26 (03): 514-521.

[69] 贺振洲，崔康平，慈曾福，等．新型复合药剂原位修复河道底泥污染［J］．环境工程学报，2017，11（06）：3481-3486.

[70] 何思琪，张薇，林建伟，等．锆改性沸石添加对重污染河道底泥磷释放和钝化的影响［J］．环境科学，2018，39（09）：4179-4188.

[71] 张鸿龄，马国峰，刘畅，等．清淤底泥处置中添加粉煤灰/炉渣对重金属生物有效性及毒性的影响［J］．环境科学学报，2017，37（01）：254-260.

[72] 冷阳，汪金成，李炜钦，等．洞庭湖区重金属分布特征及潜在生态风险评价［J］．人民长江，2018，49（21）：13-19.

[73] 徐军，郝立波，赵新运，等．松花江上游表层沉积物中重金属元素时空分布特征［J］．吉林大学学报（地球科学版），2018，48（03）：854-862.

[74] 朱娟平，王健，张太平，等．湿地植物-沉积物微生物燃料电池产电及河流底泥修复［J］．环境工程学报，2017，11（06）：3891-3898.

[75] 李亮，武成辉，林翰志，等．复合释氧剂的制备及其对水体修复的作用［J］．环境工程，2017，35（09）：1-6，191.

[76] 胡圣，夏凡，张爱静，等．丹江口水源区水生态功能一二级分区研究［J］．长江流域资源与环境，2017，26（08）：1208-1217.

[77] 郭书海，吴波．水生态功能区划流程：双关系树框架与概念模型［J］．应用生态学报，2017，28（12）：4051-4056.

[78] 孙然好，程先，陈利顶．基于陆地-水生态系统耦合的海河流域水生态功能分区［J］．生态学报，2017，37（24）：8445-8455.

[79] 范小杉，何萍，陈帆，等．沿海港口总体规划生态承载力环评技术方案［J］．中国环境科学，2017，37（05）：1971-1978.

[80] 崔丹，陈馨，曾维华．水环境承载力中长期预警研究——以昆明市为例［J］．中国环境科学，2018，38（03）：1174-1184.

[81] 梁静，吕晓燕，于鲁冀，等．基于环境容量的水环境承载力评价与预测——以郑州市为例［J］．环境工程，2017，35（11）：159-162，167.

[82] 肖俊威，杨亦民．湖南省湘江流域生态补偿的居民支付意愿 WTP 实证研究——基于 CVM 条件价值法［J］．中南林业科技大学学报，2017，37（08）：139-144.

[83] 赵雪霞，于鲁冀，王燕鹏．清潩河流域（许昌段）水生态环境功能分区指标体系构建［J］．水利水电技术，2018，49（09）：162-169.

[84] 于寒，杨静，刘桂梅．海洋水质模型研究进展及发展趋势［J］．海洋预报，2017，34（2）：88-96.

[85] 尹海龙，李潇，Steven C Chapra，等．地表水质模型的发展地表水质模型的发展：从维持生存到提升水质质量［J］．科技导报，2017，35（3）：57-65.

[86] 康宏志，郭祺忠，练继建，等．海绵城市建设全生命周期效果模拟模型研究进展［J］．水力发电学报，2017，36（11）：82-93.

[87] 谢飞，李冰，王向华．潮汐平原河网水质模拟研究展望［J］．环境与发展，2018，30（3）：204-205.

[88] 于嘉骥，张慧妍，王小艺，等．基于改进的投影寻踪-云模型的农业灌溉水质综合评价［J］．水资源保护，2017，33（6）：142-146.

[89] 戴青松，王沛芳，王超，等．基于 LWCA-SVM 模型对洪泽湖饮用水源地二河闸断面水质的预测分析［J］．中国农村水利水电，2017，（7）：62-66，71.

[90] 张质明，王晓燕，潘润泽．一种改进的不确定性水质模型参数率定方法［J］．中国环境科学，2017，37（3）：956-962.

[91] 刘景明，黄平捷，侯迪波，等．河流突发污染的污染物浓度动态校正方法［J］．浙江大学学报（工学版），2017，51（12）：2459-2465，2473.

[92] 张俊娜，刘元会，郅建青，等．基于改进粒子群优化算法的 BOD-DO 水质模型参数确定 [J]．西北农林科技大学学报（自然科学版），2017，45（3）：212-217.

[93] 李琳琳，张依章，唐常源，等．基于偏最小二乘模型的河流水质对土地利用的响应 [J]．环境科学，2017，38（4）：1376-1383.

[94] 梁中耀，余艳红，王丽婧，等．湖泊水质时空变化特征识别的贝叶斯方差分析方法 [J]．环境科学学报，2017，37（11）：4170-4177.

[95] 袁博宇，柳海涛，任廷鸿，等．一种考虑水生态修复措施对污染物降解影响的水质模型 [J]．环境科学学报，2018，38（10）：4057-4062.

[96] 杨咪，徐盼盼，钱会，等．基于人工蜂群算法的 BP 双隐含层神经网络水质模型 [J]．环境监测管理与技术，2018，30（1）：21-26.

[97] 舒持恺，候星甫，王建金，等．考虑随机观测误差影响的改进集对分析模型在水质模糊评价中的应用 [J]．中国科学院大学学报，2018，35（5）：627-634.

[98] 吴先明，蔡海滨，邓鹏．基于灰色关联度的改进 TOPSIS 模型在水质评价中的应用 [J]．三峡大学学报（自然科学版），2018，40（2）：24-28.

[99] 熊鸿斌，陈雪，张斯思．基于 MIKE11 模型提高污染河流水质改善效果的方法 [J]．环境科学，2017，38（12）：5063-5073.

[100] 王刚，齐珺，何晓燕，等．以北运河（北京段）为例模拟评估北京市“水十条”水质改善效果 [J]．中国环境监测，2017，33（5）：116-123.

[101] 巫丽俊，黄晓庆，孙华．东圳水库水质模拟预测及污染物总量控制研究 [J]．水生态学杂志，2017，38（5）：14-20.

[102] 李若华，周维，姚凯华，等．基于氧平衡的钱塘江河口水质模型研究及应用 [J]．中国农村水利水电，2017，（9）：86-89，92.

[103] 陈文君，段伟利，贺斌，等．基于 WASP 模型的太湖流域上游茅山地区典型乡村流域水质模拟 [J]．湖泊科学，2017，29（4）：836-847.

[104] 邱瑀，卢诚，徐泽，等．湟水河流域水质时空变化特征及其污染源解析 [J]．环境科学学报，2017，37（8）：2829-2837.

[105] 张质明，王晓燕，马文林，等．未来气候变暖对北运河通州段自净过程的影响 [J]．中国环境科学，2017，37（2）：730-739.

[106] 熊鸿斌，张斯思，匡武，等．基于 MIKE11 模型入河水污染源处理措施的控制效能分析 [J]．环境科学学报，2017，37（4）：1573-1581.

[107] 陈正侠，丁一，毛旭辉，等．基于水环境模型和数据库的潮汐河网突发水污染事件溯源 [J]．清华大学学报（自然科学版），2017，57（11）：1170-1178.

[108] 张亚丽，王艺铭，史淑娟，等．基于 QUAL2K 模型的鹤壁卫河水质模拟预警研究 [J]．中国环境监测，2018，34（5）：138-143.

[109] 刘磊，孙涛，陈慧敏，等．暴雨径流对海河干流水质的影响及排干水质要求的确定 [J]．安全与环境学报，2018，18（4）：1564-1568.

[110] 杜文娟，陈黎明，陈炼钢，等．水动力水质模型在温黄平原河网入河污染负荷削减中的应用 [J]．水利水电技术，2018，49（6）：109-117.

[111] 施芊芸，钱新，高海龙，等．贡湖生态修复区水质净化模拟与净化能力 [J]．中国环境科学，2018，38（5）：1878-1885.

[112] 邹锐，苏晗，余艳红，等．基于水质目标的异龙湖流域精准治污决策研究 [J]．北京大学学报（自然科学版），2018，54（2）：426-434.

[113] 戴君，刘硕，韩金风，等．污染负荷多情景变化下河流水质响应关系研究 [J]．中国环境科学，2018，38（2）：776-783.

[114] 杨卫，张利平，李宗礼，等．基于水环境改善的城市湖泊群河湖连通方案研究 [J]. 地理学报，2018，73 (1)：115-128.

[115] 窦明，贾瑞鹏．基于环境自净能力的龙凤湿地水质改善优化调控模型 [J]. 环境科学学报，2018，38 (6)：2418-2426.

[116] 郑国臣，秦雨，杨帆，等．松花江流域典型河湖水质评价与预测研究 [M]. 北京：科学出版社，2018.

[117] 陈凯麟，江春波．地表水环境影响评价数值模拟方法及应用 [M]. 北京：中国环境出版社，2018.

[118] 姜妮，陈仲晗，赵庄明，等．基于 SD 的海岸带污染负荷预测及污染经济损失研究——以江门市为例 [J]. 海洋环境科学，2018，37 (5)：720-727.

[119] 闫雪嫚，卢文喜，欧阳琦．基于替代模型的非点源污染模拟不确定性分析——以石头口门水库汇水流域为例 [J]. 中国环境科学，2017，37 (8)：3011-3018.

[120] 陶双骏，邵光成，苏江霖，等．小流域面源污染风险评估研究——基于多分类有序离散选择模型 [J]. 农业环境科学学报，2017，36 (7)：1293-1299.

[121] 高会然，沈琳，刘军志，等．中国南方丘陵区非点源污染过程模拟研究进展 [J]. 地球信息科学学报，2017，19 (8)：1080-1088.

[122] 田若蘅，黄成毅，邓良基，等．四川省化肥面源污染环境风险评估及趋势模拟 [J]. 中国生态农业学报，2018，26 (11)：1739-1751.

[123] 吴玉博，侯保灯，仵峰，等．基于面源污染的松花江下游水质评价 [J]. 人民黄河，2018，40 (5)：69-72.

[124] 李丹，梁新强，吴嘉平．水库型饮用水源地水环境模拟与预测 [J]. 浙江大学学报（农业与生命科学版），2018，44 (1)：75-88.

[125] 王浩，周祖昊，贾仰文，等．流域水质水量联合调控理论技术与应用 [M]. 北京：科学出版社，2018.

[126] 张乃明，等．饮用水源地污染控制与水质保护 [M]. 北京：化学工业出版社，2018.

[127] 黄沈发，吴建强，唐浩，等．平原河网地区滨岸缓冲带农业面源污染控制技术 [M]. 北京：中国环境出版社，2018.

[128] 高学平，孙博闻，訾天亮，等．基于时域权重矩阵的模糊综合水质评价法及其应用 [J]. 环境工程学报，2017，11 (02)：970-976.

[129] 陈洁，钱会．湖泊水体富营养化评价的随机模拟与三角模糊数耦合模型 [J]. 环境工程，2017，35 (08)：130-134.

[130] 柳超，钱彬杰，王莉元，等．城市河流黑臭水体综合评价体系的建立及应用 [J]. 中国给水排水，2018，34 (11)：73-77，83.

[131] 徐国宾，翟晶．基于模糊标识指数的水功能区水质评价方法 [J]. 天津大学学报（自然科学与工程技术版），2017，50 (07)：710-716.

[132] 方运海，郑西来，彭辉，等．基于模糊综合与可变模糊集耦合的地下水质量评价 [J]. 环境科学学报，2018，38 (02)：546-552.

[133] 高红杰，郑利杰，嵇晓燕，等．典型城市地表水质综合评价方法研究 [J]. 中国环境监测，2017，33 (02)：55-60.

[134] 林涛，徐盼盼，钱会，等．黄河宁夏段水质评价及其污染源分析 [J]. 环境化学，2017，36 (06)：1388-1396.

[135] 龙虹竹，刘红兵，汪涛，等．川中丘陵区自然沟渠水体与沉积物中砷的分布特征及污染评价 [J]. 环境科学学报，2018，38 (12)：4737-4744.

[136] 刘大超，徐秋萍，张浏，等．基于逸度方法评价巢湖流域 PAHs 在水体-沉积物间扩散过程 [J].

环境科学学报，2018，38（03）：930-939.
[137] 左其亭，陈豪，张永勇，等．淮河中上游轮虫群落结构分析及水质评价［J］．环境工程学报，2017，11（01）：165-173.
[138] 刘盼盼，王龙，王培，等．沙颍河流域浮游动物群落结构空间变化特征与水质评价［J］．水生生物学报，2018，42（02）：373-381.
[139] 展永兴，沈菊琴，张丹丹．水环境治理工程环境经济损益评价模型及应用［J］．人民黄河，2018，40（03）：64-67.
[140] 柳山，罗朝晖，金晓文，等．基于数值模拟的地下水环境影响预测评价体系初探：以黔西南岩溶某场区为例［J］．环境工程，2017，35（08）：135-140.
[141] 巴亚东，江波，桁雅纯．清江水布垭水电站水环境影响后评价［J］．人民长江，2017，48（S2）：43-46，80.
[142] 梁军平，刘意立，赵国军，等．岩溶地区隧道施工对水环境影响评价指标体系的建立［J］．环境工程，2017，35（04）：129-133，148.
[143] 赵素芳，袁仲杰，姚翔，等．基于 PSR 模型的石化园区海洋环境影响后评估指标体系研究［J］．应用海洋学学报，2018，37（03）：404-412.
[144] 郝林钢，左其亭，石永强．流域水系统典型分区方法对比分析及应用［J］．水电能源科学，2017，35（7）：22-25.
[145] 刘发根，郭玉银．鄱阳湖水功能区划细化及保护区统筹优化探讨［J］．人民长江，2018，49（21）：27-31.
[146] 张晓，罗军刚，解建仓．考虑取水口和支流的河流纳污能力计算模型研究与应用［J］．水利学报，2017，48（3）：317-324.
[147] 宓永宁，陈静超．辽阳市主要河流纳污能力与限排总量研究［J］．中国农村水利水电，2017，（2）：73-76.
[148] 付雅君，曹升乐，杨裕恒，等．水功能区纳污能力动态研究与应用［J］．人民黄河，2017，39（2）：74-76，81.
[149] 杨芳，李建，裴中平，等．鄱阳湖九江工业用水区纳污能力研究［J］．南水北调与水利科技，2018，16（6）：80-88，129.
[150] 覃琳，宋孝玉，晁智龙，等．基于城镇排污视角的水功能区纳污能力模型及其应用［J］．应用生态学报，2018，29（9）：3051-3057.
[151] 嵇灵烨，王飞儿，俞洁，等．基于负荷历时曲线法的东苕溪纳污能力研究［J］．浙江大学学报（农业与生命科学版），2018，44（1）：59-66.
[152] 王林，宓辰羲，宓永宁．辽阳市水功能区纳污能力计算研究［J］．人民黄河，2017，39（12）：80-84.
[153] 张家鸣，刘继艳．基于一维水动力水质模型的纳污能力分段核定研究——以江门市江海区礼乐河为例［J］．人民珠江，2017，38（7）：85-88.
[154] 冯浩源，石培基，周文霞，等．水资源管理“三条红线”约束下的城镇化水平阈值分析——以张掖市为例［J］．自然资源学报，2018，33（2）：287-301.
[155] 邴建平，邓鹏鑫，徐高洪，等．三峡水库运行后长江汉阳段污染物扩散规律研究［J］．人民长江，2018，49（19）：26-32.
[156] 朱烨，陈燕飞．南水北调中线工程对汉江中下游纳污能力的影响［J］．水电能源科学，2018，36（12）：34-38.
[157] 张剑，付意成，韩会玲．浑太河流域动态水环境容量设计水文条件研究［J］．中国农村水利水电，2017，（3）：75-80.
[158] 宋为威，逄勇．基于国考七桥瓮断面水质达标秦淮河流域水环境容量计算［J］．中国农村水利水

电，2017，(10)：80-84.

[159] 熊鸿斌，张斯思，匡武，等．基于 MIKE11 模型的引江济淮工程涡河段动态水环境容量研究 [J]. 自然资源学报，2017，32 (8)：1422-1432.

[160] 靳甜甜，卢敏，刘国华，等．拉萨河干流城市段水环境容量 [J]. 生态学报，2018，38 (24)：8955-8963.

[161] 姚金豆，姚建．基于盲数理论的绵远河不同水期水环境容量研究 [J]. 人民长江，2018，49 (15)：41-45.

[162] 闻建伟，杨春生，付意成．浑太河流域水环境容量分配研究 [J]. 水利水电技术，2017，48 (11)：150-155.

[163] 穆小玲，席献军，朱洪生，等．郑州市贾鲁河水环境容量及污染调控研究 [J]. 人民黄河，2018，40 (9)：78-82.

[164] 荆海晓，李小宝，房怀阳，等．基于线性规划模型的河流水环境容量分配研究 [J]. 水资源与水工程学报，2018，29 (3)：34-38，44.

[165] 张琳，周建银，王家生，等．基于控制断面法的水环境容量及污染综合治理研究 [J]. 长江科学院院报，2017，34 (11)：23-26，32.

[166] 饶清华，林秀珠．基于水环境容量的闽江流域跨界生态补偿标准研究 [J]. 中国农村水利水电，2017，(11)：73-77，82.

[167] 陶亚，陈宇轩，赵喜亮，等．基于 EFDC 模型的阿什河水环境容量季节性分析 [J]. 环境工程，2017，35 (7)：65-69.

[168] 温胜芳，单保庆，马静，等．水资源缺乏地区地表水环境承载现状研究——以京津冀和西北五省（自治区）为例 [J]. 中国工程科学，2017，19 (4)：88-96.

[169] 瞿一清，逄勇．基于龙王庙断面水质达标的城南河流域水环境容量 [J]. 水资源保护，2018，34 (5)：76-80.

[170] 戴忱，陈凌．宜兴市基于水环境容量的海绵城市建设规划 [J]. 中国给水排水，2018，34 (18)：6-11.

[171] 蒋婷，张艳军，鲍正风，等．湖泊水质调控的水位研究——以磁湖为例 [J]. 武汉大学学报（工学版），2018，51 (7)：570-576.

[172] 周科，徐苏容．引黄灌区随机逼近水生态环境管理模型及应用研究 [J]. 中国农村水利水电，2018，(11)：139-144.

[173] 张可，马成文，丰景春，等．基于离散灰色模型的农村水环境政策减排效应及其空间分异性研究 [J]. 中国管理科学，2017，25 (5)：157-166.

[174] 彭民，陈君曦，董金涛，等．我国页岩气开发区域水环境差异及保护政策 [J]. 环境工程，2017，35 (1)：151-154，123.

[175] 张丛林，乔海娟，王毅，等．生态文明背景下流域/跨区域水环境管理政策评估 [J]. 中国人口·资源与环境，2018，28 (7)：76-84.

[176] 张墨，王璐，王军锋．基于匹配倍差法的排污权交易制度实施效果研究 [J]. 干旱区资源与环境，2017，31 (11)：26-32.

[177] 宋旭，赵志博，潘凤云．排污权的设定对环境技术进步的影响 [J]. 长江流域资源与环境，2017，26 (10)：1668-1676.

[178] 翁智雄，程翠云，章翼，等．瓯江流域（温州段）水污染物排污权交易比率研究 [J]. 生态经济，2017，33 (6)：184-190，195.

[179] 窦明，王艳艳，李桂秋．基于纳污控制的沙颍河流域排污权交易多目标优化模型 [J]. 水利学报，2017，48 (8)：892-902.

[180] 张丽娜，吴凤平．基于 GSR 理论的省区初始水权量质耦合配置模型研究 [J]. 资源科学，2017，

39 (3): 461-472.

[181] 邱宇，陈英姿，饶清华，等．基于排污权的闽江流域跨界生态补偿研究 [J]. 长江流域资源与环境，2018，27 (12)：2839-2847.

[182] 胡彩娟．排污权交易市场协同发展制度指标体系研究 [J]. 中国人口·资源与环境，2018，28 (4)：155-162.

[183] 李雪松．农村水环境问题的经济机理分析与管理创新制度研究 [M]. 北京：科学出版社，2017.

[184] 赵琰鑫，陈岩，白辉，等．青海省湟水流域重点支流环境问题诊断研究 [M]. 北京：中国环境出版社，2018.

[185] 贾倩，曹国志，於方，等．基于环境风险系统理论的长江流域突发水污染事件风险评估研究 [J]. 安全与环境工程，2017，24 (4)：84-88，93.

[186] 邸惠，刘兴朋，张继权，等．饮马河流域水环境综合风险时空分布 [J]. 环境科学研究，2018，31 (3)：496-506.

[187] 刘昕宇，吴世良，宗军，等．水环境污染物的筛查与风险分析 [M]. 北京：科学出版社，2018.

[188] 彭文启，刘晓波，王雨春，等．流域水环境与生态学研究回顾与展望 [J]. 水利学报，2018，49 (09)：1055-1067.

[189] 章光新，武瑶，吴燕锋，等．湿地生态水文学研究综述 [J]. 水科学进展，2018，29 (05)：737-749.

[190] 董哲仁，张晶，赵进勇．环境流理论进展述评 [J]. 水利学报，2017，48 (06)：670-677.

[191] 吴燕锋，章光新．湿地生态水文模型研究综述 [J]. 生态学报，2018，38 (07)：2588-2598.

[192] 张亚丽，高楹，吴锋，等．我国东部浅水湖泊水生态效应特征 [J]. 环境科学研究，2018，31 (05)：878-885.

[193] 古力米热·哈那提，王光焰，张音，等．干旱区间歇性生态输水对地下水位与植被的影响机理研究 [J]. 干旱区地理，2018，41 (04)：726-733.

[194] 玛丽娅·奴尔兰，刘卫国，霍举颂，等．旱生芦苇对地下水位变化的生态响应及适应机制 [J]. 生态学报，2018，38 (20)：7488-7498.

[195] 王晓媛，江波，田志福，等．冬季安徽菜子湖水位变化对主要湿地类型及冬候鸟生境的影响 [J]. 湖泊科学，2018，30 (06)：1636-1645.

[196] 冯文娟，徐力刚，王晓龙，等．鄱阳湖湿地植物灰化薹草 (Carex cinerascens) 对不同地下水位的生理生态响应 [J]. 湖泊科学，2018，30 (03)：763-769.

[197] 刘迁迁，古力米热·哈那提，苏里坦，等．塔里木河下游河岸带地下水埋深对生态输水的响应过程 [J]. 干旱区地理，2017，40 (05)：979-986.

[198] 秦养民，巩静，顾延生，等．鄂西亚高山泥炭地有壳变形虫生态监测及对水位的指示意义 [J]. 地球科学，2018，43 (11)：4036-4045.

[199] 周建军，张曼．近年长江中下游径流节律变化、效应与修复对策 [J]. 湖泊科学，2018，30 (06)：1471-1488.

[200] 李小雁，马育军，黄永梅，等．青海湖流域生态水文过程与水分收支研究 [M]. 北京：科学出版社，2018.

[201] 陈存根．林木生理与生态水文 [M]. 北京：科学出版社，2018.

[202] 杨启红，卢金友，王家生，等．筑坝河流的水文生态效应及其生态修复——以三峡水库与长江中下游典型河段为例 [M]. 北京：中国水利水电出版社，2017.

[203] 吉小盼，蒋红．基于湿周法的西南山区河流生态需水量计算与验证 [J]. 水生态学杂志，2018，39 (04)：1-7.

[204] 李咏红，刘旭，李盼盼，等．基于不同保护目标的河道内生态需水量分析——以琉璃河湿地为例 [J]. 生态学报，2018，38 (12)：4393-4403.

[205] 平凡，刘强，于海阁，等. BNU-ESM-RCP4.5情景下2018—2060年拒马河河道内生态需水量和麦穗鱼栖息地面积模拟研究 [J]. 湿地科学，2017，15 (02)：276-280.

[206] 张远，赵长森，杨胜天，等. 基于关键功能组的河道内生态需水计算 [J]. 南水北调与水利科技，2018，16 (01)：108-113.

[207] 龙凡，梅亚东. 基于概率加权FDC法的河流生态需水量计算 [J]. 水文，2017，37 (04)：1-5，28.

[208] 吴建强，李林，谭娟，等. 峰丛洼地植被生态需水定额及其影响因素 [J]. 生态学报，2018，38 (19)：6894-6902.

[209] 李金燕. 宁夏中部干旱带盐池县植被生态需水规律研究 [J]. 干旱区地理，2018，41 (05)：1064-1072.

[210] 周洪华，李卫红，李玉朋，等. 基于树木年轮技术的塔里木河下游河岸胡杨林生态需水量研究 [J]. 生态学报，2017，37 (22)：7576-7584.

[211] 赵晓瑜，杨培岭，任树梅，等. 基于生态水位差比法的高海拔湿地生态环境需水量研究——以乌梁素海湿地为例 [J]. 灌溉排水学报，2018，37 (05)：59-65.

[212] 郭宏伟，徐海量，凌红波，等. 和田河流域生态保护红线划定初探 [J]. 干旱地区农业研究，2017，35 (06)：235-243.

[213] 彭飞，何新林，刘兵，等. 干旱区荒漠植被生态需水量计算方法研究 [J]. 节水灌溉，2017，(12)：90-93.

[214] 潘俊，王昭怡，梁海涛，等. 石佛寺水库周边地下水生态水位研究 [J]. 水电能源科学，2018，36 (06)：141-145.

[215] 叶朝霞，陈亚宁，张淑花. 不同情景下干旱区尾闾湖泊生态水位与需水研究——以黑河下游东居延海为例 [J]. 干旱区地理，2017，40 (05)：951-957.

[216] 贺金，夏自强，黄峰，等. 基于丰平枯水年的湖泊生态水位计算 [J]. 水电能源科学，2017，35 (05)：33-36.

[217] 胡春明，娜仁格日乐，尤立. 基于水质管理目标的博斯腾湖生态水位研究 [J]. 生态学报，2019，(02)：1-7.

[218] 吴卫熊，吴建强，何令祖，等. 岩溶峰丛洼地植被生态需水计算及案例解析 [M]. 北京：中国水利水电出版社，2017.

[219] 何蒙，吕殿青，李景保，等. 水文变异下长江荆南三口河道内生态需水量变化及贡献因素 [J]. 应用生态学报，2017，28 (08)：2554-2562.

[220] 程艳，陈丽，阴俊齐，等. 玛纳斯河谷水源地植被生态水位区间研究 [J]. 环境科学与技术，2018，41 (02)：26-33.

[221] 陈玥，管仪庆，苗建中，等. 基于长期水文变化的苏北高邮湖生态水位及保障程度 [J]. 湖泊科学，2017，29 (02)：398-408.

[222] 孙小凤，李建华. 苏南新型农业社区水生态环境健康综合评价与分析——以常熟市生态农业社区为例 [J]. 中国农村水利水电，2017，(05)：133-138.

[223] 张雷，时瑶，张佳磊，等. 大宁河水生态系统健康评价 [J]. 环境科学研究，2017，30 (07)：1041-1049.

[224] 刘祥，陈凯，王敏，等. 基于O/E模型和化学-生物综合指数的淮河流域关键断面生态健康评价 [J]. 环境科学学报，2017，37 (07)：2767-2776.

[225] 徐菲，王永刚，张楠，等. 北京市白河和潮河流域生态健康评价 [J]. 生态学报，2017，37 (03)：932-942.

[226] 李飞龙，杨江华，杨雅楠，等. 环境DNA宏条形码监测水生态系统变化与健康状态 [J]. 中国环境监测，2018，34 (06)：37-46.

[227] 张盛，王铁宇，张红，等．多元驱动下水生态承载力评价方法与应用——以京津冀地区为例[J]. 生态学报，2017，37（12）：4159-4168.

[228] 马涵玉，黄川友，殷彤，等．系统动力学模型在成都市水生态承载力评估方面的应用[J]. 南水北调与水利科技，2017，15（04）：101-110.

[229] 郭晓娜，苏维词，杨振华，等．城乡统筹背景下重庆市水生态足迹分析及预测[J]. 灌溉排水学报，2017，36（02）：69-75.

[230] 高伟，严长安，李金城，等．基于水量-水质耦合过程的流域水生态承载力优化方法与例证[J]. 环境科学学报，2017，37（02）：755-762.

[231] 熊建新，吴南飞，陈端吕，等．洞庭湖区生态承载力响应的时空分异[J]. 中南林业科技大学学报，2018，38（12）：13-21，29.

[232] 明磊强，周显玉，史雅琦，等．臭氧处理系统对城市污水处理过程中活性污泥沉降性的影响及微生物群落变化维度下的应用效果[J]. 给水排水，2018，54（S2）：89-94.

[233] 蒋一凡，李彬彬，胡旸，等．污泥龄对SBR/OSA工艺中污泥减量效果的影响[J]. 中国给水排水，2018，34（15）：105-109.

[234] 郑莹，李杰，豆宁龙，等．不同价态铁对活性污泥性能的影响[J]. 中国给水排水，2018，34（09）：26-32.

[235] 赵俏迪，彭党聪，姚倩，等．次氯酸钠控制城市污水处理厂微丝菌污泥膨胀[J]. 中国给水排水，2018，34（07）：21-25.

[236] 吕文洲，王小宝，刘英，等．预曝气及提取方法对活性污泥胞外聚合物的影响[J]. 中国环境科学，2018，38（01）：150-160.

[237] 高晨晨，游佳，陈轶，等．丝状菌污泥膨胀对脱氮除磷功能菌群的影响[J]. 环境科学，2018，39（06）：2794-2801.

[238] 秦丹宁，姜伟立，陈娇，等．脉冲曝气活性污泥胞外聚合物的产生特性及其与脱氮效率的关系[J]. 环境工程学报，2017，11（12）：6259-6265.

[239] 邓玉梅，谢敏，鄢恒珍，等．冰冻调质对活性污泥脱水性能的影响[J]. 环境工程学报，2017，11（07）：4362-4366.

[240] 刘强，刘喜坤，耿德强，等．污泥龄对HMBR中LB-EPS及膜污染的影响[J]. 水处理技术，2018，44（08）：99-102.

[241] 于洋洋，王广智，王卓然，等．萘好氧降解污泥强化培养特性与降解效能研究[J]. 环境科学与技术，2017，40（08）：128-133.

[242] 张尊举，金泥沙，张仁志．1种小型污水处理填料生物转盘的设计与实验[J]. 水处理技术，2018，44（12）：101-103.

[243] 马君妍，吴比，朱南文，等．硝酸钙辅助生物膜法用于污染河道原位修复[J]. 中国给水排水，2018，34（21）：31-36.

[244] 龙天渝，贾黎明，杜梦楠．紊流脉动对生物膜法污水处理效果的影响[J]. 水处理技术，2018，44（09）：107-111.

[245] 张文艺，王逸超，蔡庆庆．BAF工艺预处理含微囊藻毒素微污染水源的微生物特征[J]. 过程工程学报，2018，18（04）：866-871.

[246] 张波，戚永洁，蒋素英，等．铁碳微电解-生物膜法-高级氧化工艺处理印染废水中试研究[J]. 环境工程，2018，36（03）：44-48.

[247] 陈佩佩，邵小青，郭松杰，等．水处理中生物填料的研究进展[J]. 现代化工，2017，37（12）：38-42.

[248] 吴捷捷．珠江底泥中天然有机物降解研究[J]. 水处理技术，2017，43（10）：60-64.

[249] 赵畅，王宁，王文昭，等．基于Lux型群体感应系统干预的生物被膜调控在污水处理中的研究进

展与前景 [J]. 生物工程学报，2017，33 (09)：1596-1610.

[250] 孙艺齐，卞伟，王盟，等. 活性污泥法和生物膜法 SBR 工艺亚硝化启动和稳定运行性能对比 [J]. 环境科学，2017，38 (12)：5222-5228.

[251] 吕鹏翼，罗金学，韩振飞，等. 生物膜法强化净化氨氮污染水体及其微生物群落解析 [J]. 微生物学通报，2017，44 (09)：2055-2066.

[252] 苏琬，王三反，苏兆阳，等. Circox 生物膜反应器处理含聚废水的试验研究 [J]. 中国给水排水，2017，33 (07)：129-133.

[253] 魏孝承，刘东方，逯鹏飞，等. 物化-生化组合工艺处理三元驱采出水中试研究 [J]. 工业水处理，2017，37 (01)：61-64，72.

[254] 张治国，李斌绪，李娜，等. 污水深度处理工艺对抗生素抗性菌和抗性基因去除研究进展 [J]. 农业环境科学学报，2018，37 (10)：2091-2100.

[255] 唐凯峰，王旭阳，赵乐军，等. 磁加载混凝澄清技术在污水深度处理领域的应用 [J]. 给水排水，2018，54 (10)：35-39.

[256] 刘骁智，隋春晓. 青岛豆金河中水回用作为热电厂循环冷却水 [J]. 中国给水排水，2018，34 (16)：81-84.

[257] 方素梅，丁德功，张建国，等. 水平管高效沉淀技术在污水深度处理中的应用 [J]. 中国给水排水，2018，34 (13)：95-97.

[258] 杨墨，田中凯，邓涛，等. 接续 A～2/O 的气浮过滤污水深度处理工艺研究 [J]. 中国农村水利水电，2018 (06)：88-91，96.

[259] 李国金，李霞，王万寿，等. 活性焦吸附应用于市政污水深度处理中的系统布置及控制 [J]. 给水排水，2018，54 (06)：20-23.

[260] 张雷，韩严和，刘美丽，等. 基于内循环微电解的焦化污水深度处理 [J]. 环境工程学报，2018，12 (05)：1462-1470.

[261] 张丽丽，黄思远，石艳玲，等. 改良 Fenton 工艺用于化工园区污水深度处理的小试 [J]. 环境工程学报，2017，11 (11)：5877-5883.

[262] 赵玉琴. 基于纳米催化电解的市政污水深度处理及污泥处置研究 [J]. 水处理技术，2017，43 (09)：128-131，135.

[263] 侯瑞，金鑫，金鹏康，等. 臭氧-混凝耦合工艺污水深度处理特性及其机制 [J]. 环境科学，2017，38 (02)：640-646.

[264] 郭志鹏，于涛，魏东洋，等. 响应面法优化铝污泥基质去除氮磷性能研究 [J]. 环境科学与技术，2018，41 (12)：255-261.

[265] 王琼，庞雪玲，史彦伟，等. 改良 A～2/O 工艺处理生活污水的脱氮除磷效果 [J]. 中国给水排水，2018，34 (23)：100-104.

[266] 刘康，薛念涛，李建民，等. CASS 反应器内反硝化聚磷菌处理生活污水的性能 [J]. 环境工程学报，2018，12 (09)：2483-2489.

[267] 贾丹，李卓然，钟志国. pH 对新型后置反硝化系统生物脱氮除磷的影响 [J]. 水处理技术，2018，44 (05)：79-83.

[268] 刘哲，邵小青，侯荣荣，等. HRT 对一体化污水处理装置脱氮除磷效果的影响 [J]. 水处理技术，2018，44 (04)：95-97，103.

[269] 夏宏生，陈师楚. UASB-O/A/O 组合工艺对规模化养猪场废水的生物脱氮除磷研究 [J]. 环境工程，2018，36 (01)：11-14，36.

[270] 袁林江，刘传波，罗大成，等. 同步化学除磷对污水处理系统及 A～2/O 单元的影响研究 [J]. 安全与环境学报，2017，17 (06)：2353-2359.

[271] 陈静雅，王晓昌，郑于聪，等. 潮汐流人工湿地对高污染河水氮磷的去除特性 [J]. 环境科学与

技术，2017，40（12）：32-37.

[272] 王程斋，朱志慧，王婷，等．QA-MCM-41吸附剂脱氮除磷性能［J］．环境工程学报，2017，11（12）：6217-6225.

[273] 吴义福，吕锡武，杨子萱．浸润线可控型人工湿地的生活污水脱氮除磷性能研究［J］．水处理技术，2017，43（12）：89-94.

[274] 何俊乐，吕锡武，杨子萱，等．经济植物型潮汐流人工湿地深度净化农村生活污水［J］．水处理技术，2017，43（12）：105-110.

[275] 陈小军，黄韬，刘石虎，等．污水厂尾水反硝化滤池生物/化学协同脱氮除磷研究［J］．中国给水排水，2017，33（23）：27-32.

[276] 张淼，张颖，黄栩兰，等．A～2/O-MBBR反硝化除磷工艺中有机物的迁移转化及利用［J］ 中国环境科学，2017，37（11）：4132-4139.

[277] 严子春，史登峰，Nosakhare Iseghayan．富铁填料强化A/O-曝气生物滤池工艺的脱氮除磷效果［J］．环境污染与防治，2017，39（11）：1186-1188.

[278] 田昕茹，郭新超，原晓玉．进水有机负荷对三级生物滴滤池脱氮除磷的影响［J］．环境工程，2017，35（10）：29-34，54.

[279] 范晓玮，刘石虎，孟红，等．C/N值对SBBR反应器深度脱氮除磷效能的影响［J］．中国给水排水，2017，33（19）：37-41.

[280] 李胜男，伏迪，李风祥，等．高级氧化降解环境内分泌干扰物双酚A研究进展［J］．水处理技术，2018，44（12）：1-6.

[281] 谷得明，郭昌胜，冯启言，等．基于硫酸根自由基的高级氧化技术及其在环境治理中的应用［J］．环境化学，2018，37（11）：2489-2508.

[282] 王昊．UV/H_2O_2高级氧化法深度去除水中臭味物质［J］．中国给水排水，2018，34（19）：48-51.

[283] 张成武，李天一，廉静茹，等．Fe（Ⅱ）活化O_2高级氧化降解罗丹明B染料［J］．中国环境科学，2018，38（02）：560-565.

[284] 汤萌萌，张亚琳，丁西明，等．预处理/MBR/臭氧高级氧化工艺处理餐厨垃圾废水［J］．中国给水排水，2017，33（22）：71-73.

[285] 徐丽萍，张春雷，赵联芳．高级氧化技术降解水中邻苯二甲酸二丁酯的研究进展［J］．水处理技术，2017，43（03）：17-21.

[286] 来晓芳，丁秋炜．高级氧化法处理炼油碱渣废水的研究［J］．现代化工，2017，37（06）：174-177.

[287] 曹煜彬，杨洪晓，朱祥伟．高级氧化工艺降解水体中PPCPs的研究进展［J］．水处理技术，2017，43（06）：18-23.

[288] 郑蓓，张小平，李露，等．交替式间歇曝气移动床生物膜反应器同步脱氮除磷［J］．水处理技术，2018，44（11）：107-111.

[289] 黄丽坤，王广智，韩利明，等．悬浮载体复合MBR工艺处理电镀废水效能研究［J］．中国环境科学，2018，38（07）：2490-2497.

[290] 刘纪成，张勇，陈春生，等．AAOA-MBR工艺在超高污泥浓度下的运行［J］．中国给水排水，2018，34（09）：1-5.

[291] 郝平平，李艳莉，韩文杰，等．UASB-SBR-MBR工艺处理棉蛋白废水［J］．水处理技术，2018，44（01）：138-140.

[292] 刘焘，党朝华．MBR工艺在污水处理厂提标改造中的工程应用［J］．中国给水排水，2017，33（24）：92-94.

[293] 徐晓妮，马小蕾，吴亚萍，等．A～2/O与MBR工艺在同规模城镇污水厂中的设计与应用［J］.

中国给水排水，2017，33（24）：21-26.

[294] 吕亮，尤雯，张敏，等．硝化液回流比对 ABR-MBR 工艺反硝化除磷效能的影响［J］．环境科学，2018，39（03）：1309-1315.

[295] 赵海青，邓国平，贺德强，等．膜通量对一体化 A/O+MBR 工艺处理市政污水影响研究［J］．水处理技术，2017，43（08）：123-126.

[296] 王贺，周瑜，李秀芬，等．温度对浸没式 MBR 运行及污泥性质的影响［J］．水处理技术，2018，44（10）：66-70.

[297] 朱佳迪，李菲菲，陈吕军．AnMBR-A-MBR 和 A～2-MBR 工艺处理焦化废水效果与急性毒性物质特征对比［J］．环境科学，2017，38（10）：4293-4301.

[298] 薛涛，车淑娟，张朋川，等．提高 MBR 工艺反硝化碳源利用率的研究［J］．中国给水排水，2017，33（07）：97-99，104.

[299] 杨凤飞，刘锋，李红芳，等．生物滤池-人工湿地-稳定塘组合生态系统处理南方农村分散式污水［J］．环境工程，2018，36（12）：70-74.

[300] 吕锡武．可持续发展的农村生活污水生物生态组合治理技术［J］．给水排水，2018，54（12）：1-5.

[301] 谢林花，吴德礼，张亚雷．中国农村生活污水处理技术现状分析及评价［J］．生态与农村环境学报，2018，34（10）：865-870.

[302] 张春，郑利兵，郁达伟，等．沼液处理与资源化利用现状与展望［J］．中国沼气，2018，36（05）：36-46.

[303] 向衡，潘瑞玲，曹萍萍，等．北方农村生活污水生态处理系统设计研究［J］．水处理技术，2018，44（09）：43-46.

[304] 李治培，覃广胜，陆呈委，等．微生物＋人工湿地构建生态养殖在奶水牛场污水处理中的应用［J］．黑龙江畜牧兽医，2018（07）：213-215.

[305] 李远航，刘洋，刘铭羽，等．稻草—绿狐尾藻复合人工湿地技术处理养猪废水综合效益分析［J］．农业现代化研究，2018，39（02）：325-334.

[306] 杜甫义，阿琼，白玛旺堆，等．人工湿地污水处理技术在高寒缺氧地区的应用综述［J］．江苏农业科学，2017，45（17）：16-20.

[307] 姜廷亮，汪翠萍，刘晓吉，等．人工快渗-人工湿地处理农村生活污水［J］．水处理技术，2017，43（08）：87-89，96.

[308] 倪永炯，李军，韦甦，等．城市小型景观水体水质控制生态工程案例［J］．中国给水排水，2017，33（12）：40-44.

[309] 尹文超，赵昕，王宝贞．城市水环境改善坚持走创新绿色生态之路［J］．给水排水，2017，53（04）：41-49.

[310] 高如梦，杜江，李晓涛．农业增长与环境污染的动态分析——基于 2006—2015 年面板数据的验证［J］．中国农业资源与区划，2018，39（12）：138-145.

[311] 黄祥芳．面源污染视角下江西省耕地利用效率研究［J］．中国农业资源与区划，2018，39（12）：177-183.

[312] 熊昭昭，王书月，童雨，等．江西省农业面源污染时空特征及污染风险分析［J］．农业环境科学学报，2018，37（12）：2821-2828.

[313] 葛秋易，梁冬梅，肖尊东，等．人工湿地治理东北地区典型农村面源污染工程设计［J］．中国给水排水，2018，34（24）：61-65.

[314] 彭俊，徐彦飞．面源型污染入库河流水环境综合治理工程设计［J］．中国给水排水，2018，34（24）：56-60.

[315] 李文超，雷秋良，翟丽梅，等．流域氮素主要输出途径及变化特征［J］．环境科学，2018，39

(12): 5375-5382.

[316] 李国锋."绿色发展"视域中农业面源污染协同治理初探——基于山东省的调查分析 [J]. 农业经济, 2017, (09): 6-8.

[317] 张蓓, 李家科, 李亚娇. 不同开发模式下城市雨洪及污染模拟研究进展 [J]. 环境科学与技术, 2017, 40 (08): 87-95.

[318] 李玉庆, 张存, 张文贤. 水稻灌区农业面源污染物迁移转化规律模拟研究 [J]. 灌溉排水学报, 2017, 36 (11): 29-35.

[319] 尹建锋, 刘代丽, 习斌. 中国农业面源污染治理市场主体培育及国际经验借鉴 [J]. 世界农业, 2017 (08): 25-29.

[320] 黄大卫, 吕周洋, 丰景春. 基于政府间博弈的农村饮水安全工程补偿分摊模型 [J]. 水电能源科学, 2017, 35 (01): 153-155, 34.

[321] 栗旸, 段智泉, 狄娟, 等. 云南省 2016 年农村中小学校饮用水现状分析 [J]. 中国学校卫生, 2017, 38 (10): 1592-1594.

[322] 安尼瓦·斯地克, 穆哈西, 杰恩斯·马坦. 饮用水源过滤装置及尺寸确定方法 [J]. 中国农村水利水电, 2017, (03): 176-179.

[323] 刘文朝, 李连香, 王华, 等. 包虫病区农牧民饮水安全实用技术探讨 [J]. 中国农村水利水电, 2017, (03): 180-182, 186.

[324] 田佳. 基于熵组合赋权和灰色聚类模型的农村饮水安全工程可持续运行管理绩效考核评价研究 [J]. 水电能源科学, 2016, 34 (10): 132-136, 27.

[325] 黄拥军. 农村饮水安全巩固提升工程"十三五"规划研究——以丹江口市为例 [J]. 人民长江, 2016, 47 (S1): 71-74.

[326] 艾学山, 董祚, 莫明珠. 水库多目标调度模型及算法研究 [J]. 水力发电学报, 2017, 36 (12): 19-27.

[327] 戴凌全, 王煜, 蒋定国, 等. 基于 NSGA-Ⅱ方法的三峡水库汛末蓄水期多目标生态调度研究 [J]. 水利水电技术, 2017, 48 (01): 122-127.

[328] 刘晋高, 诸葛亦斯, 刘德富, 等. 防控三峡水库支流水华的生态约束型优化调度 [J]. 长江流域资源与环境, 2018, 27 (10): 2379-2386.

[329] 邓铭江, 周海鹰, 徐海量, 等. 塔里木河干流上中游丰枯情景下生态水调控研究 [J]. 干旱区研究, 2017, 34 (05): 959-966.

[330] 高晓琦, 董增川, 周涛, 等. 基于不同生态需水计算方法的水量水质联合调度研究 [J]. 水电能源科学, 2018, 36 (12): 25-29.

[331] 陆志华, 李勇涛, 钱旭, 等. 考虑太湖水质指标的流域骨干工程调度方案 [J]. 水资源保护, 2018, 34 (06): 44-48, 70.

[332] 杨倩倩, 吴时强, 戴江玉, 等. 夏季短期调水对太湖贡湖湾湖区水质及藻类的影响 [J]. 湖泊科学, 2018, 30 (01): 34-43.

[333] 陈栋, 梁敏, 仇春光, 等. 基于水质模拟分析的生态补水方案研究 [J]. 人民长江, 2018, 49 (S1): 34-37.

[334] 张珮纶, 王浩, 雷晓辉, 等. 湿地生态补水研究综述 [J]. 人民黄河, 2017, 39 (09): 64-69.

[335] 李丽君, 张小清, 陈长清, 等. 近 20a 塔里木河下游输水对生态环境的影响 [J]. 干旱区地理, 2018, 41 (02): 238-247.

[336] 宗梅, 郑西强, 方春霞. 塘西河生态补水和再生水厂尾水补给工程对水环境的影响 [J]. 环境工程, 2018, 36 (07): 42-45.

[337] 徐震, 赵进勇, 李庆国, 等. 玉符河干流生态适宜流量与生态补水效应分析 [J]. 中国农村水利水电, 2018, (06): 79-83, 87.

[338] 逄敏，逄勇，宋为威，等．控源截污和生态补水对秦淮河水质的影响 [J]．扬州大学学报（自然科学版），2018，21（01）：73－78.

[339] 陈静潇，马梓文，肖蓉，等．生态补水对黄河三角洲盐沼地土壤微生物群落分布特征的影响 [J]．北京师范大学学报（自然科学版），2018，54（01）：32－41.

[340] 李晓晓，杨薇，孙涛，等．黄河故道尾闾湿地大型底栖动物群落对生态补水的响应研究 [J]．北京师范大学学报（自然科学版），2018，54（01）：64－72.

[341] 宋为威，逄勇．秦淮河流域控源截污与生态补水联合效应研究 [J]．水力发电学报，2018，37（01）：31－39.

[342] 贾仰文，王浩，赵振武，等．渭河生态环境流量分析与调度实践 [M]．北京：科学出版社，2017.

[343] 权全，武志刚，王炎，等．变化环境下黄河上游河道生态效应模拟研究 [M]．郑州：黄河水利出版社，2018.

[344] 范小杉，何萍．河流生态系统服务研究进展 [J]．地球科学进展，2018，33（08）：852－864.

[345] 温春云，刘聚涛，胡芳，等．江西水生态文明县评价方法构建及其应用 [J]．人民长江，2018，49（S2）：49－53.

[346] 落志筠．生态流量的法律确认及其法律保障思路 [J]．中国人口·资源与环境，2018，28（11）：102－111.

[347] 徐斌，杨悦锁，王咏，等．生态修复工程条件下污染河流水质模拟和应用 [J]．应用生态学报，2017，28（08）：2714－2722.

[348] 王建平，李发鹏，孙嘉．我国生态流量管理实践探索 [J]．人民黄河，2018，40（11）：78－81，87.

[349] 刘伟，杨晴，张梦然，等．构建以流域为基础的水生态空间管控体系研究 [J]．中国水利，2018，（05）：27－31.

[350] 王圣瑞，张蕊，过龙根，等．洞庭湖水生态风险防控技术体系研究 [J]．中国环境科学，2017，37（05）：1896－1905.

[351] 杨晴，张梦然，邱冰，等．基于国家主体功能区定位的水生态补偿机制探索 [J]．中国水利，2018，（03）：7－11.

[352] 张丛林，乔海娟，董磊华．我国水流生态保护补偿机制框架研究 [J]．中国水利，2017，（12）：8－12.

[353] 杨中茂，许健，谢国华．东江流域上下游横向生态补偿的必要性与实施进展 [J]．环境保护，2017，45（07）：34－37.

[354] 朱建华，张惠远，郝海广，等．市场化流域生态补偿机制探索——以贵州省赤水河为例 [J]．环境保护，2018，46（24）：26－31.

[355] 周春芳，张新，刘斌．基于演化博弈的流域生态补偿机制研究——以贵州赤水河流域为例 [J]．人民长江，2018，49（23）：38－42.

[356] 张化楠，葛颜祥，接玉梅．流域生态补偿的复制动态及进化稳定策略分析 [J]．统计与决策，2018，34（20）：50－53.

[357] 朱弘业，张守志，佟守正，等．中国东北地区湿地生态补偿策略研究 [J]．湿地科学，2018，16（05）：651－657.

[358] 景守武，张捷．新安江流域横向生态补偿降低水污染强度了吗？[J]．中国人口·资源与环境，2018，28（10）：152－159.

[359] 张明凯，潘华，胡元林．流域生态补偿多元融资机制及融资效果的系统动力学模型分析 [J]．统计与决策，2018，34（19）：71－75.

[360] 王西琴，刘维哲，张馨月，等．基于空间优化的九洲江流域畜禽养殖生态补偿 [J]．中国环境科

学，2018，38（11）：4361-4368.

[361] 刘广龙．三峡库区水质与水生态环境分区评价［M］．北京：科学出版社，2017.

[362] 陈利顶，孙然好，汲玉河．海河流域水生态功能分区研究（第二版）［M］．北京：科学出版社，2017.

[363] 黄艺，曹晓峰，樊灏，等．滇池流域水生态功能分区研究［M］．北京：科学出版社，2018.

[364] 陈自娟．基于水环境承载力的滇池流域生态补偿机制研究［M］．北京：科学出版社，2018.

[365] 荆勇，等．北方城市中小型河流水生态研究与修复［M］．北京：科学出版社，2018.

[366] 陈华东．区域水资源生态补偿机制研究［M］．北京：经济管理出版社，2017.

[367] 解莹，王立明，刘晓光，等．海河流域典型河流生态水文过程与生态修复研究［M］．北京：中国水利水电出版社，2018.

[368] 汪义杰，蔡尚途，李丽，等．流域水生态文明建设理论、方法及实践［M］．北京：中国环境科学出版社，2018.

[369] 董延军，等．城市水生态文明建设模式探索与实践［M］．北京：中国环境科学出版社，2018.

[370] 武明亮，褚俊英，罗军刚，等．株洲市水系连通分析探讨［J］．水电能源科学，2017，35（11）：44-46.

[371] 崔广柏，陈星，向龙，等．平原河网区水系连通改善水环境效果评估［J］．水利学报，2017，48（12）：1429-1437.

[372] 夏继红，陈永明，周子晔，等．河流水系连通性机制及计算方法综述［J］．水科学进展，2017，28（05）：780-787.

[373] 马栋，张晶，赵进勇，等．扬州市主城区水系连通性定量评价及改善措施［J］．水资源保护，2018，34（05）：34-40.

[374] 夏敏，周震，赵海霞．基于多指标综合的巢湖环湖区水系连通性评价［J］．地理与地理信息科学，2017，33（01）：73-77.

[375] 赵进勇，董哲仁，杨晓敏，等．基于图论边连通度的平原水网区水系连通性定量评价［J］．水生态学杂志，2017，38（05）：1-6.

[376] 高玉琴，汤宇强，肖璇，等．基于改进图论与水文模拟方法的河网水系连通性评价模型［J］．水资源保护，2018，34（06）：33-37.

[377] 李丽，冉中阳，徐文，等．南渡江河湖水系连通系统仿真与定量评价研究［J］．人民黄河，2018，40（10）：44-50.

[378] 任朋，武永新．环城河网水系连通工程研究［J］．水利水电技术，2017，48（01）：111-115

[379] 李丽，徐文，叶长青，等．基于联系数的河湖水系连通等级评价模型［J］．中国农村水利水电，2017，（09）：93-99，108.

[380] 周峰，吕慧华，许有鹏．城镇化下平原水系变化及河网连通性影响研究［J］．长江流域资源与环境，2017，26（03）：402-409.

[381] 朱勍，周念清，杨永兴．国家水生态文明城市建设的理论与实践——许昌市试点建设的探索［M］．北京：科学出版社，2017.

[382] 陈荣，吴鹍，李倩．北方城市中小型河流水生态研究与修复［M］．北京：科学出版社，2018.

[383] 张欣莹，刘建林，朱记伟，等．西安城市水系演变及格局优化研究［M］．郑州：黄河水利出版社，2018.

第5章 水安全研究进展报告

5.1 概述

5.1.1 背景与意义

（1）目前，水安全尚无统一的概念，观点不一、内涵丰富，这也体现水安全研究的复杂性和艰巨性。一般来讲，水安全，是指在现在或将来，由于自然的水文循环波动或人类对水循环平衡的不合理改变，或是二者的耦合，使得人类赖以生存的区域水状况发生对人类不利的演进，并正在或将要对人类社会的各个方面产生不利的影响，表现为干旱、洪涝、水量短缺、水质污染、水环境破坏等方面；并由此可能引发粮食减产、社会不稳、经济下滑及地区冲突等等。

（2）水安全问题越来越成为全世界关注的焦点，各国投入了大量的人力物力去研究解决水安全问题。2000年3月在荷兰海牙召开的世界部长级会议和2000年8月在瑞典斯德哥尔摩召开的世界水论坛的主题都是“21世纪水安全”，可见水安全是世界各国所面临的共同课题。

（3）2000年的海牙会议上提出：为了保障21世纪水安全，我们面临着“满足基本需求、保证食物供应、保护生态系统、共享水资源、控制灾害、赋予水价值、合理管理水资源”等一系列挑战，并提出了相应的对策。在对水安全问题进行思考的同时，我们注意到水资源不仅是一个生态环境问题，也是一个经济问题、社会问题和政治问题，直接关系到国家的安全。对水资源紧张的国家和地区来说，水资源已经成为关系到生存和发展的战略问题，同时也是影响国家安全和国际关系的一个重要方面。

（4）水安全的内涵主要包括以下几方面：①水安全是人类和社会经济可持续发展的一种环境和条件；②水安全系统由众多因素构成，经济社会和生态系统满足的程度不同，水安全的满足程度也不同，因此水安全是一个相对概念；③水安全是一个动态的概念，随着技术和社会发展水平不同，水安全程度不同；④水安全具有空间地域性、局部性；⑤水安全的可调控性，通过水安全系统中各因素的调控、整治，可以改变水安全程度；⑥维护水安全的成本。

（5）关于水安全方面的研究，已经成为21世纪以来备受关注的研究领域之一，相继出现了大量的研究成果，为保障国家水安全提供了有力的支撑和保障。在水安全研究中，水安全的表征、评价、洪水、干旱、水污染、冰凌、泥石流、风暴潮等都是其研究的主要内容。加强水安全方面的相关研究，已成为支撑我国经济社会可持续发展和确保国家粮食安全、能源安全和生态安全的重要学科领域，也很有必要及时总结有关水安全研究领域的最新进展，促进水安全研究的理论发展和实践应用。

（6）水安全风险是人类面临的重大挑战，从降低风险、回避风险、分担风险、增强风险的预见能力、增强风险的抗御能力、增强风险的应急能力、提高风险的承受能力与避免人为加重风险等方面都需要相应的技术支持。

(7) 水安全保障包括技术保障、社会保障、经济保障、政策保障、制度保障等，是一个庞大的系统工程。水安全研究的相关关键技术，只是水安全保障的一个方面，构建水安全保障体系，应从供水管理向需水管理转变，从粗放用水方式向集约用水方式转变，从过度开发水资源向主动保护水资源转变，从单一治理向系统治理转变。

(8) 水安全概念的内涵、外延正随着社会的发展在不断拓展，水安全的理论研究有待进一步深化，水安全保障关键技术日新月异，水安全保障体系研究方兴未艾。

5.1.2 标志性成果或事件

(1) 2017 年旱涝交替、台风频发，但全国大江大河干堤无一决口，大中型水库无一垮坝，江河湖库险情得到有效控制，受灾面积、受灾人口、倒塌房屋、死亡人口分别较 2000 年以来同期均值减少 51%、60%、86%、77%，因灾死亡失踪人数降至新中国成立以来最低。

(2) 2017 年各级水利部门不断完善基层应急预案，通过县级山洪灾害监测预警平台，累计发布预警 5.3 万多次，向相关防汛责任人发送预警短信 2300 万余条，启动预警广播 14.2 万余次，为受威胁群众及时转移争取了主动，有效避免了人员伤亡。

(3) 2017 年 37 亿元中央投资总额中 96%用于解决贫困地区农村饮水安全巩固提升，全国 5000 多万受益人口中包含 480 多万建档立卡贫困人口，全国农村集中供水率和自来水普及率分别达到 84%以上和 79%以上。

(4) 2017 年 8 月，《2017 年雄安新区起步区安全度汛方案》正式获国家防汛抗旱总指挥部批复，为雄安新区起步区安全度汛提供了重要保障。

(5) 2017 年济南、无锡、湖州、徐州等首批 46 个全国水生态文明城市试点建设任务完成，28 个通过验收，示范带动作用明显。通过实施“源头治理、过程阻断、末端调控”的全链条治理，试点城市水功能区水质达标率从 64.2%上升到 82.1%，生活污水处理率从 81.5%上升到 93.5%，工业废污水排放达标率从 94.1%上升到 99.0%。第一批试点城市新增、恢复水域或湿地面积达 1436.7 平方公里，大大改善了城市水生态环境。

(6) 2017 年 10 月，党中央、国务院批复《北京城市总体规划（2016—2035 年）》，对加强首都水资源保障、推进城市生态修复、攻坚水污染防治、建立健全综合防灾体系等内容进行部署要求，为首都进一步落实以水定城、以水定地、以水定人、以水定产，保障水资源高效利用画出了法定时间表和路线图。

(7) 2017 年 11 月 6 日，水利部发布关于加强非防洪建设项目洪水影响评价工作的通知，内容包括加强洪水影响评价工作组织领导、把握洪水影响评价管理目标要求、规范洪水影响评价报告编报、健全洪水影响评价报告审批管理机制、规范洪水影响评价报告审批条件及强化洪水影响评价监督管理 6 个方面的内容，同时指出本通知自发布之日起施行，2013 年 10 月 17 日发布的《水利部关于加强洪水影响评价工作的通知》（水汛〔2013〕404 号）同时废止。

(8) 2018 年全国强降雨区域明显偏多偏强，发生大洪水的江河明显偏多偏重，台风比往年登陆多了三个，并且有超强台风，金沙江、雅鲁藏布江段等先后发生山体滑坡并形成堰塞湖。国家防总水利部会同各地区、各有关部门超前部署安排，加强分类指导和科学指挥调度，及时采取应对措施，派出多个工作组，统筹组织抗灾救灾，科学调度水利工程拦蓄洪水，最大限度减少人员伤亡，尽最大努力保障人民群众生命财产安全。大江大河干堤无一决口，大中型水库无一垮坝，江河湖库险情有效控制，因洪涝灾害死亡失踪人数降至历史最低。

(9) 2018 年 7 月 17 日，水利部举行新闻发布会，水利部部长鄂竟平宣布：截至 2018 年 6 月底，全国 31 个省（自治区、直辖市）已全面建立河长制，提前半年完成中央确定的目标任务。根据中共中央办公厅、国务院办公厅印发《关于在湖泊实施湖长制的指导意见》和全国推进湖长制进展情况，2018 年年底，全国全面建立湖长制。

(10) 2018 年 10 月 11 日，水利部、国务院扶贫办、卫生健康委联合召开实施水利扶贫三年行动暨坚决打赢农村饮水安全脱贫攻坚战视频会议，要求落实《水利扶贫行动三年（2018—2020 年）实施方案》和《关于坚决打赢农村饮水安全脱贫攻坚战的通知》，确保三年攻坚任务如期完成。

(11) 2018 年 10 月 16 日，水利部党组专题学习贯彻习近平总书记关于实施乡村振兴战略的重要讲话精神，明确水利系统要特别突出“一条底线、两个重点”的工作思路：把农村饮水安全作为水利系统实施乡村振兴战略的底线任务，把与农村环境整治有关的水利工作即加强河湖现状管理、做好河湖整治和山洪灾害防御作为当前工作的重点。

5.1.3 本章主要内容介绍

本章是有关水安全研究进展的专题报告，主要内容包括以下几部分。

(1) 对水安全研究的背景、内涵及意义，有关水安全的 2017—2018 年标志性成果或事件，水安全研究的主要内容以及有关说明进行简单概述。

(2) 本章从 5.2 节开始按照水安全相关研究内容进行归纳编排，主要内容包括：水安全表征与评价研究进展，洪水及洪水资源化研究进展，干旱研究进展，水污染研究进展，以及水安全其他方面研究进展等。最后简要归纳 2017—2018 年进展与 2015—2016 年进展的对比分析结果。

5.1.4 有关说明

本章是在《中国水科学研究进展报告 2011—2012》[1]（2013 年 6 月出版）、《中国水科学研究进展报告 2013—2014》[2]（2015 年 6 月出版）及《中国水科学研究进展报告 2015—2016》[3]（2017 年 6 月出版）的基础上，在广泛阅读 2015—2016 年相关文献的基础上，较为系统地介绍有关水安全的研究进展。因为相关文献很多，本书只列举最近两年有代表性的文献，且所引用的文献均列入参考文献中。

5.2 水安全表征与评价

近两年关于水安全表征的文献较少，文献多集中于水安全评价方面，但缺乏创新性，主要集中于区域水安全评价和水安全评价模型构建等方面。这里只介绍近两年具有代表性的文献资料。

(1) 夏军等[4]系统论述了变化环境下山东省水安全问题及适应对策的相关理论与实践。

(2) 鲁仕宝[5]对我国城市水安全及水务行业监管能力进行了研究，分析了影响城市安全的基本因素，探讨了城市水安全面临的挑战与强化政府对城市水安全监管的必要性，构建了城市水安全评价指标体系及方法，建立了城市水安全预警系统、城市水安全系统调控与保障机制及激励机制等。

(3) 赵钟楠等[6]在系统梳理有关研究成果的基础上，以问题为导向，基于水安全机理和“经济社会-水”复合系统视角，提出了水安全的概念内涵，构建了相应的评价指标体系。

(4) 对水安全评价方法进行研究和应用的文献较多，比如，刘钢等[7]采用水贫乏指数概念及内涵，构建基于资源、途径、利用、能力和环境五方面的区域水安全评价指标体系；刘洋[8]提出了水安全评价指标体系构建原则，并对 WPI 指标权重的确定方法进行了改进；徐弘达[9]分别从环境、能力、利用、途径和资源 5 个因素入手，建立水匮乏指数的计算模型；孙才志等[10]将水生态足迹和水生态承载力的方法应用到水安全评价领域；崔东文等[11]提出了广义最严格水资源管理指标约束下的水安全评价指标体系和分级标准，构建最大熵投影寻踪（MEPP）多准则水安全评价目标函数，提出了 CLSA－MEPP 水安全评价模型；祝秀信[12]利用自治粒子群优化（AGPSO）算法寻优最大熵投影寻踪（MEPP）技术最佳投影方向，提出 AGPSOMEPP 水安全评价模型；国务院发展研究中心-世界银行“中国水治理研究”课题组[13]基于所构建的中国水安全评价指标体系，对我国国家尺度、分省与分流域水安全状况进行了评价，并由此提出了水安全问题清单；王应武等[14]提出磷虾觅食算法（KH）-最大熵投影寻踪（MEPP）水安全评价模型，并构建人工蜂群（ABC）算法、文化算法（CA）和粒子群优化（PSO）算法- MEPP 评价模型作对比；李瑞等[15]对蚌埠市水资源问题展开探讨，通过采用基于 AHP 构权的多层次综合模糊评价模型，得到供水安全评价结果，并提出保障蚌埠市水安全和可持续发展的措施建议。

(5) 对水安全保障面临的问题及对策进行研究的文献有，夏军等[16]探讨了目前雄安新区建设主要面临的水资源、水质和水生态安全等问题，分析未来建设可能存在的风险及风险成因，并提出应对风险的对策与建议；王天雄[17]针对张掖市近年生态环境持续恶化，地下水位快速下降，农业生态用水比例失调等问题，结合工作实际提出了张掖市水安全问题防控对策措施。

(6) 任永泰等[18]以三江平原建三江地区水安全评价指数为警情指标，确定 23 个有效预警指标，并结合水安全系统的复杂适应性构建区域水安全系统预警指标体系，确定指标临界值，最终设计了建三江地区的水安全预警系统。

(7) 对水安全保障进行研究的主要为左其亭等[19]。在研究“一带一路”主体水资源区及分区的基础上，结合“一带一路”水资源特征，分析了分区水安全问题，构建了体现“一带一路”特色的水安全保障体系框架；王鑫等[20]在系统研究水市场和水安全理论的基础上，论述建立水市场的必要性，从理论和实践两方面构建面向水安全保障的水市场框架。

(8) 邓伟等[21]对南亚各国在水资源开发利用方面牵扯跨境水权益问题进行分析，并提出“一带一路”倡议开启了全球和平发展的新路径，南亚地区应该秉承其理念和思想，共同谋求地区水安全合作机制，化解风险，走协调、协同、共赢的合作之路。

（9）尚松浩[22]在分析中国农业水安全主要影响因素的基础上，以干旱、洪涝灾害的受灾比例为指标评价中国农业水安全的动态变化趋势。

（10）刘润等[23]以湖北长江经济带为例，重新审视水安全问题，研究发现新时期水安全问题应进行系统研究、湖北水安全问题与诸多因素相关以及基于协同创新思想构建的水安全协同创新机制是在传统水安全保障机制基础上进行的系统化的集成创新等问题。

（11）于宏源[24]提出传统环境安全的重点是环境资源和国际冲突的因果关系，但是纽带安全研究则强调水、能源、粮食等资源安全种类的多重因果联系，而水资源安全在这个纽带中扮演了中心角色。

（12）闻豪等[25]基于水贫困指数 WPI 计算模型，构建了适用于四川省各市（州）间进行对比分析的经济发展和水安全的评价指标体系，并对经济发展与水安全的耦合度 C、耦合协调度 D 进行计算和时空特征分析。

（13）李杰等[26]提出了树-种算法（TSA）-投影寻踪（PP）识别模型，对云南省 16 个州市的水安全区域类型进行识别。

5.3 洪水及洪水资源化研究进展

洪水灾害防治与洪水风险管理历来是水安全研究的重点内容，我国的部分地区每年都遭受不同程度的洪涝灾害影响，如何对洪水进行准确的模拟预报、科学进行洪水调度、准确评估洪水风险、合理利用洪水资源，是目前洪水及其资源化利用研究的重点内容。近两年每年都有大量相关成果涌现，本部分从洪水特征分析与计算、洪水模拟、洪水预报、洪水调度、洪水风险分析、洪水资源利用和防洪减灾等几个方面综述近两年的相关研究进展。

5.3.1 洪水特征分析与计算

洪水特征分析与计算方面的文献比较多，主要集中于洪水重现期、设计洪水计算、洪水频率分析、洪水成因分析等方面。成果主要为具体技术方法的应用，体现出较强的地区性特点。洪山特征描述的新理论和新方法成果较少，说明洪水特征分析与计算理论方法创新比较困难。以下仅列举有代表性的文献以供参考。

（1）对洪水重现期研究和应用的文献。姚瑞虎等[27]基于 Copula 函数论述并推求了四种洪水重现期的理念及其计算；陈子燊等[28]基于 Archimedean copula 函数、Kendall 和生存 Kendall 函数对比分析洪峰和洪量联合分布的四种重现水平。

（2）对设计洪水进行研究和应用的文献。幸新涪等[29]基于洪峰流量-流域面积比值，以重庆市綦江区蒲河水系为研究对象，确定分布式模型法、地区瞬时单位线法及推理公式法在估算山区小流域设计洪水过程中的适用性；晋恬等[30]采用 C 测度、联合和同现重现期 3 种不同双变量重现期对基于 Copula 函数的洪水峰量组合进行频率分析，研究了不同重现期标准下双变量设计洪水对应的计算方法；李建昌等[31]应用 Copula 函数建立了年最大超阈值洪水洪峰、3d 洪量和 7d 洪量的联合分布，以此得到设计标准和校核标准的设计洪水，并通过同频率放大法得到了设计洪水过程线；毛慧慧等[32]基于新安江-海河模型，对官厅山峡的设计洪水成果进行了修订；牟时宇等[33]以淮河流域鲁台子断面、中渡断面1951—2010年洪水资料为基础，充分考虑Copula函数的尾部相关性，选用双参数GH Copula函数构造鲁台子断面与鲁中区间年最大30d洪量的二维联合分布模型；李绯东等[34]选取威信县2个典型小流域设计洪水为研究对象，分别采用经验公式法和瞬时单位线法进行了计算；魏炳乾等[35]通过在Google地球软件上量取半干旱流域的干旱区和湿润区的面积，采用4种方法分别计算干旱区和湿润区的洪峰流量，通过面积加权平均，可得并对比分析该流域在混合产流模式下的设计洪峰流量。

(3) 对洪水频率进行研究和应用的文献。包丽娜等[36]将独立同分布中心极限定理引入降雨不确定性计算中，推求一定区域内某次降水过程中面雨量测值的相对偏差、测量误差以及相对误差，实现降雨不确定性概率描述；熊丰等[37]引入Halphen分布函数进行洪水频率分析，并提出了基于最大熵原理的参数估计方法；康有等[38]提出基于数值次序统计量期望值的优化适线法计算洪水频率设计初始值；孙鹏等[39]采用Pettitt非参数检验法、GAMLSS模型与洪水频率分析模型等方法，揭示了淮河中上游洪水频率的演变规律，分析基于平稳性和非平稳性条件下的洪水发生强度及洪涝灾害所带来的影响。

(4) 对洪水成因进行研究和应用的文献。李文龙等[40]采用三元、五元可公度法模型进行预测并对成果进行验证，并结合太阳黑子和月球赤纬角等天文因素活动规律进行相关分析与论证，预测长江流域未来洪水年份、连续性、分布区域和洪水量级；张锦堂等[41]收集、整理了2016年6月18日至7月21日暴雨洪水的资料，对暴雨的过程和成因进行了分析，并结合历史特征年资料进行了比较。

(5) 任娟慧等[42]依据圪洞水文站1964—2015年的实测洪水资料，利用长序列资料、M-K检验法以及累积量斜率变化率比较法，对晋西黄土丘陵区圪洞流域洪水演变特征及其贡献因素进行了分析。

(6) 彭为等[43]以澜沧江流域旧州站为例，通过POT取样法提取了198场洪水为样本，分别从仅考虑强度指标或综合考虑强度与形态指标，研究了该区域洪水分类的基本特征。

(7) 王进等[44]建立了西部祖厉河流域设计洪水计算经验公式，对地区场选样洪水计算方法进行分析研究，并将设计计算成果与皮尔逊三型频率曲线设计计算成果进行比较分析。

(8) 姚瑞虎等[45]提出特定洪水过程的新概念及其内涵，论述了工程防洪标准的形式意涵和实质意涵，引出特定洪水过程与防洪标准之间的联系——洪水过程形式频率新概念，并阐述特定洪水过程的三种蜕变类型及其推求方法。

(9) 宋秋梅等[46]以张家坟流域为典型山洪流域，分析不同量级洪水的雨量、洪量、峰现时间及洪水过程与暴雨之间的关系。

(10) 张世才等[47]采用灾害实例调查法、频率分析法和产流分析法对比确定了临界雨量，根据洪水发生的频率和洪峰流量，划分典型流域的风险区域。

(11) 曹建生等[48]对发生在2000年7月3—6日的特大暴雨特征进行分析，通过对小流域出口断面流量的连续监测，进一步分析了暴雨洪水关系及演变过程。

(12) 徐韧等[49]结合遥感与地理信息系统（GIS）技术和DEM为数据，对土地进行监督分类，采用种子蔓延算法，得到淹没范围内各类型土地淹没比例，并建立洪水灾情评估模型，通过类比法对20年一遇的洪灾进行模拟分析。

(13) 刘卫林等[50]采用Mann-Kendall检验法和小波分析等方法，对修河洪水极值流量的趋势性、突变性及周期性进行了分析，并探讨了洪水极值流量变化与厄尔尼诺—南方涛动（ENSO）等15个气候指标之间的相互关系。

(14) 张成才等[51]提出了一种小流域暴雨及洪水过程要素的快速计算方法，将传统的方法和C#二次开发技术结合。

(15) 田福昌等[52]基于塔洋河下游河段实测断面资料与高精度DEM，采用MIKE FLOOD建立河段一维水动力模型和两岸洪水威胁区二维水动力模型并实现两者的实时动态耦合，模拟分析下游河段50年一遇洪水漫溢演进过程及淹没风险。

5.3.2 洪水模拟

洪水模拟方面的文献相对较多，聚焦于如何改进已有模型和率定参数来提高模拟计算精度，偏向于应用。同时，对城市洪水过程的模拟研究逐渐成为新的研究热点，以下仅列举有代表性文献以供参考。

(1) 张晓雷等[53]通过溃堤漫滩洪水的概化模型试验，模拟了生产堤溃决后主槽内的水位变化及不同程度漫滩洪水的传播过程。

(2) 赵刚等[54]开发了考虑下游影响的填洼模型，并将其与较为成熟的城市水文模型相耦合，使改进后的模型可以模拟流域的淹没状况，并在北京市天堂河流域进行了试验研究。

(3) 李东来等[55]开发了一套基于GPU加速计算技术的耦合了河床演变的水动力数值模型，并将其用于模拟黄河巴彦高勒段河床演变对洪水演进过程和淹没程度的影响。

(4) 顾志强等[56]以中国洪水预报系统为平台，采用局部分析法，对MSKLOSS河道洪水演算模型参数进行敏感性分析，以提高洪水预报的精度。

(5) 周洁等[57]基于实测断面资料建立了研究区的一维水动力模型，基于高精度DEM以及1∶10000地形图建立了研究区的二维水动力模型，并用MIKE FLOOD将一维模型和二维模型进行耦合，构建了洪泽湖周边滞洪区一维、二维耦合的洪水演进数学模型。

(6) 吕恒等[58]构建了强化汇流过程的精细城市雨洪模型（REDUS），以清华园为研究对象，采用了路/管单层排水系统和路管双层排水系统两类模拟方案，定量分析了典型暴雨情景下的管网排水作用及管网结构概化的影响。

(7) 贺同坤等[59]以澜沧江中游干流5个水库组成的梯级库群系统为例，运用同频率地区组合法推求库群系统的设计洪水过程。并以此作为库群系统的输入条件，采用MIKE 11模型模拟当库群系统发生稀遇洪水时的沿程最高水面线，对库群系统中大坝的防洪安全状况进行评价。

(8) 李大鸣等[60]以二维非恒定流控制方程为理论基础，采用有限体积法，建立了洪水演进数学模型，并将改进的水量平衡模式应用于山区洪水演进计算，以解决单元虚假流动的问题。

(9) 姜治兵等[61]基于对土体有限抗冲能力的考虑，选取双曲线型冲蚀速率表达式描述坝体冲蚀、采用简化 Bishop 法搜索临界滑裂面描述溃口边坡坍塌和具有总变差不增特性的 MacCormack 有限体积法离散控制方程，建立了坝体溃决过程与溃坝洪水演进耦合的平面二维数值模型。

(10) 王欣等[62]以深圳市龙华新区民治水库及下游片区为研究对象，基于 MIKE FLOOD 将 MIKE11 模型和 MIKE21 模型进行动态耦合，对溃坝洪水在下游的演进过程进行仿真模拟。

(11) 程文飞等[63]将流域性洪水模拟系统（HEC-HMS）应用于山西省吕梁市三川河一级支流—北川河上游圪洞水文站控制流域，利用圪洞水文站 2005—2014 年的实测资料进行洪水模拟，并分析了参数敏感性。

(12) 武强等[64]利用流域内 1966—2012 年 14 场代表性降雨对模型参数进行率定和验证，并利用洪峰流量相对误差、径流深相对误差、确定性系数及峰现时差四个指标评价了双超模型的模拟精度，之后探讨了不同土地利用下模型主要敏感参数的取值。

(13) 宋利祥等[65]以珠江流域西江浔江段防洪保护区为例，提出了基于 CPU-GPU 异构平台协同计算的一维、二维耦合水动力并行计算模型，并根据防汛工程实际需求设计了洪水演进系统框架及功能架构，采用 C/S 体系结构与 Web 服务交互方式，搭建了防洪保护区洪水演进高速模拟系统。

(14) 刘晓琴等[66]将 MIKE11 模型应用于洪泉片（豫）防洪保护区洪水风险图编制项目中，模拟干流河道的溃堤洪水过程，从各频率间结果、溃口与河道断面过流能力、水量平衡和实测洪水模拟四个方面，验证模拟结果的合理性。

(15) 毕婉等[67]在新安江模型中嵌入超渗产流和塘坝调蓄模块，建立了同时考虑超渗产流和塘坝调蓄影响的流域水文模型，并选用大汶河黄前水库流域大水年份实测水文资料进行率定和验证。

(16) 邵家儒等[68]对光滑粒子动力学（SPH）方法进行了改进，提出了高精度的耦合动力学边界处理方法，并通过液面粒子的支持域求和准确施加自由液面条件，准确预测水流的翻卷、破碎效应。建立洪水流动的简化模型，分析防波堤对洪水的阻碍作用，准确预测洪水流动中各种三维特征。

(17) 齐晶等[69]借助于水力学方法和河道实测断面，利用 Easy Riv1D 模型对河道洪水演进模拟研究。

(18) 王远见等[70]从洪水传播时间、削峰率、耗水率三个方面对塔里木河干流上游（肖夹克—英巴扎）分河段展开系统分析，揭示了干流上游洪水传播的一般规律，并在此基础上构建了一维水沙演进的数学模型。

(19) 王宗志等[71]基于 20 世纪 60 年代提出的用“三湖”和“两河”来概化模拟南四湖洪水的理念与“三湖两河”半图解法洪水演算模型，采用四阶龙格库塔法代替半图解法，改进“三湖两河”洪水演算模型。

(20) 林志东等[72]应用分布式水文模型 HEC-HMS，在考虑大型水库调节模拟的基础上，对东南沿海晋江流域的暴雨次洪进行多站点率定模拟分析。

(21) 王秀杰等[73]建立了在洪水和风暴潮共同作用下的天然河道漫溃堤洪水在防洪保护区的一维、二维水动力耦合模型，来解决复杂条件下河道洪水漫堤、溃堤和潮水倒灌的问题。

5.3.3 洪水预报

洪水预报方面的文献较多，但主要还是以应用研究为主。从研究内容来看，以实践应用为主，在理论方法上没有大突破和创新，公开发表的论文以核心期刊为主。以下仅列举有代表性文献以供参考。

(1) 王凯等[74]根据淮河流域的实际情况，采用理论研究与应用验证相结合的技术路线，在淮河中游复合河道地区开展了确定性洪水预报模型和基于预报误差分析的洪水概率预报方法研究。

(2) 珠江水利委员会珠江水利科学研究院[75]针对小流域山洪的特点，制定区域水情、雨情、灾险情的监测方法、监测手段、监测设备、预警指标、预警级别、预警发布等相关技术指南。

(3) 林锐等[76]提出了一种耦合数值天气预报和多目标参数优化的洪水预报方法，利用非支配排序遗传算法（ε-NSGAⅡ）对分布式水文-土壤-植被模型（DHSVM）进行了自动率定，并用欧洲中期天气预报中心（ECMWF）的降水预报信息驱动DHSVM模型进行洪水预报.

(4) 梁忠民等[77]提出一种考虑误差异分布的概率预报方法：根据实测及预报洪水信息，估计不同量级洪水预报误差的概率分布，推导了以预报值为条件的流量分布函数，实现洪水概率预报。

(5) 刘可新等[78]提出了基于雨量测站应急机制的洪水预报方法，通过构建测站降雨相似度矩阵（SRSM），量化表示测站间实测降雨的相似性。

(6) 彭卓越等[79]采用可公度法对东北地区进行洪水预测，不仅对整个东北地区洪水发生年份进行了预测，对于具体详细地点的预测，通过采用点面结合的预测方法来提高预测的精度。

(7) 徐刚等[80]提出利用自动预报模型和人工预报参数交互式修改相结合的方式提高洪水预报精度。

(8) 陈洋波等[81]针对中小河流缺乏河道断面资料而无法实际应用分布式水文模型的问题，以流溪河模型为原型，假定河道断面为矩形，采用卫星遥感影像估算河道断面尺寸，通过实测洪水资料优选模型参数，提出了中小河流洪水预报的流溪河改进模型。

(9) 黄家宝等[82]采用流溪河模型构建乐昌峡水库入库洪水预报模型，通过“粒子群(PSO)”算法优选模型参数，并对实测洪水过程进行了模拟。

(10) 强德霞等[83]建立了具有多模型选择及参数优化功能的洪水实时预报系统，通过实时改进模型参数来改善预报效果，并将其应用于黑河干流两场次洪水预报。

(11) 陆玉忠等[84]针对水电站施工期的河道特性变化，分析了水电站施工期洪水预报的特定需求，提出水电站施工期洪水预报系统的设计思路和研发目标。

(12) 徐刚等[85]应用新安江模型对乌溪江流域进行洪水预报，以各子流域坡面汇流流达时间参数控制流域汇流，并提出采用逐时段优选前期自由水蓄水量方法进行实时校正。

(13) 王艳兰等[86]在新安江模型预报结果基础上，采用模型条件处理器（MCP）推求以预报值为条件的预报流量条件概率分布函数，从而实现洪水的概率预报。

(14) 王福东等[87]引入改进的非线性时变增益模型，以辽宁西部两个典型旱区中小河流为例，定量分析改进模型在北方旱区中小河流洪水预报的精度，并对比分析改进前后的非线性时变增益模型在北方旱区洪水预报的精度。

(15) 温雪营等[88]以碧流河水库为例，结合日模型和日供水，利用水量平衡估算水利工程的拦蓄作用，提出一种产流模型计算改进方法，并结合降雨、蒸发、前期土壤含水率、遥感等资料验证模型预报结果的合理性。

(16) 崔欢欢等[89]在改进的 TOMODEL 流域模型的基础上，结合流域前期降雨、蒸发及小水库群空间分布、兴利库容、集水面积等资料，考虑小型水库对流域产汇流的影响，拟定洪水预报方案。

(17) 李大洋等[90]利用新安江模型进行上游及区间入流预报，采用 MIKE11 水动力学模型进行主要支流及干流洪水演算，建立淮河中游河道洪水预报方案。

(18) 霍文博等[91]选择新安江模型和支持向量机模型分别在浙江省、陕西省的 4 个流域进行实时洪水预报，使用 K-最近邻实时校正法对新安江模型预报结果实时校正，比较 2 种模型在不同流域的应用效果。

(19) 李致家等[92]以正交网格降雨径流模型研究为基础，提出了用于洪水预报的精细化基于网格蓄满与超渗空间组合的降雨径流模型。

(20) 刘硕等[93]基于全球多模式集合预报资料，以柴河流域为研究区域，采用三种评分方法对三个不同天气预报中心的短期降雨量进行定量评估和对比，并分别以实测降雨和 NCEP 预报降雨驱动新安江模型模拟洪水过程，探讨了集合降雨预报的可利用性。

(21) 孔俊等[94]提出了一种基于相似度匹配的集成 ELM 洪水预报方法，以便利用水文现象相似性和极限学习机集成学习来提高洪水预报精度。

(22) 司伟等[95]提出了一种基于降雨系统响应曲线洪水预报误差修正方法，通过此方法估计降雨输入项的误差，提高洪水预报精度。

(23) 陈绳甲[96]在分析干旱、半干旱地区水文特性的基础上，提出了解决干旱、半干旱地区的产流和汇流模型。

(24) 张静等[97]利用 HEC-HMS 模型对桂林市青狮潭水库上游流域进行水文建模，模拟流域发生暴雨时青狮潭水库的入库洪水过程，以此作为研究洪水预报依据。

(25) 张顾等[98]提出设计安全值结合水文模型的联合预报法，设计安全值基于初损后损法加单位线汇流，水文模型法基于新安江三水源模型，从防洪安全与兴利角度进行联合预报。

(26) 阚光远等[99]提出了一种耦合机器学习模型用于流域洪水预报，该模型通过独特的建模方式将 ANN 与 K-最近邻方法相耦合，利用多目标遗传算法和 Levenberg-Marquardt 算法进行训练。

(27) 魏恒志等[100]采用流溪河模型开展了白龟山水库入库洪水预报研究，以高分辨率的 DEM 为依据，构建了白龟山水库入库洪水预报流溪河模型结构，确定了初始模型参数，采用 PSO 优化算法，对模型参数进行了自动优选。

(28) 殷志远等[101]将华中区域数值天气预报业务模式 WRF 提供的三重嵌套空间分辨率预报降雨与集总式新安江模型以及半分布式水文模型 Topmodel 耦合进行洪水预报

试验。

(29) 杨甜甜等[102]建立水文水动力耦合洪水预报模型，利用水文模型获得某一断面的流量过程作为水动力学模型的边界条件，利用一维水动力学模型进行河道洪水演进计算，推求流域出口断面的流量过程。

(30) 陈心池等[103]基于 SRM 融雪径流模型，以新疆地区典型山区中小河流域奎屯河为例，通过 MODIS 遥感数据提取流域积雪覆盖率，并结合气象台站数据，对研究区进行水文模拟。

(31) 王艳兰等[104]以淮河关键防洪断面王家坝为研究对象，分别采用 API 和新安江 (XAJ) 确定性模型进行初始的确定性预报，在此基础上，再采用模型条件处理器 (MCP) 推求不同量级洪水预报流量的条件概率分布函数，实现洪水概率预报。

5.3.4 洪水调度

洪水调度方面文献较多，研究内容主要集中于城市雨洪资源利用、梯级水库群优化调度、多目标优化的洪水调度模型等方面，以应用实例为主。以下列举有代表性文献以供参考。

(1) 黄国如等[105]构建了适用于广州市荔湾区典型社区的城市雨洪模型，分析了各种 LID 方案对减缓该社区洪涝灾害和城市面源污染的效果；构建深圳市民治片区城市雨洪模型和内涝预警预报系统，评估了城市化和工程整治措施对洪水的效应；提出了珠三角城市内涝的综合应对措施。

(2) 窦身堂等[106]研究了黄河中游高含沙洪水输移与调控方案，主要包括数学模拟技术、水库水沙调控措施和调控效果分析 3 部分内容。

(3) 陈森林等[107]以等蓄流量为输入参数，引入蓄放水 0～1 状态变量，定义了逐时段水库蓄水量之和最小的线性目标函数，并设置蓄水状态连续性约束解决等蓄历时的推求，建立了水库防洪等蓄量优化调度的 0～1 整数线性规划模型 (RFEV - ILP)。

(4) 陈森林等[108]对一个水库和一个防洪控制点所组成的基本防洪系统，将水库防洪库容最小目标转换为累计蓄水量最小的等价目标，建立了水库防洪补偿调节线性规划模型 (RFCR - LP)。

(5) 周如瑞等[109]将优化技术与规划防洪预报调度相融合，提出考虑预报误差的预报调度规则的一般形式和求解思路，建立库群优化调度模型，优化求解各水库的防洪预报调度规则和汛限水位动态控制上限。

(6) 孟雪姣等[110]将防洪预警与梯级水库防洪调度结合起来，采用模糊集理论计算预警指标，并进一步确定预警指数与预警等级，制定预警对策，建立了梯级水库防洪预警体系，在此基础上构建了考虑预警的梯级水库群防洪调度模型。

(7) 倪晋等[111]在流域现有水文信息平台和水文预报系统的基础上，以一维模拟为主线，通过对水工建筑物、行蓄洪区等河网要素的概化处理，构建了淮河中游汛期-非汛期全过程防洪防污一体化数学模型。

(8) 李继成等[112]基于现有的预报方案及精度，将云峰水库防洪调度规则中引入累积净雨量判别指标，提前预报入库洪水，采取预泄手段提前腾空库容，消纳入库洪水，并对典型年及各频率设计洪水过程线的洪峰值与对应的累积净雨量进行了相关分析。

（9）马志鹏等[113]针对龙滩水库原调度规则精细程度不足的问题，结合流域洪水类型多样化的特点，推求优化了龙滩水库分类洪水防洪调度规则。

（10）许增培等[114]针对城市防洪规划中水库群的防洪调度规则制定，以城市防洪控制断面的过流能力为约束条件，提出了正逆两向的水库联合调度分析方法，并以都匀市已有和规划水库群的联合调度为例进行验证。

（11）王方方等[115]围绕西江流域应急防洪调度的需求，建立了考虑中大水电调蓄的水库群应急防洪优化调度模型，模型以各水库调洪起止时间及阶段泄量为优化变量，并实现了通用化开发，可动态选择流域控制断面及库群调洪方式，并能够适用不同的洪水类型及防洪目标。

（12）贲鹏等[116]建立了淮河中游洪河口至浮山段一维、二维耦合水动力数学模型，并采用实测洪水过程对模型进行验证。

5.3.5 洪水风险分析

洪水风险分析与风险管理是近年研究的热点，涉及洪水风险分析和洪水风险管理的文献较多，而洪水风险评估和洪水过程模拟是其中的重点。以下列举有代表性文献以供参考。

（1）彭顺风等[117]展示了把具有可修复性的基础设施和具有适应性的洪水风险管理进行融合，形成综合的洪水管理方法的可行性，并强调了洪水风险管理这一核心概念。

（2）卢程伟等[118]以非恒定流控制方程为理论基础，建立了多洪源一维河网水动力学模型和防洪保护区二维洪水演进模型，利用溃坝模型实现河道与保护区的耦联，并采用局部网格加密和相似建筑物模拟等方法处理保护区内道路等复杂边界的导阻水作用。

（3）果鹏等[119]采用二维水动力学模块计算蓄滞洪区的洪水演进过程，创建了基于力学过程的蓄滞洪区洪水风险评估模型。

（4）陈伏龙等[120]采用 Pettitt 非参数检验法和 Mann - Kendall 非参数趋势检验法分析肯斯瓦特水库入库年最大洪峰流量序列的非一致性，利用“分解-合成”理论对其进行了一致性修正，并分析过去、现状两种条件下的水库漫坝模糊风险率。

（5）张太衡等[121]提出结合普适似然不确定估计（GLUE）方法和模拟调度的防洪风险分析方法，以大量同效参数获得可能入库洪水过程集合，进而将模拟结果导入调度决策得到风险事件概率。

（6）苑希民等[122]从致灾因子、孕灾环境和承灾体三个方面分析遴选评价指标，采用模糊算法与层次分析法相结合，并利用 GIS 技术将多维指标映射为一维评判准则，建立京津冀地区洪灾风险综合评价模型，确定洪灾风险空间分布状况，实现京津冀洪灾风险等级区划。

（7）李大鸣等[123]以一维、二维非恒定流控制方程为基本理论，采用有限体积法，结合西三洼地形资料及大清河流域水文资料，建立一维、二维耦合的洪水演进数学模型，并对不同工况及重现期下的设计洪水进行洪水演进模拟计算并绘制洪水风险图。

（8）苑希民等[124]总结可用于洪水风险快速分析的各类技术与方法，通过梳理不同建模方式和风险要素识别模式，对洪水风险快速分析技术方法的原理展开了研究。

（9）吕勋博等[125]以永定新河右堤防洪保护区为研究对象，采用 MIKE 21/3 Coupled

Model FM 软件建立风暴潮模型进行洪水演进计算，分别对防洪保护区内遭遇100年一遇、200年一遇风暴潮情景下的不同洪水风险要素进行分析，并对产生的直接损失进行估算。

(10) 黄琨等[126]采用GIS和洪水演进模型等技术手段，针对不同管理层面、不同用户提出了图件成果集成的方法，并对洪水风险的组成因素进行研究，确定了要素的更新周期及更新方法，形成较为系统和规范的洪水风险图的成果体系。

(11) 李大鸣等[127]采用阿基米德 Gumbel - Hougaard Copula 连接函数，构建了入库洪峰与洪量的两变量联合分布模型，同时综合考虑了水库泄洪能力与水位库容关系水力不确定性因素，采用 Monte Carlo 法计算桃林口水库在现行常规调度条件下不同风险因子组合对应的水库调度风险定量关系。

(12) 陈平等[128]利用 MIKE 软件建立了南澧河河道及两岸保护区的一维和二维耦合水动力学模型，并采用海河流域“96·8”历史洪水资料进行了模型的验证。

(13) 杨莉玲等[129]建立以溃口为耦合断面的河网一维、保护区二维侧向耦合模型，将感潮河网与保护区一体化，避免环境因素及经验参数的不确定性带来的溃口流量估算误差。

(14) 钟桂辉等[130]基于 Web 技术、GIS 技术和数据库技术，建立了能反映阳澄淀泖区现状河网、圩区分布及水工建筑物调度的水动力模型，并研发了嵌套水动力模型的动态洪水风险图管理系统。

(15) 石晓静等[131]用云模型的方法对安康市1983年和2010年的洪水灾害风险进行评价。

(16) 乌景秀等[132]通过构建防洪排涝排水一体化模型，将城市防洪排涝与排水有机结合，并兼顾流域与区域风险，并模拟计算了景德镇市城区因超标准洪水导致防洪墙溃决或城市暴雨可能发生的受淹和积水情况，绘制洪水风险图。

(17) 陈俊鸿等[133]建立了能够模拟溃堤洪水水流演进的一维、二维耦合水动力模型，利用糙率分区、河道地形还原等技术进行优化，提高模型精度，并将该模型应用于药湖联圩防洪保护区。

(18) 周洁等[134]在对洪泽湖地区河网概化及地形处理的基础上，建立了洪泽湖地区河网一维、洪泽湖湖区与周边滞洪区二维耦合的水动力数值模型，并采用实测历史洪水资料对模型进行率定及验证。

(19) 柳杨等[135]基于 Infoworks RS 建立了新沭河片防洪保护区一维、二维耦合水动力学模型，依据道路和堤防的实测高程更新地形数据，采用抽稀技术将道路和堤防节点均匀化、优化网格，提高了模型计算精度和效率。

(20) 周洁等[136]构建了洪泽湖周边蓄滞洪区一维、二维耦合的洪水演进数学模型，加强洪泽湖周边滞洪区的洪水风险管理，对洪泽湖50年、100年、300年一遇三种设计洪水方案进行模拟计算，得到了各类洪水风险要素的动态分布情况。

(21) 郑炎辉等[137]以武江流域为研究对象，基于犁市（二）水文站1956—2009年实测日流量数据提取了POT样本，构建基于P-Ⅲ模型确定控制点而改进的非等步长内集-外集模型（P-IOSM）进行洪水风险信息挖掘.

(22) 李文静等[138]以清远市石坎河无资料小流域为研究区域，在100年一遇设计洪峰流量的基础上，建立包含洪峰流量、高程、坡度、土壤类型、人口密度、土地利用类型6个指标的山洪灾害风险评价体系，并借助GIS-AHP方法实现无资料小流域山洪灾害风险区划。

(23) 韩岭等[139]通过MIKE FLOOD耦合模型建立一维、二维水动力学模型评估现有防洪工程的防洪能力，预测了湟水河上游遭遇10年、50年、100年一遇洪水时的洪水风险情况，并且根据预测结果提出了相应的工程改进建议。

(24) 裴惠娟等[140]利用甘肃省1951—2008年的降雨资料，基于GIS平台进行了暴雨洪水灾害的时空分布特征分析，基于层次分析法建立了区域暴雨洪水灾害风险评估指标体系，对甘肃省暴雨洪水灾害进行了风险评价。

(25) 李兰等[141]对富水流域上游历史洪水过程特点、致洪降水时程特征进行分析，运用新安江模型模拟100年一遇暴雨诱发的洪水流量线，分析下游洪涝风险，并模拟溃堤风险下的淹没情景。

(26) 侯静雯等[142]提出了一个新的洪水危险性评价指标，以GisNet和ArcGIS为软件平台，结合分布式水文模型，依据洪灾的形成机理，综合考虑分布式流量与地形指数。

(27) 姚斯洋等[143]构建基于干、支流不同频率组合方案下洪水淹没情景的MikeFlood耦合水动力模型，并以典型丘陵地貌地区修水为研究对象，模拟研究区域内干流以及主要支流分别发生20年、50年、100年不同频率暴雨时的24种组合情景，选取其中几种情景与干、支流发生同一种频率暴雨的典型暴雨情景进行对比。

5.3.6 洪水资源利用

近两年有关洪水资源利用的文献较少，多以应用实例分析为主，新的研究思路和研究成果较少。以下仅列举有代表性文献以供参考。

(1) 李祥松等[144]以水量平衡为基础，建立雨洪水利用潜力计算模型，以济南市为例，计算了2016年、2017年、2020年、2030年在不同日用水量情景下的雨洪水可利用量，对比分析海绵城市建设对雨洪水利用的影响。

(2) 陆志华等[145]以太湖为例，界定了太湖雨洪资源的定义，建立了太湖雨洪资源利用评价指标体系框架，阐述了雨洪资源利用相关概念，计算了太湖雨洪资源的总量、可利用量及现状利用水平，分析了太湖雨洪资源利用的需求和潜力。

(3) 陈学林等[146]用水文学原理和方法对洪峰流量和洪水总量变化规律进行统计分析，结合敦煌西土沟流域灾害综合治理工程实施情况估算区域水资源可利用量，提出沙漠洪水资源开发利用新模式。

(4) 王倩等[147]采用灰色关联分析法，对2008—2017年白城市洪水资源利用效益衡量及其所依赖的经济收益、生态环境改善、社会发展等变化，分别从直接经济效益、生态环境效益和间接经济社会效益3个角度中确定指标参数和指标体系进行关联分析。

(5) 田晋华等[148]计算出庆阳市西峰区典型年的雨洪总量和单次降水的洪峰流量，得到降雨频率$P=25\%$雨洪资源可利用量，并将西峰区内的沟道按照地理位置属性划分至沟道所属乡镇中，计算出不同降水保证率、不同乡镇的沟道雨洪资源可收集利用量。

(6) 张灿等[149]利用MIKE11一维水动力学模型及相关的流量、水量计算方法对洮儿河白城境内的河湖连通系统洪水引蓄的安全值以及各受水单元（湖泊、湿地、灌区）的需水量进行了界定。

(7) 李宛谕等[150]对调水工程洪水资源利用风险因素进行识别，构建风险评价指标体系，从蓄水工程、输水工程、提水工程三个方面展开评价，并引入云模型计算风险指标的隶属度，得到洪水资源利用的风险等级。

(8) 胡向阳等[151]对 30 000～55 000m^3/s 的三峡水库来水进行了洪水资源利用研究，提出了洪水资源利用的基本原则和控制条件，分析了洪水资源利用启动时机和预报预泄条件，制定了三峡水库洪水资源利用调度规则，分析了洪水资源利用的防洪影响和发电效益。

(9) 邹强等[152]对三峡水库洪水资源利用所带来的各种风险进行了较全面的梳理，重点针对防洪、堤防、航运、库区淹没以及泥沙等各项风险因素进行了综合分析研究，并根据分析结果，提出了行之有效的风险对策措施。

5.3.7 防洪减灾

涉及防洪减灾内容的文献较多，多侧重于防洪减灾管理的政策和措施等，缺乏较为系统性的成果和理论创新，高层次期刊的文章较少。以下仅列举具有代表性的文献以供参考。

(1) 珠江水利委员会珠江水利科学研究院[154]以海南省琼中县乘坡河流域山洪灾害示范区监测预警系统建设为实例，介绍小流域山洪灾害监测及预警技术等相关知识。

(2) 李原园等[155]分析和研究了不同类型城市特点和洪水风险特征以及所面临的防洪减灾问题，在总结我国城市防洪减灾经验和认识的基础上，结合“海绵城市”建设理念，研究提出了城市防洪减灾对策思路，并针对不同类型城市特点，分类提出了对策措施。

(3) 魏军等[155]研究了龙羊峡、刘家峡水库联合防洪调度，中下游洪水泥沙特点及中小洪水调控，小浪底水库拦沙后期下游防洪工程体系联合防洪调度，中下游洪水泥沙特点及中小洪水调控，小浪底水库拦沙后期下游防洪工程体系联合防洪调度，上中下游凌汛特征及防凌调度原则等关键技术。

(4) 郭良等[156]阐述我国山洪灾害防治的总体思路、理论技术体系和防御模式，重点论述小流域下垫面特征及产汇流特性、新一代缺资料小流域产汇流模型及分布式水文模型、预警指标体系和风险评价理论、全国山洪灾害小流域预报预警系统建设等方面的成果。

(5) 丁志雄等[157]利用二维洪水仿真模型进行洪水演进模拟分析，对需避难转移人员及其空间分布特征进行识别；提出安置区的选择规划及优化匹配方法；建立最优转移路径分析模型及道路拥堵计算模型；在 GIS 平台上集成相关模型方法，开发洪水避难分析系统。

(6) 周新春等[158]在定义防洪库容互用性涵义的基础上，探讨了长江上游水库群间防洪库容的互用性，提出了基于库容互用性的水库群防洪调度方法。以金沙江下游梯级和三峡水库为例，分析了二者之间防洪库容的互用比例。

(7) 侯志军等[159]对小浪底水库运用前后黄河下游河道的断面面积、平滩流量、3000m^3/s 流量时对应的水位、最大流量及堤防高程等要素变化进行综合分析，提出在未来洪水较少的情况下，利用小浪底水库塑造“人工”洪水实现水库排沙，并使下游河道产生冲刷仍是下游河道治理的重要措施。

(8) 任双立等[160]采用 DHI 洪水模拟系统中的 MIKE11 水动力模块，结合现有调度方式、工程条件和已有规划治理方案进行了防洪对策研究。

(9) 宁磊[161]分析了 20 世纪 60 年代以来不同时期长江中下游江湖关系变化，模拟分析江湖关系变化对长江防洪形势的影响，在此基础上分析了三峡水利工程及上游控制性水库群的投运对长江防洪形势的改善情况，得到不同时期长江中下游防洪形势的变化过程。

(10) 何文钦等[162]基于 Virtual Reality Platform (VRP) 平台，利用图形图像处理方式直观地模拟洪水演进过程，系统全面地分析洪水要素在时间与空间上的相互关系。融合多种数字处理技术进行数据可视化，建立洪水水力要素的时序变化与图形之间的映射关系。

(11) 王清正等[163]研究了洪水调度关键期利用可回充水量进行预泄以降低设计汛限水位的方法，利用降雨与退水预报信息计算回充水量，依据回充水量预泄，合理地设计降低设计汛限水位。

(12) 周正印等[164]采用耦合 VOF 法的三维 $k-\varepsilon$ 紊流模型进行溃坝洪水演进数值模拟，根据洪水水情信息，采用贝叶斯网络方法，推理不同预警时间下的溃坝洪水风险人口疏散率，并提出针对溃坝洪水风险预警措施的管理效果评价方法。

(13) 刘淑雅等[165]以抚河流域 3 个山丘小流域为例，采用分布式新安江模型对小流域暴雨洪水进行精细化模拟，利用率定后的分布式新安江模型进行临界雨量试算，得出各流域不同初始土壤含水量、不同预警时段组合条件下临界雨量。

(14) 毛慧慧等[166]基于 2016 年设计洪水修订成果，计算了 100 年一遇标准洪水，白洋淀上游 5 座大型水库在 3 种不同调度方式下入白洋淀的洪水过程线，并计算了各种水库调度方式对白洋淀蓄滞洪区防洪的影响。

(15) 张平仓等[167]综合分析中国山洪灾害特征，提出了中国山洪灾害防治区划的原则、方法和依据，初步拟定出中国山洪灾害防治区划方案。

(16) 姚瑞虎等[168]在洪水过程线概化为三角形基础之上，推导出最高水位 H_m 和洪峰 x，洪量 y 的定量关系式，并借助概化关系式，以随机模拟法推求符合防洪标准的年最高水位 (H_m) N，在此基础上分析了符合达标要求下洪峰 x 和洪量 y 的匹配情况。

(17) 王云等[169]针对陕南地区无资料小流域，采用水位反推法计算三种不同前期土壤含水量 $P-a$ 的临界雨量，确定前期土壤含水量对临界雨量的影响。

(18) 李云燕等[170]通过对重庆近 10 年水文数据的观察，将雨洪灾害的形成、发展与城市水文过程特征进行关联分析，借助水循环模拟分析的理论基础，结合山地流域多元化、城镇空间组团化、社区空间多维化等特点，以多尺度空间下的水文模拟过程为依托，建构应对山地城镇雨洪灾害防治框架体系。

(19) 刘强等[171]基于二维浅水方程，运用 Godunov 型非结构有限体积法，建立了适应复杂地形的洪水演进水动力学模型，采用面向服务架构，考虑模型-系统的松耦合性，开发了基于 GIS 平台的洪水淹没动态分析系统。

(20) 苑希民等[172]结合宁夏水系分布与防洪工程建设实际情况，在参考已有临界雨量推求方法的基础上，综合应用暴雨等值线和 P-Ⅲ 频率曲线表反推不同量级洪水对应的雨量值作为山洪灾害预警值。

(21) 范嘉炜等[173]构建基于 G-H Copula 函数的 Q～W72 峰量组合联合分布模型，推求了联合重现期下的两变量设计值组合，并将其应用于放大典型洪水过程线和水库调洪计算。

5.4 干旱研究进展

干旱灾害是我国最主要的自然灾害之一。由于干旱是一种较为复杂的自然现象，影响因素众多，众多学者针对干旱的成因、特征、评估以及预警预报等方面进行探讨，每年涌现出大量的研究成果和应用实例。干旱一般可分为农业干旱、气象干旱、水文干旱和社会经济干旱，其中农业干旱成灾机理最为复杂、影响最大，农业干旱研究的相关文献也相对较多。

5.4.1 干旱的概念及内涵

最近两年涉及干旱的概念和内涵的文章基本没有，一是由于干旱的概念和内涵相对比较稳定，另外这方面要有新的突破和创新也比较困难。

5.4.2 干旱成因分析

关于干旱成因分析的文章较少，现有相关研究多以概念性成因分析、理论框架探讨、区域某一特定干旱事件成因分析等内容为主，体现出较强的地区性特点。以下仅列举有代表性的文献以供参考。

(1) 彭雪婷等[174]建立了 GBHM-NJ 分布式水文模型，利用实测站点资料率定参数并验证模型精度，模拟了 1961—2010 年长时间序列流域水文过程，并分别采用标准化降水指数（SPI）和标准化径流指数（SSI）分析了流域气象干旱和水文干旱的时空演变特点。

(2) 赵盼盼等[175]利用渭河流域 1960—2012 年 13 个气象站的逐日降雨资料和三个水文站的径流资料，分析 ENSO 事件对该区域的降雨、径流、气象干旱和水文干旱的影响。

(3) 张强等[176]利用我国南方农业干旱灾情实况、农作物种植面积、气象干旱监测指数和常规气象要素等相关资料，系统分析了中国南方地区近 50 年来农业旱灾综合损失率变化特征及其与气候致灾因子的关系。

(4) 苏宝煌等[177]利用全球海气耦合模式 CESM，设计并开展了 3 组不同地形隆升情景的数值试验，集中研究了全球地形对干旱的影响。

(5) 刘玉芝等[178]对近年来国内外学者针对大气环流对亚洲中、东部干旱半干旱区气候影响的研究进行了系统回顾和总结。

(6) 蒋慧敏等[179]利用 Mann-Kendall 检验和 Morlet 小波分析归纳了乌鲁木齐夏季气象干旱在 20 世纪 80 年代中期的突变特征以及 1986 年以来 12 年左右的周期性变化特征，并结合 NCEP/NCAR 再分析资料、JRA 海表温度（SST）等数据，通过对比典型旱/涝年的异常特征，对夏季气象干旱发生的成因进行了分析。

(7) 各位学者对我国 2016 年全国干旱[180]、2017 年秋季干旱[181]、夏季干旱[182]、春季干旱[183]和全国干旱[184]以及我国 2018 年秋季干旱[185]、夏季干旱[186]和全国干旱[185]分布特征和主要原因进行分析。

(8) 安迪等[187]选取黄淮流域及周边地区147个气象站1962—2015年逐月气温、降水观测资料，利用标准化降水蒸散指数（SPEI）分析了该地区近54年夏季干旱变化及其异常成因。

(9) 张丽艳等[188]利用区域16个地面站点气象数据计算逐年、季度的标准化降水蒸散指数（SPEI），分析京津冀年和季节尺度的干旱面积覆盖率、干旱频率，揭示出京津冀近34年干旱时空格局变化规律及其与ENSO（厄尔尼诺－南方涛动）的关系。

5.4.3 干旱特征分析

关于干旱特征分析的文献较多，主要内容聚焦于干旱时空分布规律、干旱演变过程、区域干旱状况对比和评价等，分析工具多以概率分析、数理统计方法为主。以下仅列举有代表性的文献以供参考。

(1) 栾清华等[189]以邯郸东部平原为研究区域，优化了红线控制下区域多水源工程的调配布局，提出了基于土壤水库解析的农业干旱定量化方法，定量评估了历史干旱情景再现下的农业干旱，预估了干旱应急水源——地下水的蓄量变化，并给出了区域干旱应对策略。

(2) 基于SPEI指数对地区干旱时空特征进行分析的文献较多，比如，唐敏等[190]分析了青海省东部农业区春夏气象干旱演变特征；王飞等[191]分析了黄河流域及其8个水资源分区的干旱时空格局；芦佳玉等[192]分析了云贵地区干旱的时空变化特征；贾艳青等[193]分析了中国西南地区极端干旱事件特征；吴燕锋等[194]分析了松花江区水文干旱和气象干旱时空演变特征；梁丰等[195]分析了东北地区干旱频率、干旱站次比和干旱强度的演变特征；高涛涛等[196]分析了秦岭南北地区不同时间尺度干旱发生频率和强度的时空演变特征，研究了干旱指数与不同环流指数［亚洲极涡面积指数I_（APV）、亚洲纬向环流指数I_（AZC）、东亚槽位置指数IEAT、极地-欧亚遥相关型指数I_（POL）］的相关关系；何鑫等[197]分析了辽西地区近56年气象干旱的时间变化趋势，以及干旱频率和干旱强度的空间分布特征；尹文杰等[198]分析了柴达木盆地干旱演变特征及时空分布规律；徐一丹等[199]分析了东北地区（黑龙江、吉林、辽宁）近55年多时间尺度干旱变化特征及两指数的表征差异；张煦庭等[200]分析了内蒙古地区56年来干旱时空格局特征，并讨论了干旱特征与太平洋年代际震荡（PDO）指数的关系；曹博等[201]分析了长江中下游流域近55年年尺度及各季节干旱变化趋势、站次比、强度和频率进行了分析，并探讨了干旱和区域气温、降水变化及ENSO的关系；沈国强等[202]分析了东北地区干旱特征，揭示干旱发生的时空变化规律；徐泽华等[203]分析了山东省近50年干旱的时空变化趋势；王飞等[204]分析了“一带一路”国家和地区百年的干旱变化规律和趋势；周丹等[205]分析了柴达木盆地极端干旱事件发生的时空变化特征；梁晶晶等[206]研究了高原干旱变化的时空分布特征及变化趋势。

(3) 基于SPI干旱指数对地区干旱时空特征进行分析的文献较多，比如，孙秋慧等[207]分析了海口市1970—2012年间各季节的干旱变化趋势和年干旱变化周期；胡子瑛等[208]分析了近55年来中国北方及不同干湿区气候干湿时空变化特征；杨蕊等[209]分析了云南冬春干旱变化特征；李斌等[210]分析了陕西省干旱时间与空间尺度上的变化特征；张苗苗[211]分析了晋北地区旱涝变化及不同时间尺度干旱事件时空演变特征；谢培等[212]分析了新疆地区过去55年降水及干旱变化特征；李虹雨等[213]对内蒙古近64年气候干旱时空变化进行分析；王壬等[214]对比EDI和月尺度标准化降水指数（SPI）的干旱识别效果，进而结合线性趋势、M-K趋势检验和空间插值方法，分析雷州半岛季节性气象干旱时空特征。

（4）基于Copula函数对干旱时空特征进行分析的文献较多，比如，李明等[215]计算了长春市干旱历时和干旱程度在不同组合条件下的联合超越概率、联合重现期、同现重现期及条件重现期；周念清等[216]利用经拟合优选的Copula函数构建干旱历时与干旱烈度的联合分布，并进行概率分析和重现期计算；屈吉鸿等[217]利用四种Copula函数建立了干旱历时和干旱烈度的联合分布，选取拟合度最优的Copula函数，分析了干旱重现期的空间分布特征。

（5）王利娜等[218]基于黄土高原及其周边72个气象站点1961—2012年的逐日降水观测资料，以连续无有效降雨日数作为干旱指标，采用神经网络算法和数理统计法，分析近52年黄土高原干旱的时空变化特征。

（6）金菊良等[219]依据安徽省14个典型站点1962—2013年逐日降水量资料，以降水量距平百分率作为干旱等级评价指标，引入云模型研究了安徽省干旱时空分布的均匀性和稳定性特征，并采用ArcGIS的反距离权重法分析了不同时间尺度下的干旱频率空间分布特征。

（7）李文龙等[220]运用VSD脆弱性评估框架，将系统脆弱性分解为暴露度、敏感性、适应能力3个维度，以北方农牧交错带112个县域为研究单元，运用模糊层次分析、空间热点探测分析和变异系数分析等方法，对各县域干旱脆弱性时空演变特征进行分析与总结。

（8）莫兴国等[221]基于国际耦合模式比较计划第五阶段（CMIP5）中6个GCM模式的未来气候变化情景数据，采用帕尔默干旱指数（PDSI），评估了21世纪RCP4.5和RCP8.5情景下我国干旱事件发生的时空变化特征。

（9）汪左等[222]基于MOD16产品，利用作物缺水指数CWSI，结合气象数据和MOD13数据，分析2000—2014年安徽省干旱时空分布特征和影响因素。

（10）任怡等[223]采用基于水资源供水和需水平衡的陕西省社会经济干旱指标（水资源供求指数）以及运用模糊综合法，结合SPI、PDSI和SPEI的特点建立的综合干旱指数两种方法对陕西省干旱时空分布特征进行研究。

（11）石育中等[224-225]引用干旱脆弱性分析框架，分别从乡镇尺度和农户尺度，对其干旱脆弱性指数与类型及其空间集聚性进行分析。

（12）袁梦等[226]以渭河流域为研究对象，选取1961—2010年为研究期，综合考虑气象干旱指数和水文干旱指数，构建了综合干旱指数CDI，对渭河流域近50年的干旱时空变化进行分析。

（13）郭浩等[227]利用2001—2013年8d合成MODIS制度A1时间序列数据计算改进型垂直干旱指数（MPDI），应用趋势性分析、重标极差（R/S）分析等方法研究了塔里木河流域绿洲与荒漠区干旱时空变化状况及其可能原因。

（14）刘晓璐等[228]以河南省为例，利用MODIS产品植被指数和地表温度数据，构建表征区域干旱特征的植被供水指数（VSWIN、VSWIE），并与河南省16个国家级气象站点数据计算的2000—2016年不同时间尺度的标准化降水指数（SPI）进行对比分析。

（15）薛海丽等[229]基于相对湿润度指数和非参数百分法，结合线性趋势法、Mann-Kendall非参数检验法和累积距平检验法，分析了1955—2015年内蒙古4个草原类型区（多伦、锡林浩特、海拉尔和四子王旗）温度和降水，以及极端气候事件变化特征。

（16）董婷等[230]利用气象观测数据、气象干旱指数及Mann-Kendal统计检验方法，研究我国近52年的旱情特征及旱情变化趋势，基于标准化降水蒸散指数SPEI评估不同区域旱灾发生次数、频率及覆盖面积等。

（17）贾艳青等[231]引入一个新的干旱指数-逐日标准化降水蒸散指数（日SPEI），采用Mann-Kendall方法、克里金插值（Kriging）方法，分析了近55a西南地区干旱事件时空演变规律。

（18）冯冬蕾等[232]利用东北地区208个国家气象站1961—2014年逐日气温和降水量资料，根据气象干旱综合监测指数（MCI）计算公式，并且依据当前气象干旱等级国家标准对干旱过程及干旱强度进行定义。分析东北地区近54年来发生干旱过程的时空特征。

（19）韦开等[233]利用陕西省16个地市19个气象台站降水资料，选择降水距平百分率为干旱指标，计算陕西省近50年各年的干旱指数，在此基础上分析了干旱年际变化特征，并利用GIS 10.1绘制干旱强度的空间分布图。

（20）丛林等[234]利用辽宁省朝阳市6个地区的气象站1952—2015年期间64年的逐日降水量、气温等气象数据计算其Palmer干旱指数，并应用小波分解对PDSI指数进行多分辨率分析，从而探究了该地区干旱发生等级、频次、覆盖范围、周期、突变等时间演变特性及发生规律。

（21）李雪纯等[235]基于安徽省1965—2014年15个气象站点的降水资料，以降水距平百分率（Pa）为干旱指标，从年和季（3个月）时间尺度定量地分析安徽省时空变化特征。

（22）任怡等[236]基于降水量、径流量和水库蓄水量等数据，采用修正的地表水分供应指数（WSI）对黄河流域2000—2013的干旱特征进行了评估，对比了多源指标信息对黄河流域干旱的表征能力。

（23）万红莲等[237]利用宝鸡地区11个气象站点1974—2013年逐月气温和降水量数据，基于标准化降水蒸散指数（SPEI），结合土地利用/覆盖数据，从干旱发生频率、发生强度及与植被NDVI相关性等角度，探讨了近40年来干旱时空变化格局及其对植被覆盖的响应。

（24）张剑明等[238]利用湖南83站降水资料和NCEP/NCAR再分析资料，采用数理统计方法，分析了湖南夏秋干旱的分布特征，对湖南夏秋干旱类型进行了划分，对比了3类干旱型在同期大气环流和前期海温上的差异。

（25）朱丽等[239]利用洮河上游碌曲、中游岷县和下游临洮3站降水和气温观测资料，结合中游和下游2个水电站年径流量资料，分析近50年来洮河流域气候及干旱变化特征。

（26）程航等[240]利用1901—2010年帕默尔指数（PDSI）和1981—2010年CMAP降水、NCAR 700hPa位势高度等格点资料，分析亚非干旱、半干旱带中北非、中东、中亚西部、中亚东部至中国西北地区西部及中国西北地区东部、华北和东北等 7 个区域 PDSI 的时空演变特征。

(27) 齐冬梅等[241]采用四川省 115 个气象站 1961—2014 年的逐日降水资料，计算各站历年各季的 Z 干旱指数，根据 Z 指数的旱涝等级划分标准将其划分为 7 个等级，参考过去四川省干旱灾害的灾情记录，研究 Z 指数在四川的适用性，并用多种统计方法研究四川干旱的时间变化和空间分布特征。

(28) 刘诗梦等[242]利用中国北方 501 个观测站点降水资料、ECM WF 再分析资料及 NOAA 海温数据分析了 6 月 1 日至 7 月 15 日（梅雨期）和 7 月 16 日至 8 月 31 日（伏旱期）两个时段江淮流域干旱的时空特征和年代际极端干旱年份时的大气环流异常特征及其可能原因。

(29) 韩兰英等[243]利用 1960—2014 年中国 527 个气象站逐日气温和降水量数据，选用改进的综合气象干旱指数（MCI）作为监测指标，详细分析了中国干旱强度、频次和持续时间变化特征及其南北差异性。

(30) 吴燕锋等[244]基于北疆 38 个气象站 1961—2012 年逐日的气象数据和综合气象干旱指数，探究了北疆干旱的时空演变特征。

(31) 马志婷等[245]基于京津风沙源区 27 个站点 1960—2014 年逐月气温和降水数据，采用标准降水蒸散指数（SPEI），从干旱趋势、干旱面积和干旱频率等方面分析了研究区干旱的时空变化特征；在此基础上，利用 SPEI 和 NDVI 指数，分析了干旱对区域植被变化的影响。

(32) 张艳芳等[246]基于生态功能分区，利用 MODIS - NDVI 数据和 SPEI 指数，探讨 2000—2014 年黄河源区植被指数和干旱指数的年际变化、空间分布规律以及两者之间的相关关系。

(33) 黄涛等[247]采用长江流域 1951—2015 年 PDSI（帕尔默干旱指数），运用 Mann - Kendall 检验、EEMD（集合经验模分解）、REOF（旋转经验正交函数分解）、森斜率估算等分析方法，探讨长江流域干旱面积时间变化特征、干湿情景时空分布特征以及变化趋势。

(34) 吴志勇等[248]基于 VIC（Variable Infiltration Capacity）模型模拟的 50km 分辨率的逐日土壤含水量数据，计算土壤含水量距平指数（SMAPI）并分析了长江流域上游 1953—2013 年历史干旱事件的时空变化特征。

(35) 罗党等[249]针对面板数据的三维特征，综合考虑指标发展水平、指标发展水平变化和指标发展速度变化 3 个因素，构造了一种新的基于面板数据时空特征的灰色矩阵关联度模型，并讨论了模型的性质。

(36) 王富强等[250]利用贾鲁河流域内郑州、许昌、西华 3 个站点 1991—2013 年的土壤相对湿度逐旬监测数据，采用小波分析法和 Mann - Kendall 突变检验法，系统分析了贾鲁河流域农业干旱的时空演变特征。

5.4.4 干旱表征指标

干旱表征指标研究方面文献较多，研究内容集中于干旱评价指标的确定、干旱指标的适应性评价、干旱指标评估结果的对比分析等，为评估区域干旱提供了较好的思路和借鉴。以下仅列举有代表性的文献以供参考。

(1) 张宇亮等[251]提出基于区域农业用水量的干旱重现期计算方法。

(2) 韩会庆等[252]基于CMIP5全球气候模式预估的降水月值数据，利用标准化降水指数（SPI）分析了2016—2050年RCPs情景下贵州省干旱趋势。

(3) 杨庆等[253]使用陆地水储量、土壤湿度和径流数据，评估了Palmer干旱指数（PDSI）、基于中国台站观测数据的修正PDSI（PDSI CN）、自矫正PDSI（scPDSI）、地表湿润指数（SWI）、标准化降水指数（SPI）、标准化降水蒸散发指数（SPEI）和气象观测数据驱动的陆面数值模式模拟的土壤湿度（CLM3.5/ObsFC）共7种干旱指数在中国的区域适用性。

(4) 芦佳玉等[254]根据1960—2014年云贵地区49个站点的逐月降水量和气温资料，利用标准化降水指数、Mann-Kendall突变检验及小波分析等方法研究了季尺度和年尺度的气温和降水量的变化特征及旱涝演变趋势.

(5) 冯星等[255]利用渭河流域1960—2010年近50年的日气候资料，通过分析计算选取标准降水指数、综合干旱指数和降水距平百分率并通过模糊物元理论将这三种干旱评价指标结合起来构建一种新的评价方法并与已发生的干旱进行分析对比。

(6) 张宁等[256]采用Mann-Kenda11检验等方法，分析了近50年全球胡杨分布区帕尔默干旱指数（PDSI）的时空变化特征。

(7) 赵焕等[257]基于蒸散发构建了综合考虑当前水分亏缺程度和干旱事件稀遇程度的农业干旱指数IEDI，并基于该指数分析了中国东北3省2000—2014年农业干旱演变规律，探讨了气象要素对农业干旱以及农业干旱发生时段对粮食产量的影响。

(8) 李新尧等[258]以植被状态指数（VCI）作为农业生长季节干旱监测指标，探讨了VCI在陕西省农业干旱监测中的适用性以及与降水的相关性，并利用VCI对陕西省2002年3月—2016年5月农业干旱进行识别与时空分布特征研究。

(9) 穆佳等[259]选取吉林省典型干旱年和典型干旱区，评估了降水量距平百分率（PA）、相对湿润度指数（MI）、作物水分亏缺距平指数（CWDIa）、帕默尔干旱指数（PDSI）和气象干旱综合指数（MCI）共5种干旱指数在吉林省农业干旱评估中的适用性。

(10) 陈国茜等[260]在垂直干旱指数、归一化植被水分指数和植被状况指数与土壤水分数据相关分析基础上，筛选相关性较高的遥感干旱指数和适用时段，再结合典型干旱案例，确定青海南部典型高寒草地区曲麻莱县最优遥感干旱指数和适用时段，构建牧草生育期土壤水分估算模型，并再现2015年夏旱事件。

(11) 李忆平等[261]以气象干旱为对象，对常用的气象干旱指标在中国的时空适应性进行了系统总结。

(12) 郑建萌等[262]根据云南降水和蒸发的气候特征，剔除区域内降水多、蒸发小的站点，用剩余101个站1961—2012年的气象资料研究云南区域极端气象干旱标准，进而提出了用修正的降水气温均一化指数I_S作为云南气象干旱指数。

(13) 马柱国等[263]基于年降水观测数据、自矫正的帕尔默干旱指数sc PDSI、地表湿润指数SWI及GRACE卫星数据反演的陆地水储量（TWS）对中国区域干旱化问题进行了再分析。

（14）黄小梅等[264]利用采集自青海省治多县立新乡的大果圆柏建立树轮宽度标准化年表（STD）。

（15）赵福年等[265]根据游程理论阐述干旱的发展演变过程及各参数之间的关系，确定了干旱的内涵为水分的供需平衡，并以此为基础分析了干旱指数的构建依据及其优缺点。

（16）孙洪泉等[266]提出采用分位数方法对多指标进行干旱等级划分的思想，针对标准化降水指数和降水距平百分率指数，分别采用传统的阈值分割法和分位数法划分干旱等级，并对结果进行一致性检验和分析。

（17）吴杰峰等[267]以东南沿海晋江流域为例，采用 SPI 和 SSI 两个干旱指数及游程理论对流域主要干旱事件特征进行识别，并应用 Logarithm 函数建立水文干旱对气象干旱特征的响应关系模型。

（18）赵平伟等[268]以滇西南地区为研究区，计算出近 53 年该区及周边 44 个气象站点标准化降水蒸散指数（SPEI）和标准化降水指数（SPI）。运用 M－K 突变检测和 Morlet 小波交换等方法，对滇西南地区两种指数对应下的 4 种类型季节连旱变化特征进行系统分析。

（19）洪兴骏等[269]提出了基于最大熵原理（POME）的月径流分布构建方法，采用多阶矩作为求解最大熵的约束条件，以拉格朗日乘子法估计分布参数，计算了不同时间尺度的标准化径流干旱指数 SDI，评估了汉江 30 个子流域历史水文干旱情势。

5.4.5 干旱监测

干旱监测是干旱评价、干旱预测、抗旱减灾等工作的基础，随着监测手段的丰富和监测能力的提升，干旱监测的成果也越来越丰富，相关研究的文章也不断涌现。以下仅列举有代表性的文献以供参考。

（1）王煜等在《黄河流域旱情监测与水资源调配原理与技术》[270]一书中，发展了多时间尺度干旱评估与演变特征识别、基于陆气耦合的大型灌区干旱实时监测、基于多源降雨信息的洪水/径流多尺度嵌套耦合预报、应对干旱的流域梯级水库群协同优化调度以及干旱应对与风险管理等关键技术，构建了支撑流域旱情实时监测与应对的水资源优化调配技术平台。

（2）贺敏等[271]利用基于气象要素驱动数据集的 SPI、基于 MODIS 的 ESI 和基于 GRACE 观测数据的水储量变化 TWSC，对西南地区 2005—2014 年间的干旱情况进行分析，对比了几种不同数据源下的干旱监测指标的监测效果。

（3）吴黎[272]以过去 15 年的黑龙江省 40 个旱作农业站点以旬为单位的土壤相对湿度为研究对象，与 MODIS 数据得到的 TVDI 相对应，根据土壤相对湿度的农业干旱等级划分标准，制定 TVDI 的干旱监测等级。

（4）安雪丽等[273]分析土壤相对湿度（RSM）与标准化植被指数（SVI）、站点农气灾情数据及产量数据的关系，探究土壤相对湿度对东北地区农业干旱的监测能力。

（5）沈润平等[274]利用 2001—2010 年 4—9 月的多个遥感及土壤资料提取的干旱因子为自变量，以气象站点的综合气象干旱指数（CI）为因变量，利用随机森林模型构建遥感干旱监测模型，并以河南省为研究区进行了评价和分析。

（6）刘凯等[275]采用区间划分方法，分析逐日风云微波遥感数据（FY－3C/MWRI）

反演的表层土壤水分各区间临界值与对应区间基于 MODIS 数据得到的温度植被干旱指数（TVDI）最大值的关系，建立 2015—2016 年冬小麦生育期内月尺度的 FY-3C/SM-TVDI 模型，初步实现冬小麦主要种植区内微波遥感监测 10～20cm 深度土层旱情模型。

（7）胡蝶等[276]利用甘肃省 28 个气象站降雨资料对 TRMM 月降雨产品进行相关性分析，同时计算站点标准化降水指数（SPI）检验基于 TRMM 数据构建的降水距平百分率（Pa_TRMM）和降水状态指数监测干旱变化的时间序列信息，进一步分析区域干旱时空变化规律。

（8）古书鸿等[277]针对贵州山区季节性农业干旱，建立基于土壤水分收支的旱地农业干旱监测方法。

（9）季建万等[278]利用 2017 年两期 Landsat 8 遥感影像数据，反演得到地表温度和植被指数，构建 LST-VI 特征空间，并对建立的温度植被干旱指数进行分级分析与差值变化监测。

（10）聂娟等[279]对高分四号（GF-4）卫星在快速监测大面积干旱方面的应用能力进行了初步探讨。

5.4.6 干旱风险评估

近两年干旱风险评估指标、干旱风险评估方法、干旱风险区划等相关研究成果较多。以下仅列举有代表性的文献以供参考。

（1）袁喆等[280]系统梳理了干旱灾害风险评价及应对的国内外研究进展，以“自然-人工”二元水循环理论、自然灾害风险理论等相关理论为基础，初步提出了变化环境下干旱灾害风险评价与综合应对的理论技术与方法。

（2）李原园等[281]以干旱与旱灾系统为研究对象，进行机理研究、理论探讨、技术分析、方法研究和综合集成，阐述并回答新时期我国干旱灾害风险评估及调控的重大理论技术问题与关键战略问题。

（3）柳媛普等[282]利用全国基准基本站地面气温、降水资料，NCAR/NCEP 土壤湿度资料及各类经济数据，采用加权综合评价法对西南地区干旱灾害风险因子进行分析。

（4）杨晓静等[283]基于自然灾害系统理论针对东北三省构建了农业旱灾风险评估模型，并在县市尺度对不同等级农业旱灾风险进行了分区。研究中分别从省份尺度和县市尺度对农业旱灾危险性、暴露性、脆弱性、抗旱能力及农业旱灾综合风险进行评估。

（5）徐玉霞等[284]结合灾害学相关理论，从致灾因子危险性、孕灾环境脆弱性、承灾体暴露性、防灾减灾能力 4 个子系统选取指标，建立干旱灾害风险评估模型。

（6）韩炳宏等[285]以青海省为例，采用青海省 1961—2010 年 50 个气象站潜在蒸散和降水数据，基于气象灾害风险度评估理论和方法，并根据《青海省地方干旱等级划分标准》，通过干旱灾害风险度模型和 ArcGIS 空间分析相结合的方法，较为系统地分析了青海省干旱灾害风险时空分布特征及其灾害风险等级。

（7）李明等[286]依据东北地区 91 个气象站 1961—2012 年的月均温和月降水量数据，计算多时间尺度的标准化降水蒸散指数（SPEI），并采用 Theil-Sen 斜率估计方法和 Copula 函数，分析了东北地区近 52 年来的干旱时空变化特征及干旱风险的空间格局。

（8）杨娜等[287]利用淮河流域 30 个气象观测站点 1961—2013 年的月降水数据，基于贝叶斯空间插值方法对其不同时间尺度（月、季和年）的标准化降水指数 SPI 进行空间插值，以评估淮河流域内河南、安徽、江苏、山东等片区近半个世纪以来的气象干旱风险与干旱演变趋势。

（9）李丹君等[288]利用 2005—2014 年 5—8 月旬气象站数据和 MODIS 的 NDVI 10d 合成产品，采用空间植被干旱指数（SVDI）研究典型年吉林省中西部干旱时空分布特征，并进一步利用逐旬 SVDI 概率密度分布计算旬时间尺度的干旱危险性及月时间尺度的干旱危险性分布。

（10）王理萍等[289]从致灾因子危险性、孕灾环境脆弱性、承灾体暴露度和防灾减灾能力 4 个方面，考虑气象、地理环境和社会因素的综合作用，构建了云南省旱灾风险评估模型。

（11）方国华等[290]建立了自适应变尺度干旱评价模型，实现不同历时干旱事件的评估和对比

（12）罗党等[291]基于灰色系统理论的思想和方法，提出了一种新的基于距离的关联度分析模型，讨论了分辨系数的大小对模型的影响，证明了模型的平行保序性、一致保序性及仿射保序性，最后将模型应用于干旱灾害风险影响因子的识别中，理清了干旱灾害风险指数与其 12 个影响因素的关联关系。

5.4.7 干旱预警预报

与 2015—2016 年相比，近两年涉及干旱预警预报的文献较少，干旱预报方面以预报方法的研究为主，干旱预警方面以实用性研究为主。以下仅列举有代表性的文献以供参考。

（1）周靖楠等[292]利用自适应差分进化算法对极限学习机进行改进，构建了自适应差分进化极限学习机预测模型，并选用海表异常温度作为该模型的输入因子，对研究区域的干旱进行预测。

（2）杨肖丽等[293]基于黄河流域 101 个气象站点的实测气象数据和国际耦合模式比较计划第 5 阶段 3 种排放情景下的 6 个模型 1961—2099 年的降水和气温数据，采用等距离累积分布函数法进行统计降尺度；通过历史阶段（1961—2005 年）实测站点数据对降尺度后的降水和气温进行精度评估；在此基础上，通过标准化降水指数对黄河流域气象干旱进行预估。

5.4.8 干旱综合应对

近两年，干旱综合应对方面的相关研究成果相对较少。以下仅列举有代表性的文献以供参考。

（1）张强等[294]应用中国南方区域 14 省区市 252 个国家基本气象站 1961—2015 年逐日地面气象观测资料及干旱灾害资料，研究中国南方干旱灾害影响的时空变化特征，分析中国南方干旱灾害风险变化特征，提出干旱灾害风险防控策略与防御对策。

（2）冯天计等[295]应用标准化降水蒸散指数（SPEI）对草原干旱进行识别，采用 Visual Studio 2010 和 Arc GIS Engine 10.2 结合 C＃语言和 GIS 技术，研发出草原干旱识别可视化系统。以松嫩草原为实证研究区，系统实现了 GIS 浏览与灾情管理、草原干旱识别

空间化和干旱识别结果可视化等功能。

(3) 罗党等[296]提出了一种基于灰色不确定语言变量的局势群决策方法，并将其应用到河南省农业旱灾风险管理中。

5.5 水环境安全研究进展

水资源、洪水和水环境的有机统一构成水安全体系，三者是一个问题的三个方面，相互联系、相互作用，形成了复杂、时变的水安全系统。因此，水环境安全是水安全的重要组成部分，如何对水污染进行预警和防治，具有重要的意义。目前水环境安全研究的参与者众多，研究内容丰富，每年都有大量的研究成果涌现。

5.5.1 水环境安全

由于水环境安全的概念比较宽泛，界定也比较困难，与水环境安全相关的研究内容较多，以水环境安全评价、水环境安全监管等方面为主。以下仅列举有代表性的文献以供参考。

(1) 何月峰等[297]基于“压力-状态-响应”模型和“五水共治”决策构建评估指标体系，应用层次分析评估方法，对浙江省治水前后水环境安全进行评估与预警.

(2) 张培培等[298]构建了以空间为基础，以水质安全、水资源调配、水风险防范为主体，以水生态健康、水文化丰富为高阶目标的中长期水环境安全战略体系，同时提出了未来5年、10年和20年的配套政策保障体制机制。

5.5.2 水污染预警

近两年，关于水污染预警研究的文章非常少，多为水污染事件的处置和水污染事件的报道。

(1) 时利瑶等[299]构建包含事故模拟模型和预警模型的突发性水污染快速预警体系。

(2) 陈正侠等[300]提出了基于水环境模型和数据库的溯源方法，快速准确地实现潮汐河网突发性水污染的溯源。

(3) 孙凯迪等[301]以汾河水库为载体，结合水库二维水动力-水质耦合模型，采用实测数据对模型进行率定与验证，考虑事件源、排放入口及风的影响，研究不同情景下污染物的扩散情况以及浓度分布规律。

(4) 龙岩等[302]针对长距离输水工程突发水污染事件调控后评价问题，引入应用数据包络分析（DEA）模型，提出了模型的投入指标和产出指标，并利用模型得出的调控后的效果反映应急调控措施的优劣，然后对应急调控措施进行分析，得出最优方案。

(5) 杨星等[303]研究了南水北调中线总干渠Ⅲ级水污染的应急处置水力调控方案，提出了Ⅲ级水污染的应急处置策略，确定了基于分水口水力特性的水力调控单元划分方法和应急处置水力调控方式。

5.5.3 水污染防治

近两年，涉及水污染防治的研究内容较多，集中在水污染防治体系分析、水污染防治对策探讨、水污染控制技术推广、水污染控制规划制定等方面，实用性较强。以下仅列举有代表性的文献以供参考。

(1) 蒋丹璐[304]通过对水污染风险的梳理，将三峡库区目前比较严重的水污染问题工业废水排放、农业面源污染和跨境水污染三个方面。

(2) 雷晓辉等[305]针对跨流域调水工程输水距离长、调蓄能力薄弱、供水水质要求高、跨多地域、跨多部门等特点，重点针对跨流域调水工程突发水污染的应急调控关键技术开展研究，并进行应用。

(3) 罗育池等[306]从地下水污染防渗、地下水污染修复、地下水污染监控三个关键环节人手，构建地下水污染防控体系，弥补目前地下水污染防渗技术的缺失，提高地下水污染修复技术的实用性，完善地下水污染防治措施有效性监控手段。

(4) 练继建等[307]依据水库突发水污染事件风险计算值，对突发水污染事件进行事故等级分类，并结合水动力模型模拟结果指导水库突发水污染事件下应急调度方案的制定。

(5) 阎伍玖等[308]从流域的角度分析了淮河安徽段水环境污染现状、淮河水环境污染的主要因素和原因，最后从产业结构优化、水资源重复利用、污水处理厂建设以及推行清洁生产等方面，探讨了应对淮河水环境污染的主要措施。

(6) 陈敏等[309]在分析现行《水污染防治法》的基础上，结合《中华人民共和国水污染防治法修正案（草案）》，对《水污染防治法》的修订提出建议。

(7) 席北斗等[310]围绕改善京津冀地区地下水环境质量现状目标，分析了京津冀地区地下水环境存在的四点主要问题，并系统地梳理了京津冀地区已有的地下水环境管理基础，提出“十三五”期间京津冀地区地下水污染防治的 4 个研究方向。

(8) 任朋等[311]以南渡江下游的海口市供水河道为例，建立突发性水污染事故的水动力水质模型，分析污染物到达龙塘取水口的时间及影响历时。

(9) 王家彪等[312]以突发水污染事件应急处置为目标，分别构建了水污染溯源、浓度预测和水库应急调度模型，并通过数值模拟的方式对水库调度方案进行优选，最终建立了一套完善的水库应急调度技术体系。

5.6　水安全其他方面研究进展

水灾害事件除了洪水和干旱外，冰凌、泥石流、风暴潮事件也在严重影响着城乡居民生活和工农业生产，除此之外，如何能够保障居民的饮用水安全，也是水资源研究领域的重要难点。

5.6.1　冰凌

由于冰凌的发生具有很强的地区性，因此冰凌灾害的研究群体、研究区域和研究内容都相对集中。研究内容多集中在冰凌预报、防凌调度和防凌减灾新技术的使用等方面。以下仅列举有代表性的文献以供参考。

(1) 王春青等[313]对黄河内蒙古河段凌汛期的凌情特点、冰凌观测以及气象预报方法进行了深入的探讨和研究。

(2) 张璐等[314]通过对黄河万家寨水库上游至托克托县喇嘛湾河段 1998—2015 年度冰情分析，研究了该河段的封、开河过程及二者之间的联系。

(3) 罗党等[315]提出了一种基于 VIKOR 扩展法的评估方法，并将其应用到黄河宁蒙河段的巴彦高勒—三湖河口、三湖河口—昭君坟和昭君坟—头道拐 3 个分河段的冰坝灾害风险评估。

(4) 李文义等[316]探讨了黄河下游多年凌情特点及变化趋势，对影响凌情的主要因素进行了分析，并初步探讨了小浪底水库对下游凌情的影响。同时，对影响凌情的其他因素进行了归纳。

(5) 吴艳等[317]通过 MATLAB 对冰凌监测图像进行直方图均衡化处理，运用最大类间方差法计算出最佳阈值，从而区分出冰凌与背景，进而得出冰凌密度，并与实际冰凌密度进行比较。

5.6.2 泥石流

由于泥石流具有一定的突发性，且成因复杂，因此研究内容涉及面很广、研究文献也较多，内容集中于泥石流成因分析、泥石流时空分布特征、泥石流危险性评价、泥石流防治及避险措施等方面。以下仅列举有代表性的文献以供参考。

(1) 对泥石流的成因进行分析的文献较多，比如，刘海知等[318]分析了四川典型区域滑坡、泥石流与降水气候特征的关系；李元灵等[319]分析了帕隆藏布流域群发性泥石流的成因；钟燕川等[320]分析了四川省不同降雨类型诱发的泥石流特点和分布；曲瑞等[321]分析了甘肃省天水市麦积区马跑泉镇大沟村泥石流的形成机制，并反演泥石流发生的临界降雨强度；刘海知等[322]确定了四川省滑坡泥石流典型区域各个子区最关键的降雨因子，建立典型区域各子区临界阈值模型。

(2) 对泥石流特征进行分析的文献较多，比如，甘建军等[323]以江西省修水县卢庄沟暴雨型泥石流为例，通过现场调查和室内试验，对其发育特征及动力学特征进行分析；杨红娟等[324]根据 1990—2007 年四川省 619 起泥石流灾害数据和 152 个气象站的降水资料，统计分析了泥石流灾害的时空分布规律和降水特征。丁明涛等[325]应用临界水深法，结合七盘沟的实际情况，逆向推求七盘沟泥石流启动的临界降雨量；徐继维等[326]采用水文学方法计算了不同频率下洪峰流量以及对应的不同规模泥石流启动降雨量阈值；魏学利等[327]分析了泥石流形成运动特征及其对邛海的淤积效应，揭示山洪泥石流暴发主要影响要素及发展趋势。

(3) 对泥石流的进行模拟进行分析的文献较多，比如，杨涛等[328]利用 FLO-2D 软件对华溪沟在不同降雨频率下溃决与非溃决条件进行了数值模拟；宋兵等[329]以北川县坝底乡白沙沟泥石流为例，探讨 RAMMS 在泥石流模拟中的运用；杨涛等[330]运用 FLO-2D 进行的数值模拟，重现了岷江小流域内 6 条泥石流沟泥石流暴发现状；包红军等[331]通过在泥石流物理模型中耦合分布式水文模型建立研究区域泥石流预报模型；潘蕾等[332]近似模拟不同前期降雨量下融水冲刷冰碛物形成泥石流的起动过程。

(4) 对泥石流的危险性评价进行分析的文献较多，比如，管庆军等[333]应用灰色关联分析法建立泥石流危险性评价模型；李鑫杨等[334]构建危险性评价指标体系对雅安市泥石流危险度进行区划；高立兵等[335]选取地形地貌因子和地质因子作为泥石流危险性评价因子，建立了白龙江流域泥石流危险性评价模型；彭仕雄等[336]提出以雨强、坡降和物源三个基本要素作为评价泥石流危险性的依据，提出三要素的分级方法；徐艳琴等[337]利用贡献权重叠加模型（CWS）和基于确定性系数（CF）的确定权重模型，对四川省攀西地区泥石流易发性进行评价；王一鸣等[338]提出了台风暴雨型泥石流危险度区划模型和易损度区划模型，以及台风暴雨型泥石流风险区划方法；田丰等[339]构建陇南市泥石流灾害危险性评价的 Max Ent 模型，完成陇南市泥石流灾害危险性评价制图；邹强等[340]运用因子贡献率法和信息量法两种评价模型对安宁河流域进行泥石流灾害易发性评价。

（5）对泥石流的防治与避险措施进行分析的文献较多，比如，胡桂胜等[341]选择金沙江白鹤滩水电站施工区的矮子沟和大寨沟泥石流治理工程为案例，评估其治理工程效果；乔建平等[342]选取了典型模型体将降雨强度与坡度设为控制变量，研究不同条件下坡面松散物源的失稳机制及破坏模式；刘双等[343]对寨坪沟泥石流的形成条件和基本灾害特征进行了分析，并采用了相应的泥石流预报公式进行预警，提出了预警临界降雨值及判据；韩健楠等[344]尝试将综合防治体系抗灾能力引入评价模型中，并运用到单沟泥石流风险评价中。李维炼等[345]构建了应急状态下面向多用户类型的泥石流灾害信息特征可视化技术体系。

（6）姚维益等[346]选取 5 条泥石流及覆盖其范围的 5 期高精度影像，并结合 ArcGIS 空间分析研究泥石流物源的演变特征。

（7）丁明涛等[347]总结归纳出岷江上游传感节点布设规则。

（8）魏学利等[348]提出一种新型浅槛结构并研究其对冰川泥石流沟道侵蚀的防治效果。

（9）郭梨花等[349]通过对 2000—2010 年 10 年间影响灾害易损性的物质、经济、环境和社会 4 个方面评价指标的分析，阐明各评价指标对广东省泥石流和滑坡灾害风险变化的影响。

5.6.3 风暴潮

由于风暴潮的复杂性，相关研究文献较多，内容集中在风暴潮特征分析、风暴潮预测、风暴潮损失评估、风暴潮淹没模拟方法等方面。以下仅列举有代表性的文献以供参考。

（1）章卫胜等[350]以平面二维数学模型模拟了里下河地区“9711”台风风暴潮期间闸下河段的潮汐水流和风暴潮运动过程，研究了闸下风暴潮水位相对河口风暴潮水位的变化特征。

（2）伍志元等[351]基于中尺度大气模式 WRF 和区域海洋模式 ROMS，构建南中国海地区海气耦合模式，针对 2012 年台风“启德”进行数值模拟。

（3）郭腾蛟等[352]从灾害损失构成、灾害损失分离、损失评估方法、损失结果检验四个方面着手，指出灾害经济损失评估中存在的问题，并总结出灾害经济损失评估的研究方法。

（4）石先武等[353-354]分析了我国沿海一般潮灾、较大潮灾、严重潮灾、特大潮灾的发生频率，揭示了不同等级潮灾的发生频率在我国沿海空间分布特征，还综合风暴潮灾害危险性和脆弱性等级分布，对河北省沿海乡镇风暴潮灾害风险等级进行了综合评估。

（5）任剑波等[355]采用 NCEP FNL 和台风模型风场的融合风场作为驱动项，建立了覆盖东海的三维风暴潮流数值模型，研究风拖曳力系数和曼宁系数对风暴增水和风暴潮流的影响。

5.6.4 饮水安全

近两年，涉及饮水安全的研究文献很多，内容集中在饮用水水源地保护、饮用水水源地安全保障达标建设、农村饮水安全评估、饮用水污染防控、饮水安全保障等方面，但创新性的研究内容不多。以下仅列举有代表性的文献以供参考。

(1) 曹喆等[356]以目前国内外主流应用的饮用水净化技术为主要内容，系统地阐述了饮用水处理的基本理论，结合岗位能力需求重点介绍实用的饮用水净化技术。

(2) 罗阳等[357]开发外源污染氮磷营养盐控制技术、构建水源地生态系统修复技术、研究生物监测预警技术、探索蓝藻暴发应急处置技术，在此基础上整合形成治理-修复-预警-处置四位一体的饮用水源保护成套关键技术，提升海河流域饮用水源保护生态修复水平。

(3) 曲久辉等[358]从源水水质改善、处理工艺优化与强化、输配过程水质保障、特殊污染物去除、水质安全评价的全过程等方面论述了饮用水水质安全保障的新技术原理。

(4) 郜玉楠等[359]介绍了辽河流域及其水源地概况、水源地水质现状，以及我国饮用水卫生标准现状；阐述了不同水处理技术的理论、工艺特点、技术参数及工程应用等。

(5) 杨敏等[360]系统全面地介绍了饮用水水质风险评价的方法和案例，汇集了在“水专项”支持下饮用水水质风险评价科学领域的前沿成果，重点论述了饮用水水质风险评价方法及其案例应用。

(6) 杨玉霞等[361]分饮用水水源地安全保障达标建设理论与方法和黄河流域重要饮用水水源地安全保障达标建设试点实践与探索山下两篇进行介绍。

(7) 王罗春等[362]总结了农村饮用水安全保障的法规体系；汇编了与农村饮用水安全保障相关的标准与规范；介绍了农村饮用水水源地的分类、主要污染源、水源防护区的划分及污染防护要求；介绍了水处理工艺的选择、常规水处理技术和特殊水处理技术等。

(8) 张萌等[363]提出了改进的BP神经网络模型，建立水质预测模型。

(9) 郑勇等[364]分析了我国西部黄土高原半干旱区可利用的雨水资源，对现有主要的水质净化技术在实践中的应用效果进行评价，提出利用雨水资源解决西部偏远地区安全饮水的可行性和发展方向。

(10) 张清华等[365]对柳江流域饮用水源地的重金属元素含量进行分析检测，并采用美国EPA推荐使用的健康风险评价模型对饮用水源地的健康风险进行评价。

(11) 董政等[366]分析了潍坊滨海经济技术开发区饮用水中的6种有机磷酸酯的浓度水平及组成特征，采用美国环保署（US EPA）推荐的健康风险评价模型，评价了潍坊滨海经济技术开发区饮用水中OPEs的健康风险.

(12) 董江善等[367]建立了一套覆盖全省的水质在线管理平台系统，实现对甘肃省所有集中和分散式供水工程、区域检测中心的统一管理。

(13) 周涛[368]分析了沙坡头区农村饮水安全工程建设、运营和管理中存在的问题，介绍了宁夏在沙坡头区探索政府和社会资本合作（BOO）、创新水利投融资体制机制的做法。

(14) 杨智[369]以城市综合生活缺水率为考量指标，从饮用水源的水量水质安全与城市供水安全两个方面，综合评估昆明城市饮用水源安全情况。

5.7 与2015—2016年进展对比分析

(1) 水安全表征与评价研究方面，文献较多，但是具有创新性的文献不多。与2015—2016年相比，研究内容还是主要集中于评价标准的确定、评价新方法等方面。评价方法多采用常用的熵权法、神经网络、层次分析法等，也有部分文献是多种评价方法的综合。

（2）防洪安全和洪水风险管理是水安全的重要组成部分。关于洪水模拟、洪水预报、洪水调度、洪水风险分析、洪水资源化利用和防洪减灾等，每年都有大量相关成果涌现。与2015—2016年的研究成果相比，近两年的研究更加聚焦于洪水过程的精确模拟、小流域洪水风险管理、洪水风险评估、水文气象预报和防洪减灾管理等方面，为防洪安全提供了重要支撑。

（3）关于干旱的概念、内涵、成因、特征、评估和预警预报等，每年都涌现出大量的研究成果。与2015—2016年的研究成果相比，干旱形成机理、干旱预警预报方面一直缺乏创新性的研究成果，这也是未来几年研究的热点和难点问题；就农业干旱、气象干旱、水文干旱和社会经济干旱来讲，由于农业干旱成灾机理最为复杂、影响最大，农业干旱的相关研究文献也最多。

（4）水环境安全是水安全的重要组成部分，越来越受到管理人员、科研工作者和社会公众的关注。与2015—2016年相比，水污染预警、水污染防治、水环境治理、水污染事件处置等研究越来越多，研究内容也日趋丰富。同时，受国家水资源管理制度变化的影响，以及人民群众对生态环境的关注和重视，引发了大家对水环境安全的认识和思考，也出现了一些新的研究内容和研究成果，但总体来看研究深度有限，理论研究进展不大，高水平研究文献不多，多数是偏于应用性研究。

（5）随着气候变化和人类活动的影响，冰凌、泥石流、风暴潮和饮水安全等水安全研究内容越来越受到大家的关注。由于冰凌、泥石流、风暴潮、饮水安全具有很强的地区性特征，因此相关研究群体、研究区域和研究内容都相对集中；与2015—2016年相比，冰凌、泥石流、风暴潮和饮水安全的研究也仍以应用性、技术性内容为主，理论方法研究偏少，且缺乏系统性。

本章撰写人员

本章撰写人员名单（按贡献排名）：王富强、赵衡。王富强负责统稿。分工及贡献如下：

节　名	作　者	单　位
5.1　概述	王富强	华北水利水电大学
5.2　水安全表征与评价	王富强	华北水利水电大学
5.3　洪水及洪水资源化研究进展	王富强 赵衡	华北水利水电大学
5.4　干旱研究进展	王富强	华北水利水电大学
5.5　水环境安全研究进展	王富强 赵衡	华北水利水电大学
5.6　水安全其他方面研究进展	王富强 赵衡	华北水利水电大学
5.7　与2015—2016年进展对比分析	王富强	华北水利水电大学

参考文献

[1] 左其亭. 中国水科学研究进展报告 2011—2012 [M]. 北京：中国水利水电出版社，2013.
[2] 左其亭. 中国水科学研究进展报告 2013—2014 [M]. 北京：中国水利水电出版社，2015.
[3] 左其亭. 中国水科学研究进展报告 2015—2016 [M]. 北京：中国水利水电出版社，2017.
[4] 夏军，李福林，王明森，等. 山东省水安全问题与适应对策——理论与实践 [M]. 北京：中国水利水电出版社，2017.
[5] 鲁仕宝. 城市水安全与水务行业监管能力研究 [M]. 北京：中国社会科学出版社，2017.
[6] 赵钟楠，袁勇，田英，等. 基于复合系统视角的水安全概念内涵与指标体系研究 [J]. 水电能源科学，2018，36 (12)：47-50.
[7] 刘钢，周翔南，彭少明，等. 基于水贫乏指数的区域水安全评价研究 [J]. 人民黄河，2017，39 (05)：51-54，59.
[8] 刘洋. 改进 WPI 计算方法的研究及应用 [J]. 人民黄河，2017，39 (01)：62-64，69.
[9] 徐弘达. 基于 WPI 模型的朝阳地区农村水安全评价 [J]. 水科学与工程技术，2018，(01)：37-39.
[10] 孙才志，张智雄. 水生态足迹及适应性理论视角下的中国省际水安全评价 [J]. 华北水利水电大学学报（自然科学版），2017，38 (03)：9-16，57.
[11] 崔东文，郭荣. 基于混沌闪电搜索算法-最大熵投影寻踪模型的区域水安全评价 [J]. 华北水利水电大学学报（自然科学版），2017，38 (03)：17-26.
[12] 祝秀信. AGPSO-MEPP 模型在云南省水安全动态评价中的应用 [J]. 水资源与水工程学报，2017，28 (03)：91-97，104.
[13] 国务院发展研究中心-世界银行"中国水治理研究"课题组. 中国水安全现状的系统评价与问题清单 [J]. 发展研究，2018，(04)：9-14.
[14] 王应武，陈栋格. 基于磷虾觅食算法-最大熵投影寻踪模型的区域水安全评价 [J]. 水资源与水工程学报，2017，28 (05)：80-86.
[15] 李瑞，刘猛，尚新红. 蚌埠市水安全与可持续发展探讨 [J]. 地下水，2018，40 (03)：200-202.
[16] 夏军，张永勇. 雄安新区建设水安全保障面临的问题与挑战 [J]. 中国科学院院刊，2017，32 (11)：1199-1205.
[17] 王天雄. 张掖市水安全问题分析与防控对策探讨 [J]. 地下水，2018，40 (01)：78-80.
[18] 任永泰，卢静，付强. 基于评价指数的三江平原水安全系统预警研究 [J]. 人民黄河，2017，39 (03)：75-80.
[19] 左其亭，郝林钢，刘建华，等. "一带一路"分区水资源特征及水安全保障体系框架 [J]. 水资源保护，2018，34 (04)：16-21，28.
[20] 王鑫，左其亭，韩春辉. 面向水安全保障的水市场构建 [J]. 华北水利水电大学学报（社会科学版），2017，33 (04)：12-16.
[21] 邓伟，赵伟，刘斌涛，等. 基于"一带一路"的南亚水安全与对策 [J]. 地球科学进展，2018，33 (07)：687-701.
[22] 尚松浩. 基于水旱灾害的中国农业水安全情势评价 [J]. 华北水利水电大学学报（自然科学版），2018，39 (01)：10-14.
[23] 刘润，王润，任晓蕾，等. 湖北长江经济带水安全及其协同创新机制研究 [J]. 生态经济，2018，34 (06)：180-185.
[24] 于宏源. 纽带安全：能源-粮食-水安全威胁及其思考 [J]. 区域与全球发展，2018，2 (02)：94-110，157-158.
[25] 闻豪，倪福全，邓玉，等. 四川省区域经济发展与水安全时空格局的耦合研究 [J]. 华北水利水

电大学学报（自然科学版），2017，38（04）：33-42.

[26] 李杰，崔东文．云南省水安全区域类型识别 TSA-PP 模型及应用［J］．人民长江，2019，（02）：58-64，114.

[27] 姚瑞虎，覃光华，丁晶，等．洪水二维变量重现期的探讨［J］．水力发电学报，2017，36（10）：35-44.

[28] 陈子燊，刘占明，赵青．洪水峰量联合分布的4种重现水平对比［J］．中山大学学报（自然科学版），2018，57（01）：130-135.

[29] 幸新涪，周火明，秦维，等．基于流量-面积比值的小流域设计洪水计算方法对比研究［J］．长江科学院院报，2018，35（01）：57-62.

[30] 晋恬，闻昕，方国华，等．不同重现期标准双变量设计洪水计算方法［J］．水利水电科技进展，2018，38（04）：7-13.

[31] 李建昌，李继清．应用超阈值抽样及 Copula 函数推求水库设计洪水［J］．水文，2018，38（02）：1-7.

[32] 毛慧慧，肖磊，张建中．人类活动对官厅山峡设计洪水影响分析［J］．水文，2017，37（05）：70-73.

[33] 牟时宇，石朋，赵兰兰，等．基于双参数 Gumbel-Hougaard Copula 函数的设计洪水地区组成分析［J］．中国农村水利水电，2018，（09）：127-132.

[34] 李绅东，袁念念，贾韬．昭通地区小流域设计洪水计算方法探讨——以威信县为例［J］．中国农村水利水电，2018，（04）：46-49.

[35] 魏炳乾，杨坡，罗小康，等．半干旱无资料中小流域设计洪水方法研究［J］．自然灾害学报，2017，26（02）：32-39.

[36] 包丽娜，唐德善．结合改进雨量不确定性计算方法的洪水概率预报及其应用［J］．水电能源科学，2017，35（10）：68-71，67.

[37] 熊丰，陈璐，郭生练．基于 Halphen 分布和最大熵的洪水频率分析［J］．水文，2018，38（03）：1-6，36.

[38] 康有，马顺刚，樊明兰，等．基于次序统计量理论的洪水频率分析方法研究［J］．水文，2017，37（03）：1-6，21.

[39] 孙鹏，孙玉燕，张强，等．淮河流域洪水极值非平稳性特征［J］．湖泊科学，2018，30（04）：1123-1137.

[40] 李文龙，李鸿雁．长江流域连续大洪水年机理分析及预报［J］．水利水电技术，2018，49（05）：1-8.

[41] 张锦堂，李京兵，方泓，等．长江流域安徽段2016年暴雨洪水成因分析［J］．水文，2017，37（06）：91-96.

[42] 任娟慧，郑秀清，赵雪花，等．晋西黄土丘陵区圪洞流域洪水演变特征及其贡献因素［J］．水电能源科学，2017，35（11）：47-50.

[43] 彭为，刘丙军，廖叶颖，等．基于强度与形态指标的洪水分类研究［J］．水文，2018，38（06）：7-11，76.

[44] 王进，赵映东，邓居礼，等．地区场选样洪水计算在西部流域应用分析［J］．水文，2018，38（05）：59-62.

[45] 姚瑞虎，李深奇，覃光华，等．特定洪水过程研究［J］．水文，2018，38（01）：1-6，13.

[46] 宋秋梅，朱冰，马丁，等．北京市典型山洪流域暴雨洪水分析［J］．水文，2017，37（03）：91-94，90.

[47] 张世才，褚建华，张同泽．祁连山区山洪灾害临界雨量计算和风险区划分［J］．水土保持学报，2007，（05）：196-200.

[48] 曹建生，张万军，唐常源．太行山小流域特大暴雨洪水关系及过程研究［J］．水土保持学报，2003，(06)：102－105.

[49] 徐韧，吉阳光，赵东儒，等．基于遥感与GIS技术的洪水淹没状况分析——以安徽省安庆市望江县为例［J］．水土保持通报，2018，38（05）：282－287.

[50] 刘卫林，刘丽娜．修河流域洪水变化特征及其对气候变化的响应［J］．水土保持研究，2018，25（05）：306－312.

[51] 张成才，武晶晶，王普，等．一种小流域暴雨及洪水要素的快速计算方法及实现［J］．南水北调与水利科技，2018，16（01）：203－208.

[52] 田福昌，赵胤懋，苑希民．基于MIKE FLOOD耦合模型的塔洋河下游洪水演进分析［J］．南水北调与水利科技，2018，16（05）：16－20，84.

[53] 张晓雷，夏军强，陈倩，等．生产堤溃决后漫滩水流的概化模型试验研究［J］．水科学进展，2018，29（01）：100－108.

[54] 赵刚，徐宗学，庞博，等．基于改进填洼模型的城市洪涝灾害计算方法［J］．水科学进展，2018，29（01）：20－30.

[55] 李东来，侯精明，王新宏，等．河床冲淤对洪水演进影响数值模拟研究［J］．泥沙研究，2018，43（05）：13－20.

[56] 顾志强，季志恒，胡春歧．MSKLOSS河道洪水演算模型参数敏感性分析［J］．南水北调与水利科技，2017，15（02）：73－79.

[57] 周洁，董增川，朱振业，等．基于MIKE FLOOD的洪泽湖周边滞洪区洪水演进模拟［J］．南水北调与水利科技，2017，15（05）：56－62.

[58] 吕恒，倪广恒，田富强．排水管网结构概化对城市暴雨洪水模拟的影响［J］．水力发电学报，2018，37（11）：97－106.

[59] 贺同坤，梁忠民，程莉，等．梯级水库群系统洪水演进模拟及防洪安全评估［J］．水利水电技术，2018，49（03）：33－38.

[60] 李大鸣，陈硕，顾利军，等．桃林口水库下游山区洪水演进模拟和洪灾损失评估［J］．长江科学院院报，2018，35（06）：36－41，66.

[61] 姜治兵，崔丹，程子兵．坝体溃决过程与溃坝洪水演进耦合数值模拟［J］．长江科学院院报，2018，35（05）：63－67.

[62] 王欣，王玮琦，黄国如．基于MIKE FLOOD的城区溃坝洪水模拟研究［J］．水利水运工程学报，2017，(05)：67－73.

[63] 程文飞，陈军锋，吴博，等．HEC－HMS水文模型在圪洞流域洪水模拟中的应用［J］．水电能源科学，2018，36（08）：52－55.

[64] 武强，郑秀清，陈彦平．双超模型在吕梁市圪洞流域山洪模拟中的应用［J］．水电能源科学，2017，35（12）：41－43，5.

[65] 宋利祥，范光伟，张文明，等．洪水演进高速模拟系统设计与实现［J］．水电能源科学，2017，35（12）：33－36.

[66] 刘晓琴，刘国龙．MIKE11模型在河道溃堤洪水模拟中的应用［J］．水电能源科学，2017，35（02）：71－74，57.

[67] 毕婉，王建群，丁建华．基于新安江模型的考虑超渗产流及塘坝调蓄的洪水过程模拟［J］．水电能源科学，2017，35（02）：75－78.

[68] 邵家儒，杨瑜．三维洪水流动的SPH数值模型［J］．河海大学学报（自然科学版），2017，45（06）：515－521.

[69] 齐晶，王哲．基于EasyRiv1D模型的漳卫河流域河道洪水演进模拟研究［J］．水文，2017，37（06）：80－83.

[70] 王远见，董其华，周海鹰．塔里木河干流上游洪水演进规律分析与数值模拟 [J]. 干旱区地理，2018，41 (06)：1143-1150.

[71] 王宗志，谢伟杰，王立辉，等．南四湖“三湖两河”洪水演算数值模型优化 [J]. 湖泊科学，2018，30 (05)：1458-1470.

[72] 林志东，陈兴伟．基于大型水库调节的晋江流域洪水模拟 [J]. 山地学报，2017，35 (01)：16-22.

[73] 王秀杰，胡冰，苑希民，等．洪水与风暴潮共同作用下的溃堤洪水一维、二维耦合模型及应用 [J]. 南水北调与水利科技，2017，15 (05)：43-49.

[74] 王凯，梁忠民，胡友兵．淮河复合河道洪水概率预报方法与应用 [M]. 北京：中国水利水电出版社，2017.

[75] 珠江水利委员会珠江水利科学研究院．小流域山洪灾害预报技术指南 [M]. 北京：中国水利水电出版社，2017.

[76] 林锐，泮苏莉，刘莉，等．耦合降水预报和多目标参数优化的洪水预报方法 [J]. 水力发电学报，2017，36 (10)：27-34.

[77] 梁忠民，蒋晓蕾，钱名开，等．考虑误差异分布的洪水概率预报方法研究 [J]. 水力发电学报，2017，36 (04)：18-25.

[78] 刘可新，梁犁丽，李匡，等．基于雨量测站应急机制的洪水预报方法 [J]. 水利水电技术，2018，49 (08)：87-93.

[79] 彭卓越，张丽丽，殷峻暹，等．基于点面结合方法的洪水预测研究 [J]. 水利水电技术，2018，49 (02)：37-42.

[80] 徐刚，韦能，王中央，等．乌溪江流域自动洪水预报系统研究与应用 [J]. 水利水电技术，2017，48 (09)：54-59.

[81] 陈洋波，覃建明，王幻宇，等．基于流溪河模型的中小河流洪水预报方法 [J]. 水利水电技术，2017，48 (07)：12-19，27.

[82] 黄家宝，董礼明，陈洋波，等．基于流溪河模型的乐昌峡水库入库洪水预报模型研究 [J]. 水利水电技术，2017，48 (04)：1-7，12.

[83] 强德霞，赵彦博，南卓铜，等．基于参数实时优化的洪水预报系统研究——以黑河干流洪水为例 [J]. 水利水电技术，2017，48 (04)：13-17，24.

[84] 陆玉忠，胡宇丰，李匡，等．水电站施工期洪水预报系统设计与开发 [J]. 水利水电技术，2017，48 (04)：30-34.

[85] 徐刚，张宇峰．乌溪江流域洪水预报及实时校正方法研究 [J]. 水力发电，2018，44 (04)：15-18，108.

[86] 王艳兰，梁忠民，蒋晓蕾，等．MCP 模型在嘉陵江小河坝站洪水概率预报中的应用 [J]. 水力发电，2017，43 (10)：31-35.

[87] 王福东，蔡涛，孙玉华，等．改进的非线性时变增益模型在北方旱区中小河流洪水预报中的应用 [J]. 水电能源科学，2018，36 (02)：59-63.

[88] 温雪营，梁国华，何斌．玉石水库影响下的碧流河水库洪水预报方法 [J]. 水电能源科学，2018，36 (02)：68-70，84.

[89] 崔欢欢，梁国华，何斌．改进的 TOMODEL 模型在门楼水库洪水预报中的应用 [J]. 水电能源科学，2018，36 (01)：65-69.

[90] 李大洋，梁忠民，周艳，等．基于水文—水力学耦合的淮河中游河道洪水预报及不确定性分析 [J]. 水电能源科学，2017，35 (12)：44-47，13.

[91] 霍文博，朱跃龙，李致家，等．新安江模型和支持向量机模型实时洪水预报应用比较 [J]. 河海大学学报（自然科学版），2018，46 (04)：283-289.

[92] 李致家，姚成，张珂，等．基于网格的精细化降雨径流水文模型及其在洪水预报中的应用 [J]. 河海大学学报（自然科学版），2017，45（06）：471-480.

[93] 刘硕，王国利，张琳．TIGGE降雨信息在柴河流域洪水预报中可利用性评估 [J]. 水文，2018，38（05）：17-22，84.

[94] 孔俊，李士进，朱跃龙．集成极限学习机的中小河流洪水预报方法研究 [J]. 水文，2018，38（01）：67-72.

[95] 司伟，包为民，瞿思敏，等．基于面平均雨量误差修正的实时洪水预报修正方法 [J]. 湖泊科学，2018，30（02）：533-541.

[96] 陈绳甲．论干旱半干旱地区中小流域洪水预报模型 [J]. 水土保持学报，1989，（02）：10-19.

[97] 张静，杨明祥，雷晓辉，等．基于HEC-HMS的青狮潭水库入库洪水预报研究 [J]. 水土保持通报，2017，37（04）：225-229，235.

[98] 张顾，王加虎，李丽，等．设计安全值结合水文模型的联合预报法在入库洪水预报中的应用 [J]. 中国农村水利水电，2018，（11）：55-60.

[99] 阚光远，洪阳，梁珂．基于耦合机器学习模型的洪水预报研究 [J]. 中国农村水利水电，2018，（10）：165-169，176.

[100] 魏恒志，陈洋波，刘永强，等．白龟山水库入库洪水预报分布式模型研究 [J]. 中国农村水利水电，2017，（09）：57-62，66.

[101] 殷志远，王志斌，李俊，等．WRF模式与Topmodel模型在洪水预报中的耦合预报试验研究 [J]. 气象学报，2017，75（04）：672-684.

[102] 杨甜甜，梁国华，何斌，等．基于水文水动力学耦合的洪水预报模型研究及应用 [J]. 南水北调与水利科技，2017，15（01）：72-78.

[103] 陈心池，张利平，陈少丹，等．SRM融雪径流模型在奎屯河流域洪水预报的应用 [J]. 南水北调与水利科技，2018，16（01）：50-56.

[104] 王艳兰，梁忠民，王凯，等．基于多模型MCP方法的洪水概率预报 [J]. 南水北调与水利科技，2018，16（06）：39-45.

[105] 黄国如，冯杰．珠三角地区城市雨洪调控技术 [M]. 北京：科学出版社，2017.

[106] 窦身堂，张原锋，张防修．黄河中游洪水调控模拟技术与预测分析 [M]. 郑州：黄河水利出版社，2018.

[107] 陈森林，孙亚婷，黄宇昊．水库防洪等蓄量优化调度模型及应用 [J]. 水科学进展，2018，29（03）：374-382.

[108] 陈森林，李丹，陶湘明，等．水库防洪补偿调节线性规划模型及应用 [J]. 水科学进展，2017，28（04）：507-514.

[109] 周如瑞，卢迪．并联水库群联合防洪预报调度方式优化研究 [J]. 水力发电学报，2018，37（09）：19-28.

[110] 孟雪姣，畅建霞，王义民，等．考虑预警的黄河上游梯级水库防洪调度研究 [J]. 水力发电学报，2017，36（09）：48-59.

[111] 倪晋，虞邦义，顾李华，等．淮河中游汛期——非汛期洪污调度数学模型 [J]. 水利水电技术，2018，49（07）：136-143.

[112] 李继成，张雪源，王立刚，等．基于预报调度规则的云峰水库特大洪水调度研究 [J]. 水利水电技术，2018，49（06）：16-22.

[113] 马志鹏，王森，李善综，等．龙滩水库分类洪水防洪调度规则研究 [J]. 中国农村水利水电，2018，（09）：116-120.

[114] 许增培，李红军，王静敬，等．城市防洪规划中并联水库群联合调度分析方法 [J]. 中国农村水利水电，2017，（11）：119-123，133.

[115] 王方方，雷晓辉，彭勇，等．考虑水电调蓄的西江水库群应急防洪调度研究［J］．中国农村水利水电，2017，(04)：189-193.

[116] 贲鹏，虞邦义，倪晋，等．1954年型洪水淮河中游防洪工程联合调度研究［J］．泥沙研究，2017，42（04）：30-36.

[117] 彭顺风，李秀雯，王凯，等译．洪水风险管理：防洪基础设施规划、设计与管理［M］．北京：中国水利水电出版社，2017.

[118] 卢程伟，周建中，江焱生，等．复杂边界条件多洪源防洪保护区洪水风险分析［J］．水科学进展，2018，29（04）：514-522.

[119] 果鹏，夏军强，陈倩，等．基于力学过程的蓄滞洪区洪水风险评估模型及应用［J］．水科学进展，2017，28（06）：858-867.

[120] 陈伏龙，张鑫厚，冯平，等．基于非一致融雪洪水的水库漫坝模糊风险分析［J］．水力发电学报，2018，37（12）：22-32.

[121] 张太衡，武新宇，孙倩莹．基于径流模型参数不确定性的防洪风险分析［J］．水力发电学报，2017，36（09）：31-39.

[122] 苑希民，桑林浩，沈福新，等．基于模糊层次分析法的京津冀洪灾风险评价［J］．水利水电技术，2018，49（10）：37-45.

[123] 李大鸣，罗珊，范丽虹，等．西三洼洪水演进数值模拟及洪水风险分析［J］．水利水电技术，2018，49（08）：78-86.

[124] 苑希民，贾帅静，田福昌，等．洪水风险快速分析技术方法研究进展［J］．水利水电技术，2018，49（07）：62-70.

[125] 吕勋博，任双立．永定新河河口风暴潮对其右堤防洪保护区洪水风险影响分析［J］．水利水电技术，2017，48（10）：63-68.

[126] 黄琨，陆平，邓岩，等．洪水风险图成果集成关键技术研究［J］．水利水电技术，2017，48（10）：52-55.

[127] 李大鸣，顾利军，高正廉，等．基于Copula函数的桃林口水库防洪风险分析［J］．水利水电技术，2017，48（03）：158-164，170.

[128] 陈平，及晓光，徐好梅．基于一维和二维耦合数学模型的南澧河洪水风险分析［J］．长江科学院院报，2018，35（11）：52-56.

[129] 杨莉玲，宋利祥，邓军涛，等．一、二维耦合数学模型在感潮河网洪水风险图编制中的应用［J］．长江科学院院报，2017，34（09）：36-40.

[130] 钟桂辉，刘曙光，张枭鸣，等．阳澄淀泖区动态洪水风险图的编制及其管理系统的开发［J］．水利水电科技进展，2017，37（06）：62-68.

[131] 石晓静，查小春，刘嘉慧，等．基于云模型的汉江上游安康市洪水灾害风险评价［J］．水利水电科技进展，2017，37（03）：29-34，48.

[132] 乌景秀，范子武，杨帆，等．防洪排涝排水一体化模型在洪水风险图编制中的应用［J］．水利水运工程学报，2018，(06)：1-9.

[133] 陈俊鸿，陈炼钢，王岗，等．基于耦合水动力模型的药湖联圩区洪水风险分析［J］．水利水运工程学报，2017，(05)：30-36.

[134] 周洁，董增川，朱振业．入海水道二期对洪泽湖地区洪水风险的影响研究［J］．水利水运工程学报，2017，(05)：60-66.

[135] 柳杨，范子武，刘国庆，等．基于Infoworks RS的新沭河溃堤洪水风险分析［J］．水电能源科学，2018，36（08）：47-51.

[136] 周洁，董增川，朱振业．洪泽湖周边滞洪区洪水风险分析［J］．水电能源科学，2017，35（04）：63-66.

[137] 郑炎辉，何艳虎，李深林，等．基于 POT 与 P-IOSM 的洪水风险信息挖掘［J］．湖泊科学，2017，29（04）：965-973.

[138] 李文静，林凯荣，刘玥，等．基于 GIS-AHP 集成的无资料小流域山洪灾害风险评价［J］．中国农村水利水电，2017，（08）：103-107.

[139] 韩岭，盖永岗，刘杨，等．基于 MIKE FLOOD 模型的湟水河上游洪水风险评估［J］．中国农村水利水电，2017，（07）：161-165.

[140] 裴惠娟，陈晋，李雯，等．甘肃省暴雨洪水时空分布及风险评估［J］．自然灾害学报，2017，26（03）：167-175.

[141] 李兰，彭涛，叶丽梅，等．暴雨诱发富水流域洪涝灾害风险研究［J］．暴雨灾害，2017，36（01）：60-65.

[142] 侯静雯，叶爱中，甘衍军，等．洪水灾害危险性评价方法的研究与改进［J］．南水北调与水利科技，2018，16（01）：57-62，107.

[143] 姚斯洋，刘成林，魏博文，等．基于 MikeFlood 的组合情景洪水风险分析［J］．南水北调与水利科技，2019，（01）：61-69.

[144] 李祥松，于翠松，曹升乐．海绵城市建设条件下的雨洪水利用潜力计算［J］．水电能源科学，2018，36（03）：63-66，200.

[145] 陆志华，潘明祥，蔡梅，等．太湖雨洪资源利用可行性分析［J］．水电能源科学，2018，36（01）：32-35.

[146] 陈学林，牛最荣，黄维东，等．敦煌西土沟沙漠洪水资源开发利用模式及成效分析［J］．水文，2017，37（02）：73-77.

[147] 王倩，丰飞．基于灰色关联分析法的白城市洪水资源利用效益分析［J］．水土保持通报，2018，38（06）：293-297.

[148] 田晋华，张新民，高雅玉．西峰区沟道雨洪资源可利用量研究［J］．水资源与水工程学报，2016，27（06）：83-88.

[149] 张灿，刘建卫．洮儿河河湖连通系统洪水资源利用边界阈值研究［J］．南水北调与水利科技，2018，16（04）：66-73.

[150] 李宛谕，黄显峰，阎玮，等．基于组合权重云模型的调水工程洪水资源利用风险评价［J］．南水北调与水利科技，2018，16（05）：57-65.

[151] 胡向阳，邹强，周曼．三峡水库洪水资源利用Ⅰ：调度方式和效益分析［J］．人民长江，2018，49（03）：15-22.

[152] 邹强，胡向阳，周曼．三峡水库洪水资源利用Ⅱ：风险分析和对策措施［J］．人民长江，2018，49（04）：11-16，22.

[153] 珠江水利委员会珠江水利科学研究院．小流域山洪监测及预警技术指南［M］．北京：中国水利水电出版社，2017.

[154] 李原园，文康，李蝶娟，等．中国城市防洪减灾对策研究［M］．北京：中国水利水电出版社，2017.

[155] 魏军，刘红珍，等．黄河防御洪水方案关键技术研究［M］．郑州：黄河水利出版社，2017.

[156] 郭良，丁留谦，孙东亚，等．中国山洪灾害防御关键技术［J］．水利学报，2018，49（09）：1123-1136.

[157] 丁志雄，李娜，王静，等．洪水避难分析系统的研究开发及其应用［J］．水利学报，2017，48（07）：808-815.

[158] 周新春，许银山，冯宝飞．长江上游干流梯级水库群防洪库容互用性初探［J］．水科学进展，2017，28（03）：421-428.

[159] 侯志军，孙赞盈，侯佼建．黄河下游防洪形势分析［J］．泥沙研究，2018，43（05）：65-72.

[160] 任双立，吕勋博．北京城市副中心防洪对策研究 [J]. 水利水电技术，2017，48 (10)：56-62.
[161] 宁磊．长江中下游防洪形势变化历程分析 [J]. 长江科学院院报，2018，35 (06)：1-5，18.
[162] 何文钦，刘全，邓渊．基于VRP的溃堰洪水演进4D交互式可视化研究 [J]. 长江科学院院报，2017，34 (01)：50-53，76.
[163] 王清正，梁国华，王本德，等．洪水调度关键期提高碧流河水库防洪能力的方法 [J]. 水电能源科学，2017，35 (12)：48-51.
[164] 周正印，任炳昱，陈文龙，等．基于数值模拟的溃坝洪水风险预警管理效果评价 [J]. 天津大学学报（社会科学版），2017，19 (04)：315-320.
[165] 刘淑雅，江善虎，任立良，等．基于分布式水文模型的山洪预警临界雨量计算 [J]. 河海大学学报（自然科学版），2017，45 (05)：384-390.
[166] 毛慧慧，张建中．水库泄洪方式对白洋淀入淀洪水及防洪的影响分析 [J]. 水文，2018，38 (04)：83-86.
[167] 张平仓，任洪玉，胡维忠，等．中国山洪灾害防治区划初探 [J]. 水土保持学报，2006，(06)：196-200.
[168] 姚瑞虎，覃光华，丁晶，等．基于概化洪水过程的水库防洪安全计算 [J]. 中国农村水利水电，2018，(01)：75-80.
[169] 王云，张鑫，王文亚，等．基于临界雨量的陕南地区无资料小流域山洪灾害预警研究 [J]. 中国农村水利水电，2017，(08)：92-95，102.
[170] 李云燕，赵万民．西南山地城市雨洪灾害防治多尺度空间规划研究——基于水文视角 [J]. 山地学报，2017，35 (02)：212-220.
[171] 刘强，秦毅，李国栋，等．洪水淹没动态分析系统设计与开发 [J]. 灾害学，2017，32 (02)：72-76，116.
[172] 苑希民，张建伟，田福昌．宁夏山洪灾害雨量预警值计算 [J]. 南水北调与水利科技，2017，15 (01)：33-38，48.
[173] 范嘉炜，黄锦林，袁明道，等．基于G-H Copula的水库防洪安全计算方法研究 [J]. 中国农村水利水电，2018，(11)：76-79，86.
[174] 彭雪婷，卢麾，汪伟，等．基于分布式水文模型的怒江流域气象干旱和水文干旱分析 [J]. 水利水电技术，2018，49 (08)：94-100.
[175] 赵盼盼，吕海深，王春艳．ENSO事件对渭河流域气象干旱和水文干旱的影响 [J]. 水电能源科学，2018，36 (08)：9-13.
[176] 张强，韩兰英，王胜，等．影响南方农业干旱灾损率的气候要素关键期特征 [J]. 科学通报，2018，63 (23)：2378-2392.
[177] 苏宝煌，姜大膀，田芝平．全球山脉隆升影响副热带干旱气候的模拟 [J]. 科学通报，2018，63 (12)：1142-1153.
[178] 刘玉芝，吴楚樵，贾瑞，等．大气环流对中东亚干旱半干旱区气候影响研究进展 [J]. 中国科学：地球科学，2018，48 (09)：1141-1152.
[179] 蒋慧敏，刘春云，贾健，等．乌鲁木齐地区夏季气象干旱的变化特征及成因分析 [J]. 干旱区地理，2018，41 (04)：693-700.
[180] 王闪闪，王素萍，冯建英．2016年全国干旱状况及其影响与成因 [J]. 干旱气象，2017，35 (02)：342-351.
[181] 王素萍，王闪闪，冯建英．2017年秋季全国干旱状况及其成因 [J]. 干旱气象，2017，35 (06)：1084-1089.
[182] 张宇，张良，王素萍，等．2017年夏季全国干旱状况及其影响与成因 [J]. 干旱气象，2017，35 (05)：899-905.

[183] 王芝兰，冯建英，沙莎．2017年春季全国干旱状况及其影响与成因［J］．干旱气象，2017，35（03）：528-533.

[184] 张宇，王素萍，冯建英．2017年全国干旱状况及其影响与成因［J］．干旱气象，2018，36（02）：331-338.

[185] 张宇，冯建英，王芝兰，等．2018年秋季全国干旱状况及其影响与成因［J］．干旱气象，2018，36（06）：1052-1060.

[186] 张宇，王芝兰，沙莎，等．2018年夏季全国干旱状况及其成因［J］．干旱气象，2018，36（05）：884-892.

[187] 安迪，李栋梁，王自强，等．基于SPEI的黄淮地区夏季干旱时空异常特征及成因［J］．干旱气象，2018，36（04）：544-553.

[188] 张丽艳，杨东，马露．京津冀地区气象干旱特征及其成因分析［J］．水力发电学报，2017，36（12）：28-38.

[189] 栾清华，孙青言，陆垂裕，等．多水源调配体系下区域农业干旱的定量评估［M］．北京：科学出版社，2018.

[190] 唐敏，张勃，张耀宗，等．基于SPEI和SPI指数的青海省东部农业区春夏气象干旱特征的评估［J］．自然资源学报，2017，32（06）：1029-1042.

[191] 王飞，王宗敏，杨海波，等．基于SPEI的黄河流域干旱时空格局研究［J］．中国科学：地球科学，2018，48（09）：1169-1183.

[192] 芦佳玉，延军平，李英杰．基于SPEI及游程理论的云贵地区1960—2014年干旱时空变化特征［J］．浙江大学学报（理学版），2018，45（03）：363-372.

[193] 贾艳青，张勃．基于日SPEI的近55a西南地区极端干旱事件时空演变特征［J］．地理科学，2018，38（03）：474-483.

[194] 吴燕锋，章光新．松花江区气象水文干旱演变特征［J］．地理科学，2018，38（10）：1731-1739.

[195] 梁丰，刘丹丹，王婉昭，等．基于SPEI的中国东北地区1961—2014年干旱时空演变［J］．中国沙漠，2017，37（01）：148-157.

[196] 高涛涛，殷淑燕，王水霞．基于SPEI指数的秦岭南北地区干旱时空变化特征［J］．干旱区地理，2018，41（04）：761-770.

[197] 何鑫，吴吉东，李颖，等．基于SPEI的辽西地区气象干旱时空分布特征［J］．干旱区地理，2017，40（02）：340-347.

[198] 尹文杰，张梦琳，胡立堂．柴达木盆地干旱时空变化特征［J］．干旱区研究，2018，35（02）：387-394.

[199] 徐一丹，任传友，马熙达，等．基于SPI/SPEI指数的东北地区多时间尺度干旱变化特征对比分析［J］．干旱区研究，2017，34（06）：1250-1262.

[200] 张煦庭，潘学标，徐琳，等．基于降水蒸发指数的1960—2015年内蒙古干旱时空特征［J］．农业工程学报，2017，33（15）：190-199.

[201] 曹博，张勃，马彬，等．基于SPEI指数的长江中下游流域干旱时空特征分析［J］．生态学报，2018，38（17）：6258-6267.

[202] 沈国强，郑海峰，雷振锋．基于SPEI指数的1961—2014年东北地区气象干旱时空特征研究［J］．生态学报，2017，37（17）：5882-5893.

[203] 徐泽华，韩美．山东省干旱时空分布特征及其与ENSO的相关性［J］．中国生态农业学报，2018，26（08）：1236-1248.

[204] 王飞，丁建丽，魏阳．“一带一路”国家和地区百年尺度干旱化特征分析［J］．地球信息科学学报，2017，19（11）：1442-1455.

[205] 周丹，保广裕，张静，等．基于格点数据的柴达木盆地极端干旱变化特征分析 [J]．自然灾害学报，2017，26 (01)：165-175.

[206] 梁晶晶，张勃，马彬，等．基于日值SPEI的青藏高原干旱演变特征 [J]．冰川冻土，2018，40 (06)：1100-1109.

[207] 孙秋慧，徐国宾，马超，等．基于SPI干旱指数的海口市干旱变化特征研究 [J]．南水北调与水利科技，2018，16 (04)：58-65，81.

[208] 胡子瑛，周俊菊，张利利，等．中国北方气候干湿变化及干旱演变特征 [J]．生态学报，2018，38 (06)：1908-1919.

[209] 杨蕊，王龙，高瑞，等．基于标准化降水指数的云南冬春干旱特征分析 [J]．中国农村水利水电，2017，(04)：36-40，44.

[210] 李斌，解建仓，胡彦华，等．基于标准化降水指数的陕西省干旱时空变化特征分析 [J]．农业工程学报，2017，33 (17)：113-119.

[211] 张苗苗．基于SPI的近51a晋北地区旱涝变化及干旱事件时空特征研究 [J]．干旱区资源与环境，2018，32 (03)：138-144.

[212] 谢培，顾艳玲，张玉虎，等．1961—2015年新疆降水及干旱特征分析 [J]．干旱区地理，2017，40 (02)：332-339.

[213] 李虹雨，马龙，刘廷玺，等．基于标准化降水指数的内蒙古地区干旱时空变化特征 [J]．水文，2018，38 (05)：47-51，90.

[214] 王壬，陈建耀，江涛，等．近30年雷州半岛季节性气象干旱时空特征 [J]．水文，2017，37 (03)：36-41.

[215] 李明，张永清，张莲芝．基于Copula函数的长春市106年来的干旱特征分析 [J]．干旱区资源与环境，2017，31 (06)：147-153.

[216] 周念清，李天水，刘铁刚．基于游程理论和Copula函数研究岷江流域干旱特征 [J]．南水北调与水利科技，2019，(01)：1-7.

[217] 屈吉鸿，李岩，高志鹏，等．基于Copula函数的河南省干旱特征分析 [J]．水电能源科学，2017，35 (06)：1-5.

[218] 王利娜，朱清科，翁白莎，等．1961—2012年黄土高原干旱时空分布特征 [J]．水利水电技术，2018，49 (02)：15-22.

[219] 金菊良，李辉，李靖，等．基于云模型的安徽省干旱时空分布特征分析 [J]．水电能源科学，2017，35 (04)：1-5.

[220] 李文龙，石育中，鲁大铭，等．北方农牧交错带干旱脆弱性时空格局演变 [J]．自然资源学报，2018，33 (09)：1599-1612.

[221] 莫兴国，胡实，卢洪健，等．GCM预测情景下中国21世纪干旱演变趋势分析 [J]．自然资源学报，2018，33 (07)：1244-1256.

[222] 汪左，王芳，张运．基于CWSI的安徽省干旱时空特征及影响因素分析 [J]．自然资源学报，2018，33 (05)：853-866.

[223] 任怡，王义民，畅建霞，等．陕西省水资源供求指数和综合干旱指数及其时空分布 [J]．自然资源学报，2017，32 (01)：137-151.

[224] 石育中，李文龙，鲁大铭，等．基于乡镇尺度的黄土高原干旱脆弱性时空演变分析——以榆中县为例 [J]．资源科学，2017，39 (11)：2130-2140.

[225] 石育中，王俊，王子侨，等．农户尺度的黄土高原乡村干旱脆弱性及适应机理 [J]．地理科学进展，2017，36 (10)：1281-1293.

[226] 袁梦，畅建霞，黎云云．基于综合干旱指数的渭河流域干旱时空分析 [J]．武汉大学学报（工学版），2018，51 (05)：401-408.

[227] 郭浩，古丽·加帕尔，包安明，等．基于改进型垂直干旱指数的塔里木河流域绿洲与荒漠区干旱时空变化对比 [J]. 中国沙漠，2017，37 (04)：775-783.

[228] 刘晓璐，周廷刚，温莉，等．基于 VSWI 和 SPI 的 2000—2016 年河南省干旱特征研究 [J]. 干旱区地理，2018，41 (05)：984-991.

[229] 薛海丽，张钦，唐海萍．近 60a 内蒙古不同草原类型区极端气温和干旱事件特征分析 [J]. 干旱区地理，2018，41 (04)：701-711.

[230] 董婷，孟令奎，张文．1961—2012 年我国干旱演变特征 [J]. 干旱区研究，2018，35 (01)：96-106.

[231] 贾艳青，张勃，马彬，等．1960—2015 年中国西南地区持续性干旱事件时空演变特征 [J]. 干旱区资源与环境，2018，32 (05)：171-176.

[232] 冯冬蕾，程志刚，吴琼，等．基于 MCI 指数的东北地区 1961—2014 年气象干旱特征分析 [J]. 干旱区资源与环境，2017，31 (10)：118-124.

[233] 韦开，王全九，周蓓蓓，等．基于降水距平百分率的陕西省干旱时空分布特征 [J]. 水土保持学报，2017，31 (01)：318-322.

[234] 丛林，李晓辉，张芳，等．基于 Palmer 指数的朝阳地区 1952—2015 年干旱演变特征研究 [J]. 节水灌溉，2017，(03)：61-64.

[235] 李雪纯，赵君，徐进超．基于降水距平百分率的安徽省近 50a 干旱时空分布特征分析 [J]. 中国农村水利水电，2018，(09)：133-136，143.

[236] 任怡，王义民，畅建霞，等．基于多源指标信息的黄河流域干旱特征对比分析 [J]. 自然灾害学报，2017，26 (04)：106-115.

[237] 万红莲，王静．多尺度下宝鸡地区干旱动态格局演变及其与植被覆盖的关系 [J]. 生态学报，2018，38 (19)：6941-6952.

[238] 张剑明，廖玉芳，吴浩，等．湖南夏秋干旱及环流异常特征 [J]. 干旱气象，2018，36 (03)：353-364.

[239] 朱丽，刘蓉，文军，等．近 50a 来洮河流域气候变化和干旱演变过程 [J]. 干旱气象，2018，36 (02)：234-242.

[240] 程航，孙国武，冯呈呈，等．亚非地区近百年干旱时空变化特征 [J]. 干旱气象，2018，36 (02)：196-202.

[241] 齐冬梅，李跃清，王莺，等．基于 Z 指数的四川干旱时空分布特征 [J]. 干旱气象，2017，35 (05)：734-744.

[242] 刘诗梦，张杰，于涵．近 30 年江淮流域夏季年代际干旱特征及其与欧亚西风环流异常的关系 [J]. 高原气象，2018，37 (05)：1254-1263.

[243] 韩兰英，张强，贾建英，等．气候变暖背景下中国干旱强度、频次和持续时间及其南北差异性 [J]. 中国沙漠，2019 (05)：1-10.

[244] 吴燕锋，巴特尔·巴克，罗那那．1961—2012 年北疆干旱时空变化 [J]. 中国沙漠，2017，37 (01)：158-166.

[245] 马志婷，武志涛，卫洁．京津风沙源区干旱时空特征及对植被变化的影响 [J]. 山地学报，2018，36 (04)：536-546.

[246] 张艳芳，吴春玲，张宏运，等．黄河源区植被指数与干旱指数时空变化特征 [J]. 山地学报，2017，35 (02)：142-150.

[247] 黄涛，徐力刚，范宏翔，等．长江流域干旱时空变化特征及演变趋势 [J]. 环境科学研究，2018，31 (10)：1677-1684.

[248] 吴志勇，徐征光，肖恒，等．基于模拟土壤含水量的长江上游干旱事件时空特征分析 [J]. 长江流域资源与环境，2018，27 (01)：176-184.

[249] 罗党，张慧慧．区域旱灾脆弱性的灰色关联分析方法 [J]. 华北水利水电大学学报（自然科学版），2018，39（03）：61-67.

[250] 王富强，闫旭，杨欢．贾鲁河流域农业干旱时空演变特征研究 [J]. 华北水利水电大学学报（自然科学版），2018，39（06）：59-65.

[251] 张宇亮，蒋尚明，金菊良，等．基于区域农业用水量的干旱重现期计算方法 [J]. 水科学进展，2017，28（05）：691-701.

[252] 韩会庆，张娇艳，陈梦玲，等．RCPs 情景下贵州省干旱趋势分析 [J]. 水利水电技术，2018，49（10）：1-7.

[253] 杨庆，李明星，郑子彦，等．7 种气象干旱指数的中国区域适应性 [J]. 中国科学：地球科学，2017，47（03）：337-353.

[254] 芦佳玉，延军平，王文静，等．云贵地区气象旱涝的气候响应特征 [J]. 浙江大学学报（理学版），2017，44（01）：97-105.

[255] 冯星，孙东永，胡维登，等．模糊物元理论在干旱分析中的应用研究 [J]. 水文，2018，38（06）：18-23.

[256] 张宁，李宝富，徐彤彤，等．1960—2012 年全球胡杨分布区干旱指数时空变化特征 [J]. 干旱区资源与环境，2017，31（07）：121-126.

[257] 赵焕，徐宗学，赵捷．基于 CWSI 及干旱稀遇程度的农业干旱指数构建及应用 [J]. 农业工程学报，2017，33（09）：116-125，316.

[258] 李新尧，杨联安，聂红梅，等．基于植被状态指数的陕西省农业干旱时空动态 [J]. 生态学杂志，2018，37（04）：1172-1180.

[259] 穆佳，邱美娟，谷雨，等．5 种干旱指数在吉林省农业干旱评估中的适用性 [J]. 应用生态学报，2018，29（08）：2624-2632.

[260] 陈国茜，祝存兄，李林，等．青海高寒草地区曲麻莱县遥感干旱指数的适用性研究 [J]. 干旱气象，2018，36（06）：905-910.

[261] 李忆平，李耀辉．气象干旱指数在中国的适应性研究进展 [J]. 干旱气象，2017，35（05）：709-723.

[262] 郑建萌，黄玮，陈艳，等．云南极端气象干旱指标的研究 [J]. 高原气象，2017，36（04）：1039-1051.

[263] 马柱国，符淙斌，杨庆，等．关于我国北方干旱化及其转折性变化 [J]. 大气科学，2018，42（04）：951-961.

[264] 黄小梅，肖丁木，秦宁生．大果圆柏（Juniperustibetica）树轮记录的 1606—2012 年长江源区 4—6 月帕尔默干旱指数变化 [J]. 中国沙漠，2017，37（04）：784-792.

[265] 赵福年，王润元，王莺，等．干旱过程、时空尺度及干旱指数构建机制的探讨 [J]. 灾害学，2018，33（04）：32-39.

[266] 孙洪泉，吕娟，苏志诚，等．分位数法对多指标干旱等级划分一致性的作用 [J]. 灾害学，2017，32（02）：13-17，53.

[267] 吴杰峰，陈兴伟，高路．水文干旱对气象干旱的响应及其临界条件 [J]. 灾害学，2017，32（01）：199-204.

[268] 赵平伟，郭萍，李立印，等．SPEI 及 SPI 指数在滇西南地区干旱演变中的对比分析 [J]. 长江流域资源与环境，2017，26（01）：142-149.

[269] 洪兴骏，郭生练，王乐，等．基于最大熵原理的水文干旱指标计算方法研究 [J]. 南水北调与水利科技，2018，16（02）：93-99.

[270] 王煜，彭少明，等．黄河流域旱情监测与水资源调配原理与技术 [M]. 北京：科学出版社，2017.

[271] 贺敏，宋立生，王展鹏，等．基于多源数据的干旱监测指数对比研究——以西南地区为例 [J]. 自然资源学报，2018，33 (07)：1257 - 1269.

[272] 吴黎．基于 MODIS 数据温度植被干旱指数干旱监测指标的等级划分 [J]. 水土保持研究，2017，24 (03)：130 - 135，3.

[273] 安雪丽，武建军，周洪奎，等．土壤相对湿度在东北地区农业干旱监测中的适用性分析 [J]. 地理研究，2017，36 (05)：837 - 849.

[274] 沈润平，郭佳，张婧娴，等．基于随机森林的遥感干旱监测模型的构建 [J]. 地球信息科学学报，2017，19 (01)：125 - 133.

[275] 刘凯，孙丽，孙海玥，等．基于风云微波数据的中国冬小麦区干旱监测研究 [J]. 干旱气象，2017，35 (06)：918 - 925.

[276] 胡蝶，郭铌，王丽娟，等，王芝兰．TRMM 降雨数据在甘肃省干旱监测中的应用 [J]. 干旱气象，2017，35 (03)：374 - 382.

[277] 古书鸿，胡家敏，古堃，等．基于土壤含水量模拟的贵州山区旱地农业干旱监测方法 [J]. 干旱气象，2017，35 (01)：29 - 35.

[278] 季建万，沙晋明，金彪．山东半岛东北部地区干旱遥感监测 [J]. 灾害学，2018，33 (02)：206 - 211.

[279] 聂娟，邓磊，郝向磊，等．高分四号卫星在干旱遥感监测中的应用 [J]. 遥感学报，2018，22 (03)：400 - 407.

[280] 袁喆，杨志勇，于赢东，等．变化环境下干旱灾害风险评价与综合应对 [M]. 北京：中国水利水电出版社，2017.

[281] 李原园，梅绵山，郦建强，等．干旱灾害风险评估与调控 [M]. 北京：中国水利水电出版社，2017.

[282] 柳媛普，王素萍，王劲松，等．气候变暖背景下西南地区干旱灾害风险评估 [J]. 自然资源学报，2018，33 (02)：325 - 336.

[283] 杨晓静，徐宗学，左德鹏，等．东北三省农业旱灾风险评估研究 [J]. 地理学报，2018，73 (07)：1324 - 1337.

[284] 徐玉霞，许小明，杨宏伟，等．基于 GIS 的陕西省干旱灾害风险评估及区划 [J]. 中国沙漠，2018，38 (01)：192 - 199.

[285] 韩炳宏，周秉荣，吴让，等．基于格网的青海省干旱灾害综合风险评估 [J]. 干旱区地理，2018，41 (06)：1194 - 1203.

[286] 李明，胡炜霞，张莲芝，等．基于 SPEI 的东北地区气象干旱风险分析 [J]. 干旱区资源与环境，2018，32 (07)：134 - 139.

[287] 杨娜，段凯，刘梅，等．淮河流域气象干旱风险的区域特征分析 [J]. 干旱区资源与环境，2017，31 (11)：188 - 193.

[288] 李丹君，张继权，郭恩亮，等．基于 SVDI 的吉林省中西部干旱识别及干旱危险性分析 [J]. 水土保持通报，2017，37 (04)：321 - 326，332.

[289] 王理萍，王树仿，王新华，等．基于 AHP 和 GIS 的云南省干旱灾害风险区划研究 [J]. 节水灌溉，2017 (10)：100 - 103，106.

[290] 方国华，颜敏，闻昕，等．自适应变尺度干旱评价模型研究——以淮河流域为例 [J]. 灾害学，2018，33 (02)：31 - 37.

[291] 罗党，张曼曼．灰信息下干旱灾害风险影响因素的灰色关联分析 [J]. 华北水利水电大学学报（自然科学版），2018，39 (05)：82 - 87.

[292] 周靖楠，刘振男．基于自适应差分进化算法优化极限学习机的干旱预测方法 [J]. 水电能源科学，2018，36 (06)：6 - 9.

[293] 杨肖丽，郑巍斐，林长清，等．基于统计降尺度和SPI的黄河流域干旱预测［J］．河海大学学报（自然科学版），2017，45（05）：377-383.

[294] 张强，姚玉璧，王莺，等．中国南方干旱灾害风险特征及其防控对策［J］．生态学报，2017，37（21）：7206-7218.

[295] 冯天计，张继权，马齐云．基于GIS的北方草原干旱识别可视化系统研究［J］．灾害学，2017，32（04）：202-207.

[296] 罗党，王胜杰．区域旱灾风险管理中的灰色局势群决策方法［J］．华北水利水电大学学报（自然科学版），2018，39（02）：63-68.

[297] 何月峰，李文洁，陈佳，等．浙江省"五水共治"决策前后水环境安全评估预警［J］．浙江大学学报（理学版），2018，45（02）：234-241.

[298] 张培培，王成新，肖伟华，等．我国中长期水环境安全战略体系构建［J］．环境保护，2018，46（05）：64-67.

[299] 时利瑶，李大勇，董增川．典型平原河网区突发性水污染预警［J］．水电能源科学，2018，36（11）：46-50.

[300] 陈正侠，丁一，毛旭辉，等．基于水环境模型和数据库的潮汐河网突发水污染事件溯源［J］．清华大学学报（自然科学版），2017，57（11）：1170-1178.

[301] 孙凯迪，徐明德，安静．北方干旱地区水库突发污染事件应急模拟分析［J］．中国农村水利水电，2018，（09）：1-6，19.

[302] 龙岩，李有明，孔令仲，等．基于数据包络分析的突发水污染事件应急调控后评价研究［J］．水资源与水工程学报，2018，29（05）：154-158.

[303] 杨星，崔巍，穆祥鹏，等．南水北调中线总干渠Ⅲ级水污染应急处置水力调控方案研究［J］．南水北调与水利科技，2018，16（02）：21-28.

[304] 蒋丹璐．流域生态补偿机制与库区水污染防治［M］．武汉：武汉大学出版社，2017.

[305] 雷晓辉，权锦，王浩，等．跨流域调水工程突发水污染应急调控关键技术与应用［M］．北京：中国水利水电出版社，2017.

[306] 罗育池，廉晶晶，张沙莎，等．地下水污染防控技术：防渗、修复与监控［M］．北京：科学出版社，2017.

[307] 练继建，孙萧仲，马超，等．水库突发水污染事件风险评价及应急调度方案研究［J］．天津大学学报（自然科学与工程技术版），2017，50（10）：1005-1010.

[308] 阎伍玖，蒋余根，柳丹．淮河安徽段水环境污染现状与防治对策［J］．水土保持学报，2004（02）：21-24.

[309] 陈敏，涂道勇．对《水污染防治法》修订的若干思考［J］．环境保护，2017，45（01）：47-50.

[310] 席北斗，李娟，汪洋，等．京津冀地区地下水污染防治现状、问题及科技发展对策［J］．环境科学研究，2019，32（01）：1-9.

[311] 任朋，武永新，蒋书伟．城市供水河道抵御突发性水污染事故水利调控措施［J］．南水北调与水利科技，2017，15（02）：122-126.

[312] 王家彪，雷晓辉，王浩，等．基于水库调度的河流突发水污染应急处置［J］．南水北调与水利科技，2018，16（02）：1-6，92.

[313] 王春青，王平娃，范旻昊，等．黄河内蒙古河段气温预报与冰情观测技术研究［M］．北京：中国水利水电出版社，2017.

[314] 张璐，张生，李超，等．万家寨水库上游的冰情特征分析及预报［J］．水土保持通报，2017，37（01）：196-200.

[315] 罗党，贾惠迪．基于VIKOR扩展法的黄河冰凌灾害风险评估模型［J］．华北水利水电大学学报（自然科学版），2017，38（03）：52-57.

[316] 李文义，张志超．小浪底水库运用后黄河下游凌情变化分析［J］．华北水利水电大学学报（自然科学版），2017，38（01）：18－21，79.

[317] 吴艳，朱明远，周富强．基于直方图均衡化的渠道冰凌密度计算［J］．人民长江，2017，48（14）：69－72.

[318] 刘海知，马振峰，范广洲．四川省典型区域滑坡泥石流与降水的关系［J］．水土保持通报，2016，36（06）：73－77.

[319] 李元灵，王军朝，陈龙，等．2016年帕隆藏布流域群发性泥石流的活动特征及成因分析［J］．水土保持研究，2018，25（06）：397－402.

[320] 钟燕川，郭海燕，徐金霞，等．四川省泥石流活动与降水因子特征［J］．水土保持研究，2018，25（06）：390－396.

[321] 曲瑞，李仲先，何政伟，等．甘肃天水大沟短时强降水诱发低频泥石流特征及成因［J］．山地学报，2018，36（03）：488－495.

[322] 刘海知，马振峰，范广洲．四川省典型区域滑坡、泥石流致灾临界雨量阈值确定方法［J］．水土保持通报，2017，37（04）：126－131，224.

[323] 甘建军，袁良淦，李明，等．鄱阳湖流域暴雨型泥石流形成机制与动力特征——以江西修水县卢庄沟泥石流为例［J］．灾害学，2017，32（02）：154－158.

[324] 杨红娟，韦方强，马振峰，等．四川省泥石流灾害的时空分布规律和降水特征［J］．灾害学，2017，32（04）：102－107.

[325] 丁明涛，周鹏，庙成，等．基于临界水深法的单沟泥石流启动降雨量推算［J］．灾害学，2018，33（03）：55－59，63.

[326] 徐继维，于国强，张茂省，等．舟曲地区泥石流降雨临界阈值［J］．山地学报，2017，35（01）：39－47.

[327] 魏学利，陈宁生，李宾，等．邛海北岸官坝河山洪泥石流灾害特征及发展趋势［J］．山地学报，2017，35（03）：346－356.

[328] 杨涛，唐川，方群生，等．基于FLO－2D的溃决型泥石流模拟研究［J］．泥沙研究，2017，42（04）：60－66.

[329] 宋兵，沈军辉，李金洋，等．RAMMS在泥石流运动模拟中的应用——以白沙沟泥石流为例［J］．泥沙研究，2018，43（01）：32－37.

[330] 杨涛，唐川，常鸣，等．基于数值模拟的小流域泥石流危险性评价研究［J］．长江流域资源与环境，2018，27（01）：197－204.

[331] 包红军，王凯，张少杰，等．耦合分布式水文模型的泥石流物理模型预报试验［J］．暴雨灾害，2018，37（04）：303－310.

[332] 潘蕾，魏学利，张远芳，等．初始含水率对冰川泥石流的起动影响分析［J］．水土保持学报，2017，31（06）：116－122.

[333] 管庆军，李小玲，胡才源．冲门口泥石流危险度评价［J］．泥沙研究，2017，42（02）：41－46.

[334] 李鑫杨，刘庆生，白淑英．四川省雅安市泥石流灾害危险性评价［J］．水土保持通报，2017，37（02）：278－283，288.

[335] 高立兵，苏军德．基于信息熵与AHP模型的小区域泥石流危险性评价方法［J］．水土保持研究，2017，24（01）：376－380，2.

[336] 彭仕雄，陈卫东．泥石流危险性三要素评估方法［J］．岩石力学与工程学报，2018，37（S1）：3542－3549.

[337] 徐艳琴，白淑英，徐永明．基于两种方法的攀西泥石流易发性评价对比分析［J］．水土保持研究，2018，25（03）：285－291.

[338] 王一鸣，殷坤龙，龚新法，等．台风暴雨型泥石流风险区划方法研究——以温州山区泥石流为例

[J]. 灾害学，2017，32 (03)：80-86.
[339] 田丰，张军，冉有华，等．甘肃陇南市泥石流灾害危险性及影响因子评价 [J]. 灾害学，2017，32 (03)：197-203.
[340] 邹强，唐建喜，李淑松，等．基于水文响应单元的泥石流灾害易发性分区方法 [J]. 山地学报，2017，35 (04)：496-505.
[341] 胡桂胜，陈宁生，赵春瑶，等．长江上游梯级电站开发区泥石流的治理工程效果评估与减灾策略——以金沙江白鹤滩水电站为例 [J]. 水土保持通报，2017，37 (01)：241-247，269.
[342] 乔建平，李明俐，杨宗佶，等．基于模型试验的泥石流坡面物源启动预警模型 [J]. 水科学进展，2018，29 (01)：64-72.
[343] 刘双，余斌，马二龙，等．山西省平定县寨坪沟泥石流灾害特征及预警 [J]. 泥沙研究，2018，43 (06)：61-66.
[344] 韩健楠，李永红，刘海南，等．基于综合防治体系抗灾能力的泥石流沟风险评价 [J]. 灾害学，2018，33 (01)：230-234.
[345] 李维炼，朱军，胡亚，等．面向多用户类型的泥石流应急灾害信息特征可视化方法 [J]. 灾害学，2018，33 (02)：231-234.
[346] 姚维益，常鸣，李为乐．都江堰龙溪河流域典型泥石流物源演化特征遥感监测 [J]. 水土保持研究，2018，25 (03)：205-209，2.
[347] 丁明涛，周鹏，庙成，等．基于降雨垂直分异的泥石流监测网传感节点布设研究 [J]. 灾害学，2018，33 (02)：128-132.
[348] 魏学利，陈瑞考，陈宝成，等．新型浅槛结构对冰川泥石流沟道侵蚀的防治效果及应用 [J]. 灾害学，2018，33 (S1)：40-46，74.
[349] 郭梨花，刘希林．广东省泥石流和滑坡灾害风险变化的经济社会驱动因素分析 [J]. 灾害学，2018，33 (03)：229-234.
[350] 章卫胜，周钧，王金华，等．潮汐河口闸下风暴潮特征模拟 [J]. 水利水运工程学报，2018，(02)：1-9.
[351] 伍志元，蒋昌波，邓斌，等．基于海气耦合模式的南中国海北部风暴潮模拟 [J]. 科学通报，2018，63 (33)：3494-3504.
[352] 郭腾蛟，李国胜．风暴潮灾害经济损失灾前预评估研究进展 [J]. 灾害学，2018，33 (04)：164-168.
[353] 石先武，高廷，谭骏，等．我国沿海风暴潮灾害发生频率空间分布研究 [J]. 灾害学，2018，33 (01)：49-52.
[354] 石先武，国志兴，林国斌，等．河北省风暴潮灾害风险评估研究 [J]. 灾害学，2017，32 (02)：85-89.
[355] 任剑波，施伟勇．风拖曳力系数和曼宁系数对风暴潮流模拟的影响 [J]. 人民长江，2017，48 (18)：86-92.
[356] 曹喆，钟琼，王金菊．饮用水净化技术 [M]. 北京：化学工业出版社，2018.
[357] 罗阳，王洪翠，张俊，等．饮用水源保护生态修复成套关键技术研究（中法国际合作项目）[M]. 北京：中国水利水电出版社，2017.
[358] 曲久辉，等．饮用水安全保障技术原理 [M]. 北京：科学出版社，2017.
[359] 郜玉楠，傅金祥，等．辽河流域微污染水源饮用水净化理论与工程技术 [M]. 北京：科学出版社，2018.
[360] 杨敏，安伟，胡建英，等．饮用水水质风险评价技术 [M]. 北京：科学出版社，2018.
[361] 杨玉霞，张军锋，徐晓琳．黄河流域饮用水水源地安全保障达标建设理论与实践 [M]. 郑州：黄河水利出版社，2017.

[362] 王罗春，安莹，赵由才．农村饮用水安全保障［M］．北京：冶金工业出版社，2018．

[363] 张萌，赵志怀，司宏宇．基于改进的BP神经网络水源地水质安全预测［J］．水力发电，2017，43（10）：1-4．

[364] 郑勇，金彦兆，唐小娟．西部集雨饮用水地区安全饮水的发展方向［J］．中国农村水利水电，2018（01）：115-116．

[365] 张清华，韦永著，曹建华，等．柳江流域饮用水源地重金属污染与健康风险评价［J］．环境科学，2018，39（04）：1598-1607．

[366] 董政，马玉龙，李珺琪，等．潍坊滨海经济技术开发区饮用水中有机磷酸酯的水平及人体暴露风险评估［J］．环境科学，2017，38（10）：4212-4219．

[367] 董江善，马国印，卢书超．甘肃省农村饮水安全水质检测管理系统开发研究［J］．中国水利，2018（13）：57-59．

[368] 周涛．宁夏农村饮水安全工程建管机制探索——以中卫市沙坡头区农村饮水安全巩固提升工程为例［J］．中国水利，2018（13）：39-41．

[369] 杨智，张大为．昆明城市饮用水源供水安全现状评估［J］．中国水利，2018（11）：46-47，50．

第6章　水工程研究进展报告

6.1　概述

6.1.1　背景与意义

（1）水工程主要是指用于控制和调配自然界的地表水和地下水，达到除害兴利目的而修建的工程。《中华人民共和国水法》（修订案）第八章第七十九条指出，本法所称水工程，是指在江河、湖泊和地下水源上开发、利用、控制、调配和保护水资源的各类工程。水工程按目的或服务对象可分为灌溉工程、输水工程、排水工程、防洪工程、水土保持工程等。水工程需要通过修建坝、堤、溢洪道、水闸、进水口、渠道、渡漕、筏道、鱼道等不同类型的水工建筑物，以实现其服务目标。水工程是我国水安全、水保障、水生态、水环境、水景观、水文化的基础，直接影响我国的社会经济发展。鉴于水工程的重要地位，所以我国有必要健全水工程管理体系、规划体制、建设体制、养护体制、法规体系以及水工程的管理保障体系、现代化发展体系。

（2）水是生命之源，人类生产和生活离不开水资源，但其自然存在的状态并不完全符合人类的需要。只有修建水利工程，才能控制水流，防止洪涝灾害，并进行水量的调节和分配，以满足人民生活和生产对水资源的需要。在古代，古人就通过修建水利工程满足生活和生产所需，例如李冰父子修建都江堰两千多年来一直发挥着防洪灌溉的作用，使成都平原成为水旱从人、沃野千里的“天府之国”。在现代，我国70年的新中国发展史也是一部辉煌的水利工程发展史，一大批水利工程建设阻止了中国江河水患，确保了水润民生、水泽万物。当前，在水利工程建设正如火如荼进行的同时，也需要水工程规划、运行、调度、管理及相应软件的配套实施。

（3）近年来，随着传统水利向智慧水利和资源水利的转变，水工程服务功能愈来愈受到重视，诸多学者开始专注于水工程建设的前期规划、中期运行和后期管理的研究中来，并取得了一系列有价值的研究成果。特别是在水利工程管理、水利信息化、科技创新等方面取得了显著成果，这些成果为水工程服务功能的完善和运行提供了重要的技术支撑。“人水和谐”“水生态文明建设”“海绵型城市建设”等新思想和新理念的提出，对现代变化环境下的水工程运行、调度和管理提出了新的要求，极大地促进了相关领域的科学研究，因此，非常有必要对近几年有关水工程的规划管理和运行调度等研究领域的最新成果进行细致总结，以提升水工程运行效能，确保水资源的可持续利用，以支持经济社会的可持续发展。

6.1.2　标志性成果或事件

（1）2017年2月，水利部发布关于公布国家水土保持科技示范园区的通知，根据水利部《关于开展水土保持科技示范园区建设的通知》（办水保〔2014〕50号）和《水利部水土保持科技示范园区评定办法（试行）》（办水保〔2006〕63号），决定将评定合格的水土保持科技示范园区批准为“国家水土保持科技示范园区”（水保〔2017〕70号）。

（2）2017年2月，根据《节水供水重大水利工程建设督导检查工作制度》（水建管〔2015〕145号），结合重大水利工程前期工作和建设进展情况，水利部制定了2017年节水供水重大水利工程建设督导检查工作方案（水建管函〔2017〕188号）。

（3）2017年6月，为更好发挥小水电在节能减排、改善民生、修复生态等方面的作用，推动小水电科学发展，水利部开展了关于绿色小水电站创建工作的通知（水电〔2017〕220号）。

（4）2017年7月，水利部办公厅发布了关于编制2017—2018年冬春农田水利基本建设实施方案的通知（办农水函〔2017〕839号）。

（5）2017年7月，为加强水利建设质量管理工作，根据《国务院办公厅关于印发质量工作考核办法的通知》（国办发〔2013〕47号）和《水利部关于印发水利建设质量工作考核办法的通知》（水建管〔2014〕351号），水利部决定于2017年8—9月开展2016—2017年度水利建设质量工作考核（办建管函〔2017〕866号）。

（6）2017年8月，水利部办公厅下发了关于进一步加强农村水利水电安全生产工作的通知（办水电〔2017〕131号）。

（7）2017年9月，水利部下发了关于印发2017—2018年度全国冬春农田水利基本建设实施方案的通知（水农〔2017〕290号）。

（8）2018年3月，水利部办公厅下发了关于印发2018年水利建设与管理工作要点的通知（办建管〔2018〕34号）。

（9）2018年4月，为切实做好2018年农村水电站防汛度汛工作，及时消除安全隐患，保障度汛安全，水利部办公厅下发了关于做好农村水电站安全度汛工作的通知（办电移〔2018〕54号）。

（10）2018年6月，按照中共中央办公厅、国务院办公厅《农村人居环境整治三年行动方案》有关要求，水利部办公厅下发了关于开展垃圾围坝整治工作的通知（办建管函〔2018〕645号）。

（11）2018年7月，为做好跨省江河流域水量调度管理工作，切实加强水资源统一调度和统一管理，全面加强河湖生态环境保护，实现水资源可持续利用，水利部下发了关于做好跨省江河流域水量调度管理工作的意见（水资源〔2018〕144号）。

（12）2018年8月，为贯彻落实节水优先方针，深入推进节水型社会建设，按照《水利部关于开展县域节水型社会达标建设工作的通知》（水资源〔2017〕184号）要求，水利部办公厅下发了关于开展县域节水型社会达标建设年度监督检查工作的通知（办资源〔2018〕172号）。

（13）2018年10月，水利部下发了关于全面加强农村水电安全监管工作的通知（水电〔2018〕245号）。

6.1.3 本章主要内容介绍

本章是有关水工程研究进展的专题报告，主要内容包括以下几部分。

（1）对水工程研究的背景及意义、有关水工程2017—2018年标志性成果或事件、本章主要内容以及有关说明进行简单概述。

（2）本章从6.2节开始按照水工程内容进行归纳编排，主要内容包括：水工程规划研究进展、水工程运行模拟与方案选择研究进展、水工程优化调度研究进展、水工程影响及效益研究进展、水工程管理研究进展。最后简要归纳2017—2018年进展与2015—2016年进展的对比分析结果。

6.1.4 有关说明

本章是在《中国水科学研究进展报告2015—2016》（2017年6月出版）的基础上，在广泛阅读2017—2018年相关文献的基础上，系统介绍有关水工程的研究进展。本章所说的水工程，不等同于“水利工程”，不包括水利工程设计、施工内容。主要内容偏重于：水资源开发工程方案、河流治理方案选择、跨流域的河流的水利工程规划与论证及水利工程建设调度、运行管理方案。本章在广泛阅读相关文献的基础上，系统介绍有关水工程的进展。因为相关文献很多，本书只列举最近两年有代表性的文献，且所引用的文献均列入参考文献中。

6.2 水工程规划研究进展

水工程规划涉及诸多领域，强化水工程规划是实施最严格水资源管理的基础。总体而言，具体的水工程方面研究较为分散，各项水工程均有所涉及。在水资源开发利用实践中，主要集中于水生态环境工程、河流水系工程、城市引排水工程、供水工程的规划。水工程规划研究主要包括以下几个方面。

6.2.1 在水生态环境工程方面

加强生态文明建设，加大水生态环境工程建设已成为目前水利行业研究的一项热点和重点。但近两年来，就所查阅的参考文献而言，从宏观规划层次上对水生态环境工程进行系统梳理和认识还不足。

（1）段疆[1]阐述了张掖市黑河城区段水生态治理工程规划。陈照方等为了保护泄洪出口区域安全与坝下游河道生态环境，确保下游建筑物安全，对泄洪建筑物出口河道进行整治与生态修复规划[2]。李涛等采用环境政策评估的一般模式，对官厅水库流域水环境保护规划进行了评估[3]。戴忱等将水污染负荷削减到水环境容量之内作为基本要求，通过点源控制、面源源头削减、末端治理三个方面的组合，制定了海绵城市建设规划措施[4]。

（2）朱勍等[5]建立了水生态文明城市建设的理论评价体系与管理实施方案。闫宏晔以茅洲河水环境治理过程中排水管网设计为例，提出了一整套管网新建及改造方案[6]。戴立峰等阐述了为保障长江、沙湖水环境质量，武汉市决定新建新生路污水泵站第二通道的规划方案[7]。

6.2.2 在河流与区域水系工程方面

河流与区域水系规划往往涉及宏观整体各项工程规划与布局，主要集中于江河流域或区域的实践应用研究，鲜有理论分析。仅有张天力等[8]从建立流域管理机制、构建完整防洪体系、打造清水通道、增加入湖清水量以及削减入湖污染物总量等方面开展了洱海入湖河道综合整治规划研究。

6.2.3 在排水工程方面

日益凸显的"城市看海"现象促使相关学者关注并不断深入进行城市排水规划研究，虽然采取了一定的技术方法，通过数学模拟分析来更加深入合理的规划城市排水除涝工程，但整体而言，研究相对不足，无论在理论方法上、技术研究上还是实际应用中都有较大的提升和创新空间。以下仅列举有代表性文献以供参考。

(1) 曹宇航等[9]运用MIKE11模型对研究区域内河网及水工建筑物进行概化，模拟计算现状和规划工况条件下最高水位，并对比防洪规划实施前后河道的水位变化和其影响情况。李俊奇等提出了大排水系统的规划方法与地表径流行泄通道的设计方法，并构建了某城市片区内涝防治系统及道路径流行泄通道的设计[10]。周琴等提出了长江经济带重点河段、重点城市取水口、排污口以及应急水源布局规划的总体思路[11]。汪云霞等以安徽省宣城市城东片区雨水排水系统规划为例，介绍了采用低影响开发（LID）理念构建绿色雨水基础设施的规划方案[12]。

(2) 周振民等[13]介绍了海绵城市总体规划、海绵城市道路系统规划设计等。帅雨婷等运用粒子群算法（PSO）与灰色关联投影法（GRA）相耦合，构建排水沟系统多目标规划模型，并应用于上海松江高标准农田稻作区规划排水沟系统[14]。徐得潜等基于雨水管网年费用、脆弱度和溢流量，建立雨水管网多目标优化模型，并应用遗传算法求解，进行雨水管网系统优化设计[15]。王芮等为了解决城市排水系统改造优化时系统淤积的问题，采用SWMM模拟技术进行排水系统改造优化研究[16]。

6.2.4 在水电站方面

水电站规划方面虽有研究，但尚有较大欠缺，仅有：胡升伟[17]阐述了猴子岩水电站监测自动化系统的相关情况；甄燕等阐述了金桥水电站工程枢纽布置规划设计[18]；邵瀚等阐述了三维GIS在水利工程规划中应用的技术流程，提出了两种地物模型的建模策略[19]。

6.2.5 在供水工程方面

供水规划也是水工程规划的一项重要内容。桂耀等[20]针对我国水资源时空分布不均，重点经济区存在超采地下水等问题，结合滇中引水工程规划，从调水必要性、受水区范围确定、工程规模和工程总体布局等方面，对引调水工程规划方案的优选过程进行了探讨研究。

6.3 水工程运行模拟与方案选择研究进展

水工程运行模拟与方案选择是水工程良好运行、充分发挥其服务功能的重要保障。在目前的文献中，水工程运行模拟与方案选择研究成果较多，但多集中于水工程（如电站、水库、引排水工程等）及相应配套措施等水工程方面，且以构建模型和数值模拟研究为主，探讨模型在不同设置方案或参数下水工程的运行模拟、方案选择和安全评价等。

6.3.1 在水工程运行模拟方面

水工程运行模拟方面涉及范围较广，包括水库、水电站、供水、水生态工程等的运行模拟，研究对象既有单独水工程运行模拟，也有水工程联合运行模拟。总体来说，研究内容集中于模拟方法，多编写模拟软件或构建模拟模型解决实际应用问题，缺乏理论相关研究，以下仅列举有代表性文献以供参考。

(1) 孙新国等[21]根据各水利工程的基本调蓄规律制定聚合水库的蓄放水模拟图，将聚合水库的蓄放水模拟图与天然期洪水率定得到的TOPMODEL模型相结合，构建考虑水利工程影响的洪水预报模型并进行实例验证。贲鹏等建立了耦合水动力数学模型，并对洪水进行了调度模拟分析，研究了防洪工程联合调度运用情况[22]。黄家宝等采用流溪河模型构建乐昌峡水库入库洪水预报模型，通过"粒子群（PSO)"算法优选模型参数，对实测洪水过程进行了模拟，并对比了模型性能[23]。崔欢欢等在利用改进的TOMODEL流域模型的基础上，结合流域前期产汇流资料，考虑小型水库对流域产汇流的影响，拟定了洪水预报方案[24]。

(2) 梁楚盛等[25]建立门限回归、最近邻抽样回归和BP人工神经网络优化调度函数模型，模拟大渡河中下游梯级水电站的联合优化运行情况。申增云等通过水工动床模型试验，对呼图壁河渠首拟建水库高淤积状态下的泄空冲沙进行了模拟研究[26]。李荣波等构建了以协调系数为处理方式的耦合河道防汛预警机制的水电站调峰运行模型[27]。吴彰松等为预测闸坝下游局部冲刷坑形态和发展，基于Fluent动网格技术对当卡水电站下游局部冲刷进行了三维数值模拟[28]。

(3) 陈祎祥等[29]介绍了一种水沙动力数值模型，并利用该模型应用于南水北调中线一期工程总干渠双洎河渡槽段工程的水沙动力过程模拟中。吴永妍等提出一种基于控制蓄量法的渠系运行方式，并以南水北调中线渠系工程进行模拟[30]。段唯鑫等对丹江口水库的运行方式进行了模拟调度和预泄能力分析，并提出了不同时期丹江口水库的运行水位动态控制方案[31]。张勤等采用SWMM模拟研究昆明某片区LID措施与雨水调蓄池联合运行的效果[32]

(4) 赖格英等[33]采用二维水动力模型，定量分析3种典型年枢纽工程的水位调度方案对长江干流流量的影响情况。郑铁刚等基于生态学与水力学理论和数值模拟方法，计算了某大型水电站下游河道流场分布情况[34]。王静静等运用计算流体力学方法，对某水利枢纽正常运行期近坝区域的流场运移规律进行二维水动力数值模拟[35]。邢岩等采用三维数值模拟方法对布置楔形丁坝群前后弯曲水槽内的三维水力特性进行对比分析[36]。李大鸣等建立了洪水演进数学模型，以桃林口水库泄洪过程作为模型边界条件，对下游山区的淹没范围、淹没水深和流场进行了模拟[37]。卢程伟等建立了河网系统速度-压力耦合的数学模型，对三峡库区枝状河网水动力过程进行实时模拟[38]。章卫胜等采用模型嵌套的方法，研究了闸下风暴潮水位相对河口风暴潮水位的变化特征[39]。段扬等通过建立丹江口水库三维水动力模型，对其水位及流场、水温进行模拟[40]。张晓雷等采用MIKE3软件建立了小浪底三维水沙数学模型，模拟小浪底水库坝区的水沙运动及地形冲淤变化[41]。

6.3.2 在水工程运行方案选择方面

水工程运行方案选择往往与水工程优化模拟与调度结合在一起，多针对具体实际工程运行调度问题，分析模型技术方法下运行方案的可行性和效益度。水工程运行方案成果较为丰富，涉及面也较广，主要包括水电站运行、蓄水方案，水库运行调度方案、引排水调度方案等。以下仅列举有代表性文献以供参考。

(1) 周建中等[42]针对三峡梯级汛期防洪、航运和发电综合运用问题，建立了基于多目标优化调度的汛期综合运用模型，考虑不同的防洪、航运和发电优先次序，制定了不同的汛期综合运用方案。朱成涛建立了基于防洪库容总量控制的蓄水期发电量最大模型，给出了梯级水库总体优化蓄水策略[43]。归力佳等通过构建梯级汛末蓄水方案多目标决策模型，得出协同优化各目标的蓄水方案[44]。王晨晖等采用多目标模糊优选方法，确立了引嘉入汉调水工程调蓄方案[45]。王磊之等拟定了两类共10个联合调度方案对太浦河太浦闸与沿线88个闸控口门的多目标联合调度进行了研究[46]。

(2) 胡意新等[47]基于层次分析法建立了水电工程重大件设备运输方案的数学模型。戴景等采用模型试验数据换算与数值模拟相结合的方法，分析了南水北调东线洪泽站反向发电运行的可行性及机组的运行方案[48]。路文梅等探究了供水泵站变频调速系统的节能运行方式[49]。何少鹏等针对分流挡渣堤过流时的冲刷问题，采用模型试验方法，提出了白鹤滩水电站分流挡渣堤的三种优化防护方案[50]。马超等针对围填海区域排涝需求，提出了综合考虑渠网特性、涝水过程及泵站空间位置的泵站群规模配置方案[51]。郑湘文等阐述了黄金峡水利枢纽电站、泵站联合布置的不同方案[52]。

(3) 李俊等[53]介绍了改进的TOPSIS法的决策模型，并使用加权TOPSIS法对各个调洪方案进行排序与决策。董占飞等研究制定了考虑预报信息的英那河水库防洪调度方案[54]。王方方等建立了考虑中大水电调蓄的水库群应急防洪优化调度模型，通过求解计算得到优化的水库群应急防洪调度方案[55]。孙开畅等阐述了基于区间层次分析法(IAHP)和直觉模糊集理论的应急救援方案决策模型算法[56]。

(4) 明宏等[57]为配合瀑布沟水电站消落区综合治理措施的需要，从不同方面进行多方案比较，推荐平衡各方需求的水库运行调度方案，并制定相应的调度原则及水库调度图。刘博等构建了PPP模式下调水工程项目运作方式的选择体系，运用定性分析方法构建了调水工程项目PPP合作运作方式选择决策框图[58]。

(5) 梅超等[59]建立了黔中水库群长期优化调度模型，设置了3套河道内基本生态需水量方案。赵朋晓等阐述了基于鱼类产卵期生境断面水力需求和考虑不同生态风险度的生态调度模型，并评估了5种典型日设计调度方案的生态风险度[60]。徐斌等阐述了基于讨价还价理论的增量效益分配模型，并与其他分配方案进行比较[61]。刘志国等对丰满水电站重建工程中的挑流消能方案泄洪雾化进行了研究[62]。

(6) 王新宏等[63]采用数值模拟的方法，对不同运用方式下王瑶水库的泥沙冲淤过程和水沙调节过程进行了分析计算，通过多方案比较，确定其合理的运用方式。向锋等根据城陵矶综合枢纽的运行初步拟定了5个比选调度方案，针对方案建立洞庭湖四口河系四水尾闾河网水沙数值模型，对城陵矶建闸及其调度后的影响开展研究[64]。黄仁勇等为研究三峡水库汛期调度方式，从泥沙角度对三峡水库采用汛期"蓄清排浑"动态运用方式进行了探讨[65]。苏律文等为处理多目标调度决策中的复杂问题，阐述了一种适用于系统方案优选的基于主观偏好和改进熵权的TOPSIS决策方法[66]。郭世兴等研究了供水水库采用蓄水运用、蓄清排浑、引干入支等开发运行方式的判别条件的合理性[67]。

(7) 吕恒等[68]构建了强化汇流过程的精细城市雨洪模型(REDUS)，以清华园为研究对象，采用了路/管单层排水系统和路管双层排水系统两类模拟方案，定量分析了典型暴雨情景下的管网排水作用及管网结构概化的影响。

（8）陆志华等[69]基于明确影响太湖水质改善的关键因子，设计了考虑太湖水质指标的流域骨干工程调度方案，并对调度方案的效果进行了分析。梁书民等系统总结评价了南水北调西线工程设计方案[70]。陆志华等研究了望虞河西岸控制工程与走马塘工程联合调度方案[71]。

6.3.3　在水工程运行安全方面

水工程运行安全往往与水工程风险分析模型、水工程运行模拟及防洪安全结合在一起，分析模型技术方法下水工程运行的安全性和风险度。以下仅列举有代表性文献以供参考。

（1）李炎隆等[72]基于正交试验法，进行梯级水库连溃分析模型参数敏感性分析。尹家波等建立两变量设计洪水估计不确定性模型，并考虑设计洪水估计不确定性对水库防洪安全的影响[73]。贺同坤等运用同频率地区组合法推求澜沧江中游的梯级库群系统的设计洪水过程，并采用 MIKE11 模型模拟库群沿程最高水面线，对比库群系统中大坝的防洪安全[74]。

（2）顾冲时等[75]论述了大坝风险标准的建立、风险识别、风险评估及风险处理等大坝风险分析与管理各环节的研究现状。李啸啸等阐述了水电站大坝运行安全监管指标体系，提升了大坝安全管理单位对运行单位现场大坝安全监测工作的监管效率和技术水平[76]。

（3）李平等[77]通过构建洪水作用下双库连溃的贝叶斯网络模型，并以四川省大渡河上两相邻梯级水库进行分析，推求水库漫（溃）坝概率及评估连溃风险。胡良明等建立了梯级水库土石坝连续溃坝模型，并选取实例研究在不同工况下的连溃模拟及风险分析[78]。

（4）高盛等[79]提出了基于 SQP 法的权值算法，在此基础上融合模糊综合评价模型应用 MATLAB GUI 将计算过程封装成界面，并在南水北调东线某大（1）型泵站建筑物安全评价中进行模拟。李家田等阐述了一种基于线性插值原理的水闸安全评价单指标联系数的计算方法，利用该评价模型从同、异、反 3 个方面综合刻画某水闸构筑物的安全状况[80]。王勇飞等构建了流域梯级电站群多因子全要素定量化风险动态评估模型并在大渡河流域梯级电站群应用[81]。

（5）赵宪女等[82]阐述了为保证引松供水工程总干线运行安全，对总干线充水过程进行研究。李宛谕等分析了调水工程的洪水资源利用的风险等级[83]。

（6）咸京等[84]通过建立水库超蓄调度风险分析模型，采用随机模拟方法对模型进行求解得出防洪风险率，从而对超蓄调度风险进行分析。邹强等建立了并行计算模式下水库防洪调度风险分析模型及其计算流程，并定量分析了不确定条件下的水库防洪调度风险[85]。

6.4　水工程优化调度研究进展

水工程优化调度是水工程建设运行管理的核心组成部分，也是水资源开发利用的关键内容。近两年来，运用现代数学理论和方法解决调度中出现的实际问题依然是当下研究的重点和热点。在目前的研究中，水工程优化调度围绕优化调度的技术方法与模型构建开展。调度内容涉及广泛，包括生态调度、水电调度、泥沙调度、水量调度、水沙联合调度、水库群调度、闸坝调度以及调度图和调度规则 8 个方面，每年涌现出大量的研究成果和实例。

6.4.1 在生态调度方面

生态调度作为水工程优化调度及生态建设的重要内容，在目前的研究中越来越受到重视。就目前的参考文献而言，研究主要集中于水库的生态调度，以实现某种生态种类所需生态环境或生态流量为目标，或与水量联合调度，以期实现水量与生态综合效益最优的目的。研究方法则主要通过构建模型和优化算法实现。总体看来，理论探讨研究不足，生态调度的技术方法与模型构建是目前有关文献研究的重点。以下仅列举有代表性文献以供参考。

(1) 王煜等[86]通过以三峡水库的实际来流过程输入水库生态调度模型，研究了中华鲟产卵期补偿其产卵栖息水环境的梯级水库联合生态调度方式。李舜等通过借助遗传算法，建立了三峡水库生态调度模型，分析了不同水平年下的三峡水库生态调度结果，并针对四大家鱼和中华鲟开展了生态调度研究[87]。李匡等编制了基于洪水分级的两江电站洪水预报方案[88]。

(2) 龙凡等[89]针对梯级水电站对生物的生存环境影响问题，利用年内展布法和改进 FDC 法计算了最小生态流量和适宜生态流量过程，并设置了 4 种生态流量约束方案。吴承君等建立了基于能值分析的不同生态基流约束下的水电站经济运行模型[90]。戴凌全等为提高三峡水库的经济效益和生态效益，建立了以三峡水电站发电量最大和下游河道适宜生态流量改变度最小为目标的水库优化调度模型[91]。

(3) 邓铭江等[92]建立了水库群多尺度耦合的生态调度多目标模型，以及水库群不同时期及实时生态调度模型，并在此基础上对额尔齐斯河水库群多尺度耦合的生态调度进行了研究。任康等以引汉济渭工程的水库调度为例，应用随机径流历时曲线计算了相应典型年系列的生态流量，建立了包含生态流量约束的发电量最大优化调度模型[93]。王立明等根据干旱风沙河道生态修复目标，结合水库的防洪、兴利、生态调度，建立了多目标水库生态调度模型，研究了漳河岳城水库的生态调度[94]。张连鹏等构建了水库调度的网络节点图，建立了面向生态的水库群中长期调度模拟和优化两种模型[95]。马乐军等在分析水利水电工程最小下泄生态基流计算应考虑的因素的基础上，提出分级分区确立水利水电工程最小下泄生态基流的方法[96]。马超等提出鱼类繁衍期三峡水库的生态调度方案，提出天然径流不满足情况下的预蓄调度方案并探讨其可行性[97]。

(4) 黄强等[98]介绍了生态流量、生态调度等概念，分析了考虑生态水量、泥沙、水质等生态因子的生态调度方式，并阐述了水库生态调度的研究前沿与发展方向。

6.4.2 在水电调度方面

水库优化调度发展至今，电力运行调度作为目前水库综合利用的一项主要调度内容，其带来的经济效益和社会效益已成为水库综合效益的核心组成部分。随着现代水情、库情以及人类发展用水过程的复杂化，伴随着计算机技术的兴起和突破，实现各种复杂情形下水电联合调度优化运行，并对水库发电调度实行优化管理，也是诸多学者迫切需要研究和解决的重点问题。总体来看，水电优化调度多集中于梯级水电站的联合调度研究，重点解决水电站优化调度的过程中寻优的求解方法。主要参考文献如下：

(1) 牛文静等[99]提出了基于 Fork/Join 多核并行框架的并行多目标遗传算法，研究了梯级水电站群多目标优化调度问题。杨晓萍等提出了改进多目标布谷鸟算法（IMOCS)，并将 IMOCS 应用到乌江梯级水电站多目标优化调度中[100]。徐刚等以乌溪江流域梯级水电站为工程背景，以考虑弃水风险模型和不考虑弃水风险模型进行对比求解了梯级水电站年最大发电量[101]。胡康等研究了基于网络技术的梯级水电站群联合调度运行管理平台[102]。赵志鹏等以梯度下降法为基础，提出离散梯度的概念及离散梯度逐步优化算法（DG-POA)，然后将该算法应用到澜沧江流域五水库梯级系统中[103]。杨旺旺等提出了改进的萤火虫算法，并以黑河梯级水电站群为应用实例建立和求解了梯级发电量最大的中长期优化调度模型[104]。夏燕等提出了一种耦合两重改进策略优势的混合量子粒子群（HQPSO）算法[105]。王伟等构建了梯级电站长期调峰效益优化模型[106]。

(2) 刘强等[107]建立改进社会情感优化算法（改进 SEOA)，并将其应用于梯级水电站发电优化调度中。肖贵友等基于水量平衡原理提出了考虑水流滞时影响的梯级水电站群短期统一优化数学模型[108]。方洪斌等建立了迭代试算的模拟-优化模型并采用混合进化算法（SCE-UA）求解[109]。江方利等运用花粉算法搜索策略和差分变异操作求解了梯级水电站多目标优化调度问题[110]。苗树敏等提出了梯级水电站群组合交易优化模型，并以乌江梯级为例进行验证并与常规调度模式相比较[111]。杨迎等建立了基于 RBF 神经网络的调度函数模型[112]。刘刚等建立多元的 GARCH-VaR 发电风险调度模型[113]。俞洪杰等通过建立水库短期发电调度方式评价指标体系，对各调度方式在实际中的应用效果进行评价[114]。

(3) 艾学山等[115]建立了水库多目标调度模型，提出了求解多目标模型的变惩罚系数法（VPC)，并应用 VPC 法进行模型求解，通过筛选得到多目标非劣解的 Pareto 前沿，并与非支配排序遗传算法Ⅱ（NSGA-Ⅱ）计算结果进行对比。陈森林等基于 POA 算法原理提出了水库中长期发电优化调度解析优化方法- APOA 算法[116]。方国华等提出了以生态保护程度和发电量最大为目标的水库生态优化调度模型，并采用改进 NSGA-Ⅱ算法对模型进行求解[117]。徐刚等针对乌溪江梯级水电站水库调度的需求，提出了水务、预报、调度和指标评价业务一体化的自动化系统[118]。张涛等采用传统水文频率分析法推求分期设计洪水，以棉花滩水库为例，在不降低年防洪标准的前提下进行汛限水位分期优化调度[119]。

(4) 郭昕等[120]建立了泵站优化运行数学模型，并利用人工蜂群算法实现泵站的优化运行。叶爱媛建立了以配水电耗费用最低为目标的供水系统优化调度数学模型[121]。

6.4.3 在泥沙调度方面

近两年在水工程泥沙调度方面的研究较少，主要侧重于水库排沙与水量联合调度等。

(1) 黄建成等[122]基于扎拉电站整体河工模型试验成果，研究了西藏玉曲河扎拉水电站运行后水库泥沙对电站取水发电产生的影响。孙赞盈等研究了影响三盛公水利枢纽出库输沙率的主要因素[123]。张俊华等分析了异重流滞留层对后续洪水的响应关系，进而提出小浪底水库高效排沙调度原则[124]。胡春宏开展了三峡水库和下游河道泥沙模拟与调控技术研究[125]。

(2) 贾美平等[126]研究了三门峡水库在黄河调水调沙体系中的作用。李小平等研究了近期小浪底水库汛前调水调沙期异重流排沙的对接水位情况[127]。黄仁勇等采用实测典型水沙过程，对溪洛渡、向家坝、三峡梯级水库基于沙峰调度和基于汛期“蓄清排浑”动态使用的联合排沙调度方式开展了计算研究[128]。

6.4.4 在水量调度方面

近两年，有关水库水量调度研究的成果十分丰富，研究对象涉及单个水库、梯级水库等，有单纯水量调度，也有与发电结合在一起。在具体研究内容上，理论方法研究较少，主要偏重于模型与方法在实际调度中的应用，且侧重于运用现代各类数学方法解决寻优技术难题。以下仅列举有代表性文献以供参考。

(1) 陈森林等[129]建立了水库防洪补偿调节线性规划模型（RFCR－LP）。陈森林等建立了水库防洪等蓄量优化调度的 0－1 整数线性规划模型（RFEV－ILP）[130]。

(2) 于思洋等[131]归纳了柘溪水库在实际调度工作中采取的 5 条相应防洪调度措施。张睿等分析了南水北调中线工程通水后丹江口水库供水现状及面临的技术难题，提出了南北同枯场景的判别标准及相应水库供水调度的方法[132]。王镜淋等提出了用水总量控制下的水库水量调度模型[133]。张弛等针对跨流域调水工程的实时调度决策问题，考虑受水水库的供水效益与引水成本，建立受水水库实时调度的理论分析框架[134]。曹正浩等建立了引江济汉工程水量调度模拟模型，提出了引江济汉工程水量调度的规则[135]。何素明等提出考虑河道水流演进滞时和生态需水要求的漓江水库群联合补水实时优化调度模型及相应的调度规则[136]。

(3) 魏鹏[137]建立考虑预报误差的水库汛期弃水优化调度模型。李文武等针对水库长期随机调度的维数灾问题，提出基于强化学习理论的水库长期随机优化调度模型[138]。邹强等通过构建基于累积前景理论和最大熵理论的水库多目标防洪调度决策优选模型（CPT－MET），并在主客观权重所确定的搜索范围内进行模型优化求解[139]。肖敬等提出了一种基于水量平衡的改进算法，将其应用与水库防洪调度中[140]。冯胜男等构建指令调度、水位控制调度和错峰补偿调度等水库防洪调度模型[141]。杨会娟等建立各分期的水库调度预测模型[142]。

(4) 方洪斌等[143]构建了基于全河水量调配的多目标优化调度模型。贾磊等将大伙房输水工程与大伙房水库供水联合优化调度作为典型案例，以浑江下游与大伙房水库地区用水需求、环境流态因子为优化子目标，采用遗传算法搜寻引水比例与水库蓄水量最佳解[144]。

(5) 王战策等[145]阐述了龙羊峡水库投运前后黄河上游水库运行方式的发电效益和防洪效益。门宝辉等应用对冲规则（HR）处理了受水区水库供水和外调水引水的问题，并采用双层优化模型进行求解[146]。杜小洲等通过长序列计算研究了黄金峡、三河口水库群、泵站群的调水模式，对比不同调水模式下总调水量、泵站耗能和电站发电量[147]。郭有安等将澜沧江梯级简化为小湾-糯扎渡模式，将梯级发电量最大和汛枯比最小作为目标，分别针对丰、平、枯水年制定梯级运行方式[148]。

(6) 马立亚等[149]制定了南水北调中线一期工程水量调度方案。方国华等构建了南水北调东线工程江苏段水资源优化调度模型，采用改进的多目标量子遗传算法（MOQGA），提出其水资源优化调度方案[150]。

(7) 陈焰等[151]构建了 MIKE21 二维水动力和对流扩散模型，探究汉丰湖水量调度对库区水动力及水体富营养化的影响。郭玉雪等提出了调蓄湖泊群联合优化调度和水量调配方案[152]。

6.4.5 在水沙联合调度方面

近两年来对水沙联合调度方面的研究不多，仅有谈广鸣等[153]运用动态规划方法构建了基于水库-河道耦合关系的水库多目标优化调度数学模型，并将该模型应用于黄河小浪底水库水沙联合调度的研究中。张晓雷等以小浪底水库调控后的不同水沙过程为基础，研究不同水沙组合洪水在下游河道的演进过程及其对冲淤变化的影响[154]。鲁俊等根据宁蒙河段不同来源的水沙资料，从人类活动影响和自然条件变化两方面研究了水沙变化的机理，以及近期水沙变化的原因[155]。哈燕萍等建立了多目标的水沙调控模型，研究了黄河上游龙羊峡、刘家峡水库水沙联合运行调度[156]。

6.4.6 在水库群调度方面

水库群是一定程度上能互相协作，共同调节径流的一群共同工作的水库整体。在近两年的研究中，水库群作为水利方面的核心工程，在水资源开发利用实践中发挥着十分重要的作用。水库群是个复杂的系统工程，具有涉及范围广泛涵盖及内容众多，相关因素联系错综复杂的特点，因此水库群优化调度一直以来都是诸多学者研究的难点和重点。在目前的水库群相关研究中，也多致力于构建水库群系统模型、采用先进技术方法寻求水库群调度最优解，并将其应用于实践中。以下仅列举有代表性文献以供参考。

(1) 邹强等[157]为高效求解水库群优化调度，提出了并行混合差分进化算法(PHDE)。张忠波等提出了改进的粒子群算法，并用于水库群优化调度中[158]。李荣波等阐述了一种改进混合蛙跳算法，将其应用于李仙江梯级水库优化调度中[159]。林伟等阐述了一种二维嵌套动态规划算法，对清江梯级水电站进行优化调度[160]。周华艳等提出烟花量粒子群算法（FAQPSO)，将其应用于溪洛渡-向家坝-三峡梯级电站四库联合优化调度中[161]。苏律文等提出了一种多目标猫群算法（IMCSO)，通过 IMCSO 算法对模型进行高效求解，得到不同偏好下的水库群联合调度方案[162]。

(2) 纪昌明等[163]将水流滞时问题设想为黑箱子模型，构建考虑水流滞时的梯级水库群短期优化调度模型，并给出了模型的求解方法。崔东文采用 4 个典型测试函数对鲸鱼优化算法进行仿真验证，并与布谷鸟搜索算法、差分进化算法、混合蛙跳算法、粒子群优化算法、萤火虫算法和 SCE - UA 算法共 6 种算法的仿真结果进行对比，应用于某单一水库和某梯级水库中长期优化调度求解[164]。魏月梅等提出了一种基于耗散结构的鸡群算法，并将其应用于水库优化调度中[165]。邢冰将布谷鸟搜索算法用于梯级水库优化调度问题求解中[166]。

(3) 纪昌明等[167]构建了梯级水库短期优化调度耦合模型，提出了伴随 POA 算法对有后效性的梯级水库短期优化调度耦合模型进行求解。陈悦云等建立了面向发电、供水、生态要求的赣江流域水库群优化调度模型，并采用多目标粒子群算法进行求解[168]。唐海华等研究建立了水库群联合调度多模型一体化集成总体技术架构[169]。徐斌等建立水库群系统独立发电、联合两种模式下优化调度模型，计算了发电效益增益，并利用全微分法的增益占比析因方法辨识了发电增益受发电水量、水头影响贡献占比[170]。

(4) 黄显峰[171]介绍了水资源系统混沌综合评价模型与方法，并基于混沌分析理论进行了水库优化调度实例研究。周新春等提出了基于库容互用性的水库群防洪调度方法[172]。孟雪姣等构建了考虑预警的梯级水库群防洪调度模型[173]。

(5) 金兴平[174]提出长江上游水库群联合防洪调度总体布局。范可旭等分析了乌江梯级水库调度对下游防洪影响程度[175]。许增培等提出了正逆两向的水库联合调度分析方法，以都匀市已有和规划水库群的联合调度为例进行了验证[176]。罗成鑫等建立了水库群联合防洪优化调度通用模型，并在此基础上设计了一种基于动态规划-逐步优化算法（DP-POA）嵌套算法用于流域水库群联合防洪优化调度[177]。刁艳芳等建立了综合风险分析模型，并采用蒙特卡洛随机模拟法由上游至下游计算其风险率，在昭平台-白龟山梯级水库群的联合预报调度中应用[178]。许凌杰等建立防洪优化调度模型，并运用改进遗传算法进行求解[179]。蒋任飞等构建梯级水库中长期优化调度模型，并借助 POA 算法对模型进行优化求解[180]。

(6) 杨光等[181]提出了梯级水库输入数据选择（CIS）方法，引入 Gaussian 径向基函数建立水库调度规则，并采用 PA-DDS 多目标算法对水库调度规则参数进行优化，得到了同时考虑供水和发电的多目标优化调度规则集。王森等提出了梯级水库群优化调度并行动态规划方法[182]。李其峰等针对水库群供水格局开展供水预警研究，实现多水库联合调度[183]。刁艳芳等提出基于粒子群算法的梯级水库群联合防洪预报调度规则设计方法[184]。张先平等提出了兼顾航运需求的水库调度方式[185]。胡清顺等确定了联合调度基本原则，编制了滇池-德泽水库引提调水近期及年度联合调度方案，并建立了运行调度管理体制机制[186]。王增平基于水量供需平衡设计了枯水期西台-哇沿水库的联合调度预案，并对哇沿水库的调度规则进行了研究[187]。

(7) 魏军等[188]研究了龙羊峡、刘家峡水库联合防洪调度，小浪底水库拦沙后期下游防洪工程体系联合防洪调度，上中下游凌汛特征及防凌调度原则等。周婷等建立了基于 MATLAB 和 C＋＋程序的混合编程平台[189]。张少博等研究了平原水库废弃的可行性及对灌区种植业与水库群联合调度等的影响[190]。杨忠勇等采用数值计算方法，针对某流域上并（串）联的 4 座水库在多种溃坝模式下，对下游城市的淹没过程进行了计算和分析[191]。陈炯宏等分析了在特枯水年、偏枯水年和偏丰水年等不同典型年下三峡水库蓄水调度方式及应对措施[192]。

6.4.7 在闸坝群调度方面

闸坝群调度是现代水利工程调度一种新的调控模式，目前有关闸坝群调度的研究主要集中于闸坝调度对水量水质的影响、闸坝调度方案等，但是这些研究数目不多，研究成果较少，仍有待学者进一步研究和探讨。

(1) 贺新春等[193]研究了基于改善水环境的典型水网区闸泵优化调度技术。贺春雷等建立了流域水资源系统模拟模型，分析建闸后的新增水资源可利用量，提出了建闸后区域水资源配置总体格局，并对建闸后水资源综合利用效益进行评估分析[194]。

（2）高学平等[195]研究了节制闸调节对分水口处渠道水力响应的影响规律。吕继强等分析区域气候变化、河流上游水利工程蓄水运行及下游城市段橡胶坝蓄水调度对河流水量水质的影响，并制定变化环境下河流下游闸坝水量水质调控方案[196]。

（3）万蕙等[197]构建闸门故障扰动一维非恒定流水力学模型，分析渠段的水力响应，并研究应对闸门故障扰动的小影响应急调度措施。谭琼等建立区域排水管网与河网动态耦合模型，基于多方案多工况模拟结果提出了市政泵站和河道泵闸在长历时特大暴雨中联动运行优化调度的建议，建立了应急预警预报辅助调度平台[198]。

（4）龙岩等[199]运用 AHP -灰色定权聚类方法，确定了南水北调中线工程应急调控过程中较为合理的闸门调控方式。方国华等通过建立闸站多目标联合优化调度模型并采用 NSGA - Ⅱ算法求解，对平原坡水区梯级闸站联合优化调度方案进行了优选[200]。

（5）贺新春等[201]构建了闸控潮汐河网区水环境调度模型，提出了联围整体调度与局部重点改善相结合的调度方法。

6.4.8　在调度图与调度规则方面

水工程调度图和调度规则是水工程管理人员将工程运行调度付诸实施的主要依据。研究中往往与水库或电站优化调度相结合，在求解优化调度的同时，得到相应的调度图和调度规则。总体来看，理论研究不足，实践应用较多，且主要以水工程调度实践为例。以下仅列举有代表性文献以供参考。

曹玉升等[202]提出了基于流量变化、水位变幅相耦合的南水北调中线渠段实时调度控制策略。依俊楠等通过降低调度图中部分丰水月份的保证出力和在降低出力区内增设供水保证线，提出了新安江水库调度图优化研究方案[203]。张玮等通过 DS 理论考虑了权重分配方式，在此基础上提出了一种基于 DS 理论的水库适应性调度规则[204]。张琪等提出基于水电站调度图的改进蓄水策略[205]。李继成等基于现有的预报方案及精度，将云峰水库防洪调度规则中引入累积净雨量判别指标，提前预报入库洪水，采取预泄手段提前腾空库容，消纳入库洪水[206]。林鹏飞等通过优化引水调度线提出改进并联水库系统的调度规则和调度方法[207]。徐敏等提出了一种年调节水库发电调度图的多参数优选绘制方法[208]。严梦佳等以滩坑水电站为例，基于随机森林提取了发电调度规则[209]。马志鹏等结合流域洪水类型多样化的特点，推求优化了龙滩水库分类洪水防洪调度规则[210]。

6.5　水工程影响及效益研究进展

水工程修建必然会对流域/区域水文情势、水资源开发利用及生态环境带来影响，为客观评价水工程建设的利弊性，促进人水关系和谐发展，必须要对水工程建设的影响进行评估。水工程影响及论证研究内容丰富，成果众多，随着研究的深入和对问题认识的深化，水工程影响及论证研究不断扩展，主要包括水工程对水文情势的影响，对发电的影响，对水生态的影响，对水环境的影响，对水资源工程论证的影响，对水文地质、河道通航和江湖关系的影响。以下仅列举有代表性文献以供参考。

6.5.1 在对水文情势的影响方面

近两年来，水工程对水文情势的影响研究成果十分丰富，主要包括：①对水温的影响；②对水位的影响；③对径流与流量的影响；④对泥沙的影响；⑤对水动力条件的影响；⑥对河床的影响；⑦对整个水文情势的影响；⑧对地下水的影响；⑨对冰凌的影响；⑩对其他水文情势的影响。总体来说，研究过程先通过机理性研究，再定量分析或模型或验证，集中于对水库、水电站等相关水利枢纽对水文情势的研究。以下仅列举有代表性文献以供参考。

（1）有关水工程对水温的影响代表性文献有：谢奇珂等[211]通过温度链对溪洛渡水库坝前水温进行长期高频监测，计算表面热交换并分析其对水温变化的影响。姬雨雨等建立了水温与水位之间的响应关系[212]。龙良红等以溪洛渡水库实测水温数据为基础，建立立面二维 CE-QUAL-W2 水温模型来分析水温特性[213]。陶雨薇等评价了水库对宜昌站水温过程的影响程度[214]。刘晋高等分析了三峡水库蓄水后支流库湾不同类型的倒灌异重流条件下水体的水温分布情况[215]。惠二青等对影响中华鲟繁殖关键要素水温的因素开展了研究[216]。任实等研究了溪洛渡-向家坝-三峡梯级水库蓄水运行后河道水温分布特征[217]。

（2）有关水工程对水位的影响代表性文献有：伍勇等[218]分析了宜昌站水位特性和洪水特性。郭怡等采用分离变量法分析了三峡水库蓄水后宜昌枯水位非均匀下降的机理[219]。黄峰等对比分析了三峡水库运行前后水位指标的变化特征[220]。杨云平等分析了三峡水库蓄水运用后对坝下游洪、枯水位和河道形态调整的影响[221]。朱玲玲等研究了长江中游近期枯水情势及其对三峡水库蓄水的响应情况[222]。韩剑桥等对三峡水库运行前后长江中游洪、枯水位变化特征进行了研究[223]。杨小松等对比分析了彭水水电站坝前各因素对沿河县城处回水水位的影响[224]。张礼兵等研究了不同水平年各预警期梅山水库入库径流的旱限水位[225]。秦智伟等研究了三峡水库枯季补水和清水下泄对河道的冲刷作用及对三峡坝址下游沿程水位的影响[226]。牛兰花等对葛洲坝水利枢纽下游宜昌至杨家脑长河槽内滩槽演变与宜昌枯水位的相关关系进行了研究[227]。刘章君等分析了鄱阳湖水位受三峡水库蓄水的影响大小及空间格局特征[228]。吕婷婷等探究了三峡水库运用前后鄱阳湖水位的变化特性[229]。

（3）有关水工程对径流与流量的影响代表性文献有：万新宇等[230]比较水库修建前后下游断面洪水过程变化情况，分析水库群对洪水过程的影响。舒卫民等对比了其入库洪水和坝址洪水的差异[231]。代稳等研究了水利工程与降水波动对洞庭湖水沙变化的影响[232]。陈凯华等研究了三峡水库运行以来盐水入侵对长江河口的影响[233]。方神光等利用龙滩和岩滩正常蓄水位与汛限水位间的库容开展枯季调度过程研究[234]。伍勇等研究了三峡工程蓄水后水位特性和洪水特性[218]。何用等评估了不同类别大型涉水工程对泄洪的影响和贡献率[235]。张为等计算了三峡水库蓄水前后各水文站的造床流量[236]。赵胤懋等模拟了水库、小水利工程对径流的影响[237]。马梦梦等分析了长江上游水利工程建设后水库群的联合运行对中下游的径流及生态环境的影响[238]。徐照明等分析了三峡等上游水库水量调度对荆江三口分流的影响[239]。袁水龙等对黄土高原小流域暴雨洪水过程的影响进行了分析[240]。陈莫非等评估了三峡水库调度对三口分流过程的影响[241]。

（4）有关水工程对对泥沙的影响代表性文献有：张地继等[242]分析了磨刀溪河口泥沙

淤积特性及成因。杨霞等以分析了水库蓄水后香溪河河口段泥沙淤积特性及成因[243]。王婷研究了小浪底水库运用以来库区的淤积情况[244]。王宇等研究了汴西湖建成后黑岗口水库的水沙分布情况[245]。金兴平等研究了长江泥沙变化规律及其原因、水库淤积和长江中下游河床冲刷特性[246]。薛兴华分析了荆江洲滩的冲淤变化与分布及形态演变[247]。孙东坡等分析了小浪底水库入库水沙、水库运用及相应库区泥沙淤积的变化特征[248]。朱玲玲等研究了梯级水库泥沙淤积情况及其拦沙作用对下游三峡水库的影响[249]。郭文献等分析了三峡水库蓄水后对下游河流水沙情势变化特征及其产生的生态影响[250]。

（5）有关水工程对水动力条件的影响代表性文献有：周红玉等[251]建立水动力学模型，分析了南水北调来水对密云水库水动力的影响。杨中华等研究典型丰枯水年湖区水动力与水质条件变化[252]。李昶等分析了水库运行各期干流与库湾的水交换情况及其对库区水环境的影响[253]。顾杰等分析了人工岛及沙坝工程建设前后的潮流动力变化特征及其影响[254]。黄广灵等分析了珠江三角洲水资源配置工程（流域调水）建成后对珠江磨刀门河口咸潮入侵范围及沿岸取水口取水条件的影响[255]。王钟等分析了“引江济淮”工程对安徽菜子湖水龄分布的影响[256]。

（6）有关水工程对河床的影响代表性文献有：朱玲玲等[257]通过研究滩槽冲淤量及分布、滩体及河道形态特征等，揭示了三峡水库蓄水后下荆江急弯段“凸冲凹淤”的演变特征及河道形态响应。夏军强等研究了三峡工程运用前后荆江段河段平面及断面的形态变化过程[258]。李明等研究了三峡工程运用后长江中下游鹅头型、弯曲型、顺直型分汊河段的演变与调整[259]。王延贵等研究了三峡水库蓄水后重庆河段冲淤特性[260]。耿旭等分析了三峡水库下游河道冲淤变化[261]。薛兴华等分析了三峡水库运行以来荆江段枯水河湾平面形态的演变特征[262]。王冬等分析了三峡水库蓄水后荆江三口分流变化及其影响因素[263]。韦诗涛等研究了小浪底水库汛期分期运用对库区及黄河下游河道的冲淤影响情况[264]。练继建等开展了水库调节对下游河流-洪泛区系统横向连通性的影响研究[265]。刘社教等分析了桥梁修建对所在河段河床冲淤演变产生的影响[266]

（7）有关水工程对整体水文情势的影响代表性文献有：刘晓群等[267]研究了三峡水库运行以来洞庭湖区的水文条件变化和影响。代稳等对荆江三口水文情势变异程度进行了评价[268]。王中敏等研究了孤山水电站建成后对库区水文情势及鱼类产卵的影响[269]。薛联青采用水文变异指标及变化范围法（IHA/RVA）定量评估了塔里木河上游水库运行后，干流代表站的水文指标改变程度及其生态影响[270]。邓志民等研究了鄂北调水工程实施对汉江中下游干流水文情势的影响[271]。韩剑桥等根据研究了主汊、支汊与洲头心滩的调整规律及其对水文过程的响应[272]。姜果等研究了洪水期抛石护岸工程对河势的影响[273]。孙弋等研究了长江口南北港分汊口控制工程对长江口南支北港河势的影响[274]。刘虎英等分析了西洞庭湖湖心水库建设对行洪、补水、水环境的影响[275]。王鸿翔等评价了三峡水库蓄水后城陵矶水文站水文情势改变程度[276]。黄显峰等对河流水文情势的整体变异度进行评价[277]。郭文献等分析了三峡水库蓄水年后生态水文指标改变程度[278]。

（8）有关水工程对地下水的影响代表性文献有：曹娜等[279]分析了黄藏寺水利枢纽运行对张掖盆地地下水影响。雷春荣等对水库蓄水后的地下水环境特征效应进行了研究[280]。唐运刚以滇中引水工程玉溪红河段的小扑隧道为例，介绍了地下水环境影响评价过程[281]。

(9) 有关水工程对冰凌情势的影响有：冀鸿兰等[282]研究了万家寨水库建成后上游河段的冰情变化规律及影响因素。何娟等研究了富水水库下泄对下游防汛形势影响[283]。李文义等探讨了小浪底水库对下游凌情的影响[284]。

(10) 有关水工程对其他水文情势的影响还有：谢正辉等[285]研究了重大调水工程对区域气候和水循环的影响。路振刚等探究了大型水库建设对局地气候变化的影响[286]。万蕙等阐述了国内外考虑水利工程影响的洪水预报研究成果[287]。邓金运等研究了了三峡水库蓄水期洞庭湖、鄱阳湖调蓄能力的变化[288]。林高松等研究了东江水利枢纽工程下泄流量对取水口断面潮流上溯的影响[289]。唐昌新等分析研究拟建的水利枢纽工程在丰、平、枯等典型年份对水龄的影响[290]。党莉等算并分析水库调节对目标物种不同生命阶段栖息地适宜性的影响特性[291]。

6.5.2 在对水生态的影响方面

水工程的建设通过影响水文情势进而对水生态产生重要影响，这些影响有利有弊。目前，随着我国生态文明建设的大力开展，对水生态的关注日益重视，因此此类研究成果也较多。总体来看，在对水生态的影响方面，主要集中于对河流泥沙及鱼类的影响方面，理论研究虽有，但更多的是集中构建模拟模型分析水工程对水生态的定量化影响。以下仅列举有代表性文献以供参考。

杨启红等[292]分析了三峡工程建成后对库区水环境及水生态、河道演变以及中下游江湖关系的影响。梁鹏腾等根据洪水脉冲理论，建立水库多目标生态调度模型，探究水库运行对四大家鱼产卵的影响情况[293]。姚文艺等分析了水库运用对径流泥沙过程的调节作用及其影响，并揭示了水库对其下游河道水沙关系的调控机制[294]。董占地等分析了三峡水库运行以来水库排沙比及其影响因素[295]。彭少明等采用IHA指标体系，对比分析了不同工程运行时期黄河上游水文情势变化，揭示梯级水库群运行对河流生态的影响[296]。王中敏等通过设置3种引调水工况，定量分析引调水工程实施对汉江中下游水文情势、水环境、水生生态和湿地生态的累积影响[297]。权全等探讨了水利工程建设等人类活动和外来物种入侵、气候变化等自然因素下对河道水生态的影响[298]。

6.5.3 在对水环境的影响方面

水工程的建设对于水环境的影响也至关重要。近两年来也涌现出大量的研究成果，理论方面研究较少，且以归纳总结为主。实践应用较多，主要借助模型应用与实验分析，研究水工程对水环境的影响。以下仅列举有代表性文献以供参考。

(1) 纪道斌等[299]阐述了梯级水库建设对水环境的累积影响情况。毛建忠等从不同水环境变化方面分析了牛栏江-滇池补水工程对滇池外海的水环境改善效果[300]。巴亚东等研究了该清江水布垭水电站建设对水环境的影响情况[301]。张需琴等分析了荆南三口地区在三峡水库运行前后的水环境承载力变化情况[302]。黄春琳等分析了望虞河枢纽调水运行以及新沟河工程对太湖水龄分布的影响[303]。李明佳等分析了嘉陵江亭子口水库对周围环境的影响[304]。陈江海等研究了在不利条件下排江水流对长江水质的影响[305]。朱烨等分析了南水北调中线工程的实施对汉江中下游流域的生态环境造成的影响[306]。郝皆元等采用二维非稳态水动力水质模型分析了感潮河段排污口设置对水环境的影响[307]。

（2）姚光华等[308]建立了地下工程水环境影响评价体系，对重庆市中梁山华岩隧道地下水环境进行了预测研究。李林娟等采用数值模拟方法研究河道排污口附近主要污染物指标的扩散特性和响应变化规律[309]。赵高磊等分析河口上游修建水库后在丰、平、枯下径流改变的情况下，北门江河口地区咸潮上溯和冲淡区变化规律[310]。

（3）王晓龙等[311]阐述了军山湖围垦后水环境、水生态的演变特征，对比分析了三峡工程建设前后鄱阳湖水环境、水生态的变化趋势。顾炉华等从引水量和雨型两个角度对七浦塘引水对阳澄湖及周边河网造成的影响进行了评估[312]。许益新等模拟了沿江水利枢纽和内河节制闸不同的调度方式对城市内河水质的影响[313]。袁瑞强等分析了研究了引黄调水对汾河受水区水环境的影响[314]。孙静月等探究了连通对湖泊群水动力水质影响的规律和效果[315]。杨卫等模拟不同连通方案下汤逊湖湖泊群的流场及水质变化情况[316]。姜来等研究了紫坪铺水库水环境变化特征[317]。陈紫娟等揭示了三峡库区低水位运行时水库水体的水化学特征和研究了干流回水对主要支流水化学特征的影响[318]。孙祥等分析了水库热分层的形成和消失时间、驱动因素及其对水质的影响[319]。卢慧等分析了翁结水库下泄水量是否能满足下游减水河段水质目标的要求[320]。

6.5.4 在对水资源工程效益评价方面

总体来说，在对水资源工作论证方面的文献并不显著，研究主要针对工程具体建设内容展开，涉及河道治理、水土保持、水电站等。

（1）杨艳[321]分析了龙滩水电站对疏浚治理工程的效益。余海霞等对杭州市5条生态示范河道综合治理工程的生态环境效应水平进行评估[322]。张鹏飞等对塔里木河流域近期综合治理规划工程生态成效及成因进行了评估[323]。

（2）杨丽等[324]分析了南水北调中线工程向北京供水的效益。王栋等采用模糊集对分析评价模型评估引江济太调水工程对受水区的综合影响[325]。

（3）解莹等[326]结合漳卫新河减河德州段水生态修复治理工程，并进行了水生态修复效果评价。李璐等对主要水土保持措施和综合治理综合效益进行了评价[327]。黄俊文等对工程水土流失防治效果进行了评价[328]。

（4）黄茁等[329]对坝式小水电站的生态环境影响进行了评价。舒卫民等结合乌东德、白鹤滩的调度规则，分别从增加枯期供水量、提高枯期出力及增发电量三个方面对补偿效益进行了分析[330]。王琨等分析了不同频率典型年上游梯级水电站调度对龙头石水电站效益的影响[331]。肖杨等分析了沅水上游水电站投运后，对五强溪水电站发电效益的影响[332]。展永兴等对水环境治理工程环境经济损益进行了评价[333]。

6.5.5 在对水文地质的影响方面

大型的水利工程往往对水文地质具有深刻的影响作用，这种作用又反过来影响水利工程功能是否能正常发挥。因此，水利工程建设、运行与管理必须建立在对其对水文地质影响的深刻了解基础之上。总的来说，在对水文地质的影响方面研究内容较少，集中于对滑坡、岸边稳定性等的影响，研究中往往采用机理性分析和实践应用相结合。以下仅列举主要有代表性的参考文献。

（1）张世殊等[334]研究了水电水利工程水文地质基础理论和勘察试验方法，总结了水电水利工程库区和枢纽区典型水文地质问题和评价方法。杨磊等研究了长河坝水电站泄洪洞进口边坡的稳定问题[335]。但路昭等研究了鲁地拉水库对涛源金沙江大桥基岸坡安全的稳定性影响[336]。严飞等基于 Phase2D 软件，研究了香丽金沙江桥丽江岸边坡静动力稳定问题[337]。张珂峰等对某滑坡体库水位骤降与降雨联合作用工况进行了渗流特性以及稳定性分析[338]。丁军浩等研究了水电站控制性结构面对岩质边坡失稳破坏的影响[339]。王力等分析库水位骤降条件下滑坡体不同区段的稳定性[340]。缪信等研究了库水位变动对库岸涉水滑坡变形和稳定性的影响[341]。

(2) 张珂峰[342]研究了在库水位和降雨联合作用下某边坡体的渗透特性及相应的稳定性。王开拓等研究了某水库水位降落作用下均质土石坝瞬态流场特性及其对坝坡稳定性的影响[343]。袁时祥等定量评价了岩桑树水电站库区滑坡影响因素的影响程度及危险性[344]。李思滢等分析了白鹤滩水电站顺层岩质高边坡的稳定性[345]。杨莹等研究了缓倾角错动带及断层对白鹤滩水电站左岸顺层岩质高边坡稳定性的影响[346]。余佳辉等分析了库水环境变化对分散性土的分散性、压缩变形特性、抗剪强度以及微观结构特性的影响[347]。魏东等分析了三峡库区水位及降雨对八字门滑坡的影响[348]。

6.5.6 在对河道通航的影响方面

河道通航是流域/区域交通运输的重要组成部分。水利工程建设会对河流水文情势产生深刻影响，进而影响到原有的河道通航条件。目前，有关水工程对河道通航的影响研究不多，以下列举有代表性文献以供参考。刘晓强等[349]针对三峡蓄水过程中的荆江典型碍航河段，采用二维水沙数学模型，研究了航道整治工程对蓄水过程的适应性及工程效果。孙赞盈等研究了黄河下游宽河道经缩窄整治后，其冲刷量变化及其对下游窄河段的影响[350]。陈伟伦等探究了长江口青草沙水库建设前后工程周边的水动力环境和河床泥沙冲淤变化，及其对河流航道的影响[351]。

6.5.7 在对江湖关系的影响方面

江湖之间存在着某种特定的联系性，水工程的运行会改变河流的水势从而间接影响湖泊的调蓄能力，所以水利工程的建设及运行，会对江湖关系造成影响。近两年来对江湖关系的影响研究较少，仅有胡春宏等[352]研究了长江与洞庭湖、长江与鄱阳湖关系演变规律及趋势，并分析了工程建设在江湖关系演变、防洪排涝、水资源开发利用、生态环境保护和航运等方面的作用与影响。王大宇等利用一维江湖河网模型，分析了三峡水库及城陵矶综合枢纽运用后，近年来长江与洞庭湖江湖关系的变化[353]。邓金运等揭示了洞庭湖、鄱阳湖调蓄的临界状态及临界条件，分析了三峡水库蓄水期两湖泊调蓄能力的变化[288]。卢金友等阐述了水库群联合作用下长江中下游江湖关系响应机制[354]。

6.6 水工程管理研究进展

水工程管理是相较工程建设而言，水工程管理属于软件设施建设内容，但却是确保水工程合理运行的必要条件。水利系统内部长期的“重减轻管”思想使得以往的水工程管理成为水工程优化运行的软肋。为深化改革，改进管理，相关人员已加大对水工程管理的研究力度，试图以此提升水工程管理短板。尽管目前有关水工程管理研究成果也较多，特别是在工程信息系统管理方面，全面系统地提升了水工程管理的整体性和协调性，研究内容也十分广泛，但总体来说，研究内容相对较软，系统性和规范性不强，往往集中于经验介绍式的泛泛陈述，缺乏创新性研究成果。

6.6.1 在水信息系统管理方面

水信息系统的管理是为了更好的实现水工程的高效运行和科学调度。现代的水信息系统管理通常借助计算机技术进行实现。总体来看，相关研究内容较少，且多集中于应用工程管理软件设计和管理平台建设，研究深度不够，缺乏系统的创新性科研成果。以下仅列举有代表性文献以供参考。

（1）金永奎等[355]设计了一种灌溉自动监控及信息化系统。王晨野等建立了海南省集中式饮用水水源地环境保护监管信息系统[356]。代春兰等设计了湖北省小型水库水雨情自动测报系统[357]。

（2）于小虎等[358]介绍了襄阳市小型水库信息化建设。王振等阐述了长河坝水电站安全监测数字化信息管理系统[359]。何向阳等阐述了市县级水库大坝信息化监管平台[360]。马洪琪等介绍了大坝建设与运行智慧管理中开展的研究与实践[361]。

6.6.2 在水环境管理方面

在水环境管理的研究内容较为分散，涉及保护措施、监控系统、水华预警等。但总体来说，研究成果较少。近两年来仅有王晨等[362]以海口市美舍河为例，提出以流域为单元，以“控源截污、内源治理、生态修复、功能统筹”为主线，解决城市水环境问题，并统筹提升水安全、水生态、水景观等复合生态功能。构建水岸融合、蓝绿交织的城市生态空间，研究了城市内河水环境综合治理的系统方案。

6.6.3 在水库及电站移民管理方面

在水库及电站移民管理方面，研究主要针对水库移民补偿、扶持和管理体系的研究，且往往属于经验总结、政策建议等。陈述等[363]构建了水电工程建设条件下的移民搬迁补偿模型，对其求解移民所获补偿金额。王韬等提出了符合长寿区实际的大中型水库移民后期扶持方式的建议[364]。曹靖夫建立了贵阳市花溪红岩水库水利移民安置管理体系[365]。

6.6.4 在水库及电站管理措施方面

在水库及电站管理措施方面，研究内容不多，主要为管理政策与管理平台建设，整体论文研究水平不高，主要是针对具体实例管理进行研究。

（1）孙启伟等[366]提出了加强水文预报、开展水库联合调度、实行水资源统一管理的建议。喻啸等对水电站的现代调度管理进行了初步探索和实践[367]。高从闯等介绍了溧阳抽水蓄能电站机电设备管理实践过程[368]。冯继军等总结了金桥水电项目建设管理[369]。蒯鹏程等提出了大型水利水电工程全生命周期管理应用方案[370]。陈兴科提出了基于效率导向的综合利用水库运行管理机制[371]。

（2）胡康等[102]研究开发了白水江梯级水电站调度运行管理平台。张社荣等建立了基于BIM的协作平台的整体架构和功能结构，并阐述了平台中BIM-EPC的关联协调管理过程[372]。陈孚等通过构建双层市场仿真与管控模型对不同管控条件下梯级水电站运行方式进行仿真研究[373]。曾微波等设计了区域河网水利工程集成管理框架[374]。傅蜀燕等构建了三维 BIM＋WebGIS 可视化区域数字水库安全管理系统平台[375]。

6.6.5 在农村水利工程管理方面

农村水利工程作为区域水利工程的一大主要内容，其相关管理也逐渐被认识和深化。目前看来，研究内容并不太多，主要集中于农村水利工程管理模式、管理机制以及管理系统研发等。

(1) 赵爱莉[376]结合我国农村水利工程建设与运行管理现状，提出了改革措施。三丽芹提出了农村水利设施管理健全考核问责机制等对策建议[377]。

(2) 梁立章等[378]建立了“三位一体”的农村水利工程运行管理模式。廖中华探析了农村饮水安全工程运行管理机制[379]。周应堂等归纳了常用的农田水利管护模式[380]。周涛分析了沙坡头区农村饮水安全工程建设、运营和管理中的问题，介绍了宁夏在沙坡头区探索政府和社会资本合作（BOO）、创新水利投融资体制机制的建管机制[381]。史源等提出了我国灌区农田水利工程投融资方案和工程运行维护管理方案[382]。

(3) 董江善等[383]建立了水质在线管理平台系统。马国印建立了“横向到工程、纵向到户”的农村饮水安全信息管理系统，阐述了基于大数据的甘肃省农村饮水安全信息管理系统开发研究过程[384]。

6.6.6 在供水工程管理方面

供水工程管理方面主要集中于农村供水工程的建设和管理，内容也多以措施和建议评价为主，研究内容有限，成果并无显著创新。以下仅列举有代表性文献以供参考。雷晓辉等[385]介绍了跨流域调水工程的特点，并开展了跨流域调水工程突发水污染的应急调控关键技术研究与应用。王梅等研究了哈尼族创造并保持了独特的梯田“分水木刻”管理体系[386]。时元智等研究了农村供水公司管理模式为代表的体系化综合管理措施[387]。邓涛等对湖北省典型农村集中式供水工程进行了运行管理评价[388]。王瑞彬等提出了精细化的分区管理模式来解决管网漏损问题[389]。朱万飞对农村饮水安全工程运行管理工作提出了建议[390]。马立科研究了综合管控系统体系架构并分析了长距离调水工程中的一些关键技术[391]。曹倩提出胶东调水工程构建多角度水资源优化调度管理措施[392]。

6.7 与 2015—2016 年进展对比分析

(1) 在水工程规划研究进展方面：总体来说，近两年水工程规划研究成果并不十分丰富，对水工程规划的研究多通过构建模型或算法研究，但成果创新性并不突出。在近两年区域水系工程规划的相关研究仍不足，同时在水电站与供水工程规划仅有所涉猎。但是近两年来在水生态环境工程和排水工程方面研究成果相较以往更为丰富。

(2) 水工程运行模拟与方案选择研究进展方面：水工程运行模拟与方案选择研究成果十分丰富，经常会有新方法在实践中得以应用，并产生较为重要的实践应用成果，对水工程的优化调度和科学管理具有实践参考作用。对于水工程运行模拟与方案选择，仍主要通过构建模型，结合具体水工程开展研究，近两年研究内容有所拓展，调水、引排水等工程模拟与方案选择有所涉及。针对近两年的研究内容，新增了在水工程运行安全方面的研究。

（3）在水工程优化调度研究方面：水工程优化调度方面的研究一直是水工程研究方面的热点，在近两年的在调度方面的研究十分丰富。研究对象仍以具体工程实践应用为主，创新性主要体现在现代数学方法与模型相互之间耦合在水工程优化调度上的应用。较之以往，生态调度主要集中在生态流量的研究；水电调度仍集中于构建模型和各类优化算法过程的求解；在泥沙调度方面的研究不多，且一部分在于水沙联合调度方面的研究；而在水量调度方面的研究成果仍然较丰富，特别是运用现代各类数学方法解决寻优技术难题得以局部突破，创新性显著；水库群调度研究势头依然旺盛，研究成果显著；闸坝群调度作为现代水利工程调度一种新的调控模式，在近两年研究中研究成果增多；在调度图和调度规则方面，往往和工程与水库或电站优化调度相结合，在寻优过程中得以实现。

（4）在水工程影响及效益研究进展方面：随着下垫面环境的急剧改变和人类追求和谐发展理念的强烈要求，在水工程影响及效益方面的研究一直都是研究的热点，研究成果较多。但总体来说，理论研究偏少，构建模型、数据分析和模拟计算是相关研究的重点。特别是在对水文情势的研究方面，研究仍较具体，牵扯面广泛，水动力、地下水以及其他具体水文要素的研究都有涉猎，较之以往，在对水生态的影响研究方面研究则相对不足，但增加了对冰凌影响的研究。对水环境的影响方面也尚显薄弱，另外对水资源工程效益评价方面和对江湖关系影响的研究有所增加。

（5）在水工程管理研究进展方面：水工程管理的研究结合现代计算机编程技术和相关软件，研究成果相对较多，特别是在水工程信息系统管理方面，存在较多研究成果。水工程信息系统管理多集中于应用计算机软件设计，并进行信息管理和监控，虽然全面系统地提升了水工程管理的整体性和协调性，但研究深度不够，缺乏系统的创新性科研成果。类似的其他管理内容的研究也主要集中于采用计算机软件集成实现各项水工程综合集成管理。其中，水库及电站移民管理方法研究泛泛性较强，农村水利工程历以及供水工程管理中，也主要侧重于政策总结和措施建议，并无太大学术创新成果。

本章撰写人员

张金萍

参考文献

[1] 段疆．张掖市黑河城区段水生态治理工程总体规划布局思考［J］．中国水利，2017（13）：29-31.

[2] 陈照方，闫新，李浩森，等．河口村水库坝下泄洪区出口整治及生态修复［J］．人民黄河，2018，40（08）：71-74.

[3] 李涛，杨喆，马中，等．公共政策视角下官厅水库流域水环境保护规划评估［J］．干旱区资源与环境，2018，32（01）：62-69.

[4] 戴忱，陈凌．宜兴市基于水环境容量的海绵城市建设规划［J］．中国给水排水，2018，34（18）：6-11.

[5] 朱勍，等．国家水生态文明城市建设的理论与实践——许昌市试点建设的探索［M］．北京：科学出版社，2017.

[6] 闫宏晔．茅洲河水环境治理工程排水管网设计探讨［J］．给水排水，2018，54（01）：122-125.
[7] 戴立峰，陈雄志，蔡云东．武汉市长江、沙湖水环境提升工程规划方案［J］．中国给水排水，2018，34（12）：37-41.
[8] 张天力，顾世祥．洱海入湖河道综合整治规划研究［J］．人民长江，2018，49（04）：6-10.
[9] 曹宇航，袁文秀，李卫东，等．基于MIKE11模型的平原感潮河网城市防洪规划研究［J］．中国农村水利水电，2017（04）：17-21.
[10] 李俊奇，王耀堂，王文亮，等．城市道路用于大排水系统的规划设计方法与案例［J］．给水排水，2017，53（04）：18-24.
[11] 周琴，肖昌虎，黄站峰，等．长江经济带取排水口和应急水源布局规划研究［J］．人民长江，2018，49（05）：1-5.
[12] 汪云霞，张琳琳．宣城市城东区基于LID理念的城市雨水系统规划［J］．中国给水排水，2018，34（02）：7-12.
[13] 周振民，徐苏容，王学超，等．海绵城市建设与雨水资源综合利用［M］．北京：中国水利水电出版社，2018.
[14] 帅雨婷，张展羽，冯宝平，等．基于PSO-GRA耦合决策的排水沟系统多目标规划模型［J］．中国农村水利水电，2018（09）：187-192.
[15] 徐得潜，李星．雨水管网多目标优化设计研究［J］．中国给水排水，2018，34（07）：133-133.
[16] 王芮，李智，刘玉菲，等．基于SWMM的城市排水系统改造优化研究［J］．水利水电技术，2018，49（01）：60-69.
[17] 胡升伟．猴子岩水电站监测自动化系统设计［J］．水力发电，2018，44（11）：71-74.
[18] 甄燕，张华明，温家兴，等．金桥水电站工程枢纽布置设计研究［J］．水力发电，2018，44（08）：61-64.
[19] 邵瀚，荀胜国，李扬杰．三维GIS在水利工程规划设计中的应用［J］．水力发电，2018，44（07）：59-63.
[20] 桂耀，肖昌虎，侯丽娜．跨流域引调水工程规划方案优选研究——以滇中引水工程为例［J］．中国农村水利水电，2017（09）：63-66.
[21] 孙新国，彭勇，张小丽，等．基于聚合水库蓄放水模拟的洪水预报研究［J］．水利学报，2017，48（03）：308-316，324.
[22] 贲鹏，虞邦义，倪晋，等．1954年型洪水淮河中游防洪工程联合调度研究［J］．泥沙研究，2017，42（04）：30-36.
[23] 黄家宝，董礼明，陈洋波，等．基于流溪河模型的乐昌峡水库入库洪水预报模型研究［J］．水利水电技术，2017，48（04）：1-7，12.
[24] 崔欢欢，梁国华，何斌．改进的TOMODEL模型在门楼水库洪水预报中的应用［J］．水电能源科学，2018，36（01）：65-69.
[25] 梁楚盛，邹祖建，黄炜斌，等．大渡河中下游梯级水电站模拟优化运行研究［J］．水力发电，2017，43（03）：98-101.
[26] 申增云，侍克斌，康锋．呼图壁河渠首工程水库泄空冲沙研究［J］．人民黄河，2017，39（05）：21-25.
[27] 李荣波，何小聪，傅巧萍，等．耦合河道防汛预警机制的水电站调峰运行模型［J］．人民长江，2018，49（13）：48-51，94.
[28] 吴彰松，张根广，寇潭，等．当卡水电站下游局部冲刷三维数值模拟研究［J］．长江科学院院报，2018，35（04）：6-12，17.
[29] 陈祎祥，牛小静．跨河建筑物局部水沙动力数值模型开发与应用［J］．水力发电学报，2018，37（05）：93-99.

[30] 吴永妍，黄会勇，闫弈博，等．基于控制蓄量法的南水北调渠系运行方式研究［J］．人民长江，2018，49（13）：65-69.

[31] 段唯鑫，郭生练，张俊，等．丹江口水库汛期水位动态控制方案研究［J］．人民长江，2018，49（01）：7-12.

[32] 张勤，陈思飘，蔡松柏，等．LID 措施与雨水调蓄池联合运行的模拟研究［J］．中国给水排水，2018，34（09）：134-138.

[33] 赖格英，张志勇，王鹏，等．拟建鄱阳湖水利枢纽工程对长江干流流量影响的模拟［J］．湖泊科学，2017，29（03）：521-533.

[34] 郑铁刚，孙双科，柳海涛，等．基于生态学与水力学的水电站鱼道进口位置优化研究［J］．水利水电技术，2018，49（02）：105-111.

[35] 王静静，王金磊．某水利枢纽正常运行期近坝区域流场数值模拟［J］．水科学与工程技术，2018（01）：66-69.

[36] 邢岩，姜伯乐，马殿光．适用于中小河流受损岸坡修复的楔形丁坝群水力特性初探［J］．长江科学院院报，2018，35（09）：80-85，97.

[37] 李大鸣，陈硕，顾利军，等．桃林口水库下游山区洪水演进模拟和洪灾损失评估［J］．长江科学院院报，2018，35（06）：36-41，66.

[38] 卢程伟，周建中，胡德超，等．三峡库区枝状河网水动力过程实时模拟［J］．长江科学院院报，2018，35（05）：153-156.

[39] 章卫胜，周钧，王金华，等．潮汐河口闸下风暴潮特征模拟［J］．水利水运工程学报，2018（02）：1-9.

[40] 段扬，秦韬，王京晶，等．丹江口水库三维水动力模拟研究［J］．人民黄河，2018，40（03）：119-122，156.

[41] 张晓雷，吴新宇，王恩．MIKE3 在小浪底坝区水沙运动模拟中的应用［J］．华北水利水电大学学报（自然科学版），2018，39（03）：73-78.

[42] 周建中，李纯龙，陈芳，等．面向航运和发电的三峡梯级汛期综合运用［J］．水利学报，2017，48（01）：31-40.

[43] 朱成涛．基于防洪库容总量控制的雅砻江下游梯级水库蓄水策略研究［J］．水文，2017，37（03）：48-52，47.

[44] 归力佳，顾圣平，林乐曼，等．基于组合赋权-理想点法的梯级水库蓄水研究［J］．人民黄河，2018，40（05）：44-48.

[45] 王晨晖，魏娜，解建仓，等．基于多目标模糊优选模型的引嘉入汉工程调蓄方案优选［J］．水资源与水工程学报，2018，29（01）：144-148.

[46] 王磊之，胡庆芳，戴晶晶，等．面向金泽水库取水安全的太浦河多目标联合调度研究［J］．水资源保护，2017，33（05）：61-68.

[47] 胡意新，余卓轩．基于层次分析法的水电站重大件运输方案研究［J］．水力发电，2018，44（12）：67-70.

[48] 戴景，周伟，戴启璠，等．南水北调东线洪泽站反向发电运行方案研究［J］．水电能源科学，2018，36（12）：141-143，140.

[49] 路文梅，彭程，陈欢欢，等．供水泵站变频调速系统节能运行研究［J］．水电能源科学，2018，36（11）：165-168，80.

[50] 何少鹏，贺昌海，费文才．白鹤滩水电站分流挡渣堤保护方案优化试验研究［J］．水电能源科学，2018，36（10）：124-127，135.

[51] 马超，夏金金，徐嘉，等．围填海区域泵站群规模配置与渠网布置研究［J］．水力发电学报，2018（12）：85-93.

[52] 郑湘文，毛拥政，党力．黄金峡水利枢纽泵站、电站联合布置方案研究［J］．人民黄河，2018，40（11）：115－118.

[53] 李俊，武鹏林．基于改进TOPSIS多目标水库防洪调度方案决策［J］．人民黄河，2017，39（06）：34－37.

[54] 董占飞，王丕国，梁国华，等．英那河水库防洪预报调度方案制定与分析［J］．南水北调与水利科技，2017，15（03）：55－59.

[55] 王方方，雷晓辉，彭勇，等．考虑水电调蓄的西江水库群应急防洪调度研究［J］．中国农村水利水电，2017（04）：189－193.

[56] 孙开畅，马文俊，李权．基于IAHP－直觉模糊集的水利工程应急救援方案决策［J］．水利水电技术，2018，49（06）：135－140.

[57] 明宏，周佳，陈寿海，等．配合消落区综合治理的瀑布沟水电站水库运行方式研究［J］．水力发电，2018，44（04）：42－46.

[58] 刘博，沈菊琴，孙付华．PPP模式下调水工程项目运作方式选择研究［J］．中国农村水利水电，2017（12）：140－144.

[59] 梅超，尹明万，李蒙．考虑不同生态流量约束的黔中水库群优化调度［J］．中国农村水利水电，2017（05）：174－180.

[60] 赵朋晓，李永，张志广，等．基于不同生态风险度的水库调度方法研究［J］．水力发电学报，2018，37（02）：68－78.

[61] 徐斌，马昱斐，储晨雪，等．多主体水库群联合调度增益分配讨价还价模型［J］．水力发电学报，2018，37（05）：47－57.

[62] 刘志国，柳海涛，孙双科，等．丰满水电站重建工程挑流消能方案泄洪雾化研究［J］．水利水电技术，2018，49（01）：108－113.

[63] 王新宏，龚立尧，吴巍，等．高含沙河流供水水库运用方式研究——以王瑶水库为例［J］．泥沙研究，2018，43（02）：33－39.

[64] 向锋，施勇，金秋，等．洞庭湖枢纽调度方案比对分析［J］．水利水运工程学报，2018（02）：19－25.

[65] 黄仁勇，王敏，张细兵，等．三峡水库汛期“蓄清排浑”动态运用方式初探［J］．长江科学院院报，2018，35（07）：9－13.

[66] 苏律文，杨侃，邓丽丽，等．主观偏好和改进熵权的TOPSIS法在长江中游水库多目标调度中的应用［J］．水电能源科学，2018，36（09）：76－80，13.

[67] 郭世兴，刘斌．陕西省多泥沙河流供水水库运行方式研究［J］．人民黄河，2018，40（03）：135－138.

[68] 吕恒，倪广恒，田富强．排水管网结构概化对城市暴雨洪水模拟的影响［J］．水力发电学报，2018，37（11）：97－106.

[69] 陆志华，李勇涛，钱旭，等．考虑太湖水质指标的流域骨干工程调度方案［J］．水资源保护，2018，34（06）：44－48，70.

[70] 梁书民，RICHARD Greene．南水北调西线工程线路设计优化方案探讨［J］．水资源与水工程学报，2018，29（05）：133－141.

[71] 陆志华，李敏，陈俊，等．望虞河西岸控制工程与走马塘工程联合调度方案研究［J］．中国农村水利水电，2017（09）：77－80，85.

[72] 李炎隆，佘磊，周兴波，等．基于正交试验法的梯级水库连溃分析模型参数敏感性分析［J］．水利学报，2018，49（07）：823－830.

[73] 尹家波，郭生练，吴旭树，等．两变量设计洪水估计的不确定性及其对水库防洪安全的影响［J］．水利学报，2018，49（06）：715－724.

[74] 贺同坤，梁忠民，程莉，等．梯级水库群系统洪水演进模拟及防洪安全评估［J］．水利水电技术，2018，49（03）：33-38.

[75] 顾冲时，苏怀智，刘何稚．大坝服役风险分析与管理研究述评［J］．水利学报，2018，49（01）：26-35.

[76] 李啸啸，冯永祥，李小伟．电站群大坝运行安全监管指标研究与应用［J］．水力发电，2018，44（08）：96-100.

[77] 李平，黄跃飞，李兵．基于贝叶斯网络的梯级水库连溃风险［J］．水科学进展，2018，29（05）：677-684.

[78] 胡良明，张志飞，李仟，等．梯级水库土石坝连溃模拟及风险分析［J］．水力发电学报，2018，37（07）：65-73.

[79] 高盛，冯旭松，李同春，等．基于 SQP 法的泵站建筑物模糊安全综合评价及界面开发［J］．水利水电技术，2018，49（01）：75-81.

[80] 李家田，苏怀智．基于联系数的水闸安全综合评价物元模型与实现方法［J］．长江科学院院报，2018，35（10）：88-91，97.

[81] 王勇飞，吴震宇，张瀚，等．流域梯级电站群运行安全风险动态评估模型研究［J］．水力发电，2018，44（05）：86-89，93.

[82] 赵宪女，焦景辉．引松供水工程总干线充水数值模拟研究［J］．水电能源科学，2018，36（07）：75-78.

[83] 李宛谕，黄显峰，阎玮，等．基于组合权重云模型的调水工程洪水资源利用风险评价［J］．南水北调与水利科技，2018，16（05）：57-65.

[84] 咸京，顾圣平，林乐曼，等．基于随机模拟的汛期水库超蓄调度风险分析［J］．人民黄河，2018，40（05）：39-43.

[85] 邹强，丁毅，何小聪，等．基于随机模拟和并行计算的水库防洪调度风险分析［J］．人民长江，2018，49（13）：84-89.

[86] 王煜，翟振男，戴凌全．补偿中华鲟产卵场水动力环境的梯级水库联合生态调度研究［J］．水利水电技术，2017，48（06）：91-97，127.

[87] 李舜，陆建宇，程增辉，等．三峡水库生态径流及其生态调度研究［J］．水力发电，2018，44（06）：7-12.

[88] 李匡，刘可新，刘建军，等．基于洪水分级的两江电站洪水预报方案研究［J］．中国水利水电科学研究院学报，2018，16（01）：37-44，52.

[89] 龙凡，梅亚东．金沙江下游溪洛渡-向家坝梯级生态调度研究［J］．中国农村水利水电，2017（03）：81-84.

[90] 吴承君，吴丹晖，黄显峰．不同生态基流在水库优化调度中的合理性分析［J］．人民黄河，2018，40（11）：82-87.

[91] 戴凌全，王煜，蒋定国，等．基于 NSGA-Ⅱ方法的三峡水库汛末蓄水期多目标生态调度研究［J］．水利水电技术，2017，48（01）：122-127.

[92] 邓铭江，黄强，张岩，等．额尔齐斯河水库群多尺度耦合的生态调度研究［J］．水利学报，2017，48（12）：1387-1398.

[93] 任康，刘登峰，黄强，等．基于随机径流历时曲线的水库生态调度研究［J］．水力发电学报，2017，36（11）：32-41.

[94] 王立明，徐宁，高金强．基于干旱河道生态修复的岳城水库生态调度［J］．水资源保护，2017，33（06）：32-37.

[95] 张连鹏，邓铭江，黄强．面向生态的额尔齐斯河水库群中长期调度［J］．水科学进展，2018，29（03）：365-373.

[96] 马乐军，张行南，王欢，等．水利水电工程最小下泄生态基流计算方法浅析［J］．水力发电，2018，44（08）：13-17，46.

[97] 马超，赵明，孙萧仲，等．考虑鱼类繁衍需求的三峡水库汛期调度要求及可行性探讨［J］．水资源与水工程学报，2017，28（01）：109-113.

[98] 黄强，赵梦龙，李瑛．水库生态调度研究新进展［J］．水力发电学报，2017，36（03）：1-11.

[99] 牛文静，冯仲恺，程春田，等．梯级水电站群并行多目标优化调度方法［J］．水利学报，2017，48（01）：104-112.

[100] 杨晓萍，黄瑜珈，黄强．改进多目标布谷鸟算法的梯级水电站优化调度［J］．水力发电学报，2017，36（03）：12-21.

[101] 徐刚，张辉．设及弃水风险的水库优化调度研究［J］．水力发电学报，2017，36（09）：40-47.

[102] 胡康，谈德才，陈华．基于网络技术的白水江梯级水电站调度系统研究［J］．中国农村水利水电，2017（01）：203-207.

[103] 赵志鹏，廖胜利，程春田，等．梯级水电站群中长期优化调度的离散梯度逐步优化算法［J］．水利学报，2018，49（10）：1243-1253.

[104] 杨旺旺，白涛，赵梦龙，等．基于改进萤火虫算法的水电站群优化调度［J］．水力发电学报，2018，37（06）：25-33.

[105] 夏燕，冯仲恺，牛文静，等．基于混合量子粒子群算法的梯级水电站群调度［J］．水力发电学报，2018，37（11）：24-35.

[106] 王伟，梅亚东，鲍正风．基于日调峰模式的梯级电站长期调峰效益模型［J］．水力发电学报，2018，37（02）：47-58.

[107] 刘强，钟平安，陈宇婷，等．梯级水电站优化调度的改进社会情感优化算法［J］．水力发电学报，2018，37（01）：21-30.

[108] 肖贵友，陈仕军，李基栋，等．考虑水流滞时影响的梯级水电站群短期优化调度研究［J］．水力发电，2018，44（04）：37-41，56.

[109] 方洪斌，王梁，周翔南，等．空间水量调蓄规则下梯级水电站优化调度研究［J］．水力发电，2018，44（01）：81-84，105.

[110] 江方利，湛洋，刘刚，等．基于改进花粉算法的梯级水电站多目标优化［J］．水力发电，2018，44（01）：90-93，113.

[111] 苗树敏，高英，申建建，等．多元电力市场环境下梯级水电站群组合交易优化模型［J］．水电能源科学，2018，36（11）：199-203.

[112] 杨迎，丁理杰，陈仕军，等．基于RBF神经网络的梯级电站优化调度规则研究［J］．水电能源科学，2018，36（05）：50-53.

[113] 刘刚，陈仕军，江方利．基于多元GARCH-VaR的水电站短期发电风险调度［J］．水电能源科学，2018，36（02）：71-74.

[114] 俞洪杰，纪昌明，阎晓冉，等．水库短期发电调度方式评价研究［J］．中国农村水利水电，2018（12）：178-183.

[115] 艾学山，董祚，莫明珠．水库多目标调度模型及算法研究［J］．水力发电学报，2017，36（12）：19-27.

[116] 陈森林，梁斌，李丹，等．水库中长期发电优化调度解析方法及应用［J］．水利学报，2018，49（02）：168-177.

[117] 方国华，丁紫玉，黄显峰，等．考虑河流生态保护的水电站水库优化调度研究［J］．水力发电学报，2018，37（07）：1-9.

[118] 徐刚，周栋，王磊，等．乌溪江梯级水电站水库调度自动化系统研究与应用［J］．水利水电技术，2018，49（02）：124-131.

[119] 张涛，蔡振华，刘英豪，等．基于年防洪标准的水库分期优化调度研究［J］．水资源与水工程学报，2018，29（01）：128－133.
[120] 郭昕，贾敏智，徐晨晨．泵站群控系统的节能优化调度研究［J］．中国农村水利水电，2017（03）：160－164.
[121] 叶爱媛．基于遗传算法的供水系统优化调度研究［J］．中国给水排水，2017，33（21）：53－57.
[122] 黄建成，赵萍，闫霞，等．西藏扎拉水电站水库泥沙对电站运行影响试验研究［J］．长江科学院院报，2017，34（06）：7－11.
[123] 孙赞盈，尚进，尚红霞，等．三盛公水利枢纽洪水期排沙分析［J］．人民黄河，2017，39（05）：1－4，25.
[124] 张俊华，马怀宝，夏军强，等．小浪底水库异重流高效输沙理论与调控［J］．水利学报，2018，49（01）：62－71.
[125] 胡春宏．三峡水库和下游河道泥沙模拟与调控技术研究［J］．水利水电技术，2018，49（01）：1－6.
[126] 贾美平，宋喜雷，王育杰．三门峡水库在黄河调水调沙体系中的作用［J］．人民黄河，2017，39（07）：11－14.
[127] 李小平，李勇，窦身堂．兼顾供水的小浪底水库汛前调水调沙对接水位［J］．人民黄河，2017，39（01）：6－9，13.
[128] 黄仁勇，王敏，张细兵，等．溪洛渡、向家坝、三峡梯级水库汛期联合排沙调度方式初步研究［J］．长江科学院院报，2018，35（08）：6－10，26.
[129] 陈森林，李丹，陶湘明，等．水库防洪补偿调节线性规划模型及应用［J］．水科学进展，2017，28（04）：507－514.
[130] 陈森林，孙亚婷，黄宇昊．水库防洪等蓄量优化调度模型及应用［J］．水科学进展，2018，29（03）：374－382.
[131] 于思洋，常世名．柘溪水库防洪调度问题及应对措施［J］．人民长江，2017，48（04）：37－39.
[132] 张睿，孟明星，蔡淑兵，等．南北同枯场景下南水北调中线丹江口水库供水调度方式［J］．湖泊科学，2017，29（06）：1502－1509.
[133] 王镜淋，胡铁松，王敬．用水总量控制下的水库水量调度模型研究［J］．中国农村水利水电，2017（12）：48－52.
[134] 张弛，陈晓贤，李昱，等．跨流域引水受水水库最优调度决策的理论分析［J］．水科学进展，2018，29（04）：492－504.
[135] 曹正浩，闫弈博，毛文耀，等．引江济汉工程水量调度方案初步研究［J］．人民长江，2018，49（13）：70－73.
[136] 何素明，谭乔凤，雷晓辉，等．漓江实时补水优化调度研究［J］．南水北调与水利科技，2018，16（04）：98－103.
[137] 魏鹏．考虑预报误差的水库汛期弃水优化研究［J］．水力发电，2018，44（09）：68－71.
[138] 李文武，张雪映，Daniel Eliote Mbanze，等．基于 SARSA 算法的水库长期随机优化调度研究［J］．水电能源科学，2018，36（09）：72－75.
[139] 邹强，张利升，李文俊．基于累积前景理论和最大熵理论的水库多目标防洪调度决策方法［J］．水电能源科学，2018，36（01）：57－60，56.
[140] 肖敬，董增川，罗晓丽，等．基于改进逐步优化算法的水库防洪优化调度［J］．人民黄河，2018，40（10）：25－28，164.
[141] 冯胜男，董增川，杨光．南一水库防洪调度模型研究［J］．人民黄河，2018，40（03）：25－28，33.
[142] 杨会娟，付湘，韩琦，等．基于互信息熵的水库实时调度相关分析及预测［J］．武汉大学学报

（工学版），2018，51（05）：383-388.

[143] 方洪斌，彭少明．龙刘水库非汛期联动补水机制研究［J］．人民黄河，2017，39（11）：19-23，98.

[144] 贾磊，郭鑫宇．考虑生态流量分级约束的跨流域引水与供水优化调度研究［J］．长江科学院院报，2018，35（04）：24-30，36.

[145] 王战策，谢小平，曹光明．龙羊峡水库径流调节作用及效益分析［J］．人民黄河，2017，39（01）：14-17.

[146] 门宝辉，李扬松，吴智健，等．对冲规则在外调水和当地水供水调度中的应用［J］．水电能源科学，2018，36（11）：34-37.

[147] 杜小洲，白涛，马旭，等．引汉济渭工程调水区水库群调水模式研究［J］．水利水电技术，2017，48（08）：2-7，136.

[148] 郭有安，王昱倩．关键水位控制技术在澜沧江中下游梯级优化调度中的应用［J］．水力发电，2018，44（06）：80-82.

[149] 马立亚，吴泽宇，雷静，等．南水北调中线一期工程水量调度方案研究［J］．人民长江，2018，49（13）：59-64.

[150] 方国华，郭玉雪，闻昕，等．改进的多目标量子遗传算法在南水北调东线工程江苏段水资源优化调度中的应用［J］．水资源保护，2018，34（02）：34-41.

[151] 陈焰，胡林，黄宏，等．汉丰湖水体富营养化控制水量调度方案［J］．水资源保护，2018，34（01）：42-49.

[152] 郭玉雪，张劲松，郑在洲，等．南水北调东线工程江苏段多目标优化调度研究［J］．水利学报，2018，49（11）：1313-1327.

[153] 谈广鸣，郜国明，王远见，等．基于水库-河道耦合关系的水库水沙联合调度模型研究与应用［J］．水利学报，2018，49（07）：795-802.

[154] 张晓雷，夏军强，王增辉，等．不同量级洪水对黄河下游游荡段冲淤变化的影响［J］．水力发电学报，2018，37（06）：74-83.

[155] 鲁俊，安催花，吴晓杨．黄河宁蒙河段水沙变化特性与成因研究［J］．泥沙研究，2018，43（06）：40-46.

[156] 哈燕萍，白涛，黄强，等．梯级水库群水沙联合调度的多目标转化研究［J］．水力发电学报，2017，36（07）：23-33.

[157] 邹强，鲁军，周超，等．基于并行混合差分进化算法的梯级水库群优化调度研究［J］．水力发电学报，2017，36（06）：57-68.

[158] 张忠波，何晓燕，耿思敏，等．改进的粒子群算法在水库优化调度中应用［J］．中国水利水电科学研究院学报，2017，15（05）：338-345.

[159] 李荣波，纪昌明，孙平，等．基于改进混合蛙跳算法的梯级水库优化调度［J］．长江科学院院报，2018，35（06）：30-35.

[160] 林伟，李英海，董晓华，等．基于二维嵌套动态规划的清江梯级联合调度研究［J］．水力发电，2018，44（06）：75-79.

[161] 周华艳，周建中，何中政，等．基于烟花量粒子群算法的水库群联合优化调度［J］．水电能源科学，2018，36（10）：84-87，38.

[162] 苏律文，杨侃，邓丽丽．基于健康江湖关系的长江中游库群多目标优化调度研究［J］．中国农村水利水电，2018（01）：33-39，45.

[163] 纪昌明，张培，吴月秋，等．基于空间映射原理的水库群短期优化调度模型［J］．水力发电学报，2017，36（05）：58-67.

[164] 崔东文．鲸鱼优化算法在水库优化调度中的应用［J］．水利水电科技进展，2017，37（03）：72-

76，94.

[165] 魏月梅，池丽敏．耗散鸡群算法在水库优化调度中的应用［J］．水力发电，2017，43（03）：111－114.

[166] 邢冰．布谷鸟搜索算法在梯级水库优化调度中的应用［J］．水电能源科学，2017，35（12）：52－54，119.

[167] 纪昌明，俞洪杰，阎晓冉，等．考虑后效性影响的梯级水库短期优化调度耦合模型研究［J］．水利学报，2018，49（11）：1346－1356.

[168] 陈悦云，梅亚东，蔡昊，等．面向发电、供水、生态要求的赣江流域水库群优化调度研究［J］．水利学报，2018，49（05）：628－638.

[169] 唐海华，罗斌，周超，等．水库群联合调度多模型集成总体技术架构［J］．人民长江，2018，49（13）：95－98.

[170] 徐斌，姚弘祎，储晨雪，等．金沙江下游至三峡-葛洲坝梯级水库群发电联合调度增益机制分析［J］．南水北调与水利科技，2018，16（01）：195－202.

[171] 黄显峰．水资源系统混沌分析方法及其应用［M］．北京：中国水利水电出版社，2017.

[172] 周新春，许银山，冯宝飞．长江上游干流梯级水库群防洪库容互用性初探［J］．水科学进展，2017，28（03）：421－428.

[173] 孟雪姣，畅建霞，王义民，等．考虑预警的黄河上游梯级水库防洪调度研究［J］．水力发电学报，2017，36（09）：48－59.

[174] 金兴平．长江上游水库群 2016 年洪水联合防洪调度研究［J］．人民长江，2017，48（04）：22－27.

[175] 范可旭，郭卫，张晶．乌江梯级水库群“2014.07”洪水防洪调度影响研究［J］．人民长江，2017，48（05）：8－12.

[176] 许增培，李红军，王静敬，等．城市防洪规划中并联水库群联合调度分析方法［J］．中国农村水利水电，2017（11）：119－123，133.

[177] 罗成鑫，周建中，袁柳．流域水库群联合防洪优化调度通用模型研究［J］．水力发电学报，2018，37（10）：39－47.

[178] 刁艳芳，段震，张荣，等．梯级水库群联合防洪预报调度方式风险分析［J］．水力发电，2018，44（08）：82－86.

[179] 许凌杰，董增川，肖敬，等．基于改进遗传算法的水库群防洪优化调度［J］．水电能源科学，2018，36（03）：59－62，153.

[180] 蒋任飞，王丽影，乔睿至，等．基于物理栖息地模型的梯级水库优化调度研究［J］．中国农村水利水电，2018（06）：72－78.

[181] 杨光，郭生练，陈柯兵，等．基于决策因子选择的梯级水库多目标优化调度规则研究［J］．水利学报，2017，48（08）：914－923.

[182] 王森，马志鹏，李善综，等．梯级水库群优化调度并行动态规划方法［J］．中国农村水利水电，2017（11）：204－207.

[183] 李其峰，温进化，李冬晓，等．基于常见供水格局的水库群供水预警及响应策略研究［J］．中国水利水电科学研究院学报，2017，15（01）：10－17.

[184] 刁艳芳，段震，程慧，等．基于粒子群的水库群联合防洪预报调度规则设计方法［J］．中国农村水利水电，2018（02）：99－102.

[185] 张先平，鲁军，邢龙，等．三峡-葛洲坝梯级水库兼顾航运需求的调度方式［J］．人民长江，2018，49（13）：31－37.

[186] 胡清顺，何兴，王和芬．滇池-德泽水库引提调水工程联合调度研究［J］．人民长江，2018，49（09）：103－106.

[187] 王增平．察汗乌苏河流域西台-哇沿水库生态联合调度预案设计［J］．中国农村水利水电，2018（04）：170-173.
[188] 魏军，刘红珍，等．黄河防御洪水方案关键技术研究［M］．郑州：黄河水利出版社，2017.
[189] 周婷，王振龙，朱梅，等．基于混合编程的梯级水库群综合集成仿真调度平台构建［J］．中国农村水利水电，2017（03）：153-155，159.
[190] 张少博，何新林，刘兵，等．新疆山区水库参与调度后平原水库废弃可行性分析［J］．长江科学院院报，2018，35（01）：23-28.
[191] 杨忠勇，郭红民，曹光春．梯级水库溃坝洪水对下游城市的淹没过程分析［J］．长江科学院院报，2017，34（09）：47-51，78.
[192] 陈炯宏，陈桂亚，宁磊，等．长江上游水库群联合蓄水调度初步研究与思考［J］．人民长江，2018，49（15）：1-6.
[193] 贺新春，汝向文，丁波，等．珠江三角洲典型水网区水资源调度技术研究［M］．北京：中国水利水电出版社，2018.
[194] 贺春雷，周芬，马海波．椒江河口建闸对区域水资源配置的影响分析［J］．中国水利，2017（09）：15-18.
[195] 高学平，张岩，孙博闻，等．节制闸对分水口处渠道水力响应的影响及敏感性研究［J］．水力发电学报，2018，37（02）：79-87.
[196] 吕继强，刘俊，沈冰，等．基于分布式水文模型GBHM的河流闸坝调控研究［J］．人民黄河，2018，40（09）：63-67，73.
[197] 万蕙，黄会勇，闫弈博，等．长距离渠道闸门故障扰动及小影响应急调度研究［J］．人民长江，2018，49（13）：74-78.
[198] 谭琼，张建频，徐贵泉，等．河道泵闸与市政泵站应对内涝的联动运行优化调度［J］．中国给水排水，2018，34（19）：124-128.
[199] 龙岩，雷晓辉，徐国宾，等．基于AHP-灰色定权聚类的长距离输水工程闸门应急调控方式研究［J］．南水北调与水利科技，2018，16（04）：184-188.
[200] 方国华，陆范彪，刘飞飞，等．平原坡水区梯级闸站联合优化调度研究［J］．南水北调与水利科技，2018，16（03）：135-142.
[201] 贺新春，王翠婷，汝向文，等．闸控潮汐河网区水环境调度模型研究［J］．华北水利水电大学学报（自然科学版），2018，39（02）：86-92.
[202] 曹玉升，畅建霞，黄强，等．南水北调中线输水调度实时控制策略［J］．水科学进展，2017，28（01）：133-139.
[203] 依俊楠，赵新华，李福钢．新安江水库供水后调度图优化研究［J］．水利水电技术，2017，48（02）：113-117.
[204] 张玮，王旭，雷晓辉，等．一种基于DS理论的水库适应性调度规则［J］．水科学进展，2018，29（05）：685-695.
[205] 张琪，李英海，李清清，等．基于调度图的金沙江下游梯级水电站改进蓄水策略研究［J］．水利水电技术，2018，49（07）：159-166.
[206] 李继成，张雪源，王立刚，等．基于预报调度规则的云峰水库特大洪水调度研究［J］．水利水电技术，2018，49（06）：16-22.
[207] 林鹏飞，游进军，付敏，等．基于引水限制调度线的并联水库系统供水优化算法及应用［J］．水利水电技术，2018，49（02）：8-14.
[208] 徐敏，周建中，欧阳文宇，等．年调节水库发电调度图多参数优选绘制［J］．水力发电，2018，44（07）：87-93.
[209] 严梦佳，钟平安，闫海滨，等．基于随机森林的水电站发电调度规则研究［J］．水力发电，

2018，44 (01)：85 - 89.
[210] 马志鹏，王森，李善综，等．龙滩水库分类洪水防洪调度规则研究 [J]. 中国农村水利水电，2018 (09)：116 - 120.
[211] 谢奇珂，刘昭伟，陈永灿，等．溪洛渡水库水温日变化的测量与分析 [J]. 水科学进展，2018，29 (04)：523 - 536.
[212] 姬雨雨，陈求稳，施文卿，等．水库运行对漫湾库区洲滩水热交换影响 [J]. 水科学进展，2018，29 (01)：73 - 79.
[213] 龙良红，徐慧，鲍正风，等．溪洛渡水库水温时空特性研究 [J]. 水力发电学报，2018，37 (04)：79 - 89.
[214] 陶雨薇，王远坤，王栋，等．三峡水库坝下水温变化及其对鱼类产卵影响 [J]. 水力发电学报，2018，37 (10)：48 - 55.
[215] 刘晋高，徐雅倩，马骏，等．三峡水库香溪河库湾不同异重流下水温分层模式研究 [J]. 长江科学院院报，2018，35 (04)：37 - 42.
[216] 惠二青，毛劲乔，戴会超．上游水库水温情势变化对中华鲟产卵江段水温的影响 [J]. 水利水电科技进展，2018，38 (02)：44 - 48.
[217] 任实，刘亮，张地继，等．溪洛渡-向家坝-三峡梯级水库水温分布特性 [J]. 人民长江，2018，49 (03)：32 - 35，40.
[218] 伍勇，柳鑫，龙飞，等．三峡工程蓄水后宜昌站水流特性变化及测验措施 [J]. 长江科学院院报，2017，34 (05)：22 - 26.
[219] 郭怡，孙昭华，罗方冰．三峡水库蓄水后宜昌枯水位的时变特征及成因 [J]. 水利水运工程学报，2017 (04)：35 - 42.
[220] 黄峰，吴瑶，曾天山，等．三峡水库运行后鄱阳湖水文情势变化特征 [J]. 水电能源科学，2017，35 (06)：35 - 37.
[221] 杨云平，张明进，孙昭华，等．三峡大坝下游水位变化与河道形态调整关系研究 [J]. 地理学报，2017，72 (05)：776 - 789.
[222] 朱玲玲，杨霞，许全喜．上荆江枯水位对河床冲刷及水库调度的综合响应 [J]. 地理学报，2017，72 (07)：1184 - 1194.
[223] 韩剑桥，孙昭华，杨云平．三峡水库运行后长江中游洪、枯水位变化特征 [J]. 湖泊科学，2017，29 (05)：1217 - 1226.
[224] 杨小松，黎均平，罗卫国，等．彭水水电站库区回水防洪安全主要影响因素分析 [J]. 水电能源科学，2018，36 (10)：76 - 79.
[225] 张礼兵，伍露露，金菊良，等．大型灌区骨干水库分期旱限水位研究 [J]. 水利学报，2018，49 (06)：757 - 766.
[226] 秦智伟，陈玺．三峡水库蓄水后坝下游干流枯水期水位变化研究 [J]. 人民长江，2018，49 (23)：10 - 15.
[227] 牛兰花，陈子寒，史常乐．宜昌至杨家脑河段滩槽演变对宜昌枯水位的影响 [J]. 人民长江，2018，49 (16)：1 - 6.
[228] 刘章君，成静清，温天福，等．三峡水库汛末蓄水对鄱阳湖水位的影响研究 [J]. 中国农村水利水电，2018 (02)：103 - 108，112.
[229] 吕婷婷，陈界仁，任莎莎．三峡枢纽运用后鄱阳湖的水位变化特性分析 [J]. 水资源与水工程学报，2018，29 (05)：41 - 45.
[230] 万新宇，管秀峰，钟平安，等．大型水库群对流域洪水过程影响分析 [J]. 水利水电科技进展，2017，37 (03)：66 - 71.
[231] 舒卫民，李秋平，鲍正风，等．三峡水库入库洪水与坝址洪水关系研究 [J]. 水力发电，2017，

43 (11): 10-14.

[232] 代稳，谭芬芳，于亚文，等．水利工程和降水波动对洞庭湖水沙过程的定量分析 [J]. 水电能源科学，2017，35 (07): 47-51.

[233] 陈凯华，夏云峰，闻云呈．三峡水库运行以来入海径流与盐水入侵响应研究 [J]. 人民长江，2017，48 (23): 22-28.

[234] 方神光，崔丽琴．枯季西江中游梯级水库调度对梧州流量影响初探 [J]. 中国农村水利水电，2017 (08): 65-69.

[235] 何用，卢陈，杨留柱，等．珠江河口口门区滩槽演变及对泄洪的影响研究 [J]. 水利学报，2018，49 (01): 72-80.

[236] 张为，高宇，许全喜，等．三峡水库运用后长江中下游造床流量变化及其影响因素 [J]. 水科学进展，2018，29 (03): 331-338.

[237] 赵胤懋，廖卫红，雷晓辉，等．考虑人工活动影响的流域水文模拟研究 [J]. 水电能源科学，2018，36 (11): 14-17.

[238] 马梦梦，艾萍，达世哲，等．基于变动范围法的宜昌站水文情势影响分析 [J]. 水电能源科学，2018，36 (03): 14-17.

[239] 徐照明，要威，马强，等．三峡等上游水库水量调度对荆江三口分流的影响 [J]. 人民长江，2018，49 (13): 79-83，103.

[240] 袁水龙，李占斌，李鹏，等．MIKE耦合模型模拟淤地坝对小流域暴雨洪水过程的影响 [J]. 农业工程学报，2018，34 (13): 152-159.

[241] 陈莫非，要威，李义天，等．荆江三口分流变化贡献率及其对三峡水库调度响应 [J]. 中国农村水利水电，2018 (12): 116-120，125.

[242] 张地继，朱玲玲，许全喜，等．三峡水库库区支流磨刀溪河口泥沙淤积特性及成因研究 [J]. 泥沙研究，2018，43 (05): 21-26.

[243] 杨霞，李建华，朱玲玲．三峡水库库区香溪河河口泥沙淤积特性研究 [J]. 水力发电学报，2018，37 (04): 60-67.

[244] 王婷，王远见，曲少军，等．小浪底水库运用以来库区泥沙淤积分析 [J]. 人民黄河，2018，40 (12): 1-3+20.

[245] 王宇，秦净净，职保平．汴西湖引水对黑岗口水库的影响研究 [J]. 人民黄河，2018，40 (11): 14-17，101.

[246] 金兴平，许全喜．长江上游水库群联合调度中的泥沙问题 [J]. 人民长江，2018，49 (03): 1-8，31.

[247] 薛兴华，常胜，宋鄂平．三峡水库蓄水后荆江洲滩变化特征 [J]. 地理学报，2018，73 (09): 1714-1727.

[248] 孙东坡，吴默溪．黄河小浪底水库运用以来的泥沙淤积特征分析 [J]. 华北水利水电大学学报 (自然科学版)，2018，39 (02): 74-79.

[249] 朱玲玲，董先勇，陈泽方．金沙江下游梯级水库淤积及其对三峡水库影响研究 [J]. 长江科学院院报，2017，34 (03): 1-7.

[250] 郭文献，李越，王鸿翔，等．三峡水库对下游河流水沙情势影响评估 [J]. 中国农村水利水电，2018 (11): 87-92，97.

[251] 周红玉，刘操，吴晓辉．大型跨流域调水工程对水源地水动力的影响研究 [J]. 中国农村水利水电，2017 (12): 104-108.

[252] 杨中华，朱政涛，槐文信，等．鄱阳湖水利调控对湖区典型丰枯水年水动力水质影响研究 [J]. 水利学报，2018，49 (02): 156-167.

[253] 李昶，邓兵，汪福顺，等．三峡库区草堂河库湾水动力特征 [J]. 水利水电科技进展，2018，38

(02)：49-56.

[254] 顾杰，宋竑霖，王佳元，等．近海人工岛及沙坝工程与潮流的响应特征研究 [J]. 水动力学研究与进展（A辑），2017，32（02）：182-188.

[255] 黄广灵，黄本胜，谭超，等．珠江磨刀门河口咸潮活动对流域调水工程的响应 [J]. 水电能源科学，2018，36（07）：66-70.

[256] 王钟，范中亚，杨忠勇，等．“引江济淮”工程对安徽菜子湖水龄分布的影响 [J]. 湖泊科学，2018，30（06）：1576-1586.

[257] 朱玲玲，许全喜，熊明．三峡水库蓄水后下荆江急弯河道凸冲凹淤成因 [J]. 水科学进展，2017，28（02）：193-202.

[258] 夏军强，林芬芬，周美蓉，等．三峡工程运用后荆江段崩岸过程及特点 [J]. 水科学进展，2017，28（04）：543-552.

[259] 李明，胡春宏．三峡工程运用后坝下游分汊型河道演变与调整机理研究 [J]. 泥沙研究，2017，42（06）：1-7.

[260] 王延贵，曾险，苏佳林，等．三峡水库蓄水后重庆河段冲淤特性研究 [J]. 泥沙研究，2017，42（04）：1-8.

[261] 耿旭，毛继新，陈绪坚．三峡水库下游河道冲刷粗化研究 [J]. 泥沙研究，2017，42（05）：19-24.

[262] 薛兴华，常胜．三峡水库运行后荆江段河湾平面形态演变特征 [J]. 水力发电学报，2017，36（06）：12-22.

[263] 王冬，方娟娟，李义天，等．三峡水库蓄水后荆江三口分流变化及原因 [J]. 水电能源科学，2017，35（12）：74-77

[264] 韦诗涛，钱胜，胡德祥．小浪底水库分期运用对库区及河道冲淤的影响 [J]. 人民黄河，2017，39（11）：11-14.

[265] 练继建，党莉，马超．水库运行对下游河道横向连通性的影响 [J]. 天津大学学报（自然科学与工程技术版），2017，50（12）：1288-1295.

[266] 刘社教，关莹，张清．伊河中下游新建跨河桥梁对河床冲淤的影响 [J]. 人民黄河，2018，40（09）：34-36.

[267] 刘晓群，戴斌祥．三峡水库运行以来洞庭湖水文条件变化与对策 [J]. 水利水电科技进展，2017，37（06）：25-31.

[268] 代稳，吕殿青，王金凤，等．三峡水库运行对荆江三口水文情势变异程度分析 [J]. 水力发电，2017，43（08）：26-30.

[269] 王中敏，樊皓，刘金珍．孤山电站对库区鱼类产卵场水文情势的影响研究 [J]. 人民长江，2017，48（01）：20-24，42.

[270] 薛联青，张卉，张洛晨，等．基于改进RVA法的水利工程对塔里木河生态水文情势影响评估 [J]. 河海大学学报（自然科学版），2017，45（03）：189-196.

[271] 邓志民，刘扬扬，樊皓．鄂北调水工程对汉江中下游水文情势的影响 [J]. 中国农村水利水电，2017（04）：125-128，136.

[272] 韩剑桥，张为，袁晶，等．三峡水库下游分汊河道滩槽调整及其对水文过程的响应 [J]. 水科学进展，2018，29（02）：186-195.

[273] 姜果，鲁程鹏，王茂枚，等．长江老海坝抛石护岸工程对河势的影响研究 [J]. 泥沙研究，2018，43（05）：27-32.

[274] 孙弋，黎兵，严学新，等．长江口南北港分汊口控制工程对北港河势的影响 [J]. 泥沙研究，2018，43（05）：33-38.

[275] 刘虎英，蒋昌波，杨树清，等．基于湖心水库的洞庭湖治理新理念 [J]. 水利水电科技进展，

2018，38（06）：19-25，31.

[276] 王鸿翔，查胡飞，李越，等．三峡水库蓄水后洞庭湖水文情势变化研究［J］．水电能源科学，2018，36（10）：31-33，48.

[277] 黄显峰，贾永乐，方国华，等．基于PP-RVA法的水电站下游河流水文情势评价［J］．河海大学学报（自然科学版），2018，46（06）：479-485.

[278] 郭文献，王艳芳，李越，等．三峡水库对宜昌站生态水文情势影响研究［J］．中国农村水利水电，2018（01）：51-53，59.

[279] 曹娜，童少青，符韵梅．黄藏寺水利枢纽对张掖盆地地下水影响研究［J］．人民黄河，2017，39（06）：63-67，71.

[280] 雷春荣，宋宪琳，王泉伟．泾河东庄水库地下水环境影响效应研究［J］．人民黄河，2018，40（12）：97-99，105.

[281] 唐运刚．基于解析法的隧洞施工对地下水环境影响预测［J］．人民长江，2018，49（08）：67-71，87.

[282] 冀鸿兰，王晓燕，脱友才，等．万家寨水库建成后上游河段冰情特性研究［J］．水力发电学报，2017，36（02）：40-49.

[283] 何娟，江焱生，姚黑字，等．富水水库下泄对下游防汛形势影响研究［J］．中国水利，2017（05）：66-68.

[284] 李文义，张志超．小浪底水库运用后黄河下游凌情变化分析［J］．华北水利水电大学学报（自然科学版），2017，38（01）：18-21，79.

[285] 谢正辉，田向军，占车生，等．陆地水文-区域气候相互作用［M］．北京：科学出版社，2017.

[286] 路振刚，李龙波，王永峰，等．丰满水库运行对局地气候的影响回顾［J］．水利水电技术，2017，48（04）：35-41.

[287] 万蕙，黄会勇，袁迪，等．水利工程影响下的洪水预报研究进展［J］．人民长江，2017，48（07）：11-15.

[288] 邓金运，范少英，庞灿楠，等．三峡水库蓄水期长江中游湖泊调蓄能力变化［J］．长江科学院院报，2018，35（05）：147-152.

[289] 林高松，廖国威，唐天均．东深供水工程取水口潮流上溯影响因素研究［J］．中国农村水利水电，2018（04）：57-60.

[290] 唐昌新，张晓航，邬年华，等．拟建鄱阳湖水利枢纽工程对水龄的影响模拟分析［J］．中国水利水电科学研究院学报，2018，16（03）：195-206.

[291] 党莉，马超，练继建．水库调节对下游鱼类栖息地适宜性的影响［J］．天津大学学报（自然科学与工程技术版），2018，51（06）：566-574.

[292] 杨启红，卢金友，王家生，等．筑坝河流的水文生态效应及其生态修复——以三峡水库与长江中下游典型河段为例［M］．北京：中国水利水电出版社，2017.

[293] 梁鹏腾，李继清．基于洪水脉冲历时的三峡水库生态调度研究［J］．中国农村水利水电，2017（05）：150-154.

[294] 姚文艺，侯素珍，丁赟．龙羊峡、刘家峡水库运用对黄河上游水沙关系的调控机制［J］．水科学进展，2017，28（01）：1-13.

[295] 董占地，胡海华，吉祖稳，等．三峡水库排沙比对来水来沙的响应［J］．泥沙研究，2017，42（06）：16-21.

[296] 彭少明，尚文绣，王煜，等．黄河上游梯级水库运行的生态影响研究［J］．水利学报，2018，49（10）：1187-1198.

[297] 王中敏，刘金珍，刘扬扬，等．引调水工程对汉江中下游生态环境的累积叠加影响研究［J］．中国农村水利水电，2018（03）：29-32，36.

[298] 权全，武志刚，王炎，等．变化环境下黄河上游河道生态效应模拟研究［M］．郑州：黄河水利出版社，2018.

[299] 纪道斌，龙良红，徐慧，等．梯级水库建设对水环境的累积影响研究进展［J］．水利水电科技进展，2017，37（03）：7-14.

[300] 毛建忠，孙燕利，贺克雕，等．牛栏江—滇池补水工程对滇池外海的水环境改善效果研究［J］．水资源保护，2017，33（02）：47-51.

[301] 巴亚东，江波，柳雅纯．清江水布垭水电站水环境影响后评价［J］．人民长江，2017，48（S2）：43-46，80.

[302] 张需琴，李景保，李忠武．三峡水库运行下荆南三口地区水环境承载力研究［J］．水资源保护，2017，33（06）：133-141，166.

[303] 黄春琳，李熙，孙永远．太湖水龄分布特征及“引江济太”工程对其的影响［J］．湖泊科学，2017，29（01）：22-31.

[304] 李明佳，吴新宇，焦建格，等．水利枢纽环境影响的多层次模糊综合评价［J］．水利水电技术，2018，49（03）：106-110.

[305] 陈江海，陈翔．新沟河排江对长江水质影响风险分析［J］．长江科学院院报，2018，35（09）：38-42，53.

[306] 朱烨，陈燕飞．南水北调中线工程对汉江中下游纳污能力的影响［J］．水电能源科学，2018，36（12）：34-38.

[307] 郝皆元，逄勇，罗缙，等．感潮河段入河排污口设置对水环境的影响［J］．水电能源科学，2018，36（11）：38-40，68.

[308] 姚光华，廖云平，彭海游，等．地下工程水环境变化与控制［M］．北京：科学出版社，2018.

[309] 李林娟，邓鹏鑫．三峡工程运行前后长江中游河段水质变化模拟［J］．人民长江，2018，49（22）：51-56.

[310] 赵高磊，张志广，梁瑞峰，等．北门江河口径流变化对河口段水环境的影响［J］．人民长江，2018，49（15）：36-40，95.

[311] 王晓龙，吴召士，刘霞，等．鄱阳湖水环境与水生态［M］．北京：科学出版社，2018.

[312] 顾炉华，赖锡军．七浦塘引水对阳澄湖河网水环境影响的模拟研究［J］．水资源保护，2018，34（02）：88-95.

[313] 许益新，王文才，曾伟峰，等．调水引流改善平原河网水环境质量模拟［J］．水资源保护，2018，34（01）：70-75，82.

[314] 袁瑞强，张文新，王鹏，等．引黄调水对汾河受水区水环境的影响［J］．自然资源学报，2018，33（08）：1416-1426.

[315] 孙静月，肖宜，张利平，等．武汉市梁子湖-汤逊湖水系连通工程效果分析［J］．武汉大学学报（工学版），2018，51（02）：125-131.

[316] 杨卫，张利平，李宗礼，等．基于水环境改善的城市湖泊群河湖连通方案研究［J］．地理学报，2018，73（01）：115-128.

[317] 姜来，李洪，李嘉，等．基于主成分分析法的西南山区河道型水库水环境变化特征研究［J］．中国农村水利水电，2018（12）：59-65，76.

[318] 陈紫娟，宋献方，张应华，等．三峡水库低水位运行时干流回水对支流水环境的影响［J］．环境科学，2018，39（11）：4946-4955.

[319] 孙祥，朱广伟，笪文怡，等．天目湖沙河水库热分层变化及其对水质的影响［J］．环境科学，2018，39（06）：2632-2640.

[320] 卢慧，董红霞，轩晓博．基于减水河 MIKE11 建库后对水环境的影响［J］．水科学与工程技术，2018（06）：20-22.

[321] 杨艳．龙滩水电站下游河道疏浚治理工程效益分析［J］．水力发电，2017，43（04）：79－81，84．

[322] 余海霞，来勇，李晓龙，等．杭州城市河道综合治理工程生态环境效应评估指标体系［J］．水资源保护，2017，33（03）：90－94．

[323] 张鹏飞，古丽·加帕尔，包安明，等．塔里木河流域近期综合治理工程生态成效评估［J］．干旱区地理，2017，40（01）：156－164．

[324] 杨丽，朱启林，孙静，等．北京市南水北调中线工程供水效益评估［J］．人民长江，2017，48（10）：44－46，78．

[325] 王栋，梁忠民，常文娟，等．基于模糊集对分析的引江济太调水效益综合评价［J］．水资源保护，2017，33（01）：35－40．

[326] 解莹，王立明，刘尧光，等．海河流域典型河流生态水文过程与生态修复研究［M］．北京：中国水利水电出版社，2018．

[327] 李璐，朱惇，杨伟，等．丹江口库区小流域综合治理效益评价［J］．人民长江，2017，48（20）：16－20．

[328] 黄俊文，朱艳艳．牛栏江-滇池引水工程水土保持监测概述［J］．人民长江，2017，48（08）：19－22．

[329] 黄苗，刘玥晓，王振华，等．基于EF－AHP法的坝式小水电站生态环境影响评价［J］．长江科学院院报，2018，35（08）：11－16．

[330] 舒卫民，李秋平，曹光荣，等．乌东德白鹤滩梯级水库补偿效益分析［J］．水力发电，2018，44（12）：74－77．

[331] 王琨，欧阳硕，邵骏．上游水电站梯级调度对龙头石水电站效益的影响［J］．水力发电，2018，44（11）：104－108．

[332] 肖杨，王也．沅水上游水电站投运后对发电效益影响分析［J］．水科学与工程技术，2018（05）：45－48．

[333] 展永兴，沈菊琴，张丹丹．水环境治理工程环境经济损益评价模型及应用［J］．人民黄河，2018，40（03）：64－67．

[334] 张世殊，许模，等．水电水利工程典型水文地质问题研究［M］．北京：中国水利水电出版社，2018．

[335] 杨磊，邓建辉，郑路，等．长河坝水电站泄洪洞进口边坡稳定性监测分析［J］．中国农村水利水电，2017（11）：129－133．

[336] 但路昭，邓琴，吴振君．涛源金沙江大桥宾川岸岸坡的长期稳定性研究［J］．中国农村水利水电，2017（06）：146－148，157．

[337] 严飞，文海，邓琴，等．库水对香丽金沙江大桥丽江岸边坡稳定性影响［J］．中国农村水利水电，2017（06）：134－137．

[338] 张珂峰．基于降雨、库水位联合作用的滑坡渗透稳定性分析［J］．水利水电技术，2018，49（09）：170－177．

[339] 丁军浩，王浪，邓辉，等．澜沧江某水电站控制性结构面对岩质边坡的失稳破坏影响［J］．水利水电技术，2018，49（02）：144－151．

[340] 王力，王世梅．库水位骤降条件下动水压力型滑坡稳定性分析［J］．水电能源科学，2018，36（12）：117－120．

[341] 缪信，胡殿坤，缪海波．库水位变动下庄屋滑坡变形与稳定性分析［J］．水电能源科学，2018，36（12）：121－124．

[342] 张珂峰．库水位骤降与降雨条件下深浅层边坡稳定性分析［J］．水电能源科学，2018，36（11）：139－143．

[343] 王开拓，谢利云，刘辉．库水位降落作用下均质土石坝渗流场及坝坡稳定性分析［J］．水电能源科学，2018，36（08）：81－84，51.

[344] 袁时祥，吴英波，马鸣，等．岩桑树水电站库区滑坡发育的影响因素及危险性评价［J］．水电能源科学，2018，36（07）：104－107.

[345] 李思滢，陈媛，张林，等．白鹤滩水电站典型顺层岩质高边坡稳定性评价［J］．水电能源科学，2018，36（05）：102－105.

[346] 杨莹，徐奴文，杨宝全，等．白鹤滩水电站左岸边坡稳定性分析［J］．水电能源科学，2018，36（03）：136－140.

[347] 余佳辉，樊恒辉，张路，等．库水环境变化对分散性土工程性质的影响［J］．人民黄河，2018，40（09）：139－143，147.

[348] 魏东，王孔伟，胡安龙，等．基于三峡库区库水位和降雨统计分析的八字门滑坡稳定性评价［J］．水土保持通报，2018，38（03）：174－179.

[349] 刘晓强，杨燕华，张明进．荆江典型碍航河段航道整治工程对三峡蓄水适应性分析［J］．水力发电学报，2017，36（01）：16－25.

[350] 孙赞盈，李勇，张明武，等．黄河下游宽河道窄槽整治对冲刷量的影响［J］．泥沙研究，2018，43（06）：29－34.

[351] 陈伟伦，王伟．青草沙水库工程对河床冲淤演变的影响［J］．水利水电科技进展，2018，38（04）：44－50.

[352] 胡春宏，等．长江与洞庭湖鄱阳湖关系演变及其调控［M］．北京：科学出版社，2017.

[353] 王大宇，关见朝，方春明，等．水利枢纽运用对江湖关系影响的模拟［J］．泥沙研究，2018，43（01）：1－8，80.

[354] 卢金友，姚仕明．水库群联合作用下长江中下游江湖关系响应机制［J］．水利学报，2018，49（01）：36－46.

[355] 金永奎，李强，袁圆．高效节水灌溉自动监控及信息化系统设计与应用［J］．中国农村水利水电，2017（01）：18－22，26.

[356] 王晨野，王敏英，穆晓东，等．基于GIS的饮用水水源管理信息系统研制与应用［J］．中国农村水利水电，2017（05）：207－210.

[357] 代春兰，汤文华，汤宏．基于云平台的湖北省小型水库水雨情自动测报系统设计与实践［J］．中国农村水利水电，2017（05）：110－113.

[358] 于小虎，邵波，张华兵．襄阳市小型水库信息化建管实践［J］．中国水利，2017（08）：21－23.

[359] 王振，吕明明，刘军，等．长河坝水电工程中大坝安全监测信息的动态管理［J］．水力发电，2018，44（04）：105－108.

[360] 何向阳，杨明化，高大水，等．市县级水库大坝信息化监管平台建设研究［J］．人民长江，2018，49（21）：99－103.

[361] 马洪琪，卢吉，陈豪．澜沧江流域水电站大坝智慧管理实践与展望［J］．中国水利，2018（20）：7－11，19.

[362] 王晨，李婧，赖文蔚，等．海口市美舍河水环境综合治理系统方案［J］．中国给水排水，2018，34（12）：24－30.

[363] 陈述，蒙锦涛．水电工程建设移民搬迁Shapley补偿测算方法［J］．水力发电学报，2018，37（06）：15－24.

[364] 王韬，胡勇．大中型水库移民后期扶持方式的实践与探索——以重庆市长寿区为例［J］．人民长江，2018，49（12）：107－110.

[365] 曹靖夫．贵阳花溪红岩水库移民安置工程管理体系建构［J］．水科学与工程技术，2018（06）：90－94.

[366] 孙启伟，董付强，朱小宁．丹江口水库多目标调度与管理 [J]. 人民长江，2017，48 (S1)：288-290，304.

[367] 喻啸，刘志武．基于多元利益的溪洛渡、向家坝水电站调度管理探索与实践 [J]. 长江科学院院报，2018，35 (01)：151-154.

[368] 高从闯，章存建，陈忠宾，等．溧阳抽水蓄能电站机电设备管理的实践与体会 [J]. 水力发电，2018，44 (10)：8-10.

[369] 冯继军，盛登强．金桥水电站建设管理综述 [J]. 水力发电，2018，44 (08)：44-46.

[370] 蒯鹏程，赵二峰，杰德尔别克·马迪尼叶提，等．基于 BIM 的水利水电工程全生命周期管理研究 [J]. 水电能源科学，2018，36 (12)：133-136.

[371] 陈兴科．基于效率导向的综合利用水库运行管理体制研究 [J]. 中国水利，2018 (16)：46-48.

[372] 张社荣，潘飞，吴越，等．水电工程 BIM-EPC 协作管理平台研究及应用 [J]. 水力发电学报，2018，37 (04)：1-11.

[373] 陈孚，于旭光，于浩健雄，等．电力市场环境下梯级水电站运行管控仿真研究 [J]. 水电能源科学，2018，36 (05)：214-218，209.

[374] 曾微波，王卫平，王本林，等．水利工程集成管理框架研究 [J]. 人民黄河，2018，40 (11)：135-139.

[375] 傅蜀燕，赵志勇，杨硕文，等．基于三维 BIM＋WebGIS 技术的区域数字水库构建 [J]. 长江科学院院报，2018，35 (04)：134-136，142.

[376] 赵爱莉．我国农村水利工程建设与运行管理体制机制改革研究 [J]. 中国农村水利水电，2017 (03)：195-197，203.

[377] 王丽芹．临沂市农村水利设施运行管理状况调查分析及对策建议 [J]. 中国水利，2018 (15)：60-62.

[378] 梁立章，孟伟超，张岳峰．辽宁省农村水利工程运行管理模式探析 [J]. 中国农村水利水电，2017 (06)：149-150，157.

[379] 廖中华．农村饮水安全工程运行管理长效机制建设探析 [J]. 中国水利，2017 (14)：51-52.

[380] 周应堂，贾馥蔚．基于综合集成赋权法的农田水利管护模式适用性评价研究 [J]. 节水灌溉，2018 (08)：71-74.

[381] 周涛．宁夏农村饮水安全工程建管机制探索——以中卫市沙坡头区农村饮水安全巩固提升工程为例 [J]. 中国水利，2018 (13)：39-41.

[382] 史源，李益农，白美健，等．现代化灌区高效节水灌溉工程建设投融资及管理运行机制探讨 [J]. 中国水利，2018 (01)：50-52.

[383] 董江善，马国印，卢书超．甘肃省农村饮水安全水质检测管理系统开发研究 [J]. 中国水利，2018 (13)：57-59.

[384] 马国印．基于大数据的甘肃省农村饮水安全信息管理系统开发研究 [J]. 中国水利，2018 (05)：55-57.

[385] 雷晓辉，权锦，王浩，等．跨流域调水工程突发水污染应急调控关键技术与应用 [M]. 北京：中国水利水电出版社，2017.

[386] 王梅，角媛梅，刘志林，等．哈尼梯田灌溉水源的分水木刻管理体系研究——以元阳县垭匚大沟为例 [J]. 中国农村水利水电，2017 (03)：198-203.

[387] 时元智，张学明，施海祥，等．云南省农村供水管理模式分析 [J]. 中国农村水利水电，2017 (05)：211-214.

[388] 邓涛，何帅，刘理，等．基于 AHP 的农村集中式供水工程运行管理评价 [J]. 中国农村水利水电，2017 (10)：148-152.

[389] 王瑞彬，张蕊，王志军，等．供水管网漏损控制管理的应用 [J]. 给水排水，2017，53 (09)：

111 - 114.
[390] 朱万飞．利辛县农村饮水安全工程运行管理思考 [J]. 中国水利，2017 (14)：53 - 54.
[391] 马立科．基于一体化管控的长距离调水工程运行管理系统构建 [J]. 中国水利，2017 (12)：27 - 29.
[392] 曹倩．胶东调水工程水资源优化调度管理研究 [J]. 中国水利，2018 (13)：23 - 25.

第7章　水经济研究进展报告

7.1　概述

7.1.1　背景与意义

（1）水资源不仅是基础性的自然资源，同时也是战略性的经济资源，与人类社会经济系统紧密联系。目前，水资源问题呈现出复杂的趋势，重要的原因是人类在利用这一基础资源的过程中出现了各类问题，如粗放利用、效率低下、配置不合理、保护不得力等，如何使水资源充分高效地发挥其经济资源功能，是当前水资源科学领域的一项重要研究内容。开展水利经济研究工作，可为提高水利工程效益和水资源利用效率提供科学方法，为水利改革与发展提供理论依据，为水利事业与国民经济协调发展提供有力支撑。

（2）关于水经济方面的研究，早在20世纪80年代初就受到了重视。1980年，在于光远、钱正英等老领导的倡导下成立了中国水利经济研究会，历经九届理事会。关于水经济的研究，过去一直局限于水利工程经济学，自20世纪90年代后期以来，该领域逐渐扩大，相继开展了水利与国民经济的关系研究，水价值、水权、水市场研究，同时水与经济、社会、生态环境的耦合研究也相继开展，21世纪初，有关虚拟水概念的引入为水经济研究开辟了一个新的方向，先后出现了一大批研究成果。水经济研究紧密结合国家经济社会发展需求，为指导国民经济建设起了重要的作用，为促进水资源可持续利用、支撑经济社会可持续发展作出了重要贡献。水经济已成为国家实行最严格水资源管理制度的重要研究领域，有必要及时总结该领域的最新研究进展，促进水经济研究的理论发展和实践应用。

7.1.2　标志性成果或事件

（1）2017年10月，水利部印发了《水利建设项目稽察办法》（水安监〔2017〕341号），要求对有关项目的监管和主管部门单位贯彻落实国家水利方针政策、重大决策部署情况，建立完善建设管理制度、组织推动项目建设等工作情况进行监督检查，对建设项目前期工作与设计、计划下达与执行、建设管理、资金使用与管理、工程质量与安全等方面实施情况进行抽查，并对稽察机构和人员、稽察具体内容、稽察程序和方法、稽察报告内容、处理和处罚等进行了说明。

（2）2017年11月，水利部和宁夏回族自治区人民政府在银川市联合验收了宁夏水权试点工作，宁夏成为首个通过验收的全国水权试点。

（3）2017年11月，财政部、税务总局和水利部印发了《扩大水资源税改革试点实施办法》（财税〔2017〕80号），自2017年12月1日起在北京、天津、山西、内蒙古、山东、河南、四川、陕西、宁夏等9个省（自治区、直辖市）扩大水资源税改革试点，对纳税人和计税依据、税额标准、税收优惠、税收征管、收入归属和经费保障等内容进行了明确规定。

(4) 2017 年 12 月，水利部印发了《中央水利投资计划执行考核办法》，该办法是对现行《中央水利投资计划执行考核办法》(水规计〔2015〕214 号) 的修订完善，明确指出，考核实行定期进度考核与年度综合考核相结合的方式。定期进度考核每年两次，根据中央水利建设投资统计月报，对被考核单位的中央预算内水利投资计划执行情况和中央财政水利发展资金执行情况进行评分，考核时点为每年 6 月 30 日、9 月 30 日，每年 7 月 15 日、10 月 15 日前完成定期进度考核。年度综合考核每年一次，根据中央水利建设投资统计月报，对被考核单位的中央预算内水利投资计划执行情况和中央财政水利发展资金执行情况以及日常管理情况进行考核，考核时点为每年 12 月 31 日，次年 1 月 15 日前完成年度综合考核。

(5) 2018 年 2 月，水利部、国家发展改革委、财政部出台《关于水资源有偿使用制度改革的意见》(水资源〔2018〕60 号)，明确探索开展水权确权工作，鼓励引导开展水权交易，对用水总量达到或超过区域总量控制指标或江河水量分配指标的地区，原则上要通过水权交易解决新增用水需求；在保障粮食安全的前提下，鼓励工业企业通过投资农业节水获得水权，鼓励灌区内用水户间开展水权交易。地方政府或其授权的单位，可以通过政府投资节水形式回购水权，也可以回购取水单位和个人投资节约的水权；回购的水权应当优先保证生活用水和生态用水，尚有余量的可以通过市场竞争方式进行出让。

(6) 2018 年 3 月 19—22 日，第八届世界水论坛在巴西首都巴西利亚举行。本届世界水论坛的主题是“分享水资源，共享水智慧”。巴西、匈牙利、哥伦比亚、韩国、塞内加尔等 15 个国家的国家元首或政府首脑，170 个国家的中央和地方政府、议会，以及 1500 家各类机构和企业的代表共约 1 万多人出席了会议。与会代表就汇聚全球水治理经验、推动各国全面实现可持续发展涉水目标等重要问题开展研讨，并发表了《第八届世界水论坛部长宣言》。

(7) 2018 年 5 月，水利部、自然资源部在江苏省徐州市联合召开水流产权确权试点现场推进会，认真总结试点以来工作成效，深入分析存在困难和问题，研究部署下一阶段工作。时任水利部副部长周学文、自然资源部副部长王广华出席会议并讲话。截至 2018 年 6 月，宁夏、江西、湖北、河南、甘肃、广东等 6 个试点陆续通过验收。

(8) 2018 年 6 月，国家发展改革委、财政部、水利部、农业农村部联合发布了《关于加大力度推进农业水价综合改革工作的通知》(发改价格〔2018〕916 号)，提出要切实把农业水价综合改革作为农业节水工作的“牛鼻子”来抓，坚持问题导向与目标导向相结合，立足当前、着眼长远，抓住关键、统筹兼顾，扎实有序推进农业水价综合改革取得实效。

(9) 2018 年 10 月 12 日，宁夏吴忠市利通区人民政府与宁夏宝丰能源集团股份有限公司水权交易初步协议签约仪式在银川举行，这是宁夏首次通过市场机制完成水权转换。此次签约，拟定交易黄河取水量 1484 万 m^3，交易期限 25 年，交易金额 3.82 亿元，既为宝丰能源新增工业项目发展提供用水保障，也为利通区现代化灌区试点建设及区域发展拓宽渠道，实现“农业节水支持工业发展、工业发展促进地方经济”多赢目标。

(10) 2018 年 12 月，国家发展改革委、财政部、自然资源部、生态环境部、水利部、农业农村部、人民银行、国家市场监管总局、国家林草局等9部门联合印发了《建立市场化、多元化生态保护补偿机制行动计划》（以下简称《行动计划》），积极推进市场化、多元化生态保护补偿机制建设。《行动计划》明确，到2020年初步建立市场化、多元化生态保护补偿机制，初步形成受益者付费、保护者得到合理补偿的政策环境。到2022年市场化、多元化生态保护补偿水平明显提升，生态保护补偿市场体系进一步完善。

7.1.3 本章主要内容介绍

本章是有关水经济研究进展的专题报告，主要内容包括以下几部分。

（1）首先对水经济研究的背景及意义、有关水经济方面2017—2018年标志性成果或事件、本章主要内容以及有关说明进行简单概述。

（2）从7.2节开始按照水经济内容进行归纳编排，主要内容包括：水资源-社会-经济-生态环境整体分析研究进展，水资源价值研究进展，水权及水市场研究进展，水利工程经济研究进展，水利投融资及产权制度改革研究进展，虚拟水与社会水循环研究进展等六个方面。

（3）第7.8节与2015—2016年有关水经济的研究进展进行对比分析。

7.1.4 其他说明

本章是在《中国水科学研究进展报告2015—2016》[1]（2017年6月出版）的基础上，在广泛阅读2017—2018年相关文献的基础上，系统介绍有关水经济的研究进展。由于相关文献很多，本书只列举最近两年有代表性的文献，且所引用的文献均列入参考文献中。

7.2 水资源-社会-经济-生态环境整体分析研究进展

水资源、社会发展、经济增长和生态环境保护的关系始终紧密相连。水资源的开发利用对于社会、经济、生态环境的可持续发展具有重要的意义，其相互影响也随着时代发展和社会进步呈现阶段性特征，相关领域的研究一直受到各学科的紧密关注。

7.2.1 在理论研究方面

水资源同经济、社会和生态环境整体关系方面的理论研究，大多数是从管理的角度，基于经济、社会发展及带来的环境问题，进行水资源与经济社会发展、水资源与生态环境相互影响等方面的探讨，内容包括基于宏观角度的水资源开发和利用，经济社会发展进程中水利行业发展分析，水资源配置理论和方法，以及水资源、水环境承载力研究。以下仅列出有代表性的文献以供参考。

（1）闫猛等[2]提出耦合农村与城市的水资源配置模型框架，系统评估了多智能体建模仿真工具现状，遵循多智能体的ODD协议与粒子群优化算法，构建了气候变化情景下农户自适应用水行为模型。

（2）刘彬等[3]以国家资产负债表所遵循的恒等式、记账规则和应计制为指导，结合水资源资产负债表核算思路与方法，遵循统计核算思路的资产负债表基本理论，提出了基于生态系统服务的水生态资产负债表基本框架。

（3）胡光伟等[4]借助于协同理论和集对分析方法，构建了水资源与社会经济发展协同度评价模型。

(4) 喻笑勇等[5]通过建立水资源和社会经济协调发展度评价指标体系，构建协调发展度模型，分别对湖北省 17 个地级市水资源与社会经济协调发展度进行了计算，对水资源综合水平与社会经济水平协调发展度的时间序列变化与空间分异特征进行定量计算和系统性、耦合性分析。

(5) 吴业鹏等[6]通过三次计量模型分析 2005—2014 年丝绸之路经济带水资源、水环境的库兹涅茨曲线，进一步选取典型指标，选用熵权法与距离协调度模型建立两系统协调度模型，并对 2020 年以前的水资源环境与经济社会协调度进行预测。

(6) 李鹏等[7]以郑州市为例构建人口、水资源、环境和经济协调发展指标体系，利用协调度计算模型，研究了郑州市人口、水资源、环境、经济的协调发展程度。

(7) 刘杨等[8]运用主成分分析法，并以模糊综合评价法（FAHP）作为赋权方法，探求了黑龙江省水资源－经济－社会复合系统发展的协调程度，多年来各子系统的协调发展变化，以及不同地级市之间水资源系统、经济系统及社会系统的综合发展差异化水平。

(8) 王莉芳等[9]运用能值分析方法，依据水资源对工农业生产、生活系统及生态环境系统贡献不同的体现方式，提出了计算水资源对生态经济系统及其子系统贡献的方法。

(9) 陈晓等[10]基于统计数据，建立了南京市生态环境和水资源综合指数评价指标体系；利用耦合协调度模型，定量分析了南京市 2005—2014 年生态环境与水资源之间的耦合关系。

(10) 杨怀德等[11]基于对民勤绿洲地表水资源调度的现状分析，运用计量统计和文献调查法，分别从地下水位、地下水矿化度、林草植被、土地资源利用、沙漠化面积变化以及尾闾湖泊响应等方面评价了水资源调度的生态环境效应。

(11) 王强民等[12]阐述了煤炭资源开采对地表水、地下水、土壤水以及植被生态的影响，介绍了旱区地下水和植被生态的关系，分析了旱区植被生态耗水的最新研究进展，并对后期相关研究的开展提出了可行性建议。

7.2.2　在方法研究方面

水资源与经济、社会和生态环境整体关系方面的方法研究，主要包括针对经济社会用水问题的水资源配置方法，以及水资源开发利用对经济社会发展、水环境的影响及其评价等。以下仅列出有代表性的文献以供参考。

(1) 杨红霞等[13]以云南省 16 个州市为例进行实例研究，提出风力驱动优化（WDO）算法-投影寻踪（PP）水资源系统与经济社会生态系统协调度评价模型，构建布谷鸟搜索（CS）算法、差分进化（DE）算法和粒子群优化（PSO）算法优化的 PP 模型作对比，进行水资源系统与经济社会生态系统协调度评价。从水资源、经济、社会和生态系统遴选 20 个指标构建区域水资源系统与经济社会生态系统协调度评价指标体系，并基于指标系列均值及标准差构造“绝对协调”至“极不协调”6 个等级的水资源系统与经济社会生态系统协调度评价标准，应用 WDO－PP、CS－PP、DE－PP 和 PSO－PP 模型对实例协调度进行评价及分析。

(2) 张振龙等[14]运用 VAR 模型，通过 ADF 检验、脉冲响应函数和方差贡献度分解，对 2000—2014 年新疆耗水产业生态系统和经济增长的长期均衡关系进行实证分析。

(3) 李玉文等[15]引入 SD 方法，以水资源有偿使用制度为例，构建了水资源制度的生态经济效应仿真模型。

(4) 赵海霞等[16]应用 ArcGIS 空间分析平台，构建由水生态敏感性和水生态压力组成的分区评价指标体系，通过单要素与多要素的综合评价，借助二维关联矩阵分析，进行空间开发管制分区，据此提出差别化的区域开发与生态环境保护导向。

(5) 常玉苗[17]利用系统分析方法建立由水资源、城市生态经济、水环境治理等方面组成的耦合度评价指标体系，通过耦合协调度模型对长江经济带 11 省（市）的水资源环境与城市生态经济的耦合度进行评价，计算了水资源子系统、城市生态经济子系统、水环境治理子系统的综合评估值。

(6) 李丽君等[18]通过近 20 年的断面来水监测资料，从水量、水质、地下水变化、植被恢复等方面，分析了输水对生态环境的影响。

(7) 唐瑜等[19]以探讨水资源优化配置条件下长江口适宜环境流量为目的，基于水经济价值分析构建了长江中下游水资源优化配置模型，分析了区域缺水量以及环境流量约束的影子成本随长江口环境流量约束的变化。

(8) 李梦娣等[20]以生态安全评估模型 PSFR 框架为基础，选取辽宁太子河上游山区段为研究区域，构建了包括 4 个方案层、11 个要素层和 23 个指标层的评估指标体系，从水生态压力、水生态状态、生态功能和社会响应 4 个方面，对太子河流域山区段进行河流生态安全评估。

(9) 王晶等[21]采用主成分分析法分析了 2004—2014 年水资源承载力水平，提取了社会经济和生态 2 个系统的主成分，并进一步选取生态脆弱性作为生态评估指标，采用模糊层次分析对生态环境的动态变化进行了分析。

(10) 黄琨等[22]从水生态系统和社会经济系统两个角度出发，利用基于隶属度的模糊评价方法，选取 15 个评价指标对区域水生态承载力进行量化，对水生态承载力的恢复潜力进行评估。

(11) 蒋汝成等[23]将正态云模型引入水生态承载力评价，建立熵权法-正态云模型对云南省 2006—2016 年和 2020 年水生态承载力进行评价。从水资源系统、水环境系统、经济系统和社会系统遴选 19 个指标构建水生态承载力评价指标体系和分级标准，采用云模型正向发生器计算水生态承载力分级评价指标的隶属度，利用熵权法求出各指标权重，再根据隶属度矩阵和权重矩阵给出水生态承载力分级确定度并进行评价，将评价结果与模糊综合评价法、投影寻踪法的评价结果进行比较。

(12) 孙佳乐等[24]提出了基于“驱动力-压力-状态-影响-响应”框架模型的汉江流域（陕西段）水生态指标体系及权重，构建了可用于汉江流域水生态承载力的系统动力学模型。基于系统动力学和隶属度相结合的方法量化评估汉江流域（陕西段）水生态承载力，根据社会发展和技术水平设计 7 种调控方案研究汉江流域（陕西段）水生态承载力对方案的响应程度。

(13) 徐鑫等[25]以辽西北供水工程为例，建立了基于水文水质-水生生物-生态经济补偿技术模型的跨流域调水工程水源区水生生态环境评价指标体系，并根据项目目标确定指标权重的选取原则及结果，采用模糊综合评价方法评价了跨流域调水工程对水源区水生生态环境影响。

(14) 彭焜等[26]从社会经济网络视角出发，综合运用系统投入产出和生态网络分析方法，构建了湖北省2007年和2012年能源-水耦合网络核算框架。

(15) 周春芳等[27]针对生态补偿涉及流域上、下游政府的直接利益，容易形成相互博弈的局面，基于演化博弈理论，对博弈双方的策略选择进行了研究分析。

7.2.3 在实践研究方面

水资源与经济、社会和生态环境整体关系方面的实践研究，主要集中在经济发展与生态环境之间的关系以及水生态文明建设等方面。以下仅列出有代表性的文献以供参考。

(1) 郭婧等[28]以青海湟水谷地3个典型区县为例，构建了经济发展-生态环境系统的评价指标体系，并运用耦合协调模型分析了2008—2015年两系统的耦合协调度及综合发展水平，最后从时空角度定量揭示出湟水谷地经济发展与生态环境两系统之间相互耦合协调程度及空间分布规律。

(2) 胡德秀等[29]基于2001—2016年的用水数据，利用生态位理论构建了用水结构生态位及其熵值模型，揭示了区域用水结构及其相对于陕西省、全国的演变态势。

(3) 朱建华等[30]以贵州省赤水河流域为例，结合流域经济结构和资源环境现状，从资金机制设计的角度，探讨了市场化生态补偿机制的选择思路，设计提出了适合采用的信托基金模式的资金机制框架。

(4) 胡光伟等[4]选取洞庭湖生态经济区为研究对象，应用协同理论和集对分析方法，构建了经济区26个县（市、区）水资源与社会经济发展协同度评价模型。

(5) 宋马林等[31]分析了中国水资源现状及面临的困境，探讨了适合中国水资源管理的政策工具及水资源利用效率评价的方法；评价了中国水资源可持续利用现状、节水型社会建设情况；以安徽省、深圳市等地区为例，介绍了不同地区节水型社会建设，以及节水型高校建设成效。

(6) 李雪松[32]分析了农村水环境管理相关问题背后的经济机理，描述了我国农村水环境污染的全貌和变迁历程，探讨了制度安排对农村水环境的作用和影响；总结了国外农村水环境管理经验，构建了一套农村水环境防治机制与管理体系。

(7) 薛联青[33]阐述了内陆干旱区水资源演变规律，探讨了极端气候与水文事件演变趋势，构建了基于水文-生态响应关系的生态水流评估方法，进行了基于流域系统协调的不同干旱情景下水资源承载能力分析并介绍了水资源适应性利用方法。

(8) 胡宝清等[34]研究了南流江流域的土地利用变化、土地流转机制、河流沉积物污染、生态系统健康、生态风险，以及社会经济发展与生态环境协调性等，对南流江社会生态系统存在的问题提出了综合管理对策，并对南流江生态海绵流域建设与生态产业优化进行了探讨。

(9) 高继军等[35]介绍了国内外绿色经济研究发展现状，流域文明下的水环境问题及其成因，流域水环境治理与绿色发展的关系，流域绿色发展的机遇与挑战，绿色经济发展目标，总体思路与框架设计，绿色经济发展的重点任务，流域水环境治理与绿色发展的保障措施，促进中国绿色经济发展的重大政策建议等。

(10) 解莹等[36]建立了岳城水库多目标生态调度模型，计算了不同水平年水库生态调度水量；总结了河流生态修复技术，结合漳卫新河减河德州段水生态修复治理工程，进行了水生态修复效果评价，提出了典型污染和干旱河流生态重建与修复规划方案。

(11) 汪义杰等[37]介绍了流域水生态文明的概念与内涵，分析了流域水生态文明建设热点和难点，探讨了流域水生态系统健康评价方法及应用，提出了流域水生态文明建设分区，并以桂江作为流域水生态文明建设示范区进行了部署。

(12) 常玉苗[38]研究了水资源环境与区域经济系统耦合的机理，系统化地对水资源环境与区域经济耦合系统进行了评价，利用脱钩指数和耦合协调度模型分别对水资源环境与区域经济系统的脱钩关系和耦合协调度进行了评价，最后，提出了水资源环境与区域经济耦合系统的协同治理措施。

7.3 水资源价值研究进展

水资源价值的相关理论分析和研究，从2017年至2018年的文献来看，内容从之前的经济价值分析，转向注重水资源的生态服务价值研究。

7.3.1 在水资源价值理论研究方面

水资源价值理论方面的研究文献相对较少，内容主要为水资源价值的评估模型建立，表明近期我国在该领域的研究较为薄弱。以下仅列出有代表性的文献以供参考。

(1) 赵霞等[39]以中国六大地理分区2004—2015年间的水资源量为基础数据，以GDP、人口和耕地面积作为经济社会发展要素，构建和计算六大分区的水资源与经济社会发展要素之间的基尼系数，运用Mann-Kendall检验法对六大地理分区的水资源与经济社会发展要素的基尼系数进行趋势分析。

(2) 赵敏娟等[40]围绕我国现行水资源配置存在的主要问题，通过水资源的全价值(市场价值和非市场价值)将其多属性功能和公众意愿纳入水资源多目标协同配置中，从水资源管理信息系统、全价值评估和配置管理的绩效评价三个方面构建了水资源配置的多目标协同框架。

(3) 姜秋香等[41]通过经济数值定量评价水资源失衡导致的风险，首先构建水资源失衡导致的经济损失风险模型，应用数据包络分析（Epsilon-Based Measure，EBM）模型计算水资源利用效率，并结合黑龙江省水价及人均工资确定水资源失衡导致的经济损失值，然后，在EBM的基础上添加二阶段Tobit模型进一步分析水资源失衡风险经济损失原因。

(4) 孙付华等[42]从水资源资产价值视角核算绿色GDP，将水质与水资源资产价值相结合，分类核算水资源耗减价值，鉴于水污染的时空性与累积破坏性，对损失模型计量的水资源污染损失进行合理的跨期分摊，结合水资源保护支出在传统GDP的核算情况核减水资源退化价值。

(5) 朱永彬等[43]利用模糊数学评价方法，从供水、需水和水质三个方面构建指标体系，指标的选取既满足反映水价的代表性需要，又考虑数据的可获得性，力求指标体系具有可操作性和推广应用价值。选取中国32个大中城市为研究对象，对其水资源价值进行评价，同时计算出反映支付能力的水资源价格。

(6) 蒋懿[44]以辽宁省朝阳市白石水库为研究对象，在分析水土保持生态建设成本和生态服务功能价值基础上，利用效益-成本分担模式定量核算了生态服务外部区域所应承担的生态补偿标准，定量对白石水库区的生态服务功能进行了价值估算。

(7) 唐瑜等[45]通过效益分摊系数法计算了南水北调中线和东线受水区工业和农业单位用水的净效益，建立了以区域用水净效益最大为目标函数、以供需水量限制及调水水渠流量限制为约束条件的水资源优化配置模型，应用线性规划求解得到南水北调东线受水区黄河以南、山东半岛和黄河以北 3 个子区的水资源影子价格和南水北调中线受水区河南、河北、北京和天津 4 个子区的水资源影子价格。

(8) 陈超群等[161]基于 RS/GIS 技术，利用 1990 年、2000 年、2010 年 3 期 Landsat TM/ETM 遥感影像，分别提取土地利用/覆被类型信息，同时结合谢高地、Costanza 等计算生态服务价值的方法，分析了塔里木河干流生态输水前生态系统退化过程中生态服务价值的变化，以及输水后生态恢复过程中生态服务价值的变化。

(9) 王希义等[46]以生态输水后地下水动态变化引起的地表植被生物量差异为出发点，探讨生态输水对塔里木河下游植被恢复价值的影响。

(10) 万伦来等[47]将选择实验法引入湖泊水资源非市场价值评估中，以安徽巢湖为例展开实证研究，建立多项对数模型（Multinomial Logit）和混合对数模型（Mixed Logit）对巢湖水资源非市场价值进行测算。

(11) 殷会娟等[48]针对目前我国水权交易价格与价值不符的状况，将价值流与水权交易相结合，分析水权交易价值形成机理。采用买卖双方水资源价值量作为水权交易的最低及最高价格，探讨水权交易价格的定价方法。

7.3.2　在水价理论及实践方面

水价理论及实践主要集中在水价的制定方面，对水价的相关基础分析较多，但深入的研究尚缺乏。以下仅列出有代表性的文献以供参考。

(1) 范登云等[49]通过对当前阶梯水价的应用现状分析研究，针对实现基本水价目标中存在的水价总体偏低、计量设施不完善和供水补贴欠合理等问题提出相应优化方法，并举例说明。

(2) 尹越等[50]通过梳理国内外农业水价改革的现状，针对南方丰水地区农业现状水价偏低、农民用水粗放、水费征收政策不完善和部分地区改革后水价偏高、超过农民承受能力、改革的政策实行与落地困难等问题，融合能值理论和稻田灌溉多功能性理论，提出了成本水价核算的新思路和新方法，定量计算了水价外部效益值。

(3) 黄鑫等[51]随机调研上海市 14 个小区 2011—2016 年的月水费账单数据，运用 Holt - Winters 算法解析用水量的变化趋势。

(4) 王建浩等[52]在分析关中地区农民水价支付态度基础上，实证研究了愿意付费农民的水价支付意愿及影响因素。

(5) 谢慧明等[53]提出资源费视角下工业水价的结构性调整是实现工业节水和建设节水型社会的重要手段，其调整思路一是改变水资源费标准，二是调整水资源费占终端水价的比重。

(6) 闫宗正等[54]依据 2007—2016 年中国科学院栾城农业生态实验站冬小麦不同灌水

次数和灌水量的长期灌溉试验资料，建立了作物产量对耗水和灌水的响应关系，研究了不同降水年型下最优灌水量和灌溉效益随水价的变化，确定了不同灌溉策略下的水价优化方案。

7.4 水权及水市场研究进展

随着现代水资源体系的建立和不断完善，水权的界定和划分已成为开展水资源管理的基础，对于水资源的配置，水市场的建立都有重要意义。

7.4.1 在水权研究方面

总体来看，有关水权的创新的学术性文献尚不多，主要集中在水权的分配问题方面，水权转让和交易的应用实践较少，相应的水市场建立及相关实践也不普遍。以下仅列出有代表性的文献以供参考。

（1）葛敏等[55]基于流域经济效益、省区排污权协调性等建立目标函数，根据流域排污总量构建约束条件，建立多目标省区初始排污权免费分配模型，将排污权嵌入初始水量权配置中，根据奖优罚劣机制构建省区初始水权配置模型，以太湖流域为研究背景进行实证研究。

（2）靳玉莹等[56]针对我国初始水权分配的研究多处于一次分配，少有对其进行优化后二次分配的现状，将多目标优化原理引入初始水权分配中进行分配方案的优化研究。

（3）张丽娜等[57]以政府强互惠（GSR）理论为基础，借鉴二维初始水权配置理念，基于耦合的视角，结合区间数理论，利用强互惠者政府方在省区初始水权配置系统中的特殊地位和作用，将水质影响叠加耦合到水量配置，构建了基于 GSR 理论的省区初始水权量质耦合配置模型。

（4）吴凤平等[58]根据区域水权交易市场二层决策管理结构的特点，提出了区域水权交易市场中的双层决策机制，构建了区域水权交易定价的双层规划模型。

（5）田贵良等[59]当从水权的边际效用、边际成本理论切入，对水权交易价格的制定进行经济学解释，分析了农业水价综合改革中农业用水精准补贴对水权交易基础价格的影响。

（6）郑航等[60]以源于澳大利亚的集市型水权交易实践为基础，构建了水权交易的数学模型，对集市中交易者的报价行为进行了分析和研究。

（7）张建岭等[61]依托南水北调中线工程，以河南省受水区为研究对象，探索开展跨区域取水权交易的可行方案。

（8）田贵良[62]基于当前水资源的客观条件、农户和水行政主管部门的主观认识，以及法律法规缺失和不完善造成的农村小水库交易滞后的客观现实，提出围绕“分配-确权-交易”的制度框架。

（9）丁零[63]通过模糊可变评价模型对广东省水权交易试点中广州、河源二市的初始水权分配合理性进行评价，建立了以资源、社会经济、生态环境为准则的指标体系，并通过模型计算，得出两个区域初始水权分配的合理性等级。

（10）刁俊科等[64]选取水资源开发用率等 17 个分水指标，建立云南省初始水权分配指标体系，运用投影寻踪技术确定云南省各州市初始水权分配水量，利用鲸鱼优化算法寻优 PP 模型最佳投影方向，构建 WOA－PP 耦合的初始水权分配模型，通过 6 个典型测试函数对 WOA 进行了仿真验证。

(11) 孙建光等[65]明确了挤占干流绿洲生态水权的计量原理和类型，确定了挤占干流绿洲生态水权的计量方法和模型，在此基础上计算了挤占干流绿洲生态水权。

(12) 吴凤平等[66]建立了基于“三条红线”的耦合协调性判别准则，针对省区初始水权和流域级政府预留水量的配置方案，分别从水量、水质和用水效率视角判别两者之间的耦合协调性；针对未能通过耦合协调性判别的情形，提出调整两个子系统配置方案的方法，并重新进行判别，直至配置方案通过耦合协调性判别，从而获得流域初始水权配置推荐方案。

(13) 田贵良等[67]梳理了我国水权交易价格改革的政策导向，分析交易模式的不同对水权价格形成的影响，针对我国当前水权交易的主要模式，提出“成本＋协商”的区域水权价格形成机制，“成本＋竞价”的取水权价格形成机制以及“集市型”灌溉用水户水权价格形成机制。

(14) 吴凤平等[68]从合作博弈视角出发，考虑区域间政府的风险态度、谈判能力因素的影响，建立交易双方分享水权溢价的定价模型，基于区域效用最大化原则，求解双方满意的均衡价格。

(15) 曹进军[69]研究了石羊河流域集市型交易和协议型交易两种水权交易市场模式及撮合机制，提出了纯井灌区、渠灌区和井渠混灌区的水权交易市场平台运行体制，并从水源保证、节水工程、水价改革和管理制度等方面探讨了水权交易市场稳定运行的保障措施。

(16) 詹同涛等[70]通过建立子和谐度函数，对基本用水保障、生态用水保障、尊重历史与现状、公平性、高效性、可持续发展、权利与义务相结合等 7 项初始水权分配原则进行量化描述，耦合各子和谐度函数，构建了多准则初始水权分配模型。

(17) 邓延利等[71]在深入研究生态补偿机制发展历程与实践探索的基础上，运用习近平新时代中国特色社会主义思想经济、生态文明建设理论观点，紧密结合生态文明体制改革和生态补偿机制创新需要，构建生态补偿型水权交易的实施框架，提出了生态补偿型水权交易的实践路径。

(18) 李肇桀等[72]从水权交易对河流径流、地下水、生态流量、水生态系统、水质等若干方面的影响，总结了水权交易生态环境效应的主要表现。

(19)《中国水利》期刊在 2018 年第 19 期，分专家论述、试点交流、典型案例几个专栏，进行了水权交易和水权制度建设的专题研究和学术探讨。石玉波等[73]在梳理我国水权交易发展历程的基础上，分析了近年一些地区开展水权交易取得的成果，特别是宁夏等 7 个水权试点的探索与实践。吴强等[74]在归纳分析的基础上，总结出较为成熟可广泛复制推广的经验、具有区域特性可因地制宜推广的经验、需要一定前提条件值得进一步探索的经验等 3 类 19 条试点经验。佟金萍等[75]在回顾 2000—2018 年国家对水权交易制度建设及水权改革的创新进程，诠释新时期水权交易的时代特征，并从适应性、服务性、协调性、法制性和共治性五个方面提出新时期水权交易制度建设的现实需求。

7.4.2　在水市场研究方面

（1）宋玮等[76]以农业用水为突破口开展水权改革，选取长官镇小农水项目区为水权水市场建设试点区，阐述了试点区农业水权水市场建设情况及实施效果，指出了试点区农业水权水市场建设中存在的主要问题，提出了加快推进水权水市场建设的建议。

（2）俞昊良等[77]通过分析研究美国、澳大利亚、英国、智利等国家在水权确权、水权交易和水市场培育等方面的实践历程和主要做法，提出我国在深入推进水权水市场建设过程中，应注重平衡政府与市场作用，构建适应本国水权权利体系的制度体系，推动水权交易市场循序渐进发育。

（3）王寅[78]分析了青岛市水资源开发与利用存在的问题，梳理了近年来青岛市水权水市场建设进展，并开展水权交易潜力分析，确立了可交易水资源、潜在交易类型与交易对象，从加快水源及配套工程建设、搭建水权交易平台、探索公共管网内水权交易、建立健全水权交易配套制度等四个方面，提出了青岛市水权水市场培育的思路和建议。

（4）王学新等[79]以水权试点示范性作为研究对象，根据水权水市场建设工作的一般需要，遵循普适性、科学性、整体性、目的性、动态性的原则，建立了以确权工作、水市场建设、组织与监管、基础设施建设、改革与创新 5 项水权改革的工作内容为准则层的四级示范性评价体系，运用层次分析法对各指标权重进行赋值，采用德尔菲法原理对二级指标进行评分。

（5）王鑫等[80]在系统研究水市场和水安全理论的基础上，论述建立水市场的必要性，从理论和实践两方面构建面向水安全保障的水市场框架，包括指导思想、基本原则、重点内容和组成结构等四个部分，提出建立交易平台、新型水权水价制度和监督机制等建议。

（6）穆兰[81]基于农业水资源利用与管理研究的基础上，结合已有的研究成果，提出解决水资源短缺的根本出路在于从供给管理转变到需求管理。通过分析典型国家和地区的农业水权建设经验，设计出具有中国特色的农业水权市场。同时，对农业水价的形成机制及传导效应（微观和宏观）进行了深入的分析，以期实现农业水资源的可持续利用。

（7）胡继连等[82]研究提出了“农业节水成本定价”理论假说、农业水价“错位”补贴机制和渐进式水价改革路径，提出引入市场机制调节农业和非农业用水之间的水权转换关系，以此提高水权转换效率，实现公平与效率的全面兼顾。

（8）吴凤平等[83]系统研究了在最严格水资源管理制度约束下，流域初始水权如何在省区初始水权配置子系统和流域级政府预留水量配置子系统内部和彼此之间进行耦合配置的理论与方法。针对省区初始水权配置子系统，建立了省区初始水权量质耦合配置模型，针对流域级政府预留水量配置子系统，建立了政府预留水量供给需求耦合配置模型，针对省区初始水权配置与流域级政府预留水量配置两个子系统如何协调的问题，构建了耦合协调度判别准则，建立了流域初始水权配置系统的协调耦合进化模型。

7.5　水利工程经济研究进展

水利是整个国民经济的基础产业，在社会经济建设过程中占有重要地位，无论在规划，设计、施工以及经营管理阶段，经济效益都是水利工程建设的核心问题。一方面，水利建设项目的经济评价是水利项目决策科学化、提高经济效益的重要措施；一方面，随着"人水和谐"社会和生态文明建设的推进，水利工程生态、环境效益方面的研究也日趋增多。

7.5.1 在水利工程经济效益评价方面

我国水利工程经济评价方面成果日趋饱和，在学术上一般没有大的创新，高水平文献不多。以下仅列出有代表性的文献以供参考。

(1) 尹明万等[84]提出了一种反映价格变化趋势的建设项目经济评价方法，在导出全程平均价格年变化率和分期平均价格年变化率条件下的价格与基准年固定价格换算系数的基础上，推导了各种经济评价指标的计算公式，通过典型案例表明，在正常的价格变化范围内，价格变化对建设项目经济可行性评价结果和方案比较结果可能产生颠覆性的影响。

(2) 杨丽等[85]采用分摊系数法、开采损失法、影子价格法以及替代工程法，计算了南水北调中线工程向北京供水的效益。

(3) 胡向阳等[86]针对 30000～55000m^3/s 的三峡水库来水进行了洪水资源利用研究，提出了洪水资源利用的基本原则、控制条件、启动时机、预报预泄条件、调度规则等，分析了洪水资源利用的防洪影响和发电效益。

(4) 杨艳[87]通过总结龙滩水电站下游河道疏浚治理情况，分析了龙滩水电站不同出库流量时尾水位的变化趋势，并从增加发电量、降低发电耗水率、改善尾水出口流态几个方面对疏浚治理工程效益进行了分析。

(5) 杨丽等[88]根据统计年鉴及暴雨水情等可获取数据，运用频率曲线法，对《北京市中心城防洪防涝系统规划》的防涝效益进行了分析。

(6) 刘潋等[89]以总效益可量化为前提，分别从补偿主客体的界定、责权利的划分、风险效益计量、补偿实施方式、补偿管理流程设计等方面，构建了梯级水电开发条件下施工导流风险效益补偿的框架和程序。

(7) 刘东海等[90]应用敏感性分析方法，分析了资本金内部收益率与工程投资、工期和电价的变化关系及其对资本金内部收益率的影响程度，给出了在某一给定资本金内部收益率下，工程投资、工期和电价之间的关系，并建立了简化函数表达式，为上网电价定价及投资者投融资决策提供依据。

(8) 曹文英等[91]依据公平兼顾效率、收益与风险对称等原则，运用修正的 Shapley 值模型来分析跨区域多个主体之间的合作对策问题，对各参与方最终分配到的收益比例进行修正协调，解决跨区域水电项目建设过程中收益分配不均的问题。

7.5.2 在水利工程生态环境经济评价方面

涉及水利工程生态环境经济评价的文献较多，多数是关于实际的工程运行、管理对生态环境影响的探讨和分析。以下仅列出有代表性的文献以供参考。

(1) 李明佳等[92]在研究水利枢纽环境影响的评价指标体系及多层次模糊综合评价方法基础上，以嘉陵江亭子口水库为例，综合评价了亭子口水库对周围环境的影响。

(2) 何慧等[93]从经济、社会、生态环境 3 个方面提出了农田水利工程建设效益评估指标体系，应用 AHP -熵值法组合赋权法确定指标权重，建立了以货币为衡量标准的农田水利建设分项效益评估方法。选择湖南省进行实证研究，估算了大型灌区改造后湖南省农田水利工程的经济效益、社会效益与生态环境效益价值。

(3) 王栋等[94]从经济、社会和生态环境3个层面构建了引江济太调水工程效益评价指标体系，考虑到评价标准边界值的模糊性，采用模糊集对分析评价模型评估了调水工程对受水区的综合影响等级。

(4) 解刚等[95]综合考虑调水效益、保土效益和植被恢复3大核心效益，构建了水电项目建成后水土保持生态效应评价指标体系，采用层次分析法、线性加权求和法建立了评价模型，对水布垭水利枢纽水土保持生态效应进行了计算。

(5) 王战策等[96]在论述龙羊峡水库径流调节作用的基础上，分析了其发电效益、防洪效益、灌溉、防凌效益以及由龙羊峡水库调节而减少的下游在建电站工程导（截）流成本、提高梯级电站调峰能力等方面的效益。

7.6 水利投融资及产权制度改革研究进展

我国水利基础设施的地位、公益性、准公益性特征，决定了水利建设的艰巨性和投融资体制机制构建的复杂性。深化水利投融资体制改革，构建新的符合加快水利事业发展的投融资机制，是促进水利事业实现跨越式发展的保障之一。

7.6.1 在水利投融资理论方面

在水利投融资理论方面的文献较少，在水利投融资模式、平台建设方面的理论还不成熟，仍处于探讨阶段。以下仅列出有代表性的文献以供参考。

(1) 马超等[97]结合部分地区的实践案例，对水利吸引社会资本过程中容易出现的四个误区进行了辨析，包括：吸引社会资本主要目的是解决水利建设资金缺口、只有盈利条件好的水利建设项目才能吸引社会资本、水利吸引社会资本必须保障投资者获得稳定收益、向社会资本“敞开大门”等同于“一放到底”，重点从转变政府职能、明确优惠措施、完善合作机制、加强监督管理等方面提出了有关政策建议。

(2) 李武等[98]比较了DBB、EPC模式的主要特点，分析了两种承发包模式合同的差异，阐述了EPC模式在可研阶段、招标阶段和施工详图设计阶段发包人投资控制的主要工作内容。

(3) 段红东[99]介绍了资产证券化的基本概念和证券类型，对水利资产证券化的必要性和可行性进行了系统分析，进行了水利资产证券化总体设计，并提出了加快推进水利资产证券化工作的对策建议。

(4) 李锦成等[100]以杨房沟水电站公路工程建设为例，对参建各方根据工程项目的设计、采购、施工、完工阶段的不同特点所采取的不同投资控制方法进行了介绍，详细分析了各阶段参建各方在投资控制中的角色定位及作用以及应关注的重点。

(5) 赵一晗等[101]运用水利投资分析理论，根据国家和省级财政管理体制改革、市县财政保障能力分类分档调整等新政策、新要求，立足于江苏水利基建项目投资管理实际，分析了现行政策对“十二五”水利基建的贡献、出现的政策导向性不足，对“十三五”水利建设目标的不适应以及与财政政策调整的不协调等问题，提出了省以上投资补助政策的调整建议。

(6) 陈博等[102]在分析金融支持水利建设融资方面存在问题的基础上，提出了在提高涉水投融资主体融资能力、培育融资市场、丰富金融产品和服务、提高项目偿债能力、破除工程前期推进缓慢制约、提高项目建设市场化水平等方面亟须采取的改革措施。

7.6.2 在水利投融资模式方面

涉及水利投融资模式的文献较多，但高水平论文不多，多数是关于 PPP 模式在水利工程建设运营中的实践。以下仅列出有代表性的文献以供参考。

(1) 晏永刚等[103]在梳理近年来海绵城市研究进展的基础上，选取国内的广西南宁那考河和重庆悦来新城作为西部地区典型案例，以及以国外发达国家美国、日本、德国作为研究样本，探讨分析了在海绵城市投融资方面的制度及配套的经济激励措施并加以比较；进而提出对我国海绵城市投融资层面的经验借鉴和政策建议。

(2) 聂相田等[104]结合水利工程 PPP 项目的专业特点，分析了水利工程 PPP 项目的合同柔性，构建了水利工程 PPP 项目合同 9 种柔性调节机制，对合同结构不完备和外部环境影响造成的风险进行再分担，确保 PPP 项目的顺利实施。

(3) 陈述等[105]结合引调水 PPP 项目特性，构建了利益分配影响因子体系，在 Shapley 值法的基础上，运用模糊综合评判法确定利益分配影响因子的权重，建立了基于 Shapley 值改进的引调水 PPP 项目利益分配机制模型，以协调各方利益分配，使各方利益都实现最大化。袁汝华等[106]针对水土保持项目正外部性、公益性等特点，基于建立的水土保持效益估算模型计算了项目总效益，在此基础上，建立了考虑投入比例、风险承担与合同执行度的 Shapley 值改进的效益分配模型，最后通过实例验证了模型的可行性。

(4) 李珍珍等[107]基于合作博弈理论，结合准经营性水利工程特点，以政府、社会资本方、特许经营单位 3 个核心利益相关者为分配对象，构建了 PPP 模式下准经营性水利工程动态利益分配模型，并通过实例进行了验证。

(5) 陈兴科[108]将融资与项目管理结合起来，采用“PPP＋EPC”投融资建设管理模式以增强项目对社会资本的吸引力，以贵州省马岭水利枢纽工程为例，阐述了“PPP＋EPC”投融资建设管理模式交易结构及项目公司治理结构。

(6) 严婷婷等[109]通过对社会资本参与农田水利建设相关案例的调研和整理，分析了典型地区政府和社会资本合作开展农田水利建设的主要做法，总结了加强政府引导、激发社会资本活力、加大金融支持、建立长效机制和深化综合改革等经验启示。

(7) 史源等[110]针对我国灌区农田水利工程尤其是高效节水灌溉工程建设，提出了投融资方案和工程运行维护管理方案：工程建设投融资其基础部分国家主投、公共部分多元众投、专用部分用户参投，工程运行管护则依托专业化市场团队进行国有水利工程运行管护，组建农业用水合作社进行田间工程运行管护，引入社会资本参与田间工程的建设及运行管护。

(8) 刘博等[111]在明确 PPP 模式的主要运作方式及选择决策影响因素的基础上，运用定性分析方法，分别对每个因素的影响机理进行了分析，构建了调水工程项目 PPP 合作运作方式选择决策框图。

7.6.3 在水利产权制度改革方面

关于水利产权制度改革的文献不多，主要集中在对小型农田水利设施的产权制度研究。以下仅列出有代表性的文献以供参考。

(1) 付健[112]对小型农田水利设施产权制度改革的4个关键技术问题进行了探讨：是否具备成为产权客体的条件、所有权有哪些权能和产权形式、不同类型的设施适合什么样的改革模式、各类产权主体及其责权如何确定。

(2) 肖重华等[113]介绍了新疆昌吉回族自治州呼图壁县和哈密市伊州区在明晰工程产权、落实管护主体和管护责任、筹措落实管护经费、创新探索各类小型水利工程管护模式等方面的探索实践，指出了存在的问题，并提出了解决建议。

(3) 张红玲等[114]综合考虑农业节水灌溉推进对农田水利工程管理新要求，将水权管理与农田水利工程产权管理相结合，并引入基于ET的水资源管理先进理念，设计了基于ET的小型灌溉工程产权制度模式，在宁夏引黄灌区选择典型工程了进行试点应用研究。

(4) 赵爱莉[115]结合我国农村水利工程建设与运行管理现状，分析了导致农村水利工程实际工作中存在问题的主要原因，在此基础上，综合考虑体制改革的基本要求，统筹各种复杂关系融入发展的总体框架，提出了实施路径，进一步结合农村水利工程建设和运行管理改革重点任务，提出了切实有效的改革措施。

7.7 虚拟水与社会水循环研究进展

人类大规模地蓄水、引水，极大地改变了水的自然运动状况，相对于实体水资源而言，一方面，虚拟水以“无形”的形式寄存在其他商品中，其便于运输的特点使贸易变成了一种缓解水资源短缺的有用工具；另一方面，社会水循环研究水在人类社会经济系统中的水循环、平衡和变化等运动过程。

7.7.1 在虚拟水计算实证研究方面

涉及虚拟水计算实证研究的论文较多，其中以反映农业虚拟水的内容居多。以下仅列出有代表性的文献以供参考。

(1) 严冬等[116]采用2007年30省份区域间6部门投入产出表和北京气候中心气候系统模式输出结果，开展了地区间农业灌溉虚拟水流动特征及其对气候变化响应的研究，通过对不同气候变化情景下各省市农产品流动蕴含的虚拟水流量的计算和虚拟水流动对各省市的重要性的评价，量化全国农业灌溉虚拟水输出格局相对水资源分布、虚拟水输入格局相对经济总量分布的不均衡程度。

(2) 贾琨颢等[117]将农产品虚拟水净贸易量纳入指标体系，构建了水资源投入产出流量表和核算模型，以江苏省为例，初步评价了江苏省农业对缺水的脆弱性。

(3) 张杰等[118]通过测算分析广西主要农作物的虚拟水含量，提出了农业产业结构的优化对策。

(4) 韩宇平等[119]基于水资源投入产出表、用水数据、社会经济数据，以唐山市为例，分析了虚拟水的流动特征及影响因素。

（5）李梦等[120]根据虚拟水相关原理方法，计算了西安1980—2014年主要农作物虚拟水，通过利用经验模态分解方法（EMD）分析了1980年以来西安市虚拟水总量的波动周期，并以10年的周期波动为主，从时空多尺度对西安市虚拟水总量波动周期的影响因素进行了分析。

7.7.2 在虚拟水贸易及虚拟水战略研究方面

涉及虚拟水贸易和虚拟水战略研究的文献较多，在理论研究、测算方法、区域应用以及对区域经济社会的影响方面均有一些研究成果，以下仅列出有代表性的文献以供参考。

（1）王红瑞等[121]将虚拟水理论融入战略环境影响评价研究之中，论述了虚拟水战略环境影响评价的必要性，提出了虚拟水战略环境影响评价的内涵、基本原则和相关研究内容，总结了现有虚拟水战略环境影响评价的研究成果及研究中存在的一些问题，并对未来研究的发展方向做出了展望。

（2）袁国丽[122]运用投入产出模型计算了2002—2011年中国虚拟水进出口贸易量，分析了中国当前虚拟水贸易格局，运用结构分解法研究了强度效应、结构效应和规模效应对虚拟水净进口贸易量变动的驱动力。

（3）张金良等[123]采用水资源投入产出方法分析了内蒙古自治区2007年、2012年、2015年直接用水系数、完全用水系数及虚拟水消费与贸易量、结构及变化趋势，在此基础上提出了合理化对策建议。

（4）田贵良等[124]分析了虚拟水及虚拟水流的内涵，提出了农产品虚拟水含量计算的理论基础及方法，研析了中国与湄公河沿岸国家农产品贸易的现状及存在问题，在主要农产品虚拟水含量计算的基础上，结合中国与湄公河沿岸5国的5种主要农产品的贸易额，实证研究了湄公河沿岸5国间农产品贸易中的虚拟水流动关系。

（5）李凤丽等[125]根据投入产出模型的横向经济平衡公式，推导出了隐含的水量平衡公式，利用1997年、2002年、2007年和2012年的山东省投入产出表，将调入调出贸易状况和虚拟水贸易联系在一起，分析了1997—2012年虚拟水的变化趋势。

（6）史恒通等[126]测算了近几年陕西省渭河流域虚拟水贸易足迹，构建了虚拟水贸易足迹非市场价值测算体系，并实证分析了虚拟水贸易足迹非市场价值影响因素。

7.7.3 在基于虚拟水的水资源管理方面

涉及虚拟水的水资源管理方面的研究成果较少，以下仅列出有代表性的文献以供参考。

（1）张斌武等[127]研究了基于虚拟水及营养学的水资源优化配置问题，建立了经济效益最大化、虚拟水消耗量最少、人均用水公平性差异最小并满足营养学约束的多目标优化模型，用可变模糊决策理论求解模型，得到了最佳的各类农畜产品生产方案。

（2）徐欣等[128]以中国粮食虚拟水为主要研究对象，运用LMDI指数分解法，对粮食生产用水量的驱动效应进行了分解，从结构、粮食产量、经济发展和人口规模4个重点驱动效应方面实行量化研究，分析了粮食用水量的空间相关性以及其各种驱动效应在省际间的影响，并针对中国粮食生产用水的现状提出了建议。

（3）张信信等[129]以干旱区黑河流域甘临高地区（甘州区、临泽县和高台县）为研究区，采用环境投入产出方法，结合前向和后向联系，分析了研究区产业部门间的虚拟水转移及关联效应。

7.7.4 在水足迹方面

涉及水足迹的文献较多，涌现出一大批反映水足迹实例应用的研究成果，主要包括水足迹量化计算、基于水足迹的水资源承载力及可持续利用评价等方面，同时生态足迹以及基于灰水足迹的水质评价方面也有一定的应用研究成果。以下仅列出有代表性的文献以供参考。

(1) 吴普特等[130]在现有作物生产水足迹量化方法的基础上，提出了基于区域耗水量和区域用水量的作物生产水足迹量化方法，形成了三种适用于不同评价目标和尺度的量化方法。以中国大陆为研究对象，利用不同方法对小麦水足迹进行量化，探讨了三种方法的特点和适用性。

(2) 任晓晶等[131]围绕国际上主要采用的两种水足迹评价方法。基于水足迹网络(WFN)方法和基于国际标准化组织(ISO)的生命周期评价(LCA)方法。对两种评价方法在水足迹定义、评价流程、核算方法及评价方法等方面的异同开展对比分析研究。在此基础上，以某乳制品企业为例，探索了两种水足迹评价方法在实际应用中的优缺点和适用范围。

(3) 姚懿真等[132]基于农业和工业生活两部分，选取N肥、P肥、COD为关键污染物，以水环境最大允许容量为依据，计算了河北省2004—2015年的灰水足迹，在此基础上对2030年单位产值造成的灰水足迹进行了预测。

(4) 闫滨等[133]为了准确评价水质，提出了基于时间维度的灰水足迹核算与评价方法，即分别核算每年枯水期、平水期和丰水期的灰水足迹和水污染程度，利用水污染程度这一指标分别对每个时间段灰水足迹的可持续性作出评价。班荣舶等[134]通过估算安顺市2004—2014年工业灰水足迹，用脱钩模型分析了工业经济增长与水环境的协调关系。

(5) 孙才志等[135]计算了中国大陆31省区2000—2014年间的人均灰水足迹，将生产要素中最关键的资本和劳动力要素引入到人均灰水足迹的驱动效应研究中，同时耦合了传统的环境效率与技术效率因素，应用扩展的Kaya恒等式和LMDI模型综合分析了上述因素对人均灰水足迹的驱动效应。

(6) 陈敏等[136]将水足迹引入作物种植结构优化中，基于水足迹理论评价了区域主要作物的蓝水足迹、绿水足迹，在此基础上分析了区域不同作物水足迹特点、差异性以及空间分布特点，构建了以单位作物蓝水足迹的农业净收益最大为目标的作物种植结构分式规划模型，并以青海省三江源区为例开展了应用研究。

(7) 刘楚烨等[137]采用水足迹理论核算分析了江苏省2005—2015年水足迹及其变化特征，选取水资源与经济、社会、环境协调发展水平4个子系统共14个指标对江苏省水资源可持续利用情况进行了分析。

(8) 戚国强等[138]基于水足迹理论和方法，计算了黑龙江省2003—2012年水足迹，并运用SE-DEA模型对黑龙江省各产业水资源利用与经济可持续发展概况进行了评价。

(9) 熊鸿斌等[139]计算了安徽省16个城市各类水足迹，基于PSR理论构建了水资源可持续利用综合评价体系，采用熵权法对各评价指标进行赋权，选用灰靶模型进行计算，通过靶心度判断各城市水资源可持续利用水平的空间差异性。

(10) 程增辉等[140]采用自下而上的水足迹概化方法，以水资源匮乏指标、水资源压力指数和水足迹经济效益为指标分析评价了区域的水资源承载力水平。

(11) 关格格等[141]利用水资源生态足迹和生态承载力模型分析了山西省 2005—2013 年用水生态足迹和生态承载力的动态变化，结合水资源可持续发展的各项指标评价了山西省水资源利用和发展的状况。

(12) 许国钰等[142]在分析贵阳市水生态足迹时间序列的基础上，探讨影响贵阳市水生态足迹的驱动因素，评估其水资源可持续利用程度。

(13) 金昌盛等[143]基于生态足迹模型测算长江经济带及其各个省（市）的人均水资源生态足迹、人均水资源生态承载力以及人均水资源生态盈亏，并运用灰色神经网络模型预测 2016—2025 年的发展趋势。

(14) 赵静等[144]基于生态足迹分析方法，对延边朝鲜族自治州 2006—2015 年水资源生态足迹、生态承载力、生态盈余、万元 GDP 水资源生态足迹，以及延边朝鲜族自治州各县市的水资源生态足迹与生态承载力的空间分布进行了分析和水资源基础数据的计算。

(15) 张乐勤等[145]运用生态足迹压力测度模型，对安徽省 16 个地级市水资源生态压力进行了测算，采用空间自相关分析方法，对水资源生态压力空间关联模式进行了考察。

(16) 陆砚池等[146]以水资源生态足迹格局模型为基础，通过基尼系数及其分解和重心迁移分析来衡量水资源配置的均衡程度和均衡性的动态演变过程。

(17) 熊娜娜等[147]利用水资源生态足迹模型对成都市 2000—2015 年水资源生态足迹与生态承载力进行了研究。

(18) 董立翔等[148]以传统生态足迹模型为基础，提出了考虑水资源综合利用功能且较为简便的水资源生态足迹模型，该改进模型能够较为客观地反映了区域水资源综合利用的时空分布情况。

(19) 韩宇平等[149]基于人民胜利渠灌区 1961—2013 年的长系列数据，采用彭曼公式和 CROPWAT 软件，计算了历年灌区冬小麦的蓝水、绿水足迹，并进行了蓝水、绿水足迹及其影响因子的时间序列分析，采用结构方程模型方法，对蓝水、绿水足迹与气候和农业投入因子的作用关系进行了路径分析。韩宇平等[150]基于 2000—2015 年京津冀 24 个气象站日气象数据、全区作物种植面积及产量，分析了区域作物蓝水、绿水、灰水足迹的时空分布、变化趋势及影响因子。

(20) 程雨菲等[151]依据水足迹理论，分别计算了山东省 1978—2014 年农业总水足迹及其分项，利用经验模态分解（EMD）分别分析了各水足迹值的波动周期，从多时间尺度分析了农业总水足迹值波动影响因素，并结合对数平均迪氏分解（LMDI）方法，分析了引起总水足迹增长的主要贡献因素。

(21) 易武英等[152]构建了水足迹 STIRPAT 扩展模型，剖析了平塘县农业水足迹变化主要驱动因素。易武英等[153]利用联合国粮农组织推荐 CROPWAT8.0 软件，测算了平塘县 2002—2015 年农业水足迹，运用脱钩理论，分析了平塘县 2001—2015 年农业发展与农业水资源利用脱钩态势。

(22) 黄秀艳等[154]基于水足迹理论，从农、林、牧、渔四个方面对 2015 年于田县农业景观要素的虚拟水含量进行计算和分析。

(23) 李红颖等[155]在核算2000—2013年吉林省水稻生产的绿水足迹、蓝水足迹、灰水足迹和总水足迹的基础上，分析了吉林省水稻生长过程中水足迹及耗水结构随时间的变化规律，以2013年为例，从县域尺度上探讨了水稻生产水足迹的空间分布特征。

(24) 吴兆丹等[156]基于生产视角，在“总量-产业结构-需求结构-相关指标”分析框架下，比较了江苏省与我国其他省区水足迹的差异并分析了其成因。

(25) 李宁等[157]将长江中游城市群整体作为研究对象，利用水足迹理论与方法，通过计算该地区2000—2015年水足迹的构成，定量分析长江中游城市群近16年来水资源利用状况，并结合协调发展脱钩评价模型对水资源利用与经济增长协调关系进行评价。

7.7.5 在社会水循环方面

涉及社会水循环的文献较少，在理论和应用上还处于探索阶段，以下仅列出有代表性的文献以供参考。

(1) 田富强等[158]梳理了社会水文学的发展规律，总结了其研究特点，分析了社会水文学的研究现状和发展趋势，并探讨了未来该方向的重点研究领域，如本构关系研究、比较社会水文学研究、交叉学科研究等。

(2) 邢子强等[159]针对灌区这个陆地社会水循环最为强烈的单元之一，梳理了灌区退(回归)水的概念、影响因素以及灌区退(回归)水量预估方法。

(3) 尉永平等[160]针对阐述了社会水文学的狭义、广义理论，介绍了社会水文学的相关研究方法，以中国西北地区的黑河流域、澳大利亚东南部的墨累-达令流域为案例，开展了社会水文学相关的比较研究。

7.8 与2015—2016年进展对比分析

(1) 在水资源-社会-经济-生态环境整体分析研究方面，水资源与经济、社会和生态环境整体关系方面的理论研究，大多数是从管理的角度，基于经济、社会发展及带来的环境问题，进行水资源与经济社会发展、水资源与生态环境相互影响等方面的探讨。最近两年开展水资源利用分析的方法比较零散，研究成果的深度有限。

(2) 最近两年水资源价值研究内容相比之前的经济价值分析，依然注重水资源的生态服务价值研究。其中，水资源价值理论方面，研究主要为水资源价值的评价模型建立；水价理论及实践方面，研究主要集中在水价的制定方面，在水权交易和水权制度建设方面的研究逐步增多，但深入的研究尚缺乏。

(3) 随着现代水资源体系的建立和不断完善，水权的界定和划分已成为开展水资源管理的基础，对于水资源的配置、水市场的建立都有重要意义。水权分配方面的研究成果较多，近两年来涉及水权转让和交易的应用实践逐步增多。

(4) 我国实行的建设项目环境影响评价政策中，工程的经济分析是影响评价的重要内容。随着“人水和谐”社会和生态文明建设的推进，最近两年对水利工程生态影响和环境效益方面出现了一些成果，但主要体现在应用上，高水平文献数量仍然偏少。

(5) 水利投融资体制改革是深化水利改革发展的重要方面。总体上看，理论和应用研究还处于探索阶段，高水平研究文献不多。关于水利产权制度改革的文献不多，主要集中在对小型农田水利设施的产权制度研究。

（6）虚拟水概念的提出，为人们认识并合理利用水资源提供了一个新的思路，越来越受到科研工作者的关注。在虚拟水计算实证研究、虚拟水贸易与虚拟水战略、水足迹等方面每年都有大量的研究成果出现，但基于虚拟水的水资源管理和社会水循环方面的研究成果相对较少。与2015—2016年相比，虚拟水应用层面的研究有所加强，生态足迹、基于灰水足迹的水质评价方面也有一定的应用研究成果。

本章撰写人员

本章撰写人员名单（按贡献排名）：丁相毅、梁士奎。丁相毅负责统稿。分工如下：

节　　名	作　者	单　　位
7.1　概述	丁相毅	中国水利水电科学研究院
7.2　水资源-社会-经济-生态环境整体分析研究进展	梁士奎	华北水利水电大学
7.3　水资源价值研究进展	梁士奎	华北水利水电大学
7.4　水权及水市场研究进展	梁士奎	华北水利水电大学
7.5　水利工程经济研究进展	丁相毅	中国水利水电科学研究院
7.6　水利投融资及产权制度改革研究进展	丁相毅	中国水利水电科学研究院
7.7　虚拟水与社会水循环研究进展	丁相毅	中国水利水电科学研究院
7.8　与2015—2016年进展对比分析	丁相毅	中国水利水电科学研究院

参考文献

[1] 左其亭．中国水科学研究进展报告2015—2016［M］．北京：中国水利水电出版社，2017.

[2] 闫猛，杜二虎，王宗志，等．行为经济与自然过程耦合视角下的水资源复杂系统建模研究［J］．水资源与水工程学报，2018，29（06）：53-60.

[3] 刘彬，甘泓，贾玲，等．基于生态系统服务的水生态资产负债表研究［J］．环境保护，2018，46（14）：18-23.

[4] 胡光伟，黄作维，许滢，等．洞庭湖生态经济区水资源与社会经济发展协同度评价［J］．水资源与水工程学报，2018，29（05）：21-27，34.

[5] 喻笑勇，张利平，陈心池，等．湖北省水资源与社会经济耦合协调发展分析［J］．长江流域资源与环境，2018，27（04）：809-817.

[6] 吴业鹏，袁汝华，刘诗园．丝绸之路经济带水资源环境与经济社会协调分析［J］．生态经济，2017，33（09）：152-159.

[7] 李鹏，王相谦，蔡能博．郑州市人口、水资源、环境、经济协调发展研究［J］．河南水利与南水北调，2017，46（08）：82-84.

[8] 刘杨，戚国强，卢静．水资源-经济-社会复合系统协调度研究［J］．人民黄河，2018，40（10）：51-56.

[9] 王莉芳，周杨，谢伟彤，等．水资源对生态经济系统贡献能值分析——以西安市为例［J］．价值工程，2017，36（03）：10-14.

[10] 陈晓，李景保，王飞，等．近10年间南京市生态环境与水资源的耦合关系［J］．水电能源科学，

2017，35（07）：65-68.

[11] 杨怀德，冯起，黄珊，等. 民勤绿洲水资源调度的生态环境效应［J］. 干旱区资源与环境，2017，31（07）：68-73.

[12] 王强民，赵明. 干旱半干旱区煤炭资源开采对水资源及植被生态影响综述［J］. 水资源与水工程学报，2017，28（03）：77-81.

[13] 杨红霞，蔡昕. 基于WDO-PP模型的区域水资源系统与经济社会生态系统协调度评价［J］. 水资源与水工程学报，2017，28（02）：68-75.

[14] 张振龙，孙慧. 新疆区域水资源对产业生态系统与经济增长的动态关联——基于VAR模型［J］. 生态学报，2017，37（16）：5273-5284.

[15] 李玉文，沈满洪，程怀文. 基于SD方法的水资源有偿使用制度生态经济效应仿真研究——以浙江省为例［J］. 系统工程理论与实践，2017，37（03）：664-676.

[16] 赵海霞，蒋晓威，刘燕. 基于水生态健康维护的空间开发管制分区研究——以巢湖环湖地区为例［J］. 生态学报，2018，38（03）：866-875.

[17] 常玉苗. 水资源环境与城市生态经济系统耦合模型及评价［J］. 水电能源科学，2018，36（02）：55-58，27.

[18] 李丽君，张小清，陈长清，等. 近20a塔里木河下游输水对生态环境的影响［J］. 干旱区地理，2018，41（02）：238-247.

[19] 唐瑜，宋献方，Bauer-Gottwein Peter，等. 基于水经济价值的长江口环境流量探讨［J］. 自然资源学报，2018，33（03）：467-477.

[20] 李梦娣，范俊韬，孔维静，等. 河流山区段水生态安全评估——以太子河为例［J］. 应用生态学报，2018，29（08）：2685-2694.

[21] 王晶，薛联青，张洛晨，等. 阿克苏地区水资源承载力变化及驱动力生态脆弱性分析［J］. 水资源与水工程学报，2018，29（02）：104-109，115.

[22] 黄琨，陈星. 台州市椒江区水生态承载力量化与恢复潜力评估［J］. 水电能源科学，2018，36（04）：33-36.

[23] 蒋汝成，顾世祥. 熵权法-正态云模型在云南省水生态承载力评价中的应用［J］. 水资源与水工程学报，2018，29（03）：118-123.

[24] 孙佳乐，王颖，辛晋峰. 汉江流域（陕西段）水生态承载力评估［J］. 水资源与水工程学报，2018，29（03）：80-86.

[25] 徐鑫，倪朝辉，沈子伟，等. 跨流域调水工程对水源区生态环境影响及评价指标体系研究［J］. 生态经济，2018，34（07）：174-178.

[26] 彭焜，朱鹤，王赛鸽，等. 基于系统投入产出和生态网络分析的能源-水耦合关系与协同管理研究——以湖北省为例［J］. 自然资源学报，2018，33（09）：1514-1528.

[27] 周春芳，张新，刘斌. 基于演化博弈的流域生态补偿机制研究——以贵州赤水河流域为例［J］. 人民长江，2018，49（23）：38-42.

[28] 郭婧，周学斌，任君，等. 青海省湟水谷地经济发展与生态环境耦合协调度的时空分异［J］. 水土保持研究，2018，25（06）：242-250.

[29] 胡德秀，熊江龙，刘铁龙，等. 基于生态位及其熵值模型的陕西省渭河流域用水结构特征［J］. 水利水电技术，2018，49（11）：137-143.

[30] 朱建华，张惠远，郝海广，等. 市场化流域生态补偿机制探索——以贵州省赤水河为例［J］. 环境保护，2018，46（24）：26-31.

[31] 宋马林，张宁. 中国环境经济发展研究报告2017：水资源可持续利用［M］. 北京：科学出版社，2018.

[32] 李雪松. 农村水环境问题的经济机理分析与管理创新制度研究［M］. 北京：科学出版社，2018.

[33] 薛联青．干旱内陆河流域生态水文情势演变及水资源适应性利用［M］．北京：科学出版社，2017.
[34] 胡宝清，周永章．北部湾南流江流域社会生态系统过程与综合管理研究［M］．北京：科学出版社，2017.
[35] 高继军，黄圣彪，毕源．流域水环境治理与绿色发展研究［M］．北京：中国水利水电出版社，2017.
[36] 解莹，王立明，刘晓光，等．海河流域典型河流生态水文过程与生态修复研究［M］．北京：中国水利水电出版社，2017.
[37] 汪义杰．流域水生态文明建设理论、方法及实践［M］．北京：中国环境科学出版社，2017.
[38] 常玉苗．水资源环境与区域经济耦合系统评价及协同治理［M］．北京：中国社会科学出版社，2017.
[39] 赵霞，杜军凯，牛存稳，等．中国水资源与经济社会发展匹配度的动态分析［J］．人民长江，2018，49（23）：68-73.
[40] 赵敏娟，刘霁瑶．水资源多目标协同配置：全价值基础上的框架研究［J］．中国环境管理，2018，10（05）：8-14.
[41] 姜秋香，王天，王子龙，等．基于EBM的水资源失衡风险导致的社会经济损失模型及应用［J］．农业工程学报，2018，34（19）：104-113.
[42] 孙付华，王朝霞，施文君．基于水资源资产价值的绿色GDP核算研究——以江苏省为例［J］．价格理论与实践，2018，（04）：97-101.
[43] 朱永彬，史雅娟．中国主要城市水资源价值评价与定价研究［J］．资源科学，2018，40（05）：1040-1050.
[44] 蒋懿．白石水库区水土保持生态服务功能价值估算研究［J］．水利规划与设计，2018，（04）：103-107.
[45] 唐瑜，宋献方，马英，等．基于优化配置的南水北调受水区水资源价值研究［J］．南水北调与水利科技，2018，16（01）：189-194.
[46] 王希义，徐海量，凌红波，等．生态输水对塔里木河下游植被恢复价值的影响［J］．干旱地区农业研究，2017，35（04）：160-166.
[47] 万伦来，王玮琦，潘星星．基于选择实验法的巢湖水资源非市场价值研究［J］．生态经济，2017，33（04）：169-174.
[48] 殷会娟，张文鸽，张银华．基于价值流理论的水权交易价格定价方法［J］．水利经济，2017，35（02）：53-55，74，77-78.
[49] 范登云，张雅君，许萍．阶梯水价的优化研究［J］．给水排水，2017，53（05）：27-32.
[50] 尹越，陈菁，施红怡，等．基于能值理论与稻田灌溉多功能性农业水价机制分析［J］．排灌机械工程学报，2017，35（11）：993-999.
[51] 黄鑫，黄智峰，张立尖，等．阶梯水价实施对居民用水量时间序列的影响［J］．中国人口·资源与环境，2017，27（S2）：103-106.
[52] 王建浩，时卫平，王西琴．关中地区农民水价支付意愿及其影响因素分析［J］．干旱区资源与环境，2018，32（03）：77-82.
[53] 谢慧明，强朦朦，沈满洪．中国工业水价结构性改革研究：水资源费的视角［J］．浙江大学学报（人文社会科学版），2018，48（04）：54-73
[54] 闫宗正，房琴，路杨，等．河北省地下水压采政策下水价机制调控冬小麦灌水量研究［J］．灌溉排水学报，2018，37（08）：91-97，128.
[55] 葛敏，吴凤平，尤敏．基于奖优罚劣的省区初始水权优化配置［J］．长江流域资源与环境，2017，26（01）：1-6.

[56] 靳玉莹，赵勇，张金萍，等．基于多目标优化模型的承德市初始水权分配［J］．水电能源科学，2017，35（01）：156－159.

[57] 张丽娜，吴凤平．基于GSR理论的省区初始水权量质耦合配置模型研究［J］．资源科学，2017，39（03）：461－472.

[58] 吴凤平，王丰凯，金姗姗．关于我国区域水权交易定价研究——基于双层规划模型的分析［J］．价格理论与实践，2017，（02）：157－160.

[59] 田贵良，顾少卫，韦丁，等．农业水价综合改革对水权交易价格形成的影响研究［J］．价格理论与实践，2017，（02）：66－69.

[60] 郑航，陈奔，林木．基于集市型水权交易模型的报价行为［J］．清华大学学报（自然科学版），2017，57（04）：351－356.

[61] 张建岭，窦明，赵辛培，等．基于节水增效目标的河南省南水北调受水区水权交易模型［J］．中国农村水利水电，2017，（10）：158－162，168.

[62] 田贵良．农业供给侧改革下农村小水库水权交易模式研究［J］．中国水利，2017，（20）：62－64.

[63] 丁零．基于模糊可变评价模型的初始水权分配合理性评价［J］．人民珠江，2018，39（03）：66－70.

[64] 刁俊科，崔东文．基于鲸鱼优化算法与投影寻踪耦合的云南省初始水权分配［J］．自然资源学报，2017，32（11）：1954－1967.

[65] 孙建光，韩桂兰．塔里木河流域被挤占的干流绿洲生态水权研究［J］．人民长江，2018，49（07）：20－23，67.

[66] 吴凤平，于倩雯，张丽娜．基于双子系统协调耦合的流域初始水权配置模型［J］．长江流域资源与环境，2018，27（04）：800－808.

[67] 田贵良，伏洋成，李伟，等．多种水权交易模式下的价格形成机制研究［J］．价格理论与实践，2018，（02）：5－11.

[68] 吴凤平，程明贝．二级水权交易市场定价方法研究——基于合作博弈视角的分析［J］．价格理论与实践，2018，（05）：43－46.

[69] 曹进军．石羊河流域典型灌区水权交易市场模式与保障措施［J］．中国水利，2018，（13）：19－22，4.

[70] 詹同涛，李瑞杰，焦军．淮河流域初始水权分配实践研究［J］．水利水电技术，2018，49（09）：64－70.

[71] 郑延利，陈向东，张彬．推进生态补偿型水权交易的认识与思考［J］．水利发展研究，2018，18（12）：26－30.

[72] 李肇桀，王亦宁，李春晖．开展水权交易应高度关注生态环境效应［J］．水利发展研究，2018，18（12）：19－21.

[73] 石玉波，张彬．我国水权交易的探索与实践［J］．中国水利，2018（19）：4－6.

[74] 吴强，陈金木，王晓娟，等．我国水权试点经验总结与深化建议［J］．中国水利，2018（19）：9－14，69.

[75] 佟金萍，王慧敏，马剑锋．新时期我国水权交易的时代特征及制度供给［J］．中国水利，2018（19）：27－30.

[76] 宋玮，李凯，吕淑英．宁津县长官镇水权水市场建设的调查与思考［J］．海河水利，2018（06）：14－16.

[77] 俞昊良，陈金木，李政．国外水权水市场建设的经验借鉴［J］．中国水利，2018（19）：24－26.

[78] 王寅．青岛市水权交易潜力分析与水市场培育建议［J］．水利发展研究，2018，18（08）：22－25.

[79] 王学新，孔珂，候云寒，等．水权水市场建设试点示范性评价研究［J］．水利经济，2018，36（04）：28－32，76.

[80] 王鑫，左其亭，韩春辉．面向水安全保障的水市场构建［J］．华北水利水电大学学报（社会科学版），2017，33（04）：12-16.

[81] 穆兰．水权视域下农业水价形成及传导效应研究．［M］．北京：中国社会科学出版社，2018.

[82] 胡继连，曹金萍，王秀鹃．农业水价改革与水权转换管理研究．［M］．北京：中国农业出版社，2018.

[83] 吴凤平，葛敏．流域初始水权耦合配置方法研究．［M］．北京：中国水利水电出版社，2018.

[84] 尹明万，贾玲．反映价格变化趋势的建设项目经济评价方法探讨——兼论对水利水电项目经济评价及其方案比较的影响［J］．水利经济，2017，35（06）：1-5，49，79.

[85] 杨丽，朱启林，孙静，等．北京市南水北调中线工程供水效益评估［J］．人民长江，2017，48（10）：44-46，78.

[86] 胡向阳，邹强，周曼．三峡水库洪水资源利用Ⅰ：调度方式和效益分析［J］．人民长江，2018，49（03）：15-22.

[87] 杨艳．龙滩水电站下游河道疏浚治理工程效益分析［J］．水力发电，2017，43（04）：79-81，84.

[88] 杨丽，申碧峰，王强．北京市中心城防洪防涝系统效益分析［J］．人民长江，2017，48（20）：6-9，34.

[89] 刘潋，胡安娜，宋玲．梯级水电站施工导流风险效益补偿机制研究［J］．人民长江，2017，48（08）：55-59.

[90] 刘东海，胡安琪，张伟波．水电工程投资、工期与电价对资本金内部收益率的影响分析［J］．水力发电，2017，43（03）：94-97.

[91] 曹文英，袁汝华．基于 Shapley 值修正的跨区域水电项目收益分配研究［J］．水利经济，2018，36（03）：16-20，77.

[92] 李明佳，吴新宇，焦建格，等．水利枢纽环境影响的多层次模糊综合评价［J］．水利水电技术，2018，49（03）：106-110.

[93] 何慧，邵东国，刘泊宇，等．农田水利建设效益评估方法［J］．灌溉排水学报，2018，37（04）：121-128.

[94] 王栋，梁忠民，常文娟，等．基于模糊集对分析的引江济太调水效益综合评价［J］．水资源保护，2017，33（01）：35-40.

[95] 解刚，薛凤，王向东，等．水电项目水土保持生态效应评价研究［J］．水利水电技术，2018，49（01）：167-173.

[96] 王战策，谢小平，曹光明．龙羊峡水库径流调节作用及效益分析［J］．人民黄河，2017，39（01）：14-17.

[97] 马超，乔根平，厉娜．当前水利吸引社会资本应避免陷入的几个误区［J］．中国水利，2017（03）：44-47.

[98] 李武，胡应德．EPC 模式下水电项目投资控制管理之思考［J］．人民长江，2018，49（24）：32-35.

[99] 段红东．加快水利资产证券化进程推进水利投融资结构性改革［J］．水利经济，2018，36（01）：13-16，88-89.

[100] 李锦成，孙贵金，孙鹏辉．杨房沟水电站公路工程投资控制方法浅析［J］．人民长江，2018，49（24）：24-26.

[101] 赵一晗，陈长奇．江苏省水利基建项目投资补助政策调整研究［J］．水利经济，2017，35（01）：4-8，75.

[102] 陈博，李红强．对加大金融支持力度破解水利融资瓶颈的思考［J］．中国水利，2017（14）：22-24，28.

[103] 晏永刚，吴雯丽．国内外典型海绵城市建设投融资制度比较及借鉴［J］．人民长江，2018，49（14）：77－83.

[104] 聂相田，李智勇，王博．水利工程PPP项目合同柔性调节机制研究［J］．水电能源科学，2017，35（11）：145－148.

[105] 陈述，蒙锦涛，姚惠芹．引调水PPP项目利益分配的Shapley方法［J］．南水北调与水利科技，2018，16（02）：202－208.

[106] 袁汝华，廖悦．基于Shapley值改进的水土保持PPP项目效益分配研究［J］．水利经济，2018，36（06）：1－7，47，71.

[107] 李珍珍，朱记伟，周荔楠，等．PPP模式下准经营性水利工程收益分配研究［J］．南水北调与水利科技，2017，15（06）：203－208.

[108] 陈兴科．“PPP＋EPC”投融资建设管理模式在重大水利基础设施建设中的应用——以贵州马岭水利枢纽工程为例［J］．中国水利，2018（10）：58－61.

[109] 严婷婷，罗琳，王转林．社会资本参与农田水利建设的典型案例分析及经验启示［J］．水利经济，2018，36（01）：60－63，91.

[110] 史源，李益农，白美健，等．现代化灌区高效节水灌溉工程建设投融资及管理运行机制探讨［J］．中国水利，2018（01）：50－52.

[111] 刘博，沈菊琴，孙付华．PPP模式下调水工程项目运作方式选择研究［J］．中国农村水利水电，2017（12）：140－144.

[112] 付健．小型农田水利设施产权制度改革的关键技术问题［J］．中国农村水利水电，2018（08）：1－3.

[113] 肖重华，雷小牛，曾伦，等．新疆呼图壁县和伊州区农田水利设施产权制度和管护机制改革试点初探［J］．中国水利，2018（09）：48－51.

[114] 张红玲，王玥，闫建军，等．宁夏基于ET的小型农田水利工程产权制度改革应用研究［J］．中国农村水利水电，2018（01）：10－13.

[115] 赵爱莉．我国农村水利工程建设与运行管理体制机制改革研究［J］．中国农村水利水电，2017（03）：195－197，203.

[116] 严冬，桂东伟，薛杰，等．灌溉虚拟水流动特征及其对气候变化的响应［J］．中国农村水利水电，2018（06）：27－32.

[117] 贾琨颢，田贵良．虚拟水下区域农业对水资源短缺的脆弱性研究［J］．节水灌溉，2017（08）：53－57.

[118] 张杰，邓晓军，邹婷婷，等．基于虚拟水的广西农业产业结构优化［J］．节水灌溉，2017（07）：61－65.

[119] 韩宇平，黄会平．虚拟水流动特征及其影响因素研究——以唐山市为例［J］．华北水利水电大学学报（自然科学版），2018，39（02）：24－31.

[120] 李梦，雷敏，杨海娟．基于EMD西安市虚拟水总量波动及其成因的时空多尺度分析［J］．干旱区地理，2017，40（02）：469－476.

[121] 王红瑞，洪思扬，杨博．虚拟水战略环境影响评价相关问题探讨［J］．华北水利水电大学学报（自然科学版），2018，39（02）：12－15.

[122] 袁国丽．基于IO－SDA中国虚拟水贸易格局及驱动因素分析［J］．节水灌溉，2017（05）：102－107.

[123] 张金良，蒋桂芹，杨立彬，等．基于投入产出分析的内蒙古虚拟水消费及贸易研究［J］．水电能源科学，2018，36（09）：52－54，18.

[124] 田贵良，王希为．农产品贸易驱动下中国与湄公河沿岸国家的虚拟水流动关系研究［J］．华北水利水电大学学报（自然科学版），2018，39（02）：16－23.

[125] 李凤丽，曲士松，王维平，等 .1997—2012 年山东省虚拟水贸易变化及典型区生态环境响应 [J]. 灌溉排水学报，2018，37 (02)：123 - 128.

[126] 史恒通，赵敏娟 . 渭河流域粮食作物虚拟水贸易：基于非市场价值的视角 [M]. 北京：社会科学文献出版社，2017.

[127] 张斌武，康鸿博，关秀翠 . 基于虚拟水及营养学的水资源优化配置 [J]. 河海大学学报（自然科学版），2017，45 (01)：30 - 35.

[128] 徐欣，葛宜虎 . 中国粮食虚拟水驱动效应与空间联动分析 [J]. 水利经济，2018，36 (06)：31 - 36，72.

[129] 张信信，刘俊国，赵旭，等 . 黑河流域产业间虚拟水转移及其关联分析 [J]. 干旱区研究，2018，35 (01)：27 - 34.

[130] 吴普特，孙世坤，王玉宝，等 . 作物生产水足迹量化方法与评价研究 [J]. 水利学报，2017，48 (06)：651 - 660，669.

[131] 任晓晶，白雪，刘丹，等 . 水足迹评价方法对比及案例研究 [J]. 水利经济，2018，36 (06)：14 - 19，71.

[132] 姚懿真，杨贵羽，汪林，等 . 基于 IPAT 模型的河北省灰水足迹分析及预测 [J]. 水利水电技术，2017，48 (11)：36 - 42.

[133] 闫滨，黄万霞，刘羽婷 . 考虑时间维度的灰水足迹核算与评价——以浑河大伙房水库上游段为例 [J]. 长江科学院院报，2018，35 (07)：40 - 45.

[134] 班荣舶，张磊，曹跃杰 . 基于灰水足迹的安顺市工业经济增长与水环境协调关系分析 [J]. 水电能源科学，2017，35 (06)：120 - 123.

[135] 孙才志，白天骄，吴永杰，等 . 要素与效率耦合视角下中国人均灰水足迹驱动效应研究 [J]. 自然资源学报，2018，33 (09)：1490 - 1502.

[136] 陈敏，李永平，王光谦，等 . 考虑水足迹的区域作物种植结构分式规划模型研究 [J]. 水力发电学报，2017，36 (03)：22 - 30.

[137] 刘楚烨，赵言文，马群宇，等 . 基于水足迹理论的江苏省水资源可持续利用评价 [J]. 水土保持通报，2017，37 (06)：313 - 320.

[138] 戚国强，卢静，李佳鸿，等 . 基于水足迹的黑龙江省水资源 SE - DEA 模型评价 [J]. 人民黄河，2017，39 (02)：47 - 50.

[139] 熊鸿斌，周凌燕 . 基于水足迹-灰靶的安徽省水资源可持续利用评价 [J]. 环境科学学报，2018，38 (08)：3329 - 3338.

[140] 程增辉，陆宝宏，熊丝，等 . 基于水足迹模型的新疆水资源承载力分析 [J]. 水资源与水工程学报，2016，27 (06)：54 - 59.

[141] 关格格，贾陈忠，秦巧燕 . 基于水生态足迹的山西省水资源利用研究 [J]. 人民黄河，2017，39 (07)：96 - 99.

[142] 许国钰，任晓冬，杨振华，等 . 利用弹性网对 PLS 佐证分析城市水生态足迹及驱动因素——以贵阳市为例 [J]. 水土保持通报，2018，38 (04)：220 - 227，233.

[143] 金昌盛，邓仁健，刘俞希，等 . 长江经济带水资源生态足迹时空分析及预测 [J]. 水资源与水工程学报，2018，29 (04)：59 - 66.

[144] 赵静，王颖，赵春子，等 . 延边州水资源生态足迹与承载力动态研究 [J]. 中国农业大学学报，2017，22 (12)：74 - 82.

[145] 张乐勤，方宇媛 . 基于空间自相关分析的安徽省水资源生态压力空间格局探析 [J]. 水资源保护，2017，33 (01)：24 - 29.

[146] 陆砚池，方世明 . 中国省域水资源生态足迹格局均衡性研究 [J]. 水土保持研究，2018，25 (04)：289 - 297.

[147] 熊娜娜，谢世友．成都市水资源生态足迹及承载力时空演变研究［J］．西南大学学报（自然科学版），2018，40（06）：124－131.

[148] 董立翔，叶永波，顾毅．基于改进模型的台州市水资源生态足迹与生态承载力的时空分析［J］．人民珠江，2018，39（12）：116－123.

[149] 韩宇平，张嘉彧，代小平，等．灌区粮食生产水足迹的影响因素研究［J］．人民黄河，2017，39（02）：42－46.

[150] 韩宇平，李新生，黄会平，等．京津冀作物水足迹时空分布特征及影响因子分析［J］．南水北调与水利科技，2018，16（04）：26－34.

[151] 程雨菲，曹升乐，杨裕恒，等．山东省农业水足迹周期及趋势变化分析［J］．南水北调与水利科技，2018，16（04）：169－175.

[152] 易武英，苏维词，喻理飞，等．基于STIRPAT扩展模型平塘县农业水足迹变化及驱动机制研究［J］．水资源与水工程学报，2018，29（05）：243－248，254.

[153] 易武英，苏维词，李威，等．基于水足迹的贵州省平塘县农业用水与经济脱钩分析［J］．水土保持通报，2018，38（04）：295－300，307，357.

[154] 黄秀艳，师庆东．新疆于田绿洲2015年农业景观要素水足迹计算［J］．节水灌溉，2018（06）：111－115.

[155] 李红颖，秦丽杰，杨婷．吉林省水稻生产水足迹时空分异研究［J］．华北水利水电大学学报（自然科学版），2018，39（02）：32－39.

[156] 吴兆丹，赵敏，石常峰，等．基于生产视角的江苏省与我国其他省区水足迹比较［J］．水利经济，2017，35（02）：16－21，75－76.

[157] 李宁，张建清，王磊．基于水足迹法的长江中游城市群水资源利用与经济协调发展脱钩分析［J］．中国人口·资源与环境，2017，27（11）：202－208.

[158] 田富强，程涛，芦由，等．社会水文学和城市水文学研究进展［J］．地理科学进展，2018，37（01）：46－56.

[159] 邢子强，刘姗姗，严登华，等．灌区退（回归）水量影响及预估研究进展［J］．中国农村水利水电，2017（08）：1－4.

[160] 尉永平，张志强．社会水文学理论、方法与应用．［M］．北京：科学出版社，2017.

[161] 陈超群，吴煜，王健，等．生态输水前后塔里木河干流生态系统服务价值的变化过程［J］．中国农村水利水电，2017（09）：100－103，108.

第 8 章　水法律研究进展报告

8.1　概述

8.1.1　背景与意义

（1）水是生命之源、生产之要、生态之基。从满足人类社会需求的角度来看，水是对人类生活和生产活动具有关键作用和重大价值的资源；就生态平衡的角度而言，水是必不可少的生态和环境要素。水资源是一个国家的关键性和基础性战略资源。随着科技进步，人类改造自然的能力不断提高，对水资源造成的影响日益全面和深刻，尤其是不合理的水资源开发利用行为，致使水资源短缺、水污染严重和水灾害频发成为突出问题。如何实现水资源可持续利用是关系国民经济和社会发展的重大战略问题。

（2）我国人均水资源量仅为 2040m^3，约为世界平均水平的三分之一，且时空分布严重不均，水资源形势极其严峻。叠加不合理的水资源开发利用模式，水资源问题已经成为制约我国经济社会发展的瓶颈。建立、健全和完善我国水资源法律法规体系，实施最严格水资源管理制度，是经济社会持续发展的现实需要和客观要求。

（3）自 2011 年中央一号文件《中共中央 国务院关于加快水利改革发展的决定》实施以来，国家发布了一系列文件，加强并不断完善最严格水资源管理制度。2015 年 9 月中共中央、国务院《生态文明体制改革总体方案》明确要求，人口规模、产业结构、增长速度不能超出当地水土资源承载能力和环境容量，并且特别强调了开展水流和湿地产权确权试点、完善最严格水资源管理制度、推进农业水价综合改革、推行排污权交易制度等内容，为我国加强水资源管理、开发和保护的生态化提供了指导。2017 年 6 月 21 日，水利部印发《关于深入贯彻落实中央加强生态文明建设的决策部署 进一步严格落实生态环境保护要求的通知》，明确八点具体要求：积极践行新发展理念，突出抓好水生态文明建设；严把水利规划审批关，科学合理开发利用保护水资源；严格落实生态环保措施，把水利工程建设成生态文明工程；强化水资源管理和生态用水保障，维护河湖生态健康；加强农村水电建设运行管理，着力推进绿色水电发展；按照“放管服”改革要求，强化事中事后监管；抓紧划定生态保护红线，全面落实红线管控措施；修订完善技术规程规范，夯实水生态文明建设基础工作。以上举措，不仅充分体现了水资源相关问题的重要性、紧迫性和国家对水资源的高度重视，还体现了国务院及各部委对水资源问题积极应对的态度。依法治水是依法治国的重要组成部分，对水法治的基本思想、基础理论和制度设计的深入研究是依法治水的重要前提。

（4）良好而完善的法律以及切实而有效的实施是经济社会可持续发展的强有力保障。人与自然之间的不协调，实质上是人与人之间的问题，个人与社会之间的问题。各种水危机的不断出现，是人类不合理利用水资源、严重破坏自然水平平衡的必然恶果；背后的深层次原因，既包括现有水资源法律体系的不健全，也包括相关法律得不到有效实施，从而无法有效地对人类的不合理用水行为进行纠正和约束。法律及其实施中存在的缺陷，折射出加强水资源管理政策法律研究的急迫性。依法治水是我国水资源管理工作的指导思想之一，水政策法律研究需要紧紧围绕于它；一些优秀研究成果或反映国内社会经济发展的现实需要，或借鉴域外经验教训，有利于推动依法治水工作。对这些研究成果进行梳理和总结，对于深化水法治研究，加快科研成果转化，进一步推进依法治水有着重大的理论和实践价值。

8.1.2　标志事件

(1) 2017 年 1 月 16 日，国务院印发《关于全民所有自然资源资产有偿使用制度改革的指导意见》，针对市场配置资源的决定性作用发挥不充分、所有权人不到位、所有权人权益不落实等突出问题，提出了改革要求：坚持保护优先、合理利用，两权分离、扩权赋能，市场配置、完善规则，明确权责、分级行使，创新方式、强化监管的基本原则；力争到 2020 年，基本建立产权明晰、权能丰富、规则完善、监管有效、权益落实的全民所有自然资源资产有偿使用制度。针对水资源这类国有自然资源的特点和情况，提出了建立完善有偿使用制度的重点任务：完善水资源有偿使用制度，健全水资源费差别化征收标准和管理制度，严格水资源费征收管理，确保应收尽收；要求：加大改革统筹协调和组织实施力度，切实加强与自然资源产权制度、空间规划体系、生态保护补偿制度等相关改革的衔接协调，统筹推进法治建设，协同开展资产清查核算，强化组织实施，确保各具体领域改革任务落到实处。

(2) 2017 年 3 月 24 日，为解决部分省区现状不明、监管权责不清、设置布局不合理、检测能力和监管手段不足的问题，水利部印发《关于进一步加强入河排污口监督管理工作的通知》。要求：提高认识，明确目标；明确权责，健全制度；严格审批，优化布局；登记建档，强化监控；协同联动，严格监管。

(3) 2017 年 5 月 3 日，为贯彻落实党中央、国务院关于推进供给侧结构性改革的决策部署，充分发挥水资源在推动经济发展方式转变和经济结构调整中的作用，通过严格水资源消耗总量和强度控制，推动化解过剩产能，助推供给侧结构性改革，水利部办公厅发布《关于严格水资源管理促进供给侧结构性改革的通知》。要求：严把审批关口，从严控制产能过剩行业项目取退水；严格水资源管理，推动化解过剩产能和淘汰落后产能；落实以水定产，推动产业布局结构优化调整；强化部门联动，形成监管合力；严格执法检查，加强事中事后监管。

(4) 2017 年 5 月 19 日，为贯彻落实党中央、国务院关于全面推行河长制的决策部署，建立健全河长制相关工作制度，水利部办公厅发布《关于加强全面推进河长制工作制度建设的通知》。提出了 3 点具体要求：尽快出台中央明确的工作制度，包括河长会议制度、信息共享制度、信息报送制度、工作督察制度、考核问责和激励制度、验收制度；积极探索符合本地实际的相关工作制度，包括河长巡查制度、工作督办制度、联席会议制度、重大问题报告制度以及联合部门执法制度；高度重视，切实加快河长制工作制度建设。

(5) 2017 年 6 月 2 日，水利部办公厅发布《关于进一步加强农民用水合作组织管理工作的通知》，针对部分地区重视程度不够、组织管理不规范、政策落实不到位、没能有效发挥好农民用水合作组织的作用等问题，要求高度重视农民用水合作组织的建设与发展，加快推进农民用水合作组织创新发展与规范管理，积极支持农民用水合作组织参与农田水利建设与管护，认真做好农民用水合作示范组织创建与监测，全面落实农民用水合作组织信息统计与填报。

(6) 2017年6月21日，水利部印发《关于深入贯彻落实中央加强生态文明建设的决策部署 进一步严格落实生态环境保护要求的通知》，要求将生态优先、绿色发展理念贯穿水利工作全过程，增强水安全保障能力。针对目前部分地区对水生态环境保护工作重视不够、生态“红线”意识不强、生态环保措施落实不到位等问题，提出了八点具体要求。

(7) 2017年7月1日，为进一步落实农村饮水安全保障地方行政首长负责制，督促各地顺利完成农村饮水安全巩固提升工程“十三五”规划任务，水利部、国家发展改革委、财政部、国家卫生计生委、环境保护部、住房城乡建设部联合印发《农村饮水安全巩固提升工作考核办法》。要求水利部、国家发展改革委会同有关部门按职责分工，组织对各地农村饮水安全巩固提升工作进行年度考核。具体工作委托中国灌溉排水发展中心（水利部农村饮水安全中心）组织实施。考核内容包括责任落实、建设管理、水质保障、运行机制四个方面，采用评分法，结果划分为优秀、良好、合格、不合格四个等级。

(8) 2017年9月20日，中共中央办公厅、国办印发《关于建立资源环境承载能力监测预警长效机制的若干意见》，规定了坚持定期评估与实时监测相结合、设施建设与制度建设相结合、从严管制与有效激励相结合、政府监管与社会监督相结合的基本原则。针对水资源管控的措施包括：对水资源超载地区，暂停审批建设项目新增取水许可，制定并严格实施用水总量削减方案；对主要用水行业领域实施更严格的节水标准，退减不合理灌溉面积，落实水资源费差别化征收政策，积极推进水资源税改革试点；对临界超载地区，暂停审批高耗水项目，严格管控用水总量，加大节水和非常规水源利用力度，优化调整产业结构；对不超载地区，严格控制水资源消耗总量和强度，强化水资源保护和入河排污监管。要求建设监测预警数据库和信息技术平台、建立一体化监测预警评价机制、建立监测预警评价结论统筹应用机制；建立政府与社会协同监督机制。

(9) 2017年10月20日，水利部办公厅发布《关于贯彻落实〈国务院关于取消一批行政许可事项的决定〉的通知》，要求全面停止《决定》已取消的五项水利部行政许可事项（建设项目水资源论证报告书审批，利用堤顶、戗台兼做公路审批，坝顶兼做公路审批，生产建设项目水土保持设施验收审批和水利工程启闭机使用许可证核发）的办理工作，及时更新行政许可事项目录，加快制定完善事中事后监管细则，有效开展事中事后监管工作。

(10) 2017年11月22日，为了贯彻落实国务院简政放权、放管结合、优化服务改革措施，水利部对部门规章进行了全面清理，印发《水利部关于废止和修改部分规章的决定》，废止了《开发建设项目水土保持方案管理办法》《开发建设项目水土保持设施验收管理办法》以及《水利工程启闭机使用许可管理办法》3部规章；修改了《黄河下游浮桥建设管理办法》《河道管理范围内建设项目管理的有关规定》《开发建设项目水土保持方案编报审批管理规定》等17部规章。

(11) 2017年11月23日，为贯彻落实党的十九大关于“实施国家节水行动”部署和

《国办关于印发实行最严格水资源管理制度考核办法的通知》，水利部印发《最严格水资源管理制度考核补助项目管理暂行办法》。从适用范围、职责分工、支持内容（重要饮用水水源地安全保障达标建设方向、水资源管理创新措施方向和节水方向）、安排建议、项目安排、方案编制、方案核备、实施依据、监督指导、总结验收、总结报送、绩效评价、审计监督、责任追究和实施细则 15 个方面做出了具体规定。

(12) 2018 年 1 月 4 日，中共中央办公厅、国办印发《关于在湖泊实施湖长制的指导意见》，提出了 5 点具体要求：充分认识在湖泊实施湖长制的重要意义及特殊性；建立健全湖长体系；明确界定湖长职责；全面落实严格湖泊水域空间管控，强化湖泊岸线管理保护，加强湖泊水资源保护和水污染防治，加大湖泊水环境综合整治力度，开展湖泊生态治理与修复以及健全湖泊执法监管机制 6 项主要任务；切实强化保障措施。

(13) 2018 年 1 月 12 日，水利部印发《河长制湖长制管理信息系统建设指导意见》，要求在充分利用现有水利信息化资源的基础上，根据系统建设实际需要，完善软硬件环境，整合共享相关业务信息系统成果，建设河长制湖长制管理工作数据库，开发相关业务应用功能，实现对河长制湖长制基础信息、动态信息的有效管理，支持各级河长湖长履职尽责，为全面科学推行河长制湖长制提供管理决策支撑。系统建设任务主要包括建设管理数据库、开发管理业务应用、编制技术规范、完善基础设施 4 个方面。

(14) 2018 年 2 月 12 日，水利部印发《加快推进新时代水利现代化的指导意见》，要求贯彻新发展理念，深入落实“节水优先、空间均衡、系统治理、两手发力”的新时代水利工作方针和水资源、水生态、水环境、水灾害统筹治理的治水新思路，以着力解决水利改革发展不平衡不充分问题为导向，以全面提升水安全保障能力为目标，以加快完善水利基础设施网络为重点，以大力推进水生态文明建设为着力点，以全面深化改革和推动科技进步为动力，加快构建与社会主义现代化进程相适应的水安全保障体系，不断推进水治理体系和治理能力现代化，为全面建成社会主义现代化强国提供强有力的水利支撑和保障。提出了 8 项具体要求：大力实施国家节水行动，加快推进水利基础设施现代化，强化乡村振兴战略水利保障，大力推进水生态文明建设，全面深化水利改革，提升水利管理现代化水平，大力推进水利科技创新，全方位推进智慧水利建设。

(15) 2018 年 2 月 24 日，为全面贯彻党的十九大精神，深入推进农田水利重点领域和关键环节改革攻坚，进一步激发和增强农田水利加快发展新动能，水利部印发《深化农田水利改革的指导意见》。要求：深刻认识深化农田水利改革的重大意义，增强改革责任感和紧迫感，把握改革重点和要求，强化改革经验总结推广复制；创新农业用水方式，坚持节水优先方针，推进农田水利设施提档升级，加强农业用水管理；加快农业水价综合改革，实化细化改革目标，综合施策同步推进，发挥典型示范带动作用；创新农田水利多元化投融资机制，突出政府主导地位，充分调动受益主体的积极性，鼓励和吸引社会资本投入；推进工程产权制度改革，加快明晰工程权属，盘活工程资产；创新工程运行管护机制，明确工程管护主体，落实工程管护责任，保障工程管护经费；创新基层水利服务机制，加强基层水利服务机构能力建设，扶持农民用水合作组织创新发展，培育发展专业化社会化服务。

(16) 2018 年 4 月 13 日，为深入贯彻中办、国办《关于全面推行河长制的意见》《关于在湖泊实施湖长制的指导意见》的要求，水利部印发《“一河（湖）一档”建立指南（试行）》，要求：“一河一档”以整条河流或河段为单元建立，河段“一河一档”要与整条河流“一河一档”相衔接；“一湖一档”以整个湖泊为单元建立；档案包括基础信息和动态信息。基础信息包括河湖自然属性、河（湖）长信息等。动态信息包括取用水、排污、河湖水质、水生态、岸线开发利用、河道利用、涉水工程和设施等。

（17）2018 年 4 月 26 日，水利部印发《2018 年水土保持工作要点》，从 8 个方面做出了具体规定。①关于水土保持重点领域改革，要求建立全国水土保持规划实施情况考核评估制度，加快推进地方政府水土保持目标责任考核，抓好水土保持工程建设以奖代补政策落地，科学谋划水土保持现代化目标。②关于生产建设项目水土保持事中事后监管，要求严格水土保持方案审批，严格水土保持监督检查，严格水土保持行政执法，建立水土保持信用评价制度。③关于生产建设项目水土保持设施自主验收，要求规范和指导生产建设单位开展自主验收，严格对水土保持设施自主验收情况的监管，规范生产建设项目水土保持监测工作。④关于水土流失综合治理，要求确保圆满完成年度新增水土流失治理任务，强化水土保持重点工程年度计划执行，加强水土保持重点工程建设管理，抓好黄土高原地区淤地坝安全运用和除险加固，大力推进生态清洁小流域建设。⑤关于水土保持监测和信息化，要求做好年度水土流失动态监测，完善水土保持监测站点，推进水土保持信息化监管应用，强化水土保持管理信息平台应用。⑥关于水土保持宣传教育培训，要求加大水土保持宣传力度，继续推进示范工程创建，加强调查研究和教育培训。⑦关于水土保持扶贫，要求做好水土保持扶贫工作。⑧关于水土保持作风和队伍建设，要求强化政治理论学习，积极做好机构改革相关工作，做好行业廉政风险防控，不断加强干部队伍建设。

（18）2018 年 5 月 3 日，为全面贯彻党的十九大和十九届二中、三中全会精神，深入落实全面推行河长制湖长制关于加强执法监管的部署，有效实施河湖管理法律法规，水利部印发《河湖执法工作方案（2018—2020 年）》。提出了 4 点具体要求：提高认识，加强领导；依法规范，严格执法；加强宣传，营造氛围；总结经验，检查督办。

（19）2018 年 7 月 3 日，为做好跨省江河流域水量调度管理工作，切实加强水资源统一调度和统一管理，全面加强河湖生态环境保护，实现水资源可持续利用，水利部印发《关于做好跨省江河流域水量调度管理工作的意见》，明确了组织制定水量调度方案，统筹安排年度水量调度计划，严格水量调度管理，强化江河取水管理，严格江河主要断面下泄水量和取水计量监管以及强化监督检查的主要任务。

（20）2018 年 7 月 9 日，水利部印发《关于开展全国河湖“清四乱”专项行动的通知》，要求地方各级水行政主管部门在当地人民政府领导下，在河长、湖长组织下，牵头负责本行政区域“清四乱”专项行动的具体实施，协调有关部门分工协作、共同推进，确保专项行动达到预期效果；中央直管河湖“清四乱”专项行动纳入属地职责范围，流域管理机构要主动配合；专项行动期间，水利部组织开展巡查暗访、重点抽查、专项督查，省级水行政主管部门和河长制办公室要加强对市、县的督促检查。提出了务必高度重视、深入排查问题、加强协同联动、加强暗访明察、建立月报制度 5 项具体工作要求。

（21）2018 年 8 月 1 日，水利部、国务院扶贫办、国家卫生健康委印发《关于坚决打赢农村饮水安全脱贫攻坚战的通知》，强调解决建档立卡贫困户饮水安全是实现脱贫攻坚“两不愁、三保障”总体目标中“不愁吃”的重点工作，是中央对省级党委政府扶贫开发成效考核的重要内容。为确保打赢农村饮水安全脱贫攻坚战，提出了6项具体要求：切实提高政治站位，科学确定脱贫攻坚农村饮水安全评价准则，精准识别贫困人口饮水安全问题，切实保障工程建设资金，强化工程建设质量控制，强化工程管理管护和长效运行。

（22）2018年8月10日，水利部印发《水利扶贫行动三年（2018—2020年）实施方案》，要求：各有关地方和部机关各司局、部直属各单位高度重视，把水利扶贫工作摆上重要议事日程，切实提高思想认识和政治站位，加强组织领导，强化责任担当，细化工作举措，推动各项任务落实，确保到2020年实现既定目标。明确主要任务：全力推进农村饮水安全巩固提升，持续加强贫困地区灌溉排水设施建设，大力推进贫困地区重大水利工程建设，不断加强贫困地区防洪减灾能力建设，继续加大贫困地区水土流失综合治理，深入实施农村水电扶贫工程，扎实开展水库移民脱贫攻坚工作，认真抓好水利劳务扶贫工作，进一步提升贫困地区水利管理能力，聚焦深度贫困地区水利扶贫工作，扎实做好定点扶贫工作，认真履行片区联系职责，切实加大对口支援地区和革命老区支持，加强水利干部人才培养和智力帮扶，实施贫困地区水利科技扶贫行动。

（23）2018年9月10日，中共中央办公厅、国办联合印发《水利部职能配置、内设机构和人员编制规定》，明确了水利部的15项主要职责：负责保障水资源的合理开发利用；负责生活、生产经营和生态环境用水的统筹和保障；按规定制定水利工程建设有关制度并组织实施；指导水资源保护工作；负责节约用水工作；指导水文工作；指导水利设施、水域及其岸线的管理、保护与综合利用；指导监督水利工程建设与运行管理；负责水土保持工作；指导农村水利工作；指导水利工程移民管理工作；负责重大涉水违法事件的查处，协调和仲裁跨省、自治区、直辖市水事纠纷，指导水政监察和水行政执法；开展水利科技和外事工作；负责落实综合防灾减灾规划相关要求，组织编制洪水干旱灾害防治规划和防护标准并指导实施；完成党中央、国务院交办的其他任务。

（24）2018年9月11日，中共中央办公厅、国办联合印发《自然资源部职能配置、内设机构和人员编制规定》，明确了自然资源部主要职责、内设机构和人员编制。其中与水资源相关的职责包括：履行全民所有土地、矿产、森林、草原、湿地、水、海洋等自然资源资产所有者职责和所有国土空间用途管制职责；负责自然资源调查监测评价；负责自然资源统一确权登记工作；负责自然资源资产有偿使用工作；负责自然资源的合理开发利用；负责建立空间规划体系并监督实施；推动自然资源领域科技发展；开展自然资源国际合作。

（25）2018年10月9日，水利部印发《关于推动河长制从“有名”到“有实”的实施意见》，要求：践行“节水优先、空间均衡、系统治理、两手发力”的治水方针，按照山水林田湖草系统治理的总体思路，坚持问题导向，细化实化河长制六大任务，聚焦管好“盆”和“水”，将“清四乱”专项行动作为今后一段时期全面推行河长制的重点工作，集中解决河湖乱占、乱采、乱堆、乱建等突出问题，管好河道湖泊空间及其水域岸线；加强系统治理，着力解决“水多”“水少”“水脏”“水浑”等新老水问题，管好河道湖泊中的水体，向河湖管理顽疾宣战，推动河湖面貌明显改善。

8.1.3 本章主要内容介绍

本章是有关水法律研究进展的专题报告，主要内容包括以下几部分。

(1) 对水法律研究的背景及意义、2017—2018年期间有关水法律的标志性成果或事件进行简要概述。

(2) 从第8.2节开始按照下列主要内容的顺序进行介绍：流域管理法律制度研究进展，水权制度研究进展，水环境保护法律制度研究进展，涉水生态补偿机制研究进展，河(湖)长制研究进展，外国水法研究进展，国际水法研究进展，其他方面研究进展等。

(3) 第8.10节将2017—2018年进展与2015—2016年进展，进行了简要对比分析。

8.1.4 其他说明

在广泛阅读并全面总结相关文献的基础上，本章系统介绍有关水法律研究的进展。所引用的文献均列入参考文献中。

8.2 流域管理法律制度研究进展

以流域为视角，实施水资源管理是科学而理想的水资源管理模式。法学学者从法学的视角，不断开辟新的研究领域，探索新的水治理模式，出现了一些关于流域管理的政策法律类学术研究成果。与2015—2016年相比，近两年流域管理相关问题的研究仍集中于地方政府合作机制、市场机制和公众参与方面，而且以具体流域为研究对象的实践研究较多，对流域法律治理基础理论的研究成果较少，深度也有所欠缺。

(1) 鲁帆等[1]依据南流江流域经济社会发展及水资源开发利用的实际需求，从流域层面涉水规划、流域水量分配、用水统计方法、水资源监控、流域水资源统一调度等5个方面剖析了该流域最严格水资源管理面临的主要问题。建议根据流域内部各区域地形地貌、土地利用、生态服务功能、开发方式、水循环特征、水环境特征的空间差异，将流域划分为生态区、农村区、城市区3类区域，从流域水资源管理红线指标细化分解、水资源红线管理监测预警体系建设、流域水资源“三条红线”管理考核评估体系3个方面，提出了最严格水资源管理制度实施的若干建议。

(2) 文传浩等[2]认为，后三峡时期三峡库区水环境安全面临着严峻挑战，狭隘的库区管理模式已经无法适应库区水环境保护和改善的新要求，因此需要实现“从库区管理到流域治理”的战略转变。建议：从流域发展视角调整三峡库区生态保护和水源涵养区的范围，探索构建三峡库区复合生态系统保护区；设立三峡库区(流域)环境保护分支机构，逐步建立“五维一体”的多层次生态补偿体系；注意对各种政策的融合和创新，实现各部门、各区域的协同治理，并积极实施五大工程，为库区可持续发展提供智力支持。

(3) 常亮等[3]指出，国内外实践表明PPP模式是一种行之有效的公共管理与公共服务市场化手段，对于推动我国流域管理的市场化发展具有借鉴意义。建议流域主管部门在推动流域管理市场建设过程中着力引进和培育一批高素质、专业化的第三方监督力量，从而实现对流域管理进行实时、动态、多方位监管和客观评价。

(4) 朱艳丽[4]认为，水资源的时空整体性决定了对水资源的管理必须以流域为单元。

学术界和各国政府对流域管理的共识以及当前我国水资源所面临的严峻形势，客观上要求我国必须加强流域管理立法。流域管理立法是改善流域水环境的重要途径，其具有深刻的理论基础和实践基础。鉴于我国流域立法存在管理体制受限、立法层次约束和立法体系不完善等现实问题，实现真正的流域管理需要理顺管理体制、提高立法层次和完善立法体系。

(5) 曹伊清等[5]指出，为了解决流域的整体性与地方政府区域化治理之间的矛盾以及流域污染中的跨区协作逐渐增多，流域综合治理成为主流趋势。存在问题有：法律法规中有关政府间协作治理的内容规定较少，流域治理的法规中关于政府协作可操作性规范有待完善；多地通过协作协议的方式实施政府间协作治污，但是政府间协作协议的法律性质不明，协作协议法律拘束力不足；水污染纠纷发生后，解决途径有限且缺乏法定的最终解决手段，导致纠纷解决容易陷入僵局。建议：在完善协作治污法律规定的基础上，充分发挥流域管理机构的流域综合管理、协调职能；通过明确协作治污协议的法律性质，完善协议中执行条款、责任条款以及监督条款，增强协作协议的法律拘束力；拓宽水污染争议的多样化纠纷解决渠道，以促进政府间水污染纠纷解决效率的提高。

(6) 彭中遥等[6]认为，当前长江流域一体化保护存在着缺乏统一协调的立法规范、环保执法机制不完善、环境司法专门化建设任重道远等法治困境，这严重阻碍着长江流域保护工作的有效推进。建议尽快制定长江流域保护综合性立法，构建长江流域一体化保护执法机制，加强长江流域环境司法保障。

(7) 孔燕等[7]认为，近年来云南省九大高原湖泊的治理工作取得了一定成效，但水质日趋恶化仍是当前面临的主要问题；这是由于现行的湖泊流域管理体制机制不够完善，未能适应流域经济的快速发展以及流域保护治理的需求；并分析总结了云南省九个高原湖泊流域管理体制的现状，在借鉴国内外湖泊流域管理案例和成功经验的基础上，结合九大高原湖泊流域自身特点，建议：针对实体化、独立行使管辖权的流域管理体制，强化流域管理机构的主体地位；建立流域管理机构与地方政府间的自然资源保护与开发利用的利益调节和平衡机制。针对"政府负责，流域统一管理，环保监管，部门协调配合"管理模式，进一步完善各级地方政府负责的责任体系；建立健全精细化的政府目标责任考核体系；强化流域管理机构对水量、水质和水生态一体化管理的职能职责；建立健全"纵向到底，横向到边"的网格化、精细化环境监管体系；强化多元协调机制；完善公众参与机制。

(8) 黄馨娴等[8]以广西南流江流域为例，开展了流域综合管理方面的专项分析研究。研究结果表明：南流江流域存在着水文灾害多发、环境污染较严重、地下水超采、水土流失等一些自然问题；法律法规不健全、流域管理机构单薄、规划不完善、忽视公众力量和缺乏新技术支撑等一些社会管理方面的问题。认为以前的流域管理模式已不再适用。建议：落实创新发展，建立健全法律法规；落实协调发展，强化流域管理机构与机制；落实绿色发展，编排总体规划与生态规划；落实开放发展，建立公众参与机制；落实共享发展，建立"数字南流江"；强化流域内减灾、防灾工作。

(9) 李奇伟[9]认为，在科层管理体制下，分割的行政区域管辖和部门管理体制容易使长江流域生态环境治理陷入"碎片化"困境，从而偏离流域整体性治理和公共治理的要求。建议：推动治理模式从科层管理向流域共同体治理转变，使政府、企业、公众等主体基于伙伴信任关系与共同利益形成参与、合作、共同担责的流域社会集合体；在借鉴域外经验基础上结合本国实际，推动《长江法》立法进程；构建权义明确、多元融合的共同体治理主体制度，形成中央引导、流域管理机构协调、地方参与的磋商合作制度；构建完善信息公开与公众参与制度、流域环境污染和生态破坏联合防治制度以及多元纠纷解决机制，为流域共同体治理提供政策法律保障。

(10) 吴宇[10]认为，长江流域管理体制的设计既要考虑流域生态系统的整体性，也要考虑流域“生态-社会”系统的复杂性。前者决定了流域管理需要“一体化”，流域管理机构的事权需要相对集中；后者则要求流域管理机构的设置需要更强的适应性。建议：长江流域的管理体制以完善的信息收集和反馈体系来支撑流域决策；在具体事务上采用具有自主应对能力的且多中心的，政府主导、社会协调、公众参与的适应性管理体制模式。

(11) 吕忠梅[11]认为长江流域有着特殊的生态系统，面临着流域保护的一些特有问题，为长江进行专门立法已经达成共识。目前，在还原主义方法论下，采取分散立法模式，环境法与资源法分立、部门主导立法、流域立法零散，导致长江流域管理的事权配置困境，各部门、各地方在履职过程中出现严重的管理错位、缺位、越位。长江经济带建设“共抓大保护，不搞大开发”的目标实现迫切需要转变立法理念。建议：建立整体主义方法论，实现从线性立法向非线性立法、从部门性立法向领域性立法、从对抗性立法向合作性立法、从分离性立法向整合性立法的转变；客观对待还原论与整体论，将两种方法论的优势合理运用于“长江法”的制定过程。

(12) 刘超[12]认为，清晰界定与有效解决中央政府与地方政府在长江流域的涉水事权划分是《长江法》制定的法理基础。《长江法》的制定以央地涉水立法事权划分为前提，以央地涉水行政事权划分为主体内容。现行法律体系在央地水资源管理行政事权配置中存在内生困境，具体体现在央地涉水事权划分的结构性失衡、长江流域机构涉水事权配置的错乱、流域管理与行政区域管理相结合指向不清三个方面。建议：《长江法》完善长江流域涉水事权的制度设计，明确央地涉水事权的划分标准及具体类型，更新长江流域管理机构的法律定位与职责，体系化完善流域管理与行政区域管理相结合的管理体制。

(13) 刘长兴[13]认为，流域资源的利用、保护和管理是流域立法的核心。基于流域资源的自然和社会特性，在法律上将其定位于法律关系的客体，并可进而围绕其配置开展流域法律体系建构。流域资源配置当遵循公益保护、自由利用和合理分配原则，建立流域统一的政府行政管理与资源自由利用的市场调节相协调的法律机制。长江流域立法也当遵循这一基本思路。具体来说，第一，集中统一的流域资源政府管理制度当以流域资源为中心，建立流域统一管理的机构和权力体系，形成流域资源总量控制、权利分配和权利限制相协调的制度体系。第二，有限自由的流域资源权利交易制度当立基于流域资源的准确界定，明确权利益自由使用与政府管制平衡的基本立场，运用资源利用权合同制度、环境容量使用权合同制度形成有限自由的市场交易体系。在此体系下可进一步明确流域资源权利的具体类型和内容。

8.3 水权制度研究进展

水权制度一直都是学术界研究的重点内容之一，尤其是我国长期以来存在的初始水权制度模糊、水权交易受限以及水市场机制不完善等现实困境，激发了学者们的研究热情，产出了不少学术成果。近两年，水权制度的研究一直集中于水产权及其分配模式、交易制度及价格方面；且多为遵循政府现行水权交易思路的实践研究。虽基于此提出了部分创新性建议，但总的来说，对于涉水权利（权力）的基本范畴和基础理论等宏观研究较少，引领水权相关制度建设的成果较少。

（1）马海峰等[14]认为，确立水权交易制度是解决宁夏水资源短缺问题、落实最严格水资源管理制度和优化配置水资源的有效措施。从节水潜力分析、交易水量确定以及水权交易的主体客体、合同期限、费用价格、程序方式、监督管理等方面设计了农业节水向工业企业流转的水权交易试点技术方案。建议：深入推进水资源确权登记，探索多种形式的水权交易模式，完善水权交易的第三方补偿机制，开展水权交易项目跟踪评价。

（2）靳玉莹等[15]针对我国初始水权分配研究多处于一次分配、少有对其进行优化后二次分配的现状，建议将多目标优化原理引入初始水权分配中进行分配方案的优化研究。以承德市为例，建议：先采用层次分析法在一定原则的指导下对该地区的水权进行一次分配；再在社会效益、经济效益及生态效益目标的指导下对水权的一次分配方案进行优化，从而获得优化后的初始水权分配方案。

（3）郑志来等[16]认为，农用水权置换有助于缺水地区的农业用水效率提升，并促进相关区域的产业结构优化，对缺水地区有着十分重要的意义。借助多主体模型，分析了土地流转农用水权置换中农民节水意愿和农业安全的影响，并研究了 4 种水权置换市场调控状态下（自由市场状态、农业水权管制状态，工业水权管制状态，工农业水权管制状态）的置换主体行为，以探索政府在水权市场中的地位。结果表明，土地流转机制对水权置换中的农业生产安全和农民节水激励具有正面作用，农业端的控制和规范工业端的水权交易行为是保障农业生产安全的有效措施。

（4）王丛等[17]对流域水资源产权问题进行了讨论，认为产权的界定和产权权能可实施性的保护是资源配置问题中的“双核心”。以产权管制放松为切入点对流域现阶段的水权交易及其困境进行了分析，明确了现阶段流域内水权交易的难点和重点。建议：清晰界定产权的同时要保护权能的可实施性；加强监管，降低交易外部性；促进科学合理价格机制的形成；适度集权化促进流域水资源统筹管理。

（5）吴凤平等[18]根据区域水权交易市场二层决策管理结构的特点，提出了区域水权交易市场中的双层决策机制，构建了区域水权交易定价的双层规划模型，并以郑州市和平顶山市的水权交易为实例，检验其可行性。研究结果表明，双层规划模型具有可行性。建议将水权交易价格定在合理区间、提高水权市场透明度以及重视节水技术的发展和推广。

（6）田贵良等[19]从水权的边际效用、边际成本理论切入，对水权交易价格的制定进行经济学解释，分析了农业水价综合改革中农业用水精准补贴对水权交易基础价格的影响，并以甘肃省水权交易价格形成为例进行了实证研究。建议合理计算农业节水成本，建立精确补贴和节水奖励机制，确定用水总量约束指标，制定用水管理措施。

（7）黄涛珍等[20]认为，确立水权交易制度是提高水资源配置效率和利用效率的有效途径，但交易过程中常常会优先考虑交易主体的利益，而影响到由于没有契约保护未能进入水权交易博弈过程中的第三方利益；第三方效应的存在是对水权市场效率和公平的严峻挑战。运用系统分析法、比较分析法和典型案例法，结合东阳义乌地区水权交易这一经典案例，着重阐释了水权交易过程中产生的第三方正效应和第三方负效应。建议对水权交易第三方正效应进行多样化补偿和对第三方负效应采取预防、保障、补偿三结合的治理措施，以解决水权交易过程中的公平和效率问题。

(8) 郑航等[21]指出，水权交易是水资源使用权通过市场机制进行优化配置的重要方式，是水权制度建设的落脚点。以源于澳大利亚的集市型水权交易实践为基础，构建了水权交易的数学模型，对集市中交易者的报价行为进行了分析和研究。首先，基于交易风险和收益平衡，计算市场中交易者的综合收益，得出了集市型交易模式下参与者的最优报价策略，给出了报价策略与用水效益及预期报价的函数关系。其次，通过对比拆分订单报价的策略性行为对交易者综合收益的影响，分析了该报价行为的可行性和合理性，发现“拆单”可以有效利用市场机制，实现个人收益最大化。最后，通过求解买家博弈的均衡报价，发现增加信息披露有利于交易者报价更加接近其对水权的真实估价，提升了市场价格发现的有效性。

(9) 顾沁扬[22]认为，初始水权分配是水资源市场化分配的基本条件，农业初始水权分配事关“三农”发展和初始水权分配成败。当前我国农业初始水权分配主要有两种形式：一是根据水利工程的供水能力确定农业水权；二是根据灌溉定额确定农业水权。通过跟踪开展县域农业初始水权分配的试点，提出了建议农业初始水权分配方案：抓住关键因素，加强顶层设计；统一基本概念，确定分配方法；根据水情变化，调整用水指标。

(10) 王亚华等[23]认为，我国水权市场尚未发育完成，缺乏水权交易的制度体系和技术支撑。国内水权水市场研究目前主要存在三个方面的缺陷：在水权市场发展的规律研究方面，过于强调市场的作用和市场制度本身，对水权市场运作的内在机制认识不足；在水权市场的国际经验借鉴方面，过于强调个别国家的“先进经验”，对水权市场发展的教训和伴随的问题认识不足；在水权交易和市场制度建设过程中，过于强调理想意义上的自由市场模式，对国情条件的制约和中国特色的因素认识不足。建议：开展更为深入的研究，系统探索中国国情因素对水权市场构建的影响，重点揭示中国特色的水权市场制度体系特征，提出中国情境下的水权交易模式、交易规则、水权监管制度以及与国情条件相适应的水价政策。

(11) 许波刘等[24]以蒙开个大型灌区进行管理体制改革和建立水权市场的实践为研究对象。管理体制改革为用水户参与灌溉管理模式，加入了供水公司和用水者协会两个元素；水权市场重点构建了农业与其他用水部门之间交易流程和农业内部交易流程。研究结果表明，管理体制的改革有利于加强用水户的参与度，水权市场的建立有利于发挥市场配置资源的作用。

(12) 郑志来等[25]认为土地流转为农用水权置换置出方带来了职业化新主体，改变了农业生产方式。随着土地流转规模化经营，缺水地区通过农用水权置换为农户带来收益成为了可能，且新增用水量促进地区经济发展。通过分析在缺水地区开展政府完全投资、置入方企业完全投资和政府引导置入方企业参与等三种农用水权置换模式，重点研究了不同农用水权置换投资模式下的收益和成本，比较参与各方收益情况，得出政府引导置入方企业参与农用水权置换模式对于农用水权置换参与各方来说收益最大的结论。

(13) 周璒等[26]从水权工作现状入手，分析了当前水权交易的主要类型、典型案例、相关管理工作及交易制度建设情况，指出了当前开展交易存在的主要问题；针对江西省现有的两种水权交易类型，从确权登记、管理办法、水权交易监管体系、水权价格评估指导体系及风险防范体系等方面提出水权交易体系的构建思路。建议规范取水许可，完善水资源监控系统，加大水权交易宣传、学习和教育培训力度，通过试点提炼总结。

(14) 李铁男等[27]为解决庆安县水权确权工作存在的问题，根据确定的可分配水总量对庆安县生活用水、生态用水、非农生产用水、预留水量和农业用水进行了初始水权分配研究。明确了确权工作目的与意义，介绍了确权登记发证工作，确定了庆安县县域水资源的空间范围，明晰了水权的归属关系和权利义务。

(15) 伏绍宏等[28]认为，我国的水权交易包括政府与政府之间的区域水权交易、政府与企业间的水权交易和政府主导的产业间水权转换。运行过程中，出现了水权交易主体对水权性质认识上的偏差，误解水资源所有权的性质从而导致水权交易当事人、第三人以及社会利益受损的现象。水资源所有权作为自然资源所有权，具有宪法上所有权和民法上所有权的双重性质。现实中政府对水资源所有权“私权性”重视有余，“公权性”认识不足，导致政府水权交易中出现过度逐利行为。建议政府只负责制定规制手段，以第三者的身份监督和保障水权交易的进行，将自然资源的所有权交易交给真正的民事主体（国有公司）。

(16) 吴丹等[29]结合大凌河流域初始水权分配实践，从分配范围、分配机制、分配原则、分配模型等方面，对现有研究成果进行全面梳理。在此基础上，结合大凌河流域特点，借鉴我国流域水资源配置评价指标体系，从公平性、效率性、可持续发展、政府宏观调控 4 个维度，设计了一套水权分配评价指标体系，进而构建了初始水权分配实践效果的耦合评价模型并应用于大凌河流域。结果表明，在政府和大凌河流域水行政主管部门的宏观调控下，通过加强大凌河流域所在区域的政治民主协商，使流域内各区域水权分配结果充分体现了与其社会经济发展之间的匹配性，且各区域之间的耦合协同发展效度均达到较高水平。

(17) 王鹏全等[30]通过总结众多研究成果，以水权管理为基础，根据水资源承载力、水资源优化配置和可持续发展三者间的内在联系，界定了水资源可持续承载力的概念。构建了水资源可持续承载力科学测算的三个子模型：基于水权理论的水资源配置模型，基于系统层析分析模糊优选理论的水资源配置方案优选模型和水资源可持续承载力计算模型。

(18) 王军权等[31]认为，水权确权登记是对国有水资源使用权出让结果的登记公示。根据我国相关法律，水资源的所有权归国家，由国务院代为行使；实践中水资源使用权的出让，由各级水行政主管部门具体实施，但由政府部门出让水权与其应当负担的监管职能不符。建议：组建专业水务公司并引入信托制度，由水务公司根据信托合同的约定，受托行使水权出让的权利，使水权市场成为真正的民事权利主体之间的平等交易，以减少交易费用、提高水权配置效率。

(19) 张建岭等[32]认为，开展节约用水和水权交易是解决我国北方地区水资源短缺和时空分布不均的有效途径。依托南水北调中线工程，以河南省受水区为研究对象，探索开展跨区域取水权交易的可行方案，解决沿线地区水资源供需不平衡的问题。通过核算各计算单元的可交易水权，构建地区水权交易模型，优选出河南省受水区水权交易方案。研究结果表明，通过实施水权交易，可以有效缓解当地缺水问题，增强经济效益。

（20）孙建光等[33]认为，缺少可转让农用水权分配，不仅制约农业用水的交易效率与资源高效配置，还会影响可转让农用水权分配制度创新、绿洲经济转型与三农问题的解决。从理论上界定了塔河流域可转让农用水权分配的内涵，确定了分配方法与模型，并进行了计算。研究结果表明：可转让农用水权分配不仅能诱发塔河流域可转让农用水权分配制度变迁，还将促进流域生态环境改善、绿洲经济转型与三农问题解决。预计塔河流域2015 年、2020 年和 2030 年可转让农用分配呈增长趋势，且以源流分配为主导；但是，分配去向以绿洲生态水权的可转让农用水权分配为主，新增工业水权的可转让农用水权分配较低，新增生活水权的可转让农用水权分配很低。

（21）吴丹等[34]以流域初始水权配置实践为导向，参考现有水权初始配置的思路，在用水总量和用水强度控制的制度约束下，建立双控行动下流域初始水权分配的多层递阶决策模型；通过模拟各个层面水权相关利益主体之间的民主协商及其上级层面行政仲裁过程；实现“流域-省区-市区-行业”层级结构的水权分配，充分兼顾分水的公平性与效率性，优化流域社会经济综合用水效益。提出多层递阶决策模型的迭代算法，对流域初始水权分配模型进行求解；结合流域初始水权配置实践，以大凌河流域为例，验证多层递阶决策模型的可行性。研究结果表明，大凌河流域初始水权分配的多层递阶决策模型结果与水利部试点方案相吻合，具有可行性。

（22）李铁男等[35]通过构建层次分析法模型，构建了水权分配的指标体系；计算各层元素的相对权重，确定了评判指标优先序等级；判断了矩阵法按层次结构图分层，确定了各评判指标的权重系数。研究最后确定了五常市县域水资源的空间范围，明晰了水权的归属关系和权利义务。

（23）刘芳等[36]指出，水权包括水资源的所有权、使用权和经营权；水权管理是从水权分配、交易到监督、补偿的一个完整水资源权属管理过程，其中水权制度是水权管理的核心内容。目前我国缺乏对水权管理全过程的系统研究以及对水权制度的系统构建。面对经济转型、体制转轨的时代特点，建议：水权管理优先突出制度导向，水权赋予确认制度、转让交易制度、监督管理制度以及补偿激励制度构成最严格水权制度的主体内容；在改进“水权科层概念模型”的基础上，进一步建立以最严格水权制度为核心的水权管理改革框架体系。

（24）潘海英等[37]认为，水资源产权市场的特殊性决定了政府责任是建立水权市场制度、推进水权交易市场健康发展的重要保障。根据政府责任的一般理论并结合水权市场特点，从经济责任和社会责任两个维度，建构水权市场建设中政府责任的分析框架。研究结果表明，当前我国水权交易实践探索中存在政府责任缺位问题。建议：健全水权交易法律法规保障机制，创新水权初始分配决策机制，完善水利基础设施投融资机制，构建水权市场监管机制，探索水权交易公众参与机制，建立水权市场建设中政府履责的效果评估机制。

（25）郭晖等[38]认为，由于地区经济社会发展不均衡，配套工程建设与主体工程建设不同步，南水北调中线用水指标初始分配与实际用水需求存在不匹配现象。南水北调中线工程基础条件完备，具备开展水权交易的必要条件，且通过水权交易可以对初始用水指标进行再优化配置，实现沿线地区水资源供需平衡，充分发挥工程的综合效益。以水利部与河南省政府共同开展南水北调跨区域水权交易试点为研究对象，结果表明：我国现有的法律法规没有对“水权”“水权交易”进行直接的、明确的界定；地方政府出台的相关政策、制度强制力和约束力不足；有政府指导价格，但价格形成机制还不能完全反映水资源的紧缺程度、保护投入和供求关系；缺少强制性约束，在明确区域用水总量控制指标后，新增南水北调用水指标存在无偿取得和有偿购买并存的情况，认为南水北调中线水权交易市场潜力巨大，建议扩大交易规模、创新交易形式、建立激励约束机制，推动水权交易加快发展。

(26) 石腾飞[39]分析了水权的社区实践及其运作机制，提出了“关系水权”概念。“关系水权”嵌入地方社会的制度背景和村民的灌溉管理实践中，是以村庄社区为中心演绎出的一种非正式的水权运作方式。“关系水权”中的“关系”包括村民个体间的合作、交换关系以及村干部对村民的庇护关系。作为一种非正式的产权制度安排，“关系水权”与正式水权制度是一种共生关系，是村庄共同体对制度环境的适应机制。同时，“关系水权”也是一种自主治理机制，是村民借助村干部的庇护，凭借自身所具备的社会资本重新界定水权，实现水资源社区自主治理的实践。“关系水权”的运作是一把“双刃剑”，存在均衡性与非均衡性两种结果：一方面，可以帮助村民获得制度外的额外水资源，满足其自身的用水需求；另一方面，也存在由不均衡利用带来的水权纠纷及灌溉用水危机。建议：农村水权制度改革凸显村庄社区和村民的主体能动性，依托农民用水户协会，将“关系水权”中的积极因素制度化，最终在“社区水权”层面实现农村灌溉水资源的有效治理。

(27) 田贵良[40]认为，当前我国水资源治理仍以政府主导和行政化手段为主，实践中暴露了水资源配置相对固化、权益保障不足、部门职能重叠、配置效率低下等问题。重新梳理了新时代水权制度的战略内涵，提出了产权制度是新时代水资源治理体系改革的制度基础。建议：新时代水资源现代治理体系以市场机制为核心、权属管理为基础、水权为表现形式；处理好水权制度与现有水资源管理制度、生态文明建设、河（湖）长制、流域横向生态补偿、水利工程融资、取水许可制度之间的关系，不断推进水资源治理能力的现代化。

(28) 孙建光等[41]指出，未开展干流绿洲生态水权被挤占量的计量，制约了塔里木河流域干流绿洲生态水权分配与其绿洲生态环境恢复；明确被挤占的绿洲生态水权及其计量是落实塔河流域挤占干流绿洲水权主体权责、客体分配及其经济补偿的基础；明确了挤占干流绿洲生态水权的计量原理和类型，确定了挤占干流绿洲生态水权的计量方法和模型，计算了挤占干流绿洲生态水权。研究结果表明：在塔河流域，干流绿洲的生态水权基本都被上游源流挤占；挤占干流适宜绿洲生态水权高于挤占干流最低绿洲生态水权，挤占干流绿洲维持恢复生态水权高于挤占干流绿洲维持生态水权；挤占期主要在每年3—5月和6—9月。

(29) 武翠芳等[42]认为，水权交易是提高水资源配置效率和利用效率的有效途径。但交易过程中的第三方回流效应是对水权市场的严峻挑战。如何解决这种第三方效应问题是完善水市场、提高水资源使用效率的关键。以张掖市甘临高地区可能实现的水权交易情景模式为例，测算了实际水权交易运行中回流效应的大小；设计了一种水权交易比率制度，并使用MATLAB仿真模拟平台进行一般水权交易和水权交易比率制度的模拟。研究结果表明：农业部门内部水权交易回流效应主要受到交易水量规模的影响，市场规模越大，第三方回流效应越大；水权交易比率制度下的用户用水总效益比水权交易的初始分配状态用水效益有所提高。水权交易比率制度可以在避免第三方回流效应的同时，提高水市场的用水效益。

(30) 石腾飞[39]认为，区域水权的诞生反映出水资源危机背景下，中央政府与地方政府间的“集权-分权”关系。基于“委托方-管理方-代理方”的科层关系结构，县域范围内的水权制度实践呈现出科层权力运作的特点。地方政府作为区域水权的管理方，通过水权转换将区域水资源在工业与农业间进行再分配，并将剩余农业水权的管理委托给地方水务部门代理执行。区域水权的运作存在多重“委托-代理”关系造成的地方政府“过度集权问题”，还存在地方水务部门的“自己人代理”困境。建议区域水权制度改革进一步明晰地方政府与地方水务部门间的权责边界和产权归属，重视农户的用水权益。

(31) 田贵良等[44]梳理了我国水权交易价格改革的政策导向，分析了不同交易模式对水权价格形成的影响。针对我国当前水权交易的主要模式，提出了“成本＋协商”的区域水权价格形成机制、“成本＋竞价”的取水权价格形成机制以及“集市型”灌溉用水户水权价格形成机制。建议进一步加强市场在水权价格形成中的决定性作用，更好地发挥政府监督管理职能，积极依托水权交易平台，保障水权持有者的财产性收益。

(32) 吴凤平等[45]指出，当前中国水权市场尚未发育成熟，水权交易体系仍不完善，缺乏相关水权交易价格形成机制的理论框架和技术方法。在市场配置资源的导向下，基于水市场为“准市场”的基本特征，面向我国水资源管理的新要求，对水权交易中的核心问题，即水权交易价格形成机制进行研究。首先，借鉴国内外有关水权交易市场和水权交易价格确定的先进理论和实践，分析国内外水权交易价格的研究动态，进而提出市场导向视角下水权交易价格形成机制研究的总体理论构思。其次，在对国内外水权交易理论研究进行梳理的基础上，根据复杂适应系统理论，构建适应性水权交易系统，分析市场导向下的水权交易行为主体。再次，提出市场导向下影响水权交易价格的基本要件，并探讨其测算方法。最后，提出研究中国水权交易价格形成机制的两个基本步骤：一是测算水权交易基础价格，构建全成本水权定价模型和影子价格模型，并予以综合建立水权交易基础定价模型；二是构建水权场内交易双边叫价拍卖模型，研究水权交易场内转让价格的形成机制。

(33) 田贵良[46]认为，水资源的多重经济属性和复杂自然属性，致使水权改革困难重重。国家试点的7个省（区）水权改革任务已完成，总结和比较了试点省（区）在水权确权登记、水权交易和制度建设方面的做法与经验；提出了宁夏、江西及湖北三省（自治区）水权确权登记的依据、思路及流程；提炼了内蒙古、河南、甘肃和广东四省（自治区）在交易类型、交易标的、交易期限、交易平台及交易价格方面的要点；指出了当前试点存在的改革不彻底现象。建议全国各地应因地制宜推广水权改革，完善水资源监控计量体系，建立多种类型的水权交易平台，规范水权交易价格形成机制。

(34) 龚春霞[47]指出，水权独立于水资源所有权，是由水资源所有权派生而来，以使用和收益为主的用益物权。一般意义上的使用水权，主要是指水资源使用权。农业水权是相关权利主体依法按照自己的意志，使用农业水资源，排除他人非法干涉的权利。在用水实践中，农业水权的行使主体是个体农户和农村集体。就权利内容而言，既包括个体农户依照法律规定对水资源的使用权和收益权，也包括农村集体对村域范围内水塘、水库口的水行使管理权和支配权。面对农业水资源浪费和欠缺并存的悖论，建议：结合中国农地高度分散和细碎化的特点以及农田水利的系统性特征，在厘清农业水权兼具公权和私权属性的基础上，充实农村集体对水资源的支配权和管理权，并充分尊重农业水权的地方性实践。

(35) 刘清华等[48]从内蒙古沿黄地区制度性缺水明显、资源性缺水和用水结构性矛盾突出、水质性缺水不容忽视等角度，论述了内蒙古沿黄地区二维水权交易的构建逻辑。认为：二维水权市场交易应该以保证基流水量和水质水平为前提，需要政府必要规制；是政府规制下的准市场交易。建议：推进二维水权初始分配；构建和完善二维水权交易法律法规和政府监管机制；健全民主协商和社会监督机制；完善水资源和水环境监测计量设施；创新交易模式。

(36) 王慧[49]认为，我国的水权交易市场存在地方政府定位不准、水源地居民权益受损和第三方利益未受保护的问题。为了确保水权交易市场可持续发展，现行的水权交易市场需要革新，建议限制地方政府作为水权交易主体，水权初始分配依据合理性标准，创设自然性水权市场来保护生态环境。

(37) 黄伟[50]从水权交易市场和水利工程产权角度以及流域水资源配置利用与管理的优化方法入手，建立了一个流域水资源优化与配置模型，通过综合运用地理信息系统和图形可视化技术，讨论了水资源配置中的产权管理改革方法，对比了国内外现行水资源配置管理体制与模式研究，并提出了一体化的流域水资源配置理论和方法。建议：完善流域水资源管理的法律制度；理顺水资源产权管理体制；完善流域水资源市场管理的制度环境；探索新型的流域水资源价格管理机制；构建合理流域水环境管理制度；建立流域内不同主体的利益补偿机制；重视水资源管理的社会资本建设；加强水资源科学技术建设。

(38) 陈金木等[51]首先按照产权制度的要求，通过对水权制度的再认识，分析水权制度建设的现状及面临的问题，提出了水权制度建设的总体思路与措施、健全水资源资产产权制度的方法，分析了水权确权的实践需求及主要类型，指出了水权交易风险防范，探讨了完善水权水市场建设法制保障。其次，在“当前我国水利发展总体上尚处于‘重建轻管’阶段”的背景下，对水资源法律制度现状进行梳理，提出实行最严格水资源管理制度的相关立法对策；基于我国七大江河流域水情各不相同的实际，提出了“一体两翼”的流域立法总体思路。

8.4 水环境保护法律制度研究进展

水环境保护法律制度是水科学研究的核心内容之一，学术界长期以来一直密切关注。近两年，有关水环境保护法律制度研究仍然保持着较高的热度，研究方向与方法呈现多样性的特征。尤其在水污染防治、水资源保护以及水环境治理三个方面，取得了不少研究成果。

(1) 张文松[52]认为，水资源的公众共用物属性决定我国必须重塑政府、市场和公众之间权力与权利的配置，实现水污染合作治理。环境法合作原则的内在规范性表明，这种合作治理有其应然的法治价值。现行水污染管制模式的集权性、单向性和封闭性导致水污染治理目标的异化、公众参与回应性不足以及司法保障的乏力。建议：在水污染治理中有序规束各治理主体的权力与权利，明晰治理目标，架构多元合作治理机制，实现环境司法模式及其功能的转型，推动水污染治理迈向顺应法治主流的社会合作治理模式。

(2) 刘静等[53]认为，20 世纪 50 年代以来，我国河口海岸管理工作经历了重大发展与变革，各涉海管理部门提供了一定的管理支撑，但也存在多个问题亟待解决。如多个功能区划作用于同一河口水域；咸淡水水质功能类别不一致，水质指标体系存在显著差别；重要河口水环境质量评价结果长期“一片红”，不能客观反映公众、地区及国家水质目标责任主体需求；未明确河口的管理范围，造成与《环境保护法》相应的管理措施无法相适应。建议：借鉴国际河口水环境管理经验，提出科学划分河口水体单元并纳入流域管理；以河口为纽带，开展我国重点流域及海域水生态分区工作；协调多个标准在河口区域的差异，同步考虑 GB 3838—2002《地表水环境质量标准》和 GB 3097—1997《海水水质标准》修订工作；陆海统筹，河海兼顾，充分发挥从山顶到海洋的营养盐控制策略

(3) 赵凤仪等[54]依据委托-代理理论，对我国现行法律系统内水资源治理和保护的相关法律政策进行梳理。指出了当前国内跨区域水污染治理存在的困境，分析了治理效率不高的原因，并从法律制度的供给层面来探寻行之有效的解决方案。建议：跨区域水污染治理应该统合污染治理权限，明确跨区域水污染治理中的治理模式、治理原则，强化流域管理机构的行政地位与权限；加大对目前以“晋升激励”和“财政分权”为导向的行政考核与管理体制的改革力度，完善各项激励机制；在健全监督、救济机制的同时，充分发挥市场在资源配置中的灵活性与多样性优势，以此来打造企业、公众参与的新机制。

(4) 张文松等[55]认为，破解水污染管制困局应当以环境治理模式转型为切入点。合作治理的环境政策是一种应对环境危机的宏观策略，需要在立法、执法、司法等环节切实践行。建议推行的水污染合作治理模式的法治路径：以环境法合作原则为基础，实现治理主体上的“官民共治”、治理层级上的“上下协力”、治理方式上的“刚柔并济”、司法监督上的“双管齐下”，形成环境行政权、环境司法权与社会自治权良性互动的水污染治理网络。

(5) 张婷等[56]分析了在制度框架约束下，针对不同污染原因进行的政策工具初始选择；作为政策工具效果的表现和影响力呈现的政策应激问题；以及政策工具效果反馈之后综合运用多种政策工具的情况。福建九龙江流域水污染治理实践表明，政策工具选择是一个动态的过程，具有“刺激-应激-反馈”的行为表征；僵化干预与单一政策不能有效解决公共问题，需要基于公共问题所处的社会、政治、经济等环境特点进行多种政策工具的组合治理。

(6) 邱光胜等[57]从长江流域水质现状、入河污染物排放基本情况及国家关于长江经济带绿色发展的总体要求出发，分析了长江水资源保护面临的形势；从长江入河排污口区划、审批、监管及基础工作方面，对入河排污口管理现状进行了简要总结，并对存在的问题进行了梳理。建议长江委：实施入河排污口布设区划；推进入河排污口分区治理和规范化建设；落实入河排污口负面清单制度；推动规划入河排污口设置论证；严格项目入河排

污口设置审批；强化入河排污口监督执法；加强入河排污口监测监控；建立年报和通报制度；建立健全部门和区域协作机制；建立完善的公众参与和监督机制。

(7) 刘勇兵等[58]系统分析了黄柏河东支流域水环境现状和水资源管理存在的主要问题。包括重发展轻保护的观念仍然存在，流域上下游存在利益冲突，黄柏河流域的法律性质不明确，地方和部门对水资源保护监管没有形成合力。建议：制定流域水资源保护法律法规，实行流域入河排污总量控制制度，开展流域综合治理，推进流域管理体制改革。

(8) 梅宏[59]认为，排污许可制度要成为固定点源污染治理的核心制度，离不开政策、法律的推动，也需要研究者对该制度改革的法治蕴涵予以解读。建议：首先，公开、公平、公正地设定和实施排污许可，将环境管理转型为环境治理；落实预防为主原则，确立固定污染源环境治理的核心制度；遵循比例原则，逐步推进"一证式"排污许可制。其次，立法上建立针对固定污染源治理改革需要的新型责任体系，执法上加强排放许可制的执行力度及其与相关制度配合实施的"合力"，实现多元合作共治。

(9) 黄文清等[60]对南水北调中线工程水源地3省8市水质保护法制保障能力现状及存在问题进行了分析。建议：梳理现行的水质保护法律法规，加快修订《南水北调工程供用水管理条例》；尽快制定并颁布《丹江口库区及上游饮用水水源保护区划定方案》和《南水北调中线工程管理条例》；构建统一的监测网络，加强综合执法等。

(10) 何艳梅[61]认为，最严格水资源管理制度是中国确保水安全的基本制度，包括用水总量控制制度、用水效率控制制度和水功能区限制纳污制度。在依法治国和依法治水的背景下，《水法》作为落实最严格水资源管理制度的基本法律，需要根据落实这三项制度的要求，对相关条款和制度进行修订和完善。其中落实用水总量控制制度需要《水法》完善水量分配和使用制度；落实用水效率控制制度需要《水法》建立水权交易机制，改革水价制度，健全节水管理制度；落实水功能区限制纳污制度需要《水法》完善水资源和水域的保护制度。

(11) 陈蕾等[62]从法律责任合理设定的视角，分析了国家与地方水资源保护立法中相关水资源保护的法律责任内容。根据《中华人民共和国立法法》《中华人民共和国行政处罚法》等给予地方立法的权限范围，结合贵州省水资源保护立法过程中法律责任的设定思路，建议：地方水资源保护立法中法律责任内容设定地方水资源保护行政法律责任、地方水资源保护民事法律责任、地方水资源保护刑事法律责任、地方水资源保护问责；强化违反地方水资源保护规定的法律责任、民事责任、行政问责、按日计罚，违反生态需水管理的法律责任。

(12) 杨志云等[63]认为，流域水环境保护执法面临"地方保护主义"和"部门本位主义"的双重挑战。其改革的核心是重塑统一、高效的流域水环境监管和行政执法体制及相应的法律框架。建议：探索整合涉水部门执法职责，建立流域统一监管和综合执法机构；构建流域跨地区、跨部门、形式多样性的联合执法协作机制；设立环境警察提高流域水环境保护执法的权威性和有效性；通过政府购买服务等方式鼓励社会力量参与流域水环境保护日常监督和执法。

(13) 王建文等[64]认为，水污染的治理要考虑经济发展和环境保护两者之间的平衡，水排污权交易是一种通过经济手段来治理水污染的政策，能够很好地达到两者的协调统一。我国水排污权制度存在未在法律上明确排污权的地位、地方性立法之间缺乏衔接、行政手段过于浓厚以及缺乏有效的监督机制等问题。建议在法律上明确有关排污权的相关概念和地位，加强流域内跨行政区域立法工作，建立行政执法监督、加强公众参与等相关配套制度。

（14）张丛林等[65]认为，对生态文明背景下流域/跨区域水环境进行管理，不能仅从水环境问题出发，而应该从中国水问题的整体复杂性着眼。从涉水空间开发和保护，水资源节约和补偿，水环境、水生态治理和保护市场，绩效评价考核和责任追究四个方面对相关政策进行归类，梳理出包含 24 项政策的政策体系框架，阐述了各类政策的目标定位和相互关系。针对发现的问题，建议：进一步强化改革目标的引领作用，对改革任务进行调整、优化，优化试点地区和试点政策布局，调整与改革工作不相称的法律法规和管理体制，进一步健全改革任务的考核机制。

（15）杨开元等[66]认为，饮用水水源污染防治是长江经济带水资源、水生态、水环境系统保护工程的重心之一。由于横向管理职权划分不清、纵向末端监管缺位、生态补偿制度缺位、罚则设计不当以及饮用水水源水质监测制度漏洞丛生等诸多原因，导致长江经济带饮用水水源污染呈现恶化趋势。建议：借助创新管理体制，厘清横纵关系；健全饮用水水源生态补偿制度、增加违法成本和完善饮用水水源水质监测制度等多项措施协同展开。

（16）田园宏等[67]认为，地方是环境治理的主力军。大部制的实施虽然破解了污染治理功能分割的难题，却无法回避如何有效激发地方政府积极参与污染治理尤其是跨界处污染治理的动力问题。以长三角地区为例，分析了这一地区各省级行政区域内部及省级行政区域之间合作治理的策略选择。建议在各省级行政区内部进行差异化的治理策略，在地区间通过经济手段来构建统一的协同治理管理平台。

（17）古小东[68]基于生态系统管理的视角对我国水资源环境保护的困境进行法律分析。研究表明：以部门为基础的管理理念和立法模式存在缺陷，立法目标对流域生态系统健康不够重视，多元共治的保护机制尚未形成；其主要原因是生态系统的制度设计不够周全。建议：采用基于生态系统的流域立法模式，确立保护流域生态系统健康的管理目标；构建有效运作的多元共治机制；完善基于生态系统的流域生态健康评价、水质清查报告、“非点源污染”和“点源污染”治理、流域生态补偿、可持续的财政保障等流域保护制度。

（18）田家华等[69]认为，以政府为主体的传统环境管理体制已无法适应复杂环境问题的治理需求。已有研究提出了地方政府与社会组织在环境治理中要建立合作共治关系，但尚未明确如何建构合作共治机制。总结辨析了当前我国河流环境治理中的以政府购买服务为主的市场化推动、以双河长制为代表的授权合作、引导公众参与的公益合作三种政社合作模式及特点，研究发现：定向购买、科层制弊端、公益合作基础条件的缺失是导致双方合作陷入制度化困境的原因。建议建立基于制度信任的多种互动合作机制，这也是实现政社合作共治可持续发展的根本。

8.5 涉水生态补偿机制研究进展

涉水生态补偿是基于产权经济学理论、社会公平理论、利益相关理论和水资源生态价值理论等理论逐渐发展而来，而且随着市场供求关系紧张和水资源稀缺程度的增强，利益协调和受益者补偿的思想越来越深入人心，探索与市场经济相适应的水生态补偿制度具有相当的紧迫性和必要性。近两年学者对于涉水生态补偿机制的研究多集中在4个方面：流域生态补偿、生态补偿地方立法、国际流域生态补偿以及生态补偿的方式和路径。而且，对具体流域的实践类研究较往年明显增多，取得了不少研究成果。

(1) 王俊燕等[70]以财政部与环保部牵头、跨越皖浙两省的全国首个跨省的新安江流域生态补偿机制试点为例，介绍了跨省流域生态补偿的制度与规则设计、各治理主体的协商沟通平台搭建、补偿标准、运作模式，分析了新安江流域生态补偿实施过程中存在的问题。研究结果表明，新安江流域生态补偿模式取得了一定的效益，但仍不完备。建议：明确流域初始产权分配，建立多利益相关者的协商机制；改革流域管理体制，搭建流域性生态补偿协商组织平台；完善跨省流域生态补偿的法律法规；加强公众和社会组织在流域生态补偿协商机制中的参与。

(2) 邓坚[71]指出，2015年《国务院关于印发水污染防治行动计划的通知》等关系到未来水资源、水环境、水生态发展方向的纲领性文件都明确提出建立健全水生态补偿机制，为开展广西水生态补偿机制研究提供了科学基础和政策依据。建议尽快建立生态补偿机制，明确相应的补偿主体和对象：水生态主体明确的情况下，由企业、单位和个人等明确的受益者作为补偿主体；补偿主体缺位或难以确定的情况下，由国家和所在区域政府作为补偿主体，对为水生态保护作出贡献的补偿对象（地方政府、企业和个人等）进行合理补充。

(3) 林秀珠等[72]认为，流域生态补偿标准的测算是目前国内生态补偿领域的研究重点之一，确定上游地区生态环境保护成本是测算生态补偿标准的核心内容。通过分析流域生态补偿存在的问题，建立了基于机会成本和生态系统服务价值的流域生态补偿标准计算方法；从理论补偿标准入手，引入生态补偿系数。以闽江流域为例，对2005—2014年流域上游地区保护成本及生态服务价值进行测算，测算了闽江流域下游城市应该对上游地区给予生态补偿的补偿量。建议建立多元化的补偿资金筹措渠道，实现市场机制与政府主导相结合的生态补偿模式。

(4) 耿翔燕等[73]认为，水源地生态补偿综合效益评价是科学制定生态补偿机制、保障生态补偿有效运行的关键，也是确定合理补偿标准的重要参考。综合各方面影响因素，制定了水源地生态补偿综合效益评价体系，包括生态效益、经济效益和社会效益等15个评价指标；运用市场价值法、影子工程法等对山东省云蒙湖生态补偿效益进行了货币价值核算。研究结果表明：云蒙湖生态补偿实施后增加生态效益10649.75万元，经济效益7718.59万元，社会效益5603.18万元，综合效益显著，但也存在教育、旅游等效益不明显，生态、经济和社会效益增加不均衡等问题。建议注重水源地生态补偿的经济社会带动作用，增强与农户的互动、实行差异化补偿，延长生态补偿期限促进水源地生态补偿的可持续性发展。

(5) 朱九龙[74]认为，合理测算生态补偿资金数量及其分配方式是生态补偿研究的重点与难点。以南水北调中线工程水源区为例，在全面评估水源区生态服务价值的基础上，综合考虑区域经济发展水平和调入水量等因素，估算生态系统服务价值调节系数，尝试性地研究了水源区生态补偿资金数量及分配方式。建议；继续完善生态系统服务评估指标体系和方法；依据区域经济发展水平进行生态系统服务价值调节系数估算；充分发挥市场机制的作用；充分发挥受水区政府、企业和居民的积极性与主动性。

（6）田旭等[75]结合目前的研究状况，对三江源地区生态补偿机制构建进行了思考，探讨了建立三江源生态补偿机制的思路、补偿的主体和客体、方式和标准等。研究结果表明，建立并完善三江源地区生态补偿制度，是打开制约水源地生态环境保护颈瓶、从源头保护水环境和水源的一项长远、有效的措施。

（7）张秀菊等[76]分析了常熟市水功能区生态补偿实施前后的水质状况、生态补偿措施、实施方法以及取得的效果。结果表明：常熟市生态补偿取得了一定的效果，但效果并不十分明显；原因是生态补偿资金大部分用于水稻田种植补偿，实际上成为了一种农业补贴，而用于河道生态补偿的资金份额较小。针对常熟市生态补偿实践中的经验与教训，建议扩大生态补偿范围，建立科学的生态补偿测算标准，增加“造血式”生态补偿方式，增加生态补偿资金来源。

（8）刘铮等[77]认为生态补偿是实现共享发展的具体措施，是国际范围内为了保护和可持续利用生态系统所做的一项制度安排。生态补偿不仅在于对再生产中的价值补偿和实物补偿，还应考虑实现现实目标的潜在长期利益损失的补偿。以新安江流域为例，存在上下游主体利益诉求冲突阻碍生态补偿、跨行政区管理组织缺位制约生态补偿、法律不完善、资金投入不足、生态补偿形式单一等问题。建议创新地方政府的政绩考核机制，建立跨区域生态管理委员会，加大补偿资金投入力度，制定流域生态补偿法律法规，促进生态补偿形式多样化。

（9）周赞等[78]从“谁保护，谁受益”“谁使用，谁付费”“谁污染，谁负责”的角度出发，综合考虑生态保护总成本法、水资源价值法和水质补偿赔偿法的优点，确立了基于水量、水质修正系数的饮用水源保护区生态补偿标准核算方法。以杨木水库为例，估算了用水地区对杨木水库生活饮用水源保护区所在地的生态补偿额度。

（10）朱九龙[79]依据中国大陆单位面积生态服务价值当量测算水源区生态服务价值量，后按照区域生态服务价值与GDP比值计算了水源区不同行政区域的生态补偿优先系数，最后按照水源区生态补偿优先级别划分方法将水源区生态补偿优先次序划分为四个级别。研究结果表明：不同区域生态系统服务功能价值差异较大；不同区域生态补偿优先系数差异明显；生态补偿方式应结合区域属性而有所区别；研究过程中可引入生物量估算模型，以提升测算精度。

（11）马永喜等[80]通过对流域生态环境产权的明确界定，科学厘清生态保护投入补偿和污染补偿，综合考虑流域生态环境服务的水量分摊和水质补偿，并将其统一纳入到流域生态补偿标准测算中，针对性地提出了流域上下游之间的生态补偿标准。以皖浙两省新安江流域生态补偿为例进行了实证分析，研究结果表明：基于流域生态环境产权界定，可以从理论上厘清流域生态补偿的对象和内容，将水质和水量因素整合纳入到流域生态补偿标准测算中；根据生态环境产权的界定，不同利益主体面对的补偿标准和补偿内容不同，但是上下游共享流域生态环境权益的产权安排相对更为公平合理，并且能够兼顾各方权益；上下游共享流域生态环境权益情况下，综合水质和水量因素的流域生态补偿标准其生态环境保护目标明确，补偿内容全面完整，易被各方所接受。

（12）余维祥[81]认为淮河流域生态环境治理需要借鉴国外经验，通过生态补偿解决流域水污染问题。建议：健全补偿制度，实现生态补偿制度化、法制化；强化生态环境治理和保护部门职能，为上游生态补偿提供组织保证；构建以政府主导为主，其他类型为补充的生态补偿模式；完善淮河上游生态补偿责任制，确保各项政策落实到位；加强上游生态补偿绩效评估，实现效益最大化；调动流域上游群众参与生态环境治理和保护的积极性。

（13）付意成等[82]认为，流域生态补偿通过将流域生态保护的外部性成本内部化并调整利益相关者的利益关系，协调经济发展和生态保护的矛盾。为有效评价流域生态补偿在水环境管理过程中的绩效，依托公平-效率-有效性的相关性理论，构建了基于效率-公平性均衡关系曲线的流域生态补偿实施可行性情景，并在对彼此相互关系的梳理中衡量生态补偿实施的有效性、效率性和公平性。研究表明，理论可行的公平-效率组合对流域生态补偿的实施具有直接促进作用；流域生态补偿的效率不应从成本效益的多寡进行判定，而是从保护环境行为动机的可行性角度（多样化的补偿方式、可执行的补偿机制）来衡量；流域生态补偿的有效性界定有助于权衡生态补偿实施目标公平性和效率间的关系；流域生态补偿利于改变公众保护流域生态的动机、提升政府及其第三方机构对生态保护的认识、实现流域生态共建共享。

（14）成波等[83]针对西北干旱和半干旱地区流域非汛期农业需水和生态基流间的矛盾问题，提出了基于河道生态基流保障的农业生态补偿量计算方法。从生态基流得到保障后农业灌溉用水受到影响的角度出发，通过引入作物需水系数建立河道生态基流保障造成的农业用水短缺量与产量损失间的关系，定量计算农业生态补偿量。以宝鸡峡灌区为实例，计算了河道生态基流保障的农业生态补偿量，确定宝鸡峡灌区不同情形下的补偿上、下限，分别为 5.25 亿元和 0.37 亿元。建议：生态补偿对象为宝鸡峡灌区因河道生态基流保障导致产量受损的农户，补偿的主体为流域的相关管理部门；生态补偿标准的实施也不应只局限于现金发放，也可以用投资建设等形式进行补偿，以提高宝鸡峡灌区的农业可持续发展。

（15）杜林远等[84]指出，我国流域上游地区为保护水资源生态环境，实施严格的源头控制，但在一定程度上影响了当地经济发展，因此亟待建立和完善生态补偿机制。流域生态补偿是以水资源作为流域生态系统的重要控制因素和补偿载体，通过水资源能有效转移上下游生态价值与经济价值。以湘江流域为例，从生态建设与保护成本分析法和生态系统服务价值法两种方法出发，对湘江流域生态补偿标准进行量化。结果表明：制定科学的流域生态补偿标准应当凸显水资源价值，依据地区差异实行差异性补偿。

（16）王坤等[85]认为，流域上下游生态补偿是环境管理的重要手段。长江等大型流域由于涉及省份多，上下游之间经济发展、生态环境问题等差别较大，利益诉求不同，在补偿的主体与客体的认定、补偿模式以及补偿标准确定等方面均存在一定难度。借鉴国内外流域生态补偿机制与实践经验，设计了各级政府主导下纵横向补偿相结合的长江经济带流域上下游生态补偿方案；基于保护和治理措施的不同，分类提出了以任务量为基础、以生态环境质量改善为目标的补偿测算标准。建议：环境保护部、财政部等相关部委共同成立长江经济带生态补偿工作委员会；建立长江经济带上下游沟通协商机制，协商平衡各省市利益诉求；尽快建立和实施长江经济带上下游生态补偿，同时对各省的权利义务以及实施细则等进行明确；建立补偿资金管理、使用、评估机制。

(17) 苑清敏等[86]基于虚拟水足迹模型，对京津冀行政区水足迹与水盈余/赤字的空间变化进行研究，构建了生态补偿标准模型，量化了京津冀三省市间生态补偿额度。研究结果表明：为了保障京津冀区域水资源安全，需要减少虚拟水足迹；京津冀三省市应该重点降低其水足迹主要组成部分——农业水足迹，以及农业水足迹高于所属经济区域内其他省区的主要贡献因子；河北省的农业水足迹最高，需要加强京津冀区域水资源协同，减少京津两地对其依赖度，重点降低主要来源对应水足迹，降低虚拟水足迹。

(18) 银晓丹[87]认为，生态补偿是治理水污染问题的有效措施之一，建立并完善全流域水资源生态补偿法律制度是当前国家推进生态文明建设的重要举措，也是建设生态文明社会的重大决策。建议：继续修正完善我国宪法的相关规定，制定统一的《水资源生态补偿法》，平衡各地方规章的制定标准，完善水资源生态补偿的公众参与制度。

(19) 谭婉冰[88]认为，当前生态补偿已经成为缓解长江中游地区以及湘江流域上下游之间矛盾冲突的主要手段之一。分析了湘江流域生态补偿各利益相关者的利益冲突，建立了以湘江流域上下游为主体的演化博弈数理模型。研究表明：如果没有强互惠政府的出现，上下游难以达到上游保护下游补偿的博弈平衡。建议湖南省政府努力担当强互惠政府角色，对湘江流域上下游地区采取不同行政强制手段。

(20) 潘华等[89]认为，生态补偿作为流域生态环境治理重要手段，其实现路径仍主要依靠纵向的财政支付，横向生态补偿难有大的进展。当前长江流域的生态补偿政策措施多集中在省内或省际的水污染治理，缺乏全流域治理的制度安排。建议：通过确认计量长江流域上下游生态补偿的权利责任，探索一条政策引导、市场主导的长江流域横向生态补偿准市场化路径，以期破除地方“各自为政”的利益藩篱，提高生态补偿效率。

(21) 姬鹏程[90]指出，流域生态补偿机制是针对流域水环境跨界污染、采用公共财政或市场化手段来调节生态关系密切但不具有行政隶属关系的区域间利益关系的制度安排。我国的流域生态补偿机制建设起步较晚，理论研究不足，立法滞后，补偿机制只有顶层设计，还没有形成完善的补偿标准和方法体系，流域地方政府只能在实践中探索有效的管理机制和补偿模式。建议：尽快督促各流域构建完善的、行之有效的生态补偿机制，使顶层设计能够尽快落地；加大投入力度、拓宽资金来源，因地制宜建立补偿标准体系、形成补偿方案，使流域上下游在流域生态保护与环境治理方面形成合力，共同创造“青山绿水”的美丽家园。

(22) 张化楠等[91]认为，主体功能区规划的实施加重了流域中各主体功能区的相关利益和发展程度的不均衡，进而影响到流域生态补偿机制的顺利实施与运行。运用有限理性进化博弈模型，构建了生态功能区与经济发展区的博弈收益矩阵，分别分析了利益群体的复制动态系统及其进化稳定策略，并用雅克比矩阵对均衡点的抗扰动稳定性进行了分析。建议：加快流域生态补偿的立法工作和政策法制建设，推动流域生态补偿的制度化和法制化；进一步建立健全中央及省级政府的财政补偿机制，设立流域生态补偿专项资金；逐步扩大流域生态补偿专项资金的使用范围，充分调动全社会共同参与流域生态环境保护的积极性和主动性。

(23) 李红松[92]认为，当前中国跨省流域生态补偿机制的构建，应该选择政府主导型环境治理模式。没有政府主导作用的发挥，跨省流域生态补偿机制的构建几乎是不可能的；但忽视市场力量和社会力量，其预期效果也难以保证。我国跨省流域生态补偿机制的构建，存在政府主导作用发挥受阻和非政府力量释放不充分的问题，建议：充分发挥政府尤其是中央政府的主导作用，包括完善法律制度体系、建立具有高度权威性的流域管理委员会以及落实差异化绩效考核制度；充分释放非政府力量，包括充分释放市场和社会力量。

(24) 周春芳等[93]认为，生态补偿涉及流域上下游政府的直接利益，容易形成相互博弈的局面。基于演化博弈理论，对博弈双方的策略选择进行了研究分析。研究结果表明：只有引入上级政府进行监管，才能使流域上下游政府做出的最优策略“保护，补偿”得到稳定和均衡；上级政府对于流域上下游政府违背协议进行惩罚的处罚金要高于流域上游进行生态保护的成本，也要高于流域下游的生态补偿金。以贵州省赤水河流域为例，对流域处罚金按“关键污染因子超标赔偿法”制定的标准偏低，无法实现“保护，补偿”策略的稳定均衡，建议：建立流域上下游政府信息共享平台，避免上下游政府因信息不对称而在博弈过程中出现囚徒困境，导致“不保护，不补偿”的错误选择；科学制定生态补偿额度和处罚金；建立专门的生态补偿法律法规。

(25) 邱宇等[94]从经济学角度构建基于排污权的流域跨界生态补偿模型。以福建省境内的闽江流域为例，分别测算了流域各城市 2011—2015 年理论排污权和排污权损失，核定生态补偿额。结果表明：各城市生态补偿总额存在明显的年际变化，福州作为闽江流域的下游城市，其生态补偿总额根据上游城市南平、泉州、宁德的污染物排放情况而定；南平、三明作为闽江流域中游城市，生态补偿总额根据上游城市以及自身的水污染物排放情况而定；泉州、龙岩、宁德作为闽江流域上游城市，生态补偿总额主要根据自身排放的污染物情况而定。建议明确生态补偿主客体，兼顾上下游利益，建立流域排污权制度。

(26) 朱建华等[95]认为，市场化生态补偿机制是我国未来生态补偿发展的必然趋势，是流域生态文明制度建设的重要举措。以贵州省赤水河流域为例，阐释了市场化生态补偿机制的选择思路，设计了适合采用的信托基金模式的资金机制框架。建议：转变政府角色定位，强化流域生态系统服务受益者社会责任意识，保障流域生态系统服务提供者经济利益，建立市场化流域生态补偿绩效评估机制，加强生态补偿政策宣传力度。

(27) 马少卿[96]从水资源生态补偿机制的内在要求出发，对生态补偿机制和水资源生态补偿法律机制的理论框架进行了系统梳理，并对我国水资源生态补偿法律机制的现状进行阐述和分析；探讨了水资源生态补偿的法律机制，生态补偿方式、标准、范围以及法律责任等问题。针对我国水资源生态补偿现状及存在的问题，建议：优化水资源价格形成机制、建立市场化水权交易模式、明确补偿法律关系和补偿方式、完善水资源生态补偿法律机制的相关法律规定。

(28) 杜林远[97]以核心概念界定、文献综述及相关理论分析为基础，对我国流域水资源生态补偿实施现状进行了宏观把握，归纳总结了实践中存在的问题。从各利益主体博弈的视角出发，分别从上游联盟与下游联盟、上级政府与下级政府以及上游行为主体之间的三类矛盾进行研究，探索如何构建更有效率的流域水资源生态补偿制度。以流域生态补偿各利益主体间的博弈为基础，遵循政府主导、市场调节以及公众参与的总体思路，对我国流域水资源生态补偿制度框架分别从政府主导的纵向转移支付制度、政府主导的横向转移支付制度，以及市场调节的水资源生态补偿制度这三个方面进行创新性设计。

(29) 才惠莲[98]分析了跨流域调水生态补偿法律关系的特点，梳理了我国跨流域调水生态补偿立法与实践的进展，指出了我国跨流域调水生态补偿法律制度建设面临法律体系不够明确、补偿范围及主体不够确定、权利义务不够清楚、补偿方式单一的问题，提出了我国跨流域调水生态补偿的原则、制度安排，明确了我国跨流域调水生态补偿的主要内容。建议：强化生态补偿在环境保护基本法中的地位；修改水资源开发利用及保护的单行法，明确水权依法转让，确立生态补偿的多元机制；健全相关法律中生态补偿的规定，行政法加强程序设计，民法支持水权转让，刑法彰显环境法益；推进《生态补偿条例》的颁行；出台跨流域调水工程专门立法。

(30) 陈自娟[99]以水环境承载力为研究视角，在明晰水环境承载力与流域生态补偿关系的基础上，融合二者的研究理论与技术方法，剖析生态系统服务的时空流动性特征，总结国内外流域生态补偿实践。在此基础上，提出了分析流域生态补偿机制的基本框架，尝试构建水环境承载力评价体系，分析水环境承载力与流域社会经济发展间的辩证关系。根据滇池流域水环境承载力现状，针对滇池流域生态补偿机制方面存在的问题，开创性地提出并构建了适合滇池流域水环境特点的生态补偿机制。建议：第一，进一步分析流域水环境承载力、社会经济发展与流域生态补偿的关系，在整合水环境承载力、经济社会发展和流域生态补偿机制研究理论和方法的基础上，建立三方评价体系。第二，根据流域特点和各省的省情确立一个统一的管理体制，并将职权范围通过立法加以明确。第三，充分发挥政府的宏观调控作用，构建一个常态化的协商平台，通过市场机制对生态服务产品进行定价，实现交换完成价值转移。第四，重点研究生态环境监测与流域生态补偿相结合的方式和深度，在确保科学性、有效性和可操作性基础上构建生态补偿监测评估体系，将流域生态补偿纳入环境影响评价体系。

8.6 河（湖）长制研究进展

自全面推行河（湖）长制以来，学界对河（湖）长制相关问题的研究日益增多，逐渐成为水科学研究的新热点。由于该制度推行时间较短，且作为新的研究热点，近两年关于河（湖）长制相关问题的研究视野较窄且比较基础，多集中于对制度本身的研究和制度背景下的水治理问题。虽然理论研究数量较少，深度不足，但应用研究较多，对河（湖）长制制度本身以及相关立法的完善具有一定的现实意义。

(1) 刘超[100]认为，河长制作为一种创新制度并非凭空而生，而是有诸多法律依据与制度支撑，是地方政府环境质量负责制的具体落实、环保问责制的典型体现、生态保护红线制度的底线限制的实质拓展以及水资源流域管理与区域管理的有机结合。从环境法角度审视，河长制存在一些制度内生困境。建议：对于职非法定的困境，构建长效法律机制；河长制与现行水资源管理体制存在抵牾之处，构建二者协调机制体系；河长制考核问责制存在异化风险，相应体系化设计考核问责机制。

（2）吴勇等[101]认为，河长制自创立以来在水污染防治方面取得了显著的成效，实践证明其是一项可行的水污染治理和水资源保护制度。但在实践的过程中，暴露出了许多问题，如制度的推行法制保障不足、实施的过程中公众参与和社会监督不足以及与现行水管理制度存在冲突等。湖南省河长制正处于全面推行中，一些做法值得肯定，但正确面对这些问题并进行法制化构建才是保证河长制可持续发展的基石。建议：其法制化构建主要包括制定有关河长制的地方法规，建立科学的考核机制，健全公众参与和社会监督机制。

（3）王东等[102]认为，河长制为推进流域水污染防治规划的实施提供了制度保障，流域水污染防治规划为河长制的推进和实施提供了具体路径。河长制和流域水污染防治规划目标相同，各有侧重，是改善流域水环境质量的重要抓手。建议：流域水污染防治规划尊重治水的客观规律，强调流域的系统性；落实《水十条》的水质改善目标要求，通过工程措施、优化调度等管理措施将污染物排放尽可能做小，将河湖生态流量（水位）尽可能做大；针对流域水污染防治规划识别的优先控制单元，各地应逐一编制单元达标方案；客观认识和把握水资源、水环境、水生态的相互关系，发挥河长制协调性好、执行力强的特点，加速推进流域水环境治理的全面改善。

（4）朱玫[103]分析了河长制落实中关于实施最严格水资源管理制度、河湖水源岸线管理保护、水污染防治、水环境治理、河湖生态修复和保护、河湖管理保护机制六个方面的重点难点问题。建议准确认识河长制赋予的重任，厘清落实河长制责任，奠定河长制法治基石，夯实河长制各项治理措施，打造“河长制＋互联网”的社会共治模式。

（5）左其亭等[104]通过对国家相关文件的解读及文献资料的梳理，对河长制提出的背景与经过进行了概述，并分析了河长制的实施现状及存在问题。针对河长制推行的目标要求，总结了河长制的主要工作任务，构建了以水文学、水资源、水环境和水法律为核心的河长制理论基础框架，提出了以技术标准、行政管理和政策法律为出发点的河长制支撑体系。考虑河长制推行的长效性，提出了河长制的具体实施途径，近期（2017—2020年）、中期（2021—2025年）和远期（2026—2030年）的具体实施目标，并建议加快完善河长制保障机制，搭建河长制信息管理平台，加强社会监督，流域机构与地域管理相结合，坚持综合整治与长效治理“两手抓”来保障河长制的实施。

（6）朱玫[105]认为，河长制是联动中央和地方政府乃至全社会治理体系改革的对接口，有助于地方率先转变政府职能、打破部门壁垒、构建共治体系，树立样本。通过案例分析，回顾了河长制在太湖流域乃至江苏地区的产生和发展历程，分析了河长制在云南、浙江、江西、福建等省的创新实践；归纳了河长制发展演变特点，揭示了其面临的职责非法定、权责不对等、协同机制失灵、考核欠科学等待解难题，并从环境治理体系改革顶层设计角度建议：制修订法律法规，破解权责不等、协同失灵等难题，构建大环保格局；科学建立考核基准，破解公平公正难题，更好地落实生态环境损害责任追究制度；强化公众参与和第三方服务，破解政府失灵难题，建立社会共治体系。

（7）周建国等[106]认为，《关于全面推行河长制的意见》预示着“河长制”从地方政府制度创新上升为全国性水治理方略。通过对不同层级“河长制”政策文本的内容分析和江苏河长制实践的观察两种途径，审视当前的“河长制”治水之能与变革之道。研究结果表明：“河长制”改革通过职能的垂直整合、政府注意力的转换、问责“倒逼”协作实现了河湖治理绩效的提升，但却需要弥合危机制度设计与常规河湖治理的裂痕，解决“责任发包”的责任困境、组织逻辑困境、体制外力量吸纳不足等问题。“河长制”作为一项制度创新需要不断的再创新、再提升，建议变“责任发包”为“责任链”，夯实组织基础，强化制度供给，动员多方力量，优化政策工具组合。

(8) 郭建宏[107]在分析广东省中山市河湖管理现状的基础上，阐述了中山市建立河湖管护河长制体制与机制方面的初步设想。以河长制的河湖管理保护理念为指导，联系实际提出了该市实施河长制的总体思路、体制保障与制度安排、机构设置、河长职责、工作目标与进程安排，建议从建立河湖保护联席会议制度、投入机制、公众参与制度与联合执法制度等方面完善“河长制”。

(9) 黎元生等[108]指出，流域科层管理碎片化体制是当前我国流域水资源短缺、水生态破坏和水污染加剧等水安全问题突出的重要制度根源。河长制实行流域行政分包、跨部门协作和公众参与等措施，是流域生态环境整体性治理的探索性实践。从当前河长制运行情况看，存在着纵向分包治理成本分摊不均衡、横向功能整合面临诸多掣肘以及公私合作程度低等内生困境。提升流域生态环境整体性治理能力，需要以深化河长制改革为突破口，明晰流域分层治理的责权利，推进流域环保机构整合，拓展流域治理公私合作领域。

(10) 李轶[109]认为，河长制是我国在河湖管理和污染治理工作上提出的一种创新制度。通过阐述历史上“河长”的发展及职能，分析现阶段水环境问题和河长功能的变化，强调了河长制出现的必然性；对比古代与当今、全国与江苏河长的任务和职能，分析了在河长制实施过程中河长功能的丰富与强化，对河长制实施现状和存在问题进行了总结。建议：以法律法规为根本保障，明确部门职责，加强执法监管；完善管理体制，协调统筹发展，实现综合治理；拓宽渠道，多方并进保障河长功能。

(11) 郝亚光[110]认为，水治理的“河长制”模式不仅满足了水资源的流动性、跨界性、产权模糊性以及治理综合性对治水提出的内生需求，而且破解了既往“九龙治水”导致“条条”和“块块”执行矛盾的困局。为将“突击式治水”转变为“制度化治水”，应当把本来无人愿管、肆意污染的河流变成悬在“河长”们头上的达摩克利斯之剑。通过实施“河长制”实现“河长治”，关键在于明确地方主官的纵向责任和横向责任，厘清上下游、左右岸、主干流地方主官间的责任关系，建构一套行之有效的“责任机制”“协同机制”和“问责机制”。

(12) 李美存等[111]认为，水环境污染是经济社会发展过程中难以避免的现象，我国环境污染同经济发展间的矛盾日渐凸显，传统的科层化管理难以完全适用于新形势下的治水实践。河长制作为河湖治理新模式，近几年已在全国多地显现成效。以江苏省为例，分析了河长制的创新实践，阐明了其与地区经济发展的关系，揭示了其在治理主体、社会监督及考核激励等方面的待解难点。建议：制定法律法规，明确应然职责；吸纳社会力量，优化治理结构；完善考核激励机制，强化联动机制。

(13) 戚建刚[112]认为，行政法建构河长制的目标是实现整体性治理，克服河湖行政执法碎片化的问题，将河湖行政执法中的以政府职能部门为本位的利益观转变为作为整体的政府为本位的利益观；基础是明确河长的职权（责），即需要将河长治理河湖的职权（责）来源形式再合法化，以及职权（责）之再类型化；关键是确立整体性协调机制，即建立河湖行政执法的整体性预算制度与整体性结构协调制度；重心是建立和健全针对河长的监督机制，包括建构司法机关和专门机关对河长的监督机制，健全公民、法人和其他组织以及行政机关内部对河长的监督机制。

（14）郑容坤[113]认为，以水资源行政权力分级控制为基础，辅之以行政首长负责制的河长制，是中国应对水资源治理政府单边控制、市场机制失灵、社会参与不足等问题的制度创新。但行政主导下的河长制仍然难以摆脱传统水治理的路径依赖。建议：构建河长制的多中心治理机制，即界定多元治理主体、创建网式治理结构、优化政策工具、建立责任追究机制，并从培育合作理念、完善协同治理平台、建立资金保障机制、健全技术与宣教机制等途径进行机制整合。

（15）詹国辉[114]认为，跨域水环境治理实践中，跨域复杂性特征导致单一省份、单一部门主体治理能力的碎片化障碍，需要以整体性治理理论诠释跨域水环境治理问题。以长江流域“河长制”为例，内在运作逻辑关乎横纵向权力共治、责任整合以及主体协调等维度；面临主体信任、权责对等、合作协调等碎片化困境。建议：建构信任机制、维护与整合机制、协调机制以及反馈机制等“四位一体”的治理路径，提升跨域水环境的治理质量，推动美丽中国长效建设。

（16）王伟等[115]认为，河长制是整体性治理理论在水环境治理领域的探索实践，该制度虽已上升为国家战略，但在运行过程中也暴露出一些问题，存在行政分包的制度困境、考核机制的逻辑困境以及公众参与不足的机制困境。建议：构建统筹整合的整体责任制度，完善科学合理的考核评价体系，形成多元主体共同参与的合作共治治理结构。

（17）罗跃辉等[116]认为，河长制作为维护河湖健康的新发展理念，可以有效推进水生态文明建设，是保障区域水安全的战略性举措。以普洱市为例，建议：基于沿边跨境、多民族的特征，加强对国际河流相关涉密资料的管理，确保河长制工作的安全开展。基于六大任务要求，结合各水域的问题表现，明确管控的侧重点；确定水域岸线的管控范围，科学地推动河长制的建立及实施。

（18）雷明贵[117]指出，“双河长”模式是指由“官方河长”和“民间河长”共同致力于流域治理的工作机制。“民间河长制”是对“河长制”的重要补充，“双河长”模式对流域治理具有重要意义。建议以公众参与打牢“双河长”模式的社会根基，包括：充分认识公众参与流域治理的重要意义；发挥企业作为市场主体的功能，充分发挥市场机制在流域治理中的作用；培育各类环保社会组织，促进共享共治。

（19）沈晓梅等[118]认为，河长制是水生态文明建设的重要推手，制定科学、全面、可操作的河长制综合评价指标体系是河长制实施的重要环节。基于DPSIRM模型，结合河长制推行的目标要求和我国水生态文明建设现状，综合国内外研究成果，构建了包括驱动力、压力、状态、影响、响应和管理6类指标的河长制综合评价指标体系。建议：完善法律法规，提高行政效能，加强环保教育，提升居民环保意识，推进流域综合治理和水生态文明建设由“权制”向“法制”和“德制”迈进；完善水权交易和生态补偿机制，通过市场的调节促进居民和企业提高水资源利用效率，减少水污染排放，加强水环境治理，让民间资本和公众力量成为水生态文明建设的主力军。

（20）李汉卿[119]指出，河长制起源于地方政府的政策创新，后被上升为国家制度并在全国推行。在地方水环境治理实践中取得一定效果的河长制能否在全国范围内取得既定效果？基于控制权理论将行政发包制下的河长制进行解构，研究发现：组织运行中存在着“阳奉阴违”式政策冷漠以及增加执政风险等方面的困境。因此，河长制治理绩效的提升需要行政发包制的转型，以行政发包制为基础的河长制并非长久之策。

(21) 郑雅方[120]认为，在长江大保护战略的实施中，河长制作为流域综合治理的核心制度具有重要作用。但目前河长制的制度设计偏重于党政领导对流域治理的责任制度，欠缺社会参与、民众治水的理念和机制。“共抓大保护”的新形势需要发展和完善河长制，使之同公众参与充分融合，形成良性互动，以共同发挥作用。建议：以现行四级河长制为制度依托，将发动公众参与增设为各级河长的基本职责，明确河长在集聚民心、吸纳民智、动员民力、引入民资等方面的工作内容，并实行工作绩效的目标责任考核。通过加强河长制中的公众参与机制，达成“全社会共同关心和保护河湖”的目标。

(22) 李芳[121]认为，在推行河长制的基础上，全面推行湖长制，对从宏观上建立中国水资源管理机制具有重要意义。一是从全局上建立流域管理为主，行政区域管理为辅的水资源综合管理体制；二是从法制上完善和健全水资源治理规则，通过河湖流域和区域的法律制度建设，形成全流域综合管理机制，维护良好水资源环境，保证水资源生态可持续发展。建议：进一步加强与完善流域法制法规建设，建立流域保护与建设长效机制；进一步完善流域水资源保护机制和水生态水环境修复机制的法制保障；进一步立法加强流域管理组织的机制建设，确保发展战略顺利实施。

(23) 史玉成[122]认为，“河长制”是党政负责人主导下的流域协同治理制度，是基于科层制环境管理体制之不足而创设的水环境治理制度，具有明显的问题应对特征。“河长制”的规范建构应当从法律系统和政治系统的双重视角加以考量。“河长制”在当下的流域水环境治理实践中发挥了积极作用，但仍然面临权责配置边界不清、权力依赖特征明显、共治精神不足、与相关配套制度衔接不足等制度困境。建议：通过相关环境政策和环境法律的衔接、多元共治精神的引入，实现“河长”职责的明晰化，建立党政主导与多元合作治理的协同、内外部监督制约机制的协同，为这一制度注入更多的法治品质，消解其逻辑悖论。

(24) 张军红等[123]对浙江、江苏、山东、北京等 10 多个省份在推行河长制方面的经验进行了详细调研和总结，同时结合国外河流治理的经验，建议：切实转变发展观念；完善河长制体制机制，实施精细化管理；创新问题发现机制和处理机制；创新监管机制；完善河长制考核制度；创新社会联动机制，推动公众参与；积极调整产业结构；加强基层工作人员业务培训；加强相关基础理论研究和应用技术的创新与应用。

8.7　外国水法研究进展

水资源短缺和水污染是世界各国普遍面临的资源环境问题，为应对水资源危机，世界各国不断尝试采取多样化的政策、法律和技术，一些国家取得了较好的成效，尤其美国与澳大利亚在水资源法制化管理方面的实践值得关注。为吸取经验，取长补短，我国学者从流域综合治理、水权交易、水环境保护等方面学习借鉴美国等发达国家的有益经验，结合我国的实际情况，探寻对我国水法治的启示，取得了丰厚的学术成果。

(1) 于文轩[124]认为，在生态文明语境下，建立和完善生态环境损害法律责任制度至关重要，需要厘清生态环境法律责任的性质、承担方式和救济途径。以比较法视角分析了美国水污染损害评估法律实践及其借鉴意义，从法律救济的角度建议我国健全实施规范体系，明确损害评估范围，推动评估主体专业化，重视公益损害评估，加强调查取证程序衔接，完善损害赔偿社会化分担机制。

(2) 任宣霈[125]对发生在20世纪八九十年代美国新泽西州欧申县多佛镇出现的儿童癌症高发事件，总结了美国环保部门调查生产企业违法生产的经过：通过召开地方法院听证会、对企业负责人进行刑事起诉和经济处罚、开展水处理和污染场地修复、对受害人员进行经济补偿和治疗等措施，使生产企业及其负责人得到处罚，污染行为被制止和消除，受害家庭和儿童得到经济赔偿和医治。建议：我国加强风险评估与风险管理，建立健康风险评估体系，探索污染治理投融资机制，重视污染企业的布局和规划，加大环境执法力度，大力支持环境行政诉讼。

(3) 朱蔚青[126]认为，水污染税收制度作为国家进行环境调节及生态修复的经济政策，在水污染治理过程中有着重要的作用。通过分析德国、荷兰和俄罗斯的水资源税收制度的实践运作及相关经验，结合中国当前排污费的制度缺陷，建议：制定和完善相关环境税及水污染税的法律法规；兼顾公平与效率，保持收入中性，不增加总体负担，同时加大处罚力度；做到专款专用；增加公众参与与科普宣传力度。

(4) 严予若等[127]认为，水权是现代水治理体系中的关键环节，合理的水权制度有助于水资源的优化配置。我国旧有的水资源管理模式中水权不明晰、水权制度尚未建立健全，因而无法适应市场经济发展和水资源高效可持续利用的需要。美国的水权制度与其发达的市场经济相适应，其经验可资借鉴。美国水资源治理实践表明：建立在市场经济基础之上、以法律和制度为保障的水权制度，对于水资源的高效配置和可持续利用具有积极的促进作用。对水资源财产权的明晰界定是美国水权制度的基石，水权的取得及其权责范围均有明确的法律规定并受法律保护。在保护私有水权的同时，美国水权制度兼顾联邦和地方利益，同时避免外部性产生。各州对水权的确权和管理因各自人文和自然状况的差异而异，但对水资源“合理有益的使用”是各州共有的理念。美国的水治理理念正从偏重水资源的经济价值转向日渐重视水的环境及人文价值。社会公平、效率的增进、交易成本的降低是美国水权制度演进的内在动力。经历了漫长的历史演化，美国的水权管理体系已日臻成熟，但依旧存在不同层面的水权冲突，因此仍然在实践中不断修正调适。我国应当学习借鉴美国水治理的有益经验，并积极探索美国经验的中国转化。对美国现行水权体系中水权的取得、水权的范围以及水权的变更与中止进行了系统总结，并在此基础上对中国的水权制度建设提出构想，包括以立法确立和保障水权、建立市场导向的水价形成机制、运用水价杠杆实施有效的水资源需求管理、培育水权交易市场、构建区域性水权管理规范等。

(5) 王世群[128]分析了澳大利亚水资源市场化背景下，水权交易现状和绩效。20世纪80年代以来，澳大利亚水资源市场化实践表明：通过建立与市场相匹配的规则和制度，水权交易能够带来显著的经济、社会和环境效应。水权市场的存在，不仅可以动态灵敏地反映水资源的供求状况，而且可以缓解干旱、增加经济和产业弹性，以及提高微观经济主体的抗风险能力等。当前中国正处于水权交易制度建设与推进的关键期，在此背景下剖析和借鉴澳大利亚等发达国家的水资源市场化发展历程和经验具有十分重要的意义。建议我国：建立完善一体化流域管理法规体系；坚持用好“政府”和“市场”双引擎，探索符合本国国情水权交易制度；坚持民主协商，妥善协调各方利益；处理好速度、力度和社会承受度之间的关系。

(6) 刘辉等[129]以农田水利产权治理的逻辑作为出发点，具体分析了发达国家的美国和日本，发展中国家的印度和智利农田水利产权治理的不同模式，揭示了四国农田水利的产权归属、契约安排以及治理特色等。在借鉴国外农田水利建设管理经验的基础上，建议我国：明晰农田水利产权，引入投资优惠政策激励农民参与治理；厘清不通不明农田水利治理职能，逐步开放水权市场；加大法律法规和政策支持力度，巩固和完善农民用水合作组织；创新农业水价约束激励机制，调动农田水利治理主体节约用水积极性。

(7) 谢伟[130]指出，每日最大负荷总量（Total Maximum Daily Load，TMDL）是美国清洁水法规定的一项水质控制制度，是指对某种污染物而言，在确保一个水体始终保持法定的水质标准的前提下可以接受的最大污染物排放量。TMDL 制度是继其全国性污染物排放削减（NPDES）许可证制度之后，美国为保证水质而实施的另一项水污染控制制度；这项制度综合控制点源污染和非点源污染，因而超出了 NPDES 许可证仅适用于点源污染的局限性。我国应借鉴美国的 TMDL 制度，完善排污总量控制制度。建议改进排污总量指标确定方法，加强部门间、制度间的协调配合，增强违反排污总量控制的违法处罚力度，强化排污总量控制过程中的公众参与。

(8) 宋国君等[131]认为，我国现有水质管理体制按照行政区实施管理，不是按流域设置水质管理机构。以湖南省湘江流域和美国加州洛杉矶流域为例，对中美两个流域的水质管理机构设置、管理体制和管理模式进行比较。研究发现：中国湘江流域“统分管理”体制限制了各级环保部门职能的发挥，按行政区划管理的模式导致流域分割，外部性问题凸显。建议：建立流域水质管理机构，实施由省环保厅水质局和其所辖支流流域水质局组成的直线型水质管理模式；实施水排污许可证制度；建立信息共享和公众参与机制。

(9) 赵文娟等[132]指出，美国是最早实践排污权交易政策的国家，在南加州地区实施的区域排污权交易市场“RECLAIM 计划”，通过激励固定源 NO_x 和 SO_x 持续减排，最终实现空气质量改善，形成了完善的交易机制和政策体系。RECLAIM 计划在政策目标设定、管理对象纳入标准、削减目标制定、初始配额分配、交易市场运行机制、监测数据核查以及排污许可证制度保障等方面进行详细规定和论证，对我国排污交易市场具有重要借鉴意义。研究结果表明：我国排污权交易市场规模小，排污权交易政策设计存在诸多问题，排污权交易缺少排污许可证制度的支持。建议：建立区域排污权交易市场，科学制定政策内容，颁发区域固定源排污许可证。

(10) 王寅等[133]从水权法律体系、水权行政管理、水权分配及分类、水权确权登记以及水权市场等方面对维多利亚州水权制度进行了分析。结合我国国情，建议：积极推进相关水法规修订研究，建立水资源资产产权制度，厘清政府与市场的边界条件，营造有利于水权水市场建设的政策氛围，并利用价格杠杆激发市场活力，促进水权交易，为水资源可持续利用、经济社会可持续发展提供有力支撑。

（11）李涛等[134]对美国水环境保护规划制度进行了初步分析。研究结果表明：明确的保护目标为美国水环境保护工作指明方向，水质标准、排放标准、TMDL 计划的制订都围绕这个目标建立；规划是执行美国《清洁水法》的重要内容，通过立法成为正式法律文件，具备法律效力，统领所有相关政策；具体而严格的州实施计划使得各项控制措施在法律的要求内强制执行，并不断调整和改进；广泛的公众参与为规划的编制和实施提供大量信息，增强了规划的被认知度和可操作性；TMDL 计划和排污许可证有效地控制了点源污染，并在点源和非点源配额的分配上保证了科学与公平。

（12）和夏冰等[135]分析了墨累-达令河流域管理体制改革模式，结合其流域管理体制现状，从流域基本情况、流域面临问题、国家结构形式、流域管理机构以及协商合作协议五个方面，以长江流域为例，比较了中国流域管理和墨累-达令河流域管理。研究结果表明：可借鉴墨累-达令河流域管理体制改革经验，重点完善流域多级协调机制，将流域区域协商与国家统筹管理相结合，为下一步流域管理新体制的产生创造条件。

（13）谢伟[136]从命令控制的手段研究了美国清洁水法的历史沿革、法律渊源、行政管理、水污染物排放标准和水质标准、点源污染排放控制和非点源污染排放控制制度，其中重点研究了国家污染物排放消除系统许可证制度和每日最大负荷总量控制制度。结合我国水污染防治法立法、执法和司法现状和存在问题，建议：借鉴美国《清洁水法》，改进我国水污染防治监管体制；参考美国 NPDES 许可证制度，完善我国水污染物排放许可证制度；借鉴美国 TMDL 制度，完善我国水污染物排放总量控制制度。

8.8 国际水法研究进展

国际水法是水法律研究中的重要内容，也是水科学研究的一个重要方向。近两年关于国际水法的研究，学者主要从跨境河流的水资源分配、合作管理以及国际水法对我国的影响等方面，对国际法的相关理论和实践进行研究，取得了一定的研究成果。

（1）胡德胜[137]指出，国际水法上的利益共同体理论可追溯到罗马法的人法物中的共用物法。早期的沿岸国利益共同体理论的雏形出现于 18 世纪，在 1929 年奥得河国际委员会领土管辖权一案中第一次得到了司法上的释明。当代的流域国利益共同体理论乃至被认为是“当今世界形势下最有益、最理想的理论”，1997 年联合国《国际水道法公约》则被国际法院认为是它得到强化的证据。考察利益共同体理论的产生和发展，探究其理论基础，分析其在国际实践中的运用，研究发现：其所涉跨国河流/流域共同事项的范围不断扩大，特别是流域国利益共同体理论试图将基于水的几乎所有流域共同事项都纳入国际法的调整范围。从自然科学的角度而言，它具有坚实的水文水资源学、环境科学和生态学基础。就管理科学的视角来说，在管理对象、管理措施和手段以及经济合理性方面，它并不完全可行。在国际关系的维度上，流域国利益共同体理论是否正确对待决定国际法内容和实施的国家主权、国际政治等关键因素的最终作用或者影响。建议：理论上的理想在国际现实中的实现必须注重立足于国家主权，循序渐进地扩大规则调整的流域共同事项，在规则上多些弹性、少些强制。

（2）付实[138]对五种国际水权制度和重要国家的水权制度及特点进行比较，总结了国际水权制度的特点和趋势；辨析了水权制度几个重要概念（公有水权 VS 公共水权、可交易水权、我国水权制度发展阶段判断）；指出了国际经验对我国的借鉴，包括建立最严格的水权制度、因时因地建立水权明晰的水权制度、建立符合中国国情的水权分配机制、重视环境生态用水、推动公众广泛参与。

（3）余世维等[139]认为，《国际水道非航行使用法公约》（下称《公约》）是第一个生效、旨在实现跨境水资源公平合理利用的全球公约，但其原则与条款争议导致缔约国数量有限，综合影响力削减。利用《全球跨境流域》《国际淡水条约数据库》《世界环境协定》等数据库信息，确定《公约》缔约国的国际河流地理位置，结合各缔约国水资源及利用现状、跨境水资源分布及区域合作开发状况、原则和争议条款等，分析、判断缔约国的区域及目标差异特征。研究结果表明：缔约国仅分布于欧洲、亚洲和非洲 3 个地区 36 个国家，《公约》被认可程度低、影响力有限；《公约》在平衡上下游权利与义务中对下游国谋求水开发利益更为有利，下游国缔约意愿更强、对其认可度最高；《公约》对中游、边界及上下游均衡及支流地区的流域国有制衡作用，影响着流域国的缔约愿意；缺水状况和位居下游、国际河流地位重要及对跨境水资源的依赖，驱使相关国家不断寻求增强对跨境水资源管控能力的途径，缔结《公约》成为一项重要选择；区域性水法的发展与实践是流域国缔结《公约》的基础，绝大多数国家的缔约意愿多源于对水资源合作开发实践，而流域下游及中游国家则源于跨境水资源合作机制建设和水资源合作开发两个方面的经验。

（4）付琴雯[140]认为，水资源是新“澜湄机制”框架中的核心客观主体。由于跨界水治理与国家主权权益密切相关，“重合作淡争议”不仅无法消解在水资源合作中现有和潜在的不稳定因素，反而影响流域各国在机制的其他优先领域的合作共赢；同时，目前该水域现有治理机制存在法律滞后性，或将对新机制的建设起到负面连带效应。作为“一带一路”命运共同体下中国主动发起的倡议，新的“澜湄机制”中水资源合作或可作为法律引导切入点。建议我国：明确跨界水资源治理立场；构建区域水资源法律框架机制；重视国家责任，注重国际性水条约的潜在效用和影响，以弥补目前区域合作功能上的局限和不足；重视“水安全”，强化区域内国家合作。

（5）孙畅等[141]认为，水污染问题不仅影响国内经济社会的发展，还会影响到国际之间的交流与合作。破解中俄水污染治理难题，需要通过建构中俄两国共同解决水污染问题的战略合作模式，建设管理层面的合作机制，推进法律层面治理集中来实现。

（6）胡德胜[142]认为，我国与哈萨克斯坦都是与对方共享跨界地表水体比较多的国家，如何处理好开发利用过程中的境内和跨界生态环境保护问题，与哈萨克斯坦已有开发利用的协调问题等，都已成为重要议题。考察我国与哈萨克斯坦在共享跨界地表水体生态环境保护合作领域的过程和成就，他认为可以发现主要有五个方面的经验：先总体框架，后具体事项；先基础事项，后其他事项；求同存异，逐步扩同缩异；法律文件形式多样，不拘一格；建立稳定合作机制，有效实施。

（7）郝少英[143]认为，中哈跨界河流合作利用对中哈两国经济发展具有举足轻重的影响，是推进丝绸之路经济带建设的重要问题，但同时也面临跨界河流水资源的公平分配、生态环境保护等难题。建议：结合中哈两国关于跨界河流水资源合作利用的进展，在遵守国际水法基本原则的基础上，建立系统的法律制度，联合管理，和平解决国际水争端；中国作为丝绸之路经济带战略的倡导者以及中哈跨界河流的上游国，率先重视跨界河流合作利用。

(8) 楚行军[144]对联合国相关机构推出的全球水目标和我国政府发布的中国"水十条"进行比较分析。研究结果表明：全球水目标以可持续发展为指导方针，大力整合了水事务不同层面的问题，对包括我国在内的世界各国水事工作具有积极的指导作用；中国"水十条"以水污染防治为核心议题，结合我国水事务存在的各种挑战，对相关工作的深化作出战略部署，是我国为国际社会全面实现全球水目标做出的又一重大新贡献；以全球水目标为参照，中国"水十条"的推出和落实有助于进一步完善我国水生态文明建设工作，提升我们履行相关国际责任的能力。

(9) 刘华[145]认为，如何使跨界河流成为周边合作的亮点而非争议点，是考验中国周边治理能力的试金石。在合作共识已经形成，硬法建构短期难以实现的背景下，以软法为切入点，继续凝聚共识，深化互信，是可行的选择。建议：将已有合作成果制度化、固定化，积累合作经验，巩固合作基石；在合作理念的推动下，探讨新的、更深入的合作模式；最终形成一套整体性的周边跨界河流合作战略和策略。

(10) 周海炜等[146]运用柔性战略管理框架，以跨界淡水资源争端数据库（TFDD）中国际河流涉水合作协议为样本，从合作治理议题数量、合作治理组织管理层次数量与管理机构数量、合作收益（成本）分配（分摊）模式类别等方面分析国际河流水资源合作治理的柔性特征。研究结果表明：国际河流水资源合作治理具有明显的柔性特征，在国际河流水资源合作中，流域国主要选择柔性化的多元化涉水合作治理战略，更倾向构建层级适度、机构精简的合作治理组织；倾向采取更灵活的选择性激励模式以体现"共同但有区分的责任"。

(11) 李志斐[147]指出，欧盟在中亚地区以合作方式建立起复合型的水治理框架，通过在政治和技术层面"双管齐下"、投资水基础设施建设、推行一体化水治理政策，来积极介入水治理事务。欧盟对中亚地区水治理事务的介入服务于欧盟整体中亚战略，注重在中亚内部内化欧盟水治理模式，建立与欧洲水框架指令和欧盟相关法律一致的机制和规则体系，提升在中亚地区的存在感与影响力。建议：中国和其他亚太国家重视流域和区域的制度性建设和技术治理，加强水外交战略的建构和完善；中国作为上游国家，需要注重提升自身在亚太水治理中的参与力度与地位，逐步成为亚太水治理领域的公共产品的积极提供者。

(12) 黄颖[148]指出，亚洲国际水争端近些年来开始呈现日渐增多和愈加复杂化的趋势，而且由于相关国际法规则的不健全，导致争端解决面临严峻挑战；同时，气候变化因素的叠加，也导致亚洲水资源开发利用和河流日常环保治理、防洪治理等遭遇巨大的客观困难。建议我国应对水资源问题结合大国外交策略，抓住机遇积极参加国际条约起草，运用"共享、合作和共赢"精神指导流域合作，重视经济关系对资源与环境治理的密切影响。

(13) 周晓明等[149]指出，由于近年来淡水资源紧缺、气候变暖、水质污染严重，加之我国与周边流域国在国际河流开发利用上的合作与信息交流不足、缺乏互信，以及外部势力大肆渲染"中国水威胁论"等因素的影响，我国与周边流域国在国际河流的开发利用、水生态和水域划界上产生了各种分歧或争端。鉴于我国不同地区国际河流有不同的特点，解决国际河流的争端不能采取单一的方式。建议综合运用政治、经济和法律手段，结合国际河流的政治性、发展阶段性、社会自然因素和不同争端解决方式的特点等加以选择或搭配运用。

(14) 张长春等[150]指出，哥伦比亚河是全球 276 条跨界河流中实现了跨界水利益共享的成功典范。《哥伦比亚河条约》明确了美加双方的权利和义务，确定了利益共享的范围和内容，建立了平等分配、责任共担和利益交换的利益共享模式。常设工程委员会作为执行条约的常设机构，负责协调双方在技术或管理事宜上可能出现的分歧。美加通过水文气象委员会、运行调度委员会制定运行调度等规则，确定双方分享的利益，并根据实际情况，适时签署相关协议和补充协定，保证哥伦比亚河跨界水利益共享机制的有效运转。研究结果表明：《哥伦比亚河条约》确立了利益平等分享原则；美加之间建立了广泛的法律框架；美加之间互惠互利，权利义务明确；《哥伦比亚河条约》尚需不断完善。

(15) 王鹏龙等[151]认为，跨界水资源利用与管理涉及流域国家之间资源分配、环境治理等问题，是国际社会广泛关注的重要议题。气候变化导致的水资源脆弱性进一步加剧了跨界水资源管理的复杂性。我国是亚洲大陆主要国际河流的发源地；如何合理开发跨界水资源，应对气候变化和保障水资源安全，是我国可持续发展面对的重大战略问题。梳理了国际典型跨界水资源应对气候变化的管理政策及实践，建议：以生态系统方法优化流域管理理念，健全跨境合作管理体制机制，加强立法研究融入国际治理体系，开展应对气候变化关键问题研究。

(16) 吴凤平等[152]认为，在气候变化和高强度人类活动的双重影响下，跨境水资源分配已成为影响流域国关系的敏感因素。跨境水资源分配从博弈到共享模式跨越具有一定的通过现实性。通过剖析跨境水资源分配博弈案例，并从要素判断、义利观念、策略抉择、损益评估等方面进行了深刻反思，提出了构建跨境河流“水安全命运共同体”的设想，建议加快完善跨境水资源权益保障与管理机制，包括建立管理体制和完善管理机制。

(17) 张长春等[153]指出，跨界水资源利益共享是实现跨界水资源公平合理利用的一种方式；探讨了跨界水利益共享主体与客体，利益共享的实施过程、实现条件和模式等问题。研究结果表明：跨界水具有公共池塘资源性质，跨界水利益共享的主体是流域国，共享的利益包括防洪、发电、航运、灌溉、社会、文化等。利益共享模式主要有利益共同享有，责任共同承担；权利义务对等，利益平等分配；成本分摊，利益按比例共享；各取所需，利益公平分配；联合行动，全流域水利益共同分享等。利益共享的实现过程首先是数据和信息的共享；其次是利益的识别和评估，并对利益计算方法和分配达成共识；第三是建立机制，保障利益共享。利益共享的实现条件第一是流域国家有合作意愿；第二是合作带来利益增量，或者比单方面行动成本降低；第三是利益的分配公平合理，经得起时间的考验。

(18) 樊彦芳等[154]指出，“山国”尼泊尔水资源与水能资源十分丰富，受自身经济技术水平所限，水资源与水能资源的开发利用有限。尼泊尔主要涉水管理机构包括灌溉部、能源部、供水与卫生部等多个部门，相关水利政策法规有《水资源法》《水电开发政策》《灌溉政策》等。尼泊尔政府 2002 年颁布了《水资源战略》，2005 年制定并通过了旨在实施该战略的《国家水资源规划》。根据尼泊尔水资源管理基本情况，结合其经济社会发展实际需求，建议：加强中尼防洪减灾领域的合作，加强中尼水电开发领域的合作，促进中尼饮水安全保障领域的交流，加强中尼农田水利灌溉设施建设领域的合作，推动中尼气候变化研究领域的国际合作，加强中尼水利人才培训与技术交流。

8.9 其他方面研究进展

关于水法律的研究，除前面章节设单独主题介绍外，还有其他方面内容，如流域排污权交易、取水许可、最严格水资源管理制度以及流域性立法等许多方面。往年设单独主题的水事纠纷处理机制以及生态环境用水两个方面，因近两年研究成果较少，故列入本章介绍。

（1）周爱群等[155]对我国现行的水资源冲突管理制度体系进行了述评；主要梳理了国家制定的水资源冲突管理制度、国务院组成部门的水资源冲突管理制度，以及上述两类制度的主要内容，发现了有关制度的不足。水量冲突管理制度的不足包括：《水法》中规定不够具体；《取水许可和水资源费征收管理条例》缺少跨界取水的明确规定；《水量分配暂行办法》对跨区域水量分配的规定不够具体，在制度的规范性和层级方面有待提高。水质冲突管理制度不足包括：水资源冲突方面有法不依；水污染防治制度过于宽泛，有法难依；跨流域水污染防治方面存在立法空白，无法可依。跨界水资源冲突管理制度的不足包括：现有流域管理制度层级较低；流域管理机构被赋予权限较小；流域管理机构与地方水行政主管部门之间的协调尚需加强；水利工程管理制度中，尚缺乏对流域上下游地区进行综合交叉利用方面的规定；跨界水事纠纷调处制度层级较低，缺乏水事纠纷调处方面的行政法规。

（2）朱喜群[156]认为，生态治理的复杂性和系统性以及人类行为的多样性和嵌套性使得生态治理难以单纯依靠政府或市场，因而需要寻求多元主体的协同治理。以太湖流域生态治理案例中的多元主体协同治理为分析对象，研究发现：生态治理主体和治理手段趋向多元化；多元治理主体之间开始互动融合；政府在生态治理中发挥主导作用，企业、社会组织和民众未能充分发挥应有作用；生态治理效力在较大程度上取决于政府内部不稳定的合作关系。为了有效应对多元主体协同治理的现行困局，建议建立强有力的生态治理专门机构以协同政府内部的治理行为，建立环境市场以协同政府和企业的治理行为，健全公众参与制度以协同公众与政府以及公众与企业的治理行为。

（3）李海辰等[157]认为，自从我国实施取水许可制度以来，取得了积极的社会经济和生态环境成效。随着近几年大量取水许可证陆续到期，各地各级水行政主管部门对到期取水许可证的延续管理进行了积极探索。指出了在实际工作中仍暴露出诸如延续评估缺乏统一依据等问题。建议：明确取水许可延续管理相关法规文件及技术文件，明确由第三方专业机构编制取水许可延续报告，强化取水许可管理基础工作，积极展开水平衡测试，加强宣传力度。

（4）李丽平等[158]认为，中国台湾地区排污许可制度是在美国的基础上发展而来的，已经建立了完整的法律法规、技术规范、市场机制和服务模式，对环境质量的改善发挥了重要作用。由于背景和文化相似，中国台湾的经验对中国大陆更具有借鉴意义。中国台湾排污许可的经验和特点可总结为五个方面：实现排污许可制度与环境影响评价制度、总量控制制度、排污收费等的有效衔接，明晰了环境管理制度框架；政府购买服务，充分发挥第三方在排污许可申报和监管中的作用；强调技术指导和大数据，确保政策制定科学可行；按日计罚与不当获利追缴结合，保障监管威慑力；实施环境保护专责单位或人员制度，提升企业环保技术能力。结合中国大陆排污许可管理现状，建议从明确排污许可与环评、总量、排污收费的关系、建立数据库、采购第三方服务、企业配备专职人员等方面着手完善大陆排污许可制度。

(5) 王鑫等[159]认为，面对严峻的水安全问题，水市场作为优化配置水资源的新兴手段，是缓解我国用水困境的重要途径和保障水安全的必然要求。在系统研究水市场和水安全理论的基础上，强调了建立水市场的必要性；从理论和实践两方面构建面向水安全保障的水市场框架，包括：人水和谐、可持续发展与新时期治水新思路的指导思想；效率原则、优先原则和公平合法的基本原则；建立水权交易平台、完善的水权制度、合理的水价制度，加强外部环境保障；建立严格监督机制的重点内容和建立成熟的三级水市场结构体系等四个部分。

(6) 许根宏[160]基于社会学维度，观察到工业水污染场域存在一个正式规则与实践规范相分离的显性社会事实。该社会事实的生成离不开某种行动逻辑，即工业水污染场域存在一个以地方政策架空正式规则、由污染企业裹挟地方政府、由幕后违规走向台前违规、由内生违规转向外生违规的行动逻辑。决定该行动逻辑的社会原因主要是制度结构失衡下的评价机制、权力结构失衡下的监督机制、规则内化驱动力有限等。研究结果表明：工业水污染的治理机制主要包括主体结构优化、规则文化再生产和有效社会监督 3 个方面。

(7) 王江[161]分析了构建跨界水道开发和利用争端解决机制存在的难点，得出了跨界水道的法律界定和事实认定存在差异，其开发和利用涉及的利益具有多元性特征的结论；指出了在实践中跨界水道开发和利用争端解决存在诉讼拖延导致效率低下，忽视流域生态系统自然特征，诉讼请求之外的利益得不到保护难以达到国际合作治理等问题。建议以“保护优先”为首要原则，以“可预测性”为重要评价指标，以“效率”为关键评价标准，推行流域管理以预防发生争端，形成国际习惯法规则，构建及时、灵活的争端解决机制。

(8) 李金晶等[162]认为，取水许可管理是落实水资源消耗总量和强度双控行动的重要手段，目前我国取水许可管理已经形成了较为完备的法律法规体系，但在具体取水许可管理过程中仍存在诸多问题，需要结合实际情况进行完善。对水资源论证、取水许可审批、取水许可证的发放等取水许可管理工作中常见的问题进行了分析。

(9) 陈超等[163]指出，《水污染防治法》有多个条款涉及饮用水安全和供水应急工作，是供水安全法制化建设的新成果。为落实对供水安全的法律责任，建议：地方政府和供水企业加强水源保护和建设，开展水源风险评估；加强供水监测和处理，保障出水水质合格；加强供水安全应急管理，提高城市应急供水能力；推进行业整合和产学研结合，提升技术水平和服务质量。

(10) 陈飞等[164]首先分析了地下水管理立法的必要性，并从政策支持、公众需求、管理经验等多个方面分析了地下水管理立法的可行性，阐述了立法的基本原则和总体思路；

然后对地下水管理中存在的几个关键问题进行了分析和说明，并在此基础上对地下水管理制度进行了研究；最后为地下水管理立法工作提出了管理制度体系设置建议。建设包括：进一步明确地下水管理体制；设立地下水调查评价、规划、监测等制度；建立地下水取用总量控制和水位控制管理制度；针对地下水分布特点，设立分层分类管理制度；设立地下水战略储备与应急管理制度，建立地下水战略储备制度；设立地下水超采治理与保护制度；设立地下水饮用水水源地管理保护与地下水污染防治制度。

(11) 方兰等[165]认为，当前我国在水生态安全方面所取得的一系列建设成就，包括：用水结构优化，用水效率及水质不断提升；水生态安全相关制度不断完善；水生态管理理念和方式不断提高。但总体状况仍不容乐观，存在水资源匮乏、水质污染严重、生物多样性面临挑战、水治理基础设施依然薄弱、水生态安全制度不够完善以及水生态安全评价体系不完善等问题。建议：强化节水技术推进及基础设施建设，完善水生态制度体系建设、水生态安全评价指标体系、生态补偿相关制度等水生态安全建设方案。

(12) 孟涛[166]认为，我国虽已构建起较为完善的水资源法律保护体系，但对水资源的私法保护仍然不足。水资源集生态价值与经济价值为一体，二者的相互统一，为强化水资源的私法保护奠定了基础。取水权是基于对水资源的有效利用而建立起来的私权制度，是水资源之上所承载的重要财产权益。通过对取水权的保护，能够借助私人执法的优势有效完善我国水资源法律保护体系。取水权是与物权属性相近的绝对权，在私权体系内主要通过物权防御请求权和侵权请求权对其进行保护。依据前者，取水权人可主张排除妨害请求权或妨害防止请求权，依据后者，取水权人可要求侵权行为人承担一般侵权责任或环境侵权责任。建议：第一，在不断强化水资源行政管理制度和环境公益诉讼制度的同时，构筑起以物权防御请求权和侵权请求权为支柱的取水权私法保护制度；第二，充分调动企业和社会公众参与水资源保护，形成政府、企业、相关组织和社会公众等多元治理主体和多元治理体制的协同合作，努力塑造人与自然的生命共同体。

(13) 戴昌军[167]对汉江流域实行最严格水资源管理制度试点的背景条件（流域用水矛盾日益突出，水资源利用方式粗放，水生态环境问题趋于严重以及水资源管理能力较为薄弱等）进行了分析。对建立汉江流域水资源管理“三条红线”、实施流域水资源统一调配、加强水源地保护与管理以及构建跨部门和跨区域协调机制等方面的工作及其重要性进行了阐述。建议：从观念、意识以及措施等各方面把节水放在优先的位置，全面推进节水减污型社会的建设；实施流域水资源统一调配；建立高效的水资源管理体制机制。

(14) 付琳等[168]认为，长江对我国社会经济的可持续发展、生态健康和安全有着重要意义。由于气候变化以及人类不合理的开发利用，长江流域生态环境面临严峻的挑战。因此，亟须《长江保护法》来规范流域开发和保护活动，为长江大保护提供法治保障。分析了长江保护面临的现实问题和制度困境，对《长江保护法》的立法基础、立法思路以及制度选择进行了论证。建议：长江保护立法以习近平总书记关于保障中国水安全和长江经济带发展系列重要讲话为基本遵循，解决长江生态环境突出问题；提高长江大保护法律的针对性和适用性；健全流域管理体制机制；建立严格的法律制度体系。

(15) 胡琳等[169]在全面审视我国河湖管护共性问题和浙江省实际情况的基础上，对浙江省河湖管理现状进行了系统评估与问题解析。针对发现的问题，提出了五个方面的河湖管护发展路径：强化规划引领，严格河湖生态空间管控；推进标准建设，建立“三位一体”标准体系；创新体制机制，完善制度保障体系；推进河湖管理落地，实现河湖精细化管理；建设智慧河湖，提升河湖管理信息化水平。建议：加快制定四类河湖管理标准，持续加强河湖管理基础工作，发挥市场作用加强河湖管理，建立健全监管考核体系，强化队伍建设和经费保障。

(16) 落志筠[170]认为，生态流量关系到上下游之间的用水分配，既可能影响下游生产、生活用水，也可能对下游整体生态产生巨大影响。从现实来看，确保生态流量长期以来一直被我国所实践，尤其是被水电建设实践所重视，但实际执行效果并不理想，因生态流量泄放不足产生的用水纠纷以及生态环境恶化现象十分突出。建议：明确生态流量的法律定位；生态流量保障需融合政府管理与社会治理，实现政府、企业、社会共同保障；形成流域视域下的多层次规则嵌套。

(17) 黎元生[171]指出，科层制、市场化、志愿性和网络化四种流域生态服务供给机制具有各自的适用空间和极强的互补性。按照机制复合体的理论，构建以政府主导型网络化供给为核心、多元复合的生态服务供给体系，是我国流域生态服务供给机制改革的目标导向。建议：在规范科层机制、拓展市场功能和鼓励志愿性行为的基础上引入网络化供给机制，完善流域横向纵向政府间、政府部门间和政府-企业-社会组织伙伴之间三个网络结构。

(18) 王春业等[172]认为，与其他领域相比，涉水法律法规对行政强制行为的设定明显偏少、偏弱，特别是行政强制措施种类更少，只有个别法律法规中设定了“查封”“扣押”等行政强制措施，难以适应水执法的现实需要。建议：加强水法律法规中行政强制措施和行政强制执行条款的设定，特别是加强《水法》《防洪法》《水污染防治法》《水土保持法》等涉水法律中行政强制条款的设置，赋予水执法机关以更多的行政强制权力。同时，对法律以下其他法律规范中涉及行政强制行为进行清理，剔除违法的行政强制条款，以确保涉水领域行政强制行为的统一与规范。

(19) 王煜[173]围绕攻克“三条红线”控制与管理的技术瓶颈，以变化环境下黄河与澳大利亚墨累-达令流域水资源利用对比研究为切入点，在总结黄河与墨累-达令河流域面临水资源量减少、供需矛盾突出、生态环境恶化等相似问题基础上，对比分析了流域规划、水量分配、水权交易、一体化管理等领域的成功经验与问题，充分吸收墨累-达令河流域的先进经验，提出了适用于变化环境下黄河流域的最严格水资源管理决策方法和策略体系。

(20) 汪义杰等[43]分析了流域水生态文明建设热点和难点，探讨了流域水生态系统健康评价方法及应用，提出了流域水生态文明建设分区。以桂江作为流域水生态文明建设示范区进行了研究，建议：流域水生态文明建设在当前流域水质目标管理的基础上，进一步明确流域内各区域在生态系统保护中的权利和义务，根据共建共享理念，制定全流域合作与交流机制，促进流域水生态文明建设工作的落实。

8.10 与 2015—2016 年进展对比分析

(1) 在流域管理法律制度研究方面，研究者较多，研究内容丰富，每年涌现不少研究成果，但创新性成果较少。随着水资源对经济社会持续发展和生态环境可持续保护的制约作用不断凸显，学者对流域管理的研究进一步深入，与2015—2016年相比更加成熟。近两年，研究延续了以往特点，注重从国际视野以及具体流域特殊性的角度考察流域管理法律制度；在此基础上，应用研究增多，研究内容呈现深入化、具体化以及可操作性强的特点。例如，学者多从流域管理立法层面进行研究，建议加快落实具体流域立法，为流域管理提供法制保障，具有重要的现实意义。而且，流域立法有成为研究热点的趋势。

(2) 水权是水资源管理研究领域中的重点内容。自2000年10月22日水利部时任部长汪恕诚作出《水权和水市场——谈实现水资源优化配置的经济手段》的论述以来，水权一直都是学界研究的热点，研究成果在数量上非常丰富。但在质量上则有些差强人意，空洞的理论性成果多、不具有可操作性成果多，低水平重复研究占大多数，无论在基本常识还是结果方面错误都不少，真正跨学科性的高水平成果非常少见。水行政主管部门和流域管理机构在水权建设方面进展不小，2018年3月13日，国务院机构改革方案公布；2018年9月10日，公布了自然资源部、水利部等16个部门的“三定”方案。其中，自然资源部整合了8个部门的职能，负责自然资源（包括水资源）的确权登记工作。总的来说，近两年水权制度的研究突破性较小，但与往年相比，研究在注重地域的特殊性与实践的可操作性上有了一定深入。

(3) 水环境保护法律制度是水科学研究的核心内容之一，学术界长期以来着重从不同角度进行研究，研究成果较多。2015—2016年，产生了较多关于水环境保护法律制度方面的研究成果，在质量和学术层次方面有了很大提高；2017—2018年，在往年高质量的基础上，创新性观点与突破性成果较少，但出现了一些不同的角度与侧重点。主要表现在以下三个方面：一是水环境保护模式的探索，创新性地提出了多元合作共治机制，为我国水环境保护模式的完善提供了建设性的指导；二是跨区域水污染治理的讨论，这表明越来越多的学者注意到我国跨区域水污染的现实问题，同时也是对流域管理一体化的积极回应；三是流域立法视角的研究，有学者对水环境保护法律制度进行研究，根据具体流域的特点，对水环境保护提供更加具体完善的法律保护。

(4) 在涉水生态补偿机制研究方面，参与的学者较多，研究内容丰富，每年有较多学术成果。2015—2016年期间，主要是从补偿主体、补偿标准、补偿方式以及立法保护四个方面进行研究。近两年的研究在以下三个方面表现突出：一是应用研究数量明显增加，并增加了对具体地区特殊性的考虑，提高了研究结果的实用性与可操作性；二是增加了对跨地区流域生态补偿机制的研究，与流域管理一体化相呼应，提升了研究的科学性；三是出现了一些不同的视角（如产权视角）的研究，丰富了研究内容。

(5) 近年来，河（湖）长制的研究成为水科学领域的热点问题。2016年年底河长制在全国范围内推行，并于2018年6月全面建立。关于河（湖）长制相关问题研究的热度不断上涨，但学者大多从法律机制建构和现实困境的角度进行分析研究。由于推行时间短，且是中国首创的水治理模式，2015—2016年期间，河长制仅在部分地区试行，所以研究人数和研究成果都较少。近两年，尽管参与学者数量大幅增加，研究成果数量较大，但遵循政府现行制度的实践研究较多，有理论高度和深度的理论性研究较少。

(6) 对外国水法的研究，一直是我国学者在研究水政策法律中十分关注的内容和方向。近年来研究学者较多，研究内容丰富。2015—2016 年，研究范围不断扩大，不仅有对美国、澳大利亚和欧盟的研究，还有对韩国、蒙古、俄罗斯的研究。近两年，范围呈缩小趋势，多关注美国、澳大利亚等发达国家的先进理论成果与实践经验，在水权制度的构建与完善、水环境保护、水污染防治、流域一体化综合治理等方面产出了不少学术成果。总的来说，虽然研究范围有所缩小，但针对性有所增强，在一定程度上弥补了我国水治理方面的不足与薄弱部分。

(7) 国际水法长期以来都是法学界研究的热点。我国学界的研究主要始于联合国大会于 1997 年通过《国际水道非航行使用法公约》以后。与 2015—2016 年相比，近两年关于国际水法方面的研究在数量上没有明显增长，研究国际法的学者依然不多，但研究内容质量提高明显，深度有所增加。近两年，我国学者主要从跨境河流的水资源分配、水环境保护、水污染治理、合作管理以及国际水法对我国的影响和应对措施等方面，对国际水法的相关理论和实践问题进行研究，取得了一些研究成果。值得关注的是，近两年对于国际水法研究出现了新的视角，侧重于我国的国际实践，多以“一带一路”“澜湄机制”等为背景进行研究，具有很强的可操作性与借鉴意义。总体来说，国际水法方面的研究虽然数量不多，但质量较高。既突出国际流域生态系统的经济价值和生态价值，又与时俱进，体现了“一带一路”战略眼光与思想。对保障我国水资源安全、加强跨境河流的合作管理、水资源的共同开发利用具有重要意义。

(8) 近年来关于水资源其他方面的研究不断深入、扩展，研究内容丰富，理念新颖。如流域排污权交易、取水许可、水事纠纷处理机制以及最严格水资源管理制度等方面都取得了不少学术成果。与 2015—2016 年相比，水事纠纷处理机制与生态环境用水方面，研究数量较少，突破性学术成果较少，故未单独成章。

本章撰写人员

本章撰写人员名单（按贡献排名）：胡德胜、孙睿恒。具体分工见下表。

节　名	作　者	单　位
8.1　概述	胡德胜	重庆大学法学院
8.2　流域管理法律制度研究进展	胡德胜、孙睿恒	重庆大学法学院
8.3　水权制度研究进展	胡德胜、孙睿恒	重庆大学法学院
8.4　水环境保护法律制度研究进展	孙睿恒、胡德胜	重庆大学法学院
8.5　涉水生态补偿机制研究进展	孙睿恒、胡德胜	重庆大学法学院
8.6　河（湖）长制研究进展	孙睿恒、胡德胜	重庆大学法学院
8.7　外国水法研究进展	孙睿恒、胡德胜	重庆大学法学院
8.8　国际水法研究进展	胡德胜、孙睿恒	重庆大学法学院
8.9　其他方面研究进展	孙睿恒、胡德胜	重庆大学法学院
8.10　与 2015—2016 年进展对比分析	胡德胜、孙睿恒	重庆大学法学院

参考文献

[1] 鲁帆，肖伟华，李传科，等．南流江流域最严格水资源管理制度实施刍议［J］．华北水利水电大

学学报（自然科学版），2017，38（01）：22-25.

[2] 文传浩，秦方鹏，王钰莹，等．从库区管理到流域治理：三峡库区水环境管理的战略转变［J］．西部论坛，2017，27（02）：58-62.

[3] 常亮，刘凤朝，杨春薇．基于市场机制的流域管理PPP模式项目契约研究［J］．管理评论，2017，29（03）：197-206.

[4] 朱艳丽．我国流域立法的困境分析及对策研究［J］．华北水利水电大学学报（自然科学版），2017，38（02）：16-19.

[5] 曹伊清，翁静雨．政府协作治理水污染问题探析［J］．吉首大学学报（社会科学版），2017，38（03）：103-108.

[6] 彭中遥，李爱年，王彬．长江流域一体化保护的法治策略［J］．环境保护，2018，46（09）：27-31.

[7] 孔燕，余艳红，苏斌．云南九大高原湖泊流域现行管理体制及其完善建议［J］．水生态学杂志，2018，39（03）：67-75.

[8] 黄馨娴，胡宝清．五大发展理念视角下的南流江流域综合管理研究［J］．人民长江，2018，49（15）：30-35，84.

[9] 李奇伟．从科层管理到共同体治理：长江经济带流域综合管理的模式转换与法制保障［J］．吉首大学学报（社会科学版），2018，39（06）：60-68.

[10] 吴宇．长江流域管理体制改革：整体性与复杂性的因应［J］．环境保护，2018，46（23）：51-55.

[11] 吕忠梅．寻找长江流域立法的新法理——以方法论为视角［J］．政法论丛，2018（06）：67-80.

[12] 刘超．《长江法》制定中涉水事权央地划分的法理与制度［J］．政法论丛，2018（06）：81-93.

[13] 刘长兴．论流域资源配置的基本原则与制度体系［J］．政法论丛，2018（06）：94-105.

[14] 马海峰，王景山，鲍子云，等．宁夏水权交易试点实施技术方案研究——以中宁县农业节水向工业流转为例［J］．中国农村水利水电，2017（01）：167-170.

[15] 靳玉莹，赵勇，张金萍，等．基于多目标优化模型的承德市初始水权分配［J］．水电能源科学，2017，35（01）：156-159.

[16] 郑志来，胡森．多主体模型下农用水权置换影响因素的机理研究［J］．节水灌溉，2017（03）：78-82.

[17] 王丛，谭周令，李万明．玛河流域水权交易中的产权管制放松逻辑［J］．中国农村水利水电，2017（03）：204-207.

[18] 吴凤平，王丰凯，金姗姗．关于我国区域水权交易定价研究——基于双层规划模型的分析［J］．价格理论与实践，2017（02）：157-160.

[19] 田贵良，顾少卫，韦丁，等．农业水价综合改革对水权交易价格形成的影响研究［J］．价格理论与实践，2017（02）：66-69.

[20] 黄涛珍，张忠．水权交易的第三方效应及对策研究——以东阳义乌水权交易为例［J］．中国农村水利水电，2017（04）：129-132，136.

[21] 郑航，陈奔，林木．基于集市型水权交易模型的报价行为［J］．清华大学学报（自然科学版），2017，57（04）：351-356.

[22] 顾沁扬．县域农业初始水权分配方法初探［J］．中国农村水利水电，2017（06）：205-206.

[23] 王亚华，舒全峰，吴佳喆．水权市场研究述评与中国特色水权市场研究展望［J］．中国人口·资源与环境，2017，27（06）：87-100.

[24] 许波刘，肖开提·阿不都热依木，董增川，等．大型灌区水权市场建立的探讨［J］．水力发电，2017，43（07）：100-103.

[25] 郑志来，胡森．土地流转背景下农用水权置换不同投资模式的实证研究［J］．农村经济，2017

(07)：110-114.
[26] 周璒，李洪任．南方丰水地区水权交易制度体系构建——以江西省为例［J］．人民长江，2017，48（14）：37-40.
[27] 李铁男，董鹤，徐柳娟．黑龙江省庆安县水权确权工作探索与研究［J］．节水灌溉，2017（08）：106-109.
[28] 伏绍宏，张义佼．对我国水权交易机制的思考［J］．社会科学研究，2017（05）：96-102.
[29] 吴丹，王亚华，马超．大凌河流域初始水权分配实践评价［J］．水利水电科技进展，2017，37（05）：35-40.
[30] 王鹏全，张丽娟，吴元梅，等．基于水权管理的水资源可持续承载力测评研究［J］．中国农村水利水电，2017（09）：67-71，76.
[31] 王军权，蓝楠．信托制度在水权出让环节的作用研究［J］．中国地质大学学报（社会科学版），2017，17（05）：64-71.
[32] 张建岭，窦明，赵培培，等．基于节水增效目标的河南省南水北调受水区水权交易模型［J］．中国农村水利水电，2017（10）：158-162，168.
[33] 孙建光，韩桂兰．塔里木河流域可转让农用水权分配研究［J］．节水灌溉，2017（11）：80-83.
[34] 吴丹，王亚华．双控行动下流域初始水权分配的多层递阶决策模型［J］．中国人口·资源与环境，2017，27（11）：215-224.
[35] 李铁男，董鹤，徐柳娟，等．基于层次分析法的五常市水权分配模型研究［J］．节水灌溉，2017（12）：81-84，93.
[36] 刘芳，苗旺，孙悦．转型期水权管理的进展研判及改革路径研究——以山东省为例［J］．吉首大学学报（社会科学版），2018，39（01）：95-103.
[37] 潘海英，叶晓丹．水权市场建设的政府作为：一个总体框架［J］．改革，2018（01）：95-105.
[38] 郭晖，陈向东，刘钢．南水北调中线工程水权交易实践探析［J］．南水北调与水利科技，2018，16（03）：175-182.
[39] 石腾飞．区域水权及其科层权力运作［J］．农业经济问题，2018（06）：129-137.
[40] 田贵良．权属改革引领下新时代水资源现代治理体系［J］．环境保护，2018，46（06）：53-58.
[41] 孙建光，韩桂兰．塔里木河流域被挤占的干流绿洲生态水权研究［J］．人民长江，2018，49（07）：20-23，67.
[42] 武翠芳，熊金辉，邓晓红，等．水权交易中第三方回流效应分析——以张掖市甘临高地区为例［J］．冰川冻土，2018，40（02）：404-414.
[43] 汪义杰．流域水生态文明建设理论、方法及实践［M］．北京：中国环境科学出版社，2018.
[44] 田贵良，伏洋成，李伟，等．多种水权交易模式下的价格形成机制研究［J］．价格理论与实践，2018（02）：5-11.
[45] 吴凤平，于倩雯，沈俊源，等．基于市场导向的水权交易价格形成机制理论框架研究［J］．中国人口·资源与环境，2018，28（07）：17-25.
[46] 田贵良．国家试点省（区）水权改革经验比较与推进对策［J］．环境保护，2018，46（13）：28-35.
[47] 龚春霞．优化配置农业水权的路径分析——以个体农户和农村集体的比较分析为视角［J］．思想战线，2018，44（04）：108-116.
[48] 刘清华，张建斌．内蒙古沿黄地区二维水权准市场交易构建逻辑与发展路径研究［J］．经济研究参考，2018（50）：73-79.
[49] 王慧．水权交易的理论重塑与规则重构［J］．苏州大学学报（哲学社会科学版），2018，39（06）：73-84.
[50] 黄伟．流域水资源配置利用管理方法与政策研究［M］．北京：科学出版社，2017.

[51] 陈金木，吴强．水权改革与水利法治之思 [M]. 北京：北京大学出版社，2017.
[52] 张文松．从管制到合作：环境法合作原则下水污染治理模式的反思与重构 [J]. 中南大学学报（社会科学版），2017，23 (01)：49-57.
[53] 刘静，刘录三，郑丙辉．入海河口区水环境管理问题与对策 [J]. 环境科学研究，2017，30 (05)：645-653.
[54] 赵凤仪，熊明辉．我国跨区域水污染治理的困境及应对策略 [J]. 南京社会科学，2017 (05)：74-80.
[55] 张文松，蔡守秋．推行水污染合作治理模式的法治路径 [J]. 中州学刊，2017 (05)：57-60.
[56] 张婷，王友云．水污染治理政策工具的优化选择 [J]. 开放导报，2017 (03)：27-32.
[57] 邱光胜，王波，黄俊．新形势下做好长江入河排污口管理的思考 [J]. 人民长江，2017，48 (11)：11-15.
[58] 刘勇兵，阮力，靳鹏．黄柏河东支流域水资源保护措施研究 [J]. 中国农村水利水电，2017 (07)：129-130，136.
[59] 梅宏．排污许可制度何以成为点源环境治理的核心制度？[J]. 郑州大学学报（哲学社会科学版），2017，50 (05)：31-34，158.
[60] 黄文清，谷树忠．南水北调中线水源地保护法制保障能力分析 [J]. 人民长江，2017，48 (23)：18-21，39.
[61] 何艳梅．最严格水资源管理制度的落实与《水法》的修订 [J]. 生态经济，2017，33 (09)：180-183，236.
[62] 陈蕾，王孟，邓瑞．试论地方水资源保护立法中法律责任设定 [J]. 人民长江，2018，49 (02)：7-10，22.
[63] 杨志云，殷培红．流域水环境保护执法改革：体制整合、管理变革及若干建议 [J]. 行政管理改革，2018 (02)：38-42.
[64] 王建文，李俊．我国水排污权交易市场构建的法律思考 [J]. 河海大学学报（哲学社会科学版），2018，20 (03)：85-89，93.
[65] 张丛林，乔海娟，王毅，等．生态文明背景下流域/跨区域水环境管理政策评估 [J]. 中国人口·资源与环境，2018，28 (07)：76-84.
[66] 杨开元，孙芳城，郭海蓝．面向流域的饮用水水源污染防治机制改革——以长江经济带为分析对象 [J]. 西部论坛，2018，28 (05)：91-98.
[67] 田园宏，丁进锋．大部制背景下长三角地区污水治理策略选择 [J]. 治理研究，2018，34 (05)：71-79.
[68] 古小东．基于生态系统的流域立法：我国水资源环境保护困境之制度纾解 [J]. 青海社会科学，2018 (05)：56-63.
[69] 田家华，吴铱达，曾伟．河流环境治理中地方政府与社会组织合作模式探析 [J]. 中国行政管理，2018 (11)：62-67.
[70] 王俊燕，刘永功，卫东山．治理视角下跨省流域生态补偿协商机制构建——以新安江流域为例 [J]. 人民长江，2017，48 (06)：15-19.
[71] 邓坚．广西建立水生态补偿机制探讨 [J]. 节水灌溉，2017 (04)：101-105.
[72] 林秀珠，李小斌，李家兵，等．基于机会成本和生态系统服务价值的闽江流域生态补偿标准研究 [J]. 水土保持研究，2017，24 (02)：314-319.
[73] 耿翔燕，葛颜祥，王爱敏．水源地生态补偿综合效益评价研究——以山东省云蒙湖为例 [J]. 农业经济问题，2017，38 (04)：93-101，112.
[74] 朱九龙．南水北调中线水源区生态补偿标准与资金分配方式 [J]. 水电能源科学，2017，35 (04)：157-160.

[75] 田旭，杨朝晖，霍炜洁．三江源地区流域生态补偿机制探讨［J］．人民长江，2017，48（08）：15-18.

[76] 张秀菊，龙媚，闻振东，等．常熟市水生态补偿现状及问题探讨［J］．人民长江，2017，48（10）：13-17.

[77] 刘铮，张宇恒．基于共享发展理念的生态补偿机制研究——以新安江流域为例［J］．毛泽东邓小平理论研究，2017（05）：51-56，107.

[78] 周赞，孙世军，崔朋．饮用水源保护区生态补偿标准修正核算方法［J］．南水北调与水利科技，2017，15（04）：94-100.

[79] 朱九龙．南水北调中线工程水源区生态补偿优先系数研究［J］．水电能源科学，2017，35（07）：113-116，100.

[80] 马永喜，王娟丽，王晋．基于生态环境产权界定的流域生态补偿标准研究［J］．自然资源学报，2017，32（08）：1325-1336.

[81] 余维祥．淮河流域水污染治理与生态补偿机制构建［J］．改革与战略，2017，33（10）：147-149，154.

[82] 付意成，张剑，张春玲．流域生态补偿“三性”衡量理论研究［J］．水电能源科学，2017，35（11）：107-111.

[83] 成波，李怀恩．基于河道生态基流保障的农业生态补偿量研究［J］．自然资源学报，2017，32（12）：2055-2064.

[84] 杜林远，高红贵．我国流域水资源生态补偿标准量化研究——以湖南湘江流域为例［J］．中南财经政法大学学报，2018（02）：43-50.

[85] 王坤，何军，陈运帷，等．长江经济带上下游生态补偿方案设计［J］．环境保护，2018，46（05）：59-63.

[86] 苑清敏，孙恺溪．基于虚拟水足迹的京津冀合作生态补偿机制研究［J］．节水灌溉，2018（04）：73-77.

[87] 银晓丹．水环境污染治理的生态补偿法律制度的完善［J］．辽宁大学学报（哲学社会科学版），2018，46（03）：113-118.

[88] 谭婉冰．基于强互惠理论的湘江流域生态补偿演化博弈研究［J］．湖南社会科学，2018（03）：158-165.

[89] 潘华，周小凤．长江流域横向生态补偿准市场化路径研究——基于国土治理与产权视角［J］．生态经济，2018，34（09）：179-184.

[90] 姬鹏程．加快完善我国流域生态补偿机制［J］．宏观经济管理，2018（10）：41-46.

[91] 张化楠，葛颜祥，接玉梅．流域生态补偿的复制动态及进化稳定策略分析［J］．统计与决策，2018，34（20）：50-53.

[92] 李红松．跨省流域生态补偿机制构建研究［J］．学术探索，2018（11）：69-76.

[93] 周春芳，张新，刘斌．基于演化博弈的流域生态补偿机制研究——以贵州赤水河流域为例［J］．人民长江，2018，49（23）：38-42.

[94] 邱宇，陈英姿，饶清华，等．基于排污权的闽江流域跨界生态补偿研究［J］．长江流域资源与环境，2018，27（12）：2839-2847.

[95] 朱建华，张惠远，郝海广，等．市场化流域生态补偿机制探索——以贵州省赤水河为例［J］．环境保护，2018，46（24）：26-31.

[96] 马少卿．民族地区水资源生态补偿法律机制研究［M］．北京：中国科学技术出版社，2017.

[97] 杜林远．我国流域水资源生态补偿制度框架研究［M］．北京：经济科学出版社，2018.

[98] 才惠莲．我国跨流域调水生态补偿法律制度研究［M］．北京：法律出版社，2018.

[99] 陈自娟．基于水环境承载力的滇池流域生态补偿机制研究［M］．北京：科学出版社，2018.

[100] 刘超．环境法视角下河长制的法律机制建构思考［J］．环境保护，2017，45（09）：24-29.
[101] 吴勇，熊晨．湖南省河长制的实践探索与法制化构建［J］．环境保护，2017，45（09）：30-33.
[102] 王东，赵越，姚瑞华．论河长制与流域水污染防治规划的互动关系［J］．环境保护，2017，45（09）：17-19.
[103] 朱玫．中央环保督察背景下河长制落实的难点与建议［J］．环境保护，2017，45（09）：20-23.
[104] 左其亭，韩春华，韩春辉，等．河长制理论基础及支撑体系研究［J］．人民黄河，2017，39（06）：1-6，15.
[105] 朱玫．新一轮河长制亟需破解公共地悲剧［J］．环境经济，2017（12）：20-22.
[106] 周建国，熊烨．“河长制”：持续创新何以可能——基于政策文本和改革实践的双维度分析［J］．江苏社会科学，2017（04）：38-47.
[107] 郭建宏．中山市河湖管护实施河长制的思考与建议［J］．人民长江，2017，48（14）：5-8.
[108] 黎元生，胡熠．流域生态环境整体性治理的路径探析——基于河长制改革的视角［J］．中国特色社会主义研究，2017（04）：73-77.
[109] 李轶．河长制的历史沿革、功能变迁与发展保障［J］．环境保护，2017，45（16）：7-10.
[110] 郝亚光．“河长制”设立背景下地方主官水治理的责任定位［J］．河南师范大学学报（哲学社会科学版），2017，44（05）：13-18.
[111] 李美存，曹新富，毛春梅．河长制长效治污路径研究——以江苏省为例［J］．人民长江，2017，48（19）：21-24.
[112] 戚建刚．河长制四题——以行政法教义学为视角［J］．中国地质大学学报（社会科学版），2017，17（06）：67-81.
[113] 郑容坤．水资源多中心治理机制的构建——以河长制为例［J］．领导科学，2018（08）：42-45.
[114] 詹国辉．跨域水环境、河长制与整体性治理［J］．学习与实践，2018（03）：66-74.
[115] 王伟，李巍．河长制：流域整体性治理的样本研究［J］．领导科学，2018（17）：16-19.
[116] 罗跃辉，李仲，黄玉美，等．沿边跨境多民族地区河长制探索——以普洱市为例［J］．人民长江，2018，49（S1）：26-29.
[117] 雷明贵．流域治理公众参与制度化实践：“双河长”模式——以湘江治理保护实践为例［J］．环境保护，2018，46（15）：63-66.
[118] 沈晓梅，姜明栋．基于DPSIRM模型的河长制综合评价指标体系研究［J］．人民黄河，2018，40（08）：78-84，90.
[119] 李汉卿．行政发包制下河长制的解构及组织困境：以上海市为例［J］．中国行政管理，2018（11）：114-120.
[120] 郑雅方．论长江大保护中的河长制与公众参与融合［J］．环境保护，2018，46（21）：41-45.
[121] 李芳．落实河长制推进湖长制：建立全流域管理维护良好生态环境［J］．广西民族大学学报（哲学社会科学版），2018，40（06）：204-209.
[122] 史玉成．流域水环境治理“河长制”模式的规范建构——基于法律和政治系统的双重视角［J］．现代法学，2018，40（06）：95-109.
[123] 张军红，侯新．河长制的实践与探索［M］．郑州：黄河水利出版社．2017.
[124] 于文轩．美国水污染损害评估法制及其借鉴［J］．中国政法大学学报，2017（01）：117-131.
[125] 任宣霈．美国汤姆斯河水污染案件的反思与启示［J］．环境保护，2017，45（05）：59-61.
[126] 朱蔚青．德国、荷兰和俄罗斯水污染税收制度实践及经验借鉴［J］．世界农业，2017（05）：167-172.
[127] 严予若，万晓莉，伍骏骞，等．美国的水权体系：原则、调适及中国借鉴［J］．中国人口·资源与环境，2017，27（06）：101-109.
[128] 王世群．澳大利亚水资源市场化改革及其启示［J］．世界农业，2017（09）：109-114，244.

[129] 刘辉，张慧玲．农田水利产权与治理：国际经验与借鉴 [J]. 世界农业，2017 (10)：148 - 153.
[130] 谢伟．美国 TMDL 制度发展及启示 [J]. 社会科学家，2017 (11)：100 - 106.
[131] 宋国君，赵文娟．中美流域水质管理模式比较研究 [J]. 环境保护，2018，46 (01)：70 - 74.
[132] 赵文娟，宋国君．美国区域排污权交易市场“RECLAIM 计划”的经验及启示 [J]. 环境保护，2018，46 (05)：75 - 77.
[133] 王寅，刘云杰，徐梓曜．澳大利亚维多利亚州水权制度经验借鉴 [J]. 人民黄河，2018，40 (05)：54 - 57.
[134] 李涛，杨喆．美国流域水环境保护规划制度分析与启示 [J]. 青海社会科学，2018 (03)：66 - 72.
[135] 和夏冰，殷培红．墨累-达令河流域管理体制改革及其启示 [J]. 世界地理研究，2018，27 (05)：52 - 59.
[136] 谢伟．美国清洁水法原理 [M]. 北京：法律出版社，2018.
[137] 胡德胜．国际水法上的利益共同体理论：理想与现实之间 [J]. 政法论丛，2018 (05)：34 - 51.
[138] 付实．国际水权制度总结及对我国的借鉴 [J]. 农村经济，2017 (01)：124 - 128.
[139] 余世维，冯彦，王文玲．《国际水道非航行使用法公约》被认可的区域差异性 [J]. 地理学报，2017，72 (02)：303 - 314.
[140] 付琴雯．中国参与跨界水资源治理的法律立场和应对——以新“澜湄机制”为视角 [J]. 学术探索，2017 (03)：34 - 42.
[141] 孙畅，何颖．水污染治理要打好“国际合作牌”[J]. 人民论坛，2017 (08)：78 - 79.
[142] 胡德胜．中哈跨界地表水体生态环境的保护合作 [J]. 中华环境，2018 (05) 38 - 40.
[143] 郝少英．丝绸之路经济带建设中的中哈跨界河流合作利用面临的难题及对策 [J]. 俄罗斯东欧中亚研究，2017 (03)：103 - 116，158.
[144] 楚行军．全球水目标视域中的中国“水十条”[J]. 人民黄河，2017，39 (06)：38 - 40，46.
[145] 刘华．以软法深化周边跨界河流合作治理 [J]. 北京理工大学学报（社会科学版），2017，19 (04)：135 - 143.
[146] 周海炜，刘宗瑞，郭利丹．国际河流水资源合作治理的柔性特征及其对中国的启示 [J]. 河海大学学报（哲学社会科学版），2017，19 (04)：29 - 34，90.
[147] 李志斐．欧盟对中亚地区水治理的介入性分析 [J]. 国际政治研究，2017，38 (04)：103 - 124，5 - 6.
[148] 黄颖．气候变化对亚洲国际水争端不利影响的国际法回应 [J]. 江淮论坛，2017 (06)：103 - 110.
[149] 周晓明，黄雅屏，赵发顺．我国国际河流水资源争端及解决机制 [J]. 边界与海洋研究，2017，2 (06)：62 - 71.
[150] 张长春，刘博．哥伦比亚河跨界水利益共享实践研究 [J]. 边界与海洋研究，2017，2 (06)：105 - 115.
[151] 王鹏龙，高峰，王宝，等．应对气候变化的跨境水资源国际管理实践及对中国的启示 [J]. 生态经济，2018，34 (10)：167 - 172.
[152] 吴凤平，谭东升．构建“水安全命运共同体”——从博弈到共享的跨境水资源分配 [J]. 经济与管理评论，2018，34 (06)：143 - 150.
[153] 张长春，樊彦芳．跨界水资源利益共享研究 [J]. 边界与海洋研究，2018，3 (06)：92 - 102.
[154] 樊彦芳，张长春，黄聿刚，等．尼泊尔水资源管理体制与中尼水利合作初步思路 [J]. 边界与海洋研究，2018，3 (06)：103 - 110.
[155] 周爱群，吴凤平．我国现有水资源冲突管理制度体系探析 [J]. 人民长江，2017，48 (03)：33 - 38，43.

[156] 朱喜群．生态治理的多元协同：太湖流域个案 [J]. 改革，2017 (02)：96-107.
[157] 李海辰，秦韬，邱颖，等．中国取水许可延续管理问题分析 [J]. 中国人口资源与环境，2017，27 (S1)：80-82.
[158] 李丽平，徐欣，李瑞娟，等．中国台湾地区排污许可制度及其借鉴意义 [J]. 环境科学与技术，2017，40 (06)：201-205.
[159] 王鑫，左其亭，韩春辉．面向水安全保障的水市场构建 [J]. 华北水利水电大学学报（社会科学版），2017，33 (04)：12-16.
[160] 许根宏．工业水污染的行动逻辑、社会原因及治理机制 [J]. 河海大学学报（哲学社会科学版），2017，19 (04)：59-64，91-92.
[161] 王江．跨界水道开发和利用争端解决机制的构建研究 [J]. 环境保护，2017，45 (17)：68-71.
[162] 李金晶，张立锋，赵祎雯，等．关于取水许可管理有关问题的探讨 [J]. 中国水利，2017 (19)：42-45.
[163] 陈超，刘扬，林朋飞，等．新《水污染防治法》在保障供水安全方面的法制化建设成果 [J]. 中国给水排水，2017，33 (20)：11-19.
[164] 陈飞，于丽丽，侯杰，等．地下水管理立法分析与制度研究 [J]. 人民黄河，2018，40 (01)：46-49.
[165] 方兰，李军．论我国水生态安全及治理 [J]. 环境保护，2018，46 (Z1)：30-34.
[166] 孟涛．论我国水资源私法保护的强化与完善——以取水权的保护为视角 [J]. 湖北社会科学，2018 (05)：114-121.
[167] 戴昌军．汉江流域实行最严格水资源管理制度探索与实践 [J]. 人民长江，2018，49 (18)：10-14.
[168] 付琳，肖雪，李蓉．《长江保护法》的立法选择及其制度设计 [J]. 人民长江，2018，49 (18)：1-5.
[169] 胡琳，何斐，胡玲，等．新时代浙江省河湖管理发展路径与政策建议 [J]. 人民长江，2018，49 (21)：9-12.
[170] 落志筠．生态流量的法律确认及其法律保障思路 [J]. 中国人口资源与环境，2018，28 (11)：102-111.
[171] 黎元生．我国流域生态服务供给机制改革的目标与路径研究 [J]. 环境保护，2018，46 (24)：20-25.
[172] 王春业，邢鸿飞．论涉水法律法规中行政强制行为的设定 [J]. 河海大学学报（哲学社会科学版），2018，20 (06)：75-82，93.
[173] 王煜．变化环境下黄河与墨累-达令河流域水资源管理策略比较研究 [M]. 北京：科学出版社，2018.

第9章　水文化研究进展报告

9.1　概述

9.1.1　背景与意义

（1）水是文明之源。在中国，水的作用更加明显。中华民族是一个有着五千年灿烂历史的民族。在认识和改造自然的过程中，先民创造了既绚烂多姿又具有独特内涵的中华传统文化。而水，不仅影响了中国文化的产生，而且随着历史的演进，已成为中国文化所阐释的一个重要"对象主体"并使这一文化体系产生一种特异的艺术光彩。中国古代的易学、儒家以及道家等学派的思想中都有着深厚的水文化思想。因此，中国水文化不仅是中华文化的重要组成部分，也是全人类文化宝库中的瑰宝。

（2）中华人民共和国成立70周年以来，我国水文化建设取得了丰硕的成果。1995年，成立了中国水利文协水文化研究会，现在更名为水文化工作委员会。这是目前唯一的全国性水文化的社团组织。2008年水利部举办了首届中国水文化论坛，2009年成立了中华水文化专家委员会。为了贯彻党的十七大和十七届六中全会的精神，水利部制订并颁布了《水文化建设规划纲要（2011—2020年）》。规划纲要立足水行业，辐射全社会，对水文化建设的必要性、指导思想、原则目标、主要任务、保障措施都作了明确规定；成为全国水文化建设的行动纲领，水行业振兴的精神动力。

（3）社会文明发展到今天，研究水文化，认识水文化，营造水文化，弘扬水文化，有助于人的身心健康，可以给人们提供环境优美宜人的休闲娱乐场所，带来清新自然的浪漫气息，怡养人们的情趣和心境，还能给人以知识、思考、教育和启迪。因此，认识水文化，挖掘水文化，弘扬水文化，对于增强全社会的爱水、亲水、节约水、保护水的意识，转变用水观念和经济增长方式，创新发展模式，形成良好的社会风尚和社会氛围，遵循水的自然规律和社会经济规律，规范人类行为，实现自律式发展，科学地开发利用、节约保护水资源，建设资源节约型、环境友好型社会，从容应对水危机，促进人水和谐，以水资源的可持续利用保证社会经济环境的可持续发展，全面建成小康社会和实现中华民族伟大复兴都具有十分重要的现实意义和深远的历史意义。

9.1.2　标志性成果或事件

（1）2017年4月7日，中国水利文学艺术协会2017年常务理事会议在南京水利科学研究院铁心桥基地召开。来自全国水利系统的中国水利文协常务理事参加会议，共同探讨我国水利文学艺术事业发展，推动水利文学艺术工作不断前进。中国水利文协主席何源满主持会议，中国水利文协副主席、水利部离退休干部局局长凌先有，中国水利文协秘书长司毅兵出席会议。南京水利科学研究院党委副书记林晓斌出席并致辞。会议听取和审议了何源满代表中国水利文学艺术协会作了题为《以坚定的文化自信 不断开创水利文学艺术工作新局面》的工作报告。

(2) 2017 年 4 月 23—25 日，中国水利文学艺术协会在湖北武汉召开第七届理事会第二次会员代表大会，总结 2017 年水利文学艺术工作，部署 2018 年重点工作任务，推进水利文协自身建设。中国水利文协主席何源满出席会议并作工作报告。报告结合中国特色社会主义进入新时代，对水利文艺工作提出更高要求，强调广大水利系统文化艺术工作者要继承“文以载道”“艺以弘道”传统，扎根水利，大力弘扬水利行业精神，热情讴歌水利现代化事业辉煌成就，积极展示水利人文化自信和良好精神风貌，紧紧围绕水利中心工作，稳步拓展水利文艺工作服务覆盖范围，进一步提升水利文艺工作新境界。

(3) 2017 年 4 月 23 日，水利部和河南省政府共同召开的许昌市水生态文明城市建设试点验收会议上，许昌市以 92.5 分的技术评估高分顺利通过验收，成为全国第二个、河南省首个通过试点验收的城市，也标志着许昌市“五城联创”首战告捷。

(4) 2017 年 6 月 12—13 日，水利部在南京举办河长制工作培训班。水利部副部长叶建春到会做专题培训，通报了全面推行河长制工作进展及有关督察情况，分析了当前需要关注的重点问题，要求各地进一步加大工作力度，确保中央决策部署不折不扣落实到位。叶建春指出，水利部等相关部委及各地党委、政府高度重视，真抓实干，全面推行河长制工作取得明显成效。

(5) 2017 年 6 月 27 日，贵州省哲学社会科学创新工程协同创新项目《贵州水文化研究》开题会在贵州省社科院举行。该项目由省社科院与新华社中国经济信息社贵州分公司、省水利科学研究院、省水利厅建设管理总站、贵州省旅游规划设计院等单位协同合作。

(6) 为深入学习贯彻党的十九大精神，进一步加强水利系统精神文明创建和思想文化建设工作，不断提升广大水利职工的思想文化素质，促进水利思想文化的繁荣和发展，共同办好《中国水文化》杂志，2017 年 11 月 23—25 日，水利精神文明建设及水文化建设培训班暨《中国水文化》杂志 2017 年度通联会在西安召开。

(7) 2017 年 12 月 29 日，“水美，城市更美”2017“水美宁波”主题论坛在南塘老街宁波城市旅游之窗举行。浙江省水利厅原河道总站副主任、调研员方自亮，绍兴市水利局原副局长、调研员邱志荣，宁波市“五水共治”办公室副主任、宁波市水利局副巡视员吕振江，宁波市水利局纪检组原组长、宁波市水文化研究会会长沈季民，宁波市社科联学会处处长郭春瑞，宁波市农村水利管理处副处长高湖滨，宁波原水集团董事长王文成等专家参与了本次论坛研讨，宁波市水利局办公室主任俞红军主持本次论坛。

(8) 2018 年 1 月 19 日，中国水利职工思想政治工作研究会召开。2018 年是党的十九大召开之年，是实施“十三五”规划的重要一年，中国水利职工思想政治工作研究会要以习近平总书记系列重要讲话精神为指导，全面贯彻党的十九大精神，认真落实全国宣传部长会议和全国水利厅局长会议精神，牢固树立政治意识、大局意识、核心意识、看齐意识，围绕中心、服务大局，扎实推进水利思想政治工作和水文化建设，为水利改革发展提供重要思想文化支撑。

(9) 2018 年 3 月 22 日，为宣传纪念“世界水日”和“中国水周”，陕西省水利厅召开水文化专家座谈会研讨交流 2018 年水文化建设重点工作，省水利厅组织召开水文化专家座谈会，通报近年来全省水文化建设情况，交流研讨 2018 年全省水文化建设重点工作。会议指出，近年来全省水利系统以党的十九大精神为指导，大力加强具有鲜明地域特色和时代特点的陕西水文化建设。特别是“郑国渠”“汉中三堰”成功申报为世界灌溉工程遗产，增添了两张世界级“金名片”，向世人展示了陕西深厚的水文化底蕴。“十三五”全省水文化建设要以习近平新时代中国特色社会主义思想为指导，深入贯彻党的十九大精神，以中国特色社会主义先进文化方向为引领，以省委省政府“文化强省”战略为目标，以宣传好、保护好、利用好陕西水文化遗产为根本，结合实际，通过调查挖掘，编制《陕西水文化遗产保护与发展规划》、建立陕西水文化遗产资源数据库、“陕西水文化网”，使丰富的水文化遗产得以保护、利用和展示。要发挥水文化“以文化人”的作用，通过有序规划和实施，打造富有特色的水文化品牌，最大限度地实现水文化的文化价值、社会价值和经济价值。

(10) 2018 年 6 月 27 日，由水利部文明办和中国水利政研会举办的水利部水文化建设专家研讨会在浙江水利水电学院举行。来自中国水利水电科学研究院、中国水利水电出版社、海河水利委员会及有关省市水利部门的 30 余位领导专家学者齐聚一堂，对当前和今后一个时期水文化建设的发展方向和思路举措等方面展开了热烈、深入的研讨。水利部直属机关党委常务副书记、水利部精神文明建设指导委员会办公室主任杨得瑞莅会指导并讲话。浙江省水利厅党组副书记、副厅长徐国平，浙江水利水电学院党委书记符宁平先后致辞。会议由中国水利政研会会长刘学钊主持。会上，专家们围绕开展水文化理论研究的发展方向和基本思路、如何提升水工程文化和河湖文化的内涵品位、如何加强水利遗产保护和利用、如何加强水文化教育传播的载体建设，进行了热烈的研讨。大家一致认为，当前和今后一个时期，应坚持问题导向，整合各类职能资源和人才力量；坚持创新导向，做好顶层设计，确立水文化建设的组织架构，搭建更加有效的平台，促进各种团体和个人在水文化建设中发挥更好的作用。

(11) 2018 年 8 月 16 日，福清治水文史资料专辑编撰工作座谈会暨市政协融光诗社“弘扬水文化·传承水文明”诗词吟诵活动举行。市政协主席林健参加活动。活动中，市政协融光诗社的社员们吟诵了 15 首诗，热情讴歌福清“水文化”和“水文明”，抒发对福清治水行动的赞美之情。随后，在福清治水文史资料专辑编撰工作座谈会上，市政协文史委介绍了福清治水文史资料专辑编撰的篇章架构、选材内容等相关情况，与会人员对福清市治水文史资料的工作方向、资料收集、篇目撰写、通篇布局等方面进行了探讨交流。林健指出，福清综合治水历史悠久，市委、市政府出台了一系列政策推动全域综合治水，融光诗社和市政协文史委要根据自身特点发挥作用，围绕中心服务大局，共同参与福清治水，相关文史、诗词作品要贴近新时代，弘扬主旋律，凸显正能量，为后人研究借鉴福清水文化、水生态、水文明提供佐证和参考。

(12) 2018 年 8 月 30 日，由松辽委承办的中国水利政研会第五学组 2018 年水利思想文化建设研讨会在长春召开。中国水利政研会副会长李春安出席会议并讲话，松辽委党组成员、巡视员王福庆出席研讨会并致辞。王福庆代表松辽委向与会代表表示热烈欢迎，并通报了第五学组工作情况。他指出，近年来松辽委按照中国水利政研会工作部署，始终把握思想政治工作方向，围绕中心、服务大局，深入开展职工思想政治工作，积极推动水文化建设，不断创新理论成果，思想政治工作研究和水文化建设取得了新成效。

(13) 2018年9月13—14日，中国水利政研会在北戴河组织召开水利思想文化建设经验交流会。来自全国水利系统的70余名基层会员单位代表齐聚一堂，围绕“新时代水利思想文化和水文化工作改革创新”的会议主题进行了探讨交流。中国水利政研会会长刘学钊出席会议并作讲话，中国水利政研会副秘书长傅新平主持会议。刘学钊会长在讲话中就充分认识把握新时代思想政治建设的重要性和全国宣传思想工作会议精神作了深刻阐述和详细解读。他指出，抓好思想政治建设是党的建设的重要组成部分，在党和国家工作全局中具有非常重要的地位和作用，加强新时代思想政治建设是实现“两个一百年”奋斗目标、推进水利现代化建设、加强水利思想文化建设的迫切需要。他强调，水利思想政治工作者要深刻理解全国宣传思想工作会议精神，深化对宣传思想工作的规律性认识，坚持党对意识形态工作的领导权，坚持思想工作“两个巩固”的根本任务，自觉承担举旗帜、聚民心、育新人、兴文化、展形象的使命任务，把宣传思想工作会议精神落到实处，切实推进水利思想文化建设。他要求，水利系统各单位政研部门要准确把握职能定位，带头用习近平新时代中国特色社会主义思想武装头脑，切实坚定道路自信、理论自信、制度自信和文化自信，加强队伍建设，充分发挥各级水利政研会在思想政治工作方面思想库、智囊团和参谋助手的作用，推进水利系统思想文化工作创新发展。

(14) 2018年10月29日，来自世界30多个国家和地区的嘉宾齐聚武汉园博园长江文明馆，共同开启“2018大河对话”活动，共商大河流域推动高质量发展、建设可持续未来的大计。联合国教科文组织助理总干事马多克，巴西环境部副部长丹尼斯，水利部长江水利委员会主任马建华，武汉市委副书记、市长周先旺出席活动。“2018大河对话”由武汉市人民政府与联合国教科文组织联合主办，旨在以各大河流域为背景，为各学科领域专家及管理者提供国际性交流平台，各友好城市和教科文组织网络参与研讨，推动全球大河流域生态和文化环境高质量发展。

(15) 2018年11月22—24日，《中国水文化》杂志社在广州组织召开了水利思想文化建设培训班暨《中国水文化》杂志2018年通联会议。来自全国水利系统各单位的130余名代表齐聚羊城，聆听领导专家对新时代水利精神的解读分析和实践指导，学习探讨新时代水利思想文化建设工作路径。水利部文明办、廉政办副主任周振红，中国水利政研会副秘书长傅新平出席开班仪式。珠江水利委员会党组成员、副主任黄远亮，广东省水利厅党组副书记、副厅长蔡泽辉在开班仪式上致辞。长江水利委员会宣传出版中心主任别道玉主持开班仪式。长江水利委员会宣传出版中心副主任黄学才在开班仪式上宣读“学习十九大：书记谈党建”主题征文表彰决定。中国水利政研会副秘书傅新平在开班仪式上发表讲话。他指出，党的十九大以来，全国水利系统广大干部职工以习近平新时代中国特色社会主义思想和党的十九大精神为根本遵循，主动适应新形势和新要求，积极践行中央新时期水利工作方针，注重思想政治和水文化工作创新，凝聚发展共识，服务工作大局，为加快推进新时代水利现代化提供了坚强的思想保障和文化支撑。他强调，水利部当前正在开展凝聚水利精神推进水文化建设的工作，要紧紧围绕新时期治水思路，切实推动水文化建设规范化制度化，切实做好新时期水文化建设理论研究，切实把水文化遗产保护利用作为重点工作，切实凝聚正能量做好职工思想工作，锐意创新、统筹谋划，锐意创新、统筹谋划，不断推进政研会工作取得新成效。

（16）2018 年 12 月 5 日，水利部和广西壮族自治区政府共同举行桂林市水生态文明城市建设试点验收会议。验收委员会通过现场考察、查阅资料、听取汇报等方式形成验收意见，宣布桂林市水生态文明城市建设试点正式通过验收。水利部副部长魏山忠、广西壮族自治区副主席方春明、桂林市市长秦春成出席验收会议。2014 年，桂林被水利部确定为全国第二批水生态文明城市建设试点之一，试点期为 2015—2017 年，提升期为 2018—2030 年。主要实施内容包括洁净的水环境体系、健康的水生态体系的水安全体系、严格的水管理体系、先进的水文化体系等五大体系构建。

（17）2018 年 12 月 18 日，中国水利政研会第六学组（勘测设计学组）会议在广州召开。中国水利政研会副会长张善臣出席会议并讲话，水规总院党委书记、副院长陈伟作报告，广东省水利电力规划勘测设计院党委书记、理事长王伟致辞，黄河勘测规划设计有限公司党委副书记王宝成主持会议。会议的主要任务是深入学习贯彻党的十九大精神和习近平新时代中国特色社会主义思想，全面贯彻中央新时代治水方针，落实部党组对新时代水利思想文化工作的要求，扎实推进水利工程思想工作和文化建设，为水利改革发展提供思想工作文化支撑。

（18）为深入贯彻党的十九大精神，庆祝我国改革开放 40 周年，展现水利改革发展辉煌成就，展示新时代水利精神，反映水利人文化自信，推进水利系统精神文明建设和文化建设，助力水利现代化事业发展，2018 年 12 月 19 日，“绿色颂歌 水美中国——水利改革发展辉煌 40 年主题美术书法摄影作品展”在水利部机关隆重开幕。魏山忠副部长出席开幕式并参观展览。本次展览历时 3 天，展出美术书法入展作品 130 余件、“第二届中国水利摄影展”入展作品 120 件。这些作品题材多样，主题鲜明，内涵丰富，代表了新时代水利人文艺创作的最新成就。

9.1.3 本章主要内容介绍

本章是有关水文化研究进展的专题报告，主要内容包括以下几部分。

（1）对水文化研究的背景及意义、有关水文化 2017—2018 年标志性成果或事件、本章主要内容以及有关说明进行简单概述。

（2）本章从第 9.2 节开始按照水文化研究内容进行归纳编排，主要内容包括：水文化遗产研究进展、水文化理论研究进展、水文化传播研究进展、旅游水文化研究进展、地域水文化研究进展、水文化学术动态。最后简要归纳 2017—2018 年进展与 2015—2016 年进展的对比分析结果。

9.1.4 其他说明

在广泛阅读相关文献的基础上，系统梳理了最近两年对水文化的研究成果。因为相关文献很多，本书只列举最近两年有代表性的文献，且所引用的文献均列入参考文献中。

9.2 水文化遗产研究进展

水文化遗产是我们中华民族宝贵的文化资源，是中华民族五千年来智慧的结晶，加强对水文化遗产的研究和整理，使中华民族宝贵的水文化遗产得到传承和发展。水文化遗产研究借助现代技术方法，从水利工程遗产、水文化遗产保护与开发、水文化非物质文化遗产传承等方面，取得诸多成果。从总体来看，关于理论性、标志性研究的成果较少，主要是物质文化遗产调查和非物质文化遗产传承方面的研究。以下仅列举有代表性的文献仅供参考。

(1) 马云等[1]以巴城湖水利风景区规划为例，从水文化本体传承和客体传承两个层面出发，探索水利风景区水文化传承的规划方法，打造满足游客精神诉求的文化空间。

(2) 李杰[2]认为，水文化遗产是水文化传承的核心价值与表现形式，是文化遗产的重要组成部分。从2014年起，浙江省的它山堰、通济堰、桔槔井灌工程和福建省的木兰陂、安徽省的芍陂、湖南省的紫鹊界梯田、四川省的东风堰7项古水利工程遗产在成功成为世界遗产桂冠的同时，也对我国如何有效保护和利用水文化遗产提出了新的要求。

(3) 张友明和卜芸芸[3]分析了洪泽湖大堤区域水文化遗产的历史文化、艺术、科技、旅游经济、水利功能和生态价值，并提出持续挖掘提炼、编制保护名录、搭建展示平台、传承水文化精神等保护措施，为水利行业开展水文化遗产调查与保护、推进水文化建设提供借鉴。

(4) 刘璇[4]指出博大精深的中国优秀传统文化，积淀着中华民族最深层的精神追求，是中国在世界文化激荡中站稳脚跟的根基。水文化遗产作为以人与水为纽带形成的一种独特的文化形态，是中华民族文化的重要组成部分。

(5) 周坤朋[5]以什刹海区域水文化遗产为研究对象，从自然、历史、社会、文化等多个角度，分析了区域水文化遗产的形成条件和类型，同时结合文化遗产和生态两方面，借鉴国内外相关评估标准，构建水文化遗产评估体系。

(6) 韦庆明等[6]介绍了京杭大运河常州段历史概况及文化内涵，分析了其水文化在当代经济、文化建设中发挥的重要作用，梳理了京杭大运河的文化价值，提出了运河水文化遗产传承进行开发和管理的建议。

(7) 曹娅丽和邸平伟[7]认为水文化遗产贯穿着中华民族的思想体系和文化传统，生活在江河流域的民族以水为中心的生产方式、山水信仰，成为江河文明的独特表述，从而产生了一套以水为中心的知识生产方式和自然山水信仰。这种信仰维系着中华大地各民族生生不息的生命礼仪、生态文明、生计方式、生养制度、生业组织和生产技术。

(8) 霍艳虹[8]以"文化基因"的视角深入挖掘京杭大运河自身存在的文化价值以及文化演进、传承的特点，运河水文化遗产保护坚持整体性、完整性、连续性原则，探究不同地域文化下京杭大运河水文化传承的共性，挖掘共性中的个性，突出表现水文化遗产保护的唯一性和不可复制性，同时也彰显不同区域不同城市的特色魅力。

(9) 里昂等[9]认为中国古代水文化遗产蕴含着丰富的历史文化价值与生态治水理念，对当代城市建设具有深远的启示意义。通过专家问卷调查和对海绵城市进行实例分析的方式，对海绵城市建设中水文化遗产保护方面的问题、形成原因以及海绵城市建设与水文化遗产保护之间的互惠共生密切关系进行了剖析，进而从完善政策法规体系、健全部门机构与合作机制、建立多层次的规划体系、编制专项保护规划等规划层面提出了海绵城市建设中水文化遗产的保护策略。

(10) 涂师平[10]认为钱塘江海塘文化历史久、内涵丰、价值高，同时也具有丰厚的海塘文化遗产，包括海塘古建筑文化遗产、海塘民俗文化遗产、海塘诗词文学遗产、海塘文献记忆遗产、海塘水利工程科技遗产、海塘建设精神文化遗产。在治水工程建设中，应该采取多种方法保护和利用这些水文化遗产，使水文化遗产变成旅游资源，发挥其生态、文化、经济一体化效益。

(11) 隋丽娜等[11]从陕西省水文化遗产内涵与价值分析出发，对陕西省水文化遗产构成类型进行梳理，指出陕西省水文化遗产历史深厚、类型多样、地域特色明显，河流、水利工程等资源等级较高，诗词、碑刻、民俗等资源存世量大，提出陕西省水文化遗产建设应着眼于以生态系统修复、人文系统重构、价值系统重塑、产业系统创新、管理系统再造的“全域统筹、理念重构”和基于遗址遗迹型、工程功能型和非物质文化型遗址功能与特征的“分类保护、层级联动”两大核心策略。

(12) 黄碧宁等[12]认为水文化遗产不仅是中华民族悠久历史的重要见证，还凝聚着中华民族的聪明智慧、镌刻着伟大的民族精神，对现阶段“美丽中国”的构建发挥着重要作用。通过对水文化遗产概念和分类的梳理，探讨了我国水文化遗产的特征及其在“美丽中国”建设视域下的价值体现，并在此基础上，提出了水文化遗产保护利用的对策。

(13) 程得中[13]选取重庆市三峡库区的云阳张飞庙、巫山大昌古镇、涪陵白鹤梁水下博物馆等三个代表性的水文化遗产对其市场化运作态势进行调研。水文化遗产存在旅游项目缺乏特色、文化产品单一、维护资金成本高等问题，提出深入文化遗产的资源挖掘和产业整合，建构高水平、深层次、网络化开发模式。

(14) 吴松和程得中的《巴渝水文化概论》[14]一书主要内容包括：长江浸润的巴渝文明、历史时期的巴渝水利建设、巴渝物质水文化遗产、巴渝古镇水文化、巴渝水哲学思想与民俗信仰、低于文化与移民精神、巴渝水文学概述、巴渝水系诞生的艺术、巴渝水生态文明建设、巴渝水文化教育体系建设等。

9.3 水文化理论研究进展

水利部党组在《关于水利系统培育和践行社会主义核心价值观的实施意见》中指出：“进一步深化水文化理论研究，加快构建符合社会主义先进文化前进方向、具有鲜明时代特征和行业特色的水文化体系，充分发挥水文化怡情养志、涵育文明的重要作用。”因此，加强水文化理论研究是弘扬中华优秀传统文化的重要举措，可以为实现“中华民族伟大复兴中国梦”提供智力支持和精神动力。近年来，学术界对水文化理论研究颇为关注。《中国水利报》刊发彦橹[15]、《舟山日报》刊发曹继党[16]、《江淮时报》刊发民进北京市委会[17]等文章，对水文化研究方法、水工程文化和水文化内涵进行研讨。另外，《人民政协报》刊发梁留科[18]、《新华日报》[19]和《中国社会科学报》[20]分别刊发贺云翱、《中国文物报》刊发姜师立[21]、《北京日报》刊发孙冬虎[22]的一系列文章，论述大运河文化带建设的地位、原则和意义。从总体来看，关于基础理论原创性成果较少，主要是水文化概念、水生态文明建设、水寓言神话、水文学、城市水文化等方面的研究。以下仅列举有代表性的文献以供参考。

(1) 徐晶晶[23]从水文化作为切入点，对西塘古镇传统建筑的建筑特征、建筑符号和建筑文化研究进行分析。汪洁琼等[24]以水系空间生态系统服务的历史分析为重点，针对上海苏州河滨水文化资源本底、空间现状、发展困境进行回顾与梳理，提出苏州河中心城区段沿岸空间形态优化与滨水文化提升的具体策略。

(2) 朱海风[25]认为在人类认识水、治理水、利用水、爱护水、欣赏水的思想与实践过程中，水文化与水科学的“融通共振”是一种客观的关系存在。水文化与水科学“融通共振”有着严密的逻辑基础以及现实的问题导向。从根本上看，解决现代水利重大问题，与水文化水科学的“融通共振”息息相关。

(3) 丁俊清[26]认为温州海滨土地开发过程就是治水过程，经历了浅海、海岐、汇河、涂田、塘浦、垟、原、谷等阶段，给食方式从捕捞、海涂养殖到农田耕作。居住理水文化并与之相适应，选择了水居（昼民）、环岙居、河居、陆居、山居等模式，走过了一条始于依附、肇于实用、进乎自然、臻于精神的道路。

(4) 刘素芳等[27]运用价值特征价格法（Hedonic Price Method，HPM），以秦淮河风光带为例，选取 20 个特征变量对风光带两岸 310 套住宅进行调查统计，得出最佳的对数模型并分析出每一特征变量的偏弹性系数。

(5) 胡早萍和陈立立[28]分析了水文化的概念和内涵的基础上，研究了流域管理中的水文化特点，阐述了公众参与水文化建设的必要性，并提出通过提升参与意识、完善参与机制、拓展参与平台等方法促进水文化建设中的公众参与。

(6) 王韵萱[29]认为滨水城市的建设与发展是我国城市化进程的重要组成部分，也是实现环境友好型社会和生态文明城市的途径之一。因独特的自然条件和地理位置，沅江市的水资源丰富、城市滨水特点突出，以沅江市五湖联通项目为个案，围绕水域空间规划、五湖生态景观和文化景观特点对五湖重要节点设计进行分析。

(7) 罗敏[30]通过对全国水生态文明建设试点城市桂林水文化建设现状调查的基础上，探讨桂林水文化建设中政府作用存在的问题与影响，分析政府在推进水文化建设过程中的不足，并提出转变政府职能的对策与建议，为桂林市政府更好地建设桂林水文化提供实践路径。

(8) 王洪玉[31]认为水文化是中华优秀传统文化和社会主义文化建设的重要组成部分，是水利行业培育和践行社会主义核心价值观的重要途径，是实现水利行业又好又快发展的重要动力支持。

(9) 王劭鹏[32]认为随着社会经济的发展，城镇化进程的加快，在加强城市水利建设同时，注重防洪问题的前提下，提出了注重以人为本的水生态、水景观的建设，论述了城市水文化、水与城市的关系以及之间的经济利益，及城市水利与水文化之间的政治、经济效用。

(10) 权凤[33]认为白鹤梁水文化博物馆全方位展示了一座城市水文化的发展历程以及与水文化相关的历史事件、名人、诗文、民俗民风等，让参观者与历史隔空交流、穿越时空与之互动、瞻仰恢宏的历史。在此基础上，探讨了重庆白鹤梁博物馆化在水文资讯、文脉传承、农情预报等方面的历史价值和人文价值。

(11) 杨婷[34]认为鄱阳湖区域内的浮梁凭借其独特的地理位置、文化地位和依山傍水的选址观念，在历史进程中形成了沿昌河支流分布的古代村落群，分析了浮梁古村落物态水文化的历史成因，归纳总结了浮梁古村落物态水文化的主要类型和研究价值。

(12) 陈海生和李世炜[35]介绍了浙江省云和梯田湿地公园概况，分析了梯田湿地公园建设的必要性及优势，并提出了提高梯田稻作经济效益和建立生态补偿机制的开发对策。

(13) 杨发军[36]认为重庆所辖 38 个行政区县的历史命名有 66%与水紧密相关，透视出“水”在各区县历史发展中扮演的重要角色，彰显了巴渝水文化在重庆因水而生和因水而兴的航运交通、贸易经济、民族融合、宗教信仰等流域文化发展中的历史意义，为重庆发展以“水”为主题的区域经济、民俗文化、和谐城市等提供历史借鉴，有利于推进重庆水生态文明建设和水利行业可持续发展。

(14) 钱克非[37]认为杭州在“一带一路”上的机遇和担当，离不开一个“水”字。杭州是长三角城市群中心城市之一，是多种水资源、水形态的交汇，集海水、江水、湖水、河水、溪水、泉水、潭水、池水和井水于一城。杭州有跨湖桥遗址的独木舟、良渚文化遗址的水坝、京杭大运河的开通、浙江潮的成功治理、西湖人文形成的中国山水审美、由水、土、木、火四大元素综合发展而成的丝绸、瓷器、茶叶行业直至西湖边诞生的中华人民共和国第一部宪法、众多的奥林匹克游泳冠军、为保护生态环境最先实施的河长制等。可以说，杭州是历史和现代交汇的“中国水城”，千年来从未中断创造和发展独特的水历史文化。

(15) 龚惠云和涂师平[38]认为高质量的治水工程建设，必须要有高品位的文化含金量，才能得到生态、文化、经济一体化的效益。在治水工程建设中，遵循水文化创意设计的价值选择，通过建造水文化类的博物馆、将水文化遗产元素进行人文景观式的开发利用、开发设计具有地域传统特色的水文化体验活动项目等水文化创意设计的主要形式，努力丰富和提升水利工程的文化内涵和文化品位。

(16) 万金红等[39]认为北京的水文化，对于重新诠释、认知北京文化具有重要的现实意义；弘扬北京悠久、丰富的水文化必将成为推动北京建设全国文化中心的重要手段。以大运河文化带、西山永定河文化带为代表北京大运河水文化遗产是中华文明源远流长的伟大见证，是北京建设世界文化名城的重要根基。

(17) 孙媛媛[40]通过对水文化及其语意符号内涵和水文化语意符号转换方式的分析，总结出水文化符号在设计处理中的表达形式，研究水文化符号在城市公共设施设计中的应用，提出应从水文化的符号形态设计、环境提升设计与环境装饰营造等方面提升城市整体景观形象设计。

(18) 李安峰[41]认为贵州水资源较为丰富，历史至今形成了物质方面的水文化、非物质方面的水文化和丰富多彩的少数民族水文化，对于打造水美贵州和生态贵州，有着重要的现实意义。

(19) 对于北京故宫建筑中的水文化，高洋[42]认为故宫将水运用到极致，成为故宫中不可缺少的一景，更使整个故宫显得生机勃勃。在故宫的设计中，百年不遇的暴雨，使北京城陷入洪涝灾害，而故宫却依旧生龙活虎，在雨水的冲刷下更是金碧辉煌。王春华[43]认为故宫中的水则滋养着一草一木、一花一石，使万物欣欣向荣，焕发着勃勃生机。水文化是故宫不可或缺的一景，通过对故宫排水系统、台基上排水神兽蕴含的水文化论述，可以探知古人“上善若水”的智慧。

(20) 在水文学方面，李蔓和崔陇鹏[44]以“兰亭曲水”文化为研究对象，以时间为线索，以各时段内“兰亭曲水”风景形成的自然环境与人文创造为研究内容，结合对相关历史文献、美术创作（绘画、书法）及现存园林实例的研究，从时间、空间、人文的三维视角探究兰亭曲水文化及其风景特色的形成与演化。牛晨琳[45]以《搜神记》的文本内容为研究对象，从水文化角度研究魏晋时期人们对自然水的崇拜、对各类水神的认知、对水生生物的认知以及对当时水域的记载，藉以分析魏晋时期人们对总体水文化的认识。陈丹[46]认为布努瑶以水作为神灵世界和世间万物本原的精神水文化，在其创世史诗《密洛陀》中占有突出的位置。布努瑶《密洛陀》中的水文化反映了这个族群在适应生态环境和追求美好生活方面的心路历程，也集中体现了布努瑶先民对神灵世界的由来、世间万物的起源和人神关系等问题的理解，从而成为布努瑶世代相传的文化记忆和维系族群认同的重要精神纽带。程宇昌[47]以饶河水诗词文化为个案，梳理了饶河流域与水相关的民间风情、民间习俗、民间历史的饶河文化生态，建构饶河水文化与地方社会发展新路径。郭泽杰[48]从“三言二拍”擅长的世情、风俗、市民文化等领域切入，以故事的千奇百怪展现水文化的千姿百态，通过水文化拓展深化小说思想性、艺术性和观赏性，从而揭示水文化研究需要兼收并蓄，博采众长。王乃芳[49]认为对于作家沈从文来讲，一方面，湘西河流两岸的风俗人情，构成了他真实的生活，也为他的创作提供了源源不断的给养；另一方面，以河流为中心的文化也浸染塑造着他的人格，使其养成善于观察、敏感细腻、上善不争的品格。无论作品还是人格，无论在生活方面还是创作方面，及至作家对人生的追求方面，都蕴含了丰富的水文化因子。王劲韬[50]认为在西湖水利和西湖文化发展史上，苏东坡作为杭州通判和太守期间所主持的治理是最为浓墨重彩的一笔。苏东坡在西湖水利疏浚、城市水景观营造、江湖水系整治方面取得重要成就，同时作为文豪的苏东坡也给西湖留下了最丰厚的水文化记忆。首作帝[51]认为老舍抓住济南的精髓，通过散文创作亮出济南“泉城”“水城”水文化的招牌雅号，将读者带入极富魅力特色的都市文化语境。老舍散文的济南水文化是现代写法，从来不用历史典故和生僻语言，以彰显文化主体健康发展，并打破了古人惯常的颂扬性传统，而体现为批判性的现代转变。徐向成等[52]认为先秦时期众多河流和沼泽为绚烂的中华文化奠定了生态之基，是先秦水文化繁荣的基本前提。先民或缘河泽而农耕，或逐水草而渔猎，从而在长期的物质生产活动中形成的关于水的观念和思想，在本原、功利、审美三重维度逐渐积淀为博大精深的水文化。张永康和赵心华[53]对《黄帝内经》中山水文化隐喻的探究，可以帮助我们重新理解、阐释中医文化的根结与中医理论的本质，从而把握中医药理论的精髓。

(21) 水哲学方面，史鸿文[54]认为人水和谐是中华水文化的精髓，其文化特征主要有核心性、概括性、发展性、民族性和积淀性等。从历史根基上看，它经历了从天人合一的宇宙意识、以人为本的人文意识再到人水和谐的水文化意识这样一种递进过程和逻辑层级。从现实性来看，这一理念的明确提出，一是基于当前我国社会的现状，二是我国全面建设小康社会特别是生态文明的切实需要。肖冬华[55]认为传统水文化由畏水文化到利水文化再到乐水文化的发展过程，同时也是人水关系范畴由客体中心到主体中心进而到主客合一的哲学演绎过程，是人水关系思维模式由主客二分思维模式到主客一体、物我不二思维模式的嬗变过程。魏新强[56]认为中国水文化既体现了老庄道家的本体论哲学思想，又蕴含了优秀的教育理念，揭示中国水文化中传统的客观本体性教育思想的本质。

(22) 水文化书系出版方面，周媛[57]全面回顾了中央财政文化产业发展专项资金支持的重大出版工程《中华水文化书系》及其数字化项目的策划、组织并实施的全过程，总结了实施经验和个人体会，同时思考了项目运作中的问题和不足，对下一步做好大型出版项目的运作管理有借鉴意义。李亮[58]通过总结《图说中华水文化书系》插图设计的实践经验，提出科普插图应保证趣味性和严谨性的有机统一，并以实例予以讲解介绍。李中锋[59]系统阐述了中华水文化走出去的必要性与可行性，就出版社以现代出版为载体，积极推动中华水文化走出去的内容、形式以及渠道等进行了描述和分析，并就优先支持的现代水文化出版项目及相关政策措施提出了初步建议。

(23) 建设水文化数据库和档案库有助于水文化资源的整合、开发和利用。许晓云[60]根据水文化的体系和高校的地缘优势及学科优势，提出水利院校图书馆水文化特色数据库结构建设主要包括物态水文化数据库、精神水文化数据库、制度水文化数据库、行为水文化数据库、河流水文化数据库、湖泊水文化数据库、海洋水文化数据库和水文化遗产数据库等。水文化特色数据库资源采集具有特定的范围，应遵循相应的原则，运用先进的互联网系统和技术，采取灵活多样的方法，运用标准化程序加工方式。肖冬华[61]从当前我国水文化档案数字化建设的现状入手，分析水文化档案数字化建设中的文字处理困难、数据库资源匮乏、人才缺失等问题，提出建设数字化水文化档案要创新文字录入方式、建立完善的水文化档案数据库、提高数字化管理队伍素质等对策。

(24) 少数民族水文化研究呈现出多维度研究态势。黄龙光[62]从文化功能论出发，认为西南少数民族水文化发挥着生态系统维系、物质生产促进、宗教精神寄托、民族文化传承与地域社会整合等相关社会功能。黄龙光[63]认为西南少数民族水文化是中华水文化的重要组成部分，既具有中华水文化一般的特点又具有鲜明的神圣性、全民性、整体性、生活化、生态性与局限性六大个性特征。杨发军和蒋涛[64]认为一方水土养一方人，独特的水域环境孕育了清江流域古老的土家族水文化。清江流域土家族的神话传说、民居建筑、特色饮食、民族服饰、民歌、地名等体现了独具流域特色的水文化内涵。周延鹤[65]认为水是重要的生态构成要素和生命本源，江海之滨是水文化的发祥地。水在人民物质、审美和精神方面的辐射作用，对水在民族地域中的文化研究作了初步的思考。韩杰[66]认为肃南裕固族自治县明花乡裕固人传统的水文化，在不同社会发展阶段对水资源的开发利用以及对生存环境的文化适应主要体现在人们在水观念、用水方式等方面的变迁。其中围绕“水”的一系列的变化，都是裕固族社会文化变迁的重要体现。唐玉春[67]认为东巴凤各族人民自下而上顺着红水河两岸散开定居，形成了历史悠久、独具特色的民族风情和壮乡水文化。东巴凤的山水养人、风俗化人，既享有“长寿金三角”之美誉，又有七夕祭水节和新年抢新水的风俗习惯，更有巴马丽琅和巴马活泉是东巴凤水文化的传播典范。

(25) 对近年来水文化的回顾和展望，为水文化理论研究奠定基础。余达淮和刘沛妤[68]认为“中国问题”中的水文化研究与教育，即从中国社会实际出发，运用文化学思维方式，揭示中国发展面临的水文化向度，指引中国水文化发展方向。水文化研究与教育中的“中国问题”，即运用文化学研究的理论框架与研究成果，揭示中国水问题的文化成因，并探寻具体解决路径。贾兵强[69]为了准确掌握我国水文化研究的新动态、新形态、新业态，以中国学术期刊网络出版总库（CNKI）为检索对象，采用高级检索方式，对检索出来的关于“水文化”的论文，从学科分类、发表年度、文献来源、关键词、研究机构及论文影响力诸方面进行定量和定性分析，以期为构建“水文化＋”研究范式提供理论基础，推动水文化研究可持续发展。

（26）水文化研究范围扩展到国外，扩宽我国水文化理论研究学术视野。郑晓云[70]从国际上对水文化的内涵、水文化的多样性、水文化在社会中的核心价值及其现实影响进行论述，通过科学研究、文化继承和保护、应用和建设三个层面来介绍国际上水文化发展现状，并对国际社会对水文化关注前沿问题进行展望。李政和赵慧宁[71]以德里红堡、阿格拉堡为例对伊斯兰教水文化的印度莫卧儿宫廷水景进行研究。

（27）以古典诗词为研究对象，水文学研究取得长足进展。王乃芳和程得中[72]对唐代三峡地区诗歌中与水有关之贬谪文化、农商文化、节日文化、丧葬文化、音乐文化等的巴渝水文化进行研究。谢天开[73]从文化地理的视角，在界定杜甫成都诗的基础上，以文化批评的空间理论解析“成都水文化”的历史述说，进而探讨杜甫成都诗对“成都水文化”文学重构的特征。黄秀丽[74]认为水形态的多样化，为诗词的创作增添了生机和光彩，成为诗人们表情达意的媒介。从古典诗词中江河湖泊的水、海潮飞瀑的水、清溪山泉的水、落雨冰雪的水，探讨水文化的文学情怀。

（28）城市水文化在水生态文明城市建设和海绵城市建设中具重要地位。黄曼捷[75]对徐州水利史和水文化进行了分析，结合现代城市建设理念，综述了徐州创建全国水生态文明城市的经验和存在的问题。向婧怡[76]凝练总结出水生态意识文化、水生态环境保护、水资源开发利用和水管理制度保障为主要特征的水生态文明评价指标体系，综合确立面向水生态文明的上海水资源管理成效评价核心指标（水功能区水质达标率、城镇污水处理率、万元工业增加值用水量、农田灌溉水有效利用系数、用水总量）和量化赋分标准，为江南水乡文化和水文化地名建设提供参考意见，同时对上海市水文化建设途径给出具体实施建议。季嫣然[77]从苏州的历史发展、哲学意蕴、水文化实践以及城市形象的认识出发，选取具有代表性的城市文化，总结出苏州水文化建设的经验，对现代苏州城市水文化进行了总结。李俊奇和吴婷[78]以湖州市为例，提出了通过保护与修复水文化载体、构建“水文化＋水景观”的海绵城市生态体系等方法来建设湖州市海绵城市，探讨了海绵城市建设进程中水文化保护与传承的思路与方法。

（29）在大运河文化带建设方面，姜师立[79]从聚合文化旅游资源、展示大运河文化、增强文化自信、打造新时期运河特色文化、推进文化强国等方面阐述了大运河文化带建设提出的重要意义。从恪守承诺，保护好运河遗产；保护运河生态，打造生态走廊；提升水利水运功能，铸造黄金水道；拓展景观效益，深度开发运河旅游；挖掘运河价值，传承运河文化；建设运河文化产业新高地，助推文化强国等方面构想了大运河文化带建设的内容，并提出了建设大运河文化带的路径与抓手：高起点规划、协调联动推进、形成统一立法、推动“运河学”建立、打造交流平台和聚合发展力量。谢光前和李道国[80]认为在大运河文化带建设中，首先必须明确文化带建设的立场与原则，进而从治理体系的严密设计入手考量，激发知识、技术、劳动、管理、资本等的活力，使大运河文化在社会的精神财富与物质财富的创造中源泉涌流，再现辉煌。大运河是中国智慧处理协调人与自然关系的结晶，其中蕴含着依然可资借鉴的治理之道。在当代，构建大运河文化带建设的治理体系，提升治理能力，是大运河可持续发展道路的出发点，也是“统筹保护好、传承好、利用好”大运河的基础和题中要义。黄杰[81]以大运河文化带扬州段建设为例，以系统思维和协同发展的理念，积极探索扬州将大运河文化带、扬子江城市群和江淮生态经济区三大战略协同建设的新发展模式，充分发挥扬州文化＋生态＋创新的优势，推进“强富美高”新扬州建设再上新台阶，在江苏区域发展中实现争先进位，对江苏乃至全国其他地区的统筹和协同发展具有重要的意义。杨家毅[82]以大运河文化带北京段建设为例，对北京地区的大运河文化带的内涵，从时间、空间和包含内容三个方面进行探讨。从时间上看，北京地区的大运河最早可以追溯到秦朝，甚至可以到战国时期；从空间上看，北京地区大运河广泛分布于通州、朝阳、东城、西城、海淀、昌平、顺义、怀柔、密云等区域；从内容上看，大运河文化带建设应包括保护与大运河相关的各类文化遗产、涵养以大运河水系为主的生态系统、恢复并完善大运河的交通功能、适度完善以文化休闲为主要内容的民生功能。任伟[83]认为后申遗时期大运河郑州段保护和利用工作的重点是巩固申遗，重要措施包括遗产研究和监测、环境整治、运河遗产博物馆建设等，且已经取得了进展，也存在运河遗产学术研究不够深入；重视景观环境建设、忽视文化产业建设；重视物质文化遗产、忽视非物质文化遗产；重视当前和局部、忽视长远和整体等问题。提出了进一步加强学术研究、建立健全高效统一的体制机制、拓宽资金投入渠道、借鉴文化线路的遗产保护理念等推进大运河的保护工作，进而促进大运河郑州段在城市发展中的助力作用。

（30）朱海风主编的《中外水文化研究》丛书，分别是《中国水利高等教育发展史》[84]《中原农业水文化研究》[85]《国外水文化动态研究报告》[86]《秦汉水井空间分布与区域差异研究》[87]《宋代山水诗与人水情缘研究》[88]，是水文化理论研究中又一力作，内容涉及中外水文化研究态势、我国水利教育思想、水文学、农业水文化等。朱海风等在《南水北调工程文化初探》[89]一书中，就南水北调工程决策文化与规划文化、工程文明与技术文明、移民政策与征迁工作、精神内涵与信念支撑，以及南水北调工程与“中原更加出彩”、南水北调工程文化的命名、传播与认同等核心内容，做了认真的提炼和梳理，比较系统地揭示了南水北调工程文化“真善美”的重要价值意义，阐述了南水北调精神传承创新的基本路径。

（31）贾兵强[90]以先秦水井为考察对象，通过对先秦时期我国水井的相关报告、遗址、史料及文献的梳理，主要从先秦水井起源与分布、形制、功能和作用、水井文化、井灌与农耕文化以及水文化研究等6个方面全面系统地探讨中国先秦水井文化，以期拓宽区域农业历史和水井文化的研究领域，传承创新中华优秀传统文化。

（32）邱志荣[91]认为绍兴水利史可追溯到10万年以来的三次海侵，著作以此还原海侵与当时自然、社会发展及文化现象的关联，并阐述其对当今发展环境的影响。著作在构架和内容关键结点上跨越了区域和学科。对大禹治水、良渚文化的研究表明，远古文明发展与水利密切相关，水利史研究是考古学界新探索的重要方法和不可或缺的途径。在全书的最后两章论述了“有形之水”和“无形之水”。

（33）刘建勇[92]整理了自东汉永建四年（公元129年）至中华人民共和国成立前的涉

及水文化珍品，挑选了奏谕 24 篇，碑记 50 篇，律令 17 项，书论 9 篇，诗词 153 篇。高伯甘[93]选取了在黄河治理开发方面做出突出贡献或产生重要影响的代表人物 122 人，集传统篆刻、人物简介、楹联于一体。董文虎等[94]介绍了水工程文化的研究方法、多维视角、核心内容、框架结构、区域特征、演变与发展、运用与展望。

9.4 水文化传播研究进展

水文化重在建设，成在传播。近年有关水文化传播方面的研究成果尽管数量有限，但相比之前已有较大发展。文化传播的功能主要是传承文化，创新文化，享用文化。从总体来看，理论方法研究成果较少，传播媒介的应用研究较多。以下仅列举有代表性的文献以供参考。

(1) 杨惠淑等[95]对《河南省水情教育基地设立及管理办法》进行解读，首先分析了基地分类，提出了申报条件的具体内容，对于申报与认定进行了详细解读，同时阐释了河南省水情教育基地日常管理和基地考核相关内容。杨惠淑等[96]以“75·8”事件为切入点，论及河南省驻马店市“75·8”防洪教育基地是怎么建立，建立“75·8”防洪教育基地的意义，“75·8”防洪教育基地所包含的内容，育基地如何开展水情教育工作已经所取得的效果，基地今后工作打算等问题。

(2) 钮清海[97]针对当前水情教育情况提出了一系列改进和创新措施，以图促进水情教育工作取得更大的成效。

(3) 赵黎霞等[98]重点阐述了水情教育工作的重要性，从认知教育、贯彻教育、技能教育三个方面解析了水情教育工作的主要内容，并通过分析当前水情教育工作存在的突出问题，从水情教育工作、教育方式和教育模式、载体渠道与传播体系三方面探讨今后水情教育工作的发展方向。

(4) 魏新强[56]以国际前沿性的“客观教育本体”理论为框架，立足本土文化的本位立场，从中国“水文化”的老庄道家本体论哲学本质出发，揭示中国“水文化”中传统的客观本体性教育思想的本质，阐释了对中国“水文化”本体性教育理念的错解。

(5) 杨洁等[99]首先归纳了深圳水情现状，总结了深圳市水情特点，针对深圳市水情特点和水情教育工作开展情况，以深圳市水土保持科技示范园为例指出了水情教育的不足，最后提出了对未来的水情教育的展望。

(6) 孙爱霞[100]首先说明在中小学校园开展水情教育的重要性，随后阐述了针对中小学学生水情教育的具体方法。孙爱霞[101]分析了当前学校节水意识缺乏的问题，提出从建立亲水网板块入手加强学校水情教育。

(7) 唐玉春[67]从七夕祭水节、新年抢新水等风俗阐述了东巴风与水有关的风俗习惯。随后从巴马丽琅、巳马活泉等方面谈及东巴风水文化的传播。

(8) 梁茼[102]探讨了文化凝聚力视阈下广州城市水文化传播的关键内涵与重要向度，并从以正确的价值观、仪式传播观、城市水文化品牌建设等方面对广州城市水文化的传播策略展开相应的分析。

(9) 楚行军[103]首先阐释了构建专业化水情教育资源库的背景，从工作实践层面、学术研究层面归纳总结了水情教育信息化工作的开展现状，并从调研国外水情教育信息化发展经验、梳理中国水情教育信息化的发展概况、分析专业化水情教育资源库建设与共享中需要解决的基础性问题三方面归纳总结了专业化水情教育资源库建设需要解决的问题。最后提出了构建专业化水情教育资源库的前景展望。

（10）张建邦等[104]针对广州市白云区滘心小学情况，从学校的起源、学校教育理念、管理理念、课程教学等方面，剖析了水文化在其中的重要作用。

（11）张群辉[105]以水信仰的文化生态学意义为切入点，分析了傣族、藏族、纳西族、白族以及其他云南少数民族传统水信仰的生态功能。在此基础上，分析了在当前全球化和现代化背景之下，云南少数民族传统水信仰的传承教育问题。

（12）钱坤南[106]阐述了吴江经济技术开发区山湖花园小学的地理位置，学校内部的水景观设计，学校将“水文化”的精髓融入到教育手段的具体方式，以及由此所取得的成果。

（13）陈超[107]首先以高校开展水文化教育的必要性及存在的问题为切入点，继而分析了水文化遗产多媒体共享平台应用在高校水文化教育中的必要性问题。通过对水文化教育实际情况，从水文化遗产多媒体共享平台的设计目标、水文化遗产多媒体共享平台的体系结构、水文化遗产多媒体共享平台的用户群体几个方面提出了水文化遗产多媒体共享平台构建及其在高校水文化教育的应用设想。

（14）张娓[108]从文化自信与水文化自信入手，从认识水文化的过程和水文化普及的过程探究了坚定水文化自信的过程。从加大水文化国内的传播力度、开展各种水文化活动传播水文化、通过大众传媒传播水文化、发展水文化创意产业来传播水文化、利用互联网进行水文化宣传等提出了水文化自信宣传的措施。

（15）陈玲[109]从文字符号、图像符号、音乐音响符号三方面解读了重庆水文化在城市形象宣传片中的符号表象，从影像的意义生产、语言的意义生产等阐释了重庆水文化在城市形象宣传片中的意义生产。

9.5 旅游水文化研究进展

水利部《水文化建设规划纲要（2011—2020年）》（水规计〔2011〕604号）将水利旅游作为发展水文化产业重要抓手之一。因此，以水文化资源为基础的，通过水利风景区游、水文化遗产游、山水游等形式，大力发展水文化旅游，对于保护水资源、弘扬水文化、修复水环境以及发展水产业，对于建设生态水利和发展民生水利、推进生态文明建设都起到了积极而重要的作用。以下仅列举有代表性的文献以供参考。

（1）彦橹[110]指出了当前水利风景区内涵建设中存在的问题，提出在风景区建设过程中因地制宜构建具有鲜明时代特征和行业特色的水生态文化精神层次、物质层次、制度层次和行为层次的新时代水生态文化体系。

（2）袁涵[111]以宿迁骆马湖旅游景区为例，体验式旅游存在体验类产品不够丰富、水产品缺乏突出的文化品质、水文化产品的开发未能充分顾及游客体验需求等问题，探究宿迁骆马湖水文化产品开发过程中充分利用骆马湖精神，将其融入水文化景点运营之中，打造独具骆马湖水文化特色的旅游产品。

(3) 王晨雨等[112]以云南宜良明月湖水利风景区为例，归纳总结了明月湖水文化主要有水利科技文化、珠江源文化、水风俗文化、人水和谐文化等，运用借水造景、以景传文、人水相依的水文化景区规划理念 通过景区立意、空间分区、项目设置、景点建设、体验设计等综合规划手段，将水文化落实到水利风景区中。

(4) 在水景观规划建设方面，孙欣[113]分析了秦岭北麓水文化景观建设存在着开发不足、特色单一的问题，从空间布局、生态格局、结合渭河综合整治和挖掘历史文化等方面，建设天然生态廊道、修复景观连接、构建合理的生态保护和旅游开发景观结构，营造具有独特游憩体验的廊道生态景观。谢佩琳和徐慧[114]以江阴市“八里沿江、十里运河”水景观规划为例，分析现代水景观营造的优势及不足，总结出能够展现当地自然风貌和人文风情、凸显城市品牌的水景观营造五大思路，旨在为未来城市水景观发展提供参考。

(5) 陈轩昂[115]指出赣江新区具有水资源分布广、水文化特色鲜明、水体旅游资源丰富、水文化体育旅游市场前景良好的优势，分析了开发赣江新区水文化体育旅游的环境因子，提出了构建赣江新区水文化体育旅游圈的优化措施。

(6) 在水文化体育旅游方面，陈轩昂[116]概述了水文化体育特征，叙述了水文化体育旅游开发基础特征，并详细阐述了圈依赖理论、地域分异规律、结构理论、可持续发展理论依据下的水文化体育旅游资源开发、体育旅游产品整合、体育旅游客源开发和体育旅游市场营销的内容。杨叶红和盛治进[117]在研究水文化体育旅游的概念、范围与分类的基础上，针对巢湖及周边地区水域分布情况、特点及现阶段开发利用情况，提出了环巢湖地区开展的水上体育旅游项目及开发对策。徐延维[118]以绵阳仙海体育旅游水上项目资源的开发作为研究对象，探讨和总结了绵阳市关于发展体育旅游水上项目的关键性问题，提出了对绵阳仙海体育旅游水上项目资源开发的方法。

(7) 邓牧昀等[119]通过解读水文化和水景观的内涵及相互关系，分析了我国水文化、水景观发展历程，针对目前城市水利发展现状，并结合湘潭市的实例，探讨了如何在现代城市水利建设中打造具有当地特色的水文化和水景观。

(8) 倪妍[120]对水文化背景下城镇旅游的现状及发展前景进行分析，认为水文化是城镇特色景观设计的重要建设元素，营造有特色的城镇景观，提出了结合地域文化特色、挖掘地方水文化特点，打造当地的城镇旅游品牌文化的特色景观。

(9) 席景霞[121]从自然生态可持续发展的悖论、城市资源节约的悖论、城市景观审美独特性的悖论、城市经济效应的悖论等方面分析城市生态景观建设悖论的成因，提出了城市生态景观建设要遵循徽州水文化倡导的因地制宜原则、遵循生态系统的良性循环原则和注重城市生态审美价值设计的独特性原则。

(10) 刘坤[122]认为武汉市东湖具有丰富的水文化旅游资源，对城市的总体规划、人文精神以及旅游发展有着广泛而深远的影响。东湖风景区作为武汉市的标志性文化旅游集散地，在规划布局与文化融合方面通过整合地域文化优势，有助于东湖风景区打造更具特色的品牌形象。

(11) 张目[123]认为城市水文化是城市文化的重要组成部分，广州作为一座因水而兴的“千年商都”，其发展和繁荣皆与水有着密切的关联，水文化构成了广州城市文化的重要精神内核。充分发掘和丰富广州的水文化内涵，科学合理的利用和开发广州水文化旅游资源，有利于进一步丰富广州国家历史文化名城的内涵，有利于提升广州城市文化形象。

（12）丁金珠[124]认为以苏州“水文化”为核心，辐射其次生文化产品资源的开发利用，在探索东西方文化差异的基础上，结合苏州的旅游资源，重点打造建设“水文化”为核心的苏州国际旅游名城。

（13）胡奔等[125]以江苏昆山巴城湖水利风景区为例，梳理了巴城水文化资源价值，分析了巴城湖水利风景区规划困境，提出以湖城共生、水乡共融为目标，提出了打造“红色科教、绿色体验、蓝色休闲、金色品质”四大主题旅游产品和传承“水利文化、水乡文化、水城文化、水蟹文化”水文化精髓的巴城湖水利风景区规划思路。

（14）骆映心[126]以河南省鄢陵县鹤鸣湖风景区为例，认为鹤鸣湖风景区发展生态旅游具有“生态环境适宜、旅游资源丰富、独特水景观、内外交通便利”的优势，发展小城镇生态旅游水景观，发挥水景观“生态、美学、功能、人文和社会”的多层次价值，利用地域水景观资源，将生态旅游与新型城镇化进程相结合，建立生态优先、环境优美、特色鲜明、服务全面、体系完备的生态旅游水景观，实现生态效益与经济效益双丰收，是新时代旅游城镇的最佳选择。

（15）魏晓楠[127]以海南省旅游水上项目资源开发和运营中的法律法规适用问题为研究对象，分析与讨论了海南发展旅游水上项目的基本理论、现状和基本做法等方面的问题，并提出了海南旅游水上项目资源开发与运营法律适用的基本框架和建议。

9.6　地域水文化研究进展

所谓“一方水土养一方人”每个地区受自然环境特别是水环境的影响，造就了独具地方特色的地域水文化。地域水文化涉及行政区和流域中，水与政治、水与经济、水与社会、水与城市等多方面内容，包含与水相关的水利社会相关内容。为此，学界对地域水文化进行了很多相关的研究。这里选取最近两年有代表性的成果进行介绍。

（1）在浙江省水文化研究方面，鲍红兵等[128]归纳总结了浙江仙居县白塔镇高迁历史文化村当前存在的主要问题，并针对这些问题，提出了水文化的保护和利用的举措。陈海生等[35]说明了浙江省云和梯田湿地公园概况，指明了梯田湿地公园建设的必要性，并对云和梯田湿地公园开发的优劣势进行分析，最后提出了云和梯田湿地公园开发对策。李俊奇等[78]以湖州市为例，针对水文化建设面临的突出问题，在总体规划层面依托水系布局，提出水文化的空间格局，并以水文化传承为切入点，提出了通过保护与修复水文化载体、构建“水文化 ＋ 水景观”的海绵城市生态体系等方法来建设海绵城市的应对措施，探讨海绵城市建设进程中水文化保护与传承的新思路、新方法。段晓伟[129]阐述了临水而居的嵩口厝落、由水而兴的嵩口渡口、因水而盛的嵩口墟市，在此基础上分析了嵩口水文化内涵。王劲韬[50]阐述了西湖水利景观发展历史，分析了苏东坡西湖水利治理工程，研究了苏东坡与西湖山水文化之间关系，并探析了苏东坡治水思想。马颖卓[130]首先探索了浙东甬绍台水文化之源，从一些具体方面探讨了怎样护绿水青山，建生态文明。徐晶晶[23]以分析西塘古镇的概况为切入点，分析了水文化的含义与西塘古镇的水文化，从传统建筑、建筑装饰、桥梁河岸等方面分析了水文化在西塘古镇传统建筑中的体现。

(2) 在河南省水文化研究方面，陈超[85]选取中原地区为研究对象，运用多学科研究方法，系统分析了中原农业水文化的界定、本质、内涵外延、特征等问题；梳理了中原农业水文化的外部影响因素和发展历程；深入挖掘在科技思想、农田水利工程、水政法规、农用工具以及民俗当中的中原农业水文化内涵，并探索了目前中原农业水文化的重要地位和发展现状，针对存在的问题提出了今后发展对策。陈超[131]首先分析了气候变化对农业生产，对城市发展的影响，从历史悠久、内容丰富两方面阐释了中原水文化特点，挖掘了中原水文化在生态文明建设中的价值，最后中原水文化的问题及改进措施。朱海风[132]立足于对中原水文化资源概念的界定、分类、评级、普查和挖掘，从不同角度、不同领域、不同层面探讨了中原水文化资源及其数据库建设的意义、手段和路径。孙烨[133]分析了汴河与汴梁之间关系，从以汴河为主的水运网、汴河水运的局限两方面分析了北宋汴河水运的兴衰，从借鉴刘晏改革法、改善汴河水运、汴河水运的意义及影响三方面分析了北宋政府的应对举措。刘玮彤等[134]从城市水系的文化价值、城市水系规划的意义两个角度探析了郑州地域水系文化与水系规划，针对郑州市城市水系状况，从明确郑州市水系文化保护区、传承水系文化内涵、城市水系规划与城市空间演化之间的良好互动等方面提出了打造郑州水域靓城的建议。马凯[135]分析了水生态文明的内涵，从时代要求、深度诉求、现实倒逼三个方面阐释了水生态文明在郑州都市区建设的逻辑必然，提出了建设理念和具体对策。董金凯等[136]详细梳理了沁阳市沁河、丹河和古城水文化的发展历程，探讨了济水、溴河与滤河水文化与沁阳市的渊源，并深入阐释了这些水文化的内涵；结合当前先进的水文化理念，提出了传承与发展沁阳市水文化的精髓所在；最后，规划布局了沁阳市水文化载体建设的具体工程。冯西西[137]分析了隋唐大运河的流通与中原地区政治军事地位的变迁，探析了中原地区的经济发展与运河文化的繁荣之间关系，从多个方面阐释了隋唐大运河怎样成为连接中原地区与海上丝绸之路的纽带。高洪涛[138]从许昌水系发展的起源着手，介绍了许昌水系建设现状，许昌水系建设中三国文化的应用现状，剖析了许昌水系建设中三国文化应用方面存在的问题，最后提出了文化注重水质的保护工作的事项。

(3) 在江苏省水文化研究方面，沈晓娟等[139]首先从漕运文化、治河文化等方面阐述了淮安的大运河文化历史，指出了淮安大运河文化传承面临的问题，并从功能层面的复兴、文化层面的复兴两方面提出了解决问题的对策，最后说明了淮安运河文化传承的实践状况。景蕾蕾[140]阐释了江南水文化，并从天人合一、因“势”制宜、耕读传家三方面提出了水文化的脉络传承方案。刘朗[141]针对句容市基本情况及存在问题，从打造完备可靠的水安全体系、构建优美健康的水环境系统、营造绿色协调的水生态格局、建设科学严格的水管理体系、彰显人水和谐的水文化体系提出了对策。王振等[142]首先分析了宿迁市的概况，阐释了宿迁对水生态文明建设体制机制的探索，分析了宿迁在水生态文明建设取得的成效，介绍了宿迁水生态文明城市试点建设创新。张冉[143]首先阐述了苏州水文化、苏州餐饮，以及二者的有机结合。黄曼捷[75]对徐州水利史和水文化进行了分析，结合现代城市建设理念，综述了徐州创建全国水生态文明城市的经验，同时也探讨了创建中可能存在的问题。封心宇等[144]挖掘扬州高旻寺段运河重要节点景观的独特文化，立足扬州运河区域文化和高旻寺人文特色，通过对高旻寺区段景观现状的调查和分析，提出相应的文化定位和方向，分析了区域文化在滨水景观设计中的表达，探析了景观规划设计中区域文化的融合与传达形式。

（4）在山东省水文化研究方面，胡梦飞[145]以山东运河区域的龙神庙宇的构成及分布为切入点，由漕运视角剖析了龙神信仰的漕运特色，并从祈雨与教化两重视角解析了区域社会视野下的龙神信仰。李娟等[146]从生态效益、社会效益、文化效益等方面提出了东平县水生态文明建设取得的成效，在此基础上提出了东平县水生态文明建设的主要措施，指出水生态文明建设工作中存在的问题，并给出了水生态文明建设的建议。

（5）在福建省、贵州、上海水文化研究方面，张爱萍[147]针对福建省泉州市泉港区坝头溪生态系统受到不同程度破坏的现状，提出以“全过程控制、点线面结合”为原则，对坝头溪周边的污染源进行处理和生态修复。并结合水库、农田、村落、湿地、盐田等地域环境特点和乡土文化，提出水文化提升内容。李安峰[41]归纳总结了贵州水文化的分期，指出贵州水文化的分类情况，最后提出了贵州水文化的保护措施。刘耀辉[148]针对闽江北港存在的问题，从水文化建构法、五维时空观提出了闽江北港综合整治改造进行概念性规划总思路，根据闽江下游概况，闽江下游水系变迁与福州地域文化演进，闽江下游地域特色，提出了闽江北港概念性规划方案，并解读了闽江下游水文化研究在北港概念性规划中应用。徐凉玉[149]阐释了运用绘本绘画技法再现武夷山水风光，分析了通过绘本表演活动了解武夷山水历史，最后解读了利用绘本逻辑思维创新武夷山水文化。黄安莹等[150]阐述了依水而成的新场古镇状况，介绍了因盐而兴的新场古镇，分析了新场古镇的现状及保护性开发措施。

（6）在河北、湖南以及云南三省水文化研究方面，熊瑞[151]从泼水节的宗教起源说、泼水节的泼寒胡戏起源说两方面分析了泼水节的起源，阐释了泼水节的水文化、泼水节当中的体育活动。俾新平[152]通过对河北水文化建设情况进行的专题调研，指出了调研的基本情况，指出了文化建设的主要做法和经验，存在的问题和不足，提出了对策和建议。占许珠等[153]在简要回顾普洱市水生态文明建设背景与意义的基础上，阐述了普洱市水生态文明城市试点建设的主要目标与任务；重点介绍了试点建设取得的主要成效和经验做法，并对下一步重点工作进行了展望。崔怡凡[154]评价了避暑山庄所遵循得水为上的原则，强化天人合一与和谐共存理念的渗透；指出避暑山庄所遵循自然规律，所体现的人水和谐性；从多方面分析了山庄以水为题材所体现了山水景观的丰富性与多样性；分析了避暑山庄水景观追求动静相宜，虚实结合，融入自然与谐趣的状况。河北省南运河河务管理处[155]提出了若干南运河系管理的办法，其中阐述了水利精神文明建设和水文化建设效果。黄龙光[156]分析了西南少数民族水文化研究的现状，西南少数民族水文化研究的意义，梳理了西南少数民族水文化研究的方法。赵宏等[157]分析了加强水文化建设、提升水生态文明对于邯郸市的重要意义，从统筹建设规划、挖掘水文化遗产、提高水文化建设的层次、加强水文化的宣传等方面提出了邯郸水文化建设的对策和建议。

（7）在安徽、广西、陕西三省的水文化研究方面，戚晓明等[158]基于安徽寿县区域多时相 TM/ ETM＋ 遥感影像、DEM 地形专题图，结合历史文献、社会考察和水利数据，从地理气候、因地制宜性、工程的系统性、治水理念的哲学性，以及工程的持续修缮、工程受损因素、工程蕴含的水文化、水资源管理演变等方面分析了安丰塘水利工程的工程特征以及工程水文化特征。并从水文化资源协同发展、节约用水提高用水效率、保护水质倡导水生态文明等方面分析了安丰塘的可持续发展状况。熊帝兵等[159]分析了乾隆年间亳州水灾及其原因，归纳总结了乾隆年间亳州的水灾救助，探究了乾隆年间亳州的水利建设具体状况。王馥郁等[150]阐释了宣城水东镇文化景观元素，从设计理念、设计原则、整体文化景观的体现等方面指出文化景观在项目中的运用。王平等[161]尝试从将水文化元素融入到水利工程的设计、建设全工程，把主题文化嵌入到水利景点的配套设施中，全力打造富有文化内涵的水利工程，在渭河治理中融入水文化内涵探讨了关中水系规划下的水文化体融入。

(8) 在重庆、江西、青海、北京、四川、甘肃、广东七省（直辖市）的水文化研究方面，程宇昌[147]阐述了昌江水诗词、乐安河水诗词、饶河水诗词的大致情况，从树立饶河水文化历史生态观，打造饶河水上旅游项目；挖掘饶河水诗词历史文化，建设饶河水文化历史博物馆；以饶河水诗词文化为切入点，打造饶河水文化民俗节等方面提出了饶河水文化与地方社会发展建构的主要路径。刘嘉豪等[162]阐述景观设计中水文化的体现与语义学的关系。并以都江堰为背景，分析治水文化与景观结合之后衍生的造型语义并加以分析，以实地调研方法对当地水文化做分析和归类并加深对水文化的理解。韩杰[66]阐述了祁连山生态与“明花”水资源状况，分析了肃南裕固族自治县水观念及其相关的水文化，研究了明花地区社会变迁背景下的用水历史。范源萌等[163]通过水文化与城市空间的融合的角度探讨水文化的建设思路，从城市空间格局优化与水文化相融合、塑造时尚山水新城示范点、打造公共滨水文化空间、打造水城融合示范片区四个方面提出了东莞市海绵城市建设中水文化遗产保护策略。王春华[43]通过阐释故宫中的排水系统、台基上的排水神兽来探析故宫中的水文化。胡芳等[164]在水生态文明的概念、内涵和理论基础，构建了基于目标层、准则层、指标层在内的江西省水生态文明村评价指标体系，运用层次分析法确定了各指标评分值，提出了各指标赋分细则和水生态文明村评价标准，以鹰潭潘象村 2016 年水生态文明现状评价为例进行验证。占任生等[165]通过总结江西省水文化建设的历史进程，阐述了水文化是江西省生态文明建设的重要基础和关键因素，探讨了江西省水文化工作实践成效以及未来如何发展水文化并使之更好地与水利工作各方面相结合。杨婷[34]分析了江西浮梁古村落物态水文化内涵及历史成因，从水形态文化、水工程文化、水利工具中的水文化三个方面归纳总结了浮梁县古村落物态水文化的主要类型，挖掘了浮梁古村落物态水文化探究的价值。林康强等[166]以广州海珠文化服务中心设计为例，通过对水文化或性思考与解读，“珠水涟漪”的数字生成与表达，数字技术下“水”表皮设计的人文关怀，探究应用建筑数字设计技术进行水文化的现代演绎。梁茼[100]分析了城市水文化传播的“指南针”作用，所体现的文化凝聚力，阐释了城市水文化传播的“动力源”所体现的“城市-水-人”的有机联系，研究了文化凝聚力视域下广州城市水文化传播的三维向度。杨发军[167]分析了重庆茶文化的内涵特征，解读了对巴渝水文化的特点认知，阐述了重庆茶文化与巴渝水文化的发展诉求，剖析了重庆茶文化与巴渝水文化的具体结合机制。杨发军[36]介绍了重庆行政区县命名中的千年水文化印记，剖析了巴渝水文化印记中的水文化内涵。

(9) 在流域研究方面，安亚菲[168]分析了黄河水文化和凝聚力的内涵，阐释了黄河水文化对治黄队伍凝聚力构建的作用，并提出了黄河水文化的传承与弘扬具体做法。

9.7 水文化学术动态

2017 年是党的十九大召开之年，是实施“十三五”规划的重要一年。2018 年是贯彻落实党的十九大精神的开局之年，是改革开放 40 周年，是决胜全面建成小康社会、实施“十三五”规划承上启下的关键一年。学术界以习近平新时代中国特色社会主义思想为指导，全面贯彻党的十九大精神，持续开展水文化研究、传播、传承等工作，积极推动水文化建设。以下仅列举有代表性的学术会议以供参考。

(1) 2017 年 4 月 12—15 日，由中国水利学会水生态专业委员会等组织的“2017 年第四届中国（国际）水生态安全战略论坛”在长沙召开。[169]来自中国工程院、中国科学院、北京大学、中国水利科学院、水利部水规总院、北京师范大学等单位的多位院士、专家学者及政府官员 400 余人出席了会议。会议以“坚持绿色发展 筑牢生态安全”为主题，针对国家水安全战略需求以及国际水科学前沿问题开展广泛、深入研讨，为我国经济社会可持续发展和生态文明建设的水安全保障提供智力支撑。

(2) 2017 年 9 月 27 日，由水利部景区办指导，河海大学联合贵州省水利学会、贵州省水利科学研究院等共同举办 2017 年（第五届）中国水生态大会在贵州贵阳开幕[170]。来自水利行业主管部门/河长办、中国科学院、中国工程院、中国水利水电科学研究院、南京水利科学研究院、河海大学、浙江省河长办、贵州省水利厅、贵州省水科院、贵阳市水勘院、黔南州水勘院等以及全国各地水利科学研究院及相关高校的领导、院士专家和学者共 600 余人参加会议，旨在推进河湖生态治理与保护工作，广泛交流典型地区河湖治理实践经验，促进各地相互学习借鉴和交流，推动河湖管理水平再上新台阶，助力河长制与水生态文明建设。

(3) 2017 年 11 月 2 日，由浙江水利水电学院水文化与水资源经济研究所主办的“长三角青年学者水文化学术论坛（2017）”在杭州召开[171]。来自复旦大学、上海师范大学、华北水利水电大学、宁波大学、中国水利水电科学研究院、安徽省社会科学院等高校和研究机构的 30 多位参会人员，围绕“区域文化视野下的浙江水利史研究”“河长制的理论与实践”这两大主题展开热烈、深入的研讨。

(4) 2017 年 11 月 18 日，由重庆市水利学会、重庆市水文化研究会和重庆水利电力职业技术学院联合主办的第二届“巴渝水文化论坛”在重庆永川召开[172]。来自中国水利教育协会、中国水利政研会、重庆市社科联、重庆市水利局以及市内水利行业相关单位和部门负责人围绕“水生态文明建设与可持续发展”为主题，就水生态文明建设理念、制度、热点、焦点及前沿问题开展广泛、深入研讨，并为重庆市的水生态文明建设与可持续发展建言献策。

(5) 2018 年 4 月 14—15 日，由中国国土经济学会、河南省社会科学院、北京物资学院和洛阳师范学院联合举办的大运河文化论坛在洛阳举行，来自运河沿线八省份 150 多位专家学者参加会议[173]。本次论坛旨在落实国家对大运河文化带建设的重要指示精神，统筹保护好、传承好、利用好大运河。专家们围绕隋唐运河洛阳城市与商业变迁研究、隋唐大运河历史遗产保护与生态文明建设、大运河沿岸城市可持续发展研究和大运河文化产业带发展研究四个主题展开深入交流，针对运河历史研究、遗产保护、生态建设、可持续发展等具体问题展开研讨。

(6) 2018 年 4 月 26—27 日，由聊城大学运河学研究院主办的“第五届运河学论坛：文化视野下的大运河研究暨《运河学研究》首发仪式”在聊城举行[174]。来自中国社科院、中国水利水电科学研究院、中山大学、浙江大学、山东大学、江苏省大运河文化带建设研究院、首都师范大学、山西大学、山东省文物考古研究院等单位以及国家档案局、社科文献出版社、人民出版社、中国网等国家行政机关和媒体的领导、专家共 80 余人围绕文化视野下的大运河研究主题，就漕运、河工与河政，运河区域经济与社会，运河文化，运河遗产与大运河文化带等议题进行了深入广泛的交流。

(7) 2018 年 5 月 26—27 日，由中国水利学会水利史研究会、中国国家灌溉排水委员、中共兴安县委员会、兴安县人民政府主办的灵渠保护与申遗暨水利遗产保护利用学术论坛在兴安召开[175]。国内外的 100 多名领导、专家通过主旨报告、专题论坛、学术交流、现场考察等形式，围绕灵渠保护与申遗、灌溉工程遗产保护发展、水利史与社会发展、水利遗产及保护利用的关键问题进行专题研讨。

(8) 2018 年 6 月 27 日，水利部文明办和中国水利政研会举办的水文化建设专家研讨会在杭州举行[176]。来自中国水利科学研究院、中国水利水电出版社、海河水利委员会及有关省市水利部门的 30 余位领导专家学者齐聚一堂，围绕开展水文化理论研究的发展方向和基本思路、如何提升水工程文化和河湖文化的内涵品位、如何加强水利遗产保护和利用、如何加强水文化教育传播的载体建设，进行了热烈的研讨。

(9) 2018 年 9 月 20 日，第二届中国大运河智库论坛在南京邮电大学仙林校区举行[177]。此次论坛由南京邮电大学、农工党江苏省委、中国大运河智库联盟共同主办，主题为“大运河文化带智库成果发布暨 2018 年秋季报告会”。来自政府机关、科研院所、高等学校以及新闻媒体、学术期刊等多家单位的 150 余名代表齐聚论坛，共同就大运河文化带建设商讨献计。中国大运河智库论坛是中国大运河智库联盟发起和设立的国内第一家专门针对大运河研究的新型智库论坛。

(10) 2018 年 9 月 28—29 日，由河海大学和江苏省水利厅共同主办的“2018（第六届）中国水生态大会”在南京举行[178]。来自国内数十所高校和科研院所的近 200 位学者参会，通过主旨报告、特邀主题报告和小组主题作报告就海绵城市建设中的关键问题与技术应用、贯彻习近平生态文明思想——全力推进江苏生态河湖建设以及河湖综合治理的时代机遇——全面推行河长制等进行了深入交流研讨。

(11) 2018 年 11 月 3—4 日，由中国水利企业协会、中国旅游景区协会主办的 2018 全国“水文化水生态水休闲”博览会暨 2018 中国（仙海）首届河湖旅游产业发展高峰论坛在绵阳召开[179]。水利部、中国水利企业协会、中国旅游景区协会、四川省水利厅农水局、江苏省宿州市政协、南京市水务局、绵阳市水务局、绵阳市仙海区管委会党工委、绵阳仙海管委会等领导和来自全国各界的近 300 名代表围绕论坛的“跨界、融合、发展”主题进行探讨和交流。

(12) 2018 年 11 月 7—8 日，中欧水资源交流平台第六次年度高层对话会在北京召开[180]。来自中国和欧洲 10 余个国家的 200 多名政府部门、科研单位、水利企业及驻华使馆的代表参加会议。本次会议围绕“加强水治理，促进绿色发展与循环经济”主题，开展高层对话，交流治水思路，分享实践成果，共商互惠合作。水利部部长鄂竟平出席会议并致辞，副部长田学斌主持会议。芬兰外贸与发展部部长维罗莱宁，葡萄牙环境部国务秘书马丁斯，欧盟驻中国代表团副团长胡克定，瑞典、荷兰、法国等国驻华使节在对话会上分别致辞。

9.8 与 2015—2016 年进展对比分析

（1）总的来说，在本章撰写上，对水文化研究的内容延续 2015—2016 年结构体系，分为水文化遗产、水文化理论、水文化传播、旅游水文化、地域水文化和水文化学术动态，补充与之相关的传统水文化、水文学、水哲学、城市水文化、大运河文化带建设、水利旅游与水利景区建设、水文化资源开发以及以流域和行政区为主的微观水文化研究等内容。与此同时，2017—2018 年水文化研究进展，把大运河文化带建设的成果也补充进来。

（2）在水文化遗产研究方面，伴随着大运河文化遗产在我国的深入推进，学术界对大运河文化遗产开发与利用、微观水文化遗产调查与保护、海绵城市建设和美丽中国建设视域下水文化遗产关注度很高，但水文化遗产理论的研究还比较少，形不成系统和体系，对水文化遗产传承创新的措施也不到位，对水文化遗产资源开发与利用认识存在不足。

（3）水利部《水文化建设 2016—2018 年行动计划》明确提出以社会主义核心价值观为核心，以水利行业优良传统为血脉，以水利建设实践为依托，着力构建具有鲜明时代特征和水利行业特色的水文化理论和实践体系，为奋力开创节水治水管水兴水新局面提供文化支撑，因此加强水文化理论研究显得尤为重要。在水文化理论方面，近年来水文化理论研究队伍逐渐在壮大，研究成果涉及在水文化内涵、水工程文化、“一带一路”水文化建设、大运河文化带建设、水文化书系出版、水生态文明、水文学、水哲学、城市水文化、水文化数据库建设、国外水文化、少数民族水文化等方面的研究，仅仅限于有水文化微观研究，对其基础性理论研究略显不足。究其原因，认为学术界对水文化学科属性、水文化学科建设还没有达到共识。

（4）加强水文化教育传播，必须大力拓展水文化传播渠道，丰富传播手段，逐步构建传输快捷、覆盖广泛的水文化传播体系。从一定程度上讲，水文化重在建设，成在传播。因为，没有传播就难以普及，没有普及就难以繁荣，没有繁荣就难以提高。在水文化传播方面，水情教育、互联网＋全媒体已成为教育传播的新态势，但仅仅局限于传播途径和学校教育，创新性的并且能够被普通民众喜闻乐见的传播媒介和手段还鲜见，出现“传而不播”和“自娱自乐”现象。

（5）在旅游水文化研究方面，水文化旅游在推动乡村生态旅游发展，促进了脱贫攻坚和乡村振兴发挥重要作用。总体情况来看，2017 年旅游水文化无论是发文的数量还是质量都远低于 2018 年，内容涉及水文化旅游资源开发与案例分析、水利景区的水文化规划与设计、体育旅游水文化，但是，对于旅游水文化的理论研究成果较少，对于工程水文化旅游内涵和价值认知不足。目前旅游水文化的研究仅仅限于有关水利研究部门、水利景区、涉水高等院校，旅游水文化开发还仅仅限于感性认识和初步研究，标志性的理论研究成果还很少见。

(6) 作为地域文化的一部分，水文化是地域文化研究中重要组成部分。在地域水文化研究方面，研究成果相比之前明显增多。主要是以流域和行政区为主要对象的微观水文化研究，地域水文化理论研究对象、研究任务和学科性质还没有论及。在地域水文化研究成果中，按照行政区划分，2015—2016 年度水文化研究成果前三名分别是山东、江苏和浙江相比，2017—2018 年度变为浙江、河南和江苏，浙江继续引领发展，河南奋起直追进入第 2 名，而江苏成为 3 名。

(7) 十九大以来，习近平总书记多次强调要传承和弘扬中华优秀传统文化。中共中央关于制定国民经济和社会发展第十三个五年规划提出，要构建中华优秀传统文化传承体系。水利部印发《2017—2018 年水利精神文明与水文化建设工作安排》中，把加强水文化传播、水文化遗产保护与利用、丰富水文化产品突出位置，大力推动水文化繁荣发展。2017—2018 年学术界围绕水文化理论、运河文化、治水文化、水管理、水利史、水信息、水生态文明建设、智库建设等举办多学科、多层次的国内外学术研讨，基本反映出水文化研究新态势，不仅为国内学术交流提供平台，而且还加强国际文化交流，在与不同文化的碰撞和交融中彰显力量、丰富内涵、创新发展，大大提高我国水文化研究在国际上的话语权。但是，从历次主办单位和参会人员来看，水文化学术会议主要是水利行业在发挥主力作用，教育行政部门、综合性高校和科研院所参与较少，全国性综合性一级学会和国家级新闻媒体更是关注不足。

本章撰写人员

本章撰写人员名单（按贡献排名）：王瑞平、贾兵强、陈超。具体分工见下表。

节　　名	作　者	单　位
9.1　概述	王瑞平	华北水利水电大学
9.2　水文化遗产研究进展	王瑞平	华北水利水电大学
9.3　水文化理论研究进展	贾兵强	华北水利水电大学
9.4　水文化传播研究进展	陈　超	华北水利水电大学
9.5　旅游水文化研究进展	贾兵强	华北水利水电大学
9.6　地域水文化研究进展	陈　超	华北水利水电大学
9.7　水文化学术动态	贾兵强	华北水利水电大学
9.8　与 2015—2016 年进展对比分析	贾兵强	华北水利水电大学
负责统稿	贾兵强	华北水利水电大学

参考文献

[1] 马云，单鹏飞，董红燕．水文化传承视域下城市水利风景区规划探析 [J]. 规划师，2017 (2)：104-109.

[2] 李杰．我国水文化遗产保护与利用工作亟待加强 [J]. 团结，2017 (2)：48-49.

[3] 张友明，卜芸芸．基于洪泽湖管理处试点调查的水文化遗产保护研究［J］．中国水利，2017（10）：62-64.

[4] 刘璇．加强陕西水文化遗产保护与利用的几点思考［J］．中国水文化，2018（1）：60-62.

[5] 周坤朋．什刹海水文化遗产类型、价值及生态保护探究［D］．北京建筑大学硕士学位论文，2017.

[6] 韦庆明，钟冠宇，盛前．京杭大运河常州段水文化遗产的传承开发和当代价值［J］．水资源开发与管理，2018（11）：14-17.

[7] 曹娅丽，邸平伟．水文化遗产与民间信仰［J］．民族艺术研究，2018（4）：115-122.

[8] 霍艳虹．基于"文化基因"视角的京杭大运河水文化遗产保护研究［D］．天津大学博士学位论文，2017.

[9] 里昂，王思思，吴文洪，等．海绵城市建设中水文化遗产保护策略研究［J］．人民长江，2018（11）：14-18.

[10] 涂师平．钱塘江海塘文化遗产的保护和开发［J］．中国水文化，2018（3）：56-58.

[11] 隋丽娜，程圩，郭昳岚．陕西省水文化遗产保护与利用［J］．水利经济，2018（02）：68-72，77，86.

[12] 黄碧宁，杨姗姗，张兴旺．美丽中国建设视域下水文化遗产的价值体现与保护利用［J］．桂林师范高等专科学校学报，2018（1）：52-55.

[13] 程得中．重庆市三峡库区水文化遗产市场化现状调查及路径探究［J］．长江工程职业技术学院学报，2017（2）：1-3.

[14] 吴松，程得中．巴渝水文化概论［M］．郑州：黄河水利出版社，2017.

[15] 彦橹．中层理论：水文化理论建构的新视界［N］．中国水利报，2017-09-21：第007版．

[16] 曹继党．努力提升水工程和水文化有机融合［N］．舟山日报，2018-10-21：第002版．

[17] 民进北京市委会．提升大运河水文化内涵［N］．江淮时报，2018-07-27：第006版．

[18] 梁留科．活化隋唐大运河遗产 弘扬隋唐大运河文化［N］．人民政协报，2018-03-10：第007版．

[19] 贺云翱．充分认知大运河文化带建设的重大意义［N］．新华日报，2017-08-30：第013版．

[20] 贺云翱．深入认识大运河历史文化［N］．中国社会科学报，2018-08-31：第006版．

[21] 姜师立．大运河文化带建设要体现三个"联"［N］．中国文物报，2017-10-27：第009版．

[22] 孙冬虎．北京大运河文化带的历史特征与当代意义［N］．北京日报，2018-05-28：第008版．

[23] 徐晶晶．西塘古镇传统建筑中的水文化元素探析［J］．建筑与文化，2017（12）：148-149.

[24] 汪洁琼，王敏，彭英，等．上海苏州河生态系统服务演变的历史分析与滨水文化提升策略［J］．建筑与文化，2017（11）：153-155.

[25] 朱海风．水文化与水科学融通共振是当代中国治水兴水的重要路径［J］．中州学刊，2017（8）：89-92.

[26] 丁俊清．温州古代居住与理水文化［J］．中国名城，2017（7）：71-78.

[27] 刘素芳，陈菁，陈丹，等．基于HPM的水文化价值定量评估研究——以秦淮河风光带为例［J］．中国农村水利水电，2017（6）：200-204.

[28] 胡早萍，陈立立．流域管理中的水文化与公众参与［J］．水利发展研究，2017（6）：74-77.

[29] 王韵萱．基于水文化的沅江市区滨水空间改造研究［D］．长沙：湖南农业大学，2017.

[30] 罗敏．推进广西桂林水文化建设中的政府作用研究［D］．桂林：广西师范大学，2017.

[31] 王洪玉．培育和践行社会主义核心价值观与弘扬优秀的水文化相结合研究［J］．中国水文化，2017（2）：43-44.

[32] 王劭鹏．城市水文化与水利经济效用分析［J］．水科学与工程技术，2017（1）：54-56.

[33] 权凤．水文化的博物馆化保护研究——以白鹤梁水文化博物馆为例［J］．西部皮革，2017（2）：184，190.

[34] 杨婷．鄱阳湖物态水文化资源探究——以浮梁县古村落为例［J］．南昌工程学院学报，2018（5）：27-31.

[35] 陈海生，李世炜．基于水文化保护的浙江省云和梯田湿地公园开发研究［J］．安徽农学通报，2018（16）：113-114，122.

[36] 杨发军．重庆行政区县历史命名中的巴渝水文化探析［J］．广东水利电力职业技术学院学报，2018（2）：59-63.

[37] 钱克非．“一带一路”上彰显中国水文化的力量——杭州的机遇和担当［J］．杭州（周刊），2018（16）：42-43.

[38] 龚惠云，涂师平．治水工程与水文化创意设计［J］．中国三峡，2018（4）：7-13.

[39] 万金红，宫辉力，杜梅．用千年水文化助力文化中心建设［J］．前线，2018（1）：78-81.

[40] 孙媛媛．“水”文化符号在城市环境设施设计中的应用研究［J］．艺术与设计（理论），2018（4）：62-63.

[41] 李安峰．生态文明视野下贵州水文化的思考［J］．农业考古，2018（1）：155-159.

[42] 高洋．浅析故宫中的水文化［J］．工业设计，2017（5）：120，122.

[43] 王春华．故宫中的水文化［J］．人才资源开发，2018（13）：94-95.

[44] 李蔓，崔陇鹏．中国古代兰亭曲水文化及其景观特色的形成与演化［J］．建筑与文化，2017（5）：92-93.

[45] 牛晨琳．《搜神记》与水文化研究［D］．长春：东北师范大学，2017.

[46] 陈丹．布努瑶创世史诗《密洛陀》中的水文化探析［J］．华北水利水电大学学报（社会科学版），2017（2）：21-25.

[47] 程宇昌．创新与共享：鄱阳湖区水文化与地方社会发展建构刍议——以饶河水诗词文化为例［J］．南昌工程学院学报，2018（5）：37-43.

[48] 郭泽杰．关于“三言二拍”的水文化摭拾［J］．河海大学学报（哲学社会科学版），2018（5）：84-89，92.

[49] 王乃芳．沈从文创作与人格中的水文化因子［J］．怀化学院学报，2018（6）：94-96.

[50] 王劲韬．苏东坡时期杭州西湖的水利及水文化探析［J］．中国园林，2018（6）：14-18.

[51] 首作帝．老舍散文的济南水文化［J］．中共济南市委党校学报，2018（2）：97-100.

[52] 徐向成，孙建华，刘飞翔．先秦水文化的三重维度［J］．治淮，2018（12）：88-89.

[53] 张永康，赵心华．《黄帝内经》中山水文化隐喻探究［J］．复旦国际关系评论，2018（2）：328-339.

[54] 史鸿文．论中华水文化精髓的生成逻辑及其发展［J］．中州学刊，2017（5）：80-84.

[55] 肖冬华．传统水文化的生态哲学意涵刍议［J］．河西学院学报，2017（3）：113-117.

[56] 魏新强．老庄道家哲学视阈下的中国“水文化”教育理念的思考［J］．华北水利水电大学学报（社会科学版），2017（1）：1-4.

[57] 周媛．《中华水文化书系》及其数字化项目组织实施经验及思考［J］．科技与出版，2017（11）：68-70.

[58] 李亮．浅谈水文化科普插图的趣味性与严谨性——以《图说中华水文化书系》插图设计为例［J］．出版参考，2017（8）：50-51.

[59] 李中锋．以现代出版为载体大力推动中华水文化走出去［J］．中国水利，2018（1）：62-64，26.

[60] 许晓云．水利院校图书馆水文化特色数据库建设探讨［J］．南昌工程学院学报，2017（5）：104-108.

[61] 肖冬华．数字化水文化档案建设的现状、问题与对策［J］．山西档案，2018（1）：116-118.

[62] 黄龙光．论西南少数民族水文化的社会功能［J］．原生态民族文化学刊，2017（4）：98-107.

[63] 黄龙光．论西南少数民族水文化的主要特征［J］．内蒙古大学艺术学院学报，2017（3）：

122－129.
[64] 杨发军，蒋涛．清江流域土家族水文化研究［J］．铜仁学院学报，2017（5）：88－90，102.
[65] 周延鹤．民族地域背景下的水文化研究［J］．大众文艺，2017（7）：269－270.
[66] 韩杰．大环境与小社会：戈壁地区裕固族社会变迁与水文化——以肃南裕固族自治县明花乡为例［J］．西北民族大学学报（哲学社会科学版），2018（2）：123－129.
[67] 唐玉春．东巴风水文化的生态教育功能初探［J］．教育观察，2018（5）：133－134.
[68] 余达淮，刘沛好．面向“中国问题”的水文化研究与教育［N］．中国社会科学报，2017－03－07：第 005 版．
[69] 贾兵强．基于文献计量方法的我国水文化研究态势分析［J］．中州学刊，2017（10）：90－92.
[70] 郑晓云．近年国外水文化的发展与创新［J］．中国水利，2017（9）：61－64.
[71] 李政，赵慧宁．基于伊斯兰教水文化的印度莫卧儿宫廷水景研究——以德里红堡、阿格拉堡为例［J］．艺术科技，2017（1）：341.
[72] 王乃芳，程得中．浅论唐代三峡诗歌中的巴渝水文化［J］．长江师范学院学报，2017（5）：36－40.
[73] 谢天开．杜甫成都诗对“成都水文化”的文学重构［J］．成都大学学报（社会科学版），2017（3）：46－53.
[74] 黄秀丽．从古典诗词看水文化的文学情怀［J］．长江工程职业技术学院学报，2017（1）：1－3.
[75] 黄曼捷．徐州市城市建设中的水文化浅析［J］．城市建设理论研究（电子版），2017（36）：23－24.
[76] 向婧怡．面向水生态文明的上海市水资源管理及水文化建设途径［D］．上海：华东师范大学，2018.
[77] 季嫣然．苏州水文化对城市形象塑造研究［D］．上海：上海社会科学院，2018.
[78] 李俊奇，吴婷．基于水文化传承的湖州市海绵城市建设规划探讨［J］．规划师，2018（4）：63－68.
[79] 姜师立．论大运河文化带建设的意义、构想与路径［J］．中国名城，2017（10）：92－96.
[80] 谢光前，李道国．大运河文化带建设的立场、原则及其治理体系构建［J］．江南大学学报（人文社会科学版），2018（5）：116－120.
[81] 黄杰．以大运河文化带为核心的三大战略协同建设研究——以探索大运河文化带扬州段建设为例［J］．扬州大学学报（人文社会科学版），2018（2）：46－51.
[82] 杨家毅．浅析大运河（北京段）文化带的内涵［J］．北京联合大学学报（人文社会科学版），2017（4）：28－34.
[83] 任伟．后申遗时期大运河郑州段保护和利用工作的反思［J］．华北水利水电大学学报（社会科学版），2017（3）：47－49.
[84] 宋孝忠．中国水利高等教育发展史［M］．北京：中国水利水电出版社，2017.
[85] 陈超．中原农业水文化研究［M］．北京：中国水利水电出版社，2017.
[86] 楚行军，朱钰涵．国外水文化动态研究报告［M］．北京：中国水利水电出版社，2017.
[87] 尚群昌．秦汉水井空间分布与区域差异研究［M］．北京：中国水利水电出版社，2017.
[88] 史月梅．宋代山水诗与人水情缘研究［M］．北京：中国水利水电出版社，2017.
[89] 朱海风，等．南水北调工程文化初探［M］．北京：人民出版社，2017.
[90] 贾兵强．中国先秦水井文化研究［M］．北京：中国水利水电出版社，2018.
[91] 邱志荣．其枢在水：绍兴水利文化史［M］．北京：中国社会科学出版社，2018.
[92] 刘建勇．宁夏水利历代艺文集［M］．郑州：黄河水利出版社，2017.
[93] 高伯甘．古今治河人物传印谱［M］．郑州：黄河水利出版社，2017.
[94] 董文虎，刘冠美．水工程文化学——创建与发展［M］．郑州：黄河水利出版社，2017.

[95] 杨惠淑，宋大春.《河南省水情教育基地设立及管理办法》解读 [J]. 河南水利与南水北调，2017 (04)：3-4.
[96] 杨惠淑，宋大春. 勿忘历史 警钟长鸣——专访国家水情教育基地—驻马店市“75·8”防洪教育基地 [J]. 河南水利与南水北调，2017 (7)：3-4.
[97] 钮清海. 改进方式 深入做好水情教育工作 [N]. 中国水利报，2017-09-26 (008).
[98] 赵黎霞，李全娥，时静. 关于水情教育工作的探讨 [J]. 城镇供水，2017 (6)：70-72.
[99] 杨洁，陈新. 深圳市水情特点及水情教育的现状和不足 [J]. 中国水土保持，2017 (7)：66-68.
[100] 孙爱霞. 水情教育要从校园抓起 [N]. 人民长江报，2017-09-30 (002).
[101] 孙爱霞. 水情教育也要从学校抓起 [N]. 黄河报，2017-11-25 (002).
[102] 梁茼. 文化凝聚力视阈下的广州城市水文化传播研究 [J]. 浙江水利水电学院学报，2018 (1)：1-6.
[103] 楚行军. 专业化水情教育资源库建设研究 [J]. 齐鲁师范学院学报，2018 (1)：38-41.
[104] 张建邦，张泽聪. 水德化育人 汇力促发展——挖掘水文化进行学校文化建设的实践 [J]. 课程教育研究，2018 (32)：200，202.
[105] 张群辉. 云南少数民族传统水信仰的生态功能与传承教育 [J]. 玉溪师范学院学报，2018 (7)：41-48.
[106] 钱坤南. 承千年水文化 育仁智好少年 [N]. 江苏教育报，2018-06-13 (003).
[107] 陈超. 水文化遗产多媒体共享平台构建及其在高校水文化教育中的应用 [J]. 中外企业家，2018 (14)：148-149.
[108] 张娓. 关于做好水文化宣传报道提高文化自信的思考 [J]. 传播力研究，2018 (8)：17.
[109] 陈玲. 论重庆水文化在城市形象宣传片中的传播 [J]. 东南传播，2018 (8)：39-40.
[110] 彦橹. 着力构建水利风景区水文化体系 [N]. 中国水利报，2017-02-23 (006).
[111] 袁涵. 体验式旅游的水文化产品开发研究——以宿迁骆马湖旅游景区为例 [J]. 武汉冶金管理干部学院学报，2017 (4)：6-8.
[112] 王晨雨，孙嘉渊. 明月湖水利风景区的水文化挖掘与诠释 [J]. 现代园艺，2017 (22)：75.
[113] 孙欣. 秦岭北麓水文化景观体系建设的几点思考 [J]. 陕西水利，2017 (6)：187-188.
[114] 谢佩琳，徐慧. 基于水文化的城市水景观营造思路初探 [J]. 水利经济，2018 (3)：70-73，80.
[115] 陈轩昂. 创建新城，赣江新区水文化体育旅游创建策略 [J]. 农家参谋，2017 (15)：225-226，222.
[116] 陈轩昂. 关于水文化体育旅游圈的理论分析 [J]. 山西农经，2017 (14)：28-29，34.
[117] 杨叶红，盛治进. 环巢湖水文化体育旅游资源开发对策研究 [J]. 商丘师范学院学报，2018 (6)：66-69.
[118] 徐延维. 绵阳仙海体育旅游水上项目资源的开发研究 [J]. 当代体育科技，2018 (19)：192-193.
[119] 邓牧昀，卜继勘. 城市水文化和水景观建设规划探讨——以湘潭市为例 [J]. 湖南水利水电，2017 (4)：40-43.
[120] 倪妍. 基于水文化的城镇旅游特色景观设计研究 [J]. 牡丹江大学学报，2017 (5)：50-53.
[121] 席景霞. 基于徽州水文化的城市生态景观建设悖论研究 [J]. 浙江水利水电学院学报，2017 (2)：6-10.
[122] 刘坤. 水文化与城市生态旅游的融合与发展——武汉市东湖风景区规划对策与建议 [J]. 华中师范大学研究生学报，2018 (2)：134-139，144.
[123] 张目. 广州水文化旅游资源的开发与保护初探 [J]. 度假旅游，2018 (3)：68-70.
[124] 丁金珠. 苏州建设“水文化”为核心的国际旅游名城探索 [J]. 科技经济导刊，2018 (3)：

88-89.

[125] 胡奔，马云，单鹏飞. 基于水文化的巴城湖水利风景区规划探析 [J]. 水生态学杂志，2018 (2)：41-47.

[126] 骆映心. 发展生态旅游背景下的小城镇水景观分析与评价研究 [D]. 郑州：河南农业大学，2018.

[127] 魏晓楠. 海南国际旅游岛水上旅游项目发展现状及法律适用 [J]. 今日海南，2017 (12)：57-58.

[128] 鲍红兵，陈力. 传统村落水文化解析以高迁为例 [J]. 居舍，2018 (7)：83.

[129] 段晓伟. 明清时期永泰嵩口水文化探析——以厝落、渡口、墟市为考察对象 [J]. 福建史志，2018 (2)：33-36，64.

[130] 马颖卓. 水润的"诗和远方"——浙东甬绍台水文化建设观察 [J]. 中国水利，2018 (23)：10-19.

[131] 陈超. 气候变化视野下的中原水文化与生态文明建设研究 [J]. 生态经济，2017 (9)：224-227.

[132] 朱海风，史鸿文，等. 中原水文化资源开发利用与数据库建设 [M]. 北京：中国社会科学出版社，2017.

[133] 孙烨. 北宋汴河水运述论 [J]. 华北水利水电大学学报（社会科学版），2017 (2)：29-31.

[134] 刘玮彤，白磊. 传承历史文化 打造郑州水域靓城——论郑州市地域水文化与城市水系规划建设 [J]. 遗产与保护研究，2018 (3)：67-69.

[135] 马凯. 基于水生态文明的郑州都市区建设研究 [J]. 华北水利水电大学学报（社会科学版），2017 (4)：9-11.

[136] 董金凯，李迎军，石彦丽，等. 沁阳市水文化传承与发展探析 [J]. 河南水利与南水北调，2017 (11)：6-9.

[137] 冯西西. 隋唐大运河与中原繁荣的相互影响 [J]. 华北水利水电大学学报（社会科学版），2017 (2)：26-28.

[138] 高洪涛. 以许昌为例探析文化在水系建设中的应用 [J]. 水资源开发与管理，2018 (3)：57-61.

[139] 沈晓娟，陈梅. 淮安市大运河文化的历史与传承 [J]. 江苏水利，2018 (2)：33-36.

[140] 景蕾蕾. 江南民居建筑的水文化脉络浅谈 [J]. 居舍，2018 (26)：115-116.

[141] 刘朗. 句容市水生态文明城市建设工作思路 [J]. 水资源开发与管理，2018 (3)：35-38.

[142] 王振，叶志才，叶丽华. 宿迁市水生态文明建设实践 [J]. 中国水利，2018 (3)：12-13，2.

[143] 张冉. 浅谈苏州水文化与苏州餐饮的联系 [J]. 现代商业，2018 (35)：74-75.

[144] 封心宇，季翔. 扬州高旻寺段运河景观区域文化的融合与传达 [J]. 江苏建筑职业技术学院学报，2018 (1)：41-44.

[145] 胡梦飞. 保漕与祈雨：明清时期山东运河区域的龙神信仰 [J]. 华北水利水电大学学报（社会科学版），2017 (1)：5-8.

[146] 李娟，段龙. 东平县推进水生态文明建设实践 [J]. 山东水利，2018 (12)：46-48.

[147] 张爱萍. 浅谈坝头溪水环境和水文化的打造 [J]. 水资源开发与管理，2018 (5)：29-34.

[148] 刘耀辉. 水文化建构法在闽江北港概念性规划中的应用 [J]. 水利科技，2017 (4)：1-4.

[149] 徐凉玉. 武夷山水文化背景下的儿童绘本美术教学 [J]. 课程教育研究，2018 (27)：199.

[150] 黄安莹，郭祉聪. 依水而成 因盐而兴——上海浦东新场古镇的水文化与盐文化探源 [J]. 科学大众（科学教育），2018 (1)：182，38.

[151] 熊瑞. 傣族泼水节的文化内涵探析 [J]. 武术研究，2018 (9)：124-126.

[152] 俾新平. 河北水文化建设调研报告 [J]. 中国水文化，2017 (6)：44-47.

[153] 占许珠，李翔，杨珏，等．普洱市水生态文明城市建设实践探索［J］．水利发展研究，2018（01）：54-57，65.

[154] 崔怡凡．探讨避暑山庄的水文化［J］．现代园艺，2018（12）：109.

[155] 河北省南运河河务管理处．文化建设促进南运河系管理［J］．河北水利，2018（1）：45-46.

[156] 黄龙光．西南少数民族水文化研究：现状、意义与方法［J］．北方民族大学学报（哲学社会科学版），2018（5）：50-57.

[157] 赵宏，徐祯．新时代加强邯郸水文化建设的几点思考［J］．河北工程大学学报（社会科学版），2018（3）：4-5.

[158] 戚晓明，白夏，金菊良．安丰塘水文化特征分析［J］．淮南师范学院学报，2017（5）：70-74.

[159] 熊帝兵，刘亚中．从地方志看乾隆年间亳州水灾及其应对［J］．华北水利水电大学学报（社会科学版），2017（5）：19-23.

[160] 王馥郁，章慧明．历史文化名镇中新建街区文化景观设计研究——以宣城市水东镇为例［J］．安徽建筑，2018（6）：61-62.

[161] 王平，喇路．浅谈关中水系规划下的水文化［J］．陕西水利，2018（1）：14-16.

[162] 刘嘉豪，许红飞，张玉萍．从水文化造型语义论都江堰的景观设计［J］．工业设计，2018（1）：35-36.

[163] 范源萌，冯嘉旋．东莞市海绵城市建设之水文化建设探讨［J］．环境与发展，2018（12）：198-199.

[164] 胡芳，刘聚涛，魏立娥，等．江西省水生态文明村评价方法及其应用［J］．水利发展研究，2018（8）：35-40.

[165] 占任生，罗张琴．江西水文化建设实践与展望［J］．水利发展研究，2018（10）：70-73.

[166] 林康强，郑恬．水文化的数字设计演绎——以广州海珠文化服务中心设计为例［J］．华中建筑，2018（12）：41-44.

[167] 杨发军，孙道进．重庆茶文化与巴渝水文化结合探析［J］．福建茶叶，2018（5）：345.

[168] 安亚菲．黄河水文化与治黄人凝聚力建设［J］．濮阳职业技术学院学报，2017（6）：158-160.

[169] 赖泳源．水生态安全战略论坛举行 探讨人与自然协调发展［EB/OL］．华声在线．2017.04，14. http：//hunan. voc. com. cn/article/201704/201704142034238981. html.

[170] 袁超．2017年（第五届）中国水生态大会贵州贵阳开幕［EB/OL］．中新网贵州．2017.09，27. http：//www. gz. chinanews. com/content/2017/09-27/76180. shtml.

[171] 浙江水院．长三角青年学者水文化学术论坛在我校举行［J］．浙江水利水电学院学报，2017（6）：69.

[172] 王子鹏，邓泄瑶．巴渝水文化论坛共商水生态文明建设［EB/OL］．中国水利网．2017，11，22. http：//www. chinawater. com. cn/newscenter/slyw/201711/t20171122_495048. html.

[173] 于涌．百余位专家共聚我校探讨交流大运河文化［EB/OL］．洛阳师范学院网，2018，04，15，http：//www. lynu. cn/2018/0415/31151. shtml.

[174] 许文豪．第五届运河学论坛暨《运河学研究》首发仪式举行［EB/OL］．聊城大学网，2018，05，28，http：//www. lcu. edu. cn/ztzx/ldyw/198022. htm.

[175] 蒋子鸣，周玉祝．灵渠保护与申遗暨水利遗产保护利用学术论坛在兴安开幕［EB/OL］．搜狐网，2018，04，27，http：//www. sohu. com/a/229715224_504157.

[176] 政研会．水文化建设专家研讨会在杭州举行［EB/OL］．中国水文化网，2018，07，05，http：//www. waterculture. net/index. php? m=content&c=index&a=show&catid=12&id=7606.

[177] 沈金霞．第二届中国大运河智库论坛在我校举行［N］．南京邮电大学报，2018-10-01：第001版．

[178] 吴楠，张春平．“2018（第六届）中国水生态大会”在河海大学召开［EB/OL］．中国社会科学

网，2018，10，02，http：//ex. cssn. cn/zx/bwyc/201810/t20181002_4664842. shtml.
[179] 韩元元．水文化水生态水休闲博览会在四川举办［EB/OL］．中国水利网，2018，11，04，http：//www. chinawater. com. cn/newscenter/df/sic/201811/t20181114_725004. html.
[180] 薄宁，王瑞琨．中欧水资源交流平台第六次年度高层对话会在京召开［EB/OL］．中国水利网，2018，11，09，http：//www. chinawater. com. cn/newscenter/kx/201811/t20181109_724801. html.

第 10 章　水信息研究进展报告

10.1　概述

10.1.1　背景与意义

（1）水信息研究是利用现代信息技术与数值模拟、物理模型相结合，监测与挖掘水系统的各种信息，为人类决策提供更多有价值的信息[1]。水信息的研究领域极为广泛，包括各种水信息数据的获取和分析（如数据采集与监视控制系统、遥感、遥测、数据模型、数据管理和数据库技术等）、先进数值分析方法和技术（如一维、二维和三维计算水力、水质和水生态模型、参数估计和过程识别）、控制技术和决策支持（如基于模型控制、不确定性处理、决策支持系统、分布影响评价和决策、Internet 和 Intranet 等）、标准及应用软件开发（如海岸和河口污染物扩散的过程分析、水资源的流域管理、城市给水排水系统等）以及智能科学理论和新技术应用（如人工智能、专家系统、人工神经网络、进化计算、模糊逻辑、数据挖掘技术、数据仓库技术、数据融合技术、并行计算技术、分布和扩散模型、面向对象和代理等）[2]。

（2）2011 年中央 1 号文件《中共中央　国务院关于加快水利改革发展的决定》的第十五条“强化水文气象和水利科技支撑”中明确指出：推进水利信息化建设，全面实施“金水工程”。加快建设国家防汛抗旱指挥系统和水资源管理信息系统，提高水资源调控、水利管理和工程运行的信息化水平，以水利信息化带动水利现代化。

10.1.2　标志性成果或事件

（1）2017 年 5 月，水利部正式印发了《关于推进水利大数据发展的指导意见》，它是水利部深入贯彻党中央提出的国家大数据战略、国务院《促进大数据发展行动纲要》等系列决策部署的重要举措，旨在水利行业推进数据资源共享开放，促进水利大数据发展与创新应用。

（2）2017 年 9 月 1 日，水利部水文局（水利信息中心）更名为水利部信息中心，加挂“水利部水文水资源监测预报中心”牌子，增设水利部水文水资源监测评价中心（水利部国家地下水监测中心）、网络安全处等部门。

（3）2017 年 9 月，水利部水利信息中心等多家单位完成的“互联网＋水利政务服务平台研究及应用”项目获大禹水利科学技术奖一等奖。

（4）2018 年 1 月 12 日，水利部办公厅关于印发《河长制湖长制管理信息系统建设指导意见》和《河长制湖长制管理信息系统建设技术指南》的通知，为河湖长制信息化建设提供基本的建设规范。

（5）2018 年 3 月 9 日，水利部正式启动了《智慧水利总体方案》方案编制工作。流域和各地也积极推进智慧水利建设方案编制和顶层设计。

(6) 2018年4月13日，水利部办公厅关于印发了《"一河（湖）一档"建设指南（试行）》。"一河（湖）一档"信息包括基础信息和动态信息两部分，要求各地按照"先易后难、先简后全"的原则，抓紧完成基础信息填报，兼顾已有或易获取的动态信息填报，逐步完成动态信息，建立完整的河湖档案。

(7) 2018年4月22日，水利部水利信息中心等单位完成的"全国水利一张图"被评为"首届数字中国建设年度最佳实践"。该图结合水利工作实际，以地图为依托广泛开展业务应用，促进了水利信息资源全面整合，完善了国家基础水信息体系，丰富了国家空间数据基础设施内容，促进了跨部门业务协作与资源共享。在全国各级水利部门得到广泛应用，有力地支撑了涉水突发事件应急处置、国家最严格水资源管理、全国河长制湖长制建立等水利业务工作，实现了水利信息化建设由分建专用向集约共享的转变。

(8) 水利信息化资源整合共享与重点工程持续推进。水利部水信息基础平台建设、国家地下水监测工程、国家防汛抗旱指挥系统二期工程、国家水资源监控能力建设项目以及全国河长制湖长制管理信息系统等一批水利信息化建设项目进展顺利。

(9) 水利业务需求分析工作扎实推进。水利部先后召开8次部长专题会议，部署推进洪水、干旱、水利工程安全运行、水利工程建设、水资源开发利用、城乡供水、节水、江河湖泊、水土流失以及水利监督等业务需求分析工作。

10.1.3 本章主要内容介绍

本章是有关水信息研究进展的专题报告，主要内容包括以下几部分。

(1) 对水信息研究的学科范畴、水信息研究2017—2018年标志性成果或事件、本章主要内容以及有关说明进行简单概述。

(2) 从第10.2节开始按照水信息研究内容进行归纳编排，主要包括：基于遥感、传感器、机理模型、地理信息系统（GIS）的水信息研究、基于GIS水信息系统开发以及数字水利等相关研究进展。

10.1.4 有关说明

本章主要是在中国学术文献网络出版总库中检索2017—2018年中关于水信息研究的相关进展，然后对所获相关文献进行分析与归类，在此基础上介绍水信息研究的相关进展，所引用文献均列入参考文献中。

10.2 基于遥感的水信息研究进展

遥感是以电磁波与地球表面物质相互作用为基础，探测、分析与研究地球资源与环境，揭示地球表面各要素的空间分布特征与时空变化规律的一门科学技术。遥感提供了大面积快速获取水信息的途径，已经成为水信息提取与挖掘的重要手段。研究内容涉及土壤水分遥感反演、地表蒸散、水体信息提取、湿地变化监测、植被含水量估算以及水位监测等多个方面。

10.2.1 在土壤水分遥感反演方面

土壤水分（湿度、含水量）是联系地表水与地下水的纽带，在全球水循环运动中扮演着重要角色，是水文、气象、生态和农业模型中的重要参数。遥感是监测区域尺度上土壤湿度状况时空变化的有效途径。它通过测量土壤表面发射或反射的电磁能量来进行土壤水分测量，涉及波段较宽，包括可见光、近红外、热红外和微波等不同波段。本书将土壤水分遥感反演研究分为土壤水分遥感反演进展综述、可见光-红外土壤水分遥感反演、微波遥感的土壤水分反演、基于光学和微波遥感数据联合土壤水分反演以及土壤水分遥感反演模型构建及改进等方面。

（1）在土壤水分遥感反演进展综述方面。马春芽等[3]从可见光-近红外遥感、热红外遥感、微波遥感和高光谱遥感等4个方面概述了土壤水分遥感反演方法及相应估算模型，指出了遥感反演土壤水分方法与模型存在的不足，展望了遥感反演土壤水分的发展趋势。王宝刚等[4]回顾了近年来被动微波遥感在地表冻融循环监测方面的最新研究进展，总结了L波段在地表冻融循环遥感监测中的前沿研究，并对其应用潜力进行了展望。高胜国等[5]介绍了探地雷达测量地表土壤含水量的基本原理，总结了探地雷达在地表土壤含水量监测中的应用进展。张瑶瑶等[6]总结了农业干旱遥感监测发展趋势，即：监测数据源由单一数据源向多源数据转变；监测指标由单一的气象监测指标向气象、卫星遥感与作物生理物理特征相结合的综合监测指标转变，逐步实现“3S”技术集成与数据共享。汤秋鸿等[7]认为尽管目前遥感技术具备获取大范围水循环关键变量的能力，但是遥感估算的水循环分量还难以满足基本的水量平衡，表明当前遥感数据的水文一致性还待加强；未来遥感陆地水循环研究，一方面需要新型传感器和平台来提供更高精度且时空一致的观测数据，另一方面需要开展大型地面水循环同步全过程观测试验来对遥感产品进行深入评估，以促进遥感技术在陆地水循环研究中的应用。

（2）在可见光-红外土壤水分遥感反演方面。大量学者利用不同遥感数据进行了土壤水分反演方法探讨与试验应用等方面研究，主要是单独或者联合使用Landsat 8、MODIS以及FY数据进行土壤水分反演模型构建和区域应用，这里仅列举代表性文献。

1）基于Landsat 8数据的土壤水分反演。高培霞等[8]采用Landsat 8遥感数据构建了地表温度（Ts）-植被指数（NDVI）特征空间，拟合了特征空间的干湿边方程，并根据干湿边方程计算的温度植被干旱指数（TVDI）与同期野外不同深度的实测土壤含水率进行了回归分析与验证。王思楠等[9]以Landsat 8遥感数据为基础，分别利用SWEPDI光谱法、能量指数法与TVDI指数法按不同时间、不同土层深度与对应时间的土壤含水率野外实测数据进行线性拟合，并进行了毛乌素沙地腹部旱情反演模型的比较和选择。姚静等[10]利用Landsat 8遥感数据获取的归一化植被指数（NDVI）和陆地表面温度（Ts），构建了Ts-NDVI特征空间，分析了延河流域土壤水分空间分布变化。蔡亮红等[11]采用Landsat 8遥感数据，基于改进前后的8种植被指数，通过灰色关联分析（GRA）筛选了3种高关联度植被指数，再用偏最小二乘回归（PLSR）进行渭-水绿洲土壤水分反演建模。王娟等[12]利用Landsat 8遥感数据，获取了陆地表面温度（TS）和归一化植被指数（NDVI），通过温度植被干旱指数（TVDI）建立了土壤水分反演的回归模型。葛少青等[13]基于Landsat 8遥感影像的温度植被干旱指数（TVDI）、垂直干旱指数（PDI）和归一化干旱监测指数（NPDI）3种干旱监测方法，结合野外湿地实测数据进行了干旱区沼泽地土壤水分反演。

2）基于MODIS数据的土壤水分反演。陈少丹等[14]利用MODIS数据的MOD09A1、MOD11A2和MOD13A2获取表观热惯量ATI（apparent thermal inertia）和植被供水指数VSWI（vegetation supply water index）模型中的关键参数，以NDVI作为判别阈值将ATI和VSWI相结合建立了长江中下游流域土壤湿度反演模型。吴黎[15]采用6—9月的MODIS数据，通过计算温度植被干旱指数（TVDI），以2000—2014年的黑龙江省40个旱作农业站点以旬为单位的TVDI为研究对象，根据土壤相对湿度的农业干旱等级划分标准，制定了TVDI的干旱监测等级。李海霞等[16]以新疆地区为研究对象，选取2016年5月和6月的MODIS植被指数产品数据和地表温度产品数据，构建了新疆地区NDVI-Ts和EVI-Ts特征空间，分析了新疆地区土壤干湿状况的空间分布格局及土壤水分的影响因素。宋扬等[17]以辽西北为研究区域，选取典型干旱年2009年作物（春玉米）主要生长季，采用表观热惯量、距平植被指数AVI和植被供水指数VSWI 3种基于不同理论的遥感干旱指数方法对土壤水分进行反演。陈涛等[18]利用2014年8月至2015年7月土壤水分观测资料与同期MODIS数据建立了那曲东部土壤水分遥感监测模型。拉巴等[19]利用MODIS卫星数据第7波段对水分变化较敏感的特点，构建了一种简单实用的藏北地区土壤水分反演回归模型。王慧等[20]以西藏那曲为研究区，对比分析了MODIS遥感数据估算的叶面积指数LAI（Leaf Area Index）、植被覆盖指数FVC（Fractional vegetation cover）两种动态植被参数对VIC水文模型模拟西藏那曲地区表层土壤含水量（0～15cm）的精度影响。

3）基于多源遥感数据的土壤水分反演。张翀等[21]基于MODIS数据和Landsat数据，利用温度植被干旱指数分析了退耕还林工程以来黄土高原地表湿润状况与植被覆盖的时空变化特征及其相互关系。朱小强等[22]利用MODIS温度和植被指数反演TVDI指数，构建了二维特征空间，分析了干旱区艾比湖湿地土壤水分的时空分布特征。韩刚等[23]通过时空尺度推演方法，将Landsat 8反演的30m空间分辨率TVDI与MODIS反演的1 km空间分辨率TVDI进行空间尺度推演，然后与单独利用MODIS数据监测含水率以及野外含水率实测数据进行了对比分析，采用TVDI时间推演方法获得TVDI月合成数据监测了乌审旗旱情时空分布。王风杰等[24]基于藏北地区FY-3A/VIRR和TERRA/MODIS数据，计算了NDVI和EVI，反演了温度植被干旱指数，并用实测数据进行了验证分析。王风杰等[25]基于藏北植被光谱、实测20cm土壤水分以及FY-3A/VIRR数据，利用相关性筛选出对土壤水分敏感的植被光谱波段构建植被指数，并以此建立了土壤水分估算模型，通过比较确定了藏北地区土壤水分遥感估算模型。江红南等[26]以典型干旱区新疆于田县绿洲为研究区，利用相关分析和非线性回归分析方法，研究了不同季节和深度的土壤湿度时空变化的影响因素。陈文倩等[27]以新疆渭库绿洲为研究区域，选取41个土壤含水量与干旱区绿洲植被实测高光谱样本，采用支持向量机回归（SVR）方法，建立了干旱区绿洲土壤含水量与植被指数之间的拟合方程模型。沙莎等[28]利用历史遥感数据构建了NDVI-LST（LST，地表温度）、EVI（增强植被指数）-LST、SAVI（土壤调整植被指数）-LST3种特征空间，讨论了TVDI方法在甘肃省陇东地区的适用性。王海峰等[29]以杨凌地区黏壤土为研究对象，用无人机搭载多光谱相机采集土壤6个波段的光谱信息，通过相关系数法筛选光谱对于不同深度土壤水分的敏感波段，然后使用单一敏感波段处的光谱数据建立了不同的一元回归模型并分析其定量关系。陈硕博等[30]以抽穗期冬小麦为研究对象，采用低空无人机搭载六波段多光谱相机获取其冠层光谱反射率，并与参考点光谱反射率与不同深度的土壤含水率与参考点土壤含水率进行相关性分析，分别建立了两者的一元线性模型和多元线性回归模型。杨曦光等[31]通过野外调查收集土样，然后在实验室条件下制备不同水分梯度的土壤样品，利用便携式地物光谱仪采集不同水分梯度土壤样品的反射光谱，通过试验光谱数据分析建立了一个基于指数函数的土壤含水率遥感反演模型。蔡亮红等[32]在温度植被干旱指数的基础上引入数字高程模型数据对地表温度进行校正，用分段反演模型反演了渭-库绿洲土壤水分分布图。杨永民等[33]通过对基于温度植被干旱指数的土壤水分估算方法和三种基于蒸散比/潜在蒸散比的土壤水分估算（EFM1、EFM2 和 EFM3）等方法进行对比，使用 ASTER 数据和生态水文无线传感器网络和流域水文气象观测站点数据估算了黑河流域中游地区的土壤水分状况。

4）基于遥感和机理模型相结合的土壤水分反演。丁建丽等[34]以 MODIS 与 Landsat TM 为数据源，利用其反演获得的条件温度植被指数作为观测算子，将集合卡尔曼滤波（En－KF）同化方法应用于水文模型（HYDRUS－1D），进行了干旱区表层土壤水分的模拟。赵泽斌等[35]利用气象数据驱动 SiB2 模型模拟了土壤水分、土壤表层温度、植被冠层温度以及地表蒸散发、土壤蒸发等变量，利用 Penman－Monteith 公式计算了地表潜在蒸散发，利用 SiB2 模拟结果与 P－M 公式计算结果估算获得了常用的土壤水分的表观热惯量（ATI）、土壤蒸发（E）、土壤蒸发/实际蒸散发（E/ETa）、蒸发比（EF）、实际蒸发比（AEF）等降尺度指标。解毅等[36]基于 Landsat 8 遥感数据反演条件植被温度指数（CVTI），并结合 CVTI 和实测土壤水分间的线性相关性构建了土壤水分反演模型；应用粒子滤波（PF）算法同化基于 CVTI 反演的和 CERES－Wheat 模型模拟的土壤水分，得到以天为步长的土壤水分同化值，利用土壤水分实测值分别检验了土壤水分模拟的精度。

（3）在微波遥感的土壤水分反演方面。微波遥感具有全天时全天候的特点，对土壤水分敏感，对地表植被具有一定的穿透能力，是大区域土壤水分监测的有效手段。根据方式不同，可以分为被动微波遥感和主动微波遥感两种方法。赵天杰[37]梳理了“基于微波植被指数的 L 波段多角度数据反演土壤水分算法研究”项目的最新研究成果，评述了围绕以上关键技术问题所取得的国内外研究进展，并对土壤水分微波遥感的未来发展进行了展望。谭建灿等[38]构建了具有深度学习特点的卷积神经网络反演土壤水分的模型框架，并以被动微波 AMSR2 数据为例进行了研究。陈鲁皖等[39]为解决微波遥感土壤水分反演经验方程的适用性问题，提出了一种基于多元遥感影像分割和区域特征相似度的微波土壤水分反演靶区选择方法。张新乐等[40]针对野外测量土壤粗糙度因子相关长度不精确问题，提出了一种新黑土区裸露地表土壤湿度测算经验散射模型。罗时雨等[41]针对山地低矮植被区域，提出了全极化 SAR 图像的土壤含水量估计方法。王学等[42]试验与评价了 C 波段 RADARSAT－2 SAR（synthetic aperture radar）数据模拟土壤介电特性与反演盐渍化土壤水分的性能。万红等[43]基于青藏高原那曲地区土壤水分观测网的地面实测数据，选择 FY－3B 卫星土壤水分产品，评价了 FY－3B 土壤水分产品在青藏高原地区的精度，分析了青藏高原地区的土壤水分时空分布特征。王增艳等[44]结合黑河中游航空试验中的多源遥感及地面观测，发展了一种基于 0°入射角的 L 波段被动微波亮温数据的单通道土壤水分反演方法。陈鲁皖等[45]针对地表粗糙度堆雷达后向散射系数的影响问题，利用 AIEM 模型模拟雷达后向散射系数与粗糙度、土壤水分之间的关系，构建了基于曲面拟合思想的、与入射角相关的组合粗糙度参数，利用 Envisat ASAR 双极化数据（VV、VH）建立了土壤水分反演模型。王睿馨等[46]基于简化土壤水分反演模型，结合全极化雷达数据的特征，通过消除简化模型中的粗糙度参数，利用 Radarsat - 2 数据反演了黑河中游裸土区和植被区的土壤水分。向怡衡等[47]分析了 SMOS（Soil Moisture and Ocean Salinity）遥感土壤水分产品在祁连山区的适用性。陆峥等[48]以黑河流域中上游为研究区域，利用地面实测土壤水分数据验证了 AMSR2 的两种算法产品-日本宇航局标准算法土壤水分产品（JAXA 产品）和阿姆斯特丹自由大学联合美国宇航局开发的陆表参数反演模型算法土壤水分产品（LPRM 产品）。白瑜等[49]研究中针对吉林省农田下垫面，利用土壤水分传感器网络监测数据，开展了 SMAP（Soil Moisture and Active and Passive）和 SMOS 被动微波土壤水分产品的真实性检验研究。

（4）基于光学和微波遥感数据联合土壤水分反演研究。殷超等[50]通过 Sentinel - 1A（哨兵 1 号）和 Landsat 8 影像数据，运用水云模型提取灌木林地和疏林地的土壤后向散射系数，计算了旱地与有林地的 TVDI，利用拟合分析对不同深度土壤含水率进行建模，实现了土壤含水率反演。杨婷等[51]利用同时期的 MODIS 与被动微波数据，发展了针对青藏高原地区高精度土壤水分反演算法。姜红等[52]分别利用微波遥感数据（Sentinel - 1ASAR）和光学遥感数据（Landsat 8）计算土壤后向散射系数和改进型温度植被干旱指数（MTVDI)，将两者参数作用于支持向量机（SVM）回归算法，探讨了不同参数条件下 SVM 模型在土壤水分反演中的适应性。曾旭婧等[53]以 Sentinel - 1A 双极化合成孔径雷达影像为基础，结合同时段辅助光学影像 Landsat 8，对北安-黑河高速沿线地区不同植被覆盖程度下复杂地表土壤含水量进行了反演研究，探讨了不同极化组合方式在不同土地利用方式下的土壤水分含量反演结果。李艳等[54]针对植被层对雷达微波信号散射容易造成墒情计算误差等问题，以河南焦作广利灌区主要作物冬小麦为研究对象，在离散植被一阶物理散射模型基础上，使用 Sentinel - 1A SAR 雷达提取后向散射系数，通过自适应极化分解技术即在极小的临近空间内利用最小二乘法求解土壤散射和植被多重散射的最优解，再利用 Landsat 8 数据作为辅助数据提取改进的归一化植被水分指数，采用支持向量机方法反演了土壤墒情。马建威[55]针对区域尺度表层（0～5cm）土壤水分的获取问题，考虑了全极化雷达和高光谱数据的特点，开展了综合利用全极化雷达和高光谱数据直接定量反演表层土壤水分的模型研究。林利斌等[56]利用 FY - 3C/MWRI 的微波极化差异指数 MPDI 建立了植被含水量反演模型，结合植被含水量反演模型和水-云模型发展了一种主被动微波联合反演植被覆盖地表土壤含水量模型。范科科等[57]利用青藏高原 100 个土壤水站点观测数据，从多空间尺度、多时间段等角度，采用多评价指标对多套遥感反演和同化数据全面评估了青藏高原土壤水分变化。

（5）在土壤水分反演算法改进方面。宋立生等[58]将地表蒸散发双层遥感估算模型按照建模机理的不同分为系列模型、平行模型、基于特征空间的模型、结合传统方法的模型以及数据同化方法。从模型构建物理机制、模型驱动数据以及模型输出结果验证等方面总结了上述模型的发展历史和现状，并指出在模型结构与参数化方案的优化、高分辨率模型驱动数据的发展、土壤蒸发和植被蒸腾像元尺度"地面真值"的获取等方面都仍需进一步完善。杨玉永等[59]为提高热惯量模型在墒情遥感监测中的精度和适用性，通过在常规热惯量模型中引入 EVI 作为影响因子，实现了对常规热惯量模型的修正。蔡庆空等[60]针对麦田土壤水分反演的问题，提出了一种改进粒子群神经网络优化算法来解决麦田土壤水分反演的算法。姜红等[61]针对干旱地区反演植被覆盖下地下水位的局限性，采用遥感-数学-模型学融合的研究方法，建立了一定植被覆盖条件下的地下水位分布遥感监测评价模型(GLDRS 模型)。韩家琪等[62]针对特征复杂的大尺度区域作物根区土壤水分信息获取问题，提出了一个基于 CART 算法的土壤水分估算模型。彭爱华等[63]发展了裸露地表条件下的双极化被动微波地表辐射率协同提取了土壤水分的代价函数。彭学峰等[64]对新兴的 GNSS－R（Global Navigation Satellite System－Reflectometry）技术探测土壤水分中的适宜性进行了分析，对适宜性分析中的三个关键因子（地理位置、空间分辨率与探测深度）进行理论分析与公式推导，明确了相关概念的定义，实现了定量化描述。

10.2.2 在地表蒸发散研究方面

蒸散发（Evapotranspiration，ET）作为陆面过程中地气相互作用的重要过程之一，在地球的大气圈-水圈-生物圈中发挥重要作用。ET 的准确估算对于农业干旱和水文干旱监测、水资源分布及利用、农业生产管理和全球气候变化评估等具有重要的参考价值。由于可见光、近红外和热红外波段等遥感数据可以为蒸散的计算模型提供大范围的特征参数，使得遥感成为区域蒸发散计算的主要手段。这里仅列举代表性的文献。

（1）在蒸发散计算模型的综合评述方面。韩松俊等[65]梳理了蒸散发研究的 Penman 方法和互补原理两种方法的发展历程，对比了其概念和方法上的差异，讨论了融合这两类方法的可能和前景，认为未来需要融合这两类方法以提升对蒸散发的认识和研究水平。高冠龙等[66]通过归纳总结蒸散发模拟研究中最常用的模型，汇总分析了各模型的结构、参数意义、适用条件、改进与应用等方面。赵伟等[67]综述了当前面向山地复杂地形环境的地表蒸散遥感估算研究进展，讨论了山地地表蒸散空间分布的复杂性及高空间异质性，分析了山地地表蒸散遥感估算存在的问题及可能的解决途径。

（2）在基于能量平衡算法模型的蒸发散计算方面。丁杰等[68]以北京市大兴区为典例，通过 SEBS（Surface Energy Balance System）模型在 250 m 的像元尺度上估算 2014 年和 2015 年冬小麦生育期的潜热通量，并将其与涡度相关系统实测值进行了对比。陆婷等[69]利用 Landsat 8 遥感数据集，结合气温、风速、气压、日照时数等气象数据，应用 SEBS 模型估算了新疆呼图壁县 2013—2015 年 4—8 月的蒸散发量。王蕊等[70]采用 MODIS 数据，逐月选取 2013 年 12 期遥感数据，结合 SEBS 模型，对辽西北地区地表蒸发蒸腾量进行了估算。于辉等[71]基于三期遥感影像数据，利用 SEBAL（Surface energy balance algorithm for land）模型对精河流域的蒸散发进行了估算，并采用 morlet 小波分析和 M－K 突变检验，对实际蒸散量时空格局、变化特征及周期性进行了研究。金学杰等[72]利用 SEBS 模型估算了黑河下游额济纳绿洲 2014 年 15 天的日蒸散量，分析了黑河下游蒸散发的时空变化规律。王丽娟等[73]利用 2014 年高原 9 个站点的实测资料对 TESEBS（Topographical Enhanced Surface Energy Balance System）模型进行了适用性检验，提出了利用地表温度-植被指数（LST－NDVI）特征空间法来确定蒸散发率，并将模型估算的卫星过境时刻瞬时蒸散发与实测值进行比较。朱明承等[74]以陕西宝鸡峡灌区为研究区，基于遥感双层模型，选择2000—2011年不同季节典型日的TM数据，辅以气象观测资料，估算了宝鸡峡灌区典型日蒸散发，分析了灌区内日蒸散发的时空分布以及不同土地利用类型日蒸散发季节变化。钟昊哲等[75]以桂西北喀斯特植被恢复区为例，基于野外实测气象和蒸散发数据，采用最小二乘法对PML（Penman - Monteith - Leuning）模型中气孔导度土壤湿度指数进行参数优化，并结合MOD15A2叶面积指数进行空间外推，实现了区域尺度上长时序蒸散发的估算。

（3）在基于MODIS蒸发散产品应用方面。张特等[76]基于MOD16蒸散发数据集，选取漯河花园站以上流域为研究区，对年际、年内以及不同土地利用类型下的流域实际蒸散发和潜在蒸散发进行了研究。张巧凤等[77]利用MODIS MOD16A2蒸散发月产品数据及测墒站实测土壤含水量，通过相关分析和回归分析等方法，建立了基于蒸散发亏缺指数的土壤体积含水量反演模型。邓兴耀等[78]利用MODIS ET数据集中2000—2014年的地表实际蒸散发量产品，运用变异系数、Theil - Sen median趋势分析与MannKendall检验和Hurst指数法，研究了中国西北干旱区蒸散发的空间格局、不同维度的空间异质性和时间变化特征及未来趋势。

（4）在多源数据和模型比较与应用方面。郝珈纬等[79]基于国产高分一号多光谱影像及Landsat 8影像及对应时间气象数据，采用FAO - PM模型和Priestley - Taylor模型两种方法，对2014年5月6日邯郸市的参考蒸散发量进行了反演，并与只采用Landsat 8影像与气象数据反演的结果进行了对比分析。张淑霞等[80]利用Landsat 8遥感影像反演地表温度和植被指数信息，同时采用MOD16 - ET产品数据和土壤含水量数据对地表温度与三种不同植被指数计算的蒸散指数进行了对比分析。张戈等[81]以黑河流域为例，构建遥感驱动的蒸散发模拟模型，结合多源遥感数据（MODIS、TRMM等）以及GLDAS全球陆面数据同化系统数据，对黑河流域三个时期的潜在蒸散发和实际蒸散发进行了时间尺度为每日、空间尺度为1km的模拟。白亮亮等[82]采用Landsat和MODIS数据，通过增强自适应融合算法对蒸散发进行空间降尺度，构建了田块尺度蒸散发数据集，利用2015年田间水量平衡方法计算的蒸散发数据对融合结果进行了评价。李念等[83]利用2010—2014年老虎沟流域自动气象站观测数据，采用P - M（Penman - Monteith）公式计算了单点的蒸散发量，利用Landsat 8遥感数据，结合SEBS能量平衡系统模型估算了典型晴天条件下流域的蒸散发量。刘荣华等[84]通过SMAP、SMOS、AMSR2、FY3B和FY3C 5个卫星平台的遥感信息，采用集合平均法合成了2015—2016年中国25 km、逐日表层土壤湿度信息，通过比较了5套产品之间的差异来分析卫星产品的不确定性。刘远等[85]基于Kriging空间插值气象数据、IGBP土地覆盖和AVHRR NDVI数据，利用Shuttleworth - Wallace模型估算了韩江流域2000—2006年的潜在蒸散发。杨敏芝等[86]分别利用MODIS遥感方法、SWAT模型法、水面蒸发折算系数法对大汶河三个子流域2000—2008年的多年平均年陆面蒸发量及多年月平均陆面蒸发量进行了估算。李汇文等[87]利用CRU 4.0及GLDAS Noah 2.1数据集，采用随机森林算法对1966年至2016年中国西南陆面月尺度实际蒸散发进行逐像元反演，结合袋外误差均方值、解释方差百分数和均方根误差评价模型以及与其他典型数据集对比的方法对模型和反演结果进行了精度评价。李天生等[88]基于汉江流域中上游地区的逐日气象资料，以 FAO56 Penman - Monteith 方法估算的潜在蒸散发量作为参考标准，分别从不同的时间尺度和空间尺度对比分析了 1 种综合类方法、2 种辐射类方法和 3 种温度类方法在汉江流域的适用性。马欢等[89]以研究区地下水采样点的样品数据为基础，引入集合卡尔曼滤波数据同化将其优化作为主变量，以蒸散发量反演结果以及归一化植被指数数据为协变量，进行协同克里金插值，同时与未采用同化的协同克里金插值结果以及经同化采用普通克里金插值结果进行了交叉验证。

（5）在蒸发散计算模型与系统构建方面。刘蛟等[90]为准确理解高寒山区水文过程，以降水、温度和潜在蒸散发的遥感数据为模型输入，建立了叶尔羌河流域的 MIKE SHE 模型；根据模型输出，从径流、积雪和蒸散发三方面探讨了流域的水文过程。王卫光等[91]采用集合卡尔曼滤波算法，以遥感反演的蒸散发作为观测数据，构建了一种基于新安江模型的蒸散发同化系统。崔巍等[92]利用以遥感数据为主的多源数据构建了网格水文局水平衡模型，模拟了雅江站 2008—2013 年的降雨径流过程。

10.2.3 在水体信息提取及变化研究方面

利用遥感技术进行水体信息提取对河道及水域面积计算、研究岸线演变、水资源规划以及沿岸工程防护等有重要意义。相关学术性研究集中在构建遥感影像水体指数以及采用数据挖掘手段进行水体信息提取等方面。这里仅列举有代表性的文献。

（1）在水体信息提取方法综合评述方面。种丹等[93]总结了常用光学遥感数据的湖泊水体信息提取方法及其优缺点，并针对湖泊水体信息提取中的难点-混合像元问题，分析了线性解混、神经网络解混和矢量解混等方法的优缺点，认为在目前多卫星、多传感器快速发展的条件下，基于多源数据开展湖泊水体协同观测是未来的发展趋势，而尺度转换是多源遥感数据之间的空间匹配和不同反演结果融合的关键。王航等[94]梳理了遥感影像进行水体提取相关研究成果，评述了水体提取的 3 类方法（阈值法、分类器法和自动水体提取法）在模型构建、分割机理和模型适用性等方面的差异，指出水体物化特征与遥感光谱特征的关系研究是提高水体提取方法普适性的一条重要途径。申茜等[95]归纳了包括面向黑臭水体提取的高分影像预处理技术、城市水体提取技术、黑臭水体分类技术以及基于遥感的黑臭水体识别与分级模型等核心关键技术进展。

（2）在构建水体指数进行信息提取方面。聂欣然等[96]采用改进的归一化差异水体指数中绿光波段和中红外波段的反射率差值作为分子，以归一化差异植被指数中近红外波段和红光波段的反射率和值作为分母，构建了新型组合水体指数，抑制了裸地信息对水体提取的影响。李生生等[97]在对 Landsat 8 遥感数据水体光谱特征分析的基础上，利用绿光和近红外两个波段，借助 IDL 语言的数据转换规则提出了一种新的水体提取方法，加大了影像中水体与非水体的灰度差。李佳雨等[98]针对高分辨率遥感影像水体指数适用性差异的问题，提出了一种水体指数和一种阴影指数，并综合 2 种指数构建了自动化城市水体提取模型。张伟等[99]针对其影像的高时相与水体在近红外波段高吸收的特点，提出了一种基于多时相影像在近红外波段变化方差的快速水体提取方法。张永永等[100]选择不同水域类型，构建了新型水体指数。肖茜等[101]采用归一化水体指数、改进归一化水体指数、新型水体指数、增强型水体指数（EWI）和自动水体提取指数 5 种水体指数提取了 1985—2015 年云贵高原 10 个湖泊表面水体面积。杨骥等[102]针对严重污染的城市水体，提出了新的城市水体指数法，同时结合分形几何算法，实现城市复杂环境下的水体信息的自动提取。冯锐等[103]针对国产风云三系列中分辨率卫星如何快速进行水体识别的问题，提出了晴空条件和有云情况下分别采用归一化水体指数方法和通道值与归一化水体指数相结合进行湖泊水库提取的方法。邱煌奥等[104]针对传统水体指数提取方法中阈值难以确定的问题，引入直方图波谷法、大津法、迭代法等方法计算阈值。聂欣然等[105]针对 NDWI 和 MNDWI 两种指数在产生背景噪音和地物错提的现象，提出了一种能够减少无用背景信息的水体提取指数，利用 TM 影像的绿光波段、近红外波段和中红外波段建立了归一化比值模型。张兆鹏等[106]选用基于阈值分割的改进归一化差异水体指数法，对红崖山水库近 30 年的水域动态信息进行了提取。朱钟正等[107]采用 Landsat 5 TM 影像提取了 2 个植被、3 个水体和 3 个建筑用地专题指数，基于面向对象分类方法，分析了单个专题指数、指数组合、指数数量对同时提取植被、水体和不透水层信息的精度影响。张强等[108]在分析水体和山区背景地物反射与地形坡度特性的基础上，提出了一种坡度调节水体指数 SAWI（slope adjusted water index）。王小标等[109]采用基于 K 均值聚类水体指数法对比分析了水体指数的性能。李晶等[110]采用基于阈值分割的改进的归一化差异水体指数法提取了兖州煤田 1990—2014 年的水体信息。黄田进等[111]基于归一化差异水体指数、数字高程数据和雪盖指数，提出了针对冻湖的湖泊面积插补迭代自动提取方法。饶萍等[112]对归一化水体指数、自动水体提取指数和归一化三波段指数 3 种指数的阈值进行分析，以最优阈值分区方案进行分区并构建了 3 个单指数决策树，寻找不同水体类型的最优指数，按照最优原则重构联合指数决策树来进行水体信息提取。张强等[113]提出一种基于形态学白帽变换的线性特征增强处理技术，提取了遥感影像中的细小水体信息。何海清等[114]融入深度学习算法，提出了归一化差分水体指数与深度学习联合的遥感水体提取方法。王瑾杰等[115]提出了改进的阴影水体指数法进行水体信息提取方法。王小标等[116]针对复杂环境下水体提取精度易受到低反射率地表影响的问题，在水体、低反射率地表和其他地表纯净像元平均反射率基础上构建了多波段水体指数。刘海等[117]结合库区数字高程模型数据，构建了动态库容提取方法，提取了丹江口水库逐月库容动态信息。王启元等[118]选择改进归一化水体指数法并结合 GIS 空间叠加技术，对潘谢矿区 2005—2017 年采沉陷水域进行提取并分析其时空演变特征。

（3）基于雷达数据的水体提取方法。贺飞跃等[119]针对合成孔径雷达图像水体目标的筛选和边缘模糊问题，提出了一种基于区域生长和马尔可夫随机场模型的水体目标提取方法。郭欣等[120]选取宁乡市灾前和灾中的 Sentinel - 1ASAR 数据，采用基于 GMM 模型的双峰法、Otsu 算法和区域生长法提取了水体信息。范伟等[121]应用哨兵 1 号星载合成孔径雷达结合阈值法和伪彩色合成等方法，对长江流域部分湖泊和长江干流等提取了水体区域，进行了洪水淹没区变化分析。孙亚勇等[122]通过分析水体和受淹植被区的雷达微波后向散射机理，分别建立了开放性水体和受淹植被两类淹没区提取模型。

（4）在基于数据挖掘的水体信息提取方法。付勇勇等[123]基于面向对象分析技术，提出了一种选取最佳分割尺度和特征规则的方法。崔齐等[124]提出了一种基于矢量约束实现面向对象高分辨率遥感影像水体提取的新方法。孔美美等[125]采用完全约束最小二乘法混合像元分解方法提取不同水库水体信息。孙娜等[126]针对黄土高原地区提出了一种新型的水体精细化自动提取方法。陈超等[127]针对灾害发生后同物异谱和异物同谱问题，提出了一种特征知识引导的灾后水体信息提取方法。王雪等[128]提出了一种全卷积神经网络模型用于遥感影像的水体目标提取的方法，并介绍了全卷积神经网络的基本原理及构建3种网络模型的过程。赵航等[129]针对冰湖光谱信息复杂的特性将引入符号压力函数的C-V模型和“全局-局部”的迭代水体提取算法相结合，对高亚洲地区的冰湖提取进行了研究。张伟等[130]以GF-4卫星的PMS传感器影像为数据源，提出了一种改进光谱角匹配的水体信息提取方法。孟令奎等[131]提出了一种基于数学形态学与拓扑约束理论的完整单条河流骨架线自动化提取方法。徐军等[132]提出了一种基于案例推理的遥感影像水体信息提取方法。陈能成等[133]针对河中岛引起的拓扑冲突问题，提出了一种改进Balloon Snake算法，设计了目标内部由于空洞引起的拓扑冲突检测与处理机制。邓富亮等[134]提出一种基于面向对象和人工蜂群的地表水体提取方法。李士进等[135]提出一种基于混合特征空间与MRF模型图像分割的水体提取新算法。崔舜铫等[136]针对单一遥感影像难以准确提取南方植被覆盖区水体信息的问题，提出了先对光学影像进行混合像元分解，消除植被干扰，增强水体信息；再联合雷达影像的多源遥感数据提取方法。陈性义等[137]提出一种利用面向对象技术有效融合LiDAR点云与影像数据准确提取水体信息的新方法。

10.2.4 在湿地遥感监测方面

湿地是水陆相互作用形成的独特生态系统，有稳定环境、物种基因保护及资源利月等功能。湿地遥感以遥感数据为主要信息源，辅以必要的专题信息，结合野外调查，进行湿地信息提取及变化等方面的研究。这里仅列举有代表性文献。

（1）湿地研究综述方面。姜明等[138]从学科定义和分支、研究对象和内容、应用领域概述了湿地科学的学科体系，从湿地生物地球化学循环、湿地生态水文与水资源、湿地生物多样性、湿地生态系统服务、湿地生态恢复与重建、湿地监测等方面评述了中国湿地科学研究的主要进展，并提出了未来优先研究领域。

（2）湿地信息提取方法方面。穆亚南等[139]基于面向对象原理在确定最优分割尺度的基础上采用随机森林模型，通过对滨海土地利用分类，提取了湿地植被。王凯霖等[140]通过对比分析湿地和水体的不同提取方法，确定了白洋淀淀区湿地和开阔水体的最佳提取方法。邹青青等[141]采用支持向量机、决策树和面向对象分类方法，借助于影像数据中的空间信息和温度信息，对研究区中的河流、湖泊、滩地和库塘进行了遥感分类。邢丽玮等[142]针对Landsat卫星完整时间序列数据难以获取导致湿地提取最优特征不明确的问题，提出了一种基于优选特征和月合成时间序列Landsat数据提取湿地的方法。刘家福等[143]针对特征变量数目可影响分类精度和运算速率问题，采用一种基于特征优选的随机森林模型，提取了黄河口滨海湿地高精度信息。姚红岩等[144]针对互花米草与芦苇光谱的相似性及其在交错带的组成复杂、利用遥感技术提取交错带难度较大的特点，提出了一种将二者生长物候差异与其光谱特征相结合，考虑二者海陆位置分布差异，运用实测剖面观测数据确定光谱指标和阈值的综合提取方法。田旸等[145]采用面向对象分类方法和随机森林算法，提取了扎龙湿地的土地利用类型信息。刘晓农等[146]基于遥感时空融合模型，利用融合高时间分辨率的MODIS数据与中等空间分辨率的Landsat数据的时序Landsat NDVI数据对湿地植被信息进行了提取。许凯等[147]提出了一种基于概率潜在语义分析的多源遥感影像湿地检测方法。刘焕军等[148]提出了一种基于气候分区、面向对象分层分割的高山湿地遥感提取方法。张猛等[149]构建了MODIS最佳时序组合分类数据，通过Johnson指数确定了最佳分割尺度，采用面向对象的遥感分类方法提取了洞庭湖流域的湿地信息。李伟娜等[150]确定了多角度信息融合的最佳方法，对融合影像进行了湿地植被类型精细识别。罗开盛等[151]基于国产环境星影像和Landsat 7遥感影像提出了一种融合面向对象技术和缨帽变换提取湿地覆被信息的方法。潘庆榜等[152]针对以光谱特征差异为依据提取森林湿地信息精度低的问题，提出了采用兼容多源数据的分类回归树提取方法。

（3）湿地动态变化监测方面。王豫等[153]选用7景Landsat遥感数据监测宁夏平原湿地面积的动态变化。马驰[154]基于三期不同的遥感影像，利用人机交互目视解译及野外校验的方法获取了三个时期的湿地数据，定量分析了松嫩平原湿地面积、动态度、重心位移及类型的变化。张猛等[155]基于时间序列Landsat数据及物候特征参数，采用面向对象方法的随机森林算法获得了长株潭城市群2000—2015年湿地时空格局及变化数据，利用景观格局指数、质心迁移等方法分析其时空格局及变化特征。张健等[156]利用最大似然法分类提取湿地信息，研究了江苏省滨海地区湿地的动态变化及驱动因子。马驰[157]借助于地理信息系统和人机交互目视解译获得了东北地区湿地信息，并对其时空变化进行了分析。温礼等[158]采用面向对象的方法提取了珠江源自然保护区湿地分布信息，并分析湿地的动态变化与影响因素。

10.2.5 在植被含水量估算方面

植被含水量不仅反映植被的生长状况，而且对生态环境和生态安全具有重要的指示意义。利用遥感手段提取植被含水率的主要方法有基于植被反射光谱法、基于植被指数法和基于耦合辐射传输模型法等三类。这里仅列举有代表性的文献。

张峰等[159]系统综述了国内外利用高光谱遥感评估植被水分状况的4个常见植被水分指标——冠层含水量、叶片等量水厚度、活体可燃物湿度和相对含水量的概念及其遥感估算方法研究进展，评述了植被含水量高光谱遥感估算各类方法的优缺点，探讨了植被含水量高光谱遥感估算目前存在的问题，并提出进一步的研究任务，即服务于植被干旱胁迫的高光谱遥感监测、预警与评估。

侯学会等[160]以冠层等效水厚度为植被含水量指标，基于地面实测植被参数和Landsat 8波谱响应函数得到基于Prosail模型的宽波段反射率，并根据模拟宽波段数据和TM 8卫星数据构建归一化植被指数、增强型植被指数及两种归一化差值水分指数，评价了每种指数与小麦冠层含水量的相关性，并基于模拟植被数据、TM 8植被数据和小麦冠层含水量，开展了植被水分含量的建模和验证分析。陈智芳等[161]利用不同水分处理的大田试验，在小麦主要生育期同步测定冠层光谱反射率、叶水势、土壤水分等信息，探讨了高光谱植被指数与冬小麦叶水势之间的定量关系，通过相关性分析、回归分析等构建了4种植被指数与冬小麦叶水势的估算模型。徐庆等[162]根据采集的20个品种、4个关键生长期的水稻叶片高光谱和含水量数据，分别利用15种常见的植被指数、叶片含水量敏感波段的反射率、光谱一阶导数构建归一化植被指数、比值植被指数和差值植被指数进行了含水量反演。张海威[163]等选择艾比湖湿地自然保护区作为靶区，采用聚类分析、变量投影重要性分析以及敏感性分析等方法，对植被不同含水量进行分级，并针对不同等级的植被含水量进行了估算。

10.2.6 在湖泊水位监测方面

湖泊变化是区域和全球气候变化的重要指示器，如何快速获取湖泊水位对于研究湖泊变化至关重要。激光雷达测高系统弥补了微波遥感卫星测量精度低、光学遥感图像不能直接获取湖泊垂直信息的缺陷，开始受到学者的关注。这里仅列举代表性文献。

葛莉等[164]系统分析了国内外利用 GLAS（Geoscience Laser Altimeter System）数据以及 GLAS 和其他卫星测高数据、光学遥感数据联合反演湖泊物理参数方面的研究进展，探讨了其在湖泊应用中的关键技术和难点。田山川等[165]以 Jason-2 卫星雷达测高数据监测洪泽湖水位为例，分析了湖泊水位沿卫星轨迹呈“V”字形分布的原因，解释了波形形成的机制、造成水位计算错误的原因，给出了相应的波形重定算法。蔡宇等[166]为研究新西兰陶波湖水位变化情况，应用水位实测数据评价 Jason-2 卫星测高数据获取的湖泊水位精度，分析陶波湖的水位变化，探讨了水位变化与降水量之间的关系。文京川等[167]针对卫星测高数据质量在湖库地区不稳定问题，提出一种基于数据质量评价、筛选提取水位的方法，使用 Jason-3 卫星测高数据，选取数据质量不稳定的洪泽湖地区为例进行了实验。武文娇等[168]利用 Landsat 8 遥感影像提取黄土高原的水体边界，参考 ICESat/GLA14 数据的分布状况，以 10cm 为阈值对 ICESat/GLA14 数据进行筛选，获得了所选水库水位长时间序列的动态变化。姜红等[169]利用实测地下水埋深数据和 Landsat 数据计算得到的改进型温度植被干旱指数相结合，建立了新疆开都河两岸绿洲地下水位监测关系模型。赵云等[170]利用主波峰重心偏移法、主波峰阈值法、主波峰 5-β 参数法、传统重心偏移法、传统阈值法和传统 5-β 参数法 6 种算法对 Cryosat-2/SIRAL LRM 1 级数据进行波形重跟踪，提取了青海湖 2010—2015 年湖泊水位，对比不同算法获取水位的精度。

10.3 基于传感器的水信息研究进展

基于传感器的水信息研究集中在水域水位和土壤水分监测以及精准灌溉系统的开发与应用等方面。这里仅列举有代表性的文献。

10.3.1 在水位监测方面

康端刚等[171]设计了一种基于磁致伸缩材料磁滞伸缩效应的水位测定仪。冷建伟等[172]提出了一种基于图像的水位读取方法。龙光利[173]针对目前池塘水位水温测量不精确、实时性较差等问题，设计了一种池塘水位水温实时远距离监测装置。巴达日夫[174]设计了基于遥感图像的水文特征分析系统，实现了对危险水位的准确预警。周利明等[175]设计了一种基于无线传感网络的改碱暗管排盐监控系统，实现了对管道内地下水的水质监测、流量统计以及蓄水池水位控制等。卢书明等[176]基于智能液位计研发了大型沉箱水位监测系统。要震等[177]通过对水位测量传感器采集的数据进行分析，采用 JAVA Android 编程和 Web Service 接口技术进行系统软件设计，实现了水位数据的实时获取与展示、历史水位查询及未来水位变化的预测预报等功能。

10.3.2 在土壤水分监测方面

王应海[178]讨论了智能灌溉决策中对土壤含水量数据的客观需求，即如何采集、处理可供智能灌溉决策系统使用的土壤含水量数据。万博雨等[179]针对智能温室变量施水作业中土壤水分传感器部署问题，提出一种将规则网格化和 Delaunay 三角剖分算法相结合的布点方法。闫华等[180]针对农田环境下不同作物根区土壤含水率变化难以实时观测的问题，通过对土壤剖面水分传感器探头进行仿真，给出了传感器探头设计尺寸的优选方案。孟德伦等[181]在针对农田土壤水分测量的实际需要，研制了一种便携式无线土壤水分测量装置。唐敏等[182]采用 EC－5 土壤水分传感器，实现了对黄土高原园则沟流域坡耕地、梯田、枣园和草地生长季内土壤剖面含水量的连续监测。

10.3.3 在精准灌溉决策支持系统开发方面

高志涛等[183]针对现有土壤水分点尺度下测量的局限性，提出了一种线性尺度下的土壤剖面水分测量方法，并设计了一种基于驻波比法的土壤剖面水分信息测量传感系统。李国佳[184]以紫花苜蓿为主要研究对象，利用频域反射土壤水分传感器实时监测草原不同深度根层土壤水分动态和盐分变化，建立了基于网络平台的紫花苜蓿土壤墒情监测系统。彭炜峰等[185]研究了我国西南山地区域不同农业滴灌流量和压力参数的精准滴灌系统及关键部件。潘杰等[186]开发了包括串口匹配、数据处理、校验、显示、报警、存储及历史数据查询等模块在内的农田土壤湿度采集系统，实现了虚拟仪器开发环境下土壤湿度实时检测的农田智能灌溉系统。徐宝山等[187]利用网关将田间温湿度传感器采集的土壤含水率信息通过 Zig Bee 无线网络传送给控制中心，控制中心处理信息并发送指令，实现了水资源的远程监控管理。巩师洋等[188]利用 ZigBee 无线传感器网络实现土壤墒情信息无线实时采集，通过 GPRS 模块将数据信息远程传输至 PC 机中的数据库，结合作物各个生长时期灌溉策略的不同，设计了基于模糊控制技术的节水灌溉专家决策系统。顾巍等[189]介绍了基于实时气象信息的灌溉决策支持系统的主要数学模型、系统结构及功能。张兵等[190]使用单片机、传感器等硬件结合模糊控制理论组成了灌溉控制系统。宋艳等[191]设计了以物联网技术为基础的农田灌溉系统。杨春曦等[192]设计了一种便携式土壤检测装置，构建了一个精准灌溉决策系统。沈建炜等[193]基于物联网技术，设计了包括信息采集模块、无线通信模块、智能决策模块和灌溉执行模块的智能灌溉决策系统。吴凤娇等[194]基于 C# 和 Access 数据库相结合开发了由下位机软件设计、数据通信通道的软件设计、上位机软件设计等三部分组成的无线精准灌溉系统。周桥等[195]初步建立了一套温室花卉精准灌溉系统。王玖林等[196]提出了一种基于 LoRa 的节水灌溉系统设计方案。金永奎等[197]设计了一种高效节水灌溉自动监控及信息化系统。谢振伟等[198]设计了一套基于 ZigBee 无线传感器网络的节水灌溉系统。李凌雁等[199]提出了一种基于分布式 ZigBee 和 GPRS 无线通信技术的大范围远程控制节水灌溉系统。杨洋等[200]结合无线传感器网络技术，设计开发了一种基于 UWP 技术的智能节水灌溉系统。王铭铭等[201]实现了土壤墒情及灌溉流量等信息的自动采集、远程存储与分析以及灌溉的自动控制。

10.4 基于机理模型的水信息数据挖掘研究进展

先进的数值分析方法和技术（如一维、二维和三维计算水力、水质和水生态模型等）也是水信息的深入挖掘的主要手段，国内主要研究集中在水环境系统模拟方面，这里仅列举代表性文献。

袁博宇等[202]针对水域中生态修复措施对污染物降解规律的影响，建立了平面二维水流-水质计算模型。朱文婷等[203]应用QUAL2K水质模型建立了针对某污水处理厂尾水河道的数值模型，进而筛选出最优的生态净化单元，并确定了单元所需的停留时间和布置密度，通过数值模拟得到了布置密度、停留时间与水质达标等级的定量关系。胡晓张等[204]针对珠三角感潮浅水湖泊水环境模拟问题，在二维水流-污染物输移耦合数学模型基础上，结合WASP（water quality analysis simulation program）水生态数学模型原理，考虑8个水质变量及其相互作用的溶解氧平衡子系统、氮循环子系统、磷循环子系统和浮游植物动力学子系统，建立了浅水湖泊水生态数学模型。许栋等[205]在求解河流二维浅水方程的基础上，考虑浮游动物、浮游植物、悬浮碎屑、无机氮、无机磷等输运和演变子模型以及各子模型间的耦合作用机制，构建了水生态动力数学模型。高伟等[206]基于河流水质模型和水资源模型，建立了流域水环境容量与环境流量的函数关系，并作为水生态承载力优化模型的约束条件，构建了以人口与产业规模最大化为目标的水生态承载力的优化模型。郭书海等[207]通过对水生态区划分与水生态功能类型划分的系统分析，探讨了水生态区划与水生态功能区划的关联性，提出了基于双树结构的RFCH流程和钻石概念模型。周科等[208]首先构建了随机逼近水生态环境管理模型（SRAWM），然后将模拟技术融入SRAWM模型框架内，选择黄河下游位山引黄灌区，针对不同水环境政策对灌溉面积、水量配置、缺水量、污染消减、水土保持、生态效应以及灌溉效益进行了优化计算。沈晓梅等[209]基于DPSIRM模型，结合河长制推行的目标要求和我国水生态文明建设现状，综合国内外研究成果，构建了包括驱动力、压力、状态、影响、响应和管理6类指标的河长制综合评价指标体系，涵盖了水资源、水环境、水安全、水功能的整体情况，揭示了社会经济发展对水资源水环境带来的负面影响。刘畅等[210]运用压力-状态-响应模型PSR（press - state - response）提出由3类要素20种指标组成的水生态文明评价指标体系，构建了基于PSR的熵权-物元水生态文明综合评判模型。郭晓娜等[211]利用水生态足迹模型，分析了重庆市2000—2014年水生态足迹和水资源承载力，运用GRNN模型预测了2015—2018年城乡人均水生态足迹与人均水资源承载力。

10.5 基于地理信息系统（GIS）的水信息研究进展

地理信息系统（GIS）是空间数据管理和空间信息分析的计算机系统，其具有的空间数据和属性数据共同管理和空间分析功能，成为水信息数据挖掘的主要手段。相关的文献较多，但理论研究较少，多侧重于应用。主要集中在山洪灾害风险区划、洪水预报、水资源、水环境与水生态评价与管理等方面。这里仅列举有代表性的文献。

10.5.1 在山洪灾害风险分析方面

张平仓等[212]提出了山洪灾害监测预警领域的主要创新领域，研发山区短时临近暴雨预报技术，构建空天地一体化山洪多要素立体监测技术体系，构建基于降雨预测和土壤含水量动态监测的山洪过程动态模拟模型，建立山洪灾害多指标预警模型以及研发山洪灾害实时动态分级预警技术。

(1) 山洪灾害风险区划研究方面。葛星等[213]以江西省婺源县乐安河上游流域为研究区，采用 GIS 中定量的空间分析、建模与优化方法研究了山洪灾害空间分布。刘卫林等[214]以庐山风景区为例，基于 GIS 技术和层次分析法开展了山岳型景区暴雨山洪灾害风险区划研究。王英[215]针对甘肃黄土高原区特殊地形地貌特点，运用层次分析法及熵权法综合确定指标权重，基于 ArcGIS 软件完成了山洪灾害风险区划。李栋等[216]利用层次分析法（AHP）确定各指标权重，依托 ArcGIS 空间分析叠加功能完成了石楼县山洪灾害风险区划。田丰等[217]根据河西走廊山洪灾害发生的机制，以 ArcGIS 和 IDRISI 为平台，构建了河西走廊山洪灾害危险度区划多准则决策支持模型，完成了河西走廊山洪灾害危险度区划图。周建琴等[218]以县域为评价单元，构建各类山洪灾害易发程度指标体系，采用层次分析法计算了各类山洪灾害易发性指数。赵瑜等[219]利用基础地理数据和统计资料，在深入分析研究山洪灾害成因与时空分布特征的基础上，实现了研究区的山洪灾害风险区划

(2) 山洪灾害风险评价研究方面。敬双怡等[220]综合利用模糊综合评价法、层次分析法与 GIS 法三种方法的优势，实现了对大同市的山洪灾害风险评价。田丰等[221]从致灾因子、孕灾环境和承灾体三个层面选取 12 个风险因子，运用 AHP 确定因子权重，基于 ArcGIS 构建信息量模型，完成了河西走廊山洪灾害风险制图。刘珮勋等[222]从致灾因子、下垫面孕灾环境和承灾体特征着手，利用 GIS 软件、层次分析法构建了山洪灾害风险度模型和风险评估指标体系，制作了山洪灾害风险度分布图和风险等级图。李文静等[223]建立了包含洪峰流量、高程、坡度、土壤类型、人口密度、土地利用类型 6 个指标的山洪灾害风险评价体系，借助 GIS - AHP 方法实现了无资料小流域山洪灾害风险区划。裴厦等[224]以 ArcGIS 为平台分析了赣江流域上游地区山洪灾害的空间分布特征，运用多元统计回归法分析了流域尺度、县域尺度以及点域尺度上山洪灾害的生态环境影响因子。贾茜淳等[225]量化研究区的地形坡度、植被覆盖指数、土壤松散系数、山谷山脊类别、降雨量等数据作为输入因子，以山洪灾害风险等级为输出因子，建立了钟山县山洪地质灾害风险等级评价的广义回归神经网络模型。

10.5.2 在洪水预报方面

(1) 洪水预报综合评述方面。雷晓辉等[226]分别从气象水文预报的各个环节——多源降水数据融合、数值天气预报、流域水文模型、参数率定、数据同化、集合预报等方面综述了变化环境下的气象水文预报的研究进展，并指出未来针对变化环境下气象水文预报研究，将主要围绕以下方向开展：落地和预报降水精度及时空分辨率的进一步提高；水文模型结构的改进及不确定性分析；水文预报误差的描述方法及其可靠性。万蕙等[227]综述了国内外水利工程对洪水影响的研究，并基于影响机制，从概念性集总模型改进法、分布式水文模型法和水文学与水力学耦合法等角度分析了国内外考虑水利工程影响的洪水预报研究成果，提出了未来相关研究的建议。

(2) 洪水预报模型构建和改进方面。陈洋波等[228]提出了中小河流洪水预报的流溪河改进模型。阚光远等[229]提出了一种耦合机器学习模型用于流域洪水预报。包红军等[230]基于人工神经网络建立了河道水位预报多断面实时校正模型。刁艳芳等[231]建立了考虑多种不确定性影响下的水库群自身及防护点的综合风险分析模型，采用蒙特卡洛随机模拟法由上游至下游计算其风险率。周如瑞等[232]提出了考虑预报误差的预报调度规则的一般形式

和求解思路，建立了库群优化调度模型，优化了求解各水库的防洪预报调度规则和汛限水位动态控制上限。刘可新等[233]提出了基于雨量测站应急机制的洪水预报方法。高镒辉等[234]建立了考虑误差空间演化的河流系统实时洪水预报误差多点联合校正方法。李杨俊等[235]利用实测淤积断面资料和水位站资料建立了河道槽蓄关系，用“蓄率中线法”对漫滩洪水进行了演算预报。孔俊等[236]提出了一种基于相似度匹配的集成极限学习机洪水预报方法。沈丹丹等[237]利用实时监测土壤墒情，改进传统的模型结构，设计了基于实测土壤墒情的降雨径流水文预报模型。林锐等[238]提出了一种耦合数值天气预报和多目标参数优化的洪水预报方法。王艳兰等[239]采用模型条件处理器推求以预报值为条件的预报流量条件概率分布函数，实现了洪水的概率预报。孙新国等[240]构建了考虑水利工程影响的洪水预报模型。杨甜甜等[241]建立了水文水动力耦合洪水预报模型。刘开磊等[242]针对冗余训练样本降低基于贝叶斯平均法（BMA）参数求解效率与精度问题，提出了在BMA运算之前采用k-最近邻算法筛选有价值训练样本，并用于BMA参数求解的改进模型。

（3）洪水预报应用与方案制定方面。霍文博等[243]选择新安江模型和支持向量机模型分别在浙江省、陕西省的4个流域进行了实时洪水预报。周梦等[244]建立了建溪流域洪水预报模型。徐刚等[245]应用新安江模型对乌溪江流域进行了洪水预报。李大洋等[246]采用垂向混合模型进行了湫水河洪水模拟与预报研究。李玉荣等[247]引进瑞士RS洪水预报模型及系统，以金沙江流域作为试验区，构建了长、中、短期多尺度的RS分布式水文模型。张晶等[248]采用水文气象耦合及多模型多方法并用模式开展了洪峰预报。刘开磊等[249]探讨了基于贝叶斯平均法的集合预报模型在淮河流域的初步应用。王福东等[250]引入改进的非线性时变增益模型，定量分析了改进模型在北方旱区中小河流洪水预报的精度。赵琳娜等[251]采用集合预报重组方法对降水集合预报进行重新排列驱动水文模型，实现了淮河上游3个子流域的洪水概率预报。殷志远等[252]将华中区域数值天气预报业务模式WRF提供的三重嵌套空间分辨率预报降雨与集总式新安江模型以及半分布式水文模型Topmodel耦合进行了洪水预报试验。包红军等[253]建立了气象水文耦合预报模型对复杂大流域的洪水预报进行预报试验。黄家宝等[254]采用流溪河模型构建乐昌峡水库入库洪水预报模型，通过粒子群（PSO）算法优选模型参数，对实测洪水过程进行了模拟。崔欢欢等[255]在改进的TOMODEL流域模型的基础上，结合流域前期降雨、蒸发及小水库群空间分布、兴利库容、集水面积等资料，考虑了小型水库对流域产汇流的影响，拟定了洪水预报方案。李大洋等[256]利用新安江模型进行上游及区间入流预报，采用MIKE11水动力学模型进行了主要支流及干流洪水演算，从而建立了淮河中游河道洪水预报方案。李匡等[257]将洪水分为大、中、小3个等级，编制了基于洪水分级的洪水预报方案。金保明等[258]基于反向传播算法原理，建立了建阳站最速下降动量反向传播洪水流量预报模型。

10.5.3 在水资源评价方面

黄垒等[259]选择自然脆弱性、人为脆弱性和承载脆弱性三个方面的10项评价指标，利用层次分析法确定各指标权重，基于综合指数法结合GIS/RS技术对保定市地表水资源脆弱性进行了定量评价。马永强等[260]应用3S技术、SCS（soil conservation service）水文模型和水土保持生态用水量方法，计算了研究区可收集雨水资源量与水土保持生态用水量。左其亭等[261]为分析水资源分布空间均衡性，选取降水量指标，基于GIS空间分析和统计数据的量化分析，提出了表征任意空间点或空间单元均衡程度的空间均衡系数和表征全区域均衡程度的总体空间均衡度的概念和计算方法。刘家福等[262]利用 ArcGIS 空间分析功能将相应二级功能区划指标数据空间化，进行叠置分析，突出地下水主导功能确定阈值，划分了二级功能区边界，并绘制了地下水功能区划图。谢晓虹等[263]以中国 2001—2010 年的水资源公报数据为例，建立了基于 GIS 的水资源公报数据库，对数据库中单要素和多要素进行图形化表达，使用 GIS 对公报进行数据挖掘，建立了水资源负载指数和水资源承载指数模型。刘照等[264]在以基于 RS、GIS 技术及智能算法，采用“组间续灌、组内轮灌”的工作方式，选择总配水时间最短与轮灌组之间引水持续时间差异值同时最小作为优化目标，以黑河中游甘肃省张掖市甘州区盈科灌区盈二支一分支为例，构建了多目标渠系优化配水模型。张嘉星等[265]将地下水模拟模型与 GIS 技术进行结合，设置 8 个情景方案，预报了人民胜利渠灌区 5 年后地下水位变化趋势。

10.5.4　在水环境研究方面

刘文清等[266]全面调研了国内外生态环境多元感知技术的现状，分析了我国在新型复合环境污染形势下对大气环境综合立体监测网络、快速环境监测技术、在线监测平台等方面的需求，评估了我国环境监测体系差距、关键创新技术特征和发展趋势，考查了大气、水体、土壤业务化监测和仪器分析的技术需求和瓶颈，提出了我国“互联网＋”智慧环保生态环境多元感知体系的发展目标、发展思路和对策建议。

张彤辉等[267]从河口地区对赤潮和溢油的监测需求出发，阐述了利用遥感技术监测赤潮和溢油等问题的有效性和优越性，回顾了河口地区赤潮和溢油遥感监测的发展历程、探测机理和影响因素，并探讨了不同卫星传感器对赤潮和溢油监测的优势和不足，并对未来水环境遥感平台发展趋势和研究方向进行了展望。

10.5.5　在水生态研究方面

赵海霞等[268]构建了基于 ArcGIS 的水生态敏感性和水生态压力的分区评价指标体系，通过单要素与多要素的综合评价，借助二维关联矩阵分析，进行了空间开发管制分区，并提出了差别化的区域开发与生态环境保护导向。孙小凤等[269]结合相关文献研究，采用“压力-状态-响应”（PSR）模型对评价指标进行筛选，利用层次分析法和模糊评价法确定各指标层权重和计算方法，构建了苏南农业社区水生态健康评价指标体系和评价方法。胡仪元等[270]基于 PSR 模型构建水源地水生态文明建设绩效评价指标体系，并以水生态文明建设调查分析数据为基础，评价了分析水源地的水生态文明建设绩效情况。罗涛等[271]构建了适用于城市水生态项目物有所值定性评价的指标体系，采用改进的不确定型层次分析法确定指标权重，结合异权重专家打分法修正指标得分，实现了对项目的评价。金小伟等[272]在借鉴欧美发达国家流域水生态完整性评价方法的基础上，结合中国目前监测现状以及流域水环境管理需求，构建了包括物理生境指标、理化指标、水生生物指标在内的流域水生态完整性监测与评价方法。潘真真等[273]提出了基于生态系统供给及净化服务功能的贵州省水生态占用概念与模型。汪洁琼等[274]借助 GIS 数据分析模型，针对日益退化的江南水网，提出其空间形态的重构应当以高效的水生态系统服务为基础，构建 GIS 水生态系统服务评价模型。王圣瑞等[275]运用数理统计法、遥感定量反演和定量解译法及层次分析法等方法，确定了洞庭湖水生态风险的内涵，提出了洞庭湖水生态风险防控技术路线。王凤春等[276]运用 InVEST 模型对北京与上游地区水生态现状进行了定量评价。

10.6 基于 GIS 的水信息管理系统开发研究进展

地理信息系统是空间数据管理和空间信息分析的计算机系统，其具有的空间数据和属性数据共同管理功能，使之成为水信息管理系统开发的主要手段。相关学术性文献不多，研究主要集中在洪水预报、水资源与水环境管理系统等方面。这里仅列举有代表性的文献。

10.6.1 在洪水预报系统开发方面

陆玉忠等[277]分析了水电站施工期洪水预报的特定需求，提出了水电站施工期洪水预报系统的设计思路和研发目标。郭俊等[278]在分析柘溪水库流域的水文和气候特征基础上，提出了数值预报模式和水文模型的耦合预报框架，设计了基于数值预报模式的柘溪水库流域径流预报系统架构，阐述了系统的主要功能与逻辑结构。顾志强等[279]以中国洪水预报系统为平台，采用局部分析法，对 MSKLOSS 河道洪水演算模型参数进行敏感性分析。甘衍军等[280]研发了基于 CREST V2.1 分布式水文模型的暴雨致洪预报系统，应用中国气象局降水业务产品，开展了全国 0.125°×0.125°的逐日洪水预报和区域 30″×30″的逐时洪水预报。强德霞等[281]建立了具有多模型选择及参数优化功能的洪水实时预报系统，通过实时改进模型参数来改善预报效果。秦昊等[282]建设了长江洪水预报调度系统，该系统采用 B/S 系统结构开发，整合了长江防洪信息、洪水预报、洪水调度等各种资源和信息，建立了基于流域地图的各类信息融合展示平台，实现了自动预报计算、交互式调度、水雨情监视、防洪形势分析等功能。

10.6.2 在水资源系统开发管理方面

边江等[283]利用 ArcEngine 和 C# 作为开发平台和语言，结合 GIS 和 RS 的数据分析与影像处理功能，开发了灌区需水量计算的应用系统。雷晓辉等[284]提出了基于二元水循环开展水资源调控来解决水问题的基本思路，探讨了水资源调度研究的发展现状和我国水资源调度研究存在的问题，介绍了一套全国通用的水资源调度软件平台，实现了水资源调度执行成果在水利部本级、流域、省三级平台之间的业务协同和信息共享。

10.7 数字水利工程研究进展

数字水利是指以可持续发展理念为指导，以人水和谐作为终极目标，采用以信息技术为核心的一系列高新技术手段，对水利行业进行技术升级和改造以全面提升水事活动效率和效能的发展战略和发展过程。相关的学术性文献不多，这里仅列举有代表性的文献。

10.7.1 在数字水利基础理论方面

陈军飞等[285]在回顾水利大数据的产生背景和发展历程的基础上，界定了水利大数据的概念及内涵，构建了水利大数据的研究框架，探讨了水利大数据的存储与共享方法、分析平台、挖掘算法、数据可视化和应用，展望了数据集成方法、分析挖掘算法、数据安全和综合决策分析平台等未来发展趋势。

李文等[286]基于数据核心技术思想，采用服务组件的剥离与融合技术，设计了水资源信息化监控管理平台的融合方案。陈祖煜等[287]认为建立云计算管理平台和系统可以全面提升水利工程建设信息化管理的整体水平，以及工程管理的水平和工程质量。代艳芳等[288]提出互联网、物联网的逐步融合及建筑信息模型在大坝模拟施工的初步运用。周克明等[289]在水利信息化中采用了 GPRS、互联网、云服务器等相关技术，实现了水利信息即时、远距离传输。覃金帛等[290]概述了 GPU 并行优化技术在水利计算中的应用进展，提出了在水库调度、中长期水文预报和水文模型计算中的应用前景和优势。何向阳等[291]研发了市县级水库大坝信息化监管平台，并提出了针对不同水库管理单位已建各类信息化系统的异构数据资源的整合共享方案。

10.7.2 在数字水利工程应用领域方面

杨顺群等[292]从国内外大中型水利水电工程设计、建造、运行管理等方面，分析了水利水电工程数字化建设发展现状和存在的问题，提出了未来发展趋势。曾微波等[293]提出了“以图管站，图站联动”的水利工程集成管理模式，该模式利用 Web GIS 技术整合公共地理框架数据体系“天地图”及区域水利工程、河网、断面等基础数据，利用 Unity3D 建立闸站三维仿真场景，设计了区域河网水利工程集成管理框架。邵瀚等[294]提出了两种地物模型的建模策略，结合 Geoprocessing 工具搭建 ModelBuilder 模型实现管线数据的参数化建模。傅蜀燕等[295]综合应用建筑信息模型（Building Information Modeling，BIM）以及数字水库流域地理信息系统，以网络系统为依托，构建三维 BIM＋WebGIS 可视化区域数字水库安全管理系统平台。杨志等[296]利用智能感知技术、3S 技术、云计算云存储技术、物联网技术以及 WebGIS 等先进信息技术，建立了包括数字地图决策指挥平台、综合数据分析查询平台、智能灌渠专家辅助系统、掌上唐徕移动信息终端、数字唐徕渠业务管理支撑平台、自动化采集测控平台的数字唐徕信息化管理系统。

10.8 与 2015—2016 年进展对比分析

（1）基于遥感的水信息研究进展。每年都有大量文献，一直是水信息研究的热点领域，尤其是土壤水分的遥感监测和反演，但相关研究主要是经典方法的比较、验证与区域应用。

（2）基于传感器的水信息研究进展。主要体现在用于水位、土壤水分和精准灌溉决策支持系统，侧重于相关技术的应用，缺乏创新性的学术成果。

（3）基于物理模型的水信息数据挖掘研究进展。主要是利用水质和水生态数学模型进行水环境系统模拟，理论方法研究文献较少。

（4）基于 GIS 的水信息研究进展。每年都涌现出大量的研究成果，但研究内容和研究方法与前两年相比没有明显加深，这说明 GIS 作为水信息数据挖掘和制图表达已经比较成熟。

（5）基于 GIS 的水信息系统开发研究进展。主要是工程应用的分析与介绍，理论方法研究文献较少，鲜有较大创新。

(6) 数字水利工程研究进展。尽管正在从数字水利向智慧水利的转变，然而这方面理论和方法研究并没有明显增加，相关研究主要集中现代信息技术在水利工程建设和管理中的应用，理论方法研究文献较少，鲜有创新。

本章撰写人员

宋轩

参考文献

[1] 左其亭．水科学的学科体系及研究框架探讨 [J]. 南水北调与水利科技，2011 (1)：113－117，129.

[2] 顾正华，唐洪武，李云，等．水信息学与智能水力学 [J]. 河海大学学报（自然科学版），2003 (5)：518－521.

[3] 马春芽，王景雷，黄修桥．遥感监测土壤水分研究进展 [J]. 节水灌溉，2018 (5)：70－74，78.

[4] 王宝刚，晋锐，赵泽斌，等．被动微波遥感在地表冻融监测中的应用研究进展 [J]. 遥感技术与应用，2018，33 (2)：193－201.

[5] 高胜国，翁海腾，朱忠礼．探地雷达在监测地表土壤水分中的研究进展 [J]. 江苏农业科学，2017，45 (12)：1－6.

[6] 张瑶瑶，崔霞，宋清洁，等．基于不同下垫面的农业干旱遥感监测方法与发展前景 [J]. 草业科学，2017，34 (12)：2416－2427.

[7] 汤秋鸿，张学君，戚友存，等．遥感陆地水循环的进展与展望 [J]. 武汉大学学报（信息科学版），2018，43 (12)：1872－1884.

[8] 高培霞，张吴平，梁爽，等．基于温度植被干旱指数（TVDI）的土壤干湿反演 [J]. 灌溉排水学报，2018，37 (10)：123－128.

[9] 王思楠，李瑞平，韩刚，等．基于遥感数据对毛乌素沙地腹部旱情等级的景观变化特征分析 [J]. 干旱区地理，2018，41 (5)：1080－1087.

[10] 姚静，薛超玉，焦峰．基于 Landsat 8 OLI 遥感影像的延河流域土壤水分反演研究 [J]. 草地学报，2018，26 (5)：1109－1117.

[11] 蔡亮红，丁建丽．基于改进植被指数土壤水分遥感反演 [J]. 干旱区地理，2017，40 (6)：1248－1255.

[12] 王娟，张优，张杰，等．基于 TVDI 的山地平原过渡带土壤水分反演——以绵竹市为例 [J]. 水土保持研究，2018，25 (2)：151－156，161.

[13] 葛少青，张剑，孙文，等．三种干旱指数在干旱区沼泽湿地土壤水分遥感反演中的应用 [J]. 生态学报，2018，38 (7)：2299－2307.

[14] 陈少丹，张利平，闪丽洁，等．长江中下游流域土壤湿度遥感反演研究及其影响因素分析 [J]. 应用基础与工程科学学报，2017，25 (4)：657－669.

[15] 吴黎．基于温度植被干旱指数的黑龙江省旱情动态研究 [J]. 干旱地区农业研究，2017，35 (4)：276－282.

[16] 李海霞，杨井，陈亚宁，等．基于 MODIS 数据的新疆地区土壤湿度反演 [J]. 草业学报，2017，26 (6)：16－27.

[17] 宋扬，房世波，梁瀚月，等．基于 MODIS 数据的农业干旱遥感指数对比和应用 [J]. 国土资源遥感，2017，29 (2)：215－220.

[18] 陈涛，卓嘎，拉巴．那曲东部土壤水分 MODIS 遥感反演研究 [J]. 土壤通报，2017，48 (2)：

298-303.

[19] 拉巴，卓嘎，陈涛．藏北地区土壤水分遥感反演模型的研究 [J]. 土壤，2017，49 (1)：171-176.

[20] 王慧，孙亚勇，黄诗峰，等．LAI和FVC植被参数对VIC模型土壤含水量模拟的影响研究 [J]. 中国水利水电科学研究院学报，2018，16 (2)：141-148，155.

[21] 张翀，王静，雷田旺，等．退耕还林工程以来黄土高原植被覆盖与地表湿润状况时空演变 [J]. 干旱区研究，2018，35 (6)：1468-1476.

[22] 朱小强，塔西甫拉提·特依拜，丁建丽，等．基于MODIS与Landsat 8的艾比湖湿地旱情时空变化及其影响因素分析 [J]. 生态学报，2018，38 (8)：2984-2994.

[23] 韩刚，李瑞平，王思楠，等．基于多尺度遥感数据的荒漠化草原旱情监测及时空特征 [J]. 江苏农业学报，2017，33 (6)：1301-1308.

[24] 王风杰，冯文兰，扎西央宗，等．基于FY-3A/VIRR和TERRA/MODIS数据藏北干旱监测对比 [J]. 自然资源学报，2017，32 (7)：1229-1239.

[25] 王风杰，冯文兰，扎西央宗，等．基于植被光谱和FY-3A/VIRRL1B数据的藏北地区土壤水分估算 [J]. 干旱区研究，2018，35 (3)：532-539.

[26] 江红南，姜红涛，丁建丽．基于遥感数据的于田绿洲土壤湿度时空变化及其影响因素分析 [J]. 干旱区资源与环境，2017，31 (12)：136-142.

[27] 陈文倩，丁建丽，谭娇，等．干旱区绿洲植被高光谱与浅层土壤含水量拟合研究 [J]. 农业机械学报，2017 (9)：1-16.

[28] 沙莎，郭铌，李耀辉，等．温度植被干旱指数（TVDI）在陇东土壤水分监测中的适用性 [J]. 中国沙漠，2017，37 (1)：132-139.

[29] 王海峰，张智韬，付秋萍，等．低空无人机多光谱遥感数据的土壤含水率反演 [J]. 节水灌溉，2018 (1)：90-94，102.

[30] 陈硕博，陈俊英，张智韬，等．无人机多光谱遥感反演抽穗期冬小麦土壤含水率研究 [J]. 节水灌溉，2018 (5)：39-43.

[31] 杨曦光，于颖．基于试验反射光谱数据的土壤含水率遥感反演 [J]. 农业工程学报，2017，33 (22)：195-199.

[32] 蔡亮红，丁建丽，魏阳．基于多源数据的土壤水分反演及空间分异格局研究 [J]. 土壤学报，2017，54 (5)：1057-1067.

[33] 杨永民，邱建秀，苏红波，等．基于热红外的四种土壤含水量估算方法对比 [J]. 红外与毫米波学报，2018，37 (4)：459-467，476.

[34] 丁建丽，陈文倩，王璐．HYDRUS模型与遥感集合卡尔曼滤波同化提高土壤水分监测精度 [J]. 农业工程学报，2017，33 (14)：166-172.

[35] 赵泽斌，晋锐，田伟，等．基于SiB2模型的土壤水分降尺度指标的适用性研究 [J]. 遥感技术与应用，2017，32 (2)：195-205.

[36] 解毅，王鹏新，李俐，等．应用粒子滤波同化条件植被温度指数的土壤水分估测 [J]. 干旱地区农业研究，2018，36 (3)：236-243.

[37] 赵天杰．被动微波反演土壤水分的L波段新发展及未来展望 [J]. 地理科学进展，2018，37 (2)：198-213.

[38] 谭建灿，毛克彪，左志远，等．基于卷积神经网络和AMSR2微波遥感的土壤水分反演研究 [J]. 高技术通讯，2018，28 (5)：399-408.

[39] 陈鲁皖，韩玲，张武，等．基于多元遥感影像分割和区域特征相似度的微波土壤水分反演靶区选择方法 [J]. 地理与地理信息科学，2018，34 (1)：32-39，2.

[40] 张新乐，秦乐乐，郑兴明，等．基于主动微波遥感的典型黑土区土壤水分反演 [J]. 东北农业大学学报，2018，49 (10)：43-51.

[41] 罗时雨，童玲，陈彦．全极化 SAR 图像的山地低矮植被区域土壤含水量估计 [J]. 遥感学报，2017，21 (6)：907-916.

[42] 王学，刘全明，屈忠义，等．盐渍化土壤水分微波雷达反演与验证 [J]. 农业工程学报，2017，33 (11)：108-114.

[43] 万红，高硕，郭鹏．青藏高原地区 FY-3B 微波遥感土壤水分产品适用性研究 [J]. 干旱区资源与环境，2018，32 (4)：132-137.

[44] 王增艳，王建，车涛．机载 L 波段微波辐射计数据反演表层土壤水分研究 [J]. 遥感技术与应用，2017，32 (2)：185-194.

[45] 陈鲁皖，韩玲，秦小宝，等．微波遥感反演土壤水分中构建粗糙度参数的新方法 [J]. 地理与地理信息科学，2017，33 (6)：37-43，2.

[46] 王睿馨，宋小宁，马建威，等．基于 Radarsat-2 全极化数据的张掖地区土壤水分的反演 [J]. 中国科学院大学学报，2018，35 (3)：327-335.

[47] 向怡衡，张明敏，张兰慧，等．祁连山区不同植被类型上的 SMOS 遥感土壤水分产品质量评估 [J]. 遥感技术与应用，2017，32 (5)：835-843.

[48] 陆峥，柴琳娜，张涛，等．AMSR2 土壤水分产品在黑河流域中上游的验证 [J]. 遥感技术与应用，2017，32 (2)：324-337.

[49] 白瑜，孟治国，赵凯，等．像元尺度土壤水分监测网络及其对 L 波段土壤水分产品的初步验证结果 [J]. 遥感技术与应用，2018，33 (1)：78-87.

[50] 殷超，周忠发，谭玮颐，等．基于微波与光学遥感的石漠化地区土壤剖面含水率反演模型研究 [J]. 红外与毫米波学报，2018，37 (3)：360-370.

[51] 杨婷，陈秀万，万玮，等．基于光学与被动微波遥感的青藏高原地区土壤水分反演 [J]. 地球物理学报，2017，60 (7)：2556-2567.

[52] 姜红，玉素甫江·如素力，拜合提尼沙·阿不都克日木，等．基于支持向量机回归算法的土壤水分光学与微波遥感协同反演 [J]. 地理与地理信息科学，2017，33 (6)：30-36.

[53] 曾旭婧，邢艳秋，单炜，等．基于 Sentinel-1A 与 Landsat 8 数据的北黑高速沿线地表土壤水分遥感反演方法研究 [J]. 中国生态农业学报，2017，25 (1)：118-126.

[54] 李艳，张成才，罗蔚然，等．基于自适应极化分解技术的灌区麦田土壤墒情反演方法 [J]. 水利水电技术，2017，48 (11)：187-193.

[55] 马建威．基于雷达和高光谱数据的表层土壤水分反演研究 [J]. 测绘学报，2017，46 (5)：666.

[56] 林利斌，鲍艳松，左泉，等．基于 Sentinel-1 与 FY-3C 数据反演植被覆盖地表土壤水分 [J]. 遥感技术与应用，2018，33 (4)：750-758.

[57] 范科科，张强，史培军，等．基于卫星遥感和再分析数据的青藏高原土壤湿度数据评估 [J]. 地理学报，2018，73 (9)：1778-1791.

[58] 宋立生，刘绍民，徐同仁，等．土壤蒸发和植被蒸腾遥感估算与验证 [J]. 遥感学报，2017，21 (6)：966-981.

[59] 杨玉永，徐秀杰，杨丽萍．墒情遥感监测中热惯量模型的修正 [J]. 灌溉排水学报，2018，37 (6)：54-59.

[60] 蔡庆空，李二俊，陶亮亮，等．基于改进粒子群神经网络的麦田土壤水分反演 [J]. 土壤通报，2018，49 (6)：1333-1340.

[61] 姜红，玉素甫江·如素力，热伊莱·卡得尔，等．一种利用土壤水分反演地下水位遥感方法 [J]. 遥感信息，2018，33 (5)：82-88.

[62] 韩家琪，毛克彪，葛非凡，等．分类回归树算法在土壤水分估算中的应用 [J]. 遥感信息，2018，33 (3)：46-53.

[63] 彭爱华，马红章，刘素美．被动微波遥感土壤水分代价函数构建研究 [J]. 科学技术与工程，

2017，17（12）：190-194.

[64] 彭学峰，万玮，李飞，等．GNSS-R土壤水分遥感的适宜性分析［J］．遥感学报，2017，21（3）：341-350.

[65] 韩松俊，张宝忠．基于Penman方法和互补原理的蒸散发研究历程与展望［J］．水利学报，2018，49（9）：1158-1168.

[66] 高冠龙，冯起，张小由，等．蒸散发模型结合微气象数据模拟陆面蒸散发研究进展［J］．高原气象，2017，36（6）：1630-1637.

[67] 赵伟，黄盼，李爱农．山地地表蒸散发遥感估算研究现状［J］．山地学报，2017，35（6）：908-918.

[68] 丁杰，陈鹤，魏征，等．改进SEBS模型在大兴地区农田蒸散发反演中的应用［J］．灌溉排水学报，2018，37（S2）：121-126.

[69] 陆婷，郑江华．呼图壁县蒸散发遥感反演及其时空变化分析［J］．节水灌溉，2018（10）：91-96.

[70] 王蕊，张继权，曹永强，等．基于SEBS模型估算辽西北地区蒸散发及时空特征［J］．水土保持研究，2017，24（6）：382-387.

[71] 于辉，代鹏超，张金燕，等．基于能量平衡算法的精河流域绿洲蒸散发时空变化模拟［J］．干旱地区农业研究，2018，36（4）：289-296.

[72] 金学杰，周剑．基于SEBS模型和Landsat 8数据的黑河下游蒸散发时空特性分析［J］．冰川冻土，2017，39（3）：572-582.

[73] 王丽娟，郭铌，王玮，等．基于TESEBS模型估算高原地区地表蒸散发［J］．遥感技术与应用，2017，32（3）：507-513.

[74] 朱明承，占车生，王会肖，等．基于遥感双层模型的宝鸡峡灌区日蒸散发估算［J］．北京师范大学学报（自然科学版），2017，53（2）：194-200.

[75] 钟昊哲，徐宪立，张荣飞，等．基于Penman-Monteith-Leuning遥感模型的西南喀斯特区域蒸散发估算［J］．应用生态学报，2018，29（5）：1617-1625.

[76] 张特，刘冀，董晓华，等．基于MOD16的漫河流域蒸散发时空分布特征［J］．灌溉排水学报，2018，37（8）：121-128.

[77] 张巧凤，刘桂香，于红博，等．锡林郭勒草原土壤含水量遥感反演模型及干旱监测［J］．草业学报，2017，26（11）：1-11.

[78] 邓兴耀，刘洋，刘志辉，等．中国西北干旱区蒸散发时空动态特征［J］．生态学报，2017，37（9）：2994-3008.

[79] 郝珈纬，张安兵，王贺封，等．高分一号与Landsat8影像反演的参考蒸散发研究［J］．测绘科学，2018，43（11）：103-110，124.

[80] 张淑霞，塔西甫拉提·特依拜，依力亚斯江·努尔麦麦提，等．基于不同植被指数三角形法的蒸散指数研究［J］．土壤通报，2018，49（1）：45-54.

[81] 张戈，夏建新，王树东．基于多源数据的黑河流域日尺度蒸散发量模拟［J］．南水北调与水利科技，2018，16（6）：33-38.

[82] 白亮亮，蔡甲冰，刘钰，等．基于数据融合算法的灌区蒸散发空间降尺度研究［J］．农业机械学报，2017，48（4）：215-223.

[83] 李念，孙维君，秦翔，等．2010-2014年祁连山老虎沟流域高寒草甸蒸散发变化特征［J］．中国科技论文，2017，12（9）：1015-1023.

[84] 刘荣华，张珂，晁丽君，等．基于多源卫星观测的中国土壤湿度时空特征分析［J］．水科学进展，2017，28（4）：479-487.

[85] 刘远，周买春．空间插值气象数据在Shuttleworth-Wallace潜在蒸散发模型中的应用［J］．水利水电科技进展，2017，37（1）：8-16.

[86] 杨敏芝，钟平安，汪曼琳，等．大汶河流域陆面蒸发估算方法比较 [J]. 南水北调与水利科技，2017，15 (5)：50-55.

[87] 李汇文，王世杰，白晓永，等．西南近50年实际蒸散发反演及其时空演变 [J]. 生态学报，2018，38 (24)：8335-8848.

[88] 李天生，夏军，匡洋，等．不同潜在蒸散发估算方法在汉江流域中上游地区的适用性研究 [J]. 南水北调与水利科技，2017，15 (6)：1-10.

[89] 马欢，岳德鹏，Y Di，等．基于数据同化的地下水埋深插值研究 [J]. 农业机械学报，2017，48 (4)：206-214.

[90] 刘蛟，刘铁，黄粤，等．基于遥感数据的叶尔羌河流域水文过程模拟与分析 [J]. 地理科学进展，2017，36 (6)：753-761.

[91] 王卫光，李进兴，魏建德，等．基于蒸散发数据同化的径流过程模拟 [J]. 水科学进展，2018，29 (2)：159-168.

[92] 崔巍，王文．潜在蒸散发量数据对网格 HBV 模型降雨径流模拟的影响 [J]. 中国科技论文，2017，12 (21)：2418-2424.

[93] 种丹，张世强，李浩杰，等．基于光学遥感的湖泊水体信息提取研究进展 [J]. 人民黄河，2018，40 (3)：49-53，75.

[94] 王航，秦奋．遥感影像水体提取研究综述 [J]. 测绘科学，2018，43 (5)：23-32.

[95] 申茜，朱利，曹红业．城市黑臭水体遥感监测与筛查研究进展 [J]. 应用生态学报，2017，28 (10)：3433-3439.

[96] 聂欣然，刘荣，聂爱球，等．基于 TM 影像的新型组合水体指数模型研究 [J]. 江苏农业科学，2018，46 (24)：374-378.

[97] 李生生，王广军，梁四海，等．基于 Landsat-8 OLI 数据的青海湖水体边界自动提取 [J]. 遥感技术与应用，2018，33 (4)：666-675.

[98] 李佳雨，王华斌，王光辉，等．基于指数构建的高分辨率城市水体提取新方法 [J]. 遥感信息，2018，33 (5)：99-105.

[99] 张伟，赵理君，唐娉，等．一种利用多时相 GF-4 影像的快速水体提取方法 [J]. 遥感信息，2018，33 (4)：108-114.

[100] 张永永，刘丽娟，赵盼盼．新型水体指数的构建及在滨海湿地水域提取中的有效性验证 [J]. 浙江农林大学学报，2018，35 (4)：735-742.

[101] 肖茜，杨昆，洪亮．近 30 a 云贵高原湖泊表面水体面积变化遥感监测与时空分析 [J]. 湖泊科学，2018，30 (4)：1083-1096.

[102] 杨骥，韩留生，陈水森，等．一种基于城市水体指数与分形几何算法的 OLI 遥感影像水体提取方法 [J]. 测绘通报，2018 (4)：44-49.

[103] 冯锐，于文颖，纪瑞鹏，等．FY3B/MERSI 数据的湖泊湿地面积提取对比分析 [J]. 测绘科学，2017，42 (7)：147-152.

[104] 邱煌奥，程朋根，甘田红．基于多光谱影像的水体自动提取方法比较研究 [J]. 人民长江，2017，48 (24)：111-116.

[105] 聂欣然，刘荣，杜神斌，等．基于 Landsat 卫星的庐山西海水域面积提取和变化研究 [J]. 内蒙古师范大学学报（自然科学汉文版），2018，47 (2)：166-172.

[106] 张兆鹏，李增元，田昕，等．1987—2016 年红崖山水库面积时空变化分析 [J]. 甘肃农业大学学报，2018，53 (5)：127-135.

[107] 朱钟正，陈玉福，朱文泉，等．适用于多目标遥感自动解译的最佳专题指数筛选 [J]. 遥感技术与应用，2017，32 (3)：564-574.

[108] 张强，吴波，杨艳魁．一种结合坡度信息调节的水体指数 [J]. 遥感信息，2018，33 (4)：

98 - 107.

[109] 王小标，谢顺平，都金康，等．近 30 年秦淮河流域水面变化及其驱动因素分析 [J]．遥感信息，2017，32 (5)：34 - 43.

[110] 李晶，申莹莹，焦利鹏，等．基于 Landsat TM/OLI 影像的兖州煤田水域面积动态监测 [J]．农业工程学报，2017，33 (18)：243 - 250.

[111] 黄田进，梁丁丁，贾立，等．青藏高原地区湖泊面积插补迭代自动提取 [J]．遥感技术与应用，2017，32 (2)：289 - 298.

[112] 饶萍，王建力．最优分区与最优指数联合的水体信息提取 [J]．地球信息科学学报，2017，19 (5)：702 - 712.

[113] 张强，吴波．一种基于白帽变换的细小水体信息提取方法 [J]．福州大学学报（自然科学版），2018，46 (1)：75 - 81.

[114] 何海清，杜敬，陈婷，等．结合水体指数与卷积神经网络的遥感水体提取 [J]．遥感信息，2017，32 (5)：82 - 86.

[115] 王瑾杰，丁建丽，张成，等．基于 GF - 1 卫星影像的改进 SWI 水体提取方法 [J]．国土资源遥感，2017，29 (1)：29 - 35.

[116] 王小标，谢顺平，都金康．水体指数构建及其在复杂环境下有效性研究 [J]．遥感学报，2018，22 (2)：360 - 372.

[117] 刘海，武靖，殷杰，等．丹江口水库动库容估算及其变化 [J]．应用生态学报，2018，29 (8)：2658 - 2666.

[118] 王启元，肖武，李素萃，等．基于时序 TM 影像的淮南潘谢矿区采煤沉陷水域动态监测 [J]．中国煤炭，2018，44 (7)：37 - 43.

[119] 贺飞跃，贺兴时，丁小丽，等．合成孔径雷达图像水体目标的提取 [J]．电光与控制，2018，25 (11)：21 - 24，61.

[120] 郭欣，赵银娣．基于 Sentinel - 1A SAR 的湖南省宁乡市洪水淹没监测 [J]．遥感技术与应用，2018，33 (4)：646 - 656.

[121] 范伟，何彬方，姚筠，等．基于哨兵 1 号的洪水淹没面积监测 [J]．气象科技，2018，46 (2)：396 - 402.

[122] 孙亚勇，黄诗峰，李纪人，等．Sentinel - 1A SAR 数据在缅甸伊洛瓦底江下游区洪水监测中的应用 [J]．遥感技术与应用，2017，32 (2)：282 - 288.

[123] 付勇勇，王旭航，邓劲松，等．采用国产 GF - 2 遥感影像的复杂水网平原水体信息提取 [J]．浙江大学学报（工学版），2017，51 (12)：2474 - 2480.

[124] 崔齐，王杰，汪闽，等．矢量约束的面向对象高分遥感影像水体提取 [J]．遥感信息，2018，33 (4)：115 - 121.

[125] 孔美美，陈锻生．采用混合像元分解的水库面积提取及变化监测 [J]．华侨大学学报（自然科学版），2017，38 (3)：385 - 390.

[126] 孙娜，高志强，王晓晶，等．基于高分遥感影像的黄土高原地区水体高精度提取 [J]．国土资源遥感，2017，29 (4)：173 - 178.

[127] 陈超，傅姣琪，随欣欣，等．面向灾后水体遥感信息提取的知识决策树构建及应用 [J]．遥感学报，2018，22 (5)：792 - 801.

[128] 王雪，隋立春，钟棉卿，等．全卷积神经网络用于遥感影像水体提取 [J]．测绘通报，2018 (6)：41 - 45.

[129] 赵航，陈方，张美美．基于改进 C - V 模型的冰湖轮廓提取方法研究 [J]．遥感技术与应用，2018，33 (1)：177 - 184.

[130] 张伟，赵理君，郑柯，等．一种改进光谱角匹配的水体信息提取方法 [J]．测绘通报，2017

(10)：34-38.

[131] 孟令奎，李珏，王锐，等．数学形态学与拓扑约束支持的单条河流骨架线提取［J］．遥感学报，2017，21（5）：785-795.

[132] 徐军，李欣，李建松．基于案例推理的遥感影像水体信息提取方法［J］．广西大学学报（自然科学版），2017，42（3）：1078-1085.

[133] 陈能成，刘丹丹，杜文英．改进 Balloon Snake 算法提取遥感影像水体边界［J］．遥感学报，2017，21（3）：425-433.

[134] 邓富亮，章欣欣，花利忠，等．基于国产高分辨率光学遥感影像的水体提取［J］．水文地质工程地质，2017，44（3）：143-150.

[135] 李士进，王声特．基于混合特征空间 MRF（Markov Random Filed）模型的高分辨率遥感影像水体提取［J］．南京师大学报（自然科学版），2017，40（1）：13-19.

[136] 崔舜铫，姚佛军，连琛芹．多源遥感数据在植被覆盖区的水体信息提取［J］．科学技术与工程，2018，18（28）：116-122.

[137] 陈性义，黄迟，倪标．融合 LiDAR 数据与航空影像的面向对象水体提取［J］．测绘科学，2017，42（3）：114-119，131.

[138] 姜明，邹元春，章光新，等．中国湿地科学研究进展与展望——纪念中国科学院东北地理与农业生态研究所建所 60 周年［J］．湿地科学，2018，16（3）：279-287.

[139] 穆亚南，丁丽霞，李楠，等．基于面向对象和随机森林模型的杭州湾滨海湿地植被信息提取［J］．浙江农林大学学报，2018，35（6）：1088-1097.

[140] 王凯霖，赵凯，李海涛，等．基于综合识别方法的河北白洋淀湿地提取研究［J］．现代地质，2017，31（6）：1294-1300.

[141] 邹青青，戚晓明，王晶，等．利用 Landsat 8 多光谱数据的湿地信息提取方法比较研究［J］．湿地科学，2018，16（4）：479-485.

[142] 邢丽玮，牛振国，王华斌，等．基于优选特征及月合成 Landsat 数据湿地提取研究［J］．地理与地理信息科学，2018，34（3）：80-86，131.

[143] 刘家福，李林峰，任春颖，等．基于特征优选的随机森林模型的黄河口滨海湿地信息提取研究［J］．湿地科学，2018，16（2）：97-105.

[144] 姚红岩，刘浦东，施润和，等．基于高分辨率遥感影像的湿地互花米草-芦苇混合交错带提取方法［J］．地球信息科学学报，2017，19（10）：1375-1381.

[145] 田旸，那晓东，臧淑英．扎龙湿地土地利用信息提取方法研究［J］．湿地科学，2017，15（5）：705-712.

[146] 刘晓农，邢元军，罗鹏．基于时序 NDVI 数据的洞庭湖区湿地植被类型信息提取［J］．林业资源管理，2017（4）：103-109.

[147] 许凯，张倩倩，王彦华，等．多源遥感影像湿地检测概率潜在语义分析［J］．测绘学报，2017，46（8）：1017-1025.

[148] 刘焕军，盛磊，于胜男，等．基于气候分区与遥感技术的大兴安岭湿地信息提取［J］．生态学杂志，2017，36（7）：2068-2076.

[149] 张猛，曾永年，朱永森．面向对象方法的时间序列 MODIS 数据湿地信息提取——以洞庭湖流域为例［J］．遥感学报，2017，21（3）：479-492.

[150] 李伟娜，韦玮，张怀清，等．基于多角度融合的 CHRIS 数据提取湿地植被的研究［J］．林业科学研究，2017，30（2）：260-267.

[151] 罗开盛，陶福禄．融合面向对象与缨帽变换的湿地覆被类别遥感提取方法［J］．农业工程学报，2017，33（3）：198-203.

[152] 潘庆榜，那晓东，臧淑英．兼容多源数据的森林湿地信息提取和比较分析［J］．测绘科学，2017，

42 (4): 173 - 178.
[153] 王豫，赵小艳，李艳春，等．宁夏平原湿地面积动态演变对局地气候效应的影响 [J]. 生态环境学报，2018，27 (7)：1251 - 1259.
[154] 马驰．松嫩平原湿地动态监测及遥感分析 [J]. 科技通报，2018，34 (2)：127 - 132.
[155] 张猛，曾永年．长株潭城市群湿地景观时空动态变化及驱动力分析 [J]. 农业工程学报，2018，34 (1)：241 - 249.
[156] 张健，何祺胜，崔同，等．基于遥感和GIS的江苏滨海地区湿地信息提取及动态变化分析 [J]. 长江科学院院报，2017，34 (4)：144 - 150.
[157] 马驰．东北地区湿地遥感监测与景观分析 [J]. 水生态学杂志，2017，38 (2)：10 - 16.
[158] 温礼，王锦，张所林，等．珠江源自然保护区湿地遥感监测与动态变化研究 [J]. 西南林业大学学报（自然科学），2018，38 (6)：159 - 165.
[159] 张峰，周广胜．植被含水量高光谱遥感监测研究进展 [J]. 植物生态学报，2018，42 (5)：517 - 525.
[160] 侯学会，王猛，刘思含，等．基于Prosail模型和Landsat 8数据的小麦冠层含水量反演比较 [J]. 麦类作物学报，2018，38 (4)：493 - 497.
[161] 陈智芳，宋妮，王景雷，等．基于高光谱遥感的冬小麦叶水势估算模型 [J]. 中国农业科学，2017，50 (5)：871 - 880.
[162] 徐庆，马驿，蒋琦，等．水稻叶片含水量的高光谱遥感估算 [J]. 遥感信息，2018，33 (5)：1 - 8.
[163] 张海威，张飞，张贤龙，等．光谱指数的植被叶片含水量反演 [J]. 光谱学与光谱分析，2018，38 (5)：1540 - 1546.
[164] 葛莉，习晓环，王成，等．ICESat - 1/GLAS数据湖泊水位监测研究进展 [J]. 遥感技术与应用，2017，32 (1)：14 - 19.
[165] 田山川，郝卫峰，李斐，等．顾及陆湖反射差异的卫星测高监测湖泊水位的波形分析与重定 [J]. 测绘学报，2018，47 (4)：498 - 507.
[166] 蔡宇，柯长青．基于Jason - 2测高数据的新西兰陶波湖水位变化监测 [J]. 水电能源科学，2017，35 (8)：31 - 34.
[167] 文京川，赵红莉，蒋云钟，等．卫星测高数据筛选方法研究——以Jason - 3数据和洪泽湖为例 [J]. 南水北调与水利科技，2018，16 (3)：194 - 200，208.
[168] 武文娇，章诗芳，苏巧梅，等．黄土高原重要水库水位变化的ICESat/GLA14监测 [J]. 测绘科学，2018，43 (4)：71 - 75.
[169] 姜红，玉素甫江·如素力，阿迪来·乌甫，等．基于Landsat数据的开都河两岸绿洲地下水遥感监测及影响因素分析 [J]. 自然灾害学报，2017，26 (4)：205 - 214.
[170] 赵云，廖静娟，沈国状，等．卫星测高数据监测青海湖水位变化 [J]. 遥感学报，2017，21 (4)：633 - 644.
[171] 康端刚，马孝义，赵龙．基于磁致伸缩效应的明渠水位测定仪研究 [J]. 中国农村水利水电，2017 (1)：152 - 155.
[172] 冷建伟，沈芳婷．数字水文图像中的水文尺分割方法 [J]. 图学学报，2017，38 (1)：63 - 68.
[173] 龙光利．池塘水位水温实时远距离监测装置的设计 [J]. 现代电子技术，2017，40 (18)：143 - 146.
[174] 巴达日夫．基于遥感图像的水文特征分析系统设计 [J]. 现代电子技术，2018，41 (8)：68 - 71.
[175] 周利明，韦崇峰，苑严伟，等．基于无线传感网络的改碱暗管排盐监控系统 [J]. 农业工程学报，2018，34 (6)：89 - 97.
[176] 卢书明，黄建生，余东华，等．智能液位计在沉箱水位监测中的应用 [J]. 水运工程，2017 (5)：

182－184，190.

[177] 要震，许继平，刘松波．河流水位智能预报系统设计与实现［J］．人民长江，2018，49（8）：31－34，93.

[178] 王应海．土壤含水量（土壤湿度）数据在智能灌溉决策系统中的应用研究［J］．节水灌溉，2017（4）：99－100，105.

[179] 万博雨，付聪，郑世健，等．智能温室精细化控制中传感器布点的研究［J］．节水灌溉，2017（10）：74－78，83.

[180] 闫华，邢振，薛绪掌，等．土壤剖面水分传感器探头仿真与试验［J］．农业机械学报，2017，48（10）：245－251，244.

[181] 孟德伦，孟繁佳，段晓菲，等．基于频域法的便携式无线土壤水分测量装置设计与试验［J］．农业工程学报，2017，33（S1）：114－119.

[182] 唐敏，赵西宁，高晓东，等．黄土丘陵区不同土地利用类型土壤水分变化特征［J］．应用生态学报，2018，29（3）：765－774.

[183] 高志涛，田昊，赵燕东．土壤剖面水分线性尺度测量方法［J］．农业机械学报，2017，48（4）：257－264.

[184] 李国佳．网络监测平台下紫花苜蓿土壤水盐变化研究［J］．人民黄河，2017，39（3）：136－140.

[185] 彭炜峰，李光林．智能分区农业滴灌系统的研究——以丘陵山地为例［J］．农机化研究，2018，40（11）：85－90.

[186] 潘杰，王福平，焦方桐，等．基于LabVIEW开发环境下的农田智能精准灌溉系统设计［J］．节水灌溉，2017（11）：97－100，104.

[187] 徐宝山，任晓文，闫晓婷．基于TCC控制模式节水自动化灌溉体系应用［J］．节水灌溉，2017（2）：115－117.

[188] 巩师洋，王福平．基于STM32的农田节水灌溉系统的设计［J］．北方园艺，2017（1）：200－203.

[189] 顾巍，杨琳，李泰来．基于实时气象信息的灌溉决策支持系统研究［J］．节水灌溉，2017（2）：103－105.

[190] 张兵，邹一琴，韩霞，等．智能化喷灌控制系统的设计与研究［J］．节水灌溉，2017（5）：117－122.

[191] 宋艳，黄留锁．农业土壤含水率监测及灌溉系统研究——基于物联网模式［J］．农机化研究，2017，39（4）：237－240.

[192] 杨春曦，刘华，谢可心，等．便携式土壤湿度检测装置用于精准灌溉决策系统［J］．农业工程学报，2018，34（22）：84－91.

[193] 沈建炜，李林，魏新华．丘陵地区蓝莓园智能灌溉决策系统设计［J］．农业机械学报，2018，49（S1）：379－386.

[194] 吴凤娇，孙培钦，龙燕，等．基于C＃和Access数据库的无线精准灌溉系统软件设计［J］．节水灌溉，2018（6）：78－82.

[195] 周桥，陈钊，刘存瑞，等．盆栽迷你玫瑰水胁迫声发射精准灌溉系统研究［J］．江苏农业科学，2018，46（6）：212－215.

[196] 王玖林，赵成萍，严华．基于LoRa的节水灌溉系统设计与研究［J］．节水灌溉，2017（12）：104－106，111.

[197] 金永奎，李强，袁圆．高效节水灌溉自动监控及信息化系统设计与应用［J］．中国农村水利水电，2017（1）：18－22，26.

[198] 谢振伟，马蓉，赵天图，等．基于ZigBee无线传感器网络的棉田节水灌溉系统设计［J］．江苏农业科学，2017，45（16）：225－228.

[199] 李凌雁，李鑫，曹世超．基于ZigBee和GPRS智能监测的节水灌溉装置设计［J］．农机化研究，2017，39（8）：212-215，219.

[200] 杨洋，孙兆军．基于UWP技术的智能节水灌溉系统设计［J］．节水灌溉，2017（6）：93-97.

[201] 王铭铭，徐浩．基于物联网的安徽省农田灌溉实时监测及自动灌溉系统研究［J］．节水灌溉，2017（1）：68-70，75.

[202] 袁博宇，柳海涛，任廷鸿，等．一种考虑水生态修复措施对污染物降解影响的水质模型［J］．环境科学学报，2018，38（10）：4057-4062.

[203] 朱文婷，钱新，钱玮，等．基于QUAL2K模型的尾水生态净化方案设计［J］．环境化学，2018，37（3）：600-608.

[204] 胡晓张，宋利祥，杨芳，等．浅水湖泊水生态数学模型研究及应用［J］．水动力学研究与进展（A辑），2017，32（2）：247-252.

[205] 许栋，王迪，及春宁，等．海南南渡江下游二维水动力及水生态数值模拟［J］．环境科学研究，2017，30（2）：214-223.

[206] 高伟，严长安，李金城，等．基于水量-水质耦合过程的流域水生态承载力优化方法与例证［J］．环境科学学报，2017，37（2）：755-762.

[207] 郭书海，吴波．水生态功能区划流程：双关系树框架与概念模型［J］．应用生态学报，2017，28（12）：4051-4056.

[208] 周科，徐苏容．引黄灌区随机逼近水生态环境管理模型及应用研究［J］．中国农村水利水电，2018（11）：139-144.

[209] 沈晓梅，姜明栋．基于DPSIRM模型的河长制综合评价指标体系研究［J］．人民黄河，2018，40（8）：78-84+90.

[210] 刘畅，冯宝平，张展羽，等．基于压力-状态-响应的熵权-物元水生态文明评价模型［J］．农业工程学报，2017，33（16）：1-7.

[211] 郭晓娜，苏维词，杨振华，等．城乡统筹背景下重庆市水生态足迹分析及预测［J］．灌溉排水学报，2017，36（2）：69-75.

[212] 张平仓，丁文峰，王协康．山洪灾害监测预警关键技术与集成示范研究构想和成果展望［J］．工程科学与技术，2018，50（5）：1-11.

[213] 葛星，骆建雄．GIS支持下的小流域山洪灾害风险区划分方法研究［J］．中国农村水利水电，2018（10）：170-176.

[214] 刘卫林，陈祥，刘丽娜，等．庐山风景区山洪灾害风险区划研究［J］．中国农村水利水电，2018（9）：121-126+132.

[215] 王英．基于GIS及综合权重法的甘肃黄土高原区山洪灾害风险区划研究［J］．中国农村水利水电，2018（8）：118-122.

[216] 李栋，吴博，郑秀清，等．基于AHP和GIS的吕梁地区小流域山洪灾害风险区划［J］．水电能源科学，2017，35（7）：85-88，96.

[217] 田丰，冉有华，张军，等．河西走廊山洪灾害危险度区划［J］．山地学报，2017，35（6）：856-864.

[218] 周建琴，庞占龙，蔡强国，等．长江流域不同类型山洪灾害易发区划分［J］．北京林业大学学报，2017，39（11）：56-64.

[219] 赵瑜，喻块块，张建伟．基于县域的山洪灾害风险区划研究［J］．水电能源科学，2017，35（1）：61-64.

[220] 敬双怡，莘明亮，于玲红，等．基于模糊综合评价法的大同市山洪灾害风险评价［J］．水利水电技术，2018，49（5）：84-89.

[221] 田丰，张军，冉有华，等．基于多源数据整合的河西走廊山洪灾害风险空间分布特征研究［J］．

干旱区资源与环境，2018，32（7）：196-203.

[222] 刘珮勋，刘成林，裘仕博，等．基于GIS与AHP的南丰县山洪灾害风险评估［J］．水电能源科学，2017，35（6）：55-58.

[223] 李文静，林凯荣，刘玥，等．基于GIS-AHP集成的无资料小流域山洪灾害风险评价［J］．中国农村水利水电，2017（8）：103-107.

[224] 裴厦，刘春兰，谯高地．赣江上游山洪灾害空间分布特征及生态影响因子分析［J］．江西农业大学学报，2018，40（2）：413-422.

[225] 贾茜淳，张豫，丛沛桐．钟山县山洪地质灾害风险评估与预警［J］．水土保持研究，2018，25（1）：208-214.

[226] 雷晓辉，王浩，廖卫红，等．变化环境下气象水文预报研究进展［J］．水利学报，2018，49（1）：9-18.

[227] 万蕙，黄会勇，袁迪，等．水利工程影响下的洪水预报研究进展［J］．人民长江，2017，48（7）：11-15.

[228] 陈洋波，覃建明，王幻宇，等．基于流溪河模型的中小河流洪水预报方法［J］．水利水电技术，2017，48（7）：12-19+27.

[229] 阚光远，洪阳，梁珂．基于耦合机器学习模型的洪水预报研究［J］．中国农村水利水电，2018（10）：165-169，176.

[230] 包红军，王莉莉，李致家．基于人工神经网络的水位预报多断面实时校正研究［J］．中国农村水利水电，2018（8）：91-94，99.

[231] 刁艳芳，段震，张荣，等．梯级水库群联合防洪预报调度方式风险分析［J］．水力发电，2018，44（8）：82-86.

[232] 周如瑞，卢迪．并联水库群联合防洪预报调度方式优化研究［J］．水力发电学报，2018，37（9）：19-28.

[233] 刘可新，梁犁丽，李匡，等．基于雨量测站应急机制的洪水预报方法［J］．水利水电技术，2018，49（8）：87-93.

[234] 高益辉，钟平安，徐斌，等．河流系统实时洪水预报误差多点联合校正方法研究［J］．南水北调与水利科技，2018，16（5）：21-26.

[235] 李杨俊，郑雁芬，孙文娟，等．黄河小北干流漫滩洪水分析和预报方法探讨［J］．人民黄河，2018，40（3）：7-10，15.

[236] 孔俊，李士进，朱跃龙．集成极限学习机的中小河流洪水预报方法研究［J］．水文，2018，38（1）：67-72.

[237] 沈丹丹，包为民，江鹏，等．基于土壤墒情抗差的降雨径流预报模型——设计与实验流域应用［J］．湖泊科学，2017，29（6）：1510-1519.

[238] 林锐，泮苏莉，刘莉，等．耦合降水预报和多目标参数优化的洪水预报方法［J］．水力发电学报，2017，36（10）：27-34.

[239] 王艳兰，梁忠民，蒋晓蕾，等．MCP模型在嘉陵江小河坝站洪水概率预报中的应用［J］．水力发电，2017，43（10）：31-35.

[240] 孙新国，彭勇，张小丽，等．基于聚合水库蓄放水模拟的洪水预报研究［J］．水利学报，2017，48（3）：308-316，324.

[241] 杨甜甜，梁国华，何斌，等．基于水文水动力学耦合的洪水预报模型研究及应用［J］．南水北调与水利科技，2017，15（1）：72-78.

[242] 刘开磊，李致家，姚成，等．基于k-最近邻筛选的BMA集合预报模型研究［J］．水利学报，2017，48（4）：390-397，407.

[243] 霍文博，朱跃龙，李致家，等．新安江模型和支持向量机模型实时洪水预报应用比较［J］．河海

大学学报（自然科学版），2018，46（4）：283-289.

[244] 周梦，陈华，郭富强，等．洪水预报实时校正技术比较及应用研究［J］．中国农村水利水电，2018（7）：90-95.

[245] 徐刚，张宇峰．乌溪江流域洪水预报及实时校正方法研究［J］．水力发电，2018，44（4）：15-18，108.

[246] 李大洋，梁忠民，侯博，等．垂向混合模型在湫水河洪水预报预警中的应用［J］．人民黄河，2018，40（6）：24-28.

[247] 李玉荣，张晶，陈力．瑞士 RS 模型在金沙江流域洪水预报中的应用［J］．人民长江，2018，49（12）：38-42.

[248] 张晶，邢文慧，许银山．2018 年长江第 1，2 号洪水三峡入库洪峰预报分析［J］．人民长江，2018，49（22）：18-22.

[249] 刘开磊，胡友兵，汪跃军，等．BMA 集合预报在淮河流域应用及参数规律初探［J］．湖泊科学，2017，29（6）：1520-1527.

[250] 王福东，蔡涛，孙玉华，等．改进的非线性时变增益模型在北方旱区中小河流洪水预报中的应用［J］．水电能源科学，2018，36（2）：59-63.

[251] 赵琳娜，刘莹，包红军，等．基于重组降水集合预报的洪水概率预报［J］．应用气象学报，2017，28（5）：544-554.

[252] 殷志远，王志斌，李俊，等．WRF 模式与 Topmodel 模型在洪水预报中的耦合预报试验研究［J］．气象学报，2017，75（4）：672-684.

[253] 包红军，张珂，魏丽，等．淮河流域 2016 年汛期洪水预报试验［J］．气象，2017，43（7）：831-844.

[254] 黄家宝，董礼明，陈洋波，等．基于流溪河模型的乐昌峡水库入库洪水预报模型研究［J］．水利水电技术，2017，48（4）：1-7，12.

[255] 崔欢欢，梁国华，何斌．改进的 TOMODEL 模型在门楼水库洪水预报中的应用［J］．水电能源科学，2018，36（1）：65-69.

[256] 李大洋，梁忠民，周艳，等．基于水文—水力学耦合的淮河中游河道洪水预报及不确定性分析［J］．水电能源科学，2017，35（12）：44-47，13.

[257] 李匡，刘可新，刘建军，等．基于洪水分级的两江电站洪水预报方案研究［J］．中国水利水电科学研究院学报，2018，16（1）：37-44，52.

[258] 金保明，李芸，张烜，等．基于反向传播算法的崇阳溪流域洪水流量预报［J］．水力发电，2017，43（8）：22-25，38.

[259] 黄垒，张礼中，朱吉祥，等．基于综合指数法的保定市地表水资源脆弱性评价［J］．南水北调与水利科技，2018，16（6）：68-73.

[260] 马永强，李梦华，郝姗姗，等．黄土丘陵沟壑区雨水资源化途径及潜力分析［J］．中国农村水利水电，2018（7）：9-14.

[261] 左其亭，纪璎芯，韩春辉，等．基于 GIS 分析的水资源分布空间均衡计算方法及应用［J］．水电能源科学，2018，36（6）：33-36.

[262] 刘家福，李林峰，任春颖，等．基于 GIS 的吉林省浅层地下水功能区划分［J］．干旱区资源与环境，2017，31（12）：166-171.

[263] 谢晓虹，张博．基于 GIS 的地图表达中国水资源公报主要内容及数据挖掘［J］．水电能源科学，2017，35（7）：69-72，133.

[264] 刘照，华庆伟，张成才，等．基于 RS、GIS 及智能算法的渠系优化配水［J］．西北农林科技大学学报（自然科学版），2017，45（4）：213-222，229.

[265] 张嘉星，齐学斌，M Nurolla，等．人民胜利渠灌区适宜井渠用水比研究［J］．灌溉排水学报，

2017，36（2）：58-63.
[266] 刘文清，杨靖文，桂华侨，等．“互联网＋”智慧环保生态环境多元感知体系发展研究［J］．中国工程科学，2018，20（2）：111-119.
[267] 张彤辉，唐世林，詹海刚．河口水环境遥感监测研究进展——以赤潮和溢油为例［J］．海洋科学，2017，41（9）：151-156.
[268] 赵海霞，蒋晓威，刘燕．基于水生态健康维护的空间开发管制分区研究——以巢湖环湖地区为例［J］．生态学报，2018，38（3）：866-875.
[269] 孙小凤，李建华．苏南新型农业社区水生态环境健康综合评价与分析——以常熟市生态农业社区为例［J］．中国农村水利水电，2017（5）：133-138.
[270] 胡仪元，唐萍萍．南水北调中线工程汉江水源地水生态文明建设绩效评价研究［J］．生态经济，2017，33（2）：176-179.
[271] 罗涛，李晓鹏，汪伦焰，等．城市水生态PPP项目物有所值定性评价研究［J］．人民黄河，2017，39（1）：87-91.
[272] 金小伟，王业耀，王备新，等．我国流域水生态完整性评价方法构建［J］．中国环境监测，2017，33（1）：75-81.
[273] 潘真真，苏维词，王建伟，等．基于生态系统供给及净化服务功能的贵州省水生态占用研究［J］．环境科学学报，2017，37（7）：2786-2796.
[274] 汪洁琼，刘滨谊．基于水生态系统服务效能机理的江南水网空间形态重构［J］．中国园林，2017，33（10）：68-73.
[275] 王圣瑞，张蕊，过龙根，等．洞庭湖水生态风险防控技术体系研究［J］．中国环境科学，2017，37（5）：1896-1905.
[276] 王凤春，郑华，王效科，等．北京与密云水库上游地区水生态合作机制研究［J］．生态经济，2017，33（8）：164-168.
[277] 陆玉忠，胡宇丰，李匡，等．水电站施工期洪水预报系统设计与开发［J］．水利水电技术，2017，48（4）：30-34.
[278] 郭俊，陆佳政，张杰，等．基于数值预报模式的柘溪水库流域径流预报系统［J］．人民长江，2017，48（6）：28-32.
[279] 顾志强，季志恒，胡春岐．MSKLOSS河道洪水演算模型参数敏感性分析［J］．南水北调与水利科技，2017，15（2）：73-79.
[280] 甘衍军，徐晶，赵平，等．暴雨致洪预报系统及其评估［J］．应用气象学报，2017，28（4）：385-398.
[281] 强德霞，赵彦博，南卓铜，等．基于参数实时优化的洪水预报系统研究——以黑河干流洪水为例［J］．水利水电技术，2017，48（4）：13-17，24.
[282] 秦昊，陈瑜彬．长江洪水预报调度系统建设及应用［J］．人民长江，2017，48（4）：16-21.
[283] 边江，张智韬，韩文霆，等．基于C＃和ArcEngine技术的灌区需水量计算系统［J］．节水灌溉，2017（7）：119-122.
[284] 雷晓辉，蔡思宇，王浩，等．河流水资源调度关键技术及通用软件平台探讨［J］．人民长江，2017，48（17）：37-45.
[285] 陈军飞，邓梦华，王慧敏．水利大数据研究综述［J］．水科学进展，2017，28（4）：622-631.
[286] 李文，李永欣，王兴浩，等．基于数据核心技术的水资源信息平台融合设计［J］．中国农村水利水电，2018（9）：64-68.
[287] 陈祖煜，杨峰，赵宇飞，等．水利工程建设管理云平台建设与工程应用［J］．水利水电技术，2017，48（1）：1-6.
[288] 代艳芳，浦承松，姜毅国．多维信息系统在水利枢纽全生命周期管理中的运用探讨［J］．中国农

村水利水电，2018 (7)：99-102.

[289] 周克明，董丽嘉，李东．GPRS与互联网在水利信息化中的应用 [J]. 水利水电技术，2017，48 (1)：7-10，22.

[290] 覃金帛，曾志强，梁藉，等．GPU并行优化技术在水利计算中的应用综述 [J]. 计算机工程与应用，2018，54 (3)：23-29，63.

[291] 何向阳，杨明化，高大水，等．市县级水库大坝信息化监管平台建设研究 [J]. 人民长江，2018，49 (21)：99-103.

[292] 杨顺群，郭莉莉，刘增强．水利水电工程数字化建设发展综述 [J]. 水力发电学报，2018，37 (8)：75-84.

[293] 曾微波，王卫平，王本林，等．水利工程集成管理框架研究 [J]. 人民黄河，2018，40 (11)：135-139.

[294] 邵瀚，苟胜国，李扬杰．三维GIS在水利工程规划设计中的应用 [J]. 水力发电，2018，44 (7)：59-63.

[295] 傅蜀燕，赵志勇，杨硕文，等．基于三维BIM+WebGIS技术的区域数字水库构建 [J]. 长江科学院院报，2018，35 (4)：134-136，142.

[296] 杨志，顾正明．基于物联网的数字唐徕信息化管理系统设计与实现 [J]. 节水灌溉，2017 (1)：71-75.

第 11 章　水教育研究进展报告

11.1　概述

11.1.1　背景与意义

(1) 2011 年中央一号文件《中共中央　国务院关于加快水利改革发展的决定》，这是中华人民共和国成立后第一个关于部署水利全面工作的中央文件。强调水是生命之源、生产之要、生态之基，加快水利改革发展，不仅事关农业农村发展，而且事关经济社会发展全局。不仅关系到防洪安全、供水安全、粮食安全，而且关系到经济安全、生态安全、国家安全。从这个角度说，治水重要，治教同样重要，治水需要人才，更需要水利教育。

(2) 水利在我国有着悠久的历史，水利教育亦是如此。在我国古代，许多圣贤先哲经常以水喻教，希望给求教的学生以启示。《管子》中就有“除五害之说，以水为始。请为置水官，令习水者为吏”的记载，建议由学习过水利工程的专业技术人员任水官。这显示出早在战国时期水利教育已初见端倪。北宋中期，“苏湖教法”的创始人胡瑗在学校中设“经义”“治事”两斋，前者学习研究经学基本理论，后者则以学习农田、水利、军事、天文、历算等实学知识为主。他强调“治事则一人各治一事，又兼摄一事。如治民以安其生，讲武以御其寇，堰水以利田，算历以明数”。也就是把治事分为治民、讲武、堰水（水利）和历算等科。这不仅开创了我国分科教学之先河，也开创了水利教育的先河，对后世产生了深远影响。清初思想家、教育家颜元主持的漳南书院的“艺能斋”传授兵农、钱谷、水火、工虞之事。其实用教学内容包括经史、天文、地理、水学、火学、工学、农学等。沈百先评论这一点认为，“其水学一科，乃水利教育之创始”。正是这种长时期三厚的历史积淀，为我国水利高等教育的萌芽与产生奠定了坚实的基础。

(3) 中国有组织地实施水利教育始于 20 世纪初。1904 年，清政府颁布的《奏定大学堂章程》中规定，大学堂内设农科、工科等分科大学。工科大学设 9 个工学门，各工学门设有主课水力学、水力机、水利工学、河海工、测量、施工法等。1915 年，张謇在南京创建了河海工程专门学校，这是中国第一所专门培养水利工程技术人才的学校，也开创了水利高等教育先河。截至 1949 年，全国有 22 所高等学校设立水利系（组）。

(4) 中华人民共和国成立后，特别是改革开放以后，我国迎来水利事业的春天，但水利工程人才的匮乏成为制约我国水利事业发展的主要障碍，在这样的形势下，国家大力发展水利高等教育事业，不断提升办学层次，高等水利院校如雨后春笋般的涌现，为我国水利教育事业与水利事业注入了强大动力。

(5) 2011 年 7 月 8—9 日，中央水利工作会议在北京举行，这是中华人民共和国成立以来首次以中共中央名义召开的水利工作会议，对事关经济社会发展全局的重大水利问题进行了全面部署，会议要求科学治水、依法管水，必须建设一支高素质人才队伍，突出加强基层水利人才队伍建设，加大急需紧缺专业技术人才培养力度。这给水利类高校人才培养提出了明确的要求，也为水利类高校发展提供了一个千载难逢的战略契机。

（6）2016 年 12 月，经国务院同意，国家发展改革委、水利部、住房城乡建设部联合印发了《水利改革发展“十三五”规划》，顺利实施这份规划，离不开水利教育和水利人才的培养。

（7）习近平“节水优先、空间均衡、系统治理、两手发力”新时代水利工作方针，要求我们必须全面加强水资源节约、水环境保护和水生态修复，打造水清岸绿、河畅湖美的美丽家园，赋予了新时代水利工作新内涵新思路，也为水利高层次人才干事创业提供了广阔的平台。新时代治水思路的转变、治水主要矛盾的转变、新老水问题的交织，对水利人才提出了全新的要求，也必将有力地推动新时代中国特色水利教育的改革发展。

（8）中国水利改革发展从水灾害防御开始，走到了解决水环境、水生态问题阶段。当前水利最突出的问题是过度开发水资源造成大量的水环境水生态问题，这是当今治水的主要矛盾，要围绕我国治水主要矛盾和水利工作重点，当前和今后一个时期，根据“水利工程补短板，水利行业强监管”的新时期治水理念，水利高等教育需要有针对性地培养专业技术人才。

（9）关于水教育的研究，无论是水利高等教育、水利职业教育、水利继续教育，目前不仅研究者寥寥，研究团队匮乏，更缺乏一以贯之有深度的研究者，而且研究方法简单，研究成果有限，即便有一些关于水教育研究方面的文章，也大都是经验之谈，浅尝辄止，很少能够上升到理论高度，更不要说理论创新了。可以说，提高水利教育教学质量亟须水教育研究水平的提高和指导，只有高质量的水教育研究成果，才能有力地促进水利教育健康快速的发展。

11.1.2　标志性成果或事件

（1）2017 年，中国水利教育协会联合全国水利职业教育教学指导委员会向教育部申报了《水利行业人才需求与职业院校专业设置报告》并获 2018 年立项。2018 年 5 月 15 日，研制工作启动会在北京召开，这是水利技能人才队伍建设的一项重要的基础性工作，是提升水利职业院校服务行业能力的一项有效工作举措，对服务水利技能人才队伍建设、增强水利职业教育教学的针对性和有效性、加快推进水利现代职业教育体系建设具有重要作用。

（2）2017 年 3—9 月，由中国水利教育协会高教分会和高等学校水利类专业教学指导委员会联合开展的第二届高等学校水利类专业教学成果奖评选工作顺利开展。本次评选收到来自全国 36 所水利类院校的参评成果，最终评出特等奖 3 项、一等奖 9 项、二等奖 18 项，优秀奖 18 项。

（3）2017 年 6 月，华北水利水电大学宋孝忠教授历时五年探索研究，系统撰写的我国第一部水利高等教育学术专著《中国水利高等教育发展史》由中国水利水电出版社正式出版。该书以中国五千年悠久的治水文化和智水文化为基础，通过翔实的史料、缜密的思维，系统梳理了从远古到明清，从晚清到民国，自中华人民共和国成立到“文革”，特别是改革开放以来中国水利高等教育快速发展的历史脉络，客观而全面地展示了中国水利高等教育孕育、萌芽、肇始、发展、曲折、跨越、繁荣的漫漫发展历程和阶段性发展特征，勾画出一幅中国水利高等教育与国家发展同呼吸、共命运的宏伟画卷，展望了新形势下水利高等教育的发展趋势。

(4) 2017 年 7 月，第五届全国大学生水利创新设计大赛在大连理工大学成功举办。大赛共收到 84 所院校的 212 项参赛作品。经过作品演示、分组答辩、答辩复赛等环节，大赛评审委员会最终评选出特等奖 24 项、一等奖 38 项，43 名指导教师获得“优秀指导教师奖”，21 所高校获得“优秀组织奖”。

(5) 2017 年 6—10 月，中国水利教育协会主办，中国水利职业教育集团、中国水利教育协会职工教育分会承办的第四届水利行业现代数字教学资源大赛成功举办。大赛旨在提升水利院校教师信息化教学水平，推进水利行业优质数字教育培训资源共建共享和网络化教学，进一步拓宽基层水利人才教育培训方式及内容，满足基层水利人才专业能力建设、知识更新等多样化学习的需求。大赛历时五个月，共推荐 50 项参赛作品，经专家评审、协会审核等程序，共评出获奖作品 24 项，其中一等奖 2 项，二等奖 9 项，三等奖 13 项。

(6) 2017 年 11 月，第十一届全国水利职业院校技能大赛在四川水利职业技术学院成功举办。大赛由水利部人事司、中国水利教育协会联合主办，本届大赛首次将高职和中职比赛合并举行，共设竞赛项目 7 个，来自全国 43 所职业院校的近千名师生参赛，大赛共决出特等奖 30 名、一等奖 58 名、二等奖 158 名，单项团体奖 21 个、综合团体奖 10 名。

(7) 2018 年 4 月，为建立健全教育质量保障体系，教育部高等教育司组织高等学校教学指导委员会研究制定《普通高等学校本科专业类教学质量国家标准》。其中本科水利类教学质量国家标准明确了适用专业范围、培养目标、培养规格、师资队伍、教学条件、质量保障等各方面要求，是本科水利专业应该达到的质量标准，是设置水利本科专业、指导专业建设、评价专业教学质量的基本依据。

(8) 2018 年 11 月 8 日，南昌工程学院建校 60 周年发展大会暨首届水利人才与教育论坛在江西南昌举办。首届水利人才与教育论坛以“建设高水平人才培养体系，助力新时代水利改革发展”为主题，邀请了有关专家学者围绕水利教育发展和人才培养、水科学前沿、水利特色人才培养与“一带一路”国际合作交流等话题做主旨报告，开展院士论坛和高峰对话。

(9) 2018 年 11 月 26 日，由水利部人事司主办，部人才资源开发中心和黄河水利科学研究院联合承办的水利高层次专业技术人才研讨班在郑州举行，围绕“智慧水利与水生态文明建设”主题深入开展研讨交流，认为与新时代中国特色社会主义水利事业发展的需求相比，水利人才在数量、结构、专业等方面还存在不足，需要不断优化提升人才结构、素质和能力，补齐人才队伍建设短板。

(10) 2018 年 12 月 6 日，为贯彻落实为党的十九大报告提出的“加快建设人才强国”的要求，提升水利人事工作者的理论研究水平，持续引领人才队伍建设向纵深推进，继续为水利改革发展提供坚强的人才保障和智力支撑，中国水利教育协会组织开展了 2016—2017 年度全国水利职工教育优秀研究成果评审活动，共评出一等奖 19 项、二等奖 28 项、三等奖 41 项。

(11) 2018 年 12 月 17 日，全国水利职业教育教学指导委员会全体委员会议在北京召开。会议强调，面对新形势、新任务、新要求，应充分发挥水利职业院校和水利行业企业在水利人才培养方面的“双主体”作用，聚焦水利人才队伍建设中的主要问题，特别是基层和贫困地区、民族地区的水利人才队伍能力与水利事业发展不适应的矛盾和问题，精准施策，集中发力，努力作出自身应有的贡献。

（12）2018 年 12 月 26 日，2018—2022 年教育部高等学校水利类专业教学指导委员会第一次全体会议在河海大学召开。会议审议了本届教指委的工作规划、工作细则，建议成立水文水资源专业教学指导工作组、水利水电工程专业教学指导工作组、港口航道与海岸工程专业教学指导工作组、农业水利工程专业教学指导工作组。同时还就水利类核心教材编订、开展专业发展战略研究、水利师资骨干教师培训、深化政产学研合作等方面进行了深入的讨论和交流。

11.1.3　本章主要内容介绍

本章是有关水教育研究进展的专题报告，主要内容包括以下几部分。

（1）对水教育研究的背景及意义、有关水教育 2017—2018 年标志性成果或事件、本章主要内容以及有关说明进行简单概述。

（2）本章从节开始按照水教育内容进行归纳编排，主要内容包括：水利高等教育研究进展、水利职业教育研究进展、水利继续教育研究进展、水情教育研究进展。

11.2　水利高等教育研究进展

1915 年，河海工程专门学校的建立，标志着水利高等教育的正式创建。一百年来，我国水利高等教育从无到有、从小到大、从弱到强，走过一条不寻常的发展道路。经历了漫长的孕育过程，也历经了曲折和动荡。改革开放后，我国水利高等教育实现了跨越式发展，不断走向繁荣。但水利高等教育研究仍然比较薄弱，当前有限的水利高等教育研究，主要集中在水利高等教育发展史、水利高等教育理论、水利高等教育教学等几个方面。

11.2.1　在水利高等教育发展史研究方面

水利高等教育史是一门教育学、水利史的交叉学科，老一代除了姚汉源、田园等中国水利史研究者曾经有所涉及并招收了中国第一批水利史研究生外，近来已鲜有人研究。值得一提的是，近年以华北水利水电大学宋孝忠教授为代表，深刻认识到水利高等教育史研究的重要意义，开始以此为研究方向，集结学术力量，在浩如烟海的资料中进行收集、整理，出版了以《中国水利高等教育发展史》为代表的一系列研究成果。但近两年研究成果寥寥，急需进一步推进相关研究，提升研究质量，真正实现以史为鉴。

（1）宋孝忠[1]指出，作为我国近代水利事业和水利教育的开拓者和先驱者，李仪祉不仅在大江大河治理、水利工程建设、水利科学研究等方面功绩卓著，而且情系水利教育，主持多所水利院校的创建，培养了一大批杰出的水利人才，形成了自己独特的水利教育思想。其教育思想包括育才重德，爱国为民；以师为本，从严治学；德才一体，言传身教；借鉴中外，注重实践。

（2）刘顺等[2]指出，李仪祉先生作为我国著名水利学家和教育家、现代水利建设的先驱，在河海工程专门学校执教八年，任河海工程专门学校第一位教务长，他心系国家发展，参与河海创办；重视人才培养，精心建设教育体系；注重实践教学，学用结合培育人才，为近代水利教育事业做出了拓荒性的贡献。

(3) 潘静[3]从历史的轨迹和文化的视角回顾并总结河海精神文化的发展道路，挖掘并解读河海精神的锻造历程。通过系统总结河海大学百年来的办学思想和办学经验，强调继承优良的、有生命力的文化传统，从而推动学校在全面建设高水平特色研究型大学的过程中实现创新驱动跨越发展，在传承与创新的统一中实现历史传统、时代精华和国际潮流的融通，不断丰富河海文化的内涵。

11.2.2 在水利高等教育理论研究方面

高等教育理论研究是高等教育科学研究的一个重要范畴，与高等教育实践关系的问题是高等教育理论研究中一个基本问题，也是一个至今仍然没有得到很好解决的问题。当前的水利高等教育研究也是这样，需要建立高质量研究团队，不断拓宽研究范围，进一步拓展研究内容，深入研究水利教育理论问题和实践问题，推动研究方法走向科学化。

(1) 余达淮等[4]认为，以水为本、尊重水生态系统及人水和谐等水文化思想是当前水文化研究与教育的重要指南。青年人了解水文化，不仅需要水文化进课堂，还要整合与此相关的中国优秀传统文化进课堂，结合地方特色开展相关教育，构建起水文化传承和创新机制，形成文化自信，进一步提升文化自觉。

(2) 刘学坤等[5]指出，水利特色高校德育现代化体系是我国高校德育现代化体系的重要组成部分，它既具有高校德育现代化体系的一般特征，又反映水利特色高校德育体系建设的实际。水利特色高校德育现代化体系包括德育理念的现代化、德育目标的现代化、德育内容的现代化、德育实践形式的现代化和德育制度的现代化。水利特色高校德育现代化体系是水利行业德育工作现代化的人才基础，对于在水利特色高校和水利行业贯彻习近平总书记的“两个巩固”和“增强国家的精神力量”要求具有重要意义。

(3) 邓映之等[6]认为，受当前社会多元价值观的影响，青年水利职工的思想和行为呈现出多样化和多变化，容易出现追求迷茫、精神颓废、价值观扭曲、心理不健康等问题，这种情况下迫切需要加强思想政治教育的导向作用、塑造作用、开发作用，帮助青年水利职工尽快地成才成人。

(4) 黄铭等[7]认为，能力培养是工程教育认证的重要目标，为更好实现水利水电工程专业能力培养目标，结合认证标准指导思想与专业特色，探讨通过课程体系合理设置来保障专业能力培养，分析兼职教师承担教学任务的方式，提出符合专业需求、有效提高能力培养水平的可行措施。

(5) 李继清等[8]在介绍“海外名师项目”概况的基础上，结合华北电力大学水利学科2014—2015年度的具体实施情况，分析了该项目在水利国际化人才培养以及学科发展中发挥的作用，并提出针对推进教育国际化进程的建议，从而促高校教育国际化体制的进一步完善。

(6) 李洪涛等[9]针对创新实践教育中存在的学生自主性欠缺和管理机制不完善等问题，围绕“发展是创新的源泉、能力是创新的核心”理念，提出“发展—能力”驱动的本科创新实践教育模式。该教育模式强化院、中心、系、学生社团四方联动，建立“发展分类—思维启蒙—知识培训—能力培养—重点培育”的五阶段培养生态链，搭建“创新课堂—实验中心—实践基地”三层次多元化创新实践教育平台，将创新实践教育贯穿于水利工程人才培养的全过程，取得成效显著，学生的创新意识和实践能力得到了大幅提升。

(7) 张静等[10]在分析大学生实践技能提升限制因素基础上，从强化实践教学、突出学生创新主导地位及开展多元化创新创业活动三方面探讨了水利工程专业大学生实践技能提升的方法，为水利工程专业创新型人才培养及实践技能提升提供参考。

(8) 蒋水华等[11]结合海外、境外学习研究经历，对欧美国家教学培养模式进行了调研，介绍了国外高校创新人才培养模式经验及参考价值，结合中国水利教学实际，认为全新的水利人才培养途径要充分利用现有教学资源和国外高校人才培养经验，并从“学科联动、师生互动、国际驱动、企业牵动”四个方面提出了创新型水利人才培养的途径和方法。

(9) 王修贵等[12]认为，我国农业水利工程专业历史悠久，随着经济社会的快速发展和信息化程度的不断提高，社会、行业和学生的需求更趋多元，专业建设的思路和模式需要更新。结合武汉大学农业水利工程专业建设，根据“以学生为中心”“目标导向”“持续改进”专业认证的核心理念和农业水利工程专业建设过程的经验，强调推动农业水利工程专业建设要以专业认证标准为基础，以学生为中心，制订具有本校鲜明特色的专业培养目标，将培养目标的达成贯穿于课程设置、教材和师资队伍建设、跟踪评估和持续改进的全过程中，以适应不断变化的新需求。

(10) 李宗利等[13]在对工程教育和创新创业教育内涵比较的基础上，坚持持续改进的思想，开展水利类专业新的培养方案修订，探索工程教育和创新创业教育融合，构建多元化人才培养目标体系和课程体系，强化数理化课程教学，按模块化设置人文素质教育课程；加大实践教学比例，强化实践育人效果；开设新生研讨课、学科专题等课程加强创新创业教育，搭建完善的创新创业教育平台，制定相应管理制度。

(11) 张书莲[14]认为，国民生态教育包含生态意识、生态情感和生态行动三个层次。以“水”为核心和以“利”为特色的水利生态旅游是国民生态教育的重要途径；为更好发挥水利生态旅游的国民生态教育功能，应该大力开发和普及互联网＋环境解说；提升水利风景区的知名度和参与度；增强景区管理的生态性和教育性；开发更有教育意义的生态旅游活动项目。

(12) 詹杏芳[15]认为，实施水文化教育与教育的本质规律一致，基于水文化的人文精神属性、行业属性和社会属性特点，应融入校园文化建设的价值追求，侧重于大学生职业精神的培养，从水的物质文化层面、精神文化层面、制度文化层面三个维度来构建水文化教育的内容体系，并落实于教科研主阵地、校园景观和媒介宣传、丰富多彩的“第二课堂”活动。

(13) 曹红芳等[16]认为，作为我国高等教育的一支重要力量，行业特色研究型大学在“双一流”建设中承担着实现国家发展战略目标和自身发展目标的历史责任。以河海大学为例，在建设一流大学的过程中，我国行业特色研究型大学应科学合理定位，紧紧围绕依靠行业办学的思路，依托传统优势学科，以建设一流学科为引领，带动学校整体跨越发展，实现“双一流”建设目标。

11.2.3 在水利高等教育教学研究方面

高等教育教学研究就是运用科学的理论和方法，有目的、有意识地对高等学校教学领域中的现象进行研究，以探索和认识教学规律，提高教学质量，主要涉及教学方法研究、课程建设研究、实践实验教学研究、专业发展研究等诸多方面。当前高等水利教学研究是水利高等教育研究的一个重要方面，参与者主要是一线的专业课教师，因此研究基本上是教学经验的总结，但也开始关注翻转课堂、微课等对水利高等教学的促进作用，由于基本上是就教学论教学，需要进一步升华并提升理论深度。

(1) 王峰等[17]认为，《水利工程制图》作为水利类专业基础课，旨在培养学生的空间想象能力、尺规手工绘图和计算机绘图技能。依托水利类制图竞赛，将“课堂＋实训＋竞赛”模式应用于《水利工程制图》教学，课堂引导学生进行理论学习，CAD 实训让学生掌握绘图工具，学科竞赛促成理论与实际结合解决实际工程问题，从而让学生在“课堂＋实训＋竞赛”的过程中学会知识的综合运用，掌握绘图基本技能，提升学生创新实践能力。

(2) 姜海波等[18]结合本科教学工作，着力构建以“学生为中心”的水利水电工程实践教学体系，针对学生实践能力的培养，构建水利水电工程复合型创新人才培养模式，重视学生创新精神、实践能力和创业能力的培养，并在此基础上针对实践能力的培养环节上构建起一套“四维一体的实践教学体系”，取得了较好的成效。

(3) 龙远莎等[19]在分析铜仁学院农田水利学课程教学现状及特点的基础上，强调要合理选择教学方法和方式，突出教学内容的地域特色，加强实践教学环节。通过课程改革，构建合理的课程教学体系，旨在提升本校水利水电工程专业人才培养质量，同时也为其他高校，尤其地方性本科高校农田水利学课程的教学改革提供参考。

(4) 王昱等[20]结合水利工程地质的课程特点，将“翻转课堂”引入到课程教学中，从线上资源建设、教学活动组织和课堂教学实施等方面入手，设计了水利工程地质课程“线上线下混合式”教学模式。通过教学实践对该教学模式的主要特点、关键环节和有效性进行研究，为水利工程地质教育与现代信息技术的融合进行了有益的探索和尝试。

(5) 汪魁等[21]结合水利水电专业卓越工程师培养目标及要求，以重庆交通大学为例，探讨水利水电专业实验室及实验教学在现代工程人才培养中存在的问题，提出要完善实验室管理体系、优化实验课程体系、探索新型实验教学方法、开放实验环境等改革举措。

(6) 高亚威[22]认为，以工作过程系统化为导向改革专业课，是应用型本科院校人才培养的重要理念之一。其核心在于，按照实际工作任务设计“工作过程系统化”的“教学情境”，从根本上实现教学过程的三个转变，即由以教师为中心转变为以学生为中心，由以课本为中心转变为以“工作任务项目”为中心，由以课堂为中心转变为以实际经验为中心，从而激发学生的学习热情，变被动学习为主动学习，有效地促进学生创造能力和自学能力的发展。

(7) 李继清[23]认为，微课作为一种新型的教学方式，对翻转课堂的实施起着有效的促进作用，借助现代教育资源，翻转课堂能充分地调动学生学习的积极性、主动性和灵活性。翻转课堂教学模式对大学专业课教学改革有一定的指导意义。基于微课视频的水文水利计算课程翻转课堂的教学新模式，涉及设计洪水过程线学习的课前准备、课堂设计和课后总结环节，为高校水文专业教学改革提供了参考。

(8) 岑美等[24]认为，水利水电工程是一门专业性强、实践性强的专业。其实训课程的有效开展，面临着课程内容抽象难懂、实训实践基地创建困难、学习者学习需求不同等问题。为解决这一系列的问题，以《水资源调查实训》课程为例，探索基于项目式的情境教学，具体实施流程为：设计项目案例→布置项目任务→完成项目任务→评价项目。

(9) 张泽中等[25]认为，水利水电工程概论不仅是水利类专业大学生入学的引导课程，而且是非水利类专业大学生的科普性课程。在介绍虚拟仿真技术和水利水电工程概论的基础上，为解决水利水电工程概论教学存在的问题，提出引入先进教学技术虚拟仿真技术，合理优化教学内容，通过教学方法和学生考核方法等教学体系一体化改革，构建适应高等工程技术应用性人才培养需要的课程教学体系，从而提高学生的工程实践能力，促进学生由知识向能力的高效转化。

(10) 苏静波等[26]认为，为顺应“互联网 +”发展趋势，推进高等教育教学深化改革，促进信息技术与教育教学深度融合，在分析水利工程制图教学存在问题的基础上，探索基于移动互联技术的水利工程制图课程教学模式及其教学系统的主要模块设计思路，强调基于移动互联技术的课程教学系统是课堂教学的有益补充，能够弥补课堂教学中的一些不足，促进教学效果的提升。

(11) 钟鸣等[27]结合水工建筑物的设计施工等知识，使学生初步认识水利工程的概念、范畴，建立对水利水电工程的理性认识，强调从教学目标及规划制定、课堂组织、目标达成三条主线入手，构建翻转课堂，并探讨主题式教学在“水利水电工程概论”课程中的教改思路和主题式教学设计的实施要点。

(12) 杨建华等[28]基于“立足教学、科教融合、面向工程”的虚拟仿真实践教学理念，将工程实践与科研成果转化为教学内容，建立了具有区域特色和学科特点的多模块虚拟仿真实验平台，开设了多门基于虚拟仿真平台的综合性、探索性实验项目课程。实践表明，开放自主式的虚拟仿真实验能有效提高水利工程专业实践教学效果，有利于培养学生的实践创新能力。

(13) 杨建华等[29]结合水利工程虚拟仿真实验教学中心的建设，介绍了“顶层设计、以虚促实、开放共享”的虚拟实验室建设理念与思路；按照水利工程专业的培养方案要求，构建了“层次化、模块化、多元化”的虚拟仿真实践教学课程体系，探索了一条新形势下水利工程专业实践教学的新模式。

(14) 魏娜等[30]认为，传统的实验教学模式正在成为制约现代水利人才培养的瓶颈，采用虚拟仿真技术可以解决传统实验教学中存在的环境复杂、成本高以及部分实验不可及等难题。在分析水利水电工程专业实验教学存在的主要问题和虚拟仿真实验教学平台建设的意义及前景的基础上，提出了水利水电工程专业虚拟仿真实验教学平台的建设内容，为水利类专业学生实践和创新能力的培养开辟了一条具有现代水利特色的道路。

(15) 彭芳[31]针对新建本科院校学生的特点，在《水利工程制图》课程培养较强的识图能力方面进行教学改革，提出了教师要不断更新教学理念，采用灵活多样的模型训练法、掌握学习策略法、项目教学法等教学方法和对分课堂的教学模式，因材施教，让每个学生都得到发展。

(16) 郭晓宇等[32]在对学导式教学法和传统讲授法进行比较的基础上，探析了在农业水利工程类专业中开展学导式教学的原因，并从设立问题、学生自学、教师解疑、课程精讲、知识演练和小结五个方面阐述了农业水利工程类专业如何进行学导式教学。

(17) 徐波等[33]以扬州大学水利工程概论课程教学为研究对象，在总结该课程教学现状的基础上，提出了调整培养方案和教学大纲、选择适宜的教学内容、加强教师的教学水平、尝试运用多种教学方式、加强理论教学与实践教学的结合、提高学生学习的兴趣和建立合理完善的成绩考核方法等相应的教学改革建议。

(18) 岳春芳等[34]认为，实习教学是应用型本科人才培养过程中非常重要的实践性环节，做好实习教学能够有助于学生理论联系实际，为今后的从业创业打下坚实的基础。并以水利水电工程管理专业的实习教学为例，强调实习教学应从学院、指导教师、学生、实习基地等多方位做好准备工作，学生在实习过程中注重其实习质量的把控和安排好其业余文化生活，实习结束后应加强实习总结评价工作，以取得良好的实习效果。

(19) 左其亭等[35]针对我国大学生的学习问题，通过课堂调研、交流座谈、网络调查等多种方式，结合多年教学经验和体会，进行了深入研究。从学生、教师、高校、国家几个方面对大学生学习问题的外在表现和内在根源进行多层次、多方面的探析，并提出了系统的建议和改进措施，这对我国水利高校人才培养和教学改革也提供了一定的理论指导和实践途径。

11.3 水利职业教育研究进展

水利职业教育是水教育的重要组成部分。2006 年，水利部印发《关于大力发展水利职业教育的若干意见》，并将水利职业教育纳入“十一五”“十二五”水利人才发展规划。2011 年国家出台了《关于加快水利改革发展的决定》，召开了中央水利工作会议，对加快水利改革发展作出全面部署，提出要大力培养专业技术人才、高技能人才，支持大专院校、中等职业学校水利类专业建设，加大基层水利职工在职教育和培训力度。2013 年，水利部和教育部联合印发《关于进一步推进水利职业教育改革发展的意见》，进一步明确了水利职业教育改革发展的目标和措施任务。这些标志着我国水利职业教育改革发展迎来了重大战略机遇期，当前水利职业教育发展正当其时，水利职业教育的理论研究和教学研究理应顺应时代发展需要，聚焦水利职业教育实践，不断提高研究质量，服务水利职业教育实践。

11.3.1 在水利职业教育理论研究方面

(1) 贾丽炯[36]认为，现代学徒制旨在深化校企合作、产教融合，是由企业和学校共同推进的一项创新技术技能育人机制。以兰州资源环境职业技术学院水利工程技术协同创新中心为平台，把企业搬进校园，将工作引入课堂，探索解决理论学习与实践相结合的问题，研究在我国国情现状下的“现代学徒制”水利职业教育人才培养机制。

(2) 谢永亮[37]认为，水利高职教育怎样才能更好地服务水利改革发展，已成为一个值得深思的问题。以湖北省三所高等职业院校为例，在剖析水利高职院校在办学专业、师资力量、教学资源、实训设备、培训基地等方面优势的基础上，强调加强内涵建设，主动适应湖北省水利行业的发展；发挥职业教育优势，落实服务职能。

(3) 张宏等[38]通过分析高职水利施工类专业教学存在的问题，提出以“理事会＋企业学院”的校企合作机制为保障，采取“引企入教全过程、三阶段、四融入”模式，围绕水利施工类专业人才培养过程，按照“认岗→跟岗→顶岗”三个阶段，融入“企业文化、企业新技术、新标准、典型工程案例”，为同类院校及专业深化“引企入教”改革提供了借鉴。

(4) 熊鹰等[39]认为，随着最严格水资源管理制度的不断深化，水利行业在重视建设的同时也加强水利管理，加快培养满足水利建设、水务行业一线需要的技术技能型人才已成当务之急，因此需要调整专业布局，改革课程体系，建立行校企合作人才培养机制，加强校内外实训基地建设。

(5) 张宇等[40]认为，未来五年，大型水电工程建设将集中在地质状况复杂、自然灾害频发的金沙江、雅砻江、大渡河等流域，一定程度地影响了水利水电工程本科毕业生的就业选择。因此，学校应调整专业人才培养方案，提供职业规划与就业指导，提升毕业生自身能力与素质，引导学生合理选择自身就业发展方向。

(6) 张建平[41]认为，水利职业院校技能大赛是我国水利职业教育改革的一项重大制度设计与创新，是培养水利职业高素质劳动者和高水平技能型人才的重要途径，是推进“校企合作、工学结合”人才培养模式的重要举措，具有“覆盖范围广、开办时间早、制度设计优、社会效应强”的特点，能够实现“以赛促教、以赛促学、以赛促练、以赛促建、以赛促联”的功能，进而达到“以赛育人”的教育目标。

(7) 李春成[42]认为，水利职业院校在思政教育中存在不少问题，为了培养出与水利行业发展要求相符合的人才，必须加强对水利职业院校思想政治教育的重视，在分析当前水利职业院校思想政治工作面临的形势的基础上，从职业道德素养以及思政教育的水利特色化两个方面着重探讨了水利职业院校思想政治教育的实现途径。

(8) 温爱存等[43]认为，新媒体背景下，高职水利类“四维多元”人才培养方案创新是高职水利类专业建设的核心内容，包括人才培养规格、培养目标，专业课程体系设置、课程标准设计、产教融合人才培养方案研建等内容。

(9) 张颖[44]认为，虚拟仿真技术在职业教育体系中逐渐成为主流的教学手段和工具，但虚拟仿真技术与水利职业教学一直没有得到有效的、系统的结合应用，强调虚拟仿真技术融入水利职业教育体系应加快虚拟实训教学课程建设，实现体验式教学模式；加快开放型教学资源库建设，整合同行业校内外专业教学资源；加快实践教学辅助系统的多元化建设；加快自主学习交互平台的建设等具体对策建议。

(10) 芦琴[45]根据高职教育的发展趋势和杨凌职业技术学院水利水电建筑工程专业建设的现状，从人才培养模式入手，就课程体系设置、师资队伍建设、教学手段提升、大学生实践能力提高四个方面阐述了实施学分制人才培养模式的可行性。

(11) 李燕等[46]通过对四川三所高职院校土木水利类学生进行和访谈，显示出入学时对口高职生专业基础差异明显，与普通高职生专业基础和心理健康状况不存在显著差异。针对这一群体自主学习意识较强、热衷社团活动；外在学习动机强、具备专业心理优势；人际关系问题多等特征，建议予以更多情感关怀、转变学生的学习方式，并更早介入职业规划和就业指导。

(12) 卜贵贤[47]针对以企业满意为目标的水利类高职技能技术应用型人才培养质量评价的需要，研究以层次分析法的模糊综合评价方法应用于实践，评价结果能充分显现学生满足企业需要的程度状况，可反映出学校在学生培养方面的获得与不足，是评判学校培养与企业需要能否对接的重要途径。

11.3.2 在水利职业教学研究方面

(1) 张时珍[48]在分析研究我国水利类大规模在线开放课程建设现状的基础上，以《城市防洪》MOOC 建设为研究研究对象，从课程目标与学习领域、潜在学习者分析、教学目标、教学内容、学习活动、视频制作、学习支持、学习评价等多个方面阐述了其课程设计与建设方法。

(2) 王雪梅等[49]认为，专业意识的培养有助于高职水利类学生激发学习热情、提高学习动力和促进自身全面发展。在教学实践的基础上，总结了高职水利类学生专业意识的教学体系，内容体系包括对水利专业的认同感、归属感、自豪感和责任感，其培养体系可归纳总结为“三阶段十要素”，全方位地总结了专业意识的教学体系。

(3) 赵婷[50]认为，读水利工程图是水利工程技术人员必须具备的职业技能，在水利工程制图课程的教学过程中，如何使学生掌握好这项技能是教学的关键。通过分析高职院校水利工程制图课程的现状，从教学方法与手段、以掌握基本体为识图基础、徒手勾绘轴测图、CAD 辅助识图及联系实际工程等方面，探讨了高职院校提高水利工程制图课程教学效果的方法。

(4) 杨正策[51]认为，高职水利工程专业主要是为了培养学生面向水利工程设计、预结算、测量、施工、管理、招投标以及安装、维护等一线工作的高技能型人才，力求促使学生在学习理论知识之后能够加以系统的综合运用，解决水利工程常见的技术问题。高职院校应当依据人才培养方案和水利工程的自身特点，对专业教学体系进行合理的改革和建设，构建以德育为先、能力为重、市场为导向的教学体系，培养出社会真正需要的人才。

(5) 雷成霞等[52]针对目前全国高职院校对技能大赛的关注和重视度，以及技能竞赛在各院校中存在的问题，提出顺应成立兴趣小组，使技能竞赛“日常化”和“全员化”；实行好中选优的多级技能比赛；传承赛后“传帮接代”的总结交流会等教学改革措施，以期推动赛学相长。

(6) 宋国梁[53]通过对高职院校的水利水电建筑工程专业的探究，从增强学生的动手实践能力训练、高职院校形成多方位教学体系以及高职院校建立起本院校实训基地三个方面，探讨了高职院校水利水电建筑工程专业的教学改革。

(7) 霍海霞[54]从学生的学习特点、师资力量、教学状况几方面论述了《水工建筑物》课程试训改革的必要性及可行性，并提出了具有杨凌职业技术学院水利工程专业特色的《水工建筑物》课程“1234”实践教学模式：确定课程教学目标（即 1 个目标）；狠抓两个技能（即理论技能和实操技能）；把握三种形式（即认识实习、课堂训练、集中实训）；提供四个有力保障（师资保障、组织保障、制度保障、试训条件保障）。

(8) 崔岫[55]以高职院校水利工程在校学生为研究对象，在充分了解学生毕业后的发展意向的研究背景下，为达到提高教学效果的目的，结合教育教学改革，采用划分对象类别的方法，分别制订适应不同类型学生的教学计划、教学策略和考核方式，在实施过程中随时调整教学方法，取得了较好的效果。

(9) 裴孝钟[56]认为，水利工程测量是水利工程、水利水电建筑工程等水利相关专业的核心课程，水利工程测量实训是重要的实践性教学环节。通过分析工程测量的主要任务，对水利工程测量实训的教学内容进行选取、设计，根据相关规范，确定了相关的技术要求，对教学设计进行了可操作性强的实践探讨。

(10) 贺荣兵等[57]认为，水利类高职施工技术实训是建筑工程施工技术理论知识与实践相结合的学生最有效的锻炼，针对高职院校施工实训课教学的现状与问题，提出丰富教学内容，提高教学标准；坚持多元教学，优化教学方法；购置实验设备，规范教学质量；加强基地建设，改革教学形式；构建师资队伍，强化教学能力等具体对策。

11.4　水利继续教育研究进展

继续教育是面向学校教育之后所有社会成员特别是成人的教育活动，是终身学习体系的重要组成部分，国家也在个体晋级晋升、所得税减免等方面大力支持继续教育。继续教育实践领域不断发展，研究范畴也在不断扩大和深入，特别是终身教育思想已经为越来越多的人所接受，对继续教育在经济、社会中的地位、作用、方法等都有一定的初步认识和实践，继续教育科学研究也有了重大发展。就水利继续教育而言，当前的水利职工培训越来越受到重视，中国水利工程协会建立了继续教育平台，个人可根据需要进行资格类别选择，进行网络继续教育课程学习。但遗憾的是，水利继续教育研究仍然偏少，研究的范围比较小，主要集中于职工一般培训，对基础理论问题以及新兴问题如河长培训等关注度不够，研究成果质量也亟待提高。

(1) 张永凤[58]认为，由于受各种条件的限制，基层单位职工教育培训工作还存在诸多问题，基层水利人才队伍建设还远远不能满足民生水利发展的要求，因此必须加强基层水利职工的继续教育工作，以提高水利基层人才队伍管理与服务能力，促进水利事业科学发展。提出加强水利基层职工继续教育的对策与建议：避开工学矛盾，优化培训安排；丰富培训内容，注重因材施教；继续教育形式多样化，多元教学并举；完善培训管理，注重培训实效。

(2) 庄朝晖[59]以新时期水利行业继续教育需求为背景，提出基于"互联网+"水利行业继续教育的新思路，并从人才培养顶层设计、线上教育平台建设、网上课程资源建设、线上线下混合式教学模式、制度与培训途径创新等方面进行了有效的实践，对做好新时期行业人员继续教育，提升行业从业人员综合素养，具有一定的实践参考价值。

(3) 巨艳妮[60]认为，随着事业单位传统的终身制用人模式正在发展改变，事业单位的管理模式也正在向企业转变，水利单位同样如此。因此，对事业单位的在职人员进行继续教育，提高工作人员的能力具有极其重要的意义。在分析事业单位继续教育的意义，探究事业单位继续教育的现状和不足的基础上，提出针对性的建议，旨在推进事业单位特别是水利单位人员继续教育的发展。

(4) 邹建[61]认为，在水利企业发展过程中，人力资源培训工作较为重要，然而，当前部分企业在人力资源培训工作中，还存在工作模式方面的问题，难以保证培训效果。因此，水利企业管理部门应该根据相关工作要求，拓宽培训工作途径，明确相关工作方法，提高培训工作水平。

(5) 边园园[62]认为，水利系统职工教育培训是对职工专业能力和知识结构的培养，是水利工作实际运行的保障工作，在剖析新时期水利系统的发展现状和水利系统职工教育培训存在问题的基础上，从观念创新、模式创新、内容创新、机制创新四个方面，提出要加大职工教育培训的重视程度，改变职工教育培训方法，加强职工教育培训的针对性，健全职工教育培训管理制度。

(6) 覃明[63]认为，水利水电工程建设项目安全教育培训十分必要，在阐述水利水电工程安全教育培训的内容范围和基本要求的基础上，深入剖析水利水电工程项目组织开展安全教育培训过程中存在的问题，同时以问题为导向，提出相应的对策，以改善安全教育培训的质量与效果，提高从业人员安全知识与技能。

11.5 水情教育研究进展

近年来，水情教育逐渐进入我们的视野，自从2011年中国水利报记者高立洪发表《让水情教育融进校园社区》后，这一研究课题引起人们的关注并得到国家水利主管部门的大力支持。特别是《全国水情教育规划（2015—2020年）》的颁布实施，水情教育已成为水教育研究的新热点，但在2017—2018年这一研究的热度下降，持续关注度和研究力度不够，研究成果相对较少。

(1) 楚行军[64]认为，专业化水情教育资源库建设可以更好实现《全国水情教育规划（2015—2020年）》所提出的各项发展目标，深化我国水情教育信息化工作。不同水情教育资源库的构建需要以系统调研中外水情教育信息化工作发展经验为基础，深入分析在专业化水情教育资源库建设与共享中需要解决的基础问题，特别是水情教育的主要内容、实施模式及其与教育技术的融合。

(2) 赵黎霞等[65]在分析水情教育工作重要性的基础上，从水情认知教育、水情贯彻教育、水情技能教育三个方面阐述水情教育工作的主要内容，强调水情教育三个方面应形成以认知教育为基础，到贯彻教育，再到技能教育的金字塔形。综合中国水资源开发利用的特殊需求，以及中国水情教育目前存在的问题，探讨未来的中国水情教育要进一步走向完善的方向：增强水情教育工作系统化和持续化；加强教育方式和教育模式的多元化；丰富载体渠道，加强传播体系建设。

(3) 何健峰[66]结合泰州引江河管理处在开展水情教育时的具体举措，如编制水情教育基地创建规划（2017—2020年），抓好青年志愿者人才队伍建设，开展各类特色主题教育活动等，阐述了开展水情教育的优点所在，以及与生态文明建设的关系，探讨了水情教育在生态文明建设的重要性。

11.6 与2015—2016年进展对比分析

(1) 在水利高等教育研究方面，总体来看，水利高等教育史研究依旧寥寥，值得欣慰的是，宋孝忠教授完成了《中国水利高等教育发展史》的撰写，并由中国水利水电出版社正式出版，这是我国第一本系统研究中国水利高等教育的学术专著，具有较高的学术价值，也受到了水利教育研究者和水利科技工作者的高度关注；在水利高等教育理论研究方面，不仅少有人进行研究，而且研究成果的质量也比较一般；在水利高等教育教学方面，无论是课程建设、专业建设，还是教学方法、实践教学，都是水利高等教育研究最为庞大的一部分，一些教师能够积极引进翻转课堂、微课等最新的东西并结合教学实践开展研究，但整体研究质量仍然不高，还需在理论与实践的结合上多下工夫。

（2）在水利职业教育方面，水利职业教育的理论研究和教学研究基本立足于时代发展或教育教学需要，聚焦水利职业教育和教学实践，对服务水利职业教育实践具有一定作用。但与水利高等教育研究一样，也是存在水利职业教育史研究欠缺、水利职业教育理论研究薄弱、水利职业教育教学研究“繁荣”的现象，急需提高整体研究质量和研究水平。

（3）在水利继续教育方面，相对 2015—2016 年，水利继续教育研究仍然偏少，对继续教育基础理论问题和实践问题研究都不够，尤其从终身教育、终身学习视角关于水利行业继续教育研究的论文少之又少；对水利职工培训的研究较之前也有所下降，对水利继续教育涌现的新亮点如河长培训研究等关注度不够，缺乏研究的敏感性，研究成果质量也亟待提高，对水利继续教育实践有效理论指导欠缺。

（4）水情教育在这一时期继续受到高度关注，国家和地方均公布一批教育基地且渐有成为研究热点的趋势，特别是《全国水情教育规划（2015—2020 年）》的颁布实施，水情教育理论和实践研究理应有所加强，但实际上，对水情教育研究仅仅昙花一现，因为缺少专业的研究人员和研究团队，社会关注度也不够，不仅水情教育研究的持续性偏弱，而且水情教育研究的数量和质量都达不到水利发展的要求。

本章撰写人员

宋孝忠

参考文献

[1] 宋孝忠．李仪祉水利教育思想探析［J］．华北水利水电大学学报（社会科学版），2018（1）：12－15.

[2] 刘顺，汪倩秋，王泽华．李仪祉与河海［J］．兰台世界，2017（11）：98－100.

[3] 潘静．百年河海精神文化特征解读［J］．文教资料，2017（23）：64－66.

[4] 余达淮，刘沛妤．面向“中国问题”的水文化研究与教育［N］．中国社会科学报，2017－03－07（005）.

[5] 刘学坤，孙其昂．水利特色高校德育现代化体系研究——以河海大学为例［J］．华北水利水电大学学报（社会科学版），2017（4）：101－104.

[6] 邓映之，洪海霞．思想政治教育在青年水利人才培养中的研究与实践［J］．水利发展研究，2017（10）：79－81.

[7] 黄铭，张瑞钢，陈菊香．面向工程教育认证的水利水电工程专业能力培养研究［J］．现代农业研究，2018（11）：112－113.

[8] 李继清，Jay R Lund．水利国际化人才培养的探索与实践——基于教育部“海外名师”项目［J］．教育现代化，2018（33）：32－33，57.

[9] 李洪涛，李渭新，刘超．“发展—能力”驱动的水利本科创新实践教育模式探索与实践［J］．实验室研究与探索，2018（8）：250-253.

[10] 张静，何俊仕，刘丹．水利工程专业大学生实践技能提升模式探索与研究［J］．教育教学论坛，2018（47）：134-135.

[11] 蒋水华，潘嘉铭，宋固全．拔尖创新型水利人才培养途径及方法探讨［J］．高等建筑教育，2017（6）：27-30.

[12] 王修贵，夏富洲，伍靖伟．以专业认证理念推动农业水利工程专业建设［J］．高等农业教育，2018（3）：60-63.

[13] 李宗利，杨彦勤，胡笑涛．工程教育和创新创业教育融合的水利类专业人才培养方案探索［J］．高教论坛，2017（11）：36-39.

[14] 张书莲．水利生态旅游与国民生态教育研究［J］．经济论坛，2018（7）：88-91.

[15] 詹杏芳．水利院校实施水文化教育的内容研究［J］．长江工程职业技术学院学报，2017（3）：1-3.

[16] 曹红芳，高敏．行业特色研究型大学“双一流”建设的路径与策略研究——以河海大学为例［J］．江苏科技信息，2018（2）：24-27.

[17] 王峰，赵春菊，单雯雪，等．“课堂＋实训＋竞赛”模式下《水利工程制图》创新教学探讨［J］．教育现代化，2018（35）：45-47.

[18] 姜海波，刘焕芳，金瑾．“以学生为中心”的水利水电工程专业教学改革与创新实践［J］．高教学刊，2017（1）：26-28.

[19] 龙远莎，杨恩其，张钟阳．地方性本科高校农田水利学教学改革的思考——以铜仁学院为例［J］．农业与技术，2017（17）：168-170.

[20] 王昱，樊新建，韩伟，等．翻转课堂在水利工程地质教学中的应用与实践［J］．吉林省教育学院学报，2018（1）：62-64.

[21] 汪魁，杨燕，沈颖．基于“卓越工程师培养”的水利水电专业实验室建设与教学改革［J］．科学咨询（科技·管理），2017（12）：96-97.

[22] 高亚威．基于工作过程系统化教学模式下《水利工程管理》课程改革探讨［J］．教育现代化，2017（17）：41-4247.

[23] 李继清．基于微课的水文水利计算课程翻转课堂教学创新模式探讨［J］．大学教育，2017（7）：45-47.

[24] 岑美，翁艳，王怡，等．基于项目式情境教学的水利水电专业实训类课程改革研究［J］．高教学刊，2017（10）：104-105.

[25] 张泽中，刘尚蔚，徐红松，等．基于虚拟仿真技术的水利水电工程概论课程教学改革探索［J］．教育教学论坛，2018（12）：158-160.

[26] 苏静波，李昂，张珏，等．基于移动互联技术的水利工程制图课程教学模式探索［J］．教育现代化，2017（17）：41-4247.

[27] 钟鸣，江涛．基于主题式教学的“水利水电工程概论”翻转课堂构建［J］．新课程研究，2018（1）：46-48.

[28] 杨建华，姚池，刘成林，等．水利工程虚拟仿真实践教学探索［J］．高等建筑教育，2017（5）：134-137.

[29] 杨建华，姚池，刘成林，等．水利工程虚拟仿真实验教学中心的建设［J］．实验室技术与管理，2018（1）：245-248.

[30] 魏娜，解建仓，罗军刚，等．水利水电工程专业虚拟仿真实验教学平台建设探析［J］．实验室研究与探索，2017（11）：169-171.

[31] 彭芳．新建本科院校水利工程制图教学方法改革与实践——以河套学院为例［J］．教育现代化，2018（46）：104-105.

[32] 郭晓宇，范志宏．学导式教学法在农业水利类专业课程教学中的融合研究［J］．中国现代教育装备，2017（1）：56－58.

[33] 徐波，刘鹏程．水利工程概论课程教学改革思考［J］．高教学刊，2017（10）：88－89.

[34] 岳春芳，夏庆成．应用型本科实习教学实践探索——以新疆农业大学水利水电工程管理专业为例［J］．大学教育，2018（7）：149－151.

[35] 左其亭，王豪杰，郝林钢，等．关于我国大学生学习问题的深度调查和系统建议［J］．华北水利水电大学学报（社会科学版），2017（5）：107－112.

[36] 贾丽炯．基于技术协同创新的高职院校水利类专业现代学徒制人才培养体系研究与实践［J］．智库时代，2018（37）：206224.

[37] 谢永亮．水利高等职业教育服务地方水利发展的途径探索——以湖北省水利高职院校为例［J］．产业与科技论坛，2017（22）：125－126.

[38] 张宏，杨波，拜存有．高职水利施工类专业"引企入教、协同育人"模式的探索［J］．陕西教育（高教），2018（10）：68－6973.

[39] 熊鹰，李静，张守平．行业发展对高职水利类专业人才培养的影响——以重庆水利电力职业技术学院为例［J］．农村经济与科技，2017（4）：43－44.

[40] 张宇，朱雅，胡向阳．水利水电工程专业本科毕业生就业分析研究——以三峡大学为例［J］．价值工程，2017（22）：211－213.

[41] 张建平．水利职业院校"赛教结合，以赛育人"人才培养模式研究——以全国水利职业院校技能竞赛为例［J］．教育科学论坛，2018（18）：55－59.

[42] 李春成．水利职业院校人才思想政治教育探究［J］．经济研究导刊，2017（28）：147－149.

[43] 温爱存，张继东．新媒体背景下高职水利类"四维多元"人才培养方案创新与实践［J］．中国报业，2018（22）：48－49.

[44] 张颖．虚拟仿真技术融入水利职业教育体系的对策研究［J］．中国多媒体与网络教学学报，2018（10）：121－122.

[45] 芦琴．生源多样化背景下高职水利水电建筑工程专业学分制人才培养建设思路——以杨凌职业技术学院为例［J］．科教文汇，2017（2）：86－87.

[46] 李燕，高帆，杨陈慧．高职土木水利专业学生学情调查研究［J］．职教论坛，2017（22）：23－27.

[47] 卜贵贤．基于以企业满意为目标的水利类高职人才培养质量评价方法研究［J］．陕西教育（高教），2017（3）：60－61.

[48] 张时珍．大规模在线开放课程在水利类高等职业教育课程建设中的应用研究［J］．安徽水利水电职业技术学院学报，2017（4）：50－53.

[49] 王雪梅，韩红亮．高职水利类学生专业意识培养的教学体系探析［J］．杨凌职业技术学院学报，2018（1）：59－62.

[50] 赵婷．高职院校水利工程制图课程教学方法探讨［J］．黄河水利职业技术学院学报，2018（4）：77－79.

[51] 杨正策．高职院校水利工程专业教学体系建设探析［J］．南方农机，2018（12）：223.

[52] 雷成霞，魏闯，张建国，等．基于技能竞赛平台的水利工程专业教学改革研究［J］．2018（2）：30－33.

[53] 宋国梁．高职水利水电建筑工程专业教学改革的探索与实践［J］．内蒙古教育，2017（22）：104－105.

[54] 霍海霞．高职院校《水工建筑物》课程的改革思路和改革措施浅议［J］．新西部，2018（9）：4765.

[55] 崔岫．基于对象划分的高职教学方法实施——以水利工程专业为例［J］．安徽农业科学，2017（22）：256－258.

[56] 裴孝钟．水利工程测量综合实训教学设计与实践 [J]．吉林农业，2018 (14)：64-65.
[57] 贺荣兵，王忠友，王国霞，等．水利类高职院校施工技术实训教学改革的思考 [J]．农村经济与科技，2017 (1)：249-250.
[58] 张永凤．对基层水利职工继续教育工作的思考（下）[J]．中国培训，2017 (19) a：44-45.
[59] 庄朝晖．基于“互联网+”水利行业继续教育的思考与实践 [J]．职业，2017 (20)：115-117.
[60] 巨艳妮．水利单位推广继续教育的重大现实意义及问题对策浅析 [J]．经贸实践，2018 (18)：337339.
[61] 邹建．水利企业开展人力资源培训的途径和方法研究 [J]．技术与市场，2017 (10)：205，2C7.
[62] 边园园．新时期水利系统职工教育培训的创新思考 [J]．人力资源管理，2017 (4)：134-136.
[63] 覃明．浅谈水利水电工程安全教育培训存在的问题与对策 [J]．广东水利水电，2017 (2)：52-56.
[64] 楚行军．专业化水情教育资源库建设研究 [J]．齐鲁师范学院学报，2018 (1)：38-41.
[65] 赵黎霞，李全娥，时静．关于水情教育工作的探讨 [J]．城镇供水，2017 (6)：70-72.
[66] 何健峰．浅析水情教育与生态文明建设的关系——以省泰州引江河管理处开展水情教育为例 [J]．科技风，2018 (4)：189.

第12章 关于水科学方面的学术著作介绍

12.1 概述

（1）水科学涉及学科多，研究内容丰富，每年出版大量的学术著作，对水科学研究及学术交流起到重要作用。

（2）本章主要介绍国内出版水科学有一定影响的出版社以及有关水科学方面的纯学术性著作或参考书籍。内容涉及书的作者、书名、出版社、出版时间以及内容摘要。说明一下，本章所列内容均引自相关网站，可能会因部分书籍没有宣传或者没有注意到，所列书籍可能不全；也可能会因为网站介绍内容有误导致本章介绍的内容有些不准确。

12.2 科学出版社

科学出版社是中国最大的综合性科技出版机构，由前中国科学院编译局与20世纪30年代创建的有较大影响的龙门联合书局合并，于1954年8月成立，是一个历史悠久、力量雄厚，以出版学术书刊为主的开放式出版社。近年来，科学出版社为适应社会主义市场经济的需要，在组织结构、选题结构、市场结构、经营管理机制等方面进行大幅度的调整，形成了以科学（S）、技术（T）、医学（M）、教育（E）、社科（H）为主要出版领域战略架构与规模。科学出版社2017—2018年出版有关水科学的学术著作见表12.1。

表12.1 科学出版社2017—2018年出版有关水科学的学术著作一览表

作者，书名，出版时间	内容摘要
夏军、罗勇、段青云等著，《气候变化对中国东部季风区陆地水循环与水资源安全的影响及适应对策》，2017年1月	梳理了陆地水文和气候变化影响与适应对策关键科学问题，以东部季风区陆地水文时空分布和变化、南北方典型的水资源安全问题为切入点，分别从检测与预估、响应与归因、影响与后果、适应与对策4个层面开展了水循环变化和应对气候变化影响的适应对策研究工作
水利部综合事业局非常规水源工程技术研究中心编著，《再生水利用安全性、经济性、适应性分析》，2017年1月	介绍了再生水利用技术，对混凝沉淀过滤工艺、生物处理工艺、膜处理等再生水处理工艺进行了比较分析，分析了确定再生水水质的关键指标及水质检测方法；研究了生产输配使用环节的再生水安全性问题，从再生水厂投资、再生水管网、区域特点等方面分析了经济性，从水资源赋存条件、社会经济指标、技术发展水平等方面分析了再生水利用的适应性
贾仰文、王浩、赵振武等著，《渭河生态环境流量分析与调度实践》，2017年2月	梳理了渭河流域水资源与生态环境现状及存在的问题，开展了干支流水生态环境综合分区与保护目标分析；从生态、环境、景观等多个层面提出了干流24个断面生态环境流量三级控制指标以及18条重点支流30个断面的生态环境流量综合控制指标，构建了水量调度模型，分析了生态可调水量及生态调度的途径与方案；针对干流关键断面提出了生态调度预案、措施和保障机制

续表

作者，书名，出版时间	内 容 摘 要
王煜、彭少明等著，《黄河流域旱情监测与水资源调配原理与技术》，2017年3月	主要内容包括：多时间尺度干旱评估与演变特征识别、基于陆气耦合的大型灌区干旱实时监测系统开发、应对干旱的径流/洪水预报关键技术研究、基于水资源年际调控的多年调节水库旱限水位优化控制、面向洪水资源利用的小浪底水库多分期汛限水位优化研究、应对干旱的黄河大型水库群联合蓄泄规则、黄河流域干旱应对与风险管理
畅建霞、高凡、王义民著，《变化环境下渭河流域水资源演变与配置》，2017年3月	分析了径流对气候和土地利用变化的响应，评价了流域健康状况，重构了流域健康需水量，构建了基于“三条红线”最严格水资源管理制度的水资源配置模型
宋伦、毕相东等编著，《环渤海河流冲淡水对近岸海域生态环境的影响及管理对策》，2017年4月	阐述了环渤海河流冲淡水的扩展特征、冲淡水中无机营养盐、无机毒物、有机质、有机毒物、抗生素、有害藻华、新型有机污染物等在河口和近岸海域的迁移、转化、归趋特征；提出了控制渤海陆源污染物排海总量的建议，建立了环渤海陆海统筹、河海统筹管理机制及对策
范仓海著，《流域水环境网络治理模式研究》，2017年5月	分析了流域水环境网络治理的主体、结构、运行机制、政策工具，比较了美国、澳大利亚、加拿大等国流域水环境治理模式的特点，提出了完善我国流域水环境网络治理的对策
朱勍、周念清、杨永兴著，《国家水生态文明城市建设的理论与实践——许昌市试点建设的探索》，2017年2月	通过水资源优化配置与联合调度，使有限的水资源发挥最大效益；实施水系连通工程，达到改善和治理水环境的目的；水资源优化管理和水环境综合治理协同作用，确保生态用水量不被挤占，促进水生态环境健康永续发展；结合许昌悠久的历史文化，挖掘了水文化内涵；建立了水生态文明城市建设的理论评价体系与管理实施方案
贾仰文、安新代、王浩等著，《黄河水资源管理关键技术研究》，2017年6月	在揭示流域水资源形成和转化机理及用耗水规律的基础上，提出了支流水资源调度模式；基于流域水资源利用效率和效益分析，提出了黄河流域节水型社会建设的目的与措施；研究了黄河干支流水量在各地市间的分配方案、水权转让机制及一体化管理机制
杨树青、史海滨、苏瑞东等著，《内蒙古河套灌区微咸水利用模式及水土环境预测评估》，2017年6月	分析了微咸水灌溉条件下作物生长性状及土壤水盐环境的动态变化，研究了区域土壤水盐的空间结构性，构建了考虑区域变异的SWAP－MODFLOW耦合模型，预测了中、长期微咸水灌溉条件下的区域环境，提出了微咸水与淡水综合利用的灌溉模式
彭剑峰、宋永会、刘瑞霞等著，《城市黑臭水体综合整治技术与管理研究》，2017年6月	介绍了臭底泥资源化利用技术、曝气生物滤床离线修复技术、傍河塘和湿地组合净化技术、潮汐流人工湿地技术和模块化多层组合生物浮岛技术等；介绍了国内外9项黑臭水体治理工程案例；介绍了我国现阶段城市黑臭水体管理体系，提出了城市黑臭水体管理措施体系
谢正辉、田向军、占车生等著，《陆地水文-区域气候相互作用》，2017年7月	分析了典型流域水循环过程的动力学机制，建立了大尺度陆地水循环模型以及考虑陆地水文过程反馈的陆地水文-区域气候模式；探讨了气候变化和人类活动对陆地水循环的影响；研究了未来气候均值和极端事件的变化对陆地水循环的影响机理，重大调水工程对区域气候和水循环的影响，分析了气候变化影响下中国东部季风区陆地降水、蒸发和径流等水循环要素的时空分异特征

续表

作者，书名，出版时间	内 容 摘 要
丁永建主编，张世强、陈仁升副主编，《寒区水文导论》，2017 年 7 月	论述了冰川、积雪、冻土水文到流域多要素水文过程，介绍了冰冻圈与海平面及大洋环流等大尺度水文循环的关系
段青云、徐宗学等著，《未来水文气候情景预估及不确定性分析与量化》，2017 年 7 月	分析了气候变化过程中降水预估的共识性与可信度规律，评价了目前流行的多种气候模式降尺度技术，评估了全球气候模式在中国东部季风区的适用性，分析了多模式集合平均方法在气候模式集合评估中的应用
黄国如、冯杰著，《珠三角地区城市雨洪调控技术》，2017 年 8 月	构建了适用于广州市荔湾区典型社区的城市雨洪模型，分析了各种 LID 方案对减缓该社区洪涝灾害和城市面源污染的效果；构建了深圳市民治片区城市雨洪模型和内涝预警预报系统，评估了城市化和工程整治措施对洪水的效应；提出了珠三角城市内涝的综合应对措施
宋马林、张宁编著，《中国环境经济发展研究报告 2017：水资源可持续利用》，2017 年 8 月	分析了中国水资源现状及面临的困境，探讨了适合中国水资源管理的政策工具及水资源利用效率评价的方法；评价了中国水资源可持续利用现状、节水型社会建设情况；以安徽省、深圳市等地区为例，介绍了不同地区节水型社会建设，以及节水型高校建设成效
罗育池、廉晶晶、张沙莎等编著，《地下水污染防控技术：防渗、修复与监控》，2017 年 8 月	从地下水污染防渗、地下水污染修复、地下水污染监控三个关键环节入手，构建了地下水污染防控体系
刘国纬著，《江河碎语》，2017 年 9 月	介绍了作者在防洪与江河治理、水资源与水环境、水文科学与研究、水文与气象领域对若干问题的思考与看法，并回顾了自己的水利事业
邵薇薇，陈向东、刘家宏等著，《中国北方地区植被与水循环相互作用机理》，2017 年 9 月	探讨了中国北方干旱半干旱地区植被与水循环的相互作用机理，提出了 Budyk 水热耦合平衡模型中植被特征的数学表达，分析了植被与流域水文要素的动态平衡关系；通过 VIC 模型与 CASACNP 模型的耦合，解析了水、能量和碳氮之间的复杂联系，并对特定气候模式下水量能量平衡进行了模拟；探讨了未来气候变化条件下流域的生态水文响应
于革等著，《湖泊水生态系统模拟研究》，2017 年 9 月	介绍了在气候、水文和生态系统多因子影响下湖泊长期演变系统模式的构建；通过对长江中下游鄱阳湖、太湖、巢湖等 8 个典型湖泊和 53 个湖泊群组成的湖泊进行水文-生态系统近现代和历史时期的模拟，以反演湖泊长期变化过程的视角，从动力学机制诊断湖泊生态系统演变，进而诊断了湖泊生态系统的变化归因
任政、路明、龚家国著，《气候变化对水文过程影响及不确定性分析》，2017 年 9 月	介绍了水文模型参数的不确定性分析方法、气候模式区域适应性评价方法和气候模式预测结果的时空降尺度方法，预测了淮河流域 2010～2099 年的水文过程，分析了淮河流域极端水文事件出现的概率和强度
罗勇、姜彤、夏军等著，《中国陆地水循环演变与成因》，2017 年 9 月	按照一级水文分区对中国陆地水循环要素和水资源态势的演变进行了诊断分析和检测分析，阐述了其时间和空间变化规律，以及未来演变特征，通过区域气候模式进行数值模拟，揭示了陆地水循环要素和水资源格局的主要控制因素及其演化趋势，辨识了气候变化和人为活动因素对陆地水循环格局和水资源态势影响的相对贡献，对我国主要江河流域水文-气候数据序列进行了均一性等分析

续表

作者，书名，出版时间	内容摘要
王金生、施泽明、岳卫峰等著，《汶川特大地震对水环境的影响》，2017年9月	探讨了地震灾区主要污染源对沱江、岷江和嘉陵江流域的影响，评价了水系沉积物中重金属元素的污染，分析了沱江流域水系沉积物重金属元素赋存形态与典型堰塞湖沉积物中的污染物特征，研究了地震对地表水饮用水源地的影响；研究了地震灾区主要含水层渗透性受到的影响，评价了地震前后区域地下水水位、水质和典型水质指标的变化；探讨了地震对灾区地下水饮用水源地的影响，评价了地震对成都平原区的地下水环境的影响，提出了地震对水环境影响的应对策略
尉永平、张志强等著，《社会水文学理论、方法与应用》，2017年9月	阐述了社会水文学的狭义、广义理论，介绍了社会水文学的相关研究方法，以中国西北地区的黑河流域、澳大利亚东南部的墨累-达令流域为案例，开展了社会水文学相关的比较研究
陈顶、孙然好、汲玉河著，《海河流域水生态功能分区研究（第二版）》，2017年9月	论述了海河流域自然环境、社会经济和人文特征的空间异质性，以及水资源、水环境、大型底栖动物、水生植物、鱼类和藻类等水生态系统的时空演化规律，并对海河流域水生态功能的主要驱动因子进行了辨识；构建了海河流域水生态功能一级、二级、三级、四级分区的指标体系，完成了分区的野外验证和水生态系统安全性评估
胡春宏、阮本清、张双虎等著，《长江与洞庭湖鄱阳湖关系演变及其调控》，2017年9月	研究了长江与洞庭湖、长江与鄱阳湖关系演变规律及趋势；分析了洞庭湖和鄱阳湖面临的水安全问题，并提出了应对措施；研究了洞庭湖松滋河疏浚建闸、洞庭湖城陵矶综合枢纽和鄱阳湖水利枢纽建设的必要性、工程建设和运行调度方案，以及工程建设在江湖关系演变、防洪排涝、水资源开发利用、生态环境保护和航运等方面的作用与影响
程亮、胡四一、王宗志等著，《最严格水资源管理制度模拟模型及其应用》，2017年10月	探讨了“三条红线”的相容性与完备性；提出了量质效管理指标驱动因子集，建立了量质效管理指标驱动因子识别模型；构建了最严格水资源管理制度模拟模型，模拟解析量质效动态变化的特征与互动关系；提出了基于红线动态分解和简化折算两种年度管理目标的制定方法
黄伟著，《流域水资源配置利用管理方法与政策研究》，2017年10月	对比分析了国内外现行水资源配置管理体制与模式；讨论了水资源配置中的产权管理改革方法，并提出了一体化的流域水资源配置理论和方法；介绍了流域水资源配置利用与管理的政策
李雪松著，《农村水环境问题的经济机理分析与管理创新制度研究》，2017年10月	分析了农村水环境管理相关问题背后的经济机理，描述了我国农村水环境污染的全貌和变迁历程，探讨了制度安排对农村水环境的作用和影响；总结了国外农村水环境管理经验，构建了一套农村水环境防治机制与管理体系
王俊、陈松生、赵昕等著，《中美水文测验比较研究》，2017年11月	主要内容包括：美国水文测验工作概览、中美水文测验关键理论与技术比较、中美水文测验运行管理比较、美国水文体制研究
刘广龙著，《三峡库区水质与水生态环境分区评价》，2017年11月	采用模糊综合评价等多种方法分析了库区干流的水质；采用Deflt3D模型对库区支流的水文和水质进行了模拟；基于DPSIR模型，对库区不同分区及不同角度如农业面源污染、城镇化等进行了水生态安全评价
李佩成、山仑主编，《防旱抗旱确保粮食及农村供水安全战略研究》，2017年11月	介绍了防旱抗旱战略十策和三大保障措施；分析了古今中外旱灾发生的形势及危害，并对古往今来防旱抗旱战略及战术进行了归纳总结，提出了适宜于中国新的旱情形势下防旱抗旱研究的指导思想、研究目标及技术路线；汇编了参与本项目的部分专家学者的观点；介绍了项目组成员对各地区的实地调研报告内容

续表

作者，书名，出版时间	内　容　摘　要
宋孝玉、王光社、李怀有等著，《黄土高原沟壑区绿水的水文过程及驱动机制》，2017年11月	分析了天然和人工降雨条件下不同地貌及植被类型的绿水循环过程及其分布特征，建立了野外降雨条件下绿水循环转化过程模型，评估了不同地貌及植被类型的绿水资源量；分析了南小河沟流域绿水变化规律及绿水对土地利用、气候变化的响应，并对未来流域内绿水的变化趋势进行了预测；探讨了变化条件下绿水对土地利用和气候变化的响应关系，探索了基于水资源承载力的植被合理恢复与管理模式
薛联青、张洛晨、周海鹰等著，《干旱内陆河流域生态水文情势演变及水资源适应性利用》，2017年11月	阐述了内陆干旱区水资源演变规律，探讨了极端气候与水文事件演变趋势，构建了基于水文-生态响应关系的生态水流评估方法，进行了基于流域系统协调的不同干旱情景下的水资源承载能力分析并介绍了水资源适应性利用方法
孙才志等著，《中国水贫困研究》，2017年11月	分析了中国水贫困与中国农村水贫困、中国水贫困与中国经济贫困、中国水贫困与城市化工业化、中国农村水贫困与中国城市水贫困之间的内在联系，并针对农村水资源援助的实施提出了应对性的建议
胡宝清、周永章等著，《北部湾南流江流域社会生态系统过程与综合管理研究》，2017年12月	研究了南流江流域的土地利用变化、土地流转机制、河流沉积物污染、生态系统健康、生态风险，以及社会经济发展与生态环境协调性等，对南流江社会生态系统存在的问题提出了综合管理对策，并对南流江生态海绵流域建设与生态产业优化进行了探讨
余钟波、杨传国著，《陆面水文耦合模型与应用》，2017年12月	论述了分布式水文模型和陆面模式的基本原理和模型架构，提出了二者的耦合方法，构建了流域陆面水文耦合模型，分析了耦合模型的各类不确定性因素；探讨了气候变化和人类活动对流域水文过程的影响，并评估了卫星雷达降雨的精度及其在流域水文模拟中的适用性；归纳和论述了陆面水文未来研究方向
张强、顾西辉、孙鹏等著，《华南区域非平稳径流过程及水生态效应》，2017年12月	从全国尺度和流域尺度系统评价了水文过程变异可能对水生态系统及水生物多样性的影响；针对变化环境下极端水文过程的洪水量级和频率变化特征，初步构建了非平稳性识别、非平稳性洪水频率分析模型和非平稳性重现期计算方法等一套水文频率分析理论体系
上海市节约用水办公室、华东师范大学环境教育中心编著，《节水优先 水润万家——上海市节水培训教材》，2018年1月	介绍了上海市的水资源概况、水资源利用以及居民、服务业、工业、农业、生态环境、火电等方面的用水情况；阐述了水多、水脏、水少等水资源环境问题，论述了节水型社会建设中政府主导，居民、工业、企业、商业和公共机构全面参与的节水行为；分析了节水宣传、节水制度、节水典型案例、节水示范项目等
宋松柏、康艳、宋小燕等著，《单变量水文序列频率计算原理与应用》，2018年2月	主要内容包括：水文序列经验频率计算方法、P-Ⅲ型分布水文序列频率分布参数的常用计算方法、基于熵原理的P-Ⅲ型分布参数估计、非参数核密度估计原理与应用、高阶概率权重矩原理与应用、基于贝叶斯理论的水文频率分布参数估计、部分概率权重矩原理与应用、洪峰流量的理论概率分布、重现期计算、截取分布在水文中的应用、非一致水文序列频率计算原理等
郜玉楠、傅金祥等著，《辽河流域微污染水源饮用水净化理论与工程技术》，2018年2月	介绍了辽河流域及其水源地概况、水源地水质现状，以及我国饮用水卫生标准现状；阐述了不同水处理技术的理论、工艺特点、技术参数及工程应用等

续表

作者，书名，出版时间	内容摘要
单治钢、周春宏、荣冠等著，《雅砻江大河湾岩溶水文地质及工程效应研究》，2018年3月	总结了高山峡谷区水电工程岩溶水文地质的勘察方法，介绍了雅砻江大河湾地区基本地质条件、岩溶发育特征与规律、岩溶水动态与均衡、岩溶水化学、岩溶水同位素等，开展了锦屏二级水电站工程区大理岩高压低温溶蚀试验、数次大型岩溶水示踪试验；进行了工程区岩溶发育程度分区、岩溶水文地质单元划分；分析了工程效应
李小雁、马育军、黄永梅等著，《青海湖流域生态水文过程与水分收支研究》，2018年3月	介绍了青海湖流域自然地理特征、社会经济状况和生态环境问题；论述了不同生态系统的生态水文过程，研究了典型陆地生态系统优势种的水分利用特征和流域水量转换；探讨了青海湖湖体水热交换过程与蒸发规律，模拟了不同尺度的水分平衡关系；评价了流域水资源承载力，提出了水资源优化配置方案
刘丙军编著，《变化环境下复杂网河区水资源系统响应与安全调控》，2018年3月	总结了网河区水文过程变异特征及其驱动机制，提出了水文过程全要素变异识别与特征量重构的理论与方法；构建了基于物理模型与数值模拟相结合的水盐动力模型，识别了海陆相多要素驱动作用下网河区盐水入侵基本规律；探讨了变化环境下网河区水资源系统脆弱性的概念、形式和内涵；分析了变化环境下网河区水资源优化配置的内涵与特征，提出了适应变化环境的水资源配置理论与适应性对策
王慧敏著，《水资源协商与决策》，2018年3月	从理论、方法和实践应用三个方面介绍了水资源协商管理与决策问题；构建了水资源协商管理的政策选择程序，建立了基于“互联网+”的监控系统体系，加强协商效果；开展了西北缺水地区、华北水冲突严重地区、华中丰水地区和西南干旱地区水资源协商管理实践应用研究
黎树式、戴志军著，《南流江现代水文-地貌过程》，2018年4月	基于所采集的河流悬沙与河床泥沙、河川地形变化数据以及河口沉积物柱心，结合南流江近50年来的流域降雨、热带气旋、水土流失、土地利用变化以及河流采砂等自然和人类活动作用的分析，阐述了南流江水文一地貌变化过程，并与岛屿型河流（台湾河流）作了对比研究
段联合、刘强等编著，《科学研究中的哲学思维方法论：李佩成水科学研究辩证思维案例评析》，2018年4月	选录了李佩成16篇有关水与社会、水与环境、水与发展等富有哲学内涵的论文和3则小品文，并邀请6位长期从事哲学社会科学研究与教学的教授、博士，对其世界观、人生观、生态观、思维品质、思维方法、胸怀与情怀等进行了哲学性的分析
贺缠生、张兰慧、王一博著，《土壤水文异质性对流域水文过程的影响》，2018年5月	介绍了土壤水文异质性在国内外的研究进展、黑河上游土壤水文性质的时空分布特征及其与环境因子的关系，以及土壤水文性质的异质性对流域水文过程的影响机制及模拟分析
王煜、彭少明、王慧杰等著，《变化环境下黄河与墨累-达令河流域水资源管理策略比较研究》，2018年5月	对比分析了变化环境下黄河与墨累-达令河的流域规划、水量分配、水权交易、一体化管理等领域的成功经验与问题，提出了适用于变化环境下黄河流域的最严格水资源管理决策方法和策略体系
门宝辉、尚松浩编著，《水资源系统优化原理与方法》，2018年5月	阐述了系统优化方法在水资源规划、设计和配置中的应用，介绍了Excel优化工具、LINGO及Matlab优化工具箱在实例中的求解过程

续表

作者，书名，出版时间	内　容　摘　要
蔡阳、孟令奎、成建国等著，《卫星遥感水利监测模型及其应用》，2018 年 5 月	介绍了水利监测与卫星遥感技术结合的必要性、常用水利监测方法及卫星遥感水利监测研究进展、卫星遥感大数据并行处理技术、水体遥感监测方法、旱情遥感监测方法、卫星遥感水利监测应用系统设计技术、典型应用案例
姚光华、廖云平、彭海游等著，《地下工程水环境变化与控制》，2018 年 5 月	研究了重庆市典型隧道地下水输降范围和影响规律，并对重庆市中梁山华岩隧道地下水环境进行了预测研究；建立了地下工程水环境影响评价体系；提出了基于环境保护型隧道工程地下水的排放标准和确定方法，并整合提炼了隧道工程地下水控制技术
杨敏、安伟、胡建英等著，《饮用水水质风险评价技术》，2018 年 6 月	主要内容包括：饮用水水质风险评价方法、饮用水隐孢子虫健康风险评估、饮用水中消毒副产物卤乙酸健康风险评价、饮用水中全氟化合物健康风险评价、基于 DALYs 的饮用水中污染物的风险估算和排序
张奇等著，《鄱阳湖水文情势变化研究》，2018 年 6 月	主要内容包括：鄱阳湖及其流域概况、鄱阳湖流域气象水文要素时空变化、鄱阳湖水情要素变化特征、鄱阳湖湖泊流域水文水动力模拟、鄱阳湖低枯水位演变及发生机制、鄱阳湖湿地植被空间分布与演变、鄱阳湖湿地典型植被群落界面水分传输过程、鄱阳湖水文情势未来变化趋势预估
左军成、杜凌、陈美香等编著，《海洋水文环境要素分析方法》，2018 年 6 月	介绍了资料的预处理和常规分析方法、温盐资料分析与水团分析方法、潮汐潮流分析方法和海流资料分析方法
王浩、周祖昊、贾仰文等著，《流域水质水量联合调控理论技术与应用》，2018 年 6 月	主要内容包括：松花江流域面向水质安全的水循环监测体系研究、松花江水质水量耦合模拟模型开发、松花江流域基于水功能区的水质水量总量控制方案、松花江农田面源污染水质水量联合调控示范、松花江干流水库群面向突发性水污染事件的联合调度系统开发
黄艺、曹晓峰、樊灏等著，《滇池流域水生态功能分区研究》，2018 年 6 月	阐述了滇池流域的自然环境、社会经济和人文地理特征的空间分布概况，以及水资源、水环境、大型水生生物等水生态系统的时空演变规律；分析了滇池流域水生态功能的驱动机制；构建了滇池流域水生态功能 1～4 级分区的指标体系；对分区结果进行了功能评价；提出了流域水生态系统保护目标和保护建议
王晓龙、吴召仕、刘霞等著，《鄱阳湖水环境与水生态》，2018 年 6 月	介绍了鄱阳湖水环境与水生态现状及其变化，总结了鄱阳湖水环境与水生态现状特征及演变趋势；阐述了军山湖围垦后水环境、水生态的演变特征，对比分析了三峡工程建设前后鄱阳湖水环境、水生态的变化趋势
陈自娟著，《基于水环境承载力的滇池流域生态补偿机制研究》，2018 年 6 月	总结了国内外流域生态补偿实践，提出了分析流域生态补偿机制的基本框架，分析了水环境承载力与流域社会经济发展间的辩证关系，构建了滇池流域水环境特点的生态补偿机制，提出了与“准市场化滇池治理机制”相关的对策与建议
盛彦清、李兆冉编著，《海岸带污染水体水质修复理论及工程应用》，2018 年 6 月	论述了海岸带污染水体水质修复基本原理、基础理论和修复关键技术及其工程应用，介绍了我国海岸带水污染现状、海岸带水环境综合管理所存在的问题、滨海重污染河道水质修复技术、沉积物原位修复技术及相应的工程实例
王延荣、孙宇飞、王乃岳等著，《公民水素养理论与评价方法研究》，2018 年 6 月	阐述了水素养的内涵、基本构成及其表征因素，构建了公民水素养评价指标体系并进行了试点评价

续表

作者，书名，出版时间	内容摘要
余新晓、贾国栋、赵阳等著，《流域生态水文过程与机制》，2018年7月	以北京山区典型小流域和海河上游山区为研究区，探讨了以气候变化和土地利用变化为主的环境演变下，流域生态水文响应过程与机制；对植被变化下的径流过程以及不同尺度流域生态水文变化情况进行了模拟和预测，评价了不同尺度流域生态水文要素对环境变化的敏感性和脆弱性
陈立华、田昀艳、王烇等著，《三条红线约束下滨海城市水资源配置》，2018年7月	构建了“三条红线”约束下的钦州市多目标水资源优化配置模型，将“三条红线”的约束指标纳入模型的约束条件中，对钦州市未来的水资源量作供需平衡分析
廖正伟、胡彦华、丁陈著，《智慧水务研究与实践》，2018年7月	介绍了智慧水务的发展背景、总体架构、大数据云平台、通信网络、物联网络、视联网络、设施监控及业务应用等方面内容
郑国臣、秦雨、杨帆等著，《松花江流域典型河湖水质评价与预测研究》，2018年8月	对比分析了现行松花江流域典型河湖水质评价的典型方法和水质预测方法，将水质综合评价平台和智能预测平台融合，进行了典型河流与水库水质的综合评价和智能预测
张光辉、严明疆、田言亮等著，《中国主要粮食基地地下水保障能力与评价理论方法》，2018年8月	介绍了我国主要粮食基地自然与经济社会概况、粮食主产区分布范围及农业种植概况、地下水开发利用情势、农业灌溉对地下水依赖程度和地下水资源状况；阐述了适宜我国粮食主产区的地下水保障能力评价基本理念、理论方法和指标体系以及分布在黄淮海平原的5个国家级粮食主产（省）区应用情况，包括地下水保障能力、面临主要问题和地下水合理开发对策
王铁行、罗扬、王娟娟著，《非饱和土水热传输机理及其工程问题分析》，2018年8月	介绍了包含非饱和土体温度场、水分场、应力场和位移场的机理性研究和工程问题分析
熊立华、郭生练、江聪著，《非一致性水文概率分布估计理论和方法》，2018年8月	主要内容包括：将水文序列非一致性诊断由单变量扩展至多变量，根据洪水、枯水以及年径流的形成机制，分别提出了基于时变统计模型与理论推导的水文频率分析方法，探讨了非一致性条件下水文事件重现期与水文设计值的计算问题
王圣瑞等著，《东江湖水环境》，2018年9月	梳理了东江湖水环境变化、流域发展演变及湖泊保护治理发展历程，提出了东江湖富营养化防控总体设计方案，给出了东江湖水环境保护治理及修复建议，提出了东江湖水环境保护需要关注的重点问题
陈存根编著，《林木生理与生态水文》，2018年9月	采用了野外定位观测、盆栽控制实验、数量模型模拟、实地勘察和文献综述等多种技术手段和方法，分析了典型林木的光合生理指标及其对复杂环境因子胁迫的响应，土壤呼吸动态与环境因子的关系，降雨特征及小气候对林冠层降雨再分配的作用，林木植被类型和降雨格局对地表水文过程的影响等
易连兴、夏日元、王喆等著，《岩溶地下河探测与评价》，2018年9月	总结了地下河动态自动化监测及其常见监测问题处理方法、地下河示踪和管道识别方法、化学离子和颜料两大类多种示踪剂的特性和使用方法；总结了地下河水位、流量、水化学、管道内气压等动态特征及其相互关系；开展了地下河系统水资源量和岩溶发育强度评价，以及地下河管道空间体积及库容评价；阐述了流速和响应速度存在差异的岩溶地下河独特水文地质现象；讨论了Modflow－CFP、SWMM模型和管道水头损失理论在地下河系统模拟应用的局限性和适宜性

续表

作者，书名，出版时间	内　容　摘　要
严少华、高岩、郭俊龙等著，《水葫芦修复富营养化水体的机制与工程化技术》，2018年9月	介绍了水葫芦净化污染水体的功能和潜力，分析了水葫芦用于污水治理的关键难题和建设水葫芦治理污水工程面临的挑战；论述了水葫芦治污工程的水体净化效果和水葫芦控制、收获、处置、利用等关键技术、装备
谢林伸、陈纯兴、韩龙等编著，《深圳市河流水质改善策略研究——以龙岗河流域为例》，2018年9月	分析了龙岗河流域污染源现状、水环境现状、趋势及存在的环境问题；计算了流域及各控制单元污染物排放量、允许排放量、水质改善需削减量
荆勇等编著，《北方城市中小型河流水生态研究与修复》，2018年9月	主要内容包括：沈阳市水系和中小型河流概况、河流污染与水生态修复、水生态考核指标与监测技术、北方城市河流水生态的特征与解析、水生态修复技术与设备、典型河流水生态修复与技术支撑、水生态监控与管理、水生态实验研究基地建设
陈荣、吴鹃、李倩编著，《城市景观水体富营养化特性及营养物作用机制》，2018年9月	论述了城市景观水体的污染物来源和富营养化特征，研究了富营养化过程的氮磷及微量元素作用机制，综述了城市景观水体富营养化防治的主要策略和技术，并提供了典型示范案例
孙艳伟著，《变化环境下的城市雨洪调控措施研究》，2018年10月	以中国具有典型城市化特征的城市居民小区为例，分析了其降水变化、城市化的水文效应，并从城市排水系统的地表径流输送系统和城市管网排泄系统两个方面出发，分析了直接不透水性面积比例、低影响开发措施以及城市输水管径在城市内涝方面的作用
夏日元等著，《西南岩溶石山区地下水资源调查评价与开发利用模式》，2018年10月	梳理了西南岩溶石山区2003年以来地下水资源调查评价和开发利用示范成果，提出了地下水资源调查评价技术方法体系，建立了堵洞成库、建柜蓄水、抽水调节和束流壅水4种岩溶地下水资源开发利用模式
屈忠义、刘延玺、康跃等编著，《内蒙古引黄灌区灌溉水利用效率测试分析与评估》，2018年10月	主要内容包括：灌溉水利用效率总论、灌溉水利用效率测试布置与测定方法以及灌溉水利用效率分析与节水潜力评估方法、基于遥感技术的灌溉面积及种植结构测算、作物蒸发蒸腾量与有效降雨量的模拟计算、灌溉水利用效率计算分析与评估、基于历史资料的灌溉水效率估算与节水潜力分析、基于Horton分形的河套灌区渠系水利用效率分析等
师鹏飞、杨涛、王晓燕著，《半湿润半干旱区水文预报模型研究及应用》，2018年11月	主要内容包括：半湿润半干旱区产汇流特征、半湿润半干旱流域水文特性分析、下渗理论及方法、基于联合分布的垂向蓄超组合产流模型、基于变动产流层结构的产流模型、基于变动产流层结构和蓄超产流模式的水文模型等
王晓燕、杨涛、师鹏飞著，《天山北坡典型流域产汇流过程及模拟研究》，2018年11月	介绍了天山典型流域的水文气象特性、流域水文过程及产流特征，构建了分布式寒区水文模型，模拟分析了天山北坡玛纳斯河上游不同时间尺度下产流过程的空间格局，阐明了不同降水数据集和不同模型结构对研究区水文过程模拟的影响
王浩、王建华、褚俊英等著，《水资源开发利用红线控制与动态管理研究——以广西北部湾经济区为例》，2018年11月	提出了区域水资源开发利用总量控制模式及其控制曲线与路径，提出了交界断面动态闭环反馈的复杂水资源系统的多维均衡阈值确定方法，研发了面向河流生态功能维系的区域耗水红线分配及水循环动态响应模拟技术，提出了与取用水红线控制指标相协调的耗水控制指标，发展完善了径流聚类预报与断面复核双向约束的时程滚动修正序贯决策方法的动态管理技术，形成了广西北部湾经济区重点用水户的水资源动态管理方案

续表

作者，书名，出版时间	内　容　摘　要
董增川、安婷、张文明等著，《流域水循环分布式模拟与调控》，2018 年 11 月	构建了基于“天然-人工”双拓扑结构的数字河网和分布式水资源模拟模型，建立了流域水资源优化配置模型，利用大系统优化的分解协调方法进行了求解，介绍了大流域水资源的优化调控
栾清华、孙青言、陆垂裕等著，《多水源调配体系下区域农业干旱的定量评估》，2018 年 11 月	以邯郸东部平原为研究区域，优化了红线控制下区域多水源工程的调配布局，提出了基于土壤水库解析的农业干旱定量化方法，定量评估了历史干旱情景再现下的农业干旱，预估了干旱应急水源——地下水的蓄量变化，提出了区域干旱应对策略
孙艳伟著，《干旱半干旱典型灌区耗水机理研究》，2018 年 12 月	针对灌区耗水系数研究中存在的问题，构建了分布式水文模型，获取了引排水条件的水平衡要素
刘昕宇、吴世良、宗军等编著，《水环境污染物的筛查与风险分析》，2018 年 12 月	介绍了水环境中污染物的移动监测、在线监测和突发性水污染事件中的应急监测技术；阐述了基于物种敏感度的生态风险评价理论；介绍了珠江毒害性有机污染物和重金属的筛查过程；构建了水环境污染物的风险管理体系

12.3　中国水利水电出版社

中国水利水电出版社是水利部直属的中央一级专业科技出版社。其前身是 1956 年元旦成立的水利出版社。1958 年 3 月，根据水利电力部的决定，水利出版社与电力工业出版社合并为水利电力出版社。1979 年 8 月，水利部和电力部决定将水利电力出版社分为水利和电力两个出版社。1982 年 4 月，这两家出版社又合并为水利电力出版社。1994 年 2 月，水利电力出版社再次一分为二；次年 4 月 3 日，中国水利水电出版社正式挂牌成立。

中国水利水电出版社已发展成为一家以水利电力专业为基础、兼顾其他学科和门类，以纸质书刊为主、兼顾电子音像和网络出版的综合性出版单位，每年出版各种出版物（书、盘、带）约 2000 种。中国水利水电出版社 2017—2018 年出版有关水科学的学术著作见表 12.2。

表 12.2　　中国水利水电出版社 2017—2018 年出版有关水科学的学术著作一览表

作者，书名，出版时间	内　容　摘　要
陈小莉、秦晓、赵懿珺著，《基于水文条件的内陆核电低放废液排放方式优化研究》，2017 年 1 月	介绍了内陆核电排放水域的水文条件选取、选择性排放过程优化、排放口型式优化等方面内容
宋松柏、康艳、宋小燕等编著，《中外水文与水资源工程专业创新教育》，2017 年 3 月	阐述了中国、美国、加拿大、俄罗斯、澳大利亚和英国的水文水资源方向本科高等教育、创新培养和西北农林科技大学的水文与水资源工程专业办学历史，内容主要包括国内外代表性大学水文水资源方向培养方案、教学方法以及典型课程的教学大纲等

续表

作者，书名，出版时间	内　容　摘　要
章光新、张蕾、李峰平等主编，《面向未来的水安全与可持续发展》，2017年3月	第十四届中国水论坛论文集，汇集了46篇论文，共分4个部分，即水文过程与响应、水资源管理与调度、水生态与水环境和极端气候与应对
吴卫熊、吴建强、何令祖等著，《岩溶峰丛洼地植被生态需水计算及案例解析》，2017年3月	主要内容包括：峰丛洼地区植被生态需水计算方法体系构建、典型蜂丛洼地区植被生态需水参数现场观测、典型峰丛洼地区植被生态需水定量评估、不同时空大尺度峰丛洼地植被生态需水模拟、对策与建议等
夏军、李福林、王明森等著，《山东省水安全问题与适应对策——理论与实践》，2017年4月	主要内容包括：山东省水安全问题及其在供水安全、防洪安全、水质安全和水生态安全的保障以及全球气候变化影响和人类活动影响面临的新的挑战，山东省水安全问题科技支撑新的研究与进展，提出了应对环境变化影响、保障水资源安全的若干对策与建议
张彦增、乔光建、崔希东著，《衡水市水文水资源分析与综合利用》，2017年5月	主要内容包括：衡水市基本概况、降水量、蒸发量、地表径流量、泥沙、设计暴雨、设计洪水、河道防洪调度、平原除涝设计、土壤墒情监测与预报、地下水动态变化、水环境评价、水资源量评价、雨洪资源利用、水资源利用与节水、衡水湖水文特征等
刘新有著，《怒江流域水文水资源研究》，2017年5月	主要内容包括：怒江流域气候及水沙时空分异特征、怒江流域基流分割及其时空分异特征、怒江流域中上游枯季径流对气候变化的响应、怒江流域水文模型构建、怒江流域降雨变化及其土壤侵蚀响应、怒江流域土地利用与气候变化的水沙响应模拟
雷晓辉、权锦、王浩等著，《跨流域调水工程突发水污染应急调控关键技术与应用》，2017年5月	介绍了跨流域调水工程输水距离长、调蓄能力薄弱、供水水质要求高、跨多地域、跨多部门等特点，开展了跨流域调水工程突发水污染的应急调控关键技术研究与应用
朱海风主编，《中外水文化研究》，2017年6月	包括4个分册：中原农业水文化研究；秦汉水井空间分布与区域差异研究；宋代山水诗与人水情缘研究；国外水文化动态研究报告
宋孝忠著，《中外水文化研究中国水利高等教育发展史》，2017年6月	梳理了自晚清到民国，自新中国成立到“文革”，特别是改革开放以来中国水利高等教育快速发展的历史脉络，描述了中国水利高等教育孕育、萌芽、肇始、发展、曲折、跨越、繁荣的漫漫发展历程和阶段性特征，展望了新形势下水利高等教育的发展趋势
高云明、胡浩云、王国庆等著，《漳河流域降雨径流演变规律及水资源优化配置研究》，2017年6月	介绍了水文要素变化特征的诊断方法和基于水文模拟的径流变化归因分析方法，分析了漳河流域近60年实测径流变化特征，并定量评估了其变化归因，以漳河为实例在供需平衡分析的基础上建立了水资源优化配置模型
王俊、郭生练、谭国良等编著，《变化环境下鄱阳湖区水文水资源研究与应用》，2017年7月	介绍了鄱阳湖区水文水生态动态监测、水量平衡及水资源配置、洪水预报及防洪安全、气候变化及人类活动影响等方面内容

续表

作者，书名，出版时间	内 容 摘 要
中华人民共和国水利部编，《中国水资源公报 2016》，2017 年 7 月	介绍了我国 2016 年水情、全国各地的水资源量、水资源蓄积状况、水资源开发利用情况、水污染及防治情况以及发生的重大水利事项
余文公著，《平原河网水闸生态调度研究》，2017 年 7 月	分析总结了国内外各种水闸调度，以典型分析、理论分析与过程模拟为手段，开展了平原河网水闸生态调度机理、一潮防洪排涝调度、活水调度“汐调度”等关键技术研究
杨启红、卢金友、王家生等著，《筑坝河流的水文生态效应及其生态修复——以三峡水库与长江中下游典型河段为例》，2017 年 8 月	论述了长江中下游典型区域的环境变化及其生态影响；分析了三峡工程建成后对库区环境、河道演变以及中下游江湖关系的影响；论述了水库建设运行对典型区域的水环境及水生态的影响；探讨了三峡水库对中下游的生态补偿方式，以及三峡库区和中下游重要湖泊等典型区域主要环境生态问题的监测方法等
水利部水文局编著，《2016 水文发展年度报告》，2017 年 8 月	报告由综述、综合管理篇、基础设施建设篇、水文站网篇、水文监测篇、水情气象服务篇、水资源与监测评价篇、水质监测评价篇、科技教育篇 9 个方面，以及“2016 年度全国水文行业十件大事”“2016 年全国水文发展统计表”组成
高宗军、宋翠玉、蔡玉林等著，《大沽河流域水文要素监测体系建设与实践》，2017 年 8 月	介绍了大沽河流域基于遥感的多水文要素构成的监测体系的建设与实践，主要包括流域概况、流域蒸散发遥感反演、降水遥感估算与分析、土壤水分遥感反演与分析、径流量估计、土地利用动态监测、河道变迁分析与研究、大气-水文相互作用过程遥感监测体系等内容
黄红虎主编，《水文情报预报（全国水文勘测技能培训系列教材）》，2017 年 9 月	介绍了水情工作的主要内容，工作流程和相关法规、制度、规定，现代水情监测新设备、新仪器和新技术，实用水文预报方法等
黄金柏著，《不同地形中小尺度流域分布式水文模型的开发及应用》，2017 年 9 月	构建了位于黄土高原北部沟壑区的六道沟流域，流经内蒙古东部和黑龙江省西部平原区的阿伦河流域以及位于日本本州岛西部山区的 Bukuro 流域的分布式水文模型；筛选了不同地形条件下所构建的分布式水文模型的结构共性，开发了具有结构通用性和模块易调节性的开放式分布式水文模型
高继军、黄圣彪、毕蕨等著，《流域水环境治理与绿色发展研究》，2017 年 9 月	介绍了国内外绿色经济研究发展现状、流域文明下的水环境问题及其成因、流域水环境治理与绿色发展的关系、流域绿色发展的机遇与挑战、绿色经济发展目标、总体思路与框架设计、绿色经济发展的重点任务、流域水环境治理与绿色发展的保障措施、促进中国绿色经济发展的重大政策建议等
褚德义、杨林海、王振龙等编著，《多水源联合配置与供水安全保障综合利用技术》，2017 年 9 月	介绍了水资源演变特征辨识、水资源动态管理、枯水期多水源动态模拟、水资源供需态势分析、多水源多用户联合配置与调度、水环境与水生态修复、供水安全保障等新方法、新模型和关键技术体系；提出了多水源、多用户、多控制要素下的动态蓄引技术和不同组合条件下的联合配置方案
游超、郭建平、覃大清等著，《牛栏江—滇池补水工程高扬程大型离心泵研究与实践》，2017 年 9 月	主要内容包括：水泵水力开发优化、泥沙磨损与试验研究，水泵选型，水泵设计与制造，水泵机组安装与调试，水泵测试，厂房支撑结构振动和水泵小流量工况性能研究等

续表

作者，书名，出版时间	内容摘要
侯保灯、肖伟华、赵勇等著，《水资源层次化需求计算与合理配置》，2017年10月	建立了水资源需求演化方程，提出了水资源层次化需求理论与计算方法，构建了水资源层次化合理配置理论、方法与模型；将理论、方法和模型应用到三江平原典型区域水资源需求预测和合理配置实践中
谈勇、万榆、邱丘主编，《黑臭水体治理和水环境修复》，2017年10月	主要内容包括：城市水体治理现状、水体治理总体思路、水体治理技术工艺、城市治水理念、城市水体治理实践、城市水体治理创新、城市水体治理展望
林凯荣著，《变化环境下南方湿润区水文模拟与响应》，2017年12月	主要内容包括：流域水文模拟及其不确定性的控制与弱化、基于多重工作假说的流域水文建模方法、气候和土地利用变化下流域水文过程的响应、珠江三角洲水资源的演变趋势与驱动机理等
王学凤、王忠静、宋文龙编著，《干旱区水资源分配理论及流域演化模型研究》，2017年12月	从水资源分配理论着手，研究了如何在制定水权制度的同时，预测干旱区实际的水资源分配、社会经济和生态环境效应，并预见流域演化方向
张亮著，《井渠结合灌区不同尺度水资源高效利用评价与调配研究》，2017年12月	主要内容包括：水文、水资源、水利工程施工与规划、水利工程经济、水工建筑物、水力发电、水土保持、水利机械、水环境、建筑材料与灌溉排水工程
黄显峰著，《水资源系统混沌分析方法及其应用》，2017年12月	主要内容包括：复杂水资源系统混沌分析基础理论研究、水资源系统混沌特性描述与识别、水资源系统混沌预测模型与方法、水资源系统混沌优化方法、水资源系统混沌综合评价模型与方法、基于混沌分析的水资源优化配置和水库优化调度实例研究
李瑞江主编、于伟东副主编，《漳卫南运河水资源监控能力建设》，2017年12月	主要内容包括：水文站网与水情测报、水利信化建设、知识管理系统、水资源监控能力建设、岳城水库遥测系统、水资源管理及水文测报现代化展望
陈梁擎、樊宝康主编，《水环境技术及其应用》，2017年12月	主要内容包括：水环境技术体系、国家水环境安全战略、优美水环境设计、水污染及其防治、现代水处理技术、国内外水环境保护技术与适应性分析、富氧溶氧水处理技术应用、黑臭河道综合治理技术应用、污淤泥干化处理效率模型试验技术应用、南水北调水环境保护技术应用、国际水环境绿色发展创新预期技术
贾超、陈芳林、王好芳等著，《水生态文明建设控制性技术指标体系研究》，2017年12月	界定了水生态文明建设的基本内涵和发展阶段，提出了水生态文明评价指标体系构建的原则、方法和步骤，构建了水生态文明建设评价指标体系，并确定了各项指标的分级标准和水生态文明建设程度的评价模型，将研究成果在山东省水生态文明建设的理论与实践中进行了应用
吴凤平、葛敏、张丽娜等著，《流域初始水权耦合配置方法研究》，2017年12月	研究了在最严格水资源管理制度约束下，流域初始水权如何在省区初始水权配置子系统和流域级政府预留水量配置子系统内部和彼此之间进行耦合配置的理论与方法，建立了省区初始水权量质耦合配置模型和政府预留水量供给需求耦合配置模型等

续表

作者，书名，出版时间	内 容 摘 要
叶舟著，《水能资源优化配置机理研究》，2017年12月	主要内容包括：理论基础、基于资源优化配置的水能资源有偿使用制度、水能资源开发利用的资源补偿机制、经济补偿机制、生态补偿机制、技术集成、研究结论与成果推广等
林冬妹编著，《水利法律法规教程（第二版）》，2017年12月	论述了水法律法规的基本理论，阐述了水法、水土保持法、防洪法、水污染防治法、水资源管理、河道管理、水利工程管理、水行政执法、水行政复议与水行政诉讼的制度、理论与实务问题
丁爱中、李原园、张淑荣等著，《与水有关的生态补偿实践与经验》，2018年1月	以人水关系和谐为基本出发点，分析了人类活动对水资源的影响及损益，建立了与水有关的生态补偿设计框架，包含补偿主体与补偿对象、补偿范围与内容、补偿标准、补偿方式和实施方式；划分了与水相关的生态补偿类型，设计了重要水生态保护类、重要水生态修复类、矿产资源开发类的生态补偿框架，并对国内外的相关案例进行了经验总结
解莹、王立明、刘晓光等著，《海河流域典型河流生态水文过程与生态修复研究》，2018年4月	建立了岳城水库多目标生态调度模型，计算了不同水平年水库生态调度水量；总结了河流生态修复技术，结合漳卫新河减河德州段水生态修复治理工程，进行了水生态修复效果评价，提出了典型污染和干旱河流生态重建与修复规划方案
张世殊、许模等著，《水电水利工程典型水文地质问题研究》，2018年4月	研究了水电水利工程水文地质基础理论和勘察试验方法，总结了水电水利工程库区和枢纽区典型水文地质问题和评价方法
周振民、徐苏容、王学超著，《海绵城市建设与雨水资源综合利用》，2018年4月	主要内容包括：国内外海绵城市建设现状与发展、海绵城市建设基本理论、海绵城市构建技术、城市雨洪资源开发利用理论与计算方法、海绵城市总体规划、海绵城市道路系统规划设计、基于LID的城市公园雨洪管理系统设计方法等
李轶编著，《水环境治理[河（湖）长制系列培训教材]》，2018年5月	主要内容包括：水环境概述、水环境现状调研与评价、水环境现存问题、水环境评价方法、水环境治理措施、案例分析等
武朝宝、叶澜涛、任罡等著，《山西杂粮及经济作物需水量与灌溉制度》，2018年6月	介绍了杂粮及经济作物种植的基本情况、灌溉试验情况，研究了杂粮及经济作物的需水规律、土壤水分变化规律；论述了杂粮及经济作物需水量的计算及其结果、充分供水情况下杂粮及经济作物灌溉制度；采用不同模型阐述了作物产量和耗水量的关系，提出了玉米非充分供水灌溉制度
谈叶飞、陈舟、沙海飞等著，《裂隙介质地下水水流及溶质运移》，2018年6月	论述了单裂隙水流及溶质运移的国内外研究进展，研究了单裂隙水流及溶质运移实验中示踪剂浓度的图像识别方法、人工单裂隙实验、LBM/MMP混合方法在模拟单裂隙水流中的应用以及非达西流条件下的实验方法及模拟技术等
孙建华著，《供水设施的区域共享技术研究》，2018年6月	阐述了区域供水的理论基础—规模经济理论、设施区位理论、大系统最优化理论及其在供水设施共享中的应用；采用两阶段选址的方法确定了候选的水源地及水厂的位置；采用大系统优化理论对区域供水系统进行了解析，用关联预测法构建了区域供水系统的分解-协调抽象模型；以区域供水系统工程建设费用最小为目标，构建了供水设施区域空间布局优化模型，采用了微粒群优化算法进行求解，并以江苏省江阴市为例进行了实证研究

续表

作者，书名，出版时间	内　容　摘　要
陈吉琴主编，《水文信息测报与整编》，2018 年 7 月	主要内容包括：水文测站与站网、水文信息采集、水文信息数据处理与整编、水文信息传输与自动测报系统、水文信息管理等
韩留生、周成虎、李勇等著，《近岸河口与内陆水环境遥感》，2018 年 7 月	介绍了基于三种在轨的中高分辨率成像光谱仪（MODIS）、近岸海洋高光谱影像（HICO）数据与 Hyperion 高光谱影像，探讨了适合于我国近岸河口与内陆水体叶绿素 a（Chla）、TSS（TSS）、有色可溶性有机物（CDOM）以及透明度等水质参数的经验/半经验模型、生物光学模型算法
水利部淮河水利委员会著，《淮沂水系水资源调度研究》，2018 年 7 月	介绍了淮河流域水资源调度研究实例与水资源调度实践，总结了我国水资源调度取得的成效与经验；介绍了研究区域基本情况、淮沂水系丰枯遭遇分析、两湖（洪泽湖、骆马湖）水量调度模型研究、模型应用与水量调度风险分析、系统设计与开发等内容
贺新春、汝向文、丁波等著，《珠江三角洲典型水网区水资源调度技术研究》，2018 年 7 月	主要内容包括：珠江三角洲水资源特性分析、珠江三角洲典型水网区水资源调度现状分析、珠江三角洲典型水网区河道取排水格局研究、基于改善水环境的典型水网区闸泵优化调度技术研究、基于保障供水安全的典型水网区水闸优化调度技术研究、典型水网区水资源调度效果评估
中华人民共和国水利部编，《中国水资源公报 2017》，2018 年 8 月	介绍了我国 2017 年水情、全国各地的水资源量、水资源蓄积状况、水资源开发利用情况、水污染及防治情况以及发生的重大水利事项
黄本胜、邱静、谭超等著，《南方丰水地区水域纳污能力研究与应用》，2018 年 8 月	主要内容包括：污染物衰减系数随流速的变化规律、水域纳污能力计算模型与方法、动态纳污能力计算应用研究、典型感潮河段纳污计算及入河排污口布局与整治研究、南方丰水地区水功能区河流纳污能力计算案例等
刘辉主编、欧阳明鉴副主编，《水利 BIM 从 0 到 1》，2018 年 9 月	主要内容包括：BIM 技术概述、水利水电设计行业 BIM 技术发展情况、BIM 实施的 4 个阶段、BIM 在施工和运维阶段的应用、水利水电工程 BIM 应用案例
蔡甲冰、白亮亮、黄凌旭等著，《精量灌溉决策技术与灌区作物需耗水管理》，2018 年 12 月	阐述了农田尺度精量灌溉决策方法、理论、管理和 ET 尺度效应与尺度转换，描述了用于灌区农田数据采集的实时观测系统，对灌区农田作物需耗水精细评估方法进行了研究和评估

12.4　黄河水利出版社

黄河水利出版社是由水利部黄河水利委员会主管、主办的以出版黄河治理开发与管理科技图书，流域自然地理、环境、人文、历史等普及性读物及水利水电、土木建筑类科技图书和教材为主的专业性出版机构。黄河水利出版社 2017—2018 年出版的有关水科学的学术著作见表 12.3。

表 12.3 黄河水利出版社 2017—2018 年出版有关水科学的学术著作一览表

作者，书名，出版时间	内容摘要
赵崇、刘东峰主编，《水处理工程技术》，2017 年 3 月	主要内容包括：水质标准与水质分析、给水处理、城镇污水的物理处理、污水的好氧生物处理、污水的厌氧生物处理、污水的脱氮除磷、污泥处理、污水处理系统工艺设计、工业水处理等
王松主编，《山东水文职工培训教材》，2017 年 3 月	主要内容包括：山东水文概况、水文基础知识、水文测验、水文情报预报、水土保持、水资源、水环境监测
闫莉、余真真、张萍著，《黄河跨省界水环境补偿机制研究》，2017 年 3 月	构建了黄河省界断面水质、水量传递影响模型；界定了省界污染利益相关方及相关各要素对水污染的贡献程度；开展了黄河跨省界污染补偿主体与补偿对象、补偿金测算方法和补偿标准、补偿方式、实施保障等研究，提出了黄河跨省界水环境补偿机制框架
刘建勇主编，《宁夏水利历代艺文集》，2017 年 4 月	整理了自东汉永建四年（公元 129 年）至新中国成立前的涉及水文化珍品，挑选了奏谕 24 篇，碑记 50 篇，律令 17 项，书论 9 篇，诗词 153 篇
薛桦主编，《水利水电工程施工技术》，2017 年 4 月	包括施工导流与截流、爆破工程、土方工程、模板工程、钢筋工程、混凝土工程、基础工程、土石坝工程、混凝土坝工程、隧洞工程、渠系建筑物、泵站工程等内容
孔兰、陈晓宏、蒋仁飞著，《气候变化导致的海平面上升对珠江口水资源的影响》，2017 年 4 月	辨析了珠江口咸潮与影响因素的响应规律，解释了咸潮上溯对海平面上升的响应规律，分析了珠江口地区各个城市水资源供需平衡，识别了海平面上升对珠江年平均水温变化的贡献率，构建模型对海平面上升影响下的珠江口优选洪潮水位进行了预估，提出了应对海平面上升对珠江口水资源影响的具体措施
高伯甘著，《古今治河人物传印谱》，2017 年 5 月	选取了在黄河治理开发方面做出突出贡献或产生重要影响的代表人物 122 人，集传统篆刻、人物简介、楹联于一体
高治定、宋伟华、李保国等编著，《水文气象学分类及其在黄河治理中应用》，2017 年 5 月	梳理了水文气象研究成果，按其研究目标、分析方法、内容及应用特点，将水文气象学科再分类为水文气象预报、水文气象规律分析及水文气象计算三个分支；介绍了各分支的应用实例，并从不同层次与角度对其特点进行了评述
胡一三著，《胡一三黄河治理琐议笔谈》，2017 年 5 月	介绍了黄河及其治理的多个方面；论述了黄河治理中采取的各种防洪工程措施及其建设情况、黄河河势及河道演变的情况、特点及对治理措施的影响；阐述了有关河道整治技术的内容、抢险及堵口的情况和技术等
刘朝军、刘团结、李萍主编，《全国水事疑难案例选编》，2017 年 6 月	收集和整理了具有示范作用的疑难典型案例，总结了水行政执法工作中疑难复杂问题
董文虎、刘冠美著，《水工程文化学——创建与发展》，2017 年 7 月	介绍了水工程文化的研究方法、多维视角、核心内容、框架结构、区域特征、演变与发展、运用与展望
蒋买勇、周召梅主编，《水利工程概预算》，2017 年 8 月	主要内容包括：水利工程概算编制、水利工程预算编制、水利工程估算编制、水利工程标底与报价编制、水利工程施工预算编制等
吴松、程得中著，《巴渝水文化概论》，2017 年 8 月	主要内容包括：长江浸润的巴渝文明、历史时期的巴渝水利建设、巴渝物质水文化遗产、巴渝古镇水文化、巴渝水哲学思想与民俗信仰、地域文化与移民精神、巴渝水文学概述、巴渝水系诞生的艺术、巴渝水生态文明建设、巴渝水文化教育体系建设等

续表

作者，书名，出版时间	内 容 摘 要
刘明华主编，《工程地质与水文地质》，2017年9月	主要内容包括：矿物与岩石、地质构造、自然地质作用、水文地质、岩体稳定的工程地质分析、不同工程类型的地质问题、工程地质与水文地质勘察等
张军红、侯新著，《河长制的实践与探索》，2017年9月	主要内容包括：河长制出台的背景、河长制的内涵与要求、国内省市实施河长制的实践、流域管理机构实施河长制的实践、国外河流治理的经验等
魏军、刘红珍等著，《黄河防御洪水方案关键技术研究》，2017年12月	研究了龙羊峡和刘家峡水库联合防洪调度、中下游洪水泥沙特点及中小洪水调控、小浪底水库拦沙后期下游防洪工程体系联合防洪调度、上中下游凌汛特征及防凌调度原则等关键技术
杨玉霞、张军锋、徐晓琳著，《黄河流域饮用水水源地安全保障达标建设理论与实践》，2017年12月	主要内容包括：城市饮用水水源地安全保障概述、城市饮用水水源地安全保障达标建设调查内容和方法、饮用水水源地安全保障达标建设工程措施和非工程措施、典型饮用水水源地安全保障达标建设试点及建设过程、黄河流域重要饮用水水源地安全保障达标建设总结、重要饮用水水源地安全保障达标建设管理机制探索
贾绍凤、吕爱锋等著，《柴达木节水型盐湖资源开发与生态保护技术》，2017年12月	主要内容包括：柴达木盆地概况、柴达木洪水资源评价与水资源配置、洪水补充卤水钾盐浓度控制技术研发、利用洪水补充盐湖卤水技术示范、抗旱抗寒抗盐植生品种选育与机能复合材料、基于新型多功能材料和微灌技术的沙害防治技术示范
水利部新闻宣传中心编，《中国治水这五年——党的十八大以来水利改革发展辉煌成就》，2017年12月	包括防汛抗旱、重大工程、水资源管理、民生水利、水生态文明、水利改革、依法治水、靠前合作、行业能力等方面内容
刘朝军主编，《水利行政执法案例指导及疑难问题解析》，2018年1月	分为：基础篇、指导篇、程序篇、裁判篇、提高篇，基础篇论述了通用和专业的法律知识；指导篇介绍了水行政指导工作流程；程序篇选编了26例不同性质的水事案卷；裁判篇介绍了水行政等裁判文书；提高篇分析了水行政管理执法一线中存在的复杂、疑难问题
李雪转主编，《现代节水灌溉技术》，2018年1月	主要内容包括：节水灌溉基本知识、渠道输水灌溉技术、低压管道输水灌溉技术、地面节水灌溉技术、喷灌技术、农艺节水技术、雨水集蓄利用技术、节水灌溉自动化管理技术等
宋东辉、吴伟民主编，《水利水电工程建筑物（第2版）》，2018年2月	介绍了水利水电工程建筑物的发展与类型、重力坝、土石坝与堤防、其他坝型、水闸、河岸溢洪道、无压饮水建筑物、有压饮水建筑物、水电站厂房、泵站的基本结构等；论述了水利水电工程建筑物设计，包括设计标准与设计文件编制、水利水电枢纽总体布置设计、重力坝的设计、土石坝与堤防的设计、水闸设计、无压饮水建筑物设计、有压饮水建筑物设计、水电站水里过度过程计算、水电站厂房布置设计、泵站设计等
周长勇主编，《水利工程施工监理》，2018年2月	主要内容包括：水利工程监理基本知识、水利工程监理招标与投标、水利工程监理系列文件、水利工程施工准备阶段的监理、水利工程施工实施阶段的监理、水利工程验收及缺陷责任期阶段的监理等

续表

作者，书名，出版时间	内容摘要
金晶主编，《水利水电工程施工与组织》，2018年2月	主要内容包括导流工程、爆破工程、土石方工程、混凝土结构工程、灌浆工程、土石建筑物施工、渠道及渠系建筑物事故和施工组织与计划
罗迈钦著，《新时代水利高等职业教育特色发展实践探索》，2018年7月	主要内容包括：水利高等职业教育的基本理论、特色发展成功事例，水利高等职业教育改革趋势、任务、发展定位、特色发展影响因素，水利高等职业教育体系的基本原则，新时代的政策法律支持体系，现代水利高等职业教育集团化发展体制机制等
沈凤生主编，《节水供水重大水利工程规划设计技术》，2018年10月	收录了172项节水供水重大水利工程规划设计技术讨论会论文，共分五篇，即规划篇、设计篇、勘察篇、机电信息化篇、环境移民篇和施工概算篇
王玲玲、孙维营、孔祥兵等著，《黄土丘陵沟壑区不同空间尺度地貌单元水沙耦合机制》，2018年10月	分析了坡面—沟道—流域系统不同时空尺度下各地貌单元侵蚀输沙特征，阐述了不同时空尺度下各地貌单元水沙关系特征及其差异性，描述了不同空间尺度地貌单元产输沙机制
张欣莹、刘建林、朱记伟等编著，《西安城市水系演变及格局优化研究》，2018年10月	梳理了西安地区水系的形成、发展、演变过程，解释了城市兴衰与水系建设的密切关系，识别了水系发展变化过程中的影响因子；分析了水系开发利用与城市经济发展之间的动态关联性，评估了城市水系规划实施前后的水系连通状况及适宜性，提出了规划设计思路
张维江主编，《干旱地区水资源及其开发利用评价》，2018年10月	论述了干旱地区降水、径流及其地表水资源、地下水资源评价基本理论及其方法
马建琴、郝秀平、刘蕾著，《北方灌区水资源节水高效智能管理关键技术研究》，2018年11月	主要内容包括：农业干旱评估与预报、典型区气象要素特征分析、作物非充分在线实时灌溉预报、非充分灌溉试验、基于旱情动态的作物适应性智能节水灌溉预报、多作物灌溉预报模型关键参数率定、水肥一体化灌溉模式、多水源实时配置模式、农业水资源智能管理系统框架等
汪魁峰、王健、汪玉君等著，《长距离引输水工程隧洞施工试验检测关键技术》，2018年11月	根据辽宁省内长距离引输水隧洞工程实例，研究了其施工质量所涉及的试验和检测关键技术；总结了施工过程中原材料、中间产品和工程实体质量检测技术及方法
张翠萍、张超、李艳霞等著，《多泥沙河流水库泥沙淤积与控制》，2018年11月	主要内容包括：水库高滩深槽发展与形成、明流排沙和降水冲刷排沙效率、水库纵横剖面调整与控制以及高含沙洪水对水库河床演变的作用
张金霞、张富、曹喆等编著，《甘肃黄土高原侵蚀沟道特征与水沙资源保护利用研究》，2018年11月	开展了甘肃省黄土高原地区≥500m的侵蚀沟道特征与水沙资源保护利用的分级；确定了不同类型区、不同级别实际存在的14个沟道类型；提出了沟道工程措施与植物措施对位配置的理论模式

续表

作者，书名，出版时间	内　容　摘　要
赵培、王超、赵鹏等著，《基于稳定性氢氧同位素的紫色土丘陵区坡地水文过程研究》，2018 年 12 月	主要内容包括：紫色土丘陵区大气降水氢氧同位素特征、土壤水氢氧同位素特征、坡地径流过程与产生机制、典型代表植物的水分来源和存在的问题及下一步研究计划等
窦身堂、张原锋、张防修著，《黄河中游洪水调控模拟技术与预测分析》，2018 年 12 月	研究了黄河中游高含沙洪水输移与调控方案，主要包括数学模拟技术、水库水沙调控措施和调控效果分析 3 部分内容
权全、武志刚、王炎等主编，《变化环境下黄河上游河道生态效应模拟研究》，2018 年 12 月	介绍了研究区域的生态调查及其分析，探讨了水利工程建设等人类活动和外来物种入侵、气候变化等自然因素下对河道水生态的影响；论述了水库水动力模型、水环境模型、生物个体仿真模型，开展了变化环境下水文情势变化对河道生态效应的定量模拟分析

12.5　中国环境科学出版社

中国环境科学出版社成立于 1980 年，是环境保护部直属事业单位，也是目前国内唯一一家以环境科学书刊为主要出版对象的专业出版社。它以环境保护基本国策和党在出版方面的方针、政策为导向，坚持环境效益、经济效益和社会效益相统一的原则，努力提高全民族的环境意识，促进环境保护与经济建设和我国环保事业的发展，主要从事编辑、出版、发行环境领域各类科技书刊及音像制品。中国环境科学出版社 2017—2018 年出版有关水科学的学术著作见表 12.4。

表 12.4　中国环境科学出版社 2017—2018 年出版有关水科学的学术著作一览表

作者，书名，出版时间	内　容　摘　要
孙宁、辛璐、傅涛等编著，《水环境产业发展战略与重点政策研究》，2017 年 3 月	总结了国内外水环境产业发展研究成果，建立了合同环境服务的市场体系和管理体系，提出了我国水环境产业发展的机制建议，开展了税收及财政等典型关键政策研究
汪义杰、蔡尚途、李丽等著，《流域水生态文明建设理论、方法及实践》，2017 年 5 月	介绍了流域水生态文明的概念与内涵，分析了流域水生态文明建设热点和难点，探讨了流域水生态系统健康评价方法及应用，提出了流域水生态文明建设分区，并以桂江作为流域水生态文明建设示范区进行了部署
安艳玲等著，《赤水河流域水环境保护与流域管理研究》，2017 年 10 月	主要内容包括：赤水河流域概况、样品采集与测试分析、赤水河流域水化学特征及其控制因素研究、赤水河水质时空分布特征分析、不同土地利用/土地覆被变化条件下赤水河流域水质变化研究、赤水河流域沉积物中微量元素初探、贵州省赤水河流域生态补偿机制研究、赤水河流域保护的政策及法规建设
陈凯麟、江春波主编，《地表水环境影响评价数值模拟方法及应用》2018 年 4 月	主要内容包括：地表水环境问题数值模型理论、地表水数值模型建模程序及方法、生态水力学模型介绍及应用案例、模型验证案例、国内外常用数值模型介绍及应用案例、地表水环境影响评价数值模拟发展前景

续表

作者，书名，出版时间	内容摘要
赵瑛鑫、陈岩、白辉等著，《青海省湟水流域重点支沉环境问题诊断研究》，2018年5月	介绍了湟水流域水环境质量、主要污染物排放和水环境管理能力建设情况等基础环境状况，分析了湟水流域不同区域所面临的具体水环境问题，提出了加强湟水流域未来水环境保护工作的对策及建议
董延军等编，《城市水生态文明建设模式探索与实践》，2018年5月	介绍了城市水生态文明建设理论与技术体系、目标与任务、评价指标体系、实现途径等；论述了珠江片第一批城市水生态文明技术评估概况、岭南河口水网区、岭南壮乡地区、高原少数民族地区、南方红壤水土流失地区等的生态文明建设模式与实践
黄沈发、吴建强、唐浩等著，《平原河网地区滨岸缓冲带农业面源污染控制技术》，2018年11月	以平原河网地区为对象，梳理了区域农业面源污染、河网水系、地形地貌等特征，对比分析了多项农业面源污染生态拦截技术；提出了适宜的农业面源污染滨岸缓冲带控制技术及方法，并以典型平原河网域为例开展了实践验证及案例分析；制定了农业面源污染滨岸缓冲带管理措施体系

12.6 其他出版社

除以上几个出版社外，国内还有很多出版社热衷于出版有关水科学方面的书籍，以下列举部分代表性出版社，包括中国建筑工业出版社、中国农业出版社、中国农业科学技术出版社、化学工业出版社、气象出版社、社会科学文献出版社、中国社会科学出版社、电子工业出版社、海洋出版社、冶金工业出版社、经济管理出版社、人民出版社、清华大学出版社、山东大学出版社、武汉大学出版社、河海大学出版社、中国地质大学出版社、浙江大学出版社、中山大学出版社、华中师范大学出版社、东南大学出版社、复旦大学出版社、合肥工业大学出版社、湖南大学出版社等。表12.5列出了其他部分出版社2017—2018年出版的有关水科学的学术著作。

表12.5　其他部分出版社2017—2018年出版有关水科学的学术著作一览表

作者，书名，出版时间	内容摘要
裴忠文、林殿威、杨旭东编著，《无收益水理论分析与案例》，中国建筑工业出版社，2017年1月	从用水用户规律和最小夜流理论入手对未收益水进行了结构评价，分析了其分布情况；提出了产销动态平衡理论，指出了经济未收益水率是科学解决未收益水动态平衡点；阐述了未收益水计量分析、管网泄漏、区域定量、未收益水管理等
陈鸣钊、冯骞、夏敏等著，《水环境治理前瞻性探论》，化学工业出版社，2017年3月	介绍了一个前瞻性的、与当前国内外方法不同的工艺——“势能增氧生态床”的研制、工程实例以及科研思路和今后发展
鲁仕宝著，《城市水安全与水务行业监管能力研究》，中国社会科学出版社，2017年5月	运用系统论、可持续发展理论、水资源承载力理论、模糊数学等理论，对我国城市水安全及水务行业监管能力进行了研究，分析了影响城市安全的基本因素，探讨了城市水安全面临的挑战与强化政府对城市水安全监管的必要性，构建了城市水安全评价指标体系及方法，建立了城市水安全预警系统、城市水安全系统调控与保障机制及激励机制等

续表

作者，书名，出版时间	内　容　摘　要
张会恒、张胜武等著，《安徽生态文明建设发展报告(2017)——水污染防治专题报告》，合肥工业大学出版社，2017年5月	以安徽生态文明发展为线索，通过发展历程总结、指标设定说明、发展情况分析、存在难题及对策四个部分，剖析了安徽生态文明建设的情况、特点和挑战；论述了安徽生态文明中的不足以及造成该问题的政策、机制等问题，并提出了建议
蒋丹璐著，《流域生态补偿机制与库区水污染防治》，武汉大学出版社，2017年7月	主要内容包括：三峡库区及其上游流域水污染现状分析、微分对策及相关分析工具理论基础、流域跨境污染生态补偿机制分析、农户生态补偿激励机制设计、流域生态补偿约束下上游政府动态最优决策、流域污染治理中政企合谋现象研究、流域生态补偿激励下新技术投资决策研究
穆兰著，《水权视域下农业水价形成及传导效应研究》，中国社会科学出版社，2017年9月	分析了典型国家和地区的农业水权建设经验，设计了具有中国特色的农业水权市场，分析了农业水价的形成机制及传导效应
史恒通、赵敏娟著，《渭河流域粮食作物虚拟水贸易：基于非市场价值的视角》，社会科学文献出版社，2017年11月	测算了近几年陕西省渭河流域虚拟水贸易足迹，构建了虚拟水贸易足迹非市场价值测算体系，并实证分析了虚拟水贸易足迹非市场价值影响因素
王军成主编，《气象水文海洋观测技术与仪器发展报告(2016)》，海洋出版社，2017年11月	分析了当前我国气象、水文、海洋观测技术与仪器现状，从技术范畴围绕气象、水文、海洋观测技术与仪器发展进行了论述，并展望了今后5至10年气象、水文、海洋观测技术与仪器发展的理念与措施
刘玒玒著，《西安黑河引水系统水资源量分析及合理配置研究》，经济管理出版社，2017年11月	分析了西安水资源条件和黑河引水系统潜力，计算了水资源可利用量，建立了水资源合理配置模型，确定了城区供水量
常玉苗著，《水资源环境与区域经济耦合系统评价及协同治理》，中国社会科学出版社，2017年12月	分别从水循环理论、物质流分析理论、PSR模型理论等不同视角研究了水资源环境与区域经济系统的耦合机理；选择长江经济带作为实证研究区域，从PSR指标、结构关系、全过程效率、“脱钩”关系、耦合协调度等不同层面对水资源环境与区域经济耦合系统的关系进行了评价；提出了水资源环境与区域经济耦合系统的协同治理总体框架及相应的对策措施
陈华东著，《区域水资源生态补偿机制研究》，经济管理出版社，2017年12月	构建了区域水资源生态补偿府际协调的框架，通过对区域水资源补偿标准、补偿资金的使用和筹集以及水资源生态环境监测服务机制的研究，提出了促进区域水资源生态补偿机制建设的具体措施
王罗春、安莹、赵由才编著，《农村饮用水安全保障》，冶金工业出版社，2018年1月	总结了农村饮用水安全保障的法规体系；汇编了与农村饮用水安全保障相关的标准与规范；介绍了农村饮用水水源地的分类、主要污染源、水源防护区的划分及污染防护要求；介绍了水处理工艺的选择、常规水处理技术和特殊水处理技术等

续表

作者，书名，出版时间	内容摘要
李建、陈晓玲、田礼乔编著，《近岸/内陆水环境定量遥感时空谱研究及应用》，武汉大学出版社，2018年1月	介绍了水环境及水环境定量遥感的发展现状和关键问题、目前常用的水环境遥感观测平台和现场观测仪器、方法等；论述了水环境定量遥感的关键辐射指标、利用高频次的现场观测和同步卫星观测手段；针对水环境监测的空间尺度问题，包括空间变异尺度、多源多尺度遥感数据空间尺度误差及校正进行了阐述；介绍了利用多源遥感数据进行水环境定量遥感监测的关键辐射技术问题等
水利部国际经济技术合作交流中心编著，《跨界水合作与发展》，社会科学文献出版社，2018年3月	整理了全球主要跨界水合作基本情况，研究了跨界水合作内容、合作方式、合作机制及其演化过程，分析了全球跨界水合作特点，结合跨界水国际合作实践，展望了跨界水国际合作发展趋势
王建群、任黎、徐斌编著，《水资源系统分析理论与应用》，河海大学出版社，2018年5月	主要内容包括：水资源系统分析的基本概念、实用非线性规划方法、动态规划与水库优化调度、群体智能优化算法、非线性动态系统预测方法及其应用、多指标评价方法、多目标规划、大系统优化方法等的基本理论、方法及应用
刘静玲、史璇、孟博等著，《海河流域典型河口湿地水质-水文-食物网耦合模型研究》，化学工业出版社，2018年7月	介绍了海河流域典型河口湿地分布与环境特征，开展了海河流域河口湿地栖息地问题的机理与解决对策的研究，构建了面向海河流域河口栖息地的水文、水质、水生态综合监测及评价方法
梁文裕、邱小琮、赵红雪等编著，《沙湖水质改善试验示范研究》，海洋出版社，2018年7月	对沙湖湿地生态环境和水环境进行了现状分析及综合评价，论述了沙湖水环境因子时空分布特征、水环境质量综合评价及演变的趋势、周边地区农业及旅游活动对沙湖水环境质量的影响；探讨了沙湖水质改善的目标、水生生态系统方案、水质改善水生生态系统的构建、水生生态系统的维护、水环境综合管理方案、污染源系统治理与控制、区域生态恢复等问题；提出了沙湖水环境综合管理措施和水环境保护战略与水质改善优先行动计划的建议
李和平、李积铭、李错雯主编，《衡水市地下水现状及农业主要节水技术》，中国农业科学技术出版社，2018年8月	阐述了衡水地区的地下水资源现状，以及过度抽取地下水所引起的地裂、地面沉降、塌陷等一系列环境问题，汇编了项目最新研究成果，以及国内外在农业节水技术方面所取得的新技术、新成果
徐礼强著，《河流水环境污染物通量测算理论与实践》，中山大学出版社，2018年8月	选取了钱塘江流域为研究对象，建立了水环境中氨氮、总磷等污染因子的通量研究模型，用以表达钱塘江污染物时空变化规律和通量模拟
薛联青、何新林、冯起等著，《变化条件下流域水循环影响机理及其生态响应过程》，东南大学出版社，2018年9月	研究了平原、山区水库、大面积节水灌溉对区域小气候、流域水循环要素及生态的影响，流域中下游植被蒸散耗水在环境变化特征及其影响机制，提出了流域合理的水资源配置方案；考虑生态和人类需水的互相协调作用，确定了合理的生态承载位，提出了水资源开发利用适应性对策
张乃明等编著，《饮用水源地污染控制与水质保护》，化学工业出版社，2018年10月	介绍了中国及世界的饮用水资源概况，分析了我国饮用水源地保护的现状及存在的问题，总结了我国有关饮用水保护的法律法规与标准规范，以大型水库为例，讨论了水源地污染负荷来源构成与估算方法，分别就农田面源污染控制、农村生活污水处理、农村垃圾和农业固废处置利用及畜禽养殖污染防治的技术进行了阐述，并探讨了饮用水保护的管理与制度创新

续表

作者，书名，出版时间	内　容　摘　要
王爱玲、串丽敏、赵静娟著，《基于节水的北京农业结构调整与科研对策》，中国农业科学技术出版社，2018 年 11 月	介绍了北京水资源与农业用水情况，分析了北京农业用水结构变化与驱动力，总结了北京节水农业及其科技研发现状与趋势，基于水资源的约束对北京农业结构调整进行了研究，提出了北京发展节水农业的相关对策与建议，总结分析了国外农业节水的经验与启示
邵丹娜著，《城市雨水管理和内涝灾害防治》，中国建筑工业出版社，2018 年 12 月	以镇江、连云港、昆山、泰兴、如皋、靖江，以及锡林浩特等地区为例，分析了中国缺乏长历时暴雨强度，提出了一整套长历时暴雨强度公式、短历时暴雨强度公式复核修订及雨型的统计方法

本章撰写人员

本章撰写人：李东林、韩淑颖、李佳伟。

本章所列内容均引自相关网站，均为公开资料，特此说明，在此一并感谢。有些专著可能因为资料没有上网，或者搜索时漏掉，没有被收录，请谅解！

第13章 引用文献统计分析

13.1 概述

（1）从本书以上章节内容介绍可以看出，水科学研究成果多，作者多，单位多。为了从一个侧面横向反映水科学研究的力量，本章对《中国水科学研究进展报告》自2011年以来引用的文献数量按照第一作者姓名和单位进行统计。

（2）需要说明的是，本章的统计只是基于《中国水科学研究进展报告》2011年以来引用的文献，而不是发表的全部中文文献，不全面，也没有区分论文水平和期刊（著作）质量，只从数量上进行统计；特别是很多单位的目标定位在面向高水平期刊甚至是国外高水平SCI期刊，所以仅从引用的中文文献数量上无法真实反映一些单位的学术水平，本章统计结果仅供参考。

（3）在统计的时候，引用学术论文、著作分开统计，两者之和即为引用文献总次数。学术论文按照水文学、水资源、水环境、水安全、水工程、水经济、水法律、水文化、水信息、水教育10个分类进行统计。总次数包括多章重复引用情况，也就是一篇文章如果在两章中引用就算2次引用，以此类推。

（4）本章首先介绍了《中国水科学研究进展报告》2017—2018年的引用文献统计结果（按第一作者姓名统计、按单位统计），接着简要分析最近8年每2年的变化情况。需要补充说明的是，《中国水科学研究进展报告2011—2012》中没有介绍水工程、水教育研究进展，所以，没有对这两方面进行统计比较。另外，著作作者所在的单位不一定准确。

13.2 《中国水科学研究进展报告2017—2018》引用文献统计结果

13.2.1 按作者姓名统计

按照第一作者姓名拼音顺序排列，先统计各分类引用文献次数，再汇总总次数。分类编号代表的含义分别为：1-水文学、2-水资源、3-水环境、4-水安全、5-水工程、6-水经济、7-水法律、8-水文化、9-水信息、10-水教育、11-著作；括号中“次数”为本类中引用文献的次数。其中，分类编号1～10括号中数值为引用的学术论文文献数，分类编号11括号中数值为引用的著作数。各个分类次数之和即为引用文献总次数。因为涉及人员太多，逐个列表所占篇幅过大，就没有把此表列出来，只介绍统计结果。

从统计结果来看，《中国水科学研究进展报告2017—2018》引用文献总计3399次，涉及第一作者2613人，一人最多引用文献20次，绝大多数人员引用文献1次，引用文献超过3次（含3次）的只有133人，仅占到所涉及的全部作者总数的5.1%。

13.2.2　按单位统计

把同一单位中的所有第一作者引用文献总次数加起来，就为该单位的引用文献总次数。从统计结果来看，《中国水科学研究进展报告 2017—2018》引用文献总计 3399 次，第一作者单位涉及 802 个，一个单位最多引用文献 270 次。其中排名前 20 的单位依次是：河海大学（270 次）、中国水利水电科学研究院（123 次）、武汉大学（112 次）、西安理工大学（68 次）、华北水利水电大学（59 次）、郑州大学（54 次）、北京师范大学（46 次）、天津大学（44 次）、清华大学（40 次）、西北农林科技大学（39 次）、中国科学院地理科学与资源研究所（34 次）、长江水利委员会（33 次）、新疆大学（30 次）、长江勘测规划设计研究院（30 次）、中国科学院大学（30 次）、中山大学（30 次）、南京水利科学研究院（29 次）、四川大学（29 次）、黄河水利委员会（27 次）、西北师范大学（27 次）。如表 13.1，按照第一作者单位的拼音顺序排列，仅列出引用文献总次数超过 10 次（含 10 次）的单位，共计 75 个，仅占到所涉及全部单位总数的 9.4%，见表 13.1。

表 13.1　《中国水科学研究进展报告 2017—2018》引用文献按单位统计部分结果

序　号	单　位	次　数
1	北京大学	20
2	北京建筑大学	11
3	北京林业大学	13
4	北京师范大学	46
5	成都理工大学	13
6	大连理工大学	21
7	东北农业大学	14
8	福建师范大学	12
9	贵州师范大学	11
10	海河水利委员会	10
11	合肥工业大学	24
12	河北工程大学	15
13	河海大学	270
14	河南省黄河勘测规划设计有限公司	17
15	湖南师范大学	10
16	华北电力大学	15
17	华北水利水电大学	59
18	华中科技大学	16
19	环境保护部环境规划院	11
20	黄河水利委员会	27
21	吉林大学	17
22	兰州大学	18
23	辽宁师范大学	10

续表

序　号	单　位	次　数
24	南昌大学	11
25	南昌工程学院	11
26	南京大学	22
27	南京师范大学	11
28	南京水利科学研究院	29
29	南京信息工程大学	12
30	内蒙古农业大学	14
31	宁夏大学	12
32	清华大学	40
33	三峡大学	22
34	山东农业大学	14
35	陕西师范大学	16
36	石河子大学	15
37	水利部发展研究中心	10
38	水利部水利水电规划设计总院	11
39	四川大学	29
40	太原理工大学	13
41	天津大学	44
42	同济大学	19
43	武汉大学	112
44	西安建筑科技大学	15
45	西安理工大学	68
46	西北大学	10
47	西北农林科技大学	39
48	西北师范大学	27
49	西南大学	16
50	新疆大学	30
51	新疆农业大学	14
52	云南省水利水电勘测设计研究院	11
53	长安大学	24
54	长江勘测规划设计研究院	30
55	长江科学院	20
56	长江水利委员会	33

续表

序号	单位	次数
57	浙江大学	15
58	郑州大学	54
59	中国地质大学	17
60	中国地质科学院	13
61	中国环境科学研究院	17
62	中国科学院大学	30
63	中国科学院地理科学与资源研究所	34
64	中国科学院东北地理与农业生态研究所	12
65	中国科学院南京地理与湖泊研究所	20
66	中国科学院生态环境研究中心	15
67	中国科学院西北生态环境资源研究院	23
68	中国科学院新疆生态与地理研究所	18
69	中国矿业大学	12
70	中国农业科学院	14
71	中国气象局兰州市干旱气象研究所	16
72	中国水利水电科学研究院	123
73	中山大学	30
74	重庆大学	10
75	珠江水利科学研究院	25

注 按照第一作者单位的拼音顺序排列。

13.3 引用文献数量变化分析

为了反映引用文献数量的变化情况，按照10个论文分类和1个著作类别共11个分类，统计了历年引用文献数量，见表13.2。2011—2012年报告中没有介绍水工程、水教育研究进展，未统计。从表13.2来看，①划分的10个方面，其研究队伍规模存在比较大的差异，其中水文学、水资源、水环境引用的文献较多，研究队伍规模可能较多（引用文献多只是判断的一个因素，不能绝对化）；②涉及的研究人员多、研究单位多，两次统计的涉及第一作者总人数分别为2278、2613，绝大多数人员引用文献仅1次，涉及第一作者单位总个数分别为791、802；③引用的文献数量总体比较平稳，但也由于作者撰写时的详细程度不同，选择的文献数量出现比较大的差异，人为影响因素比较大，这是本书编撰的一个难以控制的因素，希望以后稳定编撰队伍，在实践中不断摸索经验，尽量保持引用文献的纵向可比性。

表 13.2 **引用文献数量变化一览表**

分　项	2011—2012 年	2013—2014 年	2015—2016 年	2017—2018 年
“1-水文学”引用文献总次数	646	528	592	632
“2-水资源”引用文献总次数	323	577	574	542
“3-水环境”引用文献总次数	549	511	340	380
“4-水安全”引用文献总次数	367	378	348	369
“5-水工程”引用文献总次数	—	249	437	395
“6-水经济”引用文献总次数	142	148	149	161
“7-水法律”引用文献总次数	85	147	138	174
“8-水文化”引用文献总次数	53	154	150	183
“9-水信息”引用文献总次数	147	340	227	296
“10-水教育”引用文献总次数	—	70	65	66
“11-著作”引用文献总次数	330	348	244	201
引用文献合计总次数	2642	3254	3264	3399
涉及第一作者总人数	2278	2701	2536	2613
一个人最多引用文献次数	11	14	18	20
引用文献超过 3 次（含 3 次）的个人数	65	99	124	133
涉及第一作者单位总个数	791	831	867	802
一个单位最多引用文献次数	127	196	228	270
引用文献超过 10 次（含 10 次）的单位个数	49	66	50	75

仅按照本书引用文献数量大小，列出了排名前 50 的单位，见表 13.3，仅供大家对比参考。在今后的每两年一次的进展报告中，本书还将继续按单位进行排名。在本章的最后，再一次重申，本章的统计只是基于《中国水科学研究进展报告》2011 年以来引用的文献，而不是发表的全部中文文献，可能不具代表性，也没有区分论文水平和期刊（著作）质量，只从数量上进行统计；特别是很多单位的目标定位在面向高水平期刊甚至是国外高水平 SCI 期刊，所以仅从引用的中文文献数量上无法真实反映一些单位的学术水平，本章统计结果仅供参考（引自 13.1 节）。

表 13.3 **根据引用文献数量排名前 50 的单位一览表**

排名 名称	2011—2012 年	2013—2014 年	2015—2016 年	2017—2018 年
1	河海大学	河海大学	河海大学	河海大学
2	武汉大学	中国水利水电科学研究院	中国水利水电科学研究院	中国水利水电科学研究院
3	中国水利水电科学研究院	武汉大学	武汉大学	武汉大学
4	北京师范大学	郑州大学	清华大学	西安理工大学
5	西安理工大学	西安理工大学	华北水利水电大学	华北水利水电大学

续表

排名 名称	2011—2012年	2013—2014年	2015—2016年	2017—2018年
6	中国科学院地理科学与资源研究所	清华大学	北京师范大学	郑州大学
7	清华大学	北京师范大学	中国科学院地理科学与资源研究所	北京师范大学
8	华北水利水电大学	华北水利水电大学	西安理工大学	天津大学
9	西北农林科技大学	南京水利科学研究院	郑州大学	清华大学
10	中国科学院寒区旱区环境与工程研究所	南京大学	南京大学	西北农林科技大学
11	郑州大学	中国科学院地理科学与资源研究所	四川大学	中国科学院地理科学与资源研究所
12	中山大学	西北农林科技大学	天津大学	长江水利委员会
13	南京水利科学研究院	中国地质大学	长江科学院	新疆大学、长江勘测规划设计研究院、中国科学院大学、中山大学
14	天津大学	中国环境科学研究院	水利部发展研究中心	
15	兰州大学	天津大学	中国科学院寒区旱区环境与工程研究所	
16	中国科学院新疆生态与地理研究所	中国科学院寒区旱区环境与工程研究所	兰州大学	
17	南京大学	大连理工大学	中国环境科学研究院	南京水利科学研究院、四川大学
18	西北师范大学	吉林大学	西北农林科技大学	
19	长安大学	南京信息工程大学	新疆大学	黄河水利委员会、西北师范大学
20	大连理工大学	兰州大学、中山大学	中山大学	
21	中国海洋大学		大连理工大学	珠江水利科学研究院
22	华东师范大学、内蒙古农业大学、四川大学、西北大学、中国科学院南京地理与湖泊研究所	太原理工大学	南京水利科学研究院	合肥工业大学、长安大学
23		中国农业大学	长安大学	
24		北京林业大学、长安大学	内蒙古农业大学	中国科学院西北生态环境资源研究院
25			黄河水利委员会、中国农业大学	南京大学、三峡大学

续表

排名名称	2011—2012年	2013—2014年	2015—2016年	2017—2018年
26		东北农业大学、华北电力大学		
27	北京林业大学、华中科技大学、南京信息工程大学、中国地质大学（武汉）		三峡大学、浙江大学、中国气象局兰州干旱气象研究所	大连理工大学
28		辽宁师范大学		北京大学、长江科学院、中国科学院南京地理与湖泊研究所
29		合肥工业大学、三峡大学		
30			吉林大学	
31	北京大学、吉林大学、中国气象局兰州干旱气象研究所	沈阳农业大学	北京大学、华中科技大学、新疆农业大学	同济大学
32		华中科技大学、新疆大学		兰州大学、中国科学院新疆生态与地理研究所
33				
34	中国地质大学（北京）、中国科学院水利部成都山地灾害与环境研究所	环境保护部环境规划院、长江勘测规划设计研究院、西南大学、浙江大学、中国科学院南京地理与湖泊研究所	重庆交通大学、合肥工业大学、南京信息工程大学	河南省黄河勘测规划设计有限公司、吉林大学、中国地质大学、中国环境科学研究院
35				
36	合肥工业大学、南京师范大学、中国科学院生态环境研究中心			
37			陕西师范大学、西安交通大学法学院、西北师范大学	
38				华中科技大学、陕西师范大学、西南大学、中国气象局兰州市干旱气象研究所
39	成都理工大学、重庆大学辽宁师范大学、水利部水利水电规划设计总院、浙江水利水电专科学校、中国科学院大气物理研究所、中国农业大学	北京大学、中国科学院新疆生态与地理研究所		

续表

排名名称	2011—2012年	2013—2014年	2015—2016年	2017—2018年
40			石河子大学、首都师范大学、水利部水利水电规划设计总院、太原理工大学	
41		四川大学、西北师范大学、中华人民共和国水利部		
42				河北工程大学、华北电力大学、石河子大学、西安建筑科技大学、浙江大学、中国科学院生态环境研究中心
43				
44		黄河勘测规划设计有限公司、内蒙古农业大学、新疆农业大学、扬州大学、中国地质调查局	成都理工大学、辽宁师范大学	
45				
46	福建师范大学、哈尔滨工业大学、同济大学、中国地质科学院水文地质环境地质研究所		东北农业大学、云南农业大学、中国人民大学	
47				
48				东北农业大学、内蒙古农业大学、山东农业大学、新疆农业大学、中国农业科学院
49		首都师范大学、水利部发展研究中心、中国科学院东北地理与农业生态研究所	黄河勘测规划设计有限公司、中国地质科学院	
50				

本章撰写人员

李东林　李佳伟　韩淑颖